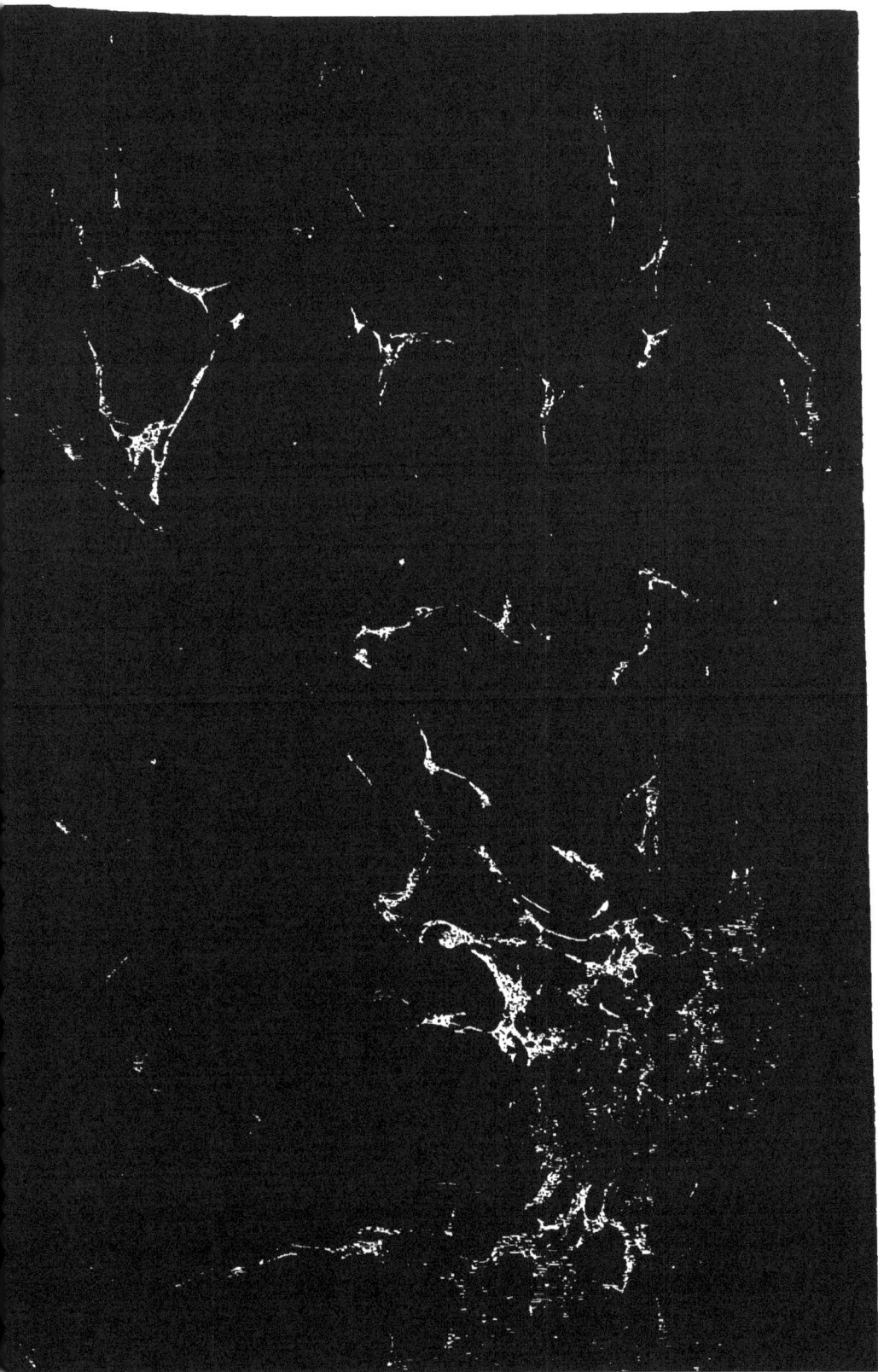

ÉLÉMENTS

D'ANATOMIE COMPARÉE

DES

ANIMAUX VERTÉBRÉS

TRAVAUX DE M. TH. H. HUXLEY

De la place de l'homme dans la nature, traduit, annoté, précédé d'une introduction et suivi d'un compte rendu des travaux du congrès international d'Anthropologie, par le D. Dally, avec une préface de l'auteur pour l'édition française. Paris, 1868, in-8°, 368 p. avec figures.

Scientific Memoirs, etc. Natural History. Edited by Arth. Henfrey and Thom. Huxley. London, 1853, in-8°.

On the development of the Teeth (*Quart. Journ. of Microsc. Sc.*, tome I, 1853, p. 149).

Lectures on general Natural History, Lect. ı à xııı (*Medical Times and Gazette*, tomes xxxııı à xxxvı, 1856-57).

Oceanic Hydrozoa, a Description of the Colycophoridæ and Physophoridæ observed during the voyage of the *Rattlesnake*. London, 1858, in-4°, avec 12 planches.

Prehistoric Remains of Caithness, with notes on the human Remains (avec M. Laing). London, 1858, in-8°.

On the theory of the vertebrate Skull (*Ann. of Nat. History*, 1859, 3ᵉ série, tome III, p. 414).

On our knowledge of the causes of the phenomena of organic nature. London, 1863, in-8°, 160 p.

On origin of species. London, 1864, in-18, jésus.

Lectures on the Elements of comparative Anatomy. On classification of and on the vertebrate Skull. London, 1864, in-8°, avec 3 fig.

First lessons on elementary Physiology. London, 1866, in-12, 337 p.

Lay sermons, addresses and Reviews. 1870, in-8°, xı, 378 p.

On the Physical basis of Life. 2ᵉ édition. 1870, in-12, 35 p.

CORBEIL. — Typ. et stér. de CRÉTÉ fils.

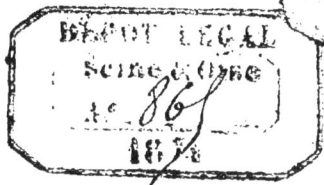

ÉLÉMENTS

D'ANATOMIE COMPARÉE

DES

ANIMAUX VERTÉBRÉS

PAR

TH. H. HUXLEY

L. L. D.

MEMBRE DE LA SOCIÉTÉ ROYALE DE LONDRES

Traduit de l'anglais par Mme BRUNET

REVU PAR L'AUTEUR ET PRÉCÉDÉ D'UNE PRÉFACE

Par CH. ROBIN

Professeur à la Faculté de médecine de Paris
Membre de l'Institut (Académie des Sciences).

Avec 122 figures intercalées dans le texte.

PARIS

LIBRAIRIE J. B. BAILLIÈRE et FILS

19, rue Hautefeuille, près du boulevard St-Germain

1875

PRÉFACE

Les *Éléments d'anatomie comparée des animaux vertébrés*
de M. le professeur Huxley méritent d'être examinés à un
double point de vue : celui de l'esprit dans lequel ils ont
été conçus et celui du besoin à la satisfaction duquel ils
répondent, près de ceux qui, par nécessité ou par goût,
s'occupent d'anatomie et de physiologie.

Je ne ferai pas au lecteur l'injure de chercher à lui
apprendre ce qu'est M. Huxley ; ses travaux d'anatomie
et de physiologie comparatives, de zoologie et d'anthropologie de l'ordre le plus élevé, ont rendu son nom trop
populaire jusqu'auprès de nous et au delà, pour qu'il soit
nécessaire de parler ici de sa haute compétence sur le
sujet de ce livre.

Il n'est personne de ceux qui s'occupent des sciences
organiques, depuis le médecin jusqu'au naturaliste, qui
n'ait désiré trouver un court exposé de ce que les animaux présentent de commun dans leur constitution. A
cet égard, le livre du savant anatomiste anglais leur
donnera pleine satisfaction.

Cette communauté d'organisation des êtres vivants à
une époque donnée, à la surface du globe, doit être envi-

sagée en partant des plus simples jusqu'à ce qu'on atteigne les plus compliqués, l'homme y compris ; c'est la comparaison des êtres dans l'espace.

Il faut de plus que cette comparaison soit établie dans le temps, c'est-à-dire qu'un même être ait été comparé à lui-même depuis le moment de son apparition ovulaire, jusqu'à celui de son complet développement.

Le complément de cet ordre de comparaisons est celui qui consiste à noter dans chacun des groupes des divers êtres les analogies que présente l'une avec l'autre, durant leur évolution, chacune de leurs parties constituantes similaires.

Ici cet examen comparatif doit naturellement être étendu jusqu'à celui des parties squelettiques des organismes qui ont successivement disparu de la surface du globe et dont nous n'avons plus que les restes fossiles.

C'est là un des côtés les plus intéressants du livre de M. Huxley, que cette description de chacun des groupes d'organes, nous les montrant avec les analogies et les différences qu'ils peuvent offrir d'un âge à l'autre et d'un groupe à l'autre des vertébrés, tant vivants que fossiles. Ainsi se trouvent réunies des données nombreuses en des formules brèves, saisissantes et d'un vif intérêt.

Cette méthode a de plus pour résultat de conduire à une détermination sûre et précise de la nature réelle des organes qui d'un animal à l'autre peuvent offrir des variétés sans nombre de formes et de dimensions, mais qui malgré cela peuvent par suite être compris sous une seule et brève description. Le nombre des faits de cet ordre accumulés en quelques lignes est considérable et devient une des sources de l'utilité de cet ordre d'études.

L'extension aux organismes entiers de ce qui a été fait pour leurs parties, sous ces divers points de vue, conduit à rapprocher les uns des autres ceux qui se ressemblent, non plus artificiellement, mais en s'appuyant sur des données des mieux fondées. De là des modifications inévitables dans la coordination ou classification des animaux étudiés, et ce classement vient lui-même résumer l'ensemble des investigations qui ont conduit à le faire.

L'étude générale de chaque classe, de chaque ordre, etc., conduit ainsi le lecteur jusqu'à la description spéciale de l'organisation des genres, et même de quelques espèces remarquables par leur constitution spéciale. Cette méthode fait disparaître d'une manière vraiment remarquable et inattendue l'aridité souvent reprochée aux Traités d'anatomie.

Ces indications sommaires suffisent à montrer l'élévation des vues, qui a présidé à la conception et à la rédaction de ce livre, et qui, loin d'être contraire aux applications de la science, y conduit sûrement, quand ces doctrines expriment des inductions formulant un ensemble de faits positifs, au lieu de ne s'appuyer que sur des préconceptions fictives.

Ce résumé substantiel de ce que nous savons sur l'organisation des animaux vertébrés est un livre qui non-seulement n'existait pas en France, mais qui manquait dans d'autres pays; aussi a-t-il été traduit déjà en italien et en allemand, et partout on attend avec impatience la publication du Traité analogue qui doit comprendre l'anatomie comparée des animaux invertébrés.

C'est déjà une marque de sagacité de la part du traducteur que d'avoir reconnu que la publication de cet ouvrage comblerait une lacune dans notre littérature scientifique. Depuis longtemps familière avec les travaux de laboratoire, avec les études embryogéniques autant qu'avec les dissections comparatives ordinaires, madame Brunet a pu faire passer très-exactement et avec toute la netteté désirable, d'une langue dans l'autre, aussi bien les détails techniques des descriptions, que l'exposé des généralités découlant de leur comparaison. Quelque modeste que soit le rôle rempli pour l'exécution d'un travail de ce genre, il lui méritera certainement la reconnaissance de tous ceux qui s'intéressent aux progrès de la science.

CH. ROBIN.

Paris, 20 août 1874.

ÉLÉMENTS

D'ANATOMIE COMPARÉE

DES

ANIMAUX VERTÉBRÉS

CHAPITRE PREMIER

APERÇU GÉNÉRAL DE L'ORGANISATION DES VERTÉBRÉS

Caractères distinctifs des vertébrés. — La caractéristique universelle des vertébrés est la division de leur corps en deux cavités complétement séparées l'une de l'autre : d'une part, la *cavité dorsale* qui renferme un système nerveux cérébro-spinal ; d'autre part, la *cavité ventrale* qui contient le canal alimentaire, le cœur et ordinairement une double chaîne de ganglions nerveux, dont l'ensemble prend le nom de *sympathique.* Le système nerveux cérébro-spinal est le résultat de la transformation d'une partie du feuillet primitif épidermique ou épiblaste qui recouvre le germe, et ne prend sa position ultime dans l'intérieur du canal rachidien que par son union avec différentes portions du blastoderme qui n'existent pas chez les invertébrés (1).

---

(1) On peut trouver des exceptions à cette règle dans les ascidies ; la queue des larves de ces animaux montre la structure d'un axe ayant une assez grande ressemblance avec la notocorde des vertébrés ; de plus, les parois du pharynx sont perforées comme chez l'Amphioxus.

Les vertébrés se distinguent encore en ce que les parties

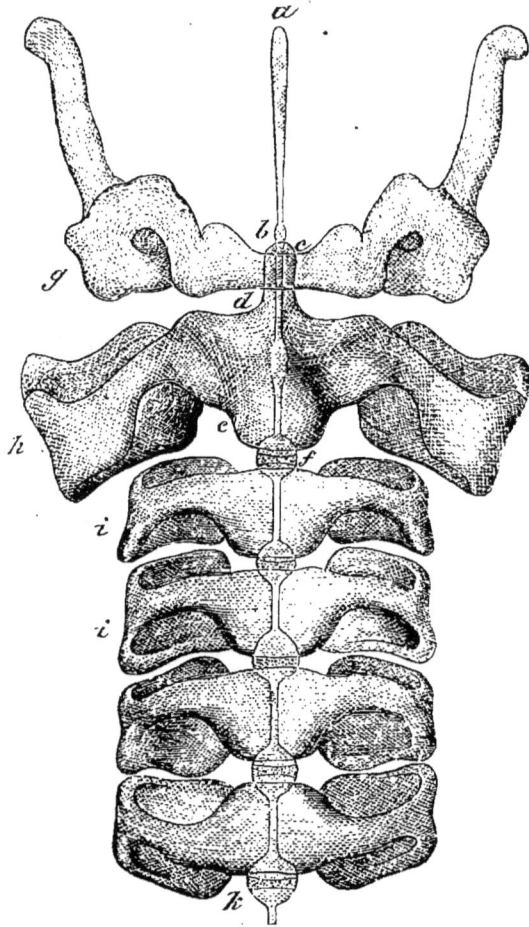

Fig. 1. — Notocorde (*).

comprises entre le tube cérébro-spinal et la cavité viscérale

(*) Les six premières vertèbres cervicales cartilagineuses d'un embryon de lapin, long de 25 millimètres, et la partie céphalique renflée en massue de l'extrémité antérieure de la corde vertébrale : *a, b*, portion céphalique de la notocorde libre par déchirure du cartilage ; *b*, portion un peu renflée de la corde dorsale telle qu'elle était sur cet embryon entre l'atlas et l'occipital ; *c*, apophyse odontoïde ; *d*, base de l'apophyse odontoïde ; *e*, partie inférieure ou seconde partie du corps de l'axis, entre ces deux parties ; au milieu du corps de cette vertèbre se voit un léger renflement fusiforme de la corde dorsale au niveau de la jonction de la portion odontoïdienne avec la partie axoïdienne proprement dite ; *f, k*, renflement de la corde dorsale dans les disques intervertébraux et couche granuleuse grisâtre, en forme de ménisque, formée par les cellules propres de la notocorde disposées en amas dans ces renflements. Ce sont ces derniers qui, continuant à se développer pendant que

offrent certaines structures qui ne sont pas représentées chez les autres animaux. Durant la vie embryonnaire de tous les vertébrés, le centre de la division est occupé par une masse celluleuse allongée et cylindrique : la *notocorde* (fig. 1) ou *corde dorsale* (1).

Cette structure persiste toute là vie chez quelques vertébrés; mais, chez le plus grand nombre, la notocorde est remplacée d'une manière plus ou moins complète par une enveloppe close de nature fibreuse, cartilagineuse et osseuse : la *colonne vertébrale*.

Dans tous les *vertébrés*, la partie des parois du tube viscéral qui s'étend de chaque côté et immédiatement derrière la bouche, présente, à une certaine période de la vie embryonnaire, une série de points épais, parallèles entre eux et transversaux à l'axe du corps, au nombre de cinq au moins, et désignés sous le nom *d'arcs viscéraux.* Les intervalles entre ces arcs deviennent des fentes qui mettent la cavité pharyngienne d'une manière temporaire ou permanente en communication avec l'extérieur. L'absence de *lames dorsales* et d'une notocorde chez les invertébrés semblait autrefois constituer des différences caractéristiques importantes entre les *vretébrés* et les *invertébrés.* Mais la découverte des homologues de ces structures chez les ascidies par Kowalewsky a détruit la distinction ; de plus il y a raison de croire qu'il existe, chez les insectes, non-seulement des lames dorsales, mais encore un amnios.

Un animal vertébré peut être privé de membres articulés, mais il ne peut jamais en posséder que deux paires; il est toujours pourvu d'un squelette intérieur auquel sont attachés les muscles destinés à mouvoir les membres.

Les membres des animaux invertébrés sont généralement plus nombreux et leur squelette est toujours extérieur.

le reste de la notocorde s'atrophie, forment les cavités à contenu gélatineux des disques; *g,* cartilage des masses latérales de l'atlas ; *h,* masses latérales de l'axis ; *i, i,* apophyses transverses et arcs rudimentaires des vertèbres suivantes, bien plus petites que celles des deux premières. (Ch. Robin.)

(1) Nous devons à M. le professeur Ch. Robin un travail remarquable, sur cet organe : *Mémoire sur l'évolution de la notocorde.* Paris, 1867, in-4, 12 pl.

Quand les invertébrés sont pourvus d'organes masticateurs, ceux-ci sont ou une production de la muqueuse digestive durcie ou une modification des membres.

Les animaux vertébrés possèdent aussi en général des produits de la muqueuse digestive durcie sous forme de dents, mais leurs mâchoires font toujours suite aux os du crâne, et n'ont aucun rapport avec les membres.

Tous les animaux *vertébrés* ont un système vasculaire complet. Un ou plusieurs sacs séreux remplacent, dans le thorax et dans l'abdomen, cette structure élémentaire sous forme d'une simple cavité viscérale mise en communication avec le sang du système vasculaire et servant de réservoir au sang. Ces sacs enveloppent les viscères principaux et communiquent ou ne communiquent pas avec l'extérieur, rappelant dans le dernier cas les cavités vestibulaires des mollusques.

Très-fréquemment, sinon toujours, ces cavités séreuses communiquent avec les lymphatiques, et, par conséquent, d'une manière indirecte avec le sang du système vasculaire. Nouveau point de ressemblance entre les cavités séreuses des *vertébrés* et les chambres vestibulaires des mollusques.

Tous les vertébrés, excepté l'Amphioxus, ont un cœur simple valvulaire et tous possèdent un système de *veine porte*. Tout le sang du canal digestif ne retourne pas directement au cœur par les veines ordinaires ; il est retenu plus ou moins dans le tronc de la *veine porte* qui se ramifie dans le foie et l'alimente.

Développement des vertébrés. — L'œuf des vertébrés offre la même composition primitive que celle des autres animaux, c'est à-dire une *vésicule germinative*, contenant une ou plusieurs *taches germinatives* renfermées dans un *vitellus* aux dépens duquel se forme, en grande partie, l'ovule de très-variable dimension des vertébrés. Le vitellus est entouré d'une *membrane vitelline* qui se recouvre d'une couche d'*albumen*, d'une enveloppe coriace ou d'une *coquille* calcaire.

Les *spermatozoïdes* toujours activement mobiles sont développés, à de rares exceptions près, dans des individus distincts de ceux qui produisent l'œuf. La fécondation peut commencer, ou après l'expulsion de l'œuf, quand, naturellement, tout le développement du jeune individu se fait en dehors de ses parents comme chez les *ovipares*; ou elle peut avoir lieu avant l'expulsion de l'œuf. Mais, dans ce cas, le développement de l'œuf dans l'intérieur du corps de l'animal ne va pas plus loin que la formation d'une membrane de tissu primitif appelée *cicatricule*, que l'on remarque sur les œufs fraîchement pondus. C'est ce qui arrive chez les oiseaux.

Le développement de l'embryon peut encore se faire complétement pendant que l'œuf reste à l'intérieur du corps de l'animal quoique sans communications avec celui-ci. C'est le cas des vertébrés appelés *ovovivipares*.

Enfin, l'embryon des *vivipares* peut recevoir sa nourriture

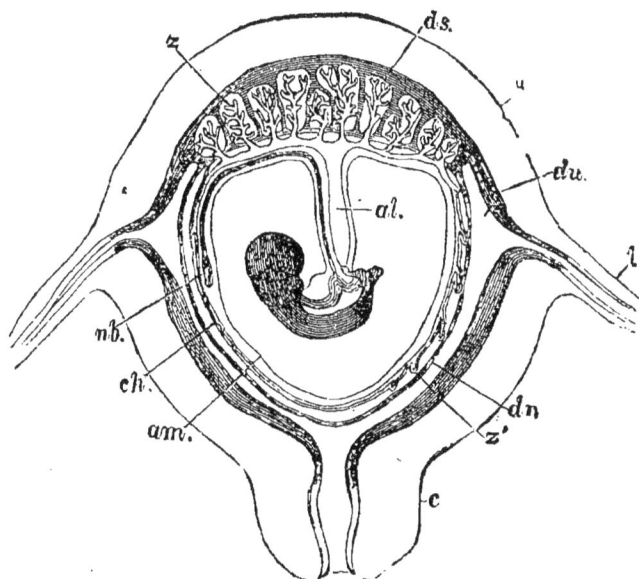

Fig. 2. — Section diagrammatique de l'utérus fécondé d'un mammifère à placenta passager (homme): *u*, utérus ; *l*, trompe de Fallope ; *c*, col de l'utérus ; *du*, caduque utérine ; *ds*, caduque séreuse ; *dr*, caduque réfléchie ; *z,z'*, villosités ; *ch*, chorion ; *am*, amnios ; *nb*, vésicule ombilicale ; *al*, allantoïde (Ecker).

de la mère avant sa naissance au moyen de l'apposition immédiate d'un certain appendice de son corps aux parois de la cavité dans laquelle s'opère son développement (fig. 2).

Cet appendice vasculaire constitue la partie principale de ce qu'on appelle *placenta*, et se développe ou aux dépens de la vésicule ombilicale (comme chez les *Mustelus* parmi les squales), ou aux dépens de l'allantoïde et du chorion, comme chez la plupart des mammifères. A la naissance, tantôt il se détache simplement de l'organisme de la mère, tantôt il entraîne avec lui une partie de la substance maternelle qui est remplacée par une nouvelle formation.

Chez les vertébrés les plus élevés, le jeune être ne cesse pas à la naissance de recevoir la nourriture de sa mère ; une glande cutanée sécrète un fluide appelé *lait* qui sert d'aliment au nouveau-né durant un temps plus ou moins long.

Quand le développement se fait en dehors du corps de l'animal, il peut être indépendant des parents, tel est le cas ordinaire des poissons ; mais, parmi quelques reptiles et la plupart des oiseaux, les parents complètent le degré de chaleur de la température nécessaire en fournissant celle de leur propre corps, par le moyen de l'*incubation*.

Le premier signe de développement de l'embryon est la division de la substance vitelline en petites masses appelées *sphères de segmentation*, au nombre de deux d'abord, puis quatre, puis huit et ainsi de suite. La vésicule germinative a disparu, mais chaque sphère de segmentation contient un noyau. Les sphères de segmentation, en se multipliant, deviennent très-petites, et prennent le nom de *cellules embryonnaires* quand elles forment le corps de l'embryon (1).

La segmentation du jaune peut être ou complète ou partielle. Dans le premier cas, elle s'opère dès le début sur tout le jaune, comme chez les *mammifères*, les *amphibiens*, les *marsipobranches* et les *pharyngobranches* parmi les poissons ; dans le second, elle attaque une partie du jaune et peu à peu s'étend au reste, comme chez les sauropsidés (reptiles et oiseaux).

Le *blastoderme* qui résulte de la segmentation montre très-promptement deux couches, une interne (*hypoblast*), appelée *feuillet muqueux*, qui produit l'épithélium et le tube digestif, une externe (*epiblast*), appelée *feuillet séreux*, d'où résultent l'épiderme et les centres nerveux cérébro-spinaux.

(1) Voir, pour le développement des éléments embryonnaires, Ch. Robin, *Anatomie et Physiologie cellulaires*. Paris, 1873, in-8.

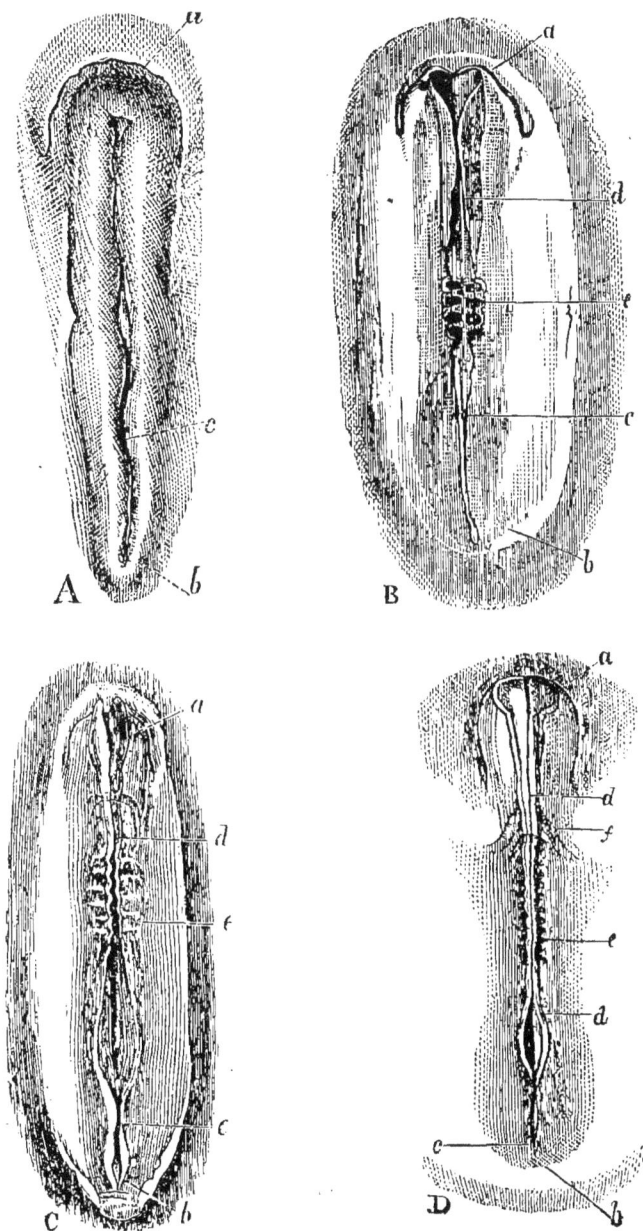

Fig. 3. — Premiers degrés de développement du corps d'un poulet. — A, premier rudiment de l'embryon : *a*, extrémité céphalique; *b*, extrémité caudale ; *c*, gouttière primitive. — B, embryon plus avancé : *a*, *b*, *c*, comme précédemment ; *d*, lames dorsales développées seulement dans la région céphalique et pas complétement réunies sur la ligne médiane ; *e*, proto-vertèbres. — C, les lettres comme les précédentes. Les lames dorsales se sont réunies sur la plus grande partie de la région céphalique et commencent à s'unir dans la région spinale

Entre ces deux feuillets apparaît le feuillet intermédiaire ou *mésoblaste*. Si l'on excepte le cerveau et la moelle, il donne naissance à tous les organes qui, chez l'adulte, sont renfermés entre l'épiderme tégumentaire, l'épithélium du tube digestif et ses dépendances.

Une dépression linéaire qu *sillon primitif* (fig. 3, A, *c*) apparaît à la surface du blastoderme, alors la substance du feuillet moyen s'étend de chaque côté de ce sillon, entraînant l'épiderme sus-jacent, et forme ainsi les deux *lames dorsales*. Les bords libres de ces lames s'avancent les uns vers les autres et s'unissent de manière à convertir le sillon primitif en un canal cérébro-spinal.

La portion du feuillet externe qui borde celui-ci, séparée du reste, s'épaissit pour former la substance du cerveau ou *encéphale* dans la région de la tête, et la *moelle épinière* dans la région rachidienne ou de l'épine. Le reste du feuillet externe ou *épiblaste* est converti en *épiderme* et ses annexes.

La partie externe du blastoderme qui dépasse les lames dorsales forme les *lames ventrales*; celles-ci se replient en bas et en dedans à une petite distance de chaque côté du *canal rachidien* pour devenir les parois de la *cavité* ventrale ou viscérale. — Les lames ventrales entraînent le feuillet externe à leur superficie, le feuillet interne à leur face profonde et tendent ainsi à éloigner le centre de la périphérie du blastoderme ; ce dernier, en s'étendant sur le jaune, le renferme comme dans un sac. Ce sac est la *vésicule ombilicale*, le premier formé et le plus constant des organes transitoires du jeune vertébré.

. Pendant que ces changements s'opèrent, le feuillet moyen se fend en deux lames dans toutes les régions du thorax et de l'abdomen, depuis ses marges ventrales presque jusqu'à la *notocorde* (qui s'est développée en même temps à l'aide d'éléments histologiques particuliers — au milieu du tissu homogène qui l'environne, immédiatement au-dessous du sillon primitif). —

antérieure. — D, embryon plus avancé (le second jour d'incubation). Les lames dorsales se sont rejointes à peu près sur toute la longueur. Le nombre des vertèbres s'est augmenté et les veines omphalo-mésentériques sont visibles.

Les embryons sont dessinés d'une même longueur absolue, mais, sur nature, le plus âgé est plus long que le plus jeune.

D'après nos propres observations, le premier embryon doit avoir 24 heures d'incubation, le second 26, le troisième 30 et le quatrième 34.

Une de ces lames, dite *couche viscérale*, reste intimement unie au feuillet interne *hypoblast*, formant avec lui les parois de la cavité pleuro-péritonéale (*splanchnopleure*) et deviendra plus tard la paroi propre du canal intestinal, tandis que l'autre, la *lame pariétale*, suit le feuillet externe, formant avec lui l'enveloppe du corps (*somatopleure*), qui constitue la paroi propre du canal antérieur. Le point central de l'abdomen autour duquel les enveloppes du corps viennent se réunir est l'*ombilic*.

Les parois de la cavité formée par les plis de la lame ventrale se tapissent d'un épithélium et deviennent les grandes membranes séreuses *pleuro-péritonéales*.

Annexes du fœtus chez les vertébrés. — Par ses bords externes, cette partie de l'enveloppe (*somatopleure*) qui doit se transformer en paroi thoracique et abdominale croît antérieurement, postérieurement et latéralement au-dessus du corps de l'embryon. Les bords libres de ce feuillet s'approchent par degrés l'un de l'autre et s'unissent intimement. La couche interne prend la forme d'un sac et s'emplit d'un fluide clair, l'*amnios*; tandis que la couche externe ou disparaît ou s'unit à la membrane vitelline pour former le *chorion*.

Ainsi l'amnios enveloppe le corps de l'embryon, mais non le sac ombilical. A mesure que le col circonscrit qui unit le sac ombilical à la cavité du futur intestin se rétrécit et s'avance dans le *conduit vitellin*, et que le sac lui-même diminue dans ses dimensions relatives, l'amnios s'accroît en proportions absolues et relatives, s'emplit d'un fluide qui le distend et le rejette au-dessus de l'embryon.

Une troisième annexe, l'*allantoïde*, apparaît comme un simple ou double bourgeon de la face interne du feuillet moyen derrière le tube digestif, mais il prend bientôt la forme d'une vésicule et reçoit les *premiers conduits du rein* ou *corps de Wolff*. Cet organe reçoit le sang de deux artères appelées *ombilicales*, branches des *hypogastriques* qui viennent de l'aorte, et offre une grande variété de développement. Son extension peut aller jusqu'à envahir tout le reste de l'embryon, s'étendre aux fonctions respiratoires ou nutritives auxquelles il prend alors une part importante.

La division des lames ventrales et la formation d'une cavité

1.

pleuropéritonéale semblent avoir lieu chez tous les vertébrés. Ils possèdent tous aussi ordinairement un sac ombilical plus ou moins distinct ; mais chez les poissons et les amphibiens on

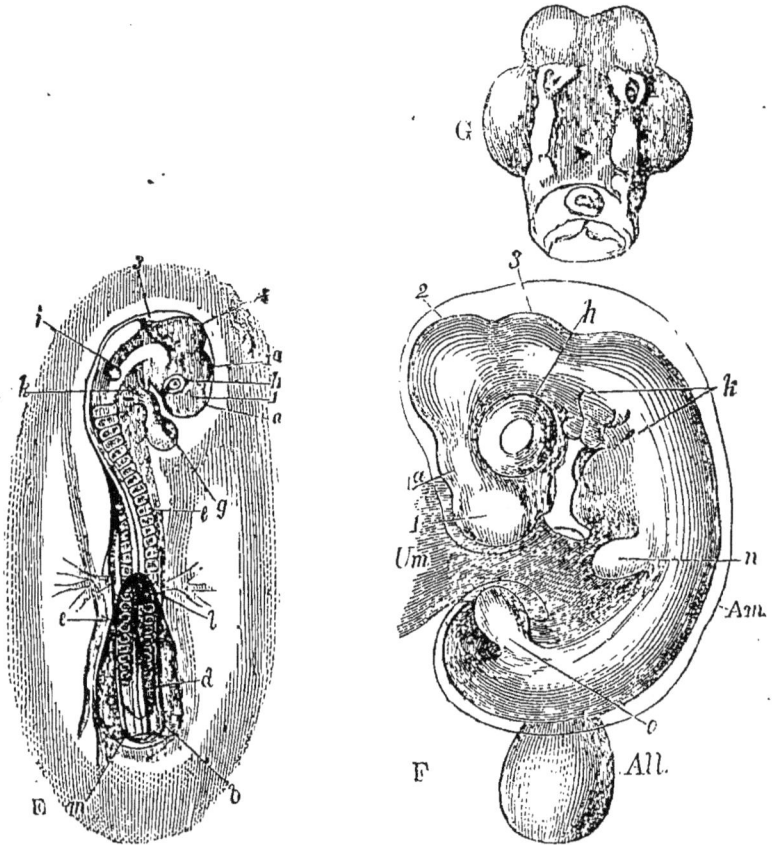

Fig. 4. — Différents degrés de développement du corps d'un poulet plus avancés que ceux représentés dans la figure 3.—E, embryon au troisième jour d'incubation. Nous avons trouvé après quarante-cinq heures d'incubation, sous une poule, des embryons présentant les mêmes degrés de développement, l'*area vasculosa* était très-bien formée, le cœur battait. Nos embryons de trois jours étaient beaucoup plus avancés : *g*, cœur ; *h*, œil ; *i*, oreille ; *k*, arcs viscéraux et fentes ; *l,m*, plis antérieur et postérieur de l'amnios pas encore réunis au-dessus du corps ; 1, 2, 3, premier, second et troisième vésicule cérébrale ; *l, a*, vésicule du troisième ventricule. — F, embryon au cinquième jour d'incubation. Les lettres comme précédemment, excepté *n*, *o*, rudiments des extrémités antérieures et postérieures ; *am*, amnios ; *all*, allantoïde pendant au-dessous de son pédicule ; *um*, vésicule ombilicale. G, vue inférieure de la tête du précédent, le premier arc viscéral étant coupé.

ne trouve pas d'amnios, et l'allantoïde, quand elle existe, reste très-petite durant la vie fœtale et ne sert que comme réceptacle à la sécrétion urinaire.

Les annexes embryonnaires qui viennent d'être décrites, existent chez les reptiles, chez les oiseaux et chez les mammifères. A la naissance ou quand l'œuf se rompt, l'amnios est rejeté et le peu de l'allantoïde qui reste hors du corps de l'embryon est également éliminé. Mais la partie située à l'intérieur de l'embryon est généralement transformée, derrière et au-dessous, en vessie urinaire, et au-devant et au-dessus, en une corde ligamenteuse, l'*ouraque*, qui met la vessie en communication avec la paroi antérieure de l'abdomen. La vésicule ombilicale peut être ou éliminée ou retenue dans l'intérieur du corps où elle se résorbe graduellement.

La majorité des fentes viscérales des poissons et de beaucoup d'*amphibiens* reste ouverte durant toute la vie de l'animal, et les arcs viscéraux de tous les poissons (excepté l'*Amphioxus*) et de tous les amphibiens sont pourvus d'appendices filamenteux ou lamellaires qui reçoivent des rameaux des arcs aortiques et servent à la respiration comme *branchies*. Chez les autres *vertébrés*, toutes les fentes viscérales se ferment, hors la première, qui offre de fréquentes exceptions à ce fait; mais nulle branchie chez eux ne se développe sur ces arcs viscéraux.

CHAPITRE II

Tous les vertébrés possèdent un appareil de parties complétement ou relativement dures destinées à protéger les parties molles du corps. Cet appareil, suivant qu'il est situé à la surface du corps ou à l'intérieur, prend le nom de *squelette externe* ou *squelette interne*.

Squelette interne des vertébrés. — Les parties constituantes de ce système sont formées de tissu connectif avec un mélange d'os et de cartilage en proportion variée joint au tissu de la notocorde et de sa gaîne qui ne peut être classé dans la catégorie d'aucun des tissus précédents.

Le squelette interne se partage en deux parties indépendantes : l'une *axiale* ou appartenant à la tête et au tronc; l'autre *appendiculaire* ou formée d'appendices qui correspondent aux membres.

Le *squelette interne axial* se divise ordinairement en deux systèmes de parties squelettiques : le *système spinal* et le *système crânien*. La différence entre ces deux systèmes chez les vertébrés supérieurs se produit de la manière suivante.

Le sillon primitif représente d'abord une simple ligne partout d'égale épaisseur. Mais, à mesure que ses côtés s'élèvent, et que les lames dorsales se rejoignent graduellement au-dessus (en commençant par la moitié antérieure de leur longueur dans la future région céphalique ou auprès), une partie devient plus large que l'autre et indique la région céphalique (fig. 5, A). La notocorde qui se trouve à l'intérieur du sillon s'arrête derrière la terminaison antérieure de l'élargissement céphalique, précisément au-dessous de la médiane des trois dilatations que présente cet élargissement. La partie du plancher de l'élargissement qui repose au devant de l'extrémité de la notocorde s'incline à angle droits vers le reste.

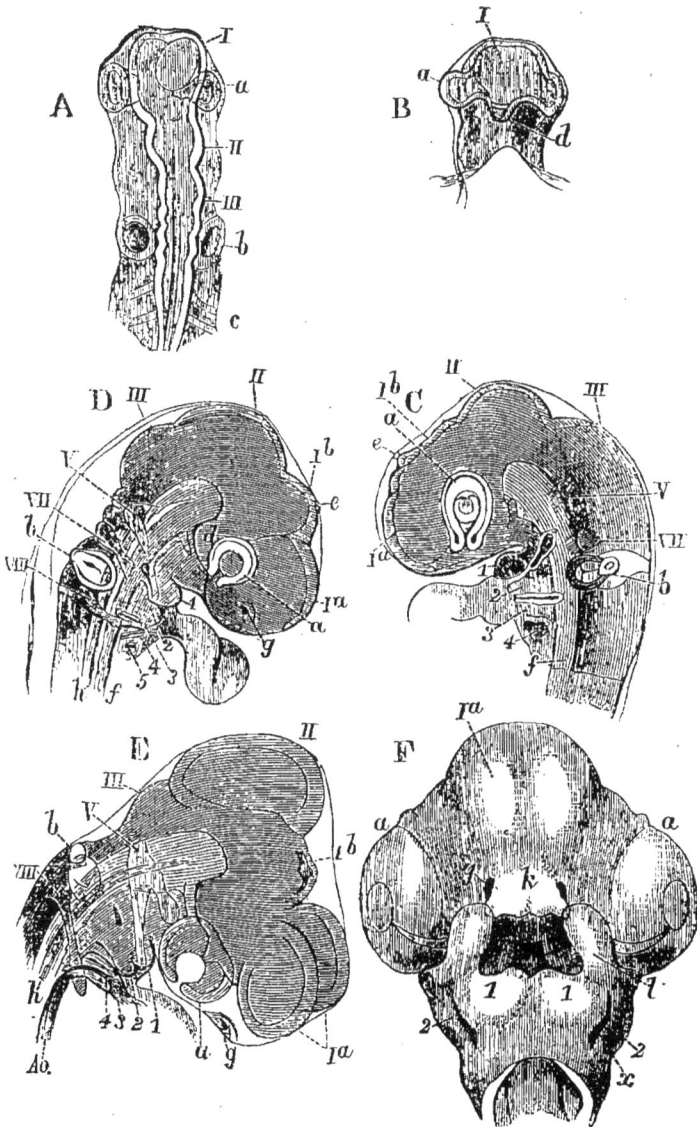

Fig. 5. — Degrés successifs du développement d'un poulet. — I, II, III, première, seconde et troisième vésicule cérébrale : I*a*, vésicule de l'hémisphère cérébral ; I*b*, vésicule du troisième ventricule ; *a*, rudiments de l'œil et des nerfs optiques ; *b*, des oreilles ; *c*, protovertèbres ; *h*, notocorde ; 1, 2, 3, 4, 5, arcs viscéraux. — V, VII, VIII, le trijumeau, la portion dure ; neuvième et dixième paire de nerfs crâniens ; apophyse nasale ; *l*, apophyse maxillaire ; *æ*, première fente viscérale. — A, B, vue supérieure et inférieure de la tête d'un poulet à la fin du second jour. — C, vue de côté, du troisième jour. — D, vue de côté à la soixante-quinzième heure. — E, vue de côté de la tête d'un poulet au cinquième jour, après avoir subi une légère pression. — F, tête d'un poulet au sixième jour vue de dessous.

Ainsi, la dilatation antérieure, qui a pris le nom de *vésicule cérébrale antérieure*, repose au devant du sommet de la notocorde ; la dilatation médiane, ou *vésicule cérébrale centrale*, au-dessus, et la dilatation la plus en arrière ou *vésicule cérébrale postérieure* derrière (fig. 5, D et E). Le plancher de la *vésicule antérieure* se trouve dans une sorte de fosse, au devant ou plutôt au-dessous du sommet de la notocorde. L'*infundibulum* est un produit du plancher de cette vésicule, tandis que la *glande pituitaire* se développe aux dépens de la portion sous-jacente de l'hypoblaste.

À la face supérieure opposée de la même vésicule, la *glande pinéale* opère son évolution et la partie de la vésicule cérébrale antérieure aux dépens de laquelle se produisent ces corps importants, deviendra le future troisième ventricule.

Derrière, la vésicule cérébrale postérieure passe dans la corde dorsale (fig. 5, A) ; cet endroit marque le point où se termine la tête et où commence la colonne vertébrale.

Mais aucune ligne de démarcation n'est d'abord visible entre les deux, le tissu homogène qui enveloppe la notocorde passant sans interruption d'une région à une autre et conservant partout les mêmes caractères.

La première distinction essentielle entre le crâne et la colonne vertébrale est marquée par l'apparition des *protovertèbres*. Le tissu homogène placé de chaque côté de la notocorde subit une transformation histologique, qui commence à la partie antérieure de la région cervicale et s'étend graduellement en arrière ; des masses plus opaques de forme quadrilatérale apparaissent de chaque côté de la notocorde (fig. 3, B, C). Chaque paire de ces quadrilatères s'unit graduellement au-dessus et au-dessous et envoie aux parois du canal rachidien des prolongements en forme d'arcs, de manière à constituer une *protovertèbre*.

Aucune proto-vertèbre n'apparaît sur la paroi interne du crâne, aussi, même dès le premier degré de développement, existe-t-il une distinction apparente entre le crâne et le canal spinal.

Système spinal. — Les protovertèbres se composent d'abord d'un simple tissu homogène ; ce n'est que par une suite de transformations histologiques dans la masse protovertébrale, que de ses parties profondes s'élèvent un *ganglion rachi-*

dien et un *centre vertébral cartilagineux*, et de sa couche superficielle un *segment des muscles dorsaux*.

La chondrification s'étend de plus en plus à l'intérieur du
tube dorsal pour produire l'*arc neural* et l'*épine* de chaque
vertèbre et, en dehors, jusqu'aux parois des parties thoraciques
et abdominales du tube ventral pour donner naissance aux
apophyses transverses et aux *côtes*.

Chez les poissons, celles-ci restent distinctes et séparées
les unes des autres à leur extrémité.

Mais, chez quelques reptiles, chez les oiseaux et chez les
mammifères, quelques-unes des côtes antérieures s'unissent
ensemble à leur extrémité et concourent à former au point
de leur union un cartilage thoracique médian — le *sternum*.

Quand l'ossification apparaît, le centre des vertèbres est ordinairement ossifié, en grande partie, par un dépôt qui forme
une sorte d'anneau autour de la notocorde, et les arcs vertébraux par un dépôt latéral qui s'étend plus ou moins dans le
centre. Les parties vertébrales et sternales des côtes peuvent
avoir chacune séparément un centre d'ossification, et devenir
des os distincts, ou bien la partie sternale peut rester toujours cartilagineuse. Le sternum lui-même est diversement
ossifié.

Entre l'état d'ossification complète de la colonne vertébrale
et son état primitif, il existe une foule de gradations qui pour
la plupart se trouvent plus ou moins réalisées chez certains animaux vertébrés adultes. La colonne vertébrale peut n'être représentée par autre chose qu'une notocorde sans enveloppe ou
recouverte d'une gaîne plus ou moins fibreuse ou cartilagineuse ;
avec ou sans traces d'arcs cartilagineux et de côtes ; elle peut
encore montrer soit des anneaux osseux, soit une gaîne ossifiée
sur ses parois ; ou avoir ses arcs neuraux (lames et corps des
vertèbres) et ses côtes seulement ossifiés sans posséder de
centre cartilagineux ou osseux. Les vertèbres peuvent être tout
à fait chondrifiées, puis ossifiées, avec des corps très-profondément biconcaves, la notocorde restant permanente dans
une substance inter-vertébrale doublement conique ; la chondrification ou l'ossification peut s'étendre de manière à rendre
le centre concave sur une de ses faces et convexe sur l'autre,
ou même convexe de chaque côté.

Les vertèbres qui ont un centre concave de chaque côté sont appelées avec raison *biconcaves* ou *amphicœliques*; celles qui ont une cavité au devant et une convexité derrière, *procœliques*; quand les positions de concavité et de convexité sont renversées, elles reçoivent le nom d'*opisthocœliques*.

Chez les mammifères, le centre de la vertèbre est ordinairement plat de chaque côté ; les épiphyses discoïdes de leurs faces terminales développées des centres d'ossification sont distinctes du centre proprement dit.

Les centres des vertèbres peuvent être unis entre eux par des articulations synoviales ou par des ligaments fibreux, *ligaments intervertébraux*. Les arcs sont réunis par des ligaments et, de plus, généralement par des apophyses articulaires recouvrantes appelées *zygapophyses* ou *apophyses obliques*.

Chez un grand nombre de vertébrés, la première et la seconde vertèbre cervicale ou l'*atlas* et l'*axis*, subissent une singulière transformation ; l'ossification centrale ne se relie pas avec l'ossification latérale et inférieure, mais reste comme un os distinct *odontoïdien*, ou se soude avec le corps de l'axis et devient l'*apophyse odontoïde* de la vertèbre.

Chez les vertébrés qui ont les membres postérieurs très-développés, une ou plusieurs vertèbres situées à la partie postérieure du tronc se modifient d'une manière toute particulière et donnent naissance à un *sacrum*, avec lequel l'arc pelvien se réunit par l'intermédiaire de côtes ankylosées et étendues. Au devant du sacrum les vertèbres sont artificiellement classées comme suit : *cervicales*, *dorsales* et *lombaires* ou plus exactement *thoraciques*. La première vertèbre qui vient après l'union des côtes avec le sacrum est thoracique, et toutes celles qui suivent et sont réunies à une côte distincte sont également thoraciques ; les vertèbres sans côte distincte entre la dernière thoracique et le sacrum sont *lombaires* ; les vertèbres avec ou sans côte au devant de la première thoracique sont *cervicales*.

Les vertèbres qui viennent après le sacrum sont *caudales* ou *coccygiennes*. Très-fréquemment, l'apophyse épineuse de ces vertèbres renferme la branche postérieure de l'aorte et peut être séparément ossifiée comme *sus-caudale* ou *os chevronné*.

Un segment à peu près complet du squelette spinal peut

être étudié sur la partie antérieure du thorax d'un crocodile
(fig. 6). On y voit un *centre* C vertébral procœlique (1) à l'*arc
neural* qui s'élève dans l'*épine neurale* (*ns*), relié par la *suture
neuro-centrale*. Deux apophyses, les *pré-zygapophyses* partent de
la partie antérieure de l'arc et montrent des surfaces articulaires dans la direction dorsale ; les deux autres de forme semblable, mais ayant leurs surfaces articulaires tournées vers la

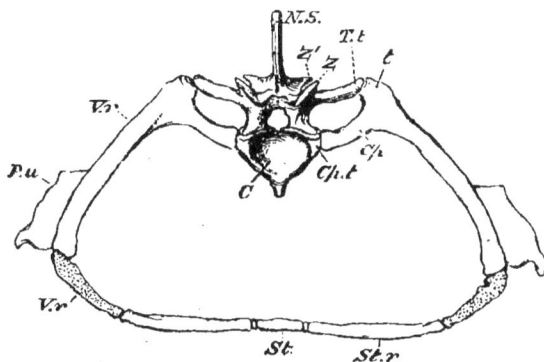

Fig. 6. — Segment du squelette interne dans la région antérieure thoracique d'un
  crocodile : *c*, centre du corps de la vertèbre ; *ns*, épine neurale ; *z*, pré-zy-
  gapophyse ; *z'*, post-zygapophyse ; *ti*, apophyse transverse s'articulant avec le
  tuberculum de la côte (*cp*) ; *vr*, côte vertébrale ossifiée ; *vr'*, partie de la côte
  vertébrale qui reste cartilagineuse ; *str*, côte sternale ; *st*, segment séparé artificiellement du sternum ; *pu*, apophyse uncinée.

partie ventrale, procèdent de la partie antérieure de l'arc cérébral, ce sont les *post-zygapophyses*. Après celles-ci, qui sont
souvent appelées *apophyses obliques* ou *articulaires*, la vertèbre
s'articule avec l'apophyse correspondante de ses prédécesseurs ou de ses successeurs dans la série. Les *apophyses transverses* sont au nombre de deux de chaque côté, une supérieure
et une inférieure. La première s'articule avec le *tubercule* de la
côte, la dernière avec la tête (*capitulum*) ; elles peuvent donc
être nommées respectivement *apophyses transverses capitulaires*
et *tuberculaires*.

Chaque côte est divisée par une articulation en une partie
vertébrale (*vr*) et une partie sternale (*st*). La première reste
longtemps sans s'ossifier sur un espace considérable à son

(1) Concave au devant, convexe en arrière.

extrémité inférieure (*vr'*) ; l'autre est plus ou moins convertie
en os cartilagineux. L'extrémité supérieure de la côte vertébrale se bifurque en *tuberculum* (*t*) et en *capitulum* (*cp*). L'extrémité postérieure de la côte sternale s'unit avec le cartilage
non segmenté, mais plus ou moins ossifié, qui forme le sternum. Une portion cartilagineuse, ou partiellement ossifiée,
apophyse uncinée (*pu*) est projetée par le bord postérieur de la
côte vertébrale sur l'espace intercostal. Il sera utile pour l'é-
tudiant de se familiariser avec la conception d'un tel segment
spinal et de le prendre comme type pour suivre les modifications qui seront décrites ci-après par rapport à lui.

Chez la majorité des vertébrés, les vertèbres caudales diminuent graduellement de volume vers l'extrémité du corps, et
finissent par être réduites, par l'arrêt de développement des
apophyses ou arcs ossifiés, à de simples noyaux.

Mais chez beaucoup de poissons, qui possèdent des troncs
de vertèbres bien ossifiés, nul centre distinct n'est développé à l'extrémité de la région caudale, et la notocorde envahie par une gaîne fibreuse ou cartilagineuse plus ou moins
épaisse persiste. Malgré ces conditions embryogéniques de
l'axe de la queue, les arcs supérieurs et inférieurs et les os
interspinaux peuvent être complétement formés de cartilage
ou d'os.

L'extrémité de l'épine d'un poisson, quelle que soit sa nature, conserve quelquefois la même direction que le tronc,
mais elle est plus généralement courbée de manière à former
un angle obtus avec celui-ci. Dans le premier cas, l'extrémité
de l'épine divise les nageoires en deux moitiés à peu près
égales, une supérieure et une inférieure, et le poisson est dit
diphycercal (fig. 7, A) ; dans le second cas, la division supérieure
des nageoires caudales est beaucoup plus petite que l'inférieure, et le poisson est *hétérocercal* (fig. 7, B).

Chez beaucoup de poissons osseux, les os appelés *supports
des nageoires* (*hypural*), de la division inférieure, prennent beaucoup plus d'extension, et restent séparés ou se réunissent en
un os cunéiforme à peu près symétrique qui finit par se souder au dernier centre vertébral ossifié ; les nageoires inférieures sont parfois disposées de manière à donner à la queue
une apparence de symétrie par rapport à l'axe du corps ; pour

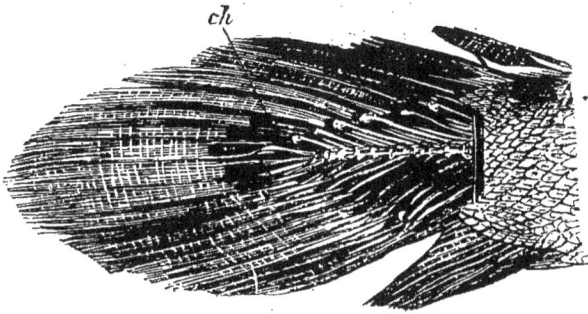

A

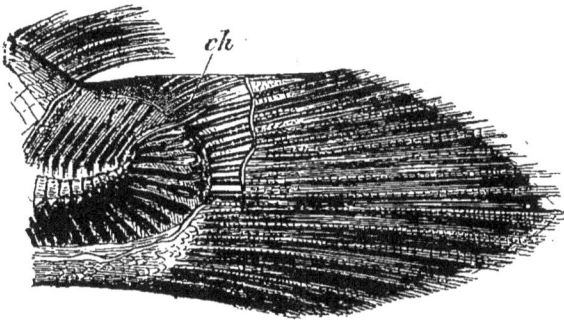

B

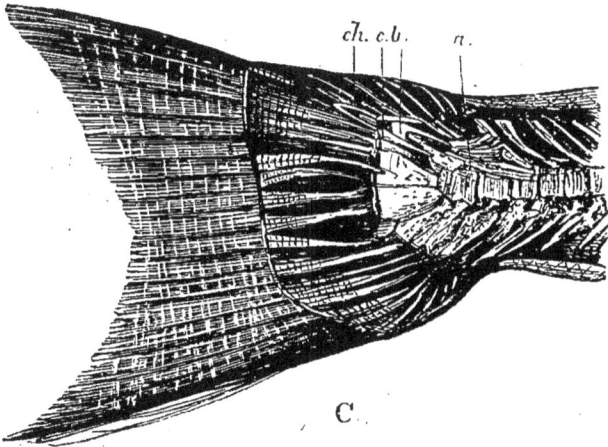

C.

Fig. 7. — Extrémités caudales du polyptère, du thon, du saumon. — A, le polyptère est à peu près diphycercal, les extrémités de la notocorde (*ch*) étant à
peine courbées. — B, le thon est extrêmement hétéro-cercal, mais les *supports des
nageoires* sont à peine modifiés et la notocorde n'est entourée que de cartilage. —
C, le saumon enfin est encore plus hétéro-cercal avec des supports développés et
une notocorde persistante couverte de plaques osseuses, *a*, *b*, etc. (Kölliker).

cette raison quelques poissons ont reçu le nom d'*homocerques*. Parmi ces poissons *homocerques*, quelques-uns, comme le saumon (fig. 7, C), ont une notocorde non ossifiée et protégée seulement par des plaques osseuses développées sur ses côtés. Chez quelques autres, comme les épinoches, les perches, etc., la gaîne de la notocorde devient complétement osseuse, et s'unit au centre de la dernière vertèbre qui semble alors s'être prolongée en une tige osseuse (urostyle).

Système crânien. — Aucune protovertèbre n'apparaît sur le plancher du crâne, comme il a déjà été établi, de même, qu'à aucun degré de développement du crâne on n'a rencontré de centres cartilagineux distincts, tandis qu'au contraire, quand la chondrification commence, elle s'avance sans interruption de chaque côté de la notocorde et ordinairement envahit la terminaison antérieure de ce corps plus ou moins complétement comme une *plaque basilaire* (fig. 8 et 9).

La plaque basilaire ne s'étend pas sur le plancher de la fosse pituitaire, mais le cartilage se continue en arrière de chaque côté de celle-ci sous forme de deux barres (*trabeculæ cranii*), qui sont originairement distinctes de la plaque basilaire, et offrent la forme et la direction des arcs viscéraux. Au-devant de la fosse, les trabécules se réunissent, et se terminent par une large plaque ordinairement bifurquée sur la ligne médiane, la *plaque ethmo-vomérienne*.

De chaque côté du bord postérieur du crâne, les cartilages basilaires s'avancent et se rencontrent sur la ligne médiane, circonscrivant ainsi le *trou occipital* et fournissant la seule partie cartilagineuse de la voûte du crâne. Car le tissu cartilagineux qui peut se développer sur les parties antérieures du crâne ne couvre pas habituellement la voûte, mais laisse un ou plusieurs espaces simplement membraneux au-dessus de la partie la plus large du cerveau : les *fontanelles*.

Avant que le crâne soit arrivé à cet état, les organes des trois sens les plus élevés ont fait leur apparition par paires, de chaque côté : l'*organe olfactif* étant le plus antérieur, l'*oculaire* ensuite et postérieurement l'*organe auditif*.

Chacun de ces organes, qui n'est primitivement qu'un pli ou sac de l'enveloppe tégumentaire, acquiert un squelette particulier.

S'il s'agit du nez, il est fourni par la *partie ethmo-vomérienne du crâne.*

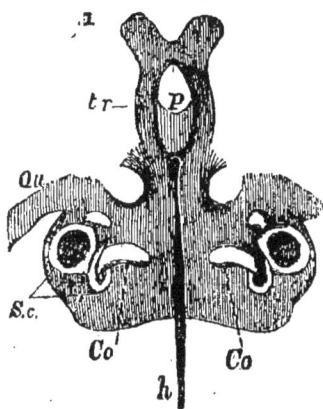

Fig. 8. — Crâne cartilagineux d'un poulet de six jours d'incubation vu de dessous : P, espace pituitaire ; *tr,* trabécules unies en avant dans la plaque bifurquée ethmo-vomérienne ; *qu,* cartilage quadratum ; *sc,* canaux semi-circulaires ; *co,* cochléa ; *h,* notocorde renfermée dans la plaque basilaire.

Pour les yeux, il appartient à l'organe lui-même, se compose de

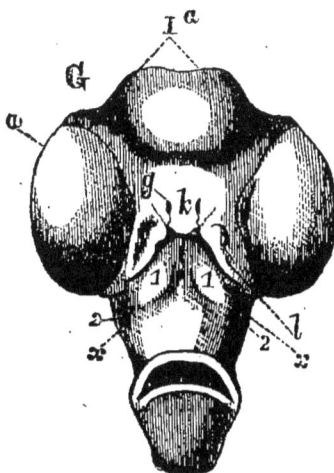

Fig. 9. — Vue inférieure de la tête d'un poulet de sept jours d'incubation : I*a,* hémisphères cérébraux produisant des renflements dans le tégument ; *a,* yeux ; *g,* sacs olfactifs ; *k,* apophyse fronto-nasale ; *l,* apophyse maxillaire ; 1, 2, premier et second arcs viscéraux ; *x,* restes de la première fente viscérale.

tissu fibreux cartilagineux ou osseux et reste distinct du crâne.

Pour ce qui concerne l'oreille, il est cartilagineux et habi-

.tuellement devient osseux. Qu'il soit primitivement distinct ou non, il forme de bonne heure une seule masse avec le crâne immédiatement au devant de l'arc occipital; et souvent constitue une véritable partie importante des parois du crâne quand celui-ci est complétement développé.

Les cartilages ethmo-vomériens s'étendent au-dessus des sacs nasaux, les couvrent extérieurement et leur envoient une cloison qui les divise. Cette cloison est l'*ethmoïde* proprement dit, *lame perpendiculaire* de l'anatomie humaine ; la partie postéro-latérale des cartilages ethmo-vomériens de chaque côté de la cloison, occupe la place des *préfrontaux* ou masses latérales de l'*ethmoïde* de l'anatomie humaine.

Les produits des parois latérales à l'aide desquels la membrane muqueuse nasale acquiert une large surface, sont les os turbinés.

Des cordes cartilagineuses en forme de côtes apparaissent en nombre varié chez presque tous les *vertébrés*, excepté les plus inférieurs, sur le premier (1) et le second des arcs viscéraux qui se succèdent. L'extrémité supérieure de la première et de la seconde de ces cordes s'unit à la capsule auditive qui se trouve au-dessous.

Le premier arc viscéral borde en arrière la cavité de la bouche, et marque la position de la *mandibule* ou maxillaire inférieur. Le cartilage qu'il contient est appelé *cartilage de Meckel* (fig. 10), tant qu'il appartient à la région de la future mandibule, tandis que la partie qui se trouve entre la mandibule et le crâne est le cartilage *carré* (quadratum) (2).

La corde cartilagineuse contenue dans le second arc viscéral de chaque côté est l'appareil *hyoïdien* rudimentaire. Ainsi que le précédent, il s'unit avec les suivants sur la ligne médiane centrale à l'endroit où s'élève le corps de l'hyoïde.

Une branche se continue en avant du premier arc viscéral jusqu'au sac olfactif, borde la bouche de chaque côté, et est appelée *branche maxillaire*.

Une corde cartilagineuse *palato-ptérygoïdienne* se développe dans cette branche (habituellement en continuité avec la po

(1) Les arcs viscéraux sont énumérés ici dans l'ordre ordinaire, sans avoir égard aux *trabécules*, afin d'éviter la confusion.

(2) *Os carré*, pièce près de l'oreille en forme de massue qui sert à l'articulation des mâchoires.

tion supérieure du cartilage de l'arc mandibulaire ou cartilage carré), s'étend en avant à mesure que l'*apophyse maxillaire* croît, et son extrémité antérieure se réunit très-généralement au cartilage préfrontal.

La branche maxillaire est d'abord séparée du bord de la partie antéro-médiane de la bouche par une échancrure formée par le bord libre d'une *branche fronto-nasale* (fig. 5, F;

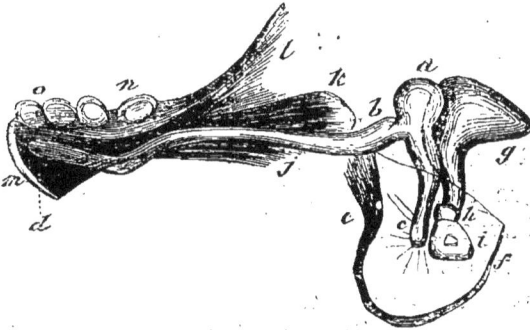

Fig. 10.— Cartilage de Meckel, vu par sa face interne (*).

fig. 9, *k*), et correspondant avec chaque sac nasal; elle sépare les sacs nasaux et contient la terminaison antérieure du crâne ethmo-vomérienne cartilagineuse.

L'échancrure est plus tard oblitérée extérieurement par l'union des branches maxillaires et fronto-nasales, mais elle peut rester ouverte intérieurement et donner naissance à l'ouverture *nasale postérieure* par laquelle la cavité nasale est mise en communication avec la bouche.

Modifications diverses du crâne des vertébrés. — L'animal vertébré le plus inférieur, l'*Amphioxus*, n'a pas de crâne, ses arcs viscéraux étant parallèles les uns aux autres et offrant des caractères similaires. Mais dans tous les autres *vertébrés* les arcs antérieurs ou trabéculaires (qui sont d'abord, comme le reste, disposés à angles droits par rapport à l'axe du corps), se courbent en haut et en avant parallèlement à cet axe; en même temps leurs extrémités antérieures se réunissent et donnent

(*) *a*, marteau; *b*, son apophyse grêle; *c*, son manche; *d*, cartilage de Meckel; *e*, *f*, cercle tympanique; *g*, enclume; *h*, os lenticulaire; *i*, étrier; *j*, *k*, *l*, *m*; maxillaire inférieure; *o*, *n*, dents (Ch. Robin).

naissance aux régions ethmo-vomérienne et préfrontale. Les capsules auditives et la plaque basilaire se réunissent et forment les régions occipitale et otique du crâne et, avec celles-ci, les extrémités antérieures des cartilages des arcs hyoïdiens et mandibulaires s'unissent encore directement ou indirectement. Dans les *Marsipobranches*, l'espace compris entre les trabécules représente le canal naso-palatin, et une modification spéciale de la membrane muqueuse sur la voûte de ce canal tient lieu de corps pituitaire chez ces poissons. De plus, l'arc mandibulaire reste incomplétement fermé. Mais chez tous les *vertébrés* plus élevés, le canal naso-palatin est oblitéré et l'interstice qui se trouve entre les trabécules primitives est converti en plancher de la *selle turcique*. La glande pituitaire se trouve enfermée dans celui-ci et séparée du reste de l'hypoblaste. De plus, le cartilage mandibulaire se trouve partagé entre une portion palato-quadrate et meckélienne; les deux cartilages de Meckel se réunissent sur la ligne médiane ventrale. Le crâne complet des vertébrés ainsi formé peut rester non ossifié ou sa substance cartilagineuse se couvrir d'une ossification superficielle comme chez les *Élasmobranches*.

Chez les autres poissons et chez tous les autres *vertébrés* plus élevés, le crâne cartilagineux et les arcs faciaux peuvent persister sur une plus ou moins grande étendue, mais des os surviennent, qui peuvent être presque entièrement membraneux comme chez l'esturgeon; ou ils peuvent résulter de l'ossification du crâne cartilagineux lui-même, de centres déterminés aussi bien que du développement d'os membraneux superposés.

Boîte osseuse du cerveau. — Quand le crâne subit une complète ossification, la matière osseuse se dépose au moins sur trois points au milieu de son plancher cartilagineux. Le dépôt osseux le plus rapproché du trou occipital devient l'os *basi-occipital* (1); celui qui se dépose sur le plancher de la fosse pituitaire devient *basi-sphénoïde* (2), celui qui apparaît sur les trabécules réunies au devant de la fosse, donne naissance au

---

(1) Basi-occipital (Owen), occipital basilaire (Cuvier).
(2) Basi-sphénoïde (Owen), corps du sphénoïde (Cuvier).

présphénoïde (1). Au devant et en dehors de la cavité crânienne, l'*ethmoïde* peut être représenté par un ou plusieurs points d'ossification distincts.

Un centre d'ossification peut apparaître dans le cartilage de chaque côté du trou occipital; donner naissance à l'*ex-occipital* (2), et former au-dessus le *sus-occipital*. Les quatre parties occipitales, en s'unissant ensemble plus ou moins intimement, forment le *segment occipital du crâne.*

Au devant de la capsule auditive, et de la sortie de la troisième division de la cinquième paire, un centre d'ossification peut apparaître de chaque côté et donner naissance à l'*alisphénoïde* (3) qui, normalement, s'unit au-dessous avec le basisphénoïde.

Au devant et au-dessus de la sortie des nerfs optiques, des points d'ossification dans la région *orbito-sphénoïdale* (*ailes orbitaires*, Cuvier), peuvent apparaître et s'unir au-dessous avec le présphénoïde.

Au devant du segment occipital, la voûte du crâne est en grande partie, sinon complétement membraneuse; et les os qui complètent les deux segments dont le *basi-sphénoïde* et le *présphénoïde* forment la base, sont des os membraneux disposés par paires : postérieurs ou *pariétaux*, antérieurs ou *frontaux;* et les segments qu'ils complètent sont respectivement appelés *pariétal* et *frontal*. Ainsi les parois de la cavité crânienne d'un crâne typique ossifié sont divisibles en trois segments.

1° *Occipital*, 2° *pariétal*, 3° *frontal*. — Les différentes parties disposées, par rapport les unes aux autres, savoir : organes des sens et sortie des première, seconde, cinquième et dixième paires des nerfs crâniens, se voient dans le diagramme suivant :

Les noms des os simplement membraneux de ce diagramme sont écrits en gros caractères comme PARIÉTAL, tandis que les os qui ont été formés dans le cartilage sont en petits caractères, comme BASI-SPHÉNOÏDE.

(1) Présphénoïde (Owen), *corps du sphénoïde antérieur* (Cuvier).
(2) Ex-occipital (Owen), *occipital latéral* (Cuvier).
(3) Traduction par Owen du nom cuviérien, *grande aile du sphénoïde.*

BOITE CRANIENNE

SEGMENTS

III	II	I

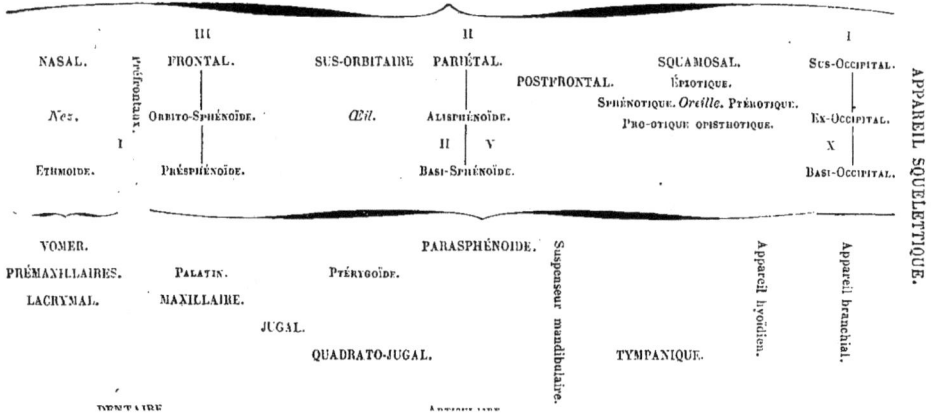

| NASAL. | | FRONTAL. | SUS-ORBITAIRE | PARIÉTAL. | | SQUAMOSAL. | SUS-OCCIPITAL. |

| | Préfrontaux. | | | | POSTFRONTAL. | ÉPIOTIQUE. | |

Nez.   ORBITO-SPHÉNOÏDE.   *Œil.*   ALISPHÉNOÏDE.   SPHÉNOTIQUE. *Oreille.* PTÉROTIQUE.   EX-OCCIPITAL.

PRO-OTIQUE OPISTHOTIQUE.

I   II | V   X

ETHMOÏDE.   PRÉSPHÉNOÏDE.   BASI-SPHÉNOÏDE.   BASI-OCCIPITAL.

APPAREIL SQUELETTIQUE.

VOMER.

PRÉMAXILLAIRES.   PALATIN.   PTÉRYGOÏDE.   PARASPHÉNOÏDE.

LACRYMAL.   MAXILLAIRE.

JUGAL.

QUADRATO-JUGAL.   TYMPANIQUE.

Suspenseur mandibulaire.

Appareil hyoïdien.

Appareil branchial.

DENTAIRE   ARTICULAIRE

Les cases cartilagineuses des organes de l'ouïe ou *capsules périotiques* sont, comme il a été dit plus haut, incorporées au crâne entre les *ex-occipitaux* et les *alisphénoïdes*, en d'autres termes entre les segments pariétaux et occipitaux du crâne; chacune d'elles peut présenter trois points principaux d'ossification : en avant le *pro-otique*, postérieurement, et au-dessous l'*opisthotique*, au-dessus et postérieurement, l'*épiotique*. Ce dernier est en relation spéciale avec le canal postérieur vertical semi-circulaire; le premier avec le canal antérieur vertical semi-circulaire; il est placé entre celui-ci et la sortie de la troisième division de la cinquième paire.

Ces trois points d'ossification peuvent se réunir en un seul comme quand ils concourent à former la partie *pétreuse* et *mastoïdienne* de l'os temporal de l'anatomie humaine; ou l'*épiotique* ou l'*opisthotique*, ou tous les deux, peuvent se réunir avec les *sus-occipitaux* adjacents et les *ex-occipitaux*, laissant le *pro-otique* distinct. Le pro-otique est en somme un des os les plus constants du crâne chez les vertébrés inférieurs, quoiqu'il soit communément pris d'une part pour l'alisphénoïde, de l'autre pour le pétro-mastoïdien complet.

Quelquefois un quatrième point d'ossification, le *ptérotique* vient s'ajouter aux trois déjà mentionnés. Celui-ci se trouve sur la partie supérieure externe de la capsule auditive entre le pro-otique et l'épiotique. (Voyez crâne cartilagineux du brochet, fig. 18.) Le premier est le post-frontal des poissons.

Chez quelques vertébrés, la base du crâne offre (1) un long os de membrane en forme d'attelle, le *parasphénoïde*,

(1) Les os se forment de deux manières : s'ils sont précédés par le cartilage, le dépôt osseux de l'os futur se dépose d'abord dans la matrice de ce cartilage ; si l'os n'est pas précédé par le cartilage, le dépôt osseux prend place tout d'abord dans le tissu homogène ou connectif rudimentaire, dans ce cas l'os n'est pas préfiguré par le cartilage. Dans le crâne des poissons élasmobranches et dans le sternum et l'épicoracoïde des lézards, la matière osseuse est simplement du cartilage ossifié ou *os cartilagineux*. D'une autre part, les os pariétaux et frontaux sont toujours dépourvus de cartilages rudimentaires, ou, en d'autres termes, sont des *os membraneux*.

Chez les vertébrés les plus élevés les os ne restent que rarement, sinon jamais, à l'état cartilagineux ; mais le cartilage primitif se résorbe en grande partie et est remplacé par des *os membraneux* dérivés du périchondre.

qui s'étend du basi-occipital à la région présphénoïdienne.

Chez les poissons ordinaires et chez les amphibiens, cet os est destiné à remplacer le *basi-sphénoïde* et le *présphénoïde*, tandis que chez les vertébrés plus élevés il se confond avec le basi-sphénoïde.

Le *vomer* est un os membraneux symétrique simple ou double en forme d'attelle, qui se trouve également dans la région ethmoïdienne du crâne.

Indépendamment des os déjà mentionnés, un point d'ossification se montre dans la région de la paroi postérieure de la capsule nasale, et donne naissance à un os appelé communément *préfrontal*. On peut lui conserver ce nom quand l'os est simplement un os membraneux, autrement *par-ethmoïde* (équivalent de masse latérale de l'ethmoïde est une meilleure dénomination).

Un *postfrontal* peut se montrer derrière l'orbite, au-dessus de l'ali-sphénoïde dont il semble parfois être un simple fragment; mais, dans la plupart des cas, le postfrontal est un os membraneux distinct.

Plus loin, à la surface externe supérieure de la capsule auditive se développe communément un os membraneux, le *squamosal* (1) ; une autre paire d'os en forme d'attelle, les nasaux, couvre la partie supérieure de la chambre ethmo-vomérienne, dans laquelle se logent les organes de l'olfaction.

Os de la face. — Les os de la face qui constituent l'arc inférieur du crâne, apparaissent sur les apophyses et les arcs viscéraux déjà énumérés. Ainsi le *maxillaire antérieur* se compose de deux os développés dans la partie buccale venant de l'apophyse naso-frontale, un de chaque côté de la ligne médiane, entre les *ouvertures nasales externes* ou narines, et le bord antérieur de la bouche.

L'ossification apparaît dans le cartilage palato-ptérygoïdien sur deux points principaux, un en avant, un en arrière. Le point antérieur donne naissance à l'os *palatin*, le postérieur, au *ptérygoïdien*. Outre ceux-ci, plusieurs os membraneux peuvent apparaître sur le même arc; le principal est le *maxillaire* qui s'unit communément, au devant, avec le prémaxillaire. Derrière le maxillaire, il peut y en avoir un second, le *ju-*

---

(1) Traduction par Owen du nom *temporal écailleux* de Cuvier.

gal, et parfois derrière celui-ci un troisième, le *quadrato-jugal*.

Entre le maxillaire, le frontal et le prémaxillaire, se développe un autre os membraneux appelé *lacrymal* à cause de ses relations constantes avec le canal lacrymal, et un ou plusieurs points d'ossification *sus-orbitaires*, *infra-orbitaires* et *post-orbitaires* peuvent s'ajouter aux bords osseux de l'orbite.

Quand ces os membraneux et le postfrontal sont simultanément développés, ils forment deux séries d'*attelles* osseuses, attachées aux parois du crâne et convergeant vers le lacrymal, l'une au-dessus, l'autre au-dessous de l'orbite.

La série supérieure (lacrymale, sus-orbitaire, préfrontale) se termine postérieurement au dessus de l'extrémité antérieure de l'*os carré* ou *suspenseur des mandibules* (*os quadratum*).

La série inférieure (lacrymale, maxillaire, jugale, quadrato-jugale) se termine au-dessus de l'extrémité terminale de cet os, avec lequel se réunit le quadrato-jugal. Les deux séries se rejoignent derrière l'orbite à l'aide du post-orbitaire quand il existe, mais plus communément par l'union du jugal avec le postfrontal et le squamosal. La série la plus complète de ces os se trouve chez les ichthyosaures, les chéloniens, les crocodiles, quelques lacertiliens, labyrinthodontes et poissons.

Chaque canal, nasal très-court d'abord, passe entre le promaxillaire au-dessous, l'ethmoïde et le vomer à l'intérieur, le préfrontal au-dessus et extérieurement, et le palatin derrière pour s'ouvrir dans la cavité buccale; et, avant que la fente située en avant des apophyses maxillaires et naso-frontales ne soit close, ce canal communique latéralement avec l'extérieur, et en arrière, avec la cavité de l'orbite. Quand les branches maxillaires et fronto-nasales se réunissent, la communication directe externe cesse d'avoir lieu, mais le *canal orbito-nasal* ou *lacrymal*, ainsi qu'il est appelé à cause de sa fonction d'emporter la sécrétion de la glande lacrymale, peut persister et contracter une relation spéciale avec l'os *lacrymal* qui peut se développer.

Chez les vertébrés élevés, les canaux du nez ne communiquent pas avec la cavité ouverte de la bouche; mais les os malaires et palatins régulièrement, et le ptérygoïde quelquefois, envoient au-dessous et en dedans, des apophyses qui se rencontrent sur la ligne médiane pour former dans la bouche un canal destiné à recevoir en avant le canal nasal tandis qu'il s'ouvre en arrière dans le pharynx pour former ce qui sera désormais les *narines postérieures.*

Deux points d'ossification apparaissent près du cartilage de Meckel et deviennent deux os articulés par diarthrose (fig. 11).

Le premier d'entre eux, *l'os carré,* qui se trouve chez beaucoup de vertébrés, est l'équivalent du *marteau* des mammifères;

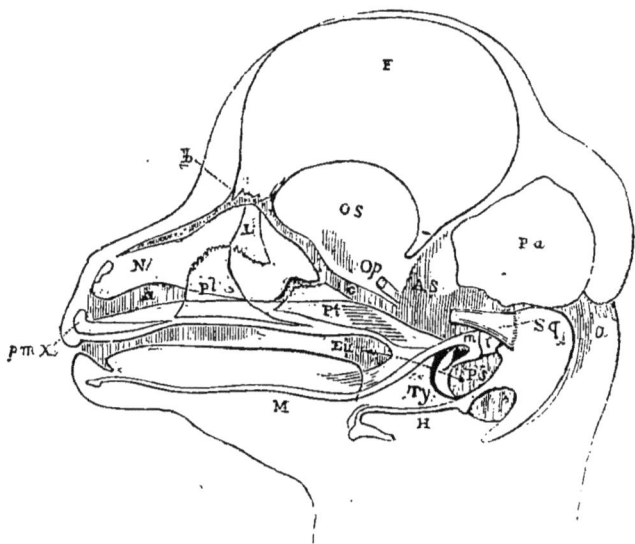

Fig. 11. — Tête d'un fœtus de brebis, disséqué de manière à montrer : M, le cartilage de Meckel ; *m*, marteau ; *i*, enclume ; *ty*, tympan ; *h*, hyoïde ; *sq*, squamosal ; *pt*, ptérygoïde ; *pl*, palatin ; *l*, lacrymal ; *pmx*, prémaxillaire ; *n*, sac nasal ; *Eu*, trompe d'Eustache.

le suivant est *l'os articulaire de la mâchoire inférieure* de la plupart des vertébrés, mais ne semble pas être représenté chez les mammifères. Les traces du cartilage de Meckel subsistent habituellement durant un temps plus ou moins long, mais ne s'ossifient pas chez la plupart des vertébrés, quoique l'ossification apparaisse à son extrémité symphysienne chez quelques amphibiens et mammifères. Ils finissent par être enveloppés par l'os qui s'élève de divers centres dans les membranes adjacentes, et les *branches des mandibules* ainsi formées s'articulent avec l'os temporal des mammifères ; mais, chez les autres vertébrés, elles s'unissent à l'os *articulaire* par une synarthrose. La branche complète des mandibules s'articule donc directement avec le crâne des mammifères, tandis que chez les autres *vertébrés* l'articulation n'a lieu qu'indirectement, ou avec l'intermédiaire de l'os carré (1).

Chez les oiseaux et chez les reptiles, l'extrémité supérieure de l'os carré s'articule directement (avec une exception qui

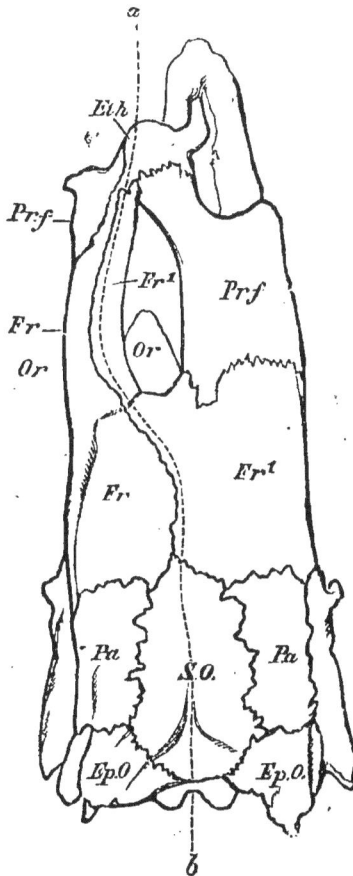

Fig. 12. — Crâne d'un carrelet (*Platessa vulgaris*), vu de dessous. La ligne *a*, *b*, est la vraie ligne médiane morphologique ; *or*, *or*, position des deux yeux dans leurs orbites ; *eth*, ethmoïde ; *prf*, préfrontal ; *fr*, frontal gauche ; *frl*, frontal droit ; *pa*, pariétal ; *so*, sus-occipital ; *epo*, épiotique.

n'est qu'apparente chez les ophidiens) et sans l'intermédiaire de l'appareil hyoïdien avec la capsule périotique.

(1) Geoffroy-Saint-Hilaire a prouvé entre autres choses aussi singulières que vraies, que toutes les parties du temporal. le rocher excepté, se détachent successivement de la tête, et que le cadre du tympan en forme ce qu'on appelle l'*os carré* ou le pédicule de la mâchoire inférieure dans les oiseaux, les reptiles et les poissons (Cuvier).

Chez la plupart des poissons, l'union de l'arc mandibulaire avec le crâne s'effectue indirectement par ses attaches avec un cartilage ou os, le *hyo-mandibulaire* (*symplectique* des poissons osseux), qui représente l'extrémité supérieure de l'arc hyoïdien (voy. fig. 26).

L'ossification de l'appareil hyoïdien varie infiniment dans ses détails, mais habituellement donne naissance à des arcs latéraux osseux et à une portion médiane qui prend à l'égard de ceux-ci une importance égale à celle du sternum par rapport aux côtes. Quand les arcs latéraux sont complets, ils s'unissent directement à la capsule périotique.

L'extrémité supérieure de l'arc hyoïdien est souvent unie plus ou moins intimement avec la flèche de l'os appelé *columella auris* ou *stapes* (étrier), dont la partie interne chez les vertébrés élevés est attachée à la membrane de la *fenêtre ovale*.

Chez les poissons ordinaires, s'étend en arrière, à partir du second arc viscéral au-dessus des fentes branchiales persistantes, un pli de la membrane tégumentaire dans lequel se développe une série d'os membraneux en forme de rayons nommés *operculaires* (1) et *branchiostèges* qui viennent s'unir intimement avec l'arc hyoïdien. L'excroissance correspondante de la peau est développée chez les têtards de batraciens et s'étend en arrière au-dessus des branchies. Ses bords postérieurs, d'abord libres, s'unissent ensuite avec la peau du corps, derrière les fentes branchiales ; l'union complète a lieu bien plus tôt du côté droit que du côté gauche.

Chez beaucoup de mammifères, un pli semblable de la peau donne naissance au *pavillon* ou *oreille externe*.

Le squelette *branchial* contracte les mêmes relations avec les arcs viscéraux postérieurs que l'hyoïdien avec les autres. Arrivé à son plus haut degré de développement, il offre des arcs latéraux ossifiés, réunis par des pièces médianes, et fréquemment pourvus d'appendices radiés qui servent de supports à la muqueuse branchiale. On ne trouve cet appareil que chez les vertébrés qui respirent par les branchies dans la classe

(1) E. Geoffroy-Saint-Hilaire regardait les os operculaires comme les analogues des osselets de l'oreille des mammifères arrivés chez les poissons à leur maximun de développement. (*Philosophie anatomique*, Paris, 1818-1823.)

des poissons et des *amphibiens*. Chez les vertébrés supérieurs, la postérieure des deux paires de cornes dont l'appareil hyoïdien est généralement pourvu, sont les seuls restes du squelette branchial.

Le crâne et la face sont habituellement symétriques par rapport à un plan vertical médian.

Mais chez les cétacés, les os de la région du nez sont inégalement développés et le crâne devient asymétrique.

Chez les poissons plats (*pleuronectes*) le crâne se contourne de telle sorte que les deux yeux se trouvent du même côté du corps, tantôt à droite, tantôt à gauche; chez certains de ces poissons, le reste du crâne, les os de la face, l'épine et même les membres partagent cette asymétrie. La base du crâne et sa région occipitale sont comparativement moins affectées, mais dans la région inter-orbitaire, les os frontaux sous-jacents et les parois latérales cartilagineuses ou membraneuses du crâne sont rejetés d'un seul côté, et fréquemment subissent une flexion telle qu'ils deviennent convexes d'un côté et concaves de l'autre. Le préfrontal du côté où le crâne est tordu envoie en arrière une longue apophyse au-dessus des yeux de ce côté, qui s'unit avec l'os frontal et ainsi renferme l'œil dans une complète orbite osseuse. C'est le long de ce pont *fronto-préfrontal* que s'avancent les nageoires dorsales, comme si ce pont représentait le milieu morphologique du crâne (fig. 12).

Les embryons des pleuronectes ont les yeux à leur place normale, de chaque côté de la tête; la torsion ne commence qu'après l'éclosion du poisson.

Appendices squelettiques. — Les membres de tous les vertébrés font leur apparition comme des bourgeons, de chaque côté du corps.

Chez tous, excepté les poissons, ces bourgeons se divisent par constriction en trois segments, dont le supérieur s'appelle *bras* pour les membres antérieurs, *fémur* pour les membres inférieurs; le second *avant-bras* ou *jambe*, le segment de l'extrémité *main* ou *pied*.

Chacune de ces divisions a son squelette propre composé de cartilage et d'os.

La première division ne contient normalement qu'un os, l'*humérus* dans le bras, et le *fémur* dans la jambe; celle du milieu se compose de deux os, côte à côte, le *radius* et le *cubitus*, ou *tibia* et *péroné* pour la jambe. La division inférieure se compose de plusieurs os, disposés de manière à former au plus cinq séries longitudinales, excepté chez l'ichthyosaure, où des os s'ajoutent sur la partie marginale et où quelques-uns des doigts se bifurquent.

Les éléments du squelette de la main et du pied sont divisibles en un rang supérieur, le *carpe* ou le *tarse*, et un rang inférieur, les *doigts*, qui sont ordinairement au nombre de cinq, dont chacun s'articule avec les os inférieurs du carpe ou du tarse.

Chaque doigt a un os supérieur *basidigitale* (*métacarpien* ou *métatarsien* à la suite duquel viennent une série linéaire de *phalanges*. Il vaut mieux compter les doigts toujours de la

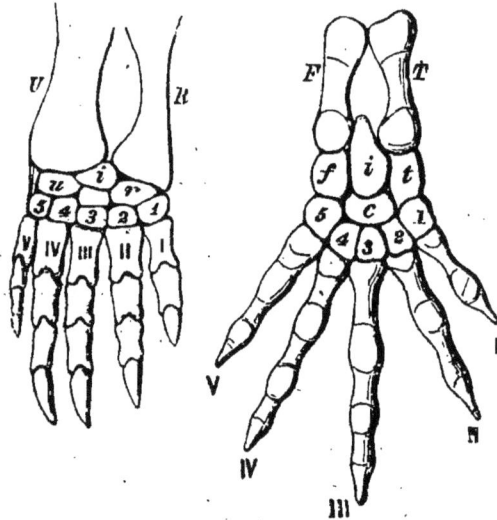

Fig. 13. — Pied antérieur droit d'un chélonien, *Chelydra*, et pied postérieur droit d'un amphibie, *Salamandre*.— U, cubitus. — R, radius. — F, péroné. — T, tibia.
Os carpiens antérieurs : *r*, radial; *i*, intermedium; *u*, cubital; l'os central est celui du milieu qui n'a pas de lettre.
Os tarsiens antérieurs: *t*, tibial; *i*, intermedium; *f*, péronéen; *c*, central; 1, 2, 3, 4, 5, carpiens et tarsiens postérieurs; I, II, III, IV, V, doigts (Gegenbauer).

même manière, en commençant par le côté du radius ou du tibia. Ainsi, le pouce est le premier doigt de la main de l'homme, et le gros orteil le premier doigt du pied. En adoptant ce système, les doigts peuvent être représentés par les nombres I, II, III, IV, V.

Il y a des raisons pour croire que, même quand ils semblent moins compliqués, le carpe et le tarse se composent d'éléments squelettiques de même nombre et d'égale disposition. Un de ces éléments, primitivement situé au centre du carpe ou du tarse, est appelé *central*; du côté inférieur se trouvent cinq *carpiens* ou *tarsiens* qui s'articulent avec plusieurs os métacarpiens ou métatarsiens pendant que, à la partie supérieure, se trouvent trois os : un *radial* ou *tibial* s'articulant avec le radius ou le tibia, un *cubital* ou *péronéen* avec le cubital ou le péroné; et un *intermedium* situé entre les précédents. Des os ou cartilages carpiens et tarsiens ainsi disposés se trouvent chez quelques amphibiens et chéloniens (fig. 11). Mais habituellement, la disposition typique est dérangée par la suppression de quelqu'un de ces éléments ou par leur liaison avec d'autres. Ainsi, dans le carpe de l'homme, le radial, l'intermedium et le cubital sont représentés par les *scaphoïdes*, le *semi-lunaire*, et le *cunéiforme* respectivement. Le *pisiforme* est l'os sésamoïde développé dans le tendon du *cubital fléchisseur du carpe (cubital antérieur* de l'homme) qui n'a aucun rapport avec le carpe primitif. Le *central* n'est représenté par aucune forme distincte, s'étant uni sans doute avec quelqu'un des autres éléments du carpe. Le quatrième et le cinquième carpien se sont réunis pour former l'*unciforme*. Dans le tarse de l'homme, l'*astragale* représente le tibial et l'intermedium réunis; le *calcaneum*, le péronéen. Le *naviculaire* (scaphoïde) ici est l'os central; de même les os correspondants dans le carpe, le quatrième et le cinquième tarsien se sont réunis pour former le *cuboïde*.

Position des membres. — Dans leur position primitive, les membres sont droits et tombent en dehors à angles droits suivant l'axe du corps. Mais, à mesure que le développement s'avance, ils s'infléchissent de telle sorte que la partie médiane se courbe au-dessous et vers la ligne médiane sur la division supérieure, tandis que la partie antérieure prend une courbure opposée sur la division médiane. Ainsi l'aspect ventral de l'*avant-bras* et de la *jambe* est tourné en dedans, le côté dorsal en dehors, tandis que l'intérieur de la *main* et du *pied* se trouve en dedans, le dos au-dessus. Quand la position des membres n'a pas subi d'autres altérations, le radius de l'avant-bras et le tibia de la jambe sont tournés en avant et vers la tête; le cubitus et le péroné en arrière ou vers l'extrémité caudale.

En regardant ces parties par rapport à l'axe du membre lui-même, le radius et le tibia sont dans une position *préaxiale* ou au-devant de l'axe; tandis que le cubitus et le péroné sont dans une direction *post-axiale* ou derrière l'axe. Le même axe traverse le centre du doigt médian. Il y a en conséquence deux doigts au devant de l'axe dans la région radiale ou tibiale et deux doigts derrière l'axe, dans la région du cubitus ou du péroné pour chaque membre.

Le plus antérieur des doigts (I) est appelé *pouce* dans la main, *premier orteil* dans le pied; le second (II) *index;* le troisième (III), *médium;* le quatrième (IV), *annulaire;* le cinquième (V), *minimum* ou *petit doigt.*

Chez beaucoup d'amphibiens et de reptiles les membres des adultes ne s'éloignent pas beaucoup de cette position primitive.

Mais, chez les oiseaux et chez les mammifères, de plus grands changements surviennent. Ainsi chez tous les quadrupèdes ordinaires, le bras se tourne en arrière et la cuisse en avant, de manière que le coude et le genou se trouvent rapprochés du corps; de même l'avant-bras fléchit sur le bras, et la jambe sur la cuisse. Chez l'homme un plus grand changement encore arrive. Dans la station naturelle, l'axe du bras et de la jambe est parallèle à l'axe du corps au lieu de lui être perpendiculaire. La surface propre ventrale du bras regarde en avant, celle de la cuisse en arrière, tandis que la surface dorsale de cette dernière regarde en avant. La surface dorsale de l'avant-bras regarde en dehors et en arrière, celle de la jambe directement en avant. La surface dorsale de la main est externe, celle du pied supérieure. Pour résumer, le dos du bras correspond au devant de la jambe, et le côté externe de la jambe au côté interne du bras dans la station verticale.

Chez les chauves-souris, une ligne tirée depuis l'acétabulum (cavité cotyloïde) jusqu'au pied est aussi, dans la position naturelle presque parallèle à l'axe longitudinal du corps. Mais en prenant cette position, la jambe est courbée sur le genou et tournée en arrière; la surface dorsale de la cuisse est tournée au-dessus et en avant tandis que la surface correspondante de la jambe se trouve en arrière et au-dessus, les phalanges ongulées sont tournées en arrière.

Les principales modifications de la main et du pied viennent de l'excès ou de l'arrêt de développement de certains doigts, et de la manière dont les doigts sont unis les uns aux autres et avec le carpe ou le tarse.

Chez l'ichthyosaure et le plésiosaure, les tortues, les cétacés et les siréniens, et à un degré inférieur chez les phoques, les doigts sont liés ensemble et renfermés dans une gaîne commune tégumentaire, de manière à former des rames (*paddles*) dans lesquelles les doigts ont peu ou point de rapport les uns avec les autres.

Le quatrième doigt de la main du *ptérosaure*; et les quatre doigts du côté du cubitus de la chauve-souris, sont très-allongés afin de supporter la membrane qui permet à ces animaux de voler. Chez les oiseaux existants, les deux doigts du côté cubital ou post-axial sont abortifs; les métacarpiens du second et du troisième sont ankylosés, et les doigts existants eux-mêmes sont enfermés dans une gaîne tégumentaire commune. Le troisième invariablement et le second quelquefois sont dépourvus de griffes. Le métacarpien du pouce est ankylosé avec les autres, mais le reste de ce doigt est libre et souvent pourvu de griffes.

Parmi les mammifères terrestres, l'exemple le plus frappant des variations de la main et du pied est offert par la réduction graduelle du nombre complet des doigts; de cinq, nombre normal, à quatre (le porc), puis trois (le rhinocéros), puis deux (beaucoup de ruminants), et enfin un seul (les équidés).

Arcs pectoral et pelvien. — Les éléments supérieurs squelettiques de chaque paire de membres (*humérus* ou *fémur*), sont supportés par une ceinture primitive cartilagineuse *pectorale* ou *pelvienne*, que l'on trouve à la partie externe des éléments costaux du squelette vertébral. Cette ceinture peut être simplement un arc cartilagineux (comme chez les squales et les raies), ou être plus compliquée par des subdivisions ou additions.

L'arc pectoral peut être réuni au crâne ou à la colonne vertébrale à l'aide de muscles, de ligaments ou d'ossifications dermiques, quoique primitivement il soit tout à fait séparé de l'un et de l'autre. Mais il n'est jamais joint aux vertèbres par l'in-

termédiaire des côtes. D'abord il consiste en une simple pièce
cartilagineuse de chaque côté du corps, indiquant seulement
les différentes régions et apophyses, et offrant une surface articulaire aux os ou cartilages des membres. Mais l'ossification se
fait habituellement dans le cartilage de manière à donner
naissance à un os du dos appelé *scapulum* ou *lame de l'épaule*,
qui se réunit dans la cavité articulaire *glénoïdale* de l'humérus
avec une pièce osseuse ventrale appelée *coracoïde* (fig. 14).

Par les différences qui existent dans le mode d'ossification
de ses diverses parties, et par d'autres changements, cette
région de l'arc pectoral primitif cartilagineux qui se trouve
au-dessus de la cavité glénoïde, peut être plus tard divisée en
scapulum et *sus-scapulum*; tandis que celle qui se trouve du

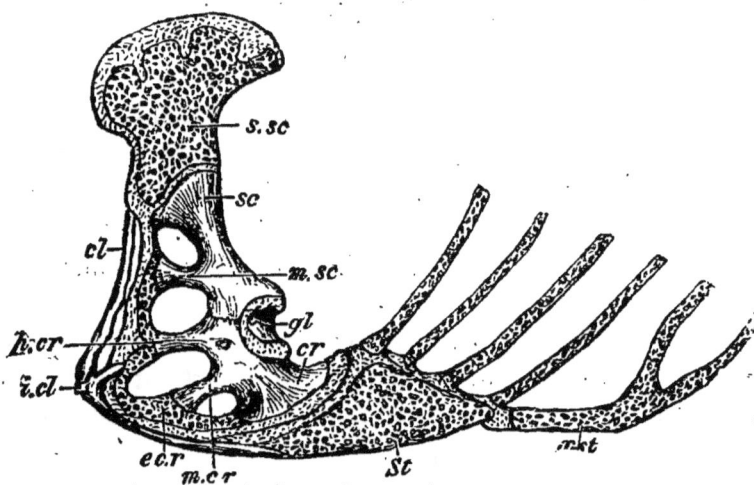

Fig. 14. — Vue de côté de l'arc pectoral et du sternum d'un lézard (*Iguana tuberculata*) : Sc, scapulum ; *ssc*, sus-scapulum ; *cr*, coracoïde ; *gl*, cavité glénoïde ; St, sternum ; *xst*, xiphisternum ; *msc*, meso-scapulum ; *pcr*, precora-
coïde ; *mcr*, méso-coracoïde ; *ecr*, épi-coracoïde ; *cl*, clavicule ; *icl*, interclavicule.

côté ventral peut offrir non-seulement un *coracoïde*, mais un
pré-coracoïde et un *épi-coracoïde*.

Dans la grande majorité des vertébrés au-dessus des poissons, les coracoïdes sont larges et s'articulent avec les bords
antéro-externes du *sternum* cartilagineux.

Mais chez beaucoup de mammifères ils n'atteignent pas le

sternum, et, se fondant avec le scapulum, ils ont, chez l'adulte, l'apparence de simples apophyses de cet os.

Beaucoup de vertébrés possèdent une *clavicule* (ou *os du collier*) qui se réunit au bord pré-axial du *scapulum* et du *coracoïde*, mais ne concourt pas à former la cavité glénoïde et est habituellement, sinon toujours, un os de membrane. Chez beaucoup de *vertébrés* les extrémités internes de la clavicule sont jointes à un os de membrane médian, intimement uni à la face ventrale du sternum; cet os leur sert aussi de support, c'est l'*interclaviculaire*, fréquemment appelé *épisternum* (fig. 15).

L'arc pelvien, ainsi que le pectoral, consiste d'abord, de cha-

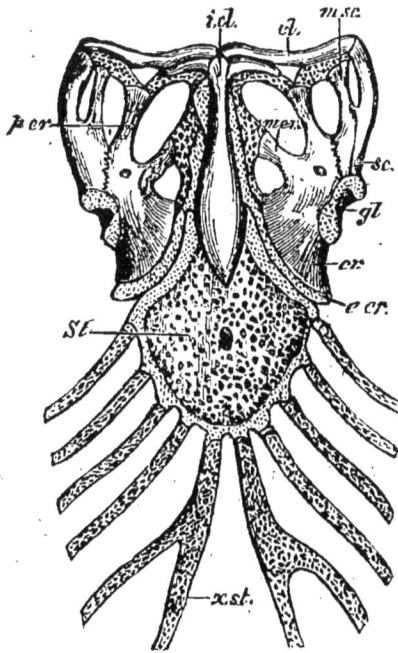

Fig. 15. — Vue verticale du sternum et des arcs pectoraux de l'*Iguana tuberculata*. Les lettres comme dans la figure 14.

que côté, en une simple pièce cartilagineuse divisée, chez les vertébrés plus élevés que les poissons, par l'*acetabulum* ou cavité articulaire (*cavité cotyloïde*) destinée à recevoir la tête du fémur, en une moitié dorsale et une moitié ventrale.

Trois points d'ossification distincts apparaissent habituellement dans le cartilage : un sur la moitié dorsale, deux sur la

moitié ventrale. L'arc pelvien comprendra plus tard une portion dorsale appelée *ilium* et deux portions ventrales : antérieurement, le *pubis*, et postérieurement, l'*ischion*. Toutes ces
parties entrent généralement dans la composition de l'acétabulum.

L'ilium correspond au scapulum. Chez les vertébrés élevés,
la surface externe de ce dernier est divisée en deux fosses,
par une barre ou lame saillante. L'éminence appelée *épine du
scapulum* se termine fréquemment par une apophyse proéminente appelée *acromion* avec laquelle s'articule la clavicule
chez les mammifères. De même, la surface externe de l'ilium

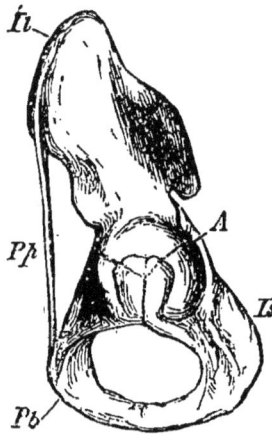

Fig. 16. — V c de côté de l'os innominé gauche de l'homme : *Il*, ilion ; *Is*, ischion ; *Pb*, pubis ; A, acétabulum ; *Pp*, ligament de Poupart.

est divisée par une éminence qui prend l'apparence d'une
grande crête chez l'homme et autres mammifères, et donne
attache aux muscles et ligaments.

L'ischion correspond à peu près au coracoïde de l'arc
pectoral ; le pubis, au précoracoïde et plus ou moins à l'épicoracoïde.

Le bassin ou pelvis ne possède aucun élément osseux correspondant à la clavicule ; cet élément est remplacé par un fort
ligament appelé *ligament de Poupart*, qui s'étend depuis l'ilium
jusqu'au pubis chez beaucoup de mammifères (fig. 16 P *p*).

D'autre part, les *os marsupiaux* de certains mammifères, qui
se développent dans les tendons des muscles externes obli-

ques (*grand oblique*), ne semblent pas être représentés dans l'arc pectoral, de même qu'il n'y a rien dans l'arc pelvien qui corresponde clairement au sternum, quoique le *cartilage pré-cloacal* ou *osselet* du lézard ait avec l'ischion les mêmes relations que le sternum avec le coracoïde.

Très-généralement, quoiqu'avec exception, les deux ilions sont intimement articulés avec les côtes modifiées du sacrum. Les deux pubis et les deux ischions des côtés opposés se rencontrent habituellement dans une symphyse ventrale médiane ; mais chez tous les oiseaux, excepté chez l'autruche, l'union n'a pas lieu.

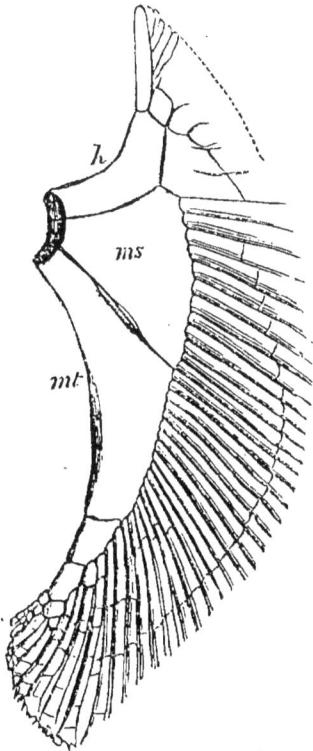

Fig. 17. — Membre pectoral droit d'un angelot (*Squatina*) : *h*, os proptérygium ; *ms*, os mésoptérygium ; *mt*, os métaptérygium.

Membres des poissons. — Les membres des poissons ont un squelette interne qui correspond imparfaitement au squelette des vertébrés élevés, car tandis que les analogues des parties cartilagineuses et même osseuses, constituantes de l'arc pelvien, se retrouvent chez les poissons, les supports basilaires et radiaires cartilagineux ou ossifiés des nageoires ne peuvent être identifiés que d'une manière très-générale avec les os des membres des autres *vertébrés*.

Le remarquable poisson *Ceratodus* semble présenter le squelette interne des nageoires sous ses formes les plus élémentaires. Il consiste en une série d'articulations cartilagineuses, occupant l'axe de la nageoire, et ayant des rayons articulaires secondaires articulés avec ses bords pré-axial et post-axial. Chez le *Lepidosiren*, un arc articulaire similaire plus mince, supporte des rayons seulement sur son bord post-axial. Les Élasmobranches (plagiostomes) possèdent trois cartilages *basilaires* qui s'articulent avec l'arc pectoral (fig. 17) et sont appelés respectivement, d'avant en arrière, *bases proptérygienne, mésoptérygienne* ou *métaptérygienne* (Gegenbauer). Avec ces derniers, s'articulent des séries linéaires de cartilages *radiés*, où se trouvent superposés des rayons osseux ou cornés de nageoires dermales.

Parmi les poissons ganoïdes, les nageoires des polyptères ressemblent à celles des Élasmobranches ; mais les *bases proptérygienne, mésoptérygienne, métaptérygienne* sont plus ou moins ossifiées, et remplacées par une série de rayons effilés, qui sont aussi pour la plupart ossifiés. Au delà de ceux-ci, s'ajoutent quelques petits rayons qui restent cartilagineux et sont embrassés par la base des rayons de nageoires. Chez les autres ganoïdes, le basilaire *proptérygien* disparaît et quelques-uns des rayons, s'avançant entre les basilaires *mésoptérygien* et *métaptérygien*, s'articulent directement avec l'arc pectoral. Le basilaire *mésoptérygien* est embrassé par la large nageoire antérieure et plus ou moins incorporé avec elle.

Il est aisé de passer de ces ganoïdes aux *Téléostéens* chez lesquels, également, le basilaire mésoptérygien se confond toujours avec la nageoire, même quand celle-ci semble s'articuler directement avec la ceinture de l'épaule (*Shoulder-girdle*); quatre os, de forme en général symétrique, s'articulent presque toujours avec l'arc pectoral au-dessous et derrière le basilaire mésoptérygien et son rayon de nageoire. A leur extrémité, il peut se trouver de petits nodules cartilagineux qui sont entourés par les rayons de la nageoire. De ces quatre os ou cartilages partiellement ossifiés, le plus bas et le plus postérieur correspond au basilaire métaptérygien des squales, les autres semblent être radiés (Voyez la figure 18 représentant la nageoire pectorale du brochet, *infra*). Pour cette partie du squelette j'ai préféré adopter l'opinion de Gegenbauer sur les rapports qui existent entre les éléments squelettiques des nageoires des poissons Elasmobranches (plagiostomes), Ganoïdes et *Téléostéens*, en considération de l'ingénieux essai qu'elle offre pour réduire les limites qui séparent les poissons des *vertébrés* plus élevés. J'avoue que je conserve quelque doute pour décider si ces vues peuvent être soutenues. Je ne saurais voir comment le métaptérygien peut être l'homologue de la série radiale des membres des vertébrés plus élevés. Le pouce et le radius, ainsi que l'orteil et le tibia, sont dans la région pré-axiale, tandis que le métaptérygien est dans la région post-axiale.

Les nageoires ventrales ont des cartilages basilaires et radiés et des rayons de nageoires ressemblant plus ou moins aux membres antérieurs.

Chez beaucoup de Ganoïdes et de *Téléostéens* les arcs pelvien et pectoral sont en partie ou complétement ossifiés, le premier présentant souvent un scapulum et un coracoïde distincts. Il faut ajouter encore des os de membrane représentant la clavicule avec un point d'ossification *sus-claviculaire* et *post-claviculaire* que l'on trouve chez tous les Ganoïdes et les *Téléostéens*.

Chez tous les Élasmobranches et les *Ganoïdes*, et chez la plupart des *Téléostéens*, les nageoires pelviennes placées très en arrière et sous le corps, sont dites dans une position ventrale.

Mais chez d'autres *Téléostéens*, les nageoires ventrales peuvent remonter de manière à se trouver placées immédiatement derrière et même au-devant des nageoires pectorales. Dans le premier cas, elles sont dites thoraciques, dans le second jugulaires.

Squelette externe des vertébrés. — Le *squelette externe* n'atteint jamais chez les vertébrés l'importance fonctionnelle qu'il possède souvent dans les invertébrés, et il offre une grande variété de développement.

La *peau* se compose de deux couches, une superficielle et une profonde.

La couche tégumentaire superficielle de substance non vasculaire, l'*épiderme*, se compose de cellules se multipliant et croissant constamment dans sa couche profonde pour remplacer celles de la couche superficielle qui se détruisent à mesure.

La couche profonde tégumentaire, de tissu vasculaire, le *derme*, se compose de tissu connectif plus ou moins formé. Un squelette externe peut se produire par le durcissement de l'épiderme ou du derme.

Le *squelette externe épidermique* résulte de la conversion des cellules de l'épiderme en matière cornée; les plaques cornées ainsi formées se moulent sur le derme et suivent les configurations et les sinuosités du derme, quand celui-ci est recouvert de plis, la couche d'épiderme corné qui passe au-dessus est appelée *écaille* (*squama*).

Quand l'éminence dermique est papilliforme et s'enfonce tout d'abord ou plus tard dans une cavité du derme, le sommet conique de l'épiderme modifié qui revêt cette éminence est ou un *poil* ou une *plume*. Pour devenir un cheveu le cône corné s'effile simplement par l'addition continuelle des cellules qui croissent à sa base. Mais pour une plume, le cône corné qui s'effile aussi par addition à sa base, se fend sur un espace plus ou moins grand, le long de la ligne médiane, à sa surface, et se développe en forme d'aile subdivisée en *barbes* et *barbules* et à l'aide de nouveaux plis du cône corné primitif.

L'épiderme reste mou et délicat chez les poissons et les amphibiens. Chez les reptiles, la couche externe cornée prend quelquefois la forme de plaques qui atteignent une grande dimension.

Chez les Chéloniens il prend parfois l'aspect d'écailles comme chez les Ophidiens et beaucoup de Lacertiliens; mais quelquefois il reste doux comme beaucoup de Chéloniens et de caméléons nous en offrent l'exemple.

Des plaques épidermiques en forme d'*ongles* apparaissent sur quelques-unes des phalanges terminales des membres, chez quelques amphibiens et la plupart des reptiles.

Tous les oiseaux ont des plumes. De plus, le bec est en partie ou complétement recouvert de corne comme il arrive chez quelques reptiles. Des tubercules épidermiques cornés ou *plaques* sont développés sur leurs tarses et leurs orteils, dont les phalanges terminales (et quelquefois celles des ailes) sont pourvues d'ongles. Il faut ajouter encore que quelques oiseaux ont aux jambes ou aux ailes des *éperons* recouverts de corne.

Chez les *mammifères*, le squelette externe peut prendre toutes les formes déjà mentionnées, excepté celle des plumes.

Quelques cétacés en sont presque dépourvus puisqu'il se réduit à quelques poils que l'on ne trouve qu'à l'état fœtal.

D'autre part, le Pangolin (*Manis*) est presque complétement couvert d'écailles, l'armadillon ou tatou de plaques, et la plupart des animaux terrestres d'une épaisse couche de poils.

La plus grande partie de l'épaisseur des cornes du bœuf, de la brebis, des antilopes, est due à la gaîne épidermique qui recouvre le corps de l'os. Partout où l'épiderme corné atteint une grande épaisseur, comme dans le sabot du cheval et dans la corne du rhinocéros, de longues et nombreuses papilles du derme s'étendent au-dessous. Ces papilles ressemblent aux sillons du lit de l'ongle, non aux papilles des poils.

Le *squelette externe dermique* est produit par le durcissement du derme ; dans la plupart des cas, par le dépôt d'éléments osseux formés dans un tissu connectif plus ou moins développé quoique le tissu dur qui en résulte soit loin d'avoir toujours la structure de l'os. Il peut arriver qu'il se développe dans le derme du cartilage qui donne naissance à des parties squelettiques externes, soit en s'ossifiant, soit en restant dans son état primitif.

Aucun squelette externe dermique, excepté celui des rayons de nageoires, ne se trouve chez les poissons inférieurs tels que l'amphioxus et les *Marsipobranches* (cyclostomes). Chez beaucoup de *Téléostéens*, la peau se soulève en forme de plis dans lesquels apparaissent des lames calcaires dont la plus ancienne est la plus superficielle, et se trouve immédiatement au-dessus de l'épiderme. Règle générale : le tissu durci des écailles ainsi formé ne possède pas la structure de l'os vrai chez les *Téléostéens*. Mais chez les autres poissons, les plaques calcaires du derme peuvent se composer d'os vrais (comme chez

3.

l'esturgeon); ou prendre la structure des dents comme chez les Squales et les Raies, et consister même en un tissu exactement comparable à la dentine, recouvert d'émail et terminé à sa base par une masse réellement osseuse qui prend la place du cortical osseux (*crusta petrosa*) ou *cément des dents* (fig. 18).

Une forme de squelette externe dermique particulière aux poissons, et qui est chez eux une remarquable caractéristique, se trouve dans les rayons de nageoires. Ceux-ci se développent sous la peau, soit sur la ligne médiane du corps, soit sur celle des membres. Dans le premier cas, quand ils ne servent pas simplement à les supporter, ils entrent dans des plis de la peau qui prennent le nom de *nageoires dorsale, caudale* et *anale*, suivant qu'ils se trouvent situés dans la région dorsale, à l'extré-

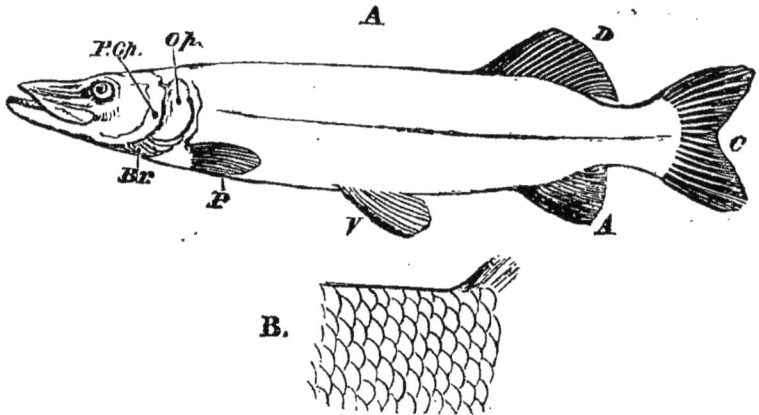

Fig. 18. — A, Esquisse d'un brochet (*Esox*) pour montrer les nageoires; P, pectorales ; V, ventrales ; A, anales ; C, caudales ; D, dorsales ; P.Op, præ-operculum ; *br*, rayons branchiostéges. B, écailles du squelette dermal du même poisson.

mité du corps ou derrière l'anus. Habituellement les rayons de nageoires sont composés d'une substance cornée plus ou moins calcaire; simples à la base, ils deviennent articulés transversalement et plissés longitudinalement vers leurs extrémités. Chaque rayon de nageoire se compose de deux portions à peu près égales et parallèles qui adhèrent par leurs faces appliquées sur la plus grande partie de leur étendue; mais, à la base du rayon, la moitié diverge ordinairement pour embrasser les éléments osseux ou cartilagineux du squelette externe ou faire corps avec lui. Dans les nageoires médianes se trouvent les os ou cartilages *interspinaux*, qui prennent place entre les rayons des nageoires et l'épine des vertèbres inférieures et supérieures. Dans les nageoires paires, ils sont radiés ou basilaires, composés d'éléments cartilagineux ou osseux du squelette interne ventral.

Les *amphibiens* en général sont dépourvus de squelette dermique, mais les *Cæciliæ* ont des écailles fixées dans le tégument. Les *Ceratophrys* ont, développées dans le tégument dorsal, des plaques d'os qui semblent figurer les plaques de la carapace des *chéloniens*. Le labyrinthodonte éteint possédait un remarquable squelette ventral.

Les *ophidiens* n'ont pas de squelette dermique. Beaucoup de lézards ont des plaques dermiques osseuses correspondant en forme et en grandeur aux écailles épidermiques. Tous les crocodiles ont de semblables plaques osseuses dans la région dorsale du corps et de la queue, et chez quelques-uns, tels que le jacare, le caïman et le téléosaure éteint, il s'en développe aussi dans la région ventrale. On trouve chez ces animaux une certaine correspondance entre les segments du squelette externe et ceux du squelette interne. Mais c'est chez les *chéloniens* que le squelette externe atteint son plus grand degré de développement; on en donnera une description spéciale au chapitre consacré à cet ordre.

Chez les *mammifères*, le développement du squelette externe dermal est exceptionnel, et ne se trouve que chez les *édentés* où la région dorsale de la tête et du corps et toute la queue peuvent être recouvertes d'une gaîne d'os dermal.

Par leurs rapports avec le derme et l'épiderme, les *organes glandulaires* et *pigmentaires* de la peau doivent être mentionnés. Les glandes tégumentaires ne semblent pas exister chez les poissons.

Mais elles atteignent un immense développement chez les *amphibiens*, tels que la grenouille.

Parmi les *reptiles*, les lézards présentent fréquemment ces sortes de glandes dans les régions fémorale et cloacale. Les glandes tégumentaires des crocodiles qui sécrètent un liquide musqué se trouvent derrière la mâchoire.

Elles atteignent chez les oiseaux une grosseur considérable dans la *glande uropygiale*.

Chez les mammifères elles acquièrent un grand développement dans les glandes des follicules pileux ou comme organes indépendants, sous la forme de glandes du castoréum, du musc, ou de glandes mammaires.

La couleur de la peau peut résulter de *granules pigmentés* déposés ou dans l'épiderme ou dans le derme; quand le dernier cas se présente, ils sont souvent contenus dans des « chromatophores » distincts comme chez la grenouille et le *caméléon.*

CHAPITRE III

Le système musculaire des vertébrés se compose de muscles qui sont en rapport les uns avec le squelette interne, les autres avec le squelette externe et les viscères.

Les muscles sont formés de fibres striées et non striées. Ces dernières se rencontrent dans les vaisseaux, les viscères et dans la peau; les muscles du squelette interne, qui concourent au mouvement, se composent exclusivement de *fibres striées*.

Les muscles du squelette interne peuvent être divisés, comme le squelette lui-même, en un système appartenant au tronc et à la tête, et un autre appartenant aux membres.

Système musculaire du tronc et de la tête. — Ce système se compose de deux parties qui diffèrent d'une manière fondamentale dans leur origine et dans leurs relations avec le squelette.

L'une prend son origine dans les protovertèbres; chaque protovertèbre se partageant en trois parties comme nous avons vu : un ganglion spinal et un segment du squelette vertébral sur le même plan, puis une couche de fibres musculaires plus superficielle. Ces fibres musculaires sont en conséquence placées au-dessus du squelette et appelées pour cette raison *épi-squelettiques;* d'autres fibres musculaires se développent au-dessous et forment les muscles *hypo-squelettiques.* Les muscles hypo-squelettiques sont séparés des muscles épi-squelettiques non-seulement par le squelette du tronc (ou les vertèbres et leurs prolongements, les côtes), mais par les branches ventrales des nerfs spinaux.

Les muscles épi-squelettiques, sortant des protovertèbres, présentent nécessairement, d'abord, autant de segments qu'il y a de vertèbres; les interstices qui les séparent ont l'apparence de septum intermusculaires. Le développement des muscles hypo-squelettiques n'a pas été bien étudié, mais il paraît se faire beaucoup plus tard que celui des muscles épi-squelettiques. Chez les vertébrés inférieurs, par exemple chez les poissons, le principal système musculaire du tronc consiste en muscles épi-squelettiques qui prennent l'aspect de masses latérales formées de fibres longitudinales divisées, par des *septum intermusculaires* transverses, en segments (ou *myotomes*) correspondant aux vertèbres. Les muscles latéraux se rencontrent sur la ligne médiane et se divisent, en avant, en masses dorso-latérales unies au crâne, et en masses ventro-latérales attachées en partie à l'arc pectoral, puis continuées en avant jusqu'au crâne, à l'appareil hyoïdien et aux mandibules. Postérieurement, les muscles latéraux se continuent jusqu'au bout de la queue. Le système musculaire hypo-squelettique ne semble pas être développé.

Chez les vertébrés élevés, les systèmes musculaires épi-squelettique et hypo-squelettique sont représentés par un nombre considérable de muscles plus ou moins distincts. La division dorso-latérale du muscle latéral des poissons est représentée par les muscles de la partie caudale et par l'*élévateur de l'épine* qui, en se divisant au-dessus et antérieurement pour s'attacher aux vertèbres, aux côtes et au crâne, prend le nom de *spinal, demi-spinal, long-dorsal, sacro-lombaire, intertransverse, élévateur des côtes, complexus, splenius, droits postérieurs* et *droits latéraux*.

La division ventro-latérale du muscle latéral des poissons est représentée sur la ligne médiane du tronc et de la tête par une série de muscles longitudinaux, et sur les côtés par des muscles dirigés obliquement. Les premiers sont le *droit abdominal*, s'étendant de la partie pelvienne au sternum ; le *sterno-hyoïdien*, situé entre le sternum et l'appareil hyoïdien ; le *génio-hyoïdien* qui passe de l'hyoïde à la symphyse mandibulaire. Les derniers sont l'*oblique externe* de l'abdomen ; les *intercostaux externes* du thorax ; le *sous-claviculaire* qui s'étend de la première côte à la clavicule ; le *scalène*, des côtes dorsales antérieures aux cervicales et aux apophyses transverses ; et les *sterno* et *cléido-mastoïdiens*, du sternum et de la clavicule au crâne.

Les fibres de tous les muscles obliques se dirigent des par-

ties superficielles et antérieures aux parties internes et postérieures.

Les muscles du tronc des amphibiens inférieurs offrent des
dispositions transitoires entre celles que l'on remarque chez
les poissons et celles qui ont été décrites chez l'homme, et qui
existent en substance chez tous les vertébrés sans branchies.

Les muscles des mâchoires et de l'appareil hyoïdien semblent être d'une part épi-squelettique, de l'autre hypo-squelettique. La mandibule est abaissée par le muscle *digastrique*,
qui vient du crâne et innervée par les nerfs de la septième
paire; elle est élevée par une masse musculaire divisible en
muscles *masséter*, *temporal* et *ptérygoïdien* selon ses rapports avec
les os du maxillo-jugal et les côtés du crâne ou *os palato-ptéry-
goïdiens*. Les nerfs de la cinquième paire innervent ces muscles
élevateurs.

Les muscles propres de la face appartiennent au système
musculaire de la peau et reçoivent des branches de la septième
paire.

Le système hypo-squelettique est formé, d'une part, de muscles longitudinaux qui recouvrent la colonne vertébrale; et de
l'autre, de fibres plus ou moins obliques et même transverses,
qui forment les parois musculaires internes du thorax et de
l'abdomen.

Les premiers sont les fléchisseurs intrinsèques de la partie
sous-caudale de la queue, le *pyramidal*, le *psoas*, et autres muscles qui passent de la face inférieure des vertèbres aux membres postérieurs; le *long du cou* ou fléchisseur intrinsèque,
de la partie antérieure de la colonne vertébrale et les *droits
antérieurs de la tête*, fléchisseurs de la tête sur la colonne vertébrale. Les derniers sont les *obliques internes* de l'abdomen
dont les fibres se dirigent de manière à croiser celles du
muscle oblique externe; et le *transverse* qui se trouve à la
partie interne des muscles abdominaux, et dont les fibres
sont transversales. Dans le thorax, les *intercostaux internes*
font suite à l'oblique interne, et le *triangulaire du sternum* au
transverse.

Le *diaphragme* et le releveur de l'anus doivent être également
comptés parmi les muscles profonds. Les muscles profonds de
la moitié postérieure du corps atteignent un grand développe-

ment chez ceux des vertébrés qui n'ont pas de membres postérieurs, tels que les ophidiens et les cétacés.

Système musculaire des membres. — Les muscles des
membres des poissons sont très-simples; ils se composent, sur
chaque face du membre, de masses de fibres dirigées obliquement (ordinairement sur deux couches), de la clavicule et
de la sus-clavicule, aux rayons de nageoires. Les arcs pelvien
et pectoral eux-mêmes sont compris dans les muscles latéraux.

Chez les *amphibiens* et chez tous les *vertébrés* élevés les
muscles des membres sont divisibles en *intrinsèques* ou ceux
qui prennent leur origine dans les limites anatomiques des
membres (incluses dans l'arc pelvien ou pectoral); et *extrinsèques*, ou ceux qui se développent à l'extérieur des membres.

Si l'on suppose les membres s'étendant à angles droits par
rapport à l'épine dorsale (leur position primitive), ils présentent une *face dorsale* et une *face ventrale* avec un *côté antérieur*
pré-axial et un *côté postérieur post-axial*.

Chez les vertébrés au-dessus des poissons, les muscles suivants, qui se trouvent chez l'homme, sont très-généralement
représentés :

Muscles extrinsèques attachés à l'arc pectoral et à l'arc pelvien
du côté dorsal. — Pour le membre antérieur, le *cléido-mas-*
toïdien, de la région postéro-latérale du crâne à la clavicule;
le *trapèze*, du crâne aux épines de beaucoup de vertèbres,
au scapulum et à la clavicule; le *rhomboïde*, des épines des
vertèbres au bord vertébral du scapulum au-dessous du précédent. Il s'ajoute quelquefois un *trachélo-acromial*, de l'apophyse
transverse des vertèbres cervicales au scapulum.

Du *côté ventral*, le *claviculaire* qui passe de la côte antérieure
à la clavicule peut être regardé en partie, comme un muscle
du membre ; le petit pectoral (*pectoralis minor*) des côtes au coracoïde.

Entre la face dorsale et la face ventrale, des fibres musculaires sortent des côtes cervicales et dorsales et passent dans
les parties profondes de l'extrémité vertébrale du scapulum;
antérieurement, elles prennent le nom d'*élévateur de l'angle du*
scapulum et postérieurement, celui de *grand dentelé*.

Un muscle *homo-hyoïdien* joint fréquemment le scapulum à
l'arc hyoïdien.

Les membres postérieurs ne semblent offrir aucun muscle exactement homologue des précédents. Cependant tant que le *droit abdominal*, l'*oblique externe* et les fibres de l'*élévateur de l'épine* sont attachés à la ceinture pelvienne, ils correspondent d'une manière générale avec le pré-axial ou muscle abducteur de l'arc pectoral ; et les muscles ischio-coccygiens, quand ils sont développés, sont en rapport avec l'arc pelvien, *adducteurs* ; quoique partageant la fixité relative du bassin, ils agissent en attirant ou en fléchissant la région caudale.

Le *petit psoas*, qui sort de la face inférieure des dernières vertèbres dorsales ou lombaires, et se rend de l'ilium au pubis, est un abducteur du bassin, mais comme muscle profond il n'a aucun homologue dans le membre antérieur.

Muscles extrinsèques insérés à l'humérus ou au fémur du côté dorsal. — Dans le membre antérieur, on trouve le *post-axial* ou *grand dorsal* qui passe des apophyses épineuses des vertèbres dorsales à l'humérus. Du côté ventral, le *grand pectoral* qui s'étend du sternum et des côtes jusqu'à l'humérus.

Dans le membre postérieur, le *grand fessier* depuis le point où il naît des vertèbres sacrées et coccygiennes jusqu'à son insertion au fémur, répète les rapports du *grand dorsal.* En l'absence de quoi que ce soit représentant le sternum ou les côtes, on ne peut dire qu'il existe exactement aucun homologue du *grand pectoral*, quoique le *pectiné* en tienne presque la place. Le *grand psoas*, qui passe des vertèbres postérieures dorsales ou lombaires, le *pyramidal*, des vertèbres sacrées, le *fémoro-coccygien*, quand il existe, des vertèbres caudales jusqu'au fémur, sont tous des muscles profonds sans homologues dans les extrémités antérieures.

Tous les autres muscles des membres sont *intrinsèques* ; ils prennent leur origine dans l'un des arcs pectoral ou pelvien, ou dans un des segments les plus antérieurs du squelette des membres, et ont leur insertion dans les segments les plus postérieurs. Ils sont rangés chez l'homme et chez les mammifères dans l'ordre suivant :

Muscles intrinsèques, passant de l'arc pectoral ou de l'arc pelvien à l'humérus ou au fémur du côté dorsal. — Dans le membre antérieur, le *deltoïde*, de la clavicule et du scapulum à l'humérus. Ce muscle superficiel de l'épaule suit la direction des fibres du *trapèze*, et, quand la clavicule est rudimentaire, les portions adjacentes des deux muscles se réunissent en un muscle *céphalo-huméral*. Au-dessous du deltoïde le *sus-épineux* sur le bord *pré-axial* de l'épine du scapulum, le *sous-épineux*, le *grand rond* et le *petit rond* sur le bord post-axial, s'étendent depuis le côté dorsal du scapulum jusqu'à la tête de l'humérus.

Dans les membres postérieurs, le *tensor vaginæ femoris*, qui passe de cette partie de l'ilion correspondant à l'épine et à l'acromion du scapulum jusqu'au fémur, semble plutôt se rapporter au deltoïde qu'au grand fessier, lequel, à première vue, semble être l'homologue de ce muscle.

L'*iliaque*, sortant de la surface interne de la crête de l'ilium pour se rendre jusqu'au petit trochanter, répond au *sus-épineux*; le *petit* et le *moyen fessier*, s'étendant des parties superficielles de l'ilium, au *sous-épineux* et aux *muscles ronds*.

Dans le membre antérieur, un muscle, le *sous-scapulaire*, s'attache à la face interne du scapulum et s'insère à l'humérus. Il ne semble exister dans les membres inférieurs aucun muscle correspondant exactement à celui-ci.

A *la face interne* du membre antérieur, le *coraco-brachial* passe du coracoïde à l'humérus. Dans le membre postérieur, un certain nombre de muscles venant des muscles correspondants ischio-pubiens, partent de l'arc pelvien et se continuent jusqu'au fémur. Ce sont, à partir de la face externe du pubis, le *pectiné* et le *grand abducteur* du fémur sortant de la face externe du pubis ; avec l'*obturateur externe* qui part des bords externes de la fontanelle ischio-pubienne ou membrane obturatrice; les *jumeaux* et le *carré de la cuisse* prennent leur origine à l'ischion.

Aucun muscle n'est inséré à la surface interne propre de l'ilion, aussi il n'y a pas d'homologue du *sous-scapulaire* dans le membre inférieur. D'un autre côté, un muscle, l'*obturateur interne*, s'insère à la surface interne de la fontanelle ischio-pubienne, et entoure le fémur; il n'a pas d'homologue dans les extrémités supérieures chez les *vertébrés* élevés, si ce n'est le *coraco-brachial* qui sort de la surface interne du coracoïde chez beaucoup de *sauropsidés*.

Muscles de l'avant-bras et de la cuisse. — *Du côté dorsal* des membres antérieurs, comme des membres inférieurs, certains muscles sortent en partie de l'arc, en partie de l'os du premier segment du membre, et vont s'insérer aux deux os du second segment; ce sont dans le membre antérieur, le *triceps brachial* ou *extenseur* et le *court supinateur*, puis dans les membres inférieurs, le *triceps fémoral* (*quadriceps extensor*).

Il y a cette différence entre ces deux groupes homologues de muscles, que dans les membres antérieurs, la masse principale de fibres musculaires va s'insérer, comme le *triceps*, à l'os post-axial (*cubitus*) et la plus petite portion, comme le *court supinateur*, à l'os pré-axial (radius), tandis que dans les membres inférieurs, c'est précisément le contraire : presque toutes les fibres musculaires passent, comme le *quadriceps* (triceps crural), à l'os pré-axial (tibia), dans le tendon duquel se développe ordinairement un sésamoïde, la *rotule*; tandis que quelques fibres seulement de la division appelée *vaste externe* passent dans l'os *post-axial* (péroné).

Du côté interne, les membres antérieurs présentent trois muscles, qui sortent ou de l'arc pectoral, ou de l'humérus, et s'insèrent aux deux os de l'avant-bras. Du côté pré-axial, se trouvent deux muscles, l'un à double origine, le *biceps*, s'élevant du scapulum et du coracoïde, et s'insérant au radius. Du côté post-axial, le *brachial* antérieur, sortant de l'humérus et s'insérant au *cubitus*. Les membres inférieurs ont deux muscles, le *couturier*, qui sort de l'ilion, et le *droit antérieur*, qui prend naissance au pubis à la place du *biceps brachii*, et s'insère à l'os pré-axial, le tibia, correspondant au radius. Deux autres muscles, *demi-membraneux* et *demi-tendineux*, passent de l'ischion au tibia, et remplacent sans le représenter exactement le *long supinateur*. Le petit chef du *biceps fémoral*, correspondant au *brachial antérieur,* sort du fémur et s'insère sur l'os post-axial de la jambe, le péroné. Le grand chef du *biceps fémoral*, qui part de l'ischion, ne semble pas être représenté dans les membres antérieurs.

Dans le membre antérieur, un muscle, le *rond pronateur*, passe obliquement du condyle post-axial de l'humérus au radius. Dans le membre inférieur un muscle correspondant, le *poplité*, passe du condyle post-axial du fémur au tibia. Le *carré pronateur*, qui passe du cubitus au radius, a son homologue chez quelques marsupiaux et quelques reptiles, dans les muscles qui s'étendent du péroné au tibia.

Muscles des doigts. — Les autres muscles des deux
membres sont d'abord les muscles des doigts ; ils s'insèrent
ou à l'os basi-digital (métacarpe ou métatarse) ou aux phalanges, mais ils peuvent contracter des rapports secondaires
avec le carpe ou le tarse. Le plan de leur disposition, quand
ils sont arrivés à un développement complet, sera mieux
compris si l'on commence par étudier les insertions sur un
des doigts qui en possèdent un rang complet, comme par
exemple dans le cinquième doigt de la main ou petit doigt de
l'homme et des primates les plus élevés (fig. 19).

A sa *face dorsale*, ce doigt présente : premièrement, attaché

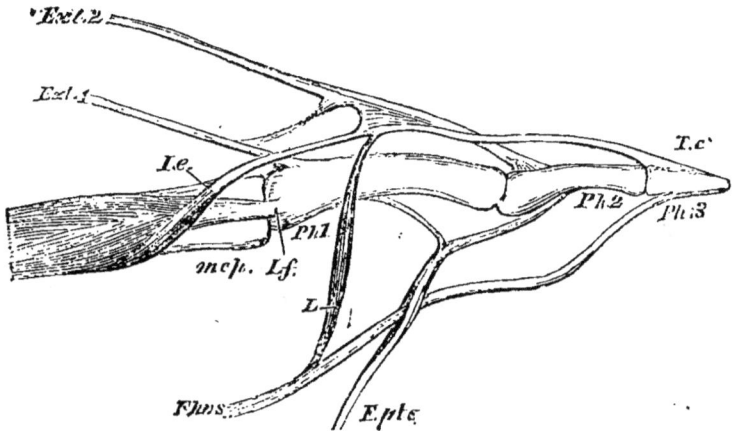

Fig. 19. — Partie du doigt médian d'un orang avec les fléchisseurs et extenseurs
des phalanges, *mcp*, os métacarpien ; Ph 1, Ph 2, Ph 3, les trois phalanges ; Ext. 1, tendon du long extenseur profond de l'index ; Ext. 2, tendon
du long extenseur superficiel commun ; *le* le court extenseur interosseux ;
lf, le court fléchisseur interosseux ; Fps, le long fléchisseur profond (perforans) ; Fpts, le long fléchisseur superficiel (perforatus).

à la base de l'os métacarpien, le tendon d'un muscle distinct,
l'*extenseur cubital du carpe* (*cubital postérieur* de l'homme).

Secondement, un tendon appartenant à un autre muscle, le
court extenseur des doigts (*extenseur propre du petit doigt* de
l'homme) s'avance au-dessus des phalanges, dans une aponévrose qui s'insère séparément à la première et à la deuxième
phalange.

Troisièmement, entre la même expansion, se trouve un tendon de l'*extenseur commun des doigts*.

A la *face interne*, on trouve : premièrement, inséré à la

base du métacarpien, le tendon d'un muscle distinct, le *fléchisseur cubital du carpe* (*cubital antérieur* de l'homme);

Secondement, partant des bords de la face interne du métacarpe, deux muscles, les *interosseux*, viennent s'insérer à la base des premières phalanges;

Troisièmement, inséré sur les bords des phalanges médianes, par deux divisions, se trouve un tendon du *fléchisseur superficiel* (*flexor perforatus*).

Et quatrièmement, passant entre ces deux divisions et inséré à la base de la dernière phalange, le tendon fléchisseur perforant ou profond (*flexor perforans*). Ainsi il y a un extenseur et un fléchisseur spéciaux pour chaque segment des doigts. Il semble d'abord n'y avoir que trois élévateurs ou extenseurs. Mais en réalité, chaque segment a son élévateur. Pour les tendons de l'*extenseur commun* et du *court extenseur* des doigts, ils sont insérés au milieu des premières phalanges; et la dernière phalange est élevée par les tendons de deux petits muscles qui, chez l'homme, sont ordinairement de simples subdivisions des *interosseux* et passent vers la région dorsale, rejoignant la gaîne de l'extenseur, pour être finalement insérés à la dernière phalange.

Le cinquième doigt du pied, ou petit orteil, présente la même disposition de muscles, exemple:

A la *face dorsale*: premièrement, le *peronæus tertius* (péronier antérieur) pour l'os métatarsien; secondement, un tendon du court extenseur des doigts, mais ce dernier manque le plus souvent chez l'homme; troisièmement, un tendon du long extenseur des doigts.

A la *face ventrale*: premièrement, le *court péronier*, inséré à la base du cinquième métatarsien; secondement, deux *interosseux*; troisièmement, un fléchisseur perforé ou superficiel; quatrièmement, un fléchisseur perforant ou profond comme dans ceux de la main. Les divisions des *interosseux* qui envoient des tendons à la gaîne de l'extenseur sur le dos des doigts du pied de l'homme, sont à peine distincts dans les divisions de la face interne de ces muscles.

Il faut ajouter aux muscles déjà mentionnés, un *abducteur* et un *adducteur* du petit doigt qui peuvent être regardés comme des subdivisions des *interosseux*; ils partent de la main ou du pied, et s'insèrent sur les côtés opposés de la première phalange; et un *opposant*, muscle inséré à la face interne du carpe ou du tarse et sur le bord post-axial de l'extrémité du métacarpe ou du métatarse.

Enfin, un muscle *lombrical* passe du tendon du fléchisseur perforant sur le bord pré-axial du doigt, à la gaîne de l'extenseur.

Nul autre doigt du pied ou de la main ne possède un aussi grand nombre de muscles que celui-ci, quelques-uns de ceux qui ont été énumérés manquant dans tous les autres. Ceux qui ont souvent été regardés comme des muscles spéciaux de l'homme, ainsi que l'extenseur propre de l'index et le court extenseur des doigts, sont seulement des fragments de muscles qui se sont plus complétement développés chez des animaux inférieurs, et qui envoient des tendons aux quatre doigts du cubitus (c'est-à-dire autres que le pouce) (1). Le pouce seul a un opposant (fléchisseur métacarpien).

Le pouce et le gros orteil seuls possèdent des abducteurs et des adducteurs; certains muscles manquent à la face dorsale ou à la face interne des doigts.

Les rapports entre les muscles ci-dessus mentionnés se découvrent aisément au point de leur insertion aux doigts; mais quelques difficultés se présentent quand les muscles sont examinés à leur origine.

Chez l'homme, les fléchisseurs et les extenseurs des doigts (excepté les *interosseux*) des membres antérieurs, s'élèvent d'une part de l'humérus, de l'autre des os de l'avant-bras, mais non de la main. Au contraire, aucun fléchisseur ou extenseur des doigts de pied ne vient du fémur, tandis que quelques-uns sortent du pied lui-même. L'origine des muscles semble avoir lieu, pour ainsi dire, plus haut dans les membres supérieurs que dans les membres inférieurs. Cependant quelques muscles se correspondent de très-près. Ainsi, à la face dorsale, l'*extenseur de l'os métacarpien du pouce* (long *abducteur du pouce* de l'homme) passe obliquement du bord post-axial de la région antérieure de l'avant-bras au trapèze et au métacarpien du pouce, juste comme son homologue le *jambier antérieur* ou *tibialis anticus* passe du bord post-axial de la partie supérieure

---

(1) J'ai vu un *opposant du pouce* (fléchisseur de l'os métacarpien) dans l'orteil ou gros doigt d'un orang.

de la jambe à l'entocunéïforme et à la base du métatarsien du pouce; les deux muscles se correspondent exactement. Mais les extenseurs des phalanges du pouce et les extenseurs profonds des autres doigts de la main s'élèvent du même côté de l'avant-bras, au-dessous de l'extenseur *ossis metacarpi pollicis* (ou *extenseur métacarpien du pouce* de l'homme), tandis que dans la jambe, un des extenseurs profonds du pouce, et tous les autres doigts sortent encore plus bas, c'est-à-dire du calcanéum.

Le contraste qui existe entre les couches plus superficielles des deux membres n'est pas moins remarquable. Dans les membres supérieurs, venant du bord pré-axial et du bord post-axial, les muscles extenseurs suivants s'élèvent du condyle externe ou pré-axial de l'humérus : le *premier* ou *long radial extenseur du carpe* (extensor carpi radialis longus) à la base du second métacarpien, le *court radial extenseur du carpe* (extensor carpi radialis brevis) à la base du troisième métacarpien. Dans les membres postérieurs, il n'y a pas d'homologues des deux premiers de ces muscles. L'homologue de l'*extenseur commun* des doigts est le long extenseur des orteils, qui s'élève non du fémur, mais du péroné, pour se rendre au cinquième métacarpien. Le troisième péronier (1) ou péronien antérieur, qui passe de la face dorsale du péroné au cinquième métatarsien, est le seul représentant de l'extenseur cubital du carpe (*cubital postérieur*).

A la face interne des membres antérieurs de l'homme, deux fléchisseurs profonds s'élèvent du radius et du cubitus, et de la membrane interosseuse, et suivent une direction parallèle jusqu'aux doigts où ils sont séparés. Sur le bord pré-axial se trouvent le *long fléchisseur du pouce* à la dernière phalange du pouce et le *fléchisseur perforant* ou *profond des doigts* à la dernière phalange des autres doigts.

Dans les membres inférieurs, deux muscles homologues : le long fléchisseur du pouce et le fléchisseur perforant des doigts

(1) Ce muscle qui repose tout entier sur la face dorsale du membre inférieur, et que j'ai trouvé seulement chez l'homme, ne doit pas être confondu, comme il l'est souvent, avec un ou plusieurs muscles, les péroniers des 3e, 4e et 5e doigts qui sont très-souvent développés chez les autres *mammifères*, mais sortent de la face interne du péroné et envoient leurs tendons au-dessous de la malléole externe à la gaîne de l'extenseur des cinquième, quatrième, et même troisième doigts.

naissent du tibia et du péroné et de la membrane interosseuse ; leurs tendons sont distribués aux dernières phalanges
des doigts. Mais avant qu'ils se divisent, les deux tendons
adhèrent entre eux de telle sorte, que beaucoup de doigts reçoivent des fibres tendineuses des deux sources.

Dans le membre antérieur, il n'y a pas d'autre muscle fléchisseur profond, mais le condyle interne de l'humérus ou post-
axial fournit un grand nombre de muscles. Ce sont en commençant du côté pré-axial jusqu'au côté post-axial : le *fléchisseur radial du carpe* (*radial antérieur* de l'homme) à la base du
second métacarpien, le *long palmaire* à l'aponévrose palmaire,
le *fléchisseur perforé des doigts* aux phalanges médianes des
quatre doigts autres que le pouce, le *fléchisseur cubital du carpe*
(*cubital antérieur*) à la base du cinquième métacarpien. L'os
sésamoïde pisiforme se développe dans le tendon de ce dernier muscle.

Le seul muscle qui corresponde exactement aux précédents dans les membres postérieurs est le plantaire grêle,
qui, chez l'homme, est un muscle grêle et insignifiant; il passe
du condyle externe du fémur (post-axial) à l'aponévrose plantaire et répond au long palmaire. Chez beaucoup de quadrupèdes, tels que le lapin et le porc, le plantaire est un large
muscle dont le tendon passe au-dessus de l'extrémité apophy-
saire du calcanéum, enveloppé dans le *tendon d'Achille* et divisé en plis qui deviennent des tendons perforés de plus ou
moins de doigts. Le fléchisseur radial du carpe (*radial antérieur*) est aussi grossièrement représenté par le tibial postérieur, muscle qui passe du tibia et de la membrane interosseuse à l'entocunéiforme et, par conséquent, diffère par son
insertion aussi bien que par son origine, de son analogue
dans les membres antérieurs; le *fléchisseur perforé des doigts* du
pied prend son origine quelquefois du calcanéum, quelquefois
en partie du calcanéum et en partie du fléchisseur perforant;
il peut être intimement uni aux tendons du *plantaire*. Le *court
péronier* représente le *fléchisseur cubital du carpe* (*cubital antérieur*) par son insertion, mais il ne prend pas son origine plus
haut que le péroné, et n'a pas de sésamoïde.

Il reste encore à étudier deux muscles importants dans la
jambe. L'un d'eux s'insère par le *tendon d'Achille* au calcanéum

et fait son apparition par quatre chefs; deux sont insérés sur les condyles du fémur (ils sont appelés *gastrocnémiens*): deux viennent du tibia et du péroné (ils sont appelés *soléaires*). L'autre muscle est le long péronier qui prend son origine sur le péroné, passe derrière la malléole externe, puis croise le pied pour arriver à la base du métatarsien du pouce.

Le dernier muscle ne semble pas être représenté dans les membres antérieurs. On peut comparer le *gastrocnémien* et le *soléaire* à la partie crurale du fléchisseur perforé puisque chez beaucoup de *vertébrés* le *tendon d'Achille* n'est pas intimement uni au calcanéum et passe par-dessus dans l'aponévrose plantaire et dans les tendons perforés. Un muscle adducteur propre du pouce, chez l'homme et le singe, est le *transverse du pied*, qui s'insère à la base des phalanges du pouce et naît de la partie postérieure des métatarsiens des autres doigts. Ce muscle a quelquefois un analogue dans la main.

Organes électriques. — Certains poissons appartenant à la classe des torpilles (parmi les Élasmobranches plagiostomes), le *gymnote*, le *malapterur* et les *mormyr* (parmi les Téléostéens) possèdent un organe qui transforme l'énergie nerveuse en électricité, précisément comme les muscles transforment la même énergie en mouvement, et qui peut être considéré comme étant en rapport avec le système nerveux.

L'organe électrique (fig. 20) se compose toujours de lamelles à peu près parallèles de tissu connectif limitant de petites loges renfermant ce qu'on a appelé *plaques électriques*. Ces plaques ont une structure cellulaire, et elles reçoivent à l'une de leurs faces les terminaisons ramifiées des nerfs, fournis par un ou plusieurs troncs (1). La face sur laquelle les nerfs se rami-

---

(1) Les appareils électriques sont composés de petits prismes ou disques d'une substance particulière, homogène, demi-transparente (*élément et tissu électriques*, Ch. Robin), disques disposés en piles verticales dans les torpilles, et en séries longitudinales chez les autres poissons. Ils sont séparés les uns des autres par des cloisons de tissu lamineux dans lesquelles arrivent les vaisseaux et les nerfs. Ces derniers viennent des *racines antérieures* des paires nerveuses de celles qui correspondent aux nerfs moteurs; leurs tubes se terminent à la surface des prismes ou disques par des extrémités libres très-effilées, s'étalant en une petite plaque contre la substance du disque sans

fient est la même sur toutes les plaques, inférieure chez les
torpilles, où les lamelles sont disposées parallèlement aux

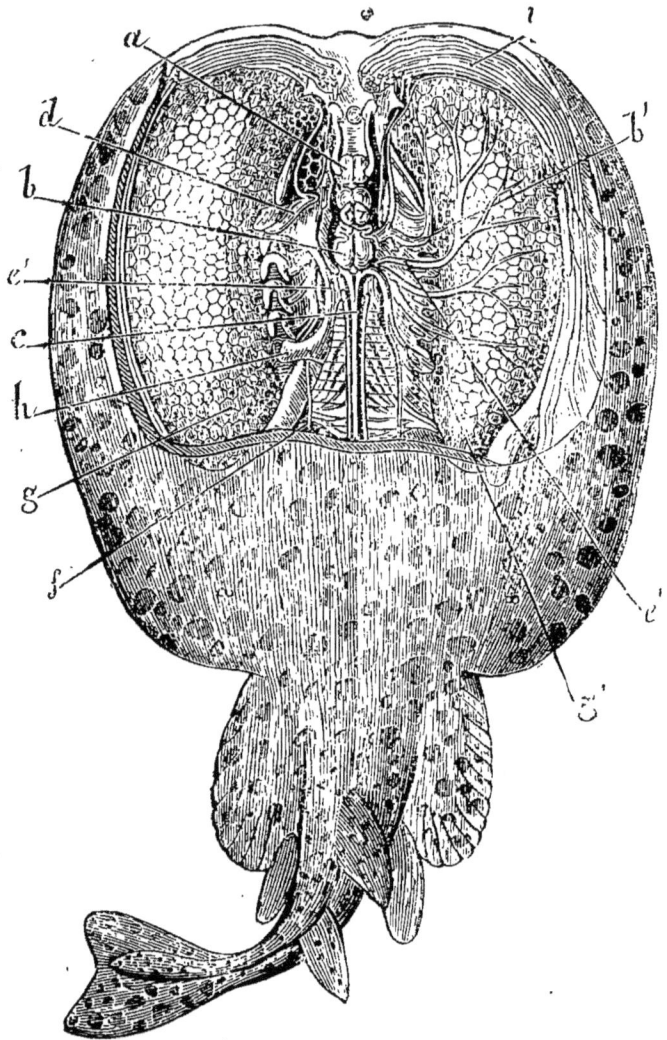

Fig. 20. — Torpille marbrée. *Son anatomie.* a, cerveau ; b, moelle allongée ;
c, moelle épinière ; d et d', portion électrique du trijumeau ou cinquième paire ;
ee', portion électrique des pneumogastriques ou nerfs de la huitième paire ; f,
nerf récurrent ; g, organe électrique jaune non entamé ; g', organe électrique
droit disséqué pour montrer la distribution des nerfs ; h, la dernière des chambres branchiales ; i, tubes munipores.

y pénétrer, après s'être subdivisés chacun en branches très-nombreuses. Ces nerfs se distribuent à l'une des faces du disque, laquelle
ne reçoit pas de tubes nerveux. Ces capillaires ne se ramifient pas dans

surfaces supérieure et inférieure du corps; postérieures chez les *gymnotes*, et antérieures chez les *malaptérures* où les lamelles sont disposées perpendiculairement à l'axe du corps de ces deux poissons.

Quand la décharge se fait, cette surface est toujours la négative.

Chez la torpille, les nerfs des organes électriques sortent de la cinquième paire et du lobe électrique de la *moelle allongée*, qui semble se développer à l'origine du pneumogastrique. Chez les autres poissons électriques les organes sont animés par les nerfs spinaux; et chez les malaptérures, les nerfs consistent en une simple fibre primitive gigantesque qui se subdivise dans l'organe électrique.

Les raies communes ont des organes de même structure que l'appareil électrique sur les côtés de la queue (Robin).

Système nerveux. Encéphale. — Chez tous les vertébrés excepté l'amphioxus, le cerveau se partage en *cerveau antérieur, cerveau moyen, cerveau postérieur.*

Cette disposition lui vient de sa division embryogénique opérée par deux contractions sur les minces parois de la vésicule primitive indiquant les vésicules cérébrales antérieure, moyenne et postérieure déjà mentionnées. Les cavités de ces vésicules, ou ventricules primitifs du cerveau, communiquent

---

le disque, mais s'enfoncent en décrivant des flexuosités dans les excavations ou alvéoles creusés dans ces disques. L'ensemble de l'appareil est enveloppé d'une couche de tissu lumineux. Rien de mieux caractérisé que l'élément *sui generis* qui compose les disques. C'est une substance homogène, très-finement grenue, de consistance gélatineuse, creusée de petites cavités arrondies, contenant chacune une ou deux cellules nuclées. Rien de plus net que la configuration de ces disques et que leur juxtaposition en piles par l'intermédiaire de cloisons riches en vaisseaux et en nerfs; rien de plus constant que la distribution des nerfs à l'exclusion des vaisseaux sur la face du disque qui est tournée vers le *pôle positif de l'appareil*, tandis que les vaisseaux, à l'exclusion des nerfs, se jettent sur la face opposée, c'est-à-dire par laquelle s'échappe le courant lors de chaque décharge; rien de plus net que le mode de terminaison des nombreux tubes nerveux volontaires et régulateurs des actes de l'appareil qui aboutissent à chacun de ses disques (Ch. Robin).

d'abord librement ensemble, mais cette communication diminue par l'épaississement de leurs côtés et de leur plancher.

La cavité de la vésicule antérieure est représentée, dans le cerveau humain adulte, par le *troisième ventricule*; celle de la vésicule centrale, par le passage du troisième au quatrième

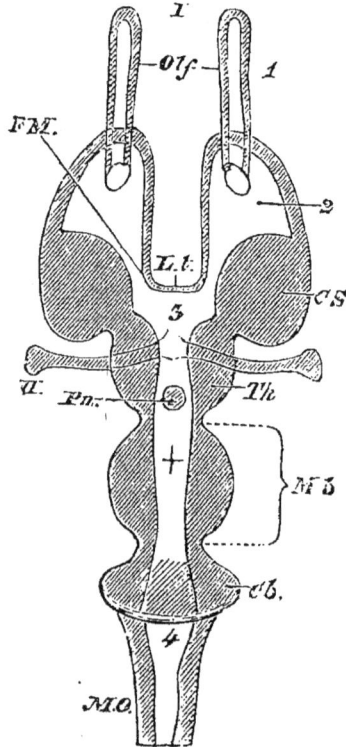

Fig. 21. — Section diagrammatique horizontale du cerveau d'un vertébré. Les lettres suivantes sont applicables à cette figure et à la figure 22. — H*b*, cerveau moyen. Ce qui se trouve au-devant est le cerveau antérieur et ce qui se trouve en arrière est le cerveau postérieur L*t*, lames terminales; O*lf*, lobes olfactifs; H*mp*, hémisphères; T*h*.E, thalamencéphale; P*n*, glande pinéale; P*y*, corps pituitaire; FM, trou de Monro; CS, corps striés; T*h*, couche optique; CQ, corps quadrijumeaux; CC, crura cerebri; C*b*, cerebellum; PV, pont de Varole; MO, moelle allongée; 1, nerfs olfactifs; 11, nerfs optiques; 111, point de sortie du cerveau des nerfs moteurs oculaires; 1V, du pathétique; VI, des abducteurs; V11, origine des autres nerfs cérébraux; 1, ventricule olfactif; 2, ventricules latéraux; 3, troisième ventricule; 4, quatrième ventricule; *iter a tertio ad quartum ventriculum*.

ventricule (*aqueduc de Sylvius*); celle de la vésicule postérieure, par le *quatrième ventricule*.

Le plancher et les côtés de la vésicule postérieure s'épaississent et deviennent la *moelle allongée* et le *pont de Varole* chez les animaux qui possèdent cette dernière structure. La partie postérieure de la voûte n'est pas convertie en matière nerveuse, mais reste mince et peu apparente ; l'*épendyme* qui tapisse la cavité cérébrale, et l'*arachnoïde* ou membrane séreuse qui couvre extérieurement le cerveau, se trouvent bientôt en contact, et forment, suivant toute apparence, une mince membrane qui se déchire bientôt et laisse ouverte la cavité du quatrième ventricule. Antérieurement, la voûte se convertit en matière nerveuse, et peut s'élargir en une masse complexe qui se trouve suspendue à la partie supérieure et est nommée *cerebellum* (cervelet).

Le *pont de Varole*, quand il existe, résulte des fibres commissurales qui se développent sur les côtés et sur le plancher de la partie antérieure de la vésicule postérieure, et joignent ces deux moitiés du cervelet l'une avec l'autre.

Ainsi le cerveau postérieur diffère de la vésicule cérébrale postérieure en ce qu'il est partagé en moelle allongée (ou myélencéphale) en arrière, et en cervelet et pont de Varole (qui constituent ensemble le *métencéphale*). Le plancher de la vésicule cérébrale moyenne s'épaissit et se transforme en deux longs faisceaux de fibres longitudinales, les *pédoncules du cerveau* (crura cerebri). Sa voûte divisée en deux ou quatre convexités par une simple dépression longitudinale ou cruciforme est convertie en lobes optiques, *corps bijumeaux* ou *quadrijumeaux*. Ces parties : les lobes optiques, les pédoncules (*crura cerebri*), la cavité interposée qui conserve la forme d'un ventricule ou est réduite à un simple canal (passage entre le troisième et le quatrième ventricule) sont les composants du cerveau moyen ou *mésencéphale*.

La vésicule cérébrale antérieure subit des changements beaucoup plus grands qu'aucune des précédentes ; car, d'abord, de la partie antérieure de ses côtés parallèles sortent deux prolongements creux, les hémisphères (ou *protencéphale*). De l'extrémité extérieure de celles-ci sortent deux autres expansions creuses plus petites, les *lobes olfactifs* (ou *rhinencéphale*). Par le développement de ces expansions, la vésicule antérieure se trouve divisée en cinq parties, une médiane postérieure,

4.

quatre antérieures et paires. La médiane postérieure, qui reste comme le représentant de la plus grande partie de la vésicule cérébrale antérieure primitive, est la *vésicule du troisième ventricule* ou *thalamencéphale*. Son plancher se forme en une expansion conique appelée *infundibulum* dont l'extrémité close se réunit au corps pituitaire ou *hypophyse*. Ses côtés atteignent une grande épaisseur et acquièrent une structure ganglionnaire qui deviendra la *couche optique*. Sa voûte, d'autre part, rappelle celle du quatrième ventricule en ce qu'elle reste très-mince et n'est en réalité qu'une simple membrane. La glande

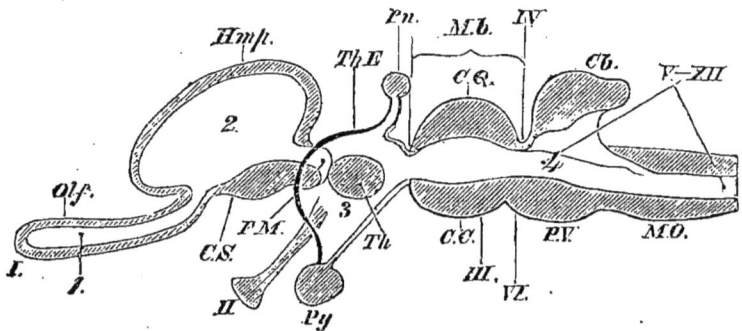

Fig. 22. — Section longitudinale et verticale du cerveau d'un vertébré. Les lettres comme les précédentes, la *lamina terminalis* est représentée par la ligne noire entre FM et 3.

pinéale ou *épiphyse cérébrale* se développe aux dépens de la paroi supérieure du troisième ventricule. Sur les côtés du même ventricule se trouvent deux bandes qui se dirigent vers la glande pinéale et sont appelées ses *pédoncules*.

Une partie des parois antérieures de la vésicule devient la *lame terminale* qui forme le bord antérieur du troisième ventricule. Mais ces parois sur certains points s'épaississent et donnent naissance à trois couches de fibres, une dirigée transversalement et deux verticalement. La première couche au-devant des dernières : les fibres transversales passent de chaque côté dans les *corps striés* et constituent la *commissure antérieure* qui réunit ces corps. Les fibres verticales sont les *piliers antérieurs de la voûte*; elles passent au-dessous, dans le plancher du troisième ventricule et dans les *corps mamillaires*, quand ces parties sont développées.

La paroi externe et inférieure de chaque hémisphère s'épaissit et devient le *corps strié*, substance ganglionnaire qui, dès son origine, se trouve contre les parties externes et antérieures des *couches optiques*. La ligne de démarcation entre les deux, correspond à la lèvre inférieure (*tænia semicircularis*) de l'ouverture de communication appelée *trou de Monro*, qui se trouve entre le troisième ventricule et la cavité de l'hémisphère cérébral désignée désormais sous le nom de *ventricule latéral*. Chez les *vertébrés* élevés, la lèvre supérieure du trou de Monro s'épaissit et se transforme en une bande de fibres longitudinales qui se continue antérieurement avec les piliers antérieurs de la voûte ci-dessus mentionnée. Postérieurement, ces fibres longitudinales se continuent en arrière et au-dessous, le long des parois internes de l'hémisphère cérébral, en suivant la jonction des corps striés et des couches optiques, et passent en un point épais des parois de l'hémisphère qui s'avance dans le ventricule latéral sous le nom de *grand hippocampe*. Ainsi se produit une longue bande commissurale de fibres nerveuses s'étendant du plancher du troisième ventricule à celui du ventricule latéral et s'inclinant au-dessus du trou de Monro. Les fibres des côtés opposés s'unissent au-dessus de la voûte du troisième ventricule, et constituent ce qui est appelé le corps de la *voûte à trois piliers*. Les bandes qui se trouvent derrière cette union reçoivent le nom de *piliers postérieurs de la voûte*.

Les couches optiques peuvent être unies par une *commissure molle* de substance grise ; une commissure postérieure, composée de fibres nerveuses transverses, se développe généralement entre l'extrémité postérieure des deux couches.

Une partie qui n'existe pas chez les autres vertébrés, fait son apparition chez les mammifères, parmi les membres les plus élevés de cette classe ; cette partie appelée *corps calleux* est la couche la plus importante des fibres commissurales. Elle se compose d'une série de fibres transverses qui s'étendent de la voûte d'un des ventricules latéraux à celle de l'autre, à travers l'intervalle qui sépare les parois internes d'un hémisphère de celles de l'autre.

Quand le corps calleux est largement développé, sa portion antérieure croise l'interstice situé entre les hémisphères, bien au-dessus du niveau de la voûte, par conséquent une certaine partie de la paroi interne de chaque hémisphère, entre ce corps et la voûte, se trouve séparée de l'espace intermédiaire. La portion des deux parois internes et leur interstice ainsi isolés du reste, constituent le *septum lucidum* avec son contenu, le *cinquiéme ventricule*.

Modifications du cerveau. — Les principales modifications dans la forme générale du cerveau sont le résultat du développement des hémisphères relativement aux autres parties. Chez les vertébrés inférieurs, les hémisphères restent petits ou de dimension assez réduite pour qu'ils ne cachent pas, en les couvrant, les autres divisions du cerveau. Mais, chez les *mammifères* élevés, ils s'étendent en avant au-dessus des lobes olfactifs, et en arrière au-dessus des lobes optiques et du cervelet, de manière à couvrir complétement ces parties ; de plus, ils s'élargissent vers la base du cerveau en bas. L'hémisphère cérébral est pour ainsi dire incurvé autour de son *corps strié*, et il se partage en régions ou *lobes* qui ne sont marqués que par de légères lignes de démarcation.

Ces régions sont : les *lobes frontal, pariétal, occipital, et temporal*, tandis que sur la face externe du *corps strié* se trouve un lobe *central* (insula de Reil). Les ventricules latéraux se prolongent dans les lobes frontal, occipital et temporal, et acquièrent ce qu'on appelle leurs *cornes antérieure, postérieure* et *descendante*.

De plus, pendant que chez les vertébrés inférieurs la surface des hémisphères cérébraux est unie, chez les vertébrés élevés elle se complique de raies et de sillons, les gyri et sulci, qui présentent une forme déterminée. La couche superficielle vasculaire de tissu connectif qui couvre le cerveau est appelée *pie-mère* et s'enfonce dans les sillons. Mais l'*arachnoïde*, ou membrane séreuse délicate qui, d'une part, couvre le cerveau et, de l'autre, tapisse le crâne, passe de convolution en convolution sans entrer dans les sulci. L'épaisse membrane périostale qui tapisse l'intérieur du crâne et est doublée elle-même par la couche pariétale de l'arachnoïde s'appelle *dure-mère*.

La nature générale des modifications qui s'observent dans le cerveau quand on passe d'un mammifère inférieur à un supérieur, est très-bien démontrée par les figures comparées du cerveau d'un chimpanzé, d'un porc et d'un lapin (fig. 23 et 24).

Chez le lapin, les hémisphères cérébraux laissent le cervelet complétement découvert quand le cerveau est vu en dessus. On n'y trouve qu'un simple rudiment de la scissure de Sylvius (S*y*), et les trois principaux lobes (frontal (A), occipital (B) et temporal (C)) sont seulement indiqués. Les *nerfs olfactifs* sont énormes et passent par une large bande lisse qui occupe un grand espace sur le côté latéral du cerveau dans la protubérance natiforme du lobe temporal.

Chez le porc, les nerfs olfactifs et la bande sont à peine moins visibles, mais la protubérance natiforme est un peu plus profondément tracée et commence à rappeler la circonvolution (*gyrus*) unciforme des *mammifères* plus élevés dont elle est l'homologue. Les circonvolutions (*gyri*) temporales (C¹), quoique encore très-petites, commencent à s'élargir en bas et au-devant de celle-ci. La partie supérieure de l'hémisphère cérébral est beaucoup plus large, non-seulement dans la région frontale, mais encore dans la région occipitale, et cache, sur une grande étendue, le cervelet quand le cerveau est vu en dessus. Ce qui chez le lapin est une simple marque angulaire (S*y*), chez le porc devient un long sillon (*sulcus*), scissure de Sylvius dont les bords sont formés par la circonvolution (*gyrus*) dite angulaire ou de Sylvius. Deux autres rangs de circonvolutions (*gyri*) plus ou moins parallèles à celle-ci sont visibles à la surface externe de l'hémisphère à l'entrée de la scissure de Sylvius ; on remarque en *in* une élévation qui représente l'*insula* ou *lobe central*.

Chez les chimpanzés, les nerfs ou plutôt les lobes olfactifs sont relativement très-petits et les bandes qui les unissent avec les circonvolutions (*gyri*) unciformes (*substantiæ perforatæ*) sont complétement cachées par les circonvolutions temporales (C¹). La scissure de Sylvius, très-longue, profonde, commence à cacher l'*insula* sur lequel quelques circonvolutions en forme d'éventail se sont développées. Les lobes frontaux sont très-larges et recouvrent une grande partie des nerfs olfactifs, tandis que les lobes occipitaux couvrent complétement le cer-

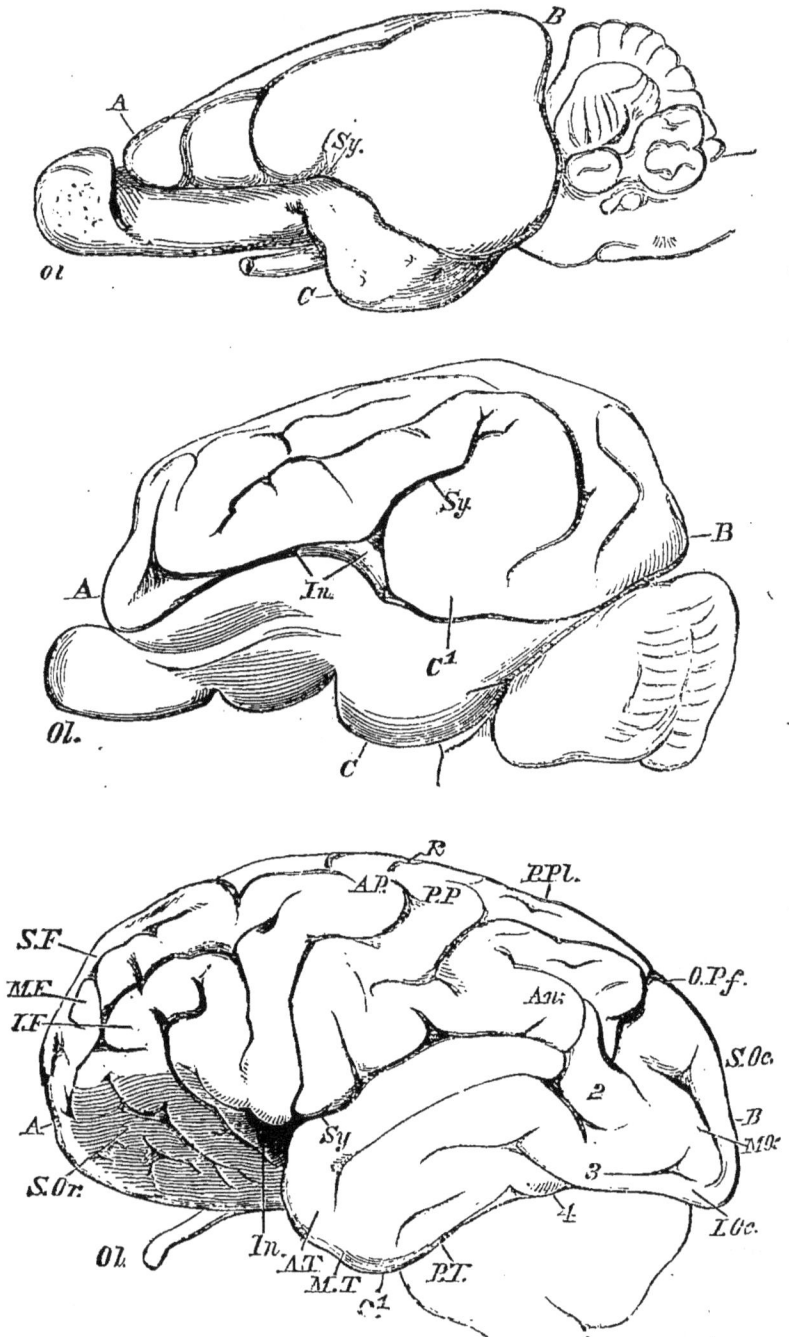

Fig. 23. — Vue latérale du cerveau d'un lapin, d'un porc et d'un chimpanzé, dessiné environ de la même grandeur. Le cerveau de lapin est au-dessus, le cerveau de porc au milieu; celui du chimpanzé le plus bas.

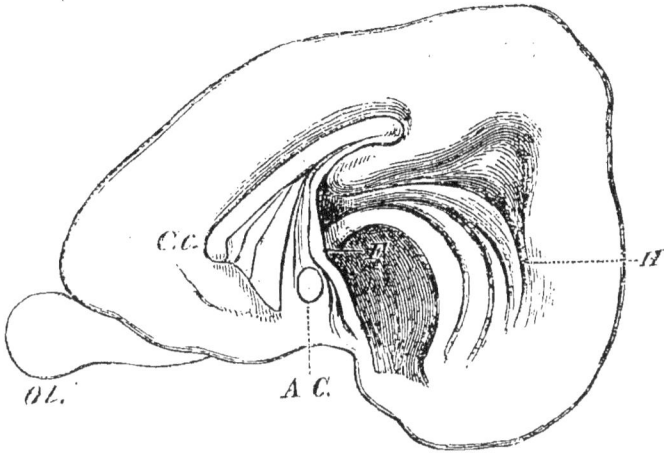

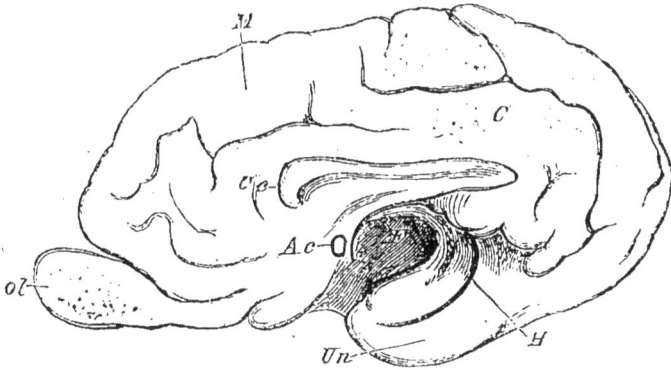

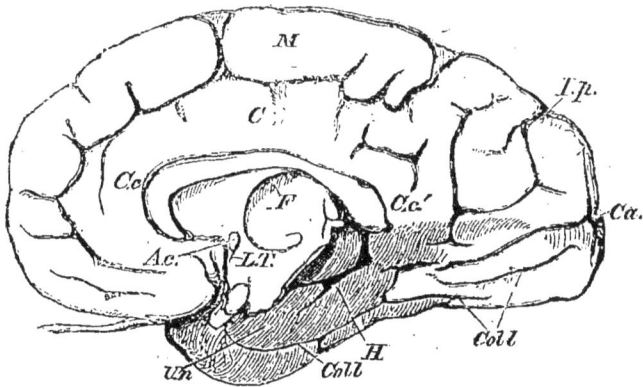

Fig. 24. — Vue interne des hémisphères cérébraux du lapin, du porc e du chimpanzé, dessinés comme les précédents et placés dans le même ordre : Ol, lobe olfactif; Cc, corps calleux; Ac, commissure antérieure. H, Sillon de l'hippocampe; Un, unciforme; M, marginale du corps calleux interne perpendicu laire Ca, calcarine; Col, collatérale; F, voûte.

velet, s'étendant au delà de manière à le cacher complétement à un œil placé au-dessus. Les circonvolutions et les sillons ont alors atteint la disposition qui est la caractéristique de tous les mammifères élevés.

La scissure de Rolando (R), sépare les circonvolutions anté-ropariétale (A.P.) et postéro-pariétale (P.P.). Ces deux circonvo-lutions, avec le lobule postéro-pariétal (P.*pl.*) et une partie de la circonvolution angulaire (A*n*), constituent le lobe *pariétal.*

Le lobe *frontal* placé antérieurement à celui-ci, le lobe *occipital* postérieurement, et le *temporal* au-dessous, présen-tent trois rangs de circonvolutions qui, dans le cas des lobes frontaux et occipitaux, sont appelés supérieur, moyen et infé-rieur, dans celui du lobe temporal, antérieur, moyen et posté-rieur. La surface inférieure du lobe frontal qui se trouve sur la voûte de l'orbite (S. O*r.*), offre beaucoup de sillons et de cir-convolutions.

A la face interne de l'hémisphère cérébral (fig. 24), le seul sillon visible sur le cerveau du lapin, est cette large et pro-fonde dépression (H) qui s'étend parallèlement aux piliers postérieurs de la voûte, et donne naissance dans l'intérieur des cornes descendantes du ventricule latéral à la projection appelée *grand hippocampe.*

Chez le porc, ce *sillon de l'hippocampe* (H) est beaucoup plus étroit et moins visible, une circonvolution *marginale* (M) et *une calleuse* (C) sont séparées par un sillon bien accentué ap-pelé sillon *calloso-marginal.*

Chez le lapin, la circonvolution unciforme constitue les bords inférieurs de l'hémisphère.

Chez le chimpanzé, les circonvolutions *marginale* et *calleuse* sont encore beaucoup mieux marquées. Il existe un sillon in-terne, profond et perpendiculaire, ou sillon *occipito-pariétal.* Le sillon *calcaire* (Ca) (calcarine) envoie une projection au plancher de la corne postérieure qui est le *petit hippocampe,* tandis que le sillon collatéral (*Coll.*) donne naissance à l'éminence de ce nom dans les cornes postérieures et descen-dantes. Le sillon de l'*hippocampe* est relativement insignifiant, et le bord inférieur du lobe temporal est formé par la circon-volution temporale.

Chez le lapin, le corps calleux est relativement petit, très-incliné au-dessus et en arrière, son extrémité antérieure n'est inclinée que légèrement en bas, de manière que le genou (genu) et le bec (rostrum) sont invisibles. Le corps calleux du porc est plus large, moins horizontal et possède plus d'un bec (rostrum). Chez le chimpanzé il est encore plus large, quelque-fois déprimé et très-épais postérieurement, avec un large bec. En proportion des hémisphères, la commissure antérieure est plus large chez le lapin et plus petite chez le chimpanzé. Le lapin et le porc ont un seul *corps mamillaire*, le chimpanzé en a deux. Le cervelet du lapin est très-large en proportion des hémisphères et reste complétement découvert du côté dorsal. Sa division médiane ou *vermis* est droite, symétrique et large en proportion des lobes latéraux. Les *flocculi* ou lobules acces-soires sortis de ces derniers, sont larges et s'avancent bien au delà des marges des lobes latéraux. La face interne du *mé-tencéphale* présente de chaque côté, derrière le bord postérieur du pont de Varole, une aire rectangulaire, aplatie, appelée *corpora trapezoïdea* (1).

Chez le porc, le cervelet est relativement plus petit, et partiellement couvert par les hémisphères ; les lobes latéraux sont plus larges en proportion du vermis et des *floculli*, et s'éten-dent au-dessus de ce dernier. Les *corpora trapezoïdea* sont plus petits. Chez le chimpanzé, le cervelet, relativement plus petit, est complétement recouvert; le vermis est très-petit par rapport aux lobes latéraux qui couvrent et cachent les *floculli* insignifiants. Il n'y a pas de *corpora trapezoïdea*.

Dans tous les caractères déjà mentionnés, le cerveau de l'homme diffère beaucoup moins de celui du chimpanzé que celui de ce dernier ne diffère du cerveau du lapin.

La moelle. — Le canal rachidien et le cordon qu'il contient sont tapissés par la continuation des trois membranes qui pro-tégent l'encéphale. Le cordon est subcylindrique et contient un canal longitudinal, le *canal central*, reste du sillon primitif. Le cordon est divisé par une scissure postérieure et une antérieure

---

(1) *Corpus trapezoïdeum* ou *trapèze*, bandelette de fibres blanches étendues parallèlement au bord postérieur depuis la pyramide anté-rieure jusqu'à l'origine apparente du nerf acoustique. Elle existe chez tous les mammifères, moins l'homme et les singes supérieurs.

médianes en deux moitiés latérales, qui ne sont habituellement unies que par l'isthme, en comparaison étroit, qui entoure immédiatement le *canal central*. Le cordon peut, chez
l'adulte, s'étendre dans tout le canal rachidien ou se terminer
sur un point quelconque entre l'extrémité caudale et la région
antérieure thoracique.

La distribution des deux principes constituants du tissu nerveux, corpuscules ganglionnaires et fibres nerveuses, est très-
bien définie dans le cordon médullaire, les corpuscules ganglionnaires étant contenus dans la matière grise qui constitue
l'isthme et s'étend en deux masses terminées chacune par une
corne antérieure (ou ventrale) et une postérieure (ou dorsale).
Les fibres nerveuses abondent dans la matière grise, mais la matière blanche, qui constitue la substance externe de la moelle,
ne contient que des fibres et aucune cellule ganglionnaire.

Les nerfs spinaux naissent par paires de chaque côté de la
moelle et habituellement en nombre égal à celui des vertèbres
à travers ou entre lesquelles ils sortent (fig. 25). Chaque nerf
possède deux racines ; l'une naît de la région postérieure, et
l'autre de la région antérieure de chaque moitié de la moelle.
La première racine (postérieure) offre un renflement ganglionnaire et ne contient que des fibres sensorielles ; la seconde
(antérieure) n'a pas de ganglion et ne contient que des fibres
motrices (1).

Après avoir quitté le canal vertébral, chaque nerf spinal se
divise habituellement en une branche dorsale et une branche
ventrale. Cependant, chez les poissons gadoïdes (morue),
chacune de ces branches est un nerf distinct sortant de ses
propres racines.

Nerfs cérébraux. — Le plus grand nombre de paires de
nerfs que produise le cerveau d'un vertébré est douze, en
comprenant les nerfs olfactifs et les nerfs optiques, qui, comme
on l'a vu, sont des diverticulum du cerveau plutôt que des
nerfs proprement dits.

Les nerfs olfactifs (*olfactorii*) constituent la première paire
de nerfs du cerveau. Ils conservent toujours leur union primitive avec les hémisphères cérébraux, et contiennent durant

(1) L'amphioxus semble être une exception à cette règle comme à
beaucoup d'autres de l'anatomie des vertébrés.

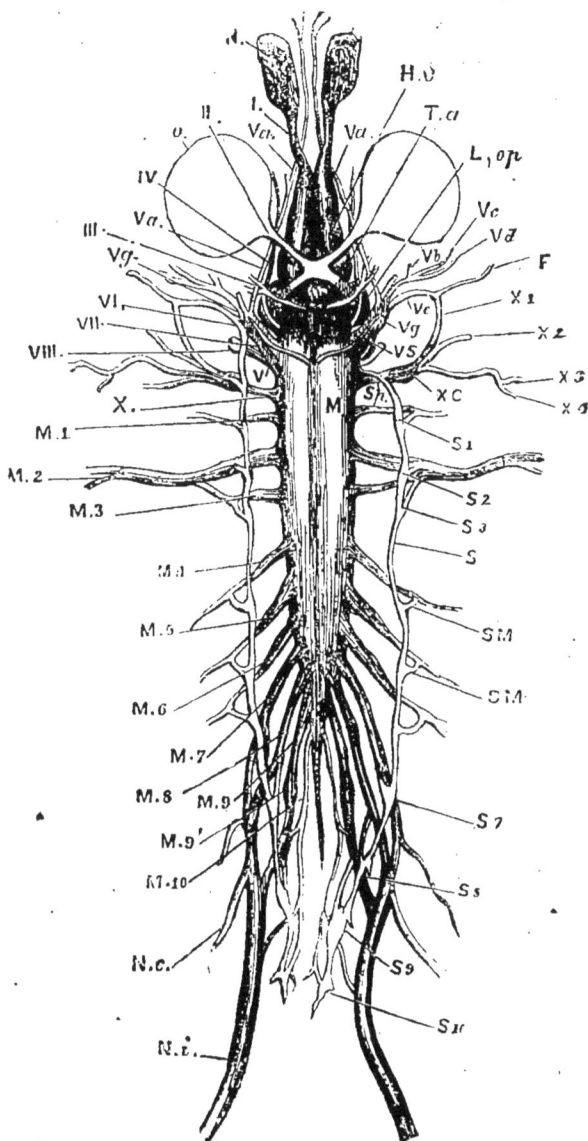

Fig. 25. — Vue diagrammatique des principaux troncs cérébro-spinaux et du système nerveux sympathique de la *Rana esculenta* regardés en dessous (deux fois grandeur naturelle). — I, nerfs olfactifs ; N, sac olfactif ; II, nerf optique ; O, œil ; L.*op*, lobes optiques ; T*a*, bandes optiques passant des lobes au chiasma, derrière lequel se trouve le corps pituitaire ; III, oculo-moteur ; IV, pathétique ; V, le trijumeau intimement uni à *l'abducens* (VI), au facial (VII) et à l'extrémité supérieure du sympathique (VS). Les branches de ce plexus nerveux sont : V*a*, les branches nasale et ophthalmique de la cinquième paire et de *l'abducens*. V, *b*, *c*, *d*, les branches palatine, maxillaire et mandibulaire de la cinquième paire. V*e*, la branche tympanique dans laquelle entre le nerf facial propre (VII), et qui forme avec une branche du nerf vague, le nerf facial de la

toute la vie une cavité, le *ventricule olfactif*, qui communique avec le ventricule latéral.

Les nerfs optiques (*optici*) forment la seconde paire des nerfs cérébraux. Chez les lamproies (*Marsipobranchii, Cyclostomes*) ces nerfs conservent leur origine embryonnaire dans la couche céphalique (ou *thalamencéphale*) et chacun d'eux se rend à l'œil du même côté. Chez les autres *vertébrés* les nerfs se croisent à la base du cerveau (*Teleostei*) ou se fusionnent en un chiasma (*Ganoïdes, Elasmobranches* et tous les *vertébrés* élevés, peut-être quelques *amphibiens* exceptés). De plus, chez les vertébrés supérieurs, les fibres des nerfs optiques s'unissent principalement avec le *mésencéphale* (cerveau moyen).

Tous les autres nerfs cérébraux diffèrent de ceux-ci en ce qu'ils apparaissent non comme diverticulum d'aucune des vésicules cérébrales, mais comme résultat des changements histologiques de la boîte crânienne primitive du cerveau, ou *lames dorsales* du crâne.

La troisième paire de nerfs (*moteur oculaire*) et la quatrième (*pathétique*) se distribuent aux muscles des yeux ; la troisième, à la majorité de ces muscles, la quatrième aux muscles supérieurs obliques. La troisième paire de nerfs sort des *crura cerebri* ou division inférieure du *métencéphale* à la base du cerveau. La quatrième paire sort de la partie antérieure de la division supérieure du *métencéphale*, immédiatement derrière les lobes optiques à la face supérieure du cerveau. Cette région est connue sous le nom de *valvule de Vieussens* chez les *Mammifères*.

Tous les autres nerfs du cerveau ont leur origine dans la division postérieure du lobe postérieur, dans le myélencéphale.

La cinquième paire (*trijumeaux*) sort des côtés du métencéphale, et distribue des nerfs sensoriels à la peau de la tête, et des nerfs moteurs à la plupart des muscles des mâchoires. Trois grandes divisions du *trijumeau* sont admises habituel-

grenouille F ; VIII, le nerf auditif ; X, avec ses branches X1, X2, X3, X4, représente le glosso-pharyngien et le nerf vague. La moelle allongée (myélencéphale finit, et la moelle épinière (*Myelon*) commence environ dans la région indiquée par la lettre M. M, 1-10, nerfs spinaux ; M,2, nerfs brachiaux ; M, 7, 8, 9, plexus sciatique, d'où sortent les nerfs crural (Nc) et sciatiques (Ni) ; S, tronc du sympathique ; SM, branches communiquant avec les ganglions spinaux ; S, 1-10, ganglions sympathiques.

lement : la première appelée *ophthalmique* ou mieux *orbito-nasale*; la seconde *maxillaire supérieure* ou plutôt *maxillaire*, et la troisième *maxillaire inférieure*, qui serait mieux nommée *mandibulaire*. Certains poissons, tels que les raies, offrent un quatrième tronc, le *palato-nasal*.

Les deux dernières de ces divisions sont généralement étroitement unies entre elles, tandis que la division *orbito-nasale* reste distincte. La division *orbito-nasale* passe le long du bord supérieur des trabécules, au-dessus de l'œil, et ses distributions finales se rendent à la membrane muqueuse du nez et au tégument des régions nasale et frontale.

L'aire distributive des nerfs maxillaire et mandibulaire comprend la face externe (morphologiquement antérieure) de l'arc mandibulaire et ses apophyses palatines. Le maxillaire supérieur s'unit fréquemment à la branche palatine de la *portion dure*, en un ganglion appelé sphéno-palatin ou *ganglion de Meckel*. Le mandibulaire s'unit souvent de la même façon à la division mandibulaire (*corde tympanique*) du facial, et donne naissance à un ganglion, le *sous-maxillaire*. L'orbito-nasal s'unit aussi très-fréquemment avec la troisième paire et donne naissance à un ganglion *ciliaire*. Le palato-nasal est un nerf large et distinct chez quelques poissons; il passe le long de la voûte palatine jusqu'au sac nasal et au tégument de la région nasale. Habituellement il semble se confondre avec la branche palatine de la septième paire.

Le nerf trijumeau offre en général deux racines très-distinctes : une dorsale ou postérieure sensorielle, accompagnée d'un ganglion, le *ganglion de Gasser*, et une ventrale ou antérieure motrice n'ayant pas de ganglion. Les fibres de la racine antérieure passent presque exclusivement dans la branche du maxillaire inférieur. La branche ophthalmique peut avoir un ganglion (*ciliaire*), le maxillaire supérieur un autre (*sphéno-palatin* ou de *Meckel*) et le maxillaire inférieur un troisième (*otique*).

Le nerf de la sixième paire, moteur oculaire externe (*abducens*), sort de la face inférieure du cerveau, à la jonction de la moelle allongée (myélencéphale) avec le métencéphale (cervelet et pont de Varole). Il anime les muscles droits externes de l'œil, les muscles de la membrane nictitante et le *retractor bulbi* ou *musculus choanoïdes*, quand ces muscles existent.

Le nerf de la septième paire (le *facial*), appelé fréquemment la *portion dure*, est celui de tous les nerfs céphaliques dont la distribution a été le moins comprise. Il prend naissance entre la cinquième et la huitième paire, et reste toujours uni à cette dernière. Il passe du crâne au-devant de l'organe auditif, et alors (habituellement après avoir formé un ganglion appelé *géniculé* chez les vertébrés élevés) il se divise en deux branches : 1° une *palatine*; 2° une *faciale* propre. La branche palatine est le nerf vidien des vertébrés élevés; elle s'unit généralement avec les branches maxillaire et palato nasale de la cinquième paire, et se distribue aux parties primitivement placées à la face interne ou postérieure de l'arc mandibulaire et de ses apophyses palatines. La branche *faciale*, qui passe en avant de l'organe auditif, libre ou enfermée dans un canal de Fallope, apparaît à la marge postérieure de la première fente viscérale (spiracle ou tympan) et se distribue aux parties environnantes de la face antérieure de l'arc hyoïdien. Elle envoie une branche (*corde tympanique*, branche mandibulaire de la *portion dure*) à la face postérieure de l'arc mandibulaire. La première fente viscérale est donc comprise entre les deux branches principales (palatine et faciale) de la septième paire, à la façon dont le second arc viscéral, quand il persiste, est compris entre les divisions antérieure (hyoïde) et postérieure (branchiale) du nerf glosso-pharyngien.

Les cinq nerfs qui viennent d'être indiqués sont souvent intimement unis ensemble. Ainsi, chez le *lepidosiren*, les trois nerfs moteurs du globe de l'œil sont complétement confondus avec la branche orbito-nasale (ophthalmique) de la cinquième paire.

Chez les poissons myxinoïdes, il n'y a pas de nerfs moteurs du globe oculaire, mais chez la lamproie le *droit externe*, le *droit inférieur* et l'*oblique inférieur* sont animés par des filaments venant de l'orbito-nasal, tandis que l'oculo-moteur et le pathétique s'unissent en un tronc commun qui fournit des branches au *droit supérieur*, au *droit interne* et à l'*oblique supérieur*. L'oculo-moteur, le pathétique et le moteur oculaire externe (*abducens*) entrent dans une union plus ou moins intime avec le trijumeau chez les amphibiens; mais chez les *Teleostei*, les *Ganoïdes*, les *Elasmobranches* et chez tous les vertébrés élevés les nerfs des muscles des yeux sont distincts de la cinquième paire, excepté quand l'oculo-moteur s'unit à l'ophthalmique dans le ganglion ciliaire ou ophthalmique.

Le facial et le trijumeau ont des racines communes dans les poissons. Chez les *Amphibiens*, quoique les racines soient distinctes, le facial peut être intimement uni au ganglion du trijumeau, comme la grenouille en offre un exemple. Dans tous les *vertébrés sans branchies*, dans le sens de ma classification, les deux nerfs sont complétement distincts.

La *huitième* paire (*nerf acoustique*) est formée par les nerfs de l'organe de l'ouïe.

La *neuvième* paire (*glossopharyngien*) se distribue spécialement aux régions pharyngienne et linguale du canal digestif, et primitivement anime les bords de la seconde fente viscérale; une branche antérieure passe à la face postérieure de l'arc hyoïdien et une branche postérieure à la face antérieure du premier arc branchial.

La *dixième* paire (*pneumogastrique* ou *nerf vague*) se compose de nerfs très-remarquables qui passent de l'œsophage, de l'estomac et des organes respiratoires et vocaux jusqu'à certaines parties de la peau et au cœur. Chez beaucoup d'Ichthyopsidés, ils fournissent de plus de longs nerfs latéraux à la peau des côtés du corps. Chez les vertébrés élevés, les nerfs latéraux ne sont représentés que par de petites branches distribuées principalement à la région occipitale. La neuvième et la dixième paire agissent à la fois comme motrices et sensorielles et sont souvent assez intimement unies pour ne former à peu près qu'un nerf.

Les nerfs de la *onzième* paire (*accessorii*) ne sont appelés cérébraux que par convention, puisqu'ils prennent leur origine du cordon médullaire par des racines qui sortent entre les racines propres antérieures et postérieures des nerfs spinaux et, en se rejoignant, forment de chaque côté un nerf qui passe en avant avec le pneumogastrique, le rejoignant en partie, et se rendant d'autre part aux muscles qui sortent de la tête et des vertèbres antérieures, puis vont s'insérer sur l'arc pectoral.

L'accessoire spinal n'existe chez aucun Ichthyopsidé vertébré, mais on le trouve dans tous les *Sauropsidés* (excepté les *Ophidiens*) et dans les *Mammifères*.

La *douzième* paire ou *hypoglosse* se compose des nerfs mo-

teurs de l'appareil de la langue et de quelques muscles rétracteurs hyoïdiens.

Dans les *Ichthyopsidés* le premier nerf cervical anime l'aire
distributive de l'hypoglosse, mais tous les *vertébrés sans branchies* ont un hypoglosse, qui traverse un trou dans l'ex-occipital, quoique souvent il reste intimement uni avec le
premier cervical et puisse être plutôt regardé comme une
subdivision de ce nerf que comme un nerf cérébral propre.

Ainsi les nerfs qui sortent du cerveau postérieur, chez tous
les *vertébrés* élevés, se partagent en trois groupes : le premier
sensorio-moteur pré-auditif comprenant les 3ᵉ, 4ᵉ, 5ᵉ, 6ᵉ,
7ᵉ paires ; le second nerf auditif, purement sensoriel
(8ᵉ paire) ; le troisième sensorio-moteur post-auditif comprenant les 9ᵉ, 10ᵉ, 11ᵉ, 12ᵉ paires.

Les ouvertures par lesquelles plusieurs de ces nerfs quittent
le crâne conservent une réelle et constante relation avec certains éléments du crâne de chaque côté. Ainsi :

a. Les filaments du nerf olfactif quittent toujours le crâne
entre la lame perpendiculaire du corps de l'ethmoïde ou *mésethmoïde* et ses parties latérales ou préfrontales.

b. Le nerf optique sort constamment derrière le centre de
l'orbito-sphénoïde et au-devant de celui de l'*alisphénoïde*.

c. La troisième division du trijumeau et le septième nerf
quittent toujours le crâne derrière le centre de l'alisphénoïde
et au-devant du pro-otique.

d. Le glosso-pharyngien et le pneumogastrique font toujours
leur apparition derrière le centre de l'opisthotique et au-devant du centre de l'ex-occipital.

Quand les ouvertures destinées à livrer passage aux nerfs
crâniens mentionnés aux paragraphes *a*, *b*, *c*, *d*, sont entou-
rées d'os et bien définies, elles sont appelées respectivement :
a, *trou olfactif*; *b*, *trou optique*; *c*, *trou ovale* avec ou sans *canal
de Fallope* distinct; *d*, *trou déchiré postérieur*.

Les os adjacents peuvent prendre une part égale à border
ces trous, ou les trous peuvent se trouver tout entiers dans
un os; mais leur position, ainsi qu'elle vient d'être définie, ne
change jamais.

Un autre point qui mérite d'être tout spécialement considéré,
par rapport à la disposition générale des nerfs crâniens, est la

relation de quelques-uns d'entre eux avec les arcs viscéraux et leurs fentes, comme il a été déjà indiqué incidemment. Ainsi, la septième paire se distribue à la partie postérieure du premier arc viscéral, et à la partie antérieure du second, ses deux branches renfermant la première fente viscérale. Le neuvième nerf (*glossopharyngien*) se distribue également à la partie postérieure du second arc et à la partie antérieure du troisième, ses branches renfermant la seconde fente viscérale. La première branche du pneumogastrique a des relations similaires avec les troisième et quatrième arcs et avec la troisième fente. Dans les vertébrés à *branchies*, les autres branches antérieures du pneumogastrique sont similairement distribuées aux arcs branchiaux successifs, les deux divisions de chaque branche renfermant une fente branchiale.

La seconde et la troisième division du trijumeau se distribuent d'une manière analogue à la région antérieure du premier arc viscéral et à la région postérieure ou externe de l'apophyse maxillo-palatine orbito-nasale. Le trijumeau semble être similaire par rapport au bord antérieur et inférieur des *trabecula cranii*, dont la branche palato-nasale longe le bord postérieur et inférieur.

L'étude du développement démontre que les trabécules sont en réalité des arcs viscéraux courbés en avant et reliés les uns aux autres. Ils donnent naissance à la moitié antérieure du crâne, tandis que les arcs branchiaux mandibulaire et hyoïdien subissent moins de modifications. Chaque arc branchial possède un nerf qui longe son bord antérieur et un autre qui suit son bord postérieur, chacun de ces nerfs dérivant de différentes sources. Chaque fente branchiale est comprise entre l'espace formé par les branches des nerfs distribués à ses bords antérieur et postérieur. La fente *hyo-branchiale* est par conséquent alimentée par le glossopharyngien; la fente *hyo-mandibulaire* (spiracle ou tympan) par le septième nerf; la fente *mandibulo-trabéculaire* par les branches maxillaire et mandibulaire ou cinquième nerf postérieurement, et le palato-nasal antérieurement. L'orbito-nasal reste comme le nerf du bord antérieur des trabécules qui borde le canal naso-palatin, lequel probablement représente l'ouverture antérieure primitive du canal alimentaire.

Le Sympathique. — Un système nerveux sympathique a été observé dans tous les *vertébrés*, excepté l'*Amphioxus* et les *Marsipobranches*. Il se compose essentiellement de deux cordons longitudinaux placés de chaque côté de la face inférieure de l'axe crânio-spinal; chaque corde reçoit des fibres communiquantes des nerfs spinaux de son côté, et se complète de tous les nerfs crâniens, excepté ceux des sens spéciaux de l'audition, de la vue et de l'odorat, les nerfs vidiens constituant les terminaisons antérieures des cordes sympathiques. Aux points de communication, des ganglions se développent et les nerfs qui émergent de ces ganglions se distribuent aux muscles du cœur et des vaisseaux et à ceux des viscères.

Ces nerfs périphériques du système sympathique présentent fréquemment de petits renflements ganglionnaires.

Chez les *Marsipobranches*, la place du sympathique semble être prise sur une grande étendue par le pneumogastrique, et, chez le *myxine*, les deux pneumogastriques s'unissent sur l'intestin qu'ils suivent comme un simple tronc, jusqu'à l'anus. Dans les Elasmobranches, la portion céphalique du sympathique semble être absente ou rudimentaire.

Organes sensoriels. — Les organes des trois sens les plus élevés : l'odorat, la vue, l'ouïe, se trouvent, ainsi qu'il a été décrit, par paires de chaque côté du crâne dans tous les animaux vertébrés, excepté les poissons les plus inférieurs, et à leur état primitif ils ne sont représentés que par de simples involutions de la peau.

Appareil olfactif. — Il n'acquiert pas plus de complication, puisqu'il reste sous la forme d'un simple sac (*Amphioxus* (?), *Marsipobranches*), ou plus communément deux, élargis à leur surface par des plissements, ou par le développement d'os ou de cartilages turbinés, venant des portions latérales de l'ethmoïde et sur lesquelles se distribuent des filaments nerveux sortant du lobe olfactif du cerveau. Les cavités des sacs olfactifs peuvent être mises en communication avec celle de la bouche par le canal nasal, ou comme dans la grande majorité des poissons, elles peuvent avoir seulement une ou plusieurs ouvertures externes.

Chez les reptiles, les oiseaux et les mammifères, on rencontre une *glande nasale* spéciale qui répand sa sécrétion sur chaque sac olfactif.

Les *trous incisifs* qui restent entre les maxillaires et les lames palatines des maxillaires chez les mammifères, sont parfois fermés par les membranes muqueuses des cavités nasale et orale, quelquefois elles ne le sont pas. Dans le dernier cas, ce sont les *canaux de Sténon* qui mettent ces deux cavités en communication. Des diverticulum glandulaires de la membrane muqueuse fournis par les filaments nerveux de l'olfactif et de la cinquième paire, peuvent s'ouvrir dans ces canaux ; on les appelle, depuis leur découverte, les *organes de Jacobson*.

Œil. — L'œil se forme par la réunion de deux sortes d'organes ; l'un fourni par les dépendances de la peau, l'autre par une production du cerveau.

L'ouverture que l'on remarque sur une dépression tégumentaire, formée primitivement de chaque côté de la tête dans la région oculaire, se ferme, et il en résulte un sac clos. La paroi externe de ce sac devient la *cornée transparente* de l'œil ; l'épiderme de son plancher s'épaissit et est transformé en *lentille cristalline*; la cavité est remplie par l'*humeur aqueuse*. Un produit vasculaire et musculaire apparaît autour de la circonférence du sac, et, divisant sa cavité en deux segments, donne naissance à l'*iris*. La peau qui entoure la cornée produit un pli au-dessus et au-dessous pour former les paupières, et la partie de la peau qui se trouve renfermée devient la souple et vasculaire *conjonctive*.

La poche de la conjonctive communique très-généralement par le conduit lacrymal avec la cavité nasale. Il peut se produire sur ses côtés internes, dans un large pli, une *membrane nictitante* mue par un ou plusieurs muscles propres. Des glandes spéciales, la *lacrymale* du côté externe du globe de l'œil, la glande de *Harder* du côté interne, peuvent se développer avec la membrane muqueuse conjonctive et l'arroser de leur sécrétion.

La chambre postérieure de l'œil a une origine complétement distincte. De très-bonne heure, cette partie de la vésicule cérébrale antérieure, destinée à devenir plus tard la vésicule du troisième ventricule, produit un diverticulum large à son extrémité externe, étroit à son extrémité interne, qui s'attache à la base du sac tégumentaire. La paroi postérieure ou externe de ce diverticulum est alors comprimée, et forcée pour ainsi dire vers la paroi opposée par un produit du tissu connectif adjacent. Ainsi, la cavité primitive du diverticulum, qui communique librement avec celle de la vésicule cérébrale antérieure, est oblitérée; son extrémité large acquiert une forme sphéroïdale, s'entoure d'une forte couche fibreuse sclé-rotique, et forme la chambre postérieure de l'œil, tandis que son pédicule se rétrécit et s'allonge, pour devenir le nerf op-tique. La double enveloppe produite par la paroi de la vési-cule cérébrale optique qui se replie sur elle-même, donne naissance aux deux couches de la *rétine* et de la *choroïde* : la masse ou produit de tissu connectif, se gélatinise et passe dans l'*humeur vitrée*, puis la fente qui lui sert d'entrée s'obli-tère. Le nerf optique, même chez les *vertébrés* supérieurs, est d'abord intimement uni à la vésicule du troisième ventricule et ne se distingue pas de celui-ci; mais, par degrés, l'origine des racines de chaque nerf s'étend au-dessus du côté opposé du cerveau et entoure le *thalamus* jusqu'au *mésencéphale* (cerveau moyen) du même côté, et les troncs des deux nerfs se trou-vent entre-croisés au-dessous du troisième ventricule d'une manière intime et compliquée, pour former un *chiasma*.

Les yeux de l'*amphioxus* et du *myxine* sont très-impar-faitement développés, et semblent consister en un peu plus qu'une lentille rudimentaire imbibée d'un pigment qui entoure la terminaison du nerf optique; chez le *myxine*, cet œil rudimentaire est caché par les muscles et la peau. Il semble douteux que dans les poissons tels que la lamproie les yeux se développent de la même manière que dans les autres *vertébrés*.

Les yeux de tous les vertébrés ont une structure typique, quoique quelquefois chez les poissons aveugles (*Amblyopsis*) et la taupe, les yeux n'aient aucune importance fonctionnelle. — Parmi les *Ichthyopsidés* et les *Sauropsidés*, mais non chez les mammifères, la sclérotique se trouve souvent ossifiée en par-tie, l'ossification forme habituellement un anneau autour de sa moitié antérieure. Elle devient énormément épaisse chez les *cétacés*.

Excepté chez l'*amphioxus* et les poissons myxinoïdes, le globe de l'œil est mû par six muscles dont quatre se dirigent de l'intérieur de l'orbite à la périphérie du globe de l'œil, et comme ils entourent le nerf optique, ils sont nommés *droits* supérieur, inférieur, interne et externe. Les deux autres sont unis aux marges supérieure et inférieure de l'orbite respectivement, et passent de là sur le côté externe du bulbe. Il y a un *oblique supérieur* et un *oblique inférieur*. Chez beaucoup de reptiles et de mammifères, une couche musculaire en forme d'entonnoir, le *muscle choanoïdes*, se rencontre entre les quatre *droits*, et s'attache à la circonférence de la moitié postérieure du globe de l'œil. Il semble, d'après la distribution des nerfs, qui ont été déjà décrits, que le muscle *choanoïdes*, le muscle externe et le muscle nictitant constituent un groupe des muscles de l'œil morphologiquement distincts des trois autres, *droit*, *oblique*, et *élévateur supérieur des paupières*.

Dans beaucoup de reptiles et de vertébrés élevés, les paupières se ferment à l'aide de fibres musculaires circulaires constituant un *orbiculaire des paupières*, et sont ouvertes par des fibres droites qui sortent de la partie postérieure de l'orbite pour se rendre habituellement à la paupière supérieure comme élévateur palpébral supérieur (*levator palpebræ superioris*), quelquefois aux deux, quand le muscle inférieur est un dilatateur palpébral inférieur.

Les glandes lacrymales et de Harder ne se trouvent pas dans les poissons, mais la première se rencontre parmi les *batraciens* et elles se rencontrent toutes les deux chez les sauropsidés et les mammifères.

Chez les *lacertiliens*, les *crocodiles*, les *oiseaux* et beaucoup de poissons, une membrane particulière vasculaire, recouverte de pigment comme la choroïde, s'avance vers le point d'entrée du nerf optique sur les bords externes du globe de l'œil dans l'humeur vitrée, et s'unit habituellement avec la capsule lenticulaire. C'est le *peigne* ou *sac*.

Oreille. — Le premier rudiment de l'oreille interne est une involution de la peau sous forme d'un petit sac, situé de chaque côté de la vésicule cérébrale postérieure, juste au-dessus de l'extrémité de la seconde fente viscérale. L'ouverture de l'involution se ferme bientôt, et il en résulte un sac clos. Le sac s'élargit, et par une remarquable série de transformations sa partie supérieure prend habituellement la forme de trois canaux *semi-circulaires* : les canaux *antérieur* et *postérieur verticaux*, l'*externe ou horizontal* du *labyrinthe membraneux*. Le corps du sac reste le plus généralement comme *vestibule*, mais une excroissance cæcale, qui se ferme plus tard du côté du vestibule, est envoyée au-dessous et intérieurement vers la base du crâne, c'est le rudiment de la *rampe médiane* du limaçon ou *cochléa*. Ce canal peut être appelé *limaçon membraneux*.

Parmi les nombreuses anomalies de l'*amphioxus*, il faut noter qu'on ne lui a encore découvert aucune oreille. Le hag (Myxine) n'en a qu'une, et chez la lamproie (Pétromyzon) on ne trouve que deux canaux semi-circulaires. Mais chez les poissons, en général tous les trois s'y trouvent; il reste à savoir si le limaçon n'est pas aussi représenté.

Chez les poissons, le cartilage périotique et ses ossifications renferment ce labyrinthe membraneux extérieurement et ne présentent même pas d'ouvertures membraneuses ou fenêtres vers la première fente viscérale ou l'endroit qui la représente. Mais chez les vertébrés plus élevés, *amphibiens*, *sauropsidés*, (reptiles et oiseaux), *mammifères*, le labyrinthe membraneux est toujours renfermé dans une capsule périotique complétement osseuse; les parois externes de cette capsule restent invariablement ossifiées sur un ou deux espaces ovales, qui ont l'aspect de fenêtres avec vitres membraneuses, et sont appelés *fenêtre ovale* et *fenêtre ronde*.

La *fenêtre ovale* est située dans la partie de la masse périotique qui borde la chambre contenant le vestibule membraneux externe, et on trouve toujours que quand les os préotique et épisthotique existent, ils prennent une part presque égale à la formation de ses bords. Pour résumer, la *fenêtre ovale* est située sur la ligne de jonction des deux os. La *fenêtre ronde*, d'autre part, se trouve au-dessous de la *fenêtre ovale*, contenue tout entière dans l'épisthotique; elle forme une partie de la paroi externe de la cavité dans laquelle le canal cochléen membraneux est logé.

Chez les sauropsidés et les mammifères, ce limaçon membraneux s'aplatit à la façon d'une bande ; sa communication avec le vestibule s'oblitère, se loge dans une cavité conique de manière à diviser cette cavité en deux portions appelées *rampes* qui communiquent seulement par leurs extrémités. La base d'une des rampes, appelée *rampe du vestibule*, s'ouvre dans la cavité qui contient le vestibule membraneux ; celle de l'autre, *rampe tympanique*, s'appuie contre la fenêtre ronde qui semble pour ainsi dire l'arrêter. La cavité du limaçon membraneux étendue entre les deux rampes et servant à les diviser, est appelée *rampe médiane*.

Chez les reptiles, les oiseaux et les mammifères ornithodelphes, le limaçon n'est qu'incliné légèrement ou roulé sur lui-même. Mais chez les mammifères plus élevés, il se replie en spirale plate ou conique d'un tour et demi (*Cétacés, Erinaceus*) à cinq tours (*Cœlogenys Paca*).

Le labyrinthe membraneux est rempli par un fluide clair, l'*endolymphe*, et contient habituellement des otolithes de différentes sortes. Entre les parois du labyrinthe membraneux et les parois de la masse périotique qui le contient, se trouve un autre fluide transparent, le *périlymphe*, qui s'étend de là jusqu'aux rampes vestibulaire et tympanique.

Chez tous les animaux qui possèdent une *fenêtre ovale*, sa membrane donne attache à un disque d'où sort une tige ou un arc partiellement ou complétement ossifié.

Dans le premier cas, qui se rencontre chez les oiseaux, la plupart des reptiles et quelques *amphibiens*, l'appareil ainsi formé est généralement appelé *columella auris*; dans le second cas, comme chez la plupart des mammifères, *étrier*. Chez beaucoup d'Elasmobranches et de Ganoïdes, une portion de la première fente viscérale reste ouverte toute la vie comme le *spiracle*; mais chez la plupart des poissons la fente s'oblitère.

Dans la majorité des *vertébrés* d'organisation plus élevée que les poissons, la première fente viscérale ne s'oblitère pas entièrement, mais sa partie supérieure reste comme une cavité transversale allongée, au moyen de laquelle le pharynx serait mis en communication avec l'extérieur, si les côtés opposés du canal ne venaient former une cloison membraneuse, la *membrane tympanique*. Le peu du canal qui reste à l'extérieur devient le *méat auditif* externe ; tandis que ce qui se trouve intérieurement est le *tympan*, ou tambour de l'oreille, et la *trompe d'Eustache* qui met le tympan en rapport avec le pharynx. Par conséquent, les parois externes du tympan sont fermées par la membrane tympanique, et ses parois internes par la masse périotique avec ses fenêtres ; et, dans

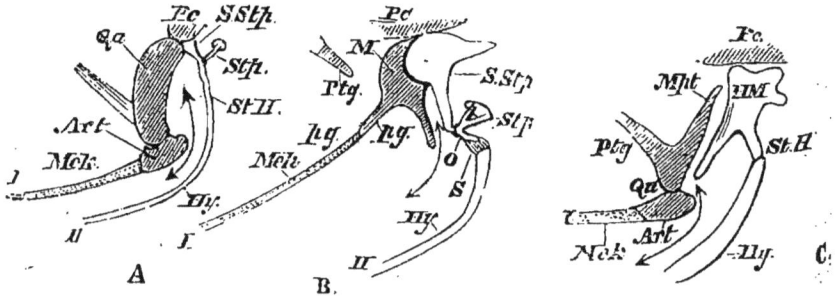

Fig. 26. — Diagramme du squelette du premier et du second arc viscéral d'un lézard (A), d'un mammifère (B) et d'un poisson osseux (C). Le squelette du premier arc viscéral est caché, celui du second est à peu près découvert : I, premier arc viscéral ; M*ck*, cartilage de Meckel ; A*rt*, articulaire ; Q*u*, quadratum ; M*pt*, Métaptérygoïde ; M, malleus ; *pg*, processus gracilis ; II, second arc viscéral ; H*y*, corne hyoïdienne ; S*t*.H stylohyal (styloïde des mammifères) ; S, pied de l'étrier ; S*tp*, étrier, S.S*tp*, sus-étrier ; HM, hyomandibulaire. La flèche indique la première fente viscérale ; P*c*, capsule périotique ; P*tg*, le ptérygoïde.

tous les vertébrés au-dessous des mammifères, l'extrémité externe de la columelle est quelquefois libre, mais elle est plus souvent fixée à la membrane du tympan et de cette manière, celle-ci, ainsi que la membrane de la fenêtre ovale, sont mises mécaniquement en rapport. Chez ces animaux, la mandibule est reliée au crâne par l'intermédiaire de l'os carré.

Mais chez les mammifères, la mandibule s'articule directement avec la partie écailleuse du temporal, et le quadratum (ou os carré) transformé en un des osselets de l'audition appelé *malleus* (marteau). Le *marteau* s'attache à la membrane tympanique par un mode d'articulation spéciale, tandis que son autre extrémité, qui faisait suite au cartilage de Meckel chez l'embryon, est transformée en manche du marteau (*processus gracilis* ou *folianus*) entre les os tympanique, écailleux et périotique.

Dans le lézard remarquable appelé *Sphénodon* la corne antérieure de l'hyoïde se continue avec l'extrémité postérieure de la columelle et celle-ci envoie au-dessus une apophyse cartilagineuse qui passe dans les parois de la capsule périotique, derrière l'extrémité antérieure de l'os *carré*. Ainsi la columelle se lient à angles droits en dehors de la corne de l'hyoïde ; celle-ci se divise partie (supra-stapédial) au-dessus du pied de l'étrier et partie au-dessous de l'étrier et répond à l'apophyse styloïde des *mammifères*. La partie (supra-stapédial) au-dessus du pied de l'étrier est représentée par un cartilage ou ligament chez d'autres *sauropsidés*, mais ne semble pas s'ossifier. Chez les *mammifères* (B, fig. 26), la partie (*supra-stapédial*) au-dessus du pied de l'étrier s'ossifie et devient enclume. Son extrémité antérieure s'articule habituellement à l'aide d'une articulation synoviale avec le marteau (= quadratum). Un point ossifié distinct, l'os *orbiculaire,* fait en général son apparition à l'endroit du cartilage hyoïdien où l'étrier et l'enclume s'unissent. La partie du cartilage hyoïdien qui se transforme en apophyse styloïde est ordinairement unie à l'orbiculaire par des fibres musculaires qui constituent le muscle *stapedius* ou du pied de l'étrier. D'un autre côté, l'apophyse courte ou postérieure de l'*enclume* est réunie par un ligament avec cette partie de la masse périotique dans laquelle l'apophyse styloïde se continue directement, et il est difficile de dire si l'hyoïde se continue dans l'enclume par ces ligaments ou par le *stapedius*. Mais cependant le marteau et l'enclume forment sans doute les extrémités antérieures de la mandibule et des arcs hyoïdiens respectivement.

Dans les poissons osseux (C, fig. 26), qui n'ont pas de fenêtre ovale ou d'étrier, la partie supra-stapédiale de l'hyoïde devient un os large (l'*hyo-mandibulaire*). D'autre part, l'extrémité antérieure du cartilage carré s'atrophie, perd son rapport direct avec la capsule périotique et devient distinctement ossifiée comme le *métaptérygoïdien*. Chez les raies, la portion ascendante métaptérygoïdienne de l'os carré a disparu, à moins qu'elle ne soit représentée par des parties ligamenteuses ou cartilagineuses au-devant du spiracle.

Les parties de l'os carré et du *supra-stapédial* (au-dessus du pied de l'étrier) du second arc viscéral, se transforment chez les *dipnoïdes* et beaucoup d'amphibiens en un simple cartilage plat. Parmi les amphibiens, la membrane tympanique est souvent contenue dans un cadre cartilagineux.

Chez les *mammifères* et chez quelques oiseaux, une matière osseuse se dépose dans le tissu fibreux qui entoure les côtés et la base de la membrane tympanique et donne naissance à un os tympanique spécial. Chez beaucoup de *mammifères*, l'ossification' s'étend sur les côtés et sur le plancher du tympan et du méat externe et un produit de la peau, dérivé principalement du second arc viscéral, se transforme en conque ou oreille externe.

Organe du goût. — Il réside dans la membrane muqueuse qui couvre la langue, surtout dans sa région postérieure et probablement dans celle qui tapisse l'arrière-bouche. Quand le sens est bien développé, la membane muqueuse s'élève en nombreuses papilles de diverses formes, et est très-pourvue de filaments venant du nerf glosso-pharyngien.

Sens du tact. — Il se distribue à la peau et à la membrane muqueuse de la cavité buccale qui est, à strictement parler, une dépendance de la peau.

Organes du toucher. — Comme organes spéciaux du toucher, chez les vertébrés élevés, il faut mentionner les papilles nerveuses contenant les *corpuscules du tact* et les longs poils de la face, dont les papilles sont abondamment pourvues de nerfs.

Chez la plupart, sinon chez tous les poissons, la peau du corps et de la tête contient une série de sacs ou canaux habituellement disposés d'une manière symétrique de chaque côté de la ligne médiane, et remplis d'une substance claire et gélatineuse; les parois de ces sacs ou canaux sont abondamment pourvues de nerfs; les terminaisons de ces nerfs entourent des papilles qui s'avancent dans le contenu gélatineux. Ces organes des sens sont désignés sous le nom d'*organes de la ligne latérale* ou *canaux muqueux*; on les regardait autrefois comme les glandes sécrétoires de la matière gluante qui recouvre le corps des poissons et qui est en réalité de l'épiderme modifié.

Canal alimentaire. — Cette partie de l'organisation des vertébrés offre toujours des différences entre la bouche, le pharynx, l'œsophage, l'estomac et l'intestin, et ce dernier a toujours une ouverture médiane à la face ventrale du corps. Cette ouverture peut s'ouvrir soit dans un *cloaque*, soit dans un conduit qui communique avec lui et avec les organes urinaires et génitaux.

L'intestin se distingue ordinairement en *gros intestin* et *intestin grêle*; à la jonction des deux, un ou deux cœcum se développent fréquemment aux dépens du premier intestin.

L'estomac et l'intestin sont enveloppés par une membrane péritonéale et réunis par les plis *mésogastriques* ou *mésentériques* de cette membrane avec les parois dorsales de la cavité abdominale. Des glandes appartenant au système lymphatique abondent fréquemment dans les plis mésentériques, et une glande très-vasculaire de ce système, la rate, se trouve toujours (excepté chez l'*amphioxus*, le *myxine* et le *leptocéphale*) en rapport intime avec l'estomac. Une *glande pancréatique* verse généralement sa sécrétion dans l'extrémité supérieure de l'intestin. Les *glandes salivaires* s'ouvrent ordinairement dans la bouche, et, chez les vertébrés élevés, il n'est pas rare de rencontrer des glandes en rapport avec la terminaison du rectum.

Les organes les plus caractéristiques et les plus constants qui se trouvent en rapport avec le canal alimentaire des animaux vertébrés sont le foie et les dents.

Le foie. — Chez les animaux vertébrés, cet organe peut toujours se réduire en tubes cæcaux qui terminent les conduits hépatiques; ils sont limités par un épithélium et non réticulés; ils n'ont pas de réceptacle pour la bile. Chez beaucoup de vertébrés, l'extrémité des conduits hépatiques n'a pas été suffisamment définie, et il est douteux que l'immense masse proportionnelle de corpuscules soient contenus dans les tubes qui leur font suite; dans ce cas, les tubes devraient être réticulés. Les conduits du foie des vertébrés répandent très-fréquemment de la bile directement ou indirectement dans un réceptacle, la *vésicule biliaire*. L'amphioxus est le seul parmi les vertébrés qui ait un canal diverticulum des intestins à la place d'un foie.

Dents. — Les dents chez les *mollusques* et les *annelés* sont toujours des productions ecdermiques cutanées ou épithéliales. Chez les *vertébrés*, les vraies dents sont invariablement *endermiques* ou développées non de l'épithélium de la membrane muqueuse du canal alimentaire, mais d'une couche entre celle-ci et la substance profonde vasculaire qui répond au derme de la peau. Les *dents* cornées de lamproie, de sirène, d'ornithorhynque et de larves d'amphibiens semblent avoir une structure *ecdéronique* comparable à la baleine des cétacés, aux plaques palatines des sirènes, ou au bec des oiseaux et des reptiles, mais non de vraies dents.

Le tissu dense et calcaire appelé *dentine* est caractérisé par des tubes très-rapprochés placés parallèlement, rayonnant sur toute son étendue et s'embranchant de plus en plus ; ils constituent la masse principale des vraies dents ; mais la dentine peut être bordée par du tissu osseux ordinaire qui reçoit alors le nom de *cément*, et sa couronne peut se couvrir d'un *émail* imperforé, prismatique et fibreux.

Les dents sont moulées sur des papilles de la membrane muqueuse qui peuvent être visibles, mais sont plus souvent enfoncées dans un pli ou dans une fosse dont la racine peut être close de manière à former un *sac dentaire*.

Il peut y avoir un où plusieurs rangs de dents ; dans le dernier cas, les sacs des nouvelles dents se développent comme diverticulum des vieilles ou indépendamment d'elles.

Dans la majorité des mammifères, les dents sont limitées pour le nombre aussi bien que pour la forme et le mode de succession. Il y a deux séries de dents comprenant : une première dentition *passagère* ou *dentition de lait*, et une seconde, ou *dentition permanente*. La dentition passagère, quand elle est complétement développée, se compose de dents *incisives, canines* et *molaires*. Les incisives se distinguent des autres par la place qu'occupe leur rang supérieur dans le pré-maxillaire et la correspondance du rang inférieur avec le supérieur. Leur nombre et leur forme varient. Les dents molaires diffèrent des canines par la forme et la place qu'elles occupent par rapport aux autres dents ; les dents les plus antérieures derrière la suture prémaxillo-maxillaire, si elles sont aiguës et projetées en avant, reçoivent le nom de canines. Il n'y a jamais plus de quatre canines. Les autres dents sont molaires et n'excèdent ordinairement pas quatre de chaque côté au-dessus et au-dessous. On appelle *formule dentaire* une combinaison commode de lettres et de figures pour mettre sous es yeux le nombre et la disposition des dents. Ainsi, supposons que *di*, *dc*, *dm* représentent respectivement la série des dents de lait incisives, canines, molaires, et alors en plaçant auprès de chacun de ces symboles des figures disposées de manière à indiquer le nombre des dents symbolisées de telle sorte de chaque côté de chaque mâchoire, nous avons la formule dentaire d'un animal donné. La formule dentaire d'un enfant au-dessus de deux ans est celle-ci : $di \dfrac{2,2}{2,2} dc \dfrac{1-1}{1-1} dm \dfrac{2,2}{2,2} = 20$: Ce qui signifie que l'enfant aurait deux incisives, une canine et deux molaires de chaque côté de chaque mâchoire.

Le col et le bulbe de chaque dent de lait donne un diverticulum dans lequel une des dents permanentes se développe; à mesure qu'il croît, il provoque la résorption de la racine de la dent de lait correspondante, qui tombe et est remplacée par une dent permanente qui apparaît au-dessous. Les mêmes lettres, mais sans le préfixe *d*, sont employées pour les incisives et les canines permanentes ; mais les dents permanentes qui remplacent les molaires passagères, sont appelées prémolaires, et ont pour symbole *pm*. Plus tard, trois ou quatre molaires permanentes de chaque côté de chaque mâchoire, peuvent se développer derrière les molaires passagères et se trouver en place sans remplacer aucune autre dent. Ce sont les molaires qui ont pour symbole *m*. Ainsi la formule de la dentition permanente de l'homme s'écrit : $i \dfrac{2,2}{2,2} c \dfrac{1-1}{1-1} pm \dfrac{2,2}{2,2} m \dfrac{3,3}{3,3} = 32$, c'est-à-dire, deux incisives, une canine, deux prémolaires, et trois molaires de chaque côté au-dessus et au-dessous. Il est une règle très-généralement applicable parmi les mammifères, c'est que les molaires les plus antérieures se trouvent en place et servent avant la chute des molaires passagères ; la couronne de la première molaire est toujours un peu émoussée, et cet excès d'usure de la première molaire sur la prémolaire adjacente est longtemps visible. Ce fait que, dans la première dentition prémolaire, la dernière est moins usée que la première molaire qui suit immédiatement, aide souvent beaucoup pour distinguer la série prémolaire de la série molaire.

Aucun animal vertébré n'a de dents dans d'autres parties

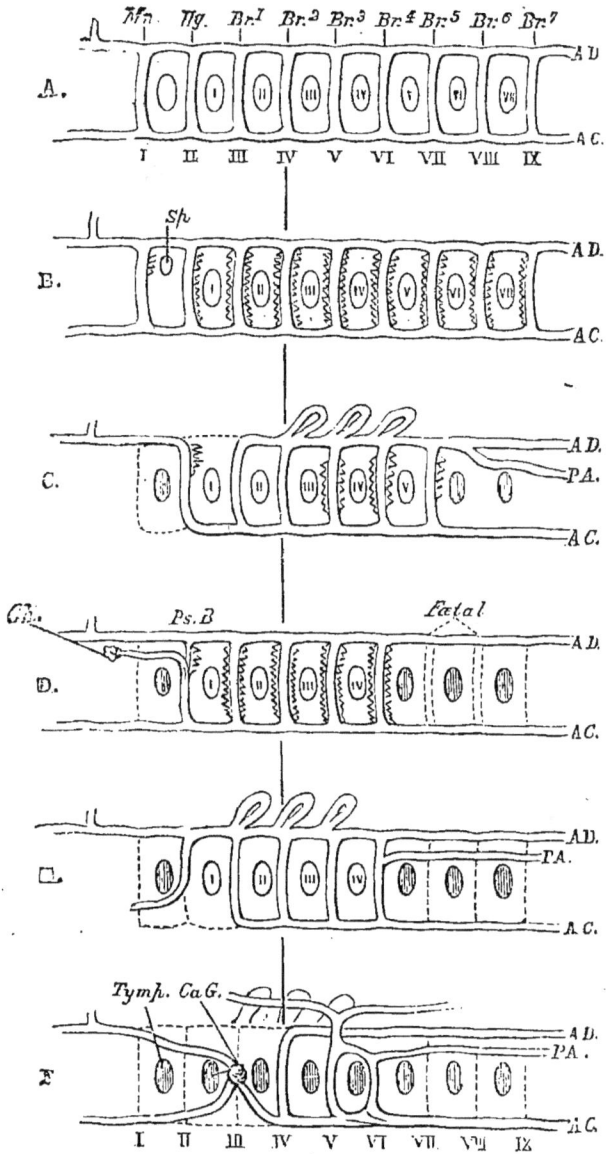

Fig. 27. — Diagramme destiné à montrer de quelle manière les arcs aortiques se modifient dans la série des vertébrés.

A, séries complètes hypothétiques des arcs aortiques correspondant avec les neuf arcs postérieurs viscéraux qui se trouvent d'une manière évidente chez quelques squales et *Marsipobranches*.

AC, aorte cardiaque; AD, aorte dorsale ou subvertébrale I à IX, arcs aortiques correspondant avec le mandibulaire, Mn; l'hyoïdien, *Hy*; et *Br*. 1. à *Br*.7;

du canal alimentaire que dans la bouche et le pharynx, excepté un serpent (Rachiodon) qui a une série d'organes qu'on peut appeler dents, formées par la projection de l'apophyse épineuse de nombreuses vertèbres antérieures dans l'œsophage. Dans les vertébrés les plus élevés, les dents sont limitées au prémaxillaire, au maxillaire et aux mandibules.

Organes circulatoires. — Le cœur des embryons vertébrés est d'abord représenté par un simple tube dont l'extrémité antérieure passe dans un tronc cardiaque aortique, tandis que l'extrémité postérieure se continue avec les grandes veines qui rapportent le sang de la vésicule ombilicale (*veines omphalo-mésentériques*).

L'*aorte cardiaque* se divise immédiatement en deux branches, chacune d'elles monte dans le premier arc viscéral sous la forme d'un *arc aortique* convexe en avant au-dessous de la colonne vertébrale rudimentaire, et marche parallèlement avec l'autre jusqu'à la partie postérieure du corps comme une aorte primitive subvertébrale. Les deux aortes primitives se

les sept arcs viscéraux branchiaux. I, II, III, IV, V, VI, VII, les sept fentes branchiales. La première fente viscérale n'est pas comptée et une de plus doit être ajoutée au nombre de chaque fente branchiale pour compléter la série des fentes viscérales.

B, diagramme hypothétique des arcs aortiques du squale *heptanchus* qui possède sept fentes branchiales : *Sp*, restes de la première fente viscérale représentés par une ouverture. Des branchies sont développées sur tous les arcs.

C. *Lepidosiren.* Le premier arc a disparu et la première fente viscérale est oblitérée. Des branchies internes sont développées et unies aux second, cinquième, sixième et septième arcs aortiques ; des branchies externes sont unies aux quatrième, cinquième et sixième arcs viscéraux ; PA, artères pulmonaires. Les deux fentes viscérales postérieures sont oblitérées.

D. Poisson téléostéen. Le premier arc aortique et la première fente viscérale sont oblitérés comme précédemment. Le second arc aortique supporte la pseudobranche (Ps. B) d'où partent les artères ophthalmiques pour se terminer dans la glande choroïde (Ch). Les quatre arcs suivants portent des branchies. Les septième et huitième arcs ont été trouvés chez l'embryon, mais non le neuvième et les fentes incluses sont absentes chez l'adulte.

E. L'axolotl (Siredon), amphibien pérennibranche. Les troisième, quatrième, cinquième arcs aortiques et la quatrième fente branchiale persistent. La première fente viscérale est oblitérée.

F. La grenouille. Les trois arcs aortiques antérieurs sont oblitérés chez l'adulte. La place du troisième, qui est réuni à la branchie externe antérieure chez le têtard, est occupée par la carotide commune et le *rete mirabile* (réseau admirable, glande carotide Ca.G), qui le termine. La quatrième paire des arcs aortiques persiste. Les cinquième et sixième paires perdent leurs rapports avec le tracé aortique subvertébral et deviennent les racines des artères cutanées et pulmonaires. La première fente viscérale devient le tympan, mais les autres sont oblitérées chez l'adulte.

réunissent bientôt sur la plus grande partie de leur longueur en un tronc, *l'aorte subvertébrale définitive*; mais les arcs aortiques séparés par le tube alimentaire restent distincts. Quatre troncs artériels chez les vertébrés élevés, plus chez les inférieurs, se développent successivement derrière le premier, dans les autres arcs viscéraux, et réunissent les aortes cardiaque et subvertébrale.

Chez les vertébrés à branchies permanentes, ces arcs aortiques, persistant pour la plupart, fournissent des vaisseaux à la touffe branchiale et se transforment en troncs afférent et efférent qui apportent le sang à ces touffes et le remportent (fig. 27 A, B, C, D, E).

Chez les amphibiens supérieurs, qui, quoique possédant des branchies durant leur état primitif, respirent plus tard par des poumons, tels que les *batraciens* (fig. 25, F) et les *cécilies*, les arcs aortiques perméables se réduisent à deux (la paire médiane des trois qui alimentent le réseau externe et la quatrième paire des arcs aortiques embryonnaires); les cavités de l'extrémité dorsale des autres s'oblitèrent. Sur les arcs postérieurs, les restes du cinquième et du sixième deviennent les troncs qui fournissent les artères pulmonaires et cutanées. Le troisième arc aortique primitif devient le tronc de la *carotide commun* et se termine dans la *glande carotide*, un *rete mirabile*, qui peut être regardé comme une sorte de pseudo-branche du premier arc branchial, d'où les carotides internes ou externes prennent naissance. Chez les vertébrés qui n'ont jamais de branchies, les arcs se réduisent ou à deux paires comme chez les lacertiens, ou à une paire comme dans les autres reptiles, ou à un seul arc comme chez les oiseaux et les mammifères. Les arcs aortiques qui persistent, comme chez les lézards mentionnés, sont la troisième et la quatrième paire d'avant en arrière; la quatrième paire seulement dans les reptiles; chez les oiseaux, l'arc droit de la quatrième paire, et chez les mammifères, l'arc gauche de la quatrième paire. La cinquième paire des arcs fournit les artères pulmonaires appelées *ductus arteriosus* (canal artériel), représentant les restes de l'union primitive de ces arcs avec la quatrième paire et l'aorte subvertébrale. L'extrémité dorsale des premier, second et troisième arcs s'oblitère; mais leur extrémité cardiaque et les branches qu'ils fournissent deviennent les artères de la tête et des extrémités supérieures.

L'aorte embryonnaire fournit les branches omphalo-mésentériques (fig. 28, *o*) à la vésicule ombilicale et se termine d'abord dans les artères hypogastriques (qui se distribuent à l'allantoïde dans les *vertébrés* sans branchies), et à la partie médiane de la portion caudale qui suit. Le sang de la vésicule ombilicale est remporté, comme il a été dit déjà, par les veines omphalo-mésentériques (fig. 28, *o'*) qui s'unissent en une dilatation près de la tête ; la dilatation (*sinus venosus*) reçoit de chaque côté un petit tronc veineux transverse, *ductus Cuvieri* (fig. 28, DC) (1) qui est lui-même formé sur chaque côté par la jonction des veines cardiaques antérieure et postérieure, lesquelles s'étendent en arrière et en avant, parallèlement à l'épine et remportent le sang de la tête au tronc.

Le sang de l'allantoïde est remporté par la *veine* ou les veines *ombilicales* (fig. 28, *u'*) qui se forment dans les parois antérieures de l'abdomen et s'ouvrent dans le sinus veineux déjà mentionné. Le sang des extrémités postérieures et des reins, est, après un temps, rapporté au même point par une veine médiane spéciale, la *veine cave inférieure.*

Le développement du foie affecte ses premiers grands changements par des procédés qui n'ont pas été décrits. On dirait qu'il interrompt le cours de la veine omphalo-mésentérique qui est non-seulement la veine du sac ombilical, mais aussi celle de l'intestin, et la transforme en un groupe de canaux qui communiquent d'un côté avec la partie cardiaque de la veine et de l'autre avec sa partie intestinale. Cette dernière est transformée en *veine porte* (fig. 28, *vp*) destinée à recueillir le sang de l'estomac, des intestins et du foie ; tandis que la première devient la *veine hépatique* (*vh*), dont la fonction consiste à charrier le sang hépatique vers la veine cave inférieure et de là au cœur.

La veine ombilicale envoie plus loin une branche au foie, pendant que d'un autre côté elle communique directement

---

(1) Rathke les nomme ainsi parce que ces deux canaux correspondent aux appendices, si bien décrits par Cuvier, du cœur des poissons, chez lesquels ils restent les troncs de toutes les veines du corps.

avec le sinus veineux (désormais presque confondu dans la veine cave inférieure) par un tronc appelé *canal veineux* (fig. 28, Dv).

Quand la vésicule ombilicale et l'allantoïde cessent de communiquer, comme à la naissance ou avant, les artères ompha-

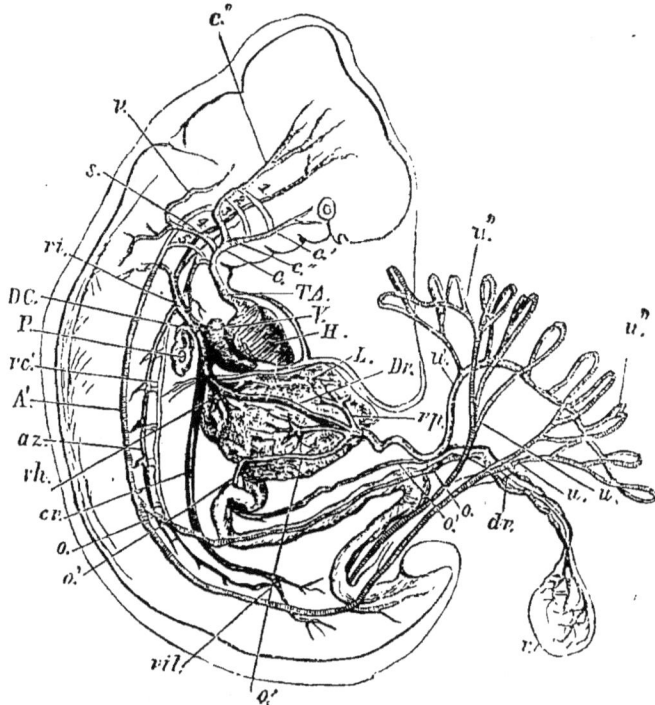

Fig. 28. — Diagramme de la disposition des principaux vaisseaux dans le fœtus humain; H, cœur; TA, tronc aortique ou aorte cardiaque; c, tronc carotide commun; c', carotide externe; c'', carotide interne; s, sous-clavière; V, artère vertébrale 1,2,3,4,5, arcs aortiques.—L'arc aortique gauche persistant est caché. A', aorte descendante; o, artère omphalo-mésentérique se rendant à la vésicule ombilicale v avec son canal vitellin dv; o, veine omphalo-mésentérique; vp, veine-porte; L, foie; uu, artères hypogastrique et ombilicale avec leurs ramifications placentaires, u'', u'''; u', veine ombilicale; Dv, canal veineux; vh, veine hépatique; cv, veine cardinale inférieure; vil, veines iliaques; az, veines azygos; vc', veine cardinale postérieure; DC; canal de Cuvier. La veine cardinale antérieure est vue comme elle sort de la tête pour se rendre au canal de Cuvier sur le côté supérieur des chiffres 1,2,3,4,5; P, poumons.

lo-mésentériques deviennent les artères intestinales, et les veines omphalo-mésentériques la veine porte. Les artères hypogastriques s'oblitèrent, excepté celles d'entre elles qui se convertissent en un tronc artériel commun iliaque. La veine

où les veines ombilicales disparaissent aussi ou restent représentées par un simple ligament.

Des trois veines qui s'ouvrent dans le sac veineux, la
veine cave inférieure, ainsi que le canal droit et le canal
gauche de Cuvier, peuvent persister, ces derniers recevant le
titre de *veine cave supérieure droite* et *veine cave supérieure
gauche*. Mais comme il arrive souvent chez les vertébrés élevés,
le canal de Cuvier gauche s'oblitère plus ou moins, les veines
qui s'y ouvrent naturellement contractent des relations avec le
conduit droit, qui reste alors comme seule veine cave supérieure. Les veines cardinales postérieures envoient des anastomoses qui sont transformées en *veines azygos*.

Les veines cardinales antérieures deviennent les jugulaires
externes et les veines innominées.

Chez les poissons, le *sinus veineux* et les veines cardinales
persistent durant toute la vie ; mais les veines cardinales antérieures, qui rapportent le sang de la tête et des extrémités
antérieures, sont appelées *veines jugulaires*.

Les veines caudales se continuent directement dans les
veines cardinales comme chez les *Marsipobranches* et les
Élasmobranches, ou se ramifient dans les reins comme chez
beaucoup de Téléostei. Dans l'un ou l'autre cas, les veines
rénales efférentes s'ouvrent dans les veines cardinales.

Le système de veine porte, qui charrie le sang des viscères
chylopoiétiques et quelquefois celui d'autres organes contenus
dans les parois abdominales, peut se composer d'une ou de
plusieurs veines. Chez l'*amphioxus* et le myxine, cette veine est
douée d'une contraction rhythmique et forme un cœur porte.

Chez la plupart des *amphibiens* et des *reptiles*, le *sinus veineux* persiste et est doué d'une contraction rhythmique, il est
pourvu de valvules à son entrée dans l'oreillette droite.

Les veines cardinales antérieures sont représentées par les
veines jugulaires ; les postérieures, par les veines vertébrales ;
celles-ci et les veines des extrémités antérieures, quand elles
sont représentées, versent leur sang dans le canal de Cuvier
et sont appelés désormais *veines caves antérieures*.

La *veine cave inférieure* doit son origine principalement à
la réunion des veines efférentes des reins et des organes reproducteurs, et ne reçoit pas toujours toutes les veines hépa-

tiques, quelques-unes de ces dernières, plus ou moins, s'ouvrant d'une manière indépendante dans le sinus veineux.

Le sang qui sort des reins par les veines efférentes est reçu non-seulement par les artères rénales, mais par les veines de la région caudale et des extrémités postérieures qui se ramifient en dehors à la façon d'une veine porte dans la substance des reins. Ce système de veine porte rénale est moins développé chez les reptiles que chez les amphibiens. Tout le sang des extrémités postérieures et de la région caudale ne traverse pas les reins, cependant une partie plus ou moins grande de ce sang est emportée par les grandes branches des veines iliaques qui rampent le long des parois antérieures de la cavité abdominale, soit en deux troncs, soit réunies en un seul. Ces *veines antérieures abdominales* se distribuent ensuite au foie avec les branches propres de la *veine porte*.

Chez les oiseaux, le *sinus veineux* ne se distingue pas de l'oreillette droite et on trouve deux *veines caves* antérieures. La *veine cave inférieure* se produit, comme chez les mammifères, par l'union des deux veines iliaques ; elle reçoit les veines hépatiques droite et gauche et, de plus, la veine abdominale antérieure n'entre plus dans le système de la veine porte, mais passe au-dessus dans les parois antérieures de l'abdomen à travers la scissure hépatique pour rejoindre la veine cave inférieure.

Les veines caudales et pelviennes se réunissent en trois troncs, dont un médian et deux latéraux. Le tronc médian entre dans le système de la veine porte ; les branches latérales passent le long et au travers des reins dont elles reçoivent des veines sans leur en fournir ; et après avoir reçu les veines ischiatiques, s'unissent avec les veines crurales pour former l'iliaque commune. Ainsi il n'y a pas de système rénal de veine porte chez les oiseaux.

Chez les mammifères, le *sinus veineux* n'est pas distinct de l'oreillette droite. Les *veines caves antérieures* sont souvent réduites à une, la droite. La *veine cave inférieure* commence dans la région caudale et reçoit tout le sang de la moitié postérieure du corps, excepté celui qui est emporté par les veines azygos. Les veines abdominales antérieures ne sont représentées que durant la vie fœtale par la veine ou les veines ombilicales. Les veines efférentes des reins s'ouvrent directement dans le tronc de la veine cave inférieure, et la veine porte est exclusivement composée de radicules venant des viscères chylopoïétiques.

Un grand nombre des veines de l'amphioxus, la veine porte des myxines, les dilatations de la veine caudale de l'anguille, les veines caves iliaque et axillaire de beaucoup d'amphibiens, les veines des ailes des chauves-souris sont douées d'une contraction rhythmique qui, concurremment avec la disposition de leurs valvules, aident la circulation du sang.

Chez les vertébrés de toutes les classes et dans des parties très-différentes du corps, les veines et les artères se partagent en branches nombreuses d'égale dimension environ, qui s'unissent ou ne s'unissent pas de nouveau dans de plus larges troncs. On les appelle *retia mirabilia*.

Modifications du cœur. — De grands changements s'opèrent dans la structure du cœur simultanément avec les modifications du reste du système circulatoire, dans le cours du développement des vertébrés supérieurs. Le simple tube primitif se courbe sur lui-même, et se divise d'avant en arrière en portion aortique ou *ventriculaire* et en portion veineuse ou *auriculaire*. Un septum médian croît intérieurement, divisant les chambres ventriculaire et auriculaire en deux ; ainsi une oreillette droite et une oreillette gauche se trouvent séparées d'un ventricule droit et d'un ventricule gauche.

Une division longitudinale semblable s'effectue dans l'aorte cardiaque. Les septum sont disposés de telle sorte dans la chambre auriculo-ventriculaire, que l'oreillette droite communique avec le sac veineux et les troncs des veines des viscères et du corps, tandis que les veines du poumon entrent dans l'oreillette gauche seulement. Des valvules se développent aux ouvertures auriculo-ventriculaires et à l'origine des troncs aortique et pulmonaire. Alors le cours de la circulation est déterminé. Le septum entre les oreillettes reste incomplet beaucoup plus longtemps que celui qui sépare les ventricules et l'ouverture par laquelle les oreillettes communiquent est appelée *trou ovale*.

Chez les oiseaux et les mammifères à l'état adulte, le trou ovale est fermé : il n'existe aucune communication directe

entre les cavités ou troncs artériels et veineux ; il n'existe
qu'un arc aortique ; et l'artère pulmonaire seulement sort du
ventricule droit. Chez le crocodile, l'oreillette et le ventricule
des côtés opposés sont complétement séparés, mais on trouve
deux arcs aortiques, l'un d'eux, le gauche, sort du ventricule
droit avec l'artère pulmonaire. Tous les reptiles, excepté le
crocodile, n'ont qu'une cavité ventriculaire ; mais cette cavité
peut être plus ou moins distinctement divisée en *cavum veno-*
sum et en *cavum arteriosum ;* les oreillettes sont complétement
séparées, excepté chez quelques tortues, et le sang de l'oreillette gauche coule directement dans le *cavum arteriosum,* pendant que le sang de l'oreille droite passe directement dans le
cavum venosum. Les arcs aortiques et l'artère pulmonaire sortent du *cavum venosum* (ou d'une subdivision spéciale de cette
cavité appelée *cavum pulmonale*), l'orifice de l'artère pulmonaire étant plus éloigné et celui de l'arc aortique plus près
du *cavum arteriosum.*

Chez les amphibiens, l'intérieur spongieux du ventricule
n'est pas divisé et le cœur est triloculaire quoique le septum
des oreillettes soit quelquefois petit et incomplet. Dans les
poissons, excepté le *lépidosiren,* il n'existe pas de cloison auriculaire. Chez l'amphioxus, le cœur reste dans son état primitif sous la forme d'un simple tube contractile et non divisé.

Chez les *ganoïdes,* les *élasmobranches* et les *amphibiens,* la
partie du ventricule qui se trouve le plus près de l'aorte s'allonge et se distingue du reste du ventricule par une constriction. Les parois de ce *conus arteriosus* contiennent des fibres
musculaires striées et sont douées de contractions rhythmiques.

Les ganoïdes et les élasmobranches non-seulement possèdent des valvules semi-lunaires ordinaires, à la jonction du
ventricule et du *conus arteriosus,* mais un nombre variable
de valvules supplémentaires placées en rangs transversaux
sur les parois internes du bulbe aortique. Dans les grenouilles,
il existe des valvules semi-lunaires à chaque extrémité du *cor-*
nus, et sa cavité est divisée dans le sens longitudinal par une
cloison incomplète.

Le changement de position que le cœur et les grands vaisseaux des vertébrés supérieurs subissent durant la vie embryonnaire est particulièrement remarquable et se répète

quand nous montons dans les séries des vertébrés adultes.

A son origine, le cœur est placé sous le milieu de la tête, immédiatement derrière les premiers arcs viscéraux, dans lesquels remontent la première paire des arcs aortiques. A mesure que se développent les autres paires d'arcs aortiques, le cœur se reporte en arrière, mais la quatrième paire des arcs aortiques, dont une des modifications sert à former l'aorte persistante, se trouve à l'origine non loin de la région occipitale du crâne, auquel, comme nous l'avons vu plus haut, la quatrième paire des arcs viscéraux appartient. Les deux paires de cornes de l'hyoïde appartenant au second et au troisième arc viscéraux, le larynx se développe probablement dans la région des quatrième et cinquième arcs viscéraux. Car les branches du pneumogastrique qui l'animent, doivent à l'origine passer directement à leur destination. Mais à mesure que le développement s'opère, les arcs aortiques et le cœur se détachent des arcs viscéraux et se reportent en arrière jusqu'à ce qu'enfin ils soient profondément logés dans le thorax. C'est ce qui cause l'allongement des artères carotides; le larynx restant relativement stationnaire, c'est à cette évolution qu'il faut attribuer le singulier parcours, chez l'adulte, de cette branche du pneumogastrique, le *récurrent laryngien*, lequel, passant primitivement dans la région laryngienne, derrière le quatrième arc aortique, se trouve entraîné et forme une large anse, étant pour ainsi dire repoussé en arrière vers le milieu par le retrait de l'arc aortique dans le thorax.

Corpuscules du sang. — Il existe des corpuscules dans le sang de tous les vertébrés. Chez l'amphioxus ils sont tous d'une seule sorte, incolores et sans nucléoles. Il en est de même, dit-on, pour le genre *leptocéphale* parmi les Teleostei. Mais chez tous les autres vertébrés, le sang contient des corpuscules de deux sortes.

Chez les Ichthyopsidés et les Sauropsidés, les deux sortes de corpuscules sont nucléolés, mais les uns sont incolores et doués de mouvements amiboïdes, tandis que les autres sont rouges et non contractiles. Les corpuscules du sang sont distinctement ovales, excepté chez les marsipobranches, chez lesquels ils sont arrondis. Ils atteignent une plus grande dimension chez les pérennibranches que chez aucun autre vertébré.

Chez les mammifères, les corpuscules du sang sont aussi de deux sortes, rouges et incolores; les incolores ont un nucléole, les autres n'en ont pas. Il est très-rare de trouver dans le sang des mammifères des corpuscules nucléolés dont le nucléole soit coloré en rouge. Mais le cas se présente parfois et ceci joint à d'autres remarques fait penser que les corpuscules rouges des mammifères ont sans doute un nucléole libre coloré. Les corpuscules incolores des mammifères ont la forme sphéroïdale et sont doués de mouvements amiboïdes; les corpuscules rouges sont en général aplatis, circulaires et parfois ovales (caméléons); ce sont des disques dépourvus de contractilité.

Système lymphatique. — Ce système de vaisseaux se compose d'un ou deux troncs principaux, le canal ou les canaux *thoraciques* situés le long de la colonne vertébrale et communiquant antérieurement avec la veine cave supérieure ou avec les veines qui s'y ouvrent.

Des branches sortent de ces troncs, et se ramifient dans toutes les parties du corps, excepté dans le bulbe des yeux, les cartilages et les os. Chez les *vertébrés* supérieurs, les plus larges branches ressemblent à de petites veines pourvues d'une enveloppe définie et de valvules qui s'ouvrent dans de plus larges troncs, tandis que leurs ramifications terminales forment un réseau capillaire; mais chez les vertébrés inférieurs les canaux lymphatiques affectent la forme de sinus larges et irréguliers, qui entourent rarement d'une manière complète les grands vaisseaux du système sanguin.

Les lymphatiques s'ouvrent dans des parties du système veineux, qui ne sont pas celles des affluents de la veine cave supérieure. Chez les poissons il existe habituellement deux sinus lymphatiques pour la partie caudale qui s'ouvrent à l'entrée de la veine caudale. Chez la grenouille, quatre de ces sinus communiquent avec les veines, deux dans la région coccygienne et deux dans la région scapulaire. Les parois de ces sinus sont musculaires et douées de contraction rythmique, ce qui fait que ceux-ci reçoivent le nom de *cœurs lymphatiques.* La paire postérieure de ces cœurs ou des sinus analogues, mais sans pulsations, se rencontrent chez les *oiseaux* et les *reptiles.*

On trouve dans les parois de ces sinus lymphatiques des poissons une accumulation de tissu amorphe; mais il n'y a que chez les crocodiles parmi les reptiles, qu'une accumulation de tissu semblable, traversé par des canaux lymphatiques et des vaisseaux sanguins, soit apparente, aussi bien qu'une *glande lymphatique* dans le mésentère. Les oiseaux possèdent quelques glandes dans la région cervicale; et chez les *mammifères* on en trouve non-seulement dans le mésentère, mais dans beaucoup de parties du corps; la *rate* est en réalité une glande lymphatique. Le *thymus*, masse glandulaire pourvue d'une cavité interne, mais sans conduits, qui se trouve chez tous les vertébrés, excepté l'amphioxus, semble appartenir à la même catégorie. Il se développe dans le voisinage des arcs aortiques primitifs; il est double chez la plupart des vertébrés inférieurs, mais simple chez les *mammifères*.

La nature de deux autres glandes sans conduits, la *glande thyroïde* et les *capsules sus-rénales*, qui se trouvent très-généralement chez les vertébrés, est loin d'être parfaitement connue.

La glande thyroïde est un organe simple ou multiple, formé de follicules clos, et situé près des racines de l'aorte ou des vaisseaux du grand lingual ou du cervical qui en sortent.

Les capsules sus-rénales sont des organes folliculaires souvent très-pourvus de nerfs qui semblent exister chez les poissons, et sont très-constants dans les *vertébrés* supérieurs à l'extrémité antérieure des vrais reins.

Les *corpuscules de la lymphe,* qui flottent dans le plasma du fluide lymphatique, ressemblent toujours aux corpuscules incolores du sang.

Organes respiratoires. — Les animaux vertébrés peuvent avoir ou des branchies pour respirer l'air contenu dans l'eau, ou des poumons pour respirer l'air atmosphérique; ils peuvent encore posséder les deux organes respiratoires combinés.

Excepté chez l'*amphioxus*, les *branchies* sont toujours des appendices lamellaires ou filamenteux de plus ou moins d'arcs viscéraux; quelquefois elles ne se développent que sur les arcs branchiaux proprement dits, d'autres fois elles s'étendent jusqu'à l'arc hyoïdien ou encore (comme il semble arriver pour quelques poissons à branchies spiraculaires) même jusqu'à l'arc mandibulaire. Les branchies reçoivent toujours le sang par les branches de l'aorte cardiaque; et les différents troncs qui emportent le sang aéré, s'unissent pour former l'aorte subvertébrale. Ainsi tous les vertébrés qui ont une respiration exclusivement branchiale ont le cœur rempli de sang veineux.

Dans l'état fœtal de beaucoup de *vertébrés* à respiration branchiale, les branchies s'avancent librement des arcs viscéraux auxquels ils sont attachés à l'extérieur du corps; et chez quelques *amphibiens*, tels que l'axolotl (siredon), elles conservent pendant toute la vie leur aspect d'appendices externes du cou en forme de plumes. Mais dans l'état adulte de la plupart des poissons, et dans l'état parfait des grenouilles et des amphibiens plus élevés, les branchies sont internes et se composent d'apophyses plus courtes ou de tiges qui ne s'avancent pas au delà des bords extérieurs des fentes branchiales et se couvrent généralement d'un opercule développé dans le second arc viscéral.

Les *poumons* des animaux vertébrés sont des sacs ayant la faculté de se remplir d'air; ils se développent aux dépens de la paroi inférieure du pharynx, avec lequel ils restent en rapport par un tube plus ou moins long, la *trachée*, qui se divise pour chaque poumon sous le nom de *bronches*. Le sang veineux leur est apporté directement du cœur par les artères pulmonaires et une partie ou tout (1) le sang qu'ils reçoivent retourne non moins directement au même organe par les veines pulmonaires.

La distribution vasculaire telle qu'elle vient d'être décrite, constitue une partie essentielle de la définition du poumon tel qu'en possèdent beaucoup de poissons sous la forme de sacs creux remplis d'air, et ces sacs se développent quelquefois aux dépens des parois antérieures, quoique plus fréquemment des parois dorsales du pharynx, de l'œsophage ou de l'estomac. Mais de tels sacs, même quand ils restent constamment en rapport avec l'extérieur par un passage ouvert ou *conduit pneumatique*, sont des vessies à air et non des poumons, car ils reçoivent le sang des artères adjacentes du corps et non directement du cœur, tandis que leurs vaisseaux efférents sont en rapport seulement avec les veines de la grande circulation.

(1) Généralement tout, mais chez quelques amphibiens tels que les Protées, une partie du sang envoyé aux poumons entre dans la circulation générale.

La paroi de chaque sac aérien pulmonaire est d'abord tout à fait simple, mais elle devient bientôt cellulaire par la sacculation de ses parois. Chez les *vertébrés* pulmonaires inférieurs la sacculation est plus marquée près de l'entrée des bronches, et quand le sac pulmonaire est long, comme dans beaucoup d'*amphibiens* et de serpents, les parois de l'extrémité postérieure peuvent conserver l'apparence lisse des poumons embryonnaires. Chez les chéloniens et les crocodiles, le poumon est complétement cellulaire, mais les bronches n'envoient pas de ramifications aux poumons; chez les oiseaux, elles envoient des branches à angles droits, d'où sortent des branches secondaires qui se rangent parallèlement les unes aux autres, puis s'anastomosent. Chez les *mammifères* les bronches se divisent dichotomiquement en tubes bronchiques de plus en plus fins qui se terminent par des cellules aériennes.

Des sacs aériens fermés se produisent à la surface des poumons chez les chameaux et chez les oiseaux, et les principaux tubes bronchiques se terminent par de larges sacs aériens.

Larynx et Syrinx. — La trachée est tenue ouverte par des anneaux cartilagineux complets ou incomplets; ceux de l'extrémité supérieure subissent des modifications qui les transforment en *larynx* ou organe destiné à devenir l'instrument de la voix sous l'influence de certaines circonstances.

Quand il est complétement développé, le larynx présente un cartilage en forme d'anneau, appelé *cricoïde*, placé au sommet de la trachée; deux cartilages s'unissent au bord antérieur et au bord postérieur de celui-ci à l'aide d'une articulation mobile, les cartilages *aryténoïdes*, et un cartilage *thyroïde* en forme de V, ouvert en arrière, se réunit à ses côtés par une articulation mobile. Des plis de la membrane muqueuse contenant du tissu élastique s'étendent, sous le nom de cordes vocales, depuis les cartilages aryténoïdes jusqu'à l'angle rentrant du cartilage thyroïde; entre eux se trouve une fente appelée *glotte*. Celle-ci est recouverte par un cartilage appelé *épiglotte*, qui s'attache à l'angle rentrant du thyroïde et à la base de la langue. D'autres plis de la membrane muqueuse s'étendant de l'épiglotte aux cartilages aryténoïdes sont les ligaments ary-épiglottiques. Les surfaces internes de ces derniers se terminent au-dessous en fausses cordes vocales ;

entre celles-ci et les vraies cordes vocales se trouvent des enfon-
cements de la membrane muqueuse, les *ventricules* du larynx.

Les principaux cartilages accessoires sont les cartilages de
Santorini, attachés aux sommets des cartilages aryténoïdes,
et les cartilages de *Wrisberg*, placés dans les ligaments ary-épiglottiques.

Les oiseaux ont un larynx dans la position ordinaire, mais
ils possèdent en outre, soit à l'extrémité de la trachée, soit au
commencement de chaque bronche, un autre appareil, *larynx
inférieur* ou *syrinx*, qui est leur grand organe vocal.

Mécanisme de la respiration. — Le mécanisme à l'aide
duquel le milieu aérien se renouvelle dans ces organes respiratoires est très-variable. Parmi les *vertébrés* à branchies,
l'*amphioxus* est le seul qui ait des organes branchiaux cilia-
res formant un réseau très-semblable aux parois pharyngiennes perforées des ascidies. Beaucoup de poissons pour
respirer prennent de l'eau dans leur bouche, et, fermant
l'ouverture orale, poussent à travers les fentes branchiales
l'eau qui coule sur les filaments branchiaux.

Les *vertébrés* à poumons qui ont le squelette thoracique
incomplet (comme les *amphibiens*) respirent en remplissant
d'air leur cavité pharyngienne ; alors la bouche et les narines se
trouvant fermées, ils font entrer l'air dans les poumons en
élevant l'appareil hyoïdien et le plancher du pharynx. Une
grenouille ne peut par conséquent respirer commodément la
bouche ouverte.

Chez la plupart des *reptiles*, chez tous les *oiseaux* et les
mammifères, le sternum et les côtes sont susceptibles de se
mouvoir de manière à augmenter et à diminuer alternativement la capacité de la cavité thoracico-abdominale et à faciliter ainsi l'inspiration et l'expiration.

Chez les *reptiles*, les poumons élastiques se dilatent avec
l'inspiration et se contractent avec l'expiration. Mais chez les
oiseaux, l'air se précipite, à travers les principaux conduits
bronchiques des poumons fixés et peu distensibles, dans des
sacs aériens compressibles et très-dilatables. De là l'acte respiratoire opère son expiration par les principaux conduits
bronchiques jusqu'à la trachée et hors du corps. Chez quelques *amphibiens,* des fibres du muscle oblique interne de l'ab-

domen sont attachées au péricarde et aux parois de l'œsophage au-devant des poumons, de manière à donner naissance à un diaphragme dont l'action concourt à l'expiration.

Dans les *reptiles* (Chéloniens) et dans les *oiseaux*, des fibres musculaires passent des côtes à la surface des poumons au-dessous de la membrane pleuro-péritonéale ; ce diaphragme rudimentaire acquiert un développement considérable dans les *ratitæ* ou les autruches. Tant que la contraction de ces fibres tend à éloigner les parois ventrales des parois dorsales des poumons, elles peuvent faciliter l'inspiration. Mais ces inspirations diaphragmatiques restent bien au-dessous de l'inspiration sterno-costale.

Enfin, les *mammifères* possèdent deux pompes aspirantes également importantes : l'une sterno-costale et l'autre diaphragmatique. Quoique le *diaphragme* fasse son apparition chez les sauropsidés, il ne devient une cloison complète entre le thorax et l'abdomen que chez les mammifères ; sa forme est telle, qu'à l'état de repos il est concave du côté de la cavité abdominale, et convexe du côté du thorax ; ses contractions et l'aplatissement qui en résulte ont pour effet d'accroître la cavité du thorax et d'attirer l'air dans les poumons élastiques qui occupent une large place dans la cavité thoracique. Quand le diaphragme cesse de se contracter, l'élasticité des poumons est suffisante pour expulser l'air qui s'y trouve.

Ainsi les mammifères ont deux sortes de mécanismes respiratoires, chacun desquels est efficient par lui-même et peut agir indépendamment de l'autre.

Organes urinaires. — Les *vertébrés* supérieurs sont tous pourvus de deux paires d'organes urinaires, l'une existant seulement dans le premier état fœtal, l'autre persistant toute la vie.

Les premiers de ces organes sont les corps de Wolff ou faux reins, les seconds sont les vrais *reins*.

Les corps de Wolff font leur apparition de très-bonne heure chez l'embryon, dans la partie ventrale, de chaque côté de la région spinale, sous l'apparence de petits tubes disposés transversalement ; ils s'ouvrent dans un conduit qui se trouve au-dessus de leur bord externe, puis ils entrent postérieurement dans la base de l'allantoïde et de là dans le cloaque primitif qui se trouve en rapport avec cet organe. Le conduit du corps de Wolff est un des organes les premiers formés chez l'embryon, il précède les tubes.

Les reins apparaissent derrière les corps de Wolff indépendamment de ces derniers; leurs conduits, les *uretères*, sont également distincts et se terminent dans la partie pelvienne de l'allantoïde. Ainsi la sécrétion urinaire passe dans l'allantoïde, dans la portion de cet organe qui se trouve à l'intérieur de l'abdomen, et se sépare du reste par la constriction et l'oblitération de la cavité d'une partie intermédiaire et sa conversion en *ouraque*; ainsi prend naissance la *vessie urinaire*. Les tubes sécréteurs ultimes des corps de Wolff et des reins sont également remarquables en ce qu'ils se terminent par des dilatations qui embrassent des capillaires convolutés appelés corpuscules de Malpighi. On n'a trouvé ni corps de Wolff, ni reins chez l'amphioxus. La question de savoir si les animaux appartenant à la classe des poissons possèdent de vrais reins, ou si les reins de ces animaux ne sont pas des corps de Wolff persistants, n'est pas encore résolue.

Organes reproducteurs.—Ces organes, chez les animaux vertébrés, sont primitivement semblables dans les deux sexes et se développent sur le côté interne des corps de Wolff et au-devant des reins dans la cavité abdominale. Chez la femelle, l'organe devient un *ovaire*. Celui-ci, chez certains poissons, laisse tomber ses œufs, aussitôt qu'ils sont formés, dans la cavité péritonéale, d'où ils s'échappent par les pores abdominaux qui mettent cette cavité en communication directe avec l'extérieur. Chez beaucoup de poissons les ovaires deviennent des glandes tubulaires pourvues de conduits excréteurs qui s'ouvrent extérieurement au-dessus et en arrière de l'anus. Mais dans d'autres vertébrés, les *ovaires* sont des glandes sans conduits excréteurs, qui déposent leurs œufs dans des sacs, les *follicules de Graaf*, successivement développés dans leur épaisseur. Cependant, ces œufs ne tombent pas dans la cavité péritonéale, mais sont emportés par un appareil spécial consistant en tubes ou *trompes de Fallope*, qui représentent les restes d'organes embryonnaires nommés *conduits de Müller*.

Les conduits de Müller sont des canaux qui font leur apparition le long des conduits des corps de Wolff, mais restent distincts de ceux-ci sur toute l'étendue de leur parcours. Leur extrémité supérieure située près de l'ovaire s'ouvre et se dilate pour former leur ostia (embouchure). Au delà de ces embouchures ils restent généralement étroits sur une certaine étendue, mais vers leur ouverture postérieure dans la partie génito-urinaire du cloaque, ils se dilatent presque toujours. Chez tous les *mammifères* autres que les didelphes et les monodelphes, les conduits de Muller ne subissent pas d'autres modifications morphologiques de grande importance ; mais chez les *monodelphes* ils se réunissent à une petite distance au-devant de leurs extrémités postérieures et alors les segments situés entre cet endroit et leurs points de réunion, ou plus loin en avant, se réunissent en un seul. Par l'effet de cette confluence, les conduits de Muller sont d'abord convertis en un seul vagin où viennent s'ouvrir deux *utérus* ; mais chez la plupart des *monodelphes* les deux utérus se réunissent aussi plus ou moins complétement jusqu'à ce que les conduits de Müller soient représentés par un seul vagin, un seul utérus et deux tubes de Fallope. Les mammifères didelphes ont deux vagins qui restent séparés ou se réunissent antérieurement sur une petite étendue, mais les deux utérus restent parfaitement distincts. Alors s'opère dans ces organes une transformation de chaque conduit de Muller en trompe de Fallope, utérus et vagin, avec ou sans réunion de ces deux derniers, qui se soudent en un organe médian dans la première période du développement des *monodelphes*. Les conduits de Wolff peuvent persister chez la femelle sous la forme de *canaux de Gaertner*, qui s'ouvrent dans le vagin ou disparaissent entièrement. Les restes des corps de Wolff constituent le *parovaire* ou *organe de Rosenmüller* observé chez certaines femelles de mammifères.

Chez l'embryon mâle vertébré, les *testicules* ou organes essentiels reproducteurs occupent la même position que l'ovaire au-devant du corps de Wolff, et comme celui-ci se composent de tissu amorphe. Chez l'*amphioxus* et les *marsipobranches* ce tissu semble se transformer directement en spermatozoïdes, mais chez la plupart des vertébrés il acquiert une structure sacculaire ou tubuleuse, et les spermatozoïdes se développent aux dépens des cellules des tubes. D'abord le testicule, de même que l'ovaire, est complétement dépourvu de canal excréteur, mais chez les vertébrés supérieurs, le corps de Wolff supplée complétement à cette absence par l'union de ses tubes avec les tubes séminifères qui constituent les *vasa recta*, pendant que le reste s'atrophie. Les conduits de Wolff de-

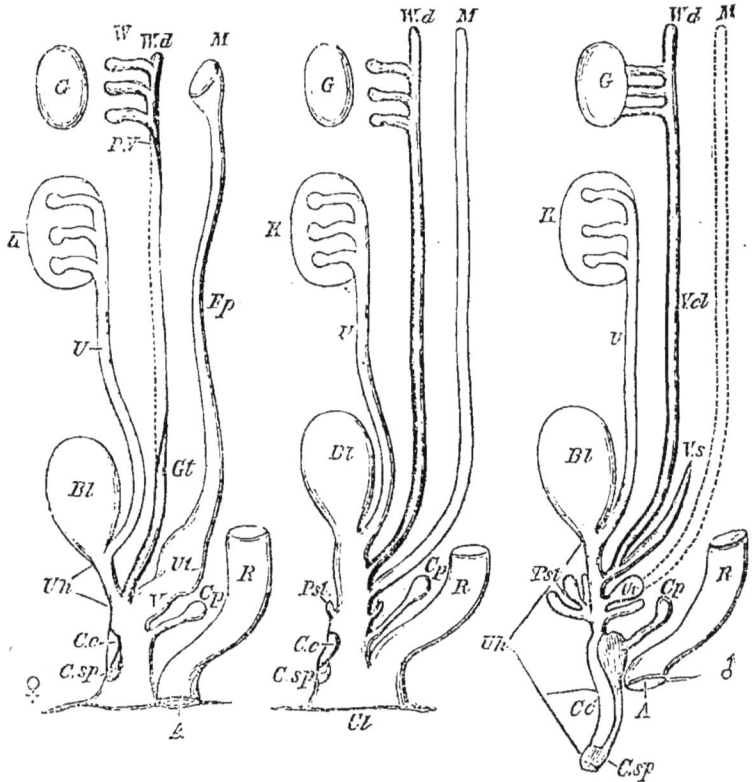

Fig. 29. — Diagramme montrant les rapports des organes reproducteurs de la femelle (figure gauche ♀) et du mâle (figure droite ♂), avec le plan général (figure du milieu) de ces organes dans les vertébrés élevés.

Cl, cloaque; *r*, rectum; *Bl*, vessie urinaire; U, uretère; K, reins; *Uh*, urèthre; G, glande génitale, ovaire ou testicule; W, corps de Wolff; *Wd*, canal de Wolff; M, canal de Müller; *Pst*, glande prostate; *Cp*, glande de Cowper; *Csp*, corps spongieux; *Cc*, corps caverneux.

Dans la femelle, V, le vagin; *Ut*, l'utérus; *Fp*, trompe de Fallope; *gt*, canal de Gaertner; *p*, *v*, parovaire; *a*, anus; *cc,csp*, clitoris. Dans le mâle *csp*, *cc*. le pénis; *ut*, l'utérus maléculinus; *vs*, vésicule séminale; *vd*, vas deferens.

viennent ainsi le *vas deferens* ou conduit excréteur du testicule; et son extrémité antérieure se roulant sur elle-même donne naissance à l'*épididyme*. La *vésicule séminale* est un diverticulum du *vas deferens* près de son extrémité postérieure et sert de réceptacle pour le sperme.

Si les corps de Wolff, le canal génital et le canal digestif des embryons vertébrés communiquaient avec l'extérieur par des ouvertures ayant la même position relative que les organes eux-mêmes, l'anus serait au-devant et au-dessous, les ouvertures des corps de Wolff derrière et au-dessus, et les ouvertures génitales entre les deux. Mais les ouvertures anales, génitales et urinaires ne sont disposées ainsi que dans certains groupes de poissons, tels que les poissons osseux. Chez tous les *vertébrés* on trouve un *cloaque* ou une chambre commune, dans laquelle s'ouvrent le rectum, les organes génitaux et urinaires; ou bien l'anus est une ouverture distincte postérieure et supérieure, et l'ouverture d'un sinus génito-urinaire, commune aux organes génitaux et urinaires, se trouve en avant, séparée par un périnée plus ou moins considérable.

Ces conditions de certains vertébrés adultes représentent les états par lesquels passe l'embryon des vertébrés les plus élevés. A une période très-primitive une involution du tégument externe donne naissance à un cloaque qui reçoit l'allantoïde, les uretères, les corps de Wolff et les conduits de Müller en avant, le rectum en arrière. Mais à mesure que le développement s'avance, la portion rectale du cloaque se sépare de l'autre et s'ouvre dans une ouverture, l'*anus* définitif, qui semble être morphologiquement distinct de l'anus des poissons osseux. Pendant quelque temps, la partie antérieure ou génito-urinaire du cloaque est distincte de la division rectale sur une certaine étendue, quoique les deux aient une terminaison commune; cette disposition se retrouve chez les oiseaux, et les *mammifères* ornithodelphes, où la vessie, les conduits génitaux et les uretères s'ouvrent séparément du rectum dans le sinus génito-urinaire.

Dans le sexe masculin, à mesure que le développement avance, ce sinus génito-urinaire devient effilé, musculaire et entouré, à l'endroit où la vessie y passe, par une glande spéciale, la *prostate*. Il se convertit en ce qu'on appelle le *fundus* et le *col de la vessie* avec les portions *prostatiques* et *membraneuses* de l'urèthre. Concurremment avec ces changements, une apophyse des parois ventrales du cloaque fait son apparition, c'est le rudiment de l'organe d'introïtion ou *pénis*. Un tissu particulier érectile et vasculaire se développe dans ce corps et donne naissance sur la partie médiane au *corps spongieux* et sur les portions latérales aux *corps caverneux*. Le pénis sort graduellement du cloaque et, tandis que le corps spongieux termine son extrémité antérieure sous le nom de *gland*, les corps caverneux s'attachent postérieurement à l'*ischion*. La surface supérieure ou postérieure du pénis porte d'abord la trace d'un simple sillon, mais par degrés les deux côtés du sillon s'unissent et forment un tube complet embrassé par le corps spongieux. Il en résulte l'*urèthre pénien*.

Les glandes appelées *glandes de Cowper* répandent leur sécrétion dans la partie postérieure de cet urèthre pénien, qui se dilate fréquemment en un bulbe de l'urèthre ; les portions membraneuse et prostatique de l'urèthre (sinus génito-urinaire) s'unissent en un seul tube, et l'*urèthre définitif* se trouve formé.

Chez certains oiseaux et certains reptiles le pénis reste à l'état d'une simple apophyse des parois ventrales cloacales, sillonnée sur une de ses faces. Chez l'ornithodelpe, le pénis de l'urèthre est complet, mais s'ouvre derrière et reste distinct du sinus génito-urinaire. Chez les *didelphes* les sinus uréthro-pénien et génito-urinaire sont unis en un seul tube, mais les corps caverneux ne sont pas directement attachés à l'ischion.

Certains *reptiles* possèdent une paire d'organes copulateurs éversibles situés dans des sacs tégumentaires, un de chaque côté du cloaque, mais on ne voit pas comment ces pénis sont morphologiquement reliés à ceux des *vertébrés* supérieurs.

Chez la femelle, l'homologue d'un pénis fait souvent son apparition et prend le nom de clitoris, mais ce corps n'est qu'une apophyse sillonnée avec un corps caverneux et un corps spongieux. Le premier s'attache à l'ischion, le second prend la forme d'un gland. Mais, chez quelques mammifères (comme les lémuriens) le clitoris est traversé par le canal de l'urèthre.

Chez aucun animal vertébré les ovaires ne quittent normalement la cavité abdominale quoiqu'ils abandonnent communément leur position primitive et descendent dans le bassin. Mais chez beaucoup de mammifères les testicules sortent de l'abdomen à travers le canal *inguinal*, entre les tendons internes et externes du muscle oblique externe, et, couverts par un pli du péritoine, descendent temporairement ou d'une manière permanente dans une poche formée par la peau (le *scrotum*). Dans leur trajet, ils se recouvrent de fibres musculaires striées qui forment le *crémaster*.

Le crémaster remonte les testicules vers la cavité abdominale ou les y fait descendre quand, comme chez beaucoup de mammifères élevés, le canal inguinal devient très-étroit ou presque oblitéré. Chez beaucoup de mammifères, les sacs du scrotum se trouvent sur les côtés ou derrière la racine du pénis. Mais chez les *didelphes* le scrotum est suspendu par un col étroit au-devant de la racine du pénis.

Chez beaucoup de mammifères, le pénis est renfermé dans une gaîne tégumentaire, le *prépuce;* et chez beaucoup, la cloison des corps caverneux s'ossifie et donne naissance à un os du pénis.

Chez la femelle, les *grandes lèvres* représentent la partie scrotale, et les *petites lèvres* le prépuce de l'organe copulateur mâle.

Beaucoup de *vertébrés* ont en outre des organes qui n'ont pas une part directe à la reproduction, mais y concourent d'une manière accessoire. Par exemple, la poche tégumentaire qui reçoit les petits durant leur développement chez le mâle du syngnathe, des acanthoptérygiens, chez quelques femelles d'amphibiens (notodelphe, pipa) et chez les marsupiaux; il faut citer encore les glandes mammaires des mammifères.

CHAPITRE IV

Les *vertébrés* sont divisibles en trois groupes primaires ou genres : *Ichthyopsidés*, *Sauropsidés* et *Mammifères*.

I. Les Ichthyopsidés.

1. Le squelette épidermique est absent ou très-légèrement représenté.

2. La colonne vertébrale peut persister comme une notocorde avec une gaîne membraneuse, ou présenter différents degrés de chondrification ou d'ossification. Quand les vertèbres sont distinctes, leur centre n'a pas d'épiphyses.

3. Le crâne peut être incomplet ou membraneux, plus ou moins cartilagineux ou osseux. Quand des os de membrane se développent en union avec lui, il existe un large parasphénoïde. Le basisphénoïde est toujours petit, s'il n'est pas absent.

4. Le condyle occipital peut être absent, simple ou double. Quand il existe deux condyles occipitaux, ils appartiennent à la région ex-occipitale, et la région basi-occipitale n'est pas ou est très-imparfaitement ossifiée.

5. Les mâchoires peuvent manquer ou n'être représentées que par du cartilage. Si des os de membrane se développent en s'unissant avec ce cartilage, il y en a habituellement plus d'un de chaque côté. L'élément articulaire peut ou non s'ossifier et s'unir au crâne par l'intermédiaire d'un élément quadrate et hyo-mandibulaire, ou par une simple plaque fixe de cartilage qui les représente ainsi que l'arc ptérygo-palatin. Un étrier peut être ou ne pas être représenté.

6. Le canal alimentaire peut se terminer ou ne pas se terminer dans un cloaque. Quand il n'y a pas de cloaque, le rec-

tum s'ouvre généralement au-devant des organes urinaires.

7. Les corpuscules du sang sont toujours nucléés, et le cœur peut être tubulaire, biloculaire ou triloculaire. (Le terme loculaire se réduit ici aux oreillettes et aux ventricules.)

8. Il n'y a jamais moins de deux arcs aortiques chez l'adulte.

9. La respiration s'opère par des branchies pendant tout ou partie de la vie.

10. Il n'y a pas de diaphragme thoracico-abdominal.

11. Les organes urinaires sont des corps de Wolff permanents.

12. Les hémisphères cérébraux peuvent manquer et ne sont jamais réunis par un corps calleux.

13. L'embryon n'a pas d'amnios et à peine un rudiment d'allantoïde.

14. Il n'y a pas de glandes mammaires.

II. **Les Sauropsidés.**

1. Possèdent presque toujours un squelette externe épidermique sous la forme d'écailles ou de plumes.

2. Le centre des vertèbres est ossifié, mais n'a pas d'épiphyses terminales.

3. Le crâne présente un segment occipital complétement ossifié et une large base basisphénoïdale. Il n'existe pas de parasphénoïde distinct chez l'adulte. Le prootique est toujours ossifié, ou reste distinct de l'épiotique et de l'opisthotique durant toute la vie, ou s'unit avec eux seulement après qu'ils se sont soudés avec les os adjacents.

4. Il y a toujours un simple condyle occipital convexe dans lequel les occipitaux et le basi-occipital entrent en proportions variées.

5. Il existe toujours une mandibule dont chaque branche se compose d'une ossification articulaire aussi bien que de plusieurs os de membrane. L'ossification articulaire est jointe au crâne par un os carré. L'articulation apparente du cou-de-pied est située, non entre le tibia et l'astragale, comme chez les *mammifères*, mais entre les divisions antérieures et postérieures du tarse.

6. Le canal alimentaire se termine dans un cloaque.

7. Le cœur est triloculaire ou quadriloculaire. Une partie des

7.

corpuscules du sang sont toujours rouges, ovales et nucléés.

8. Les arcs aortiques sont habituellement au nombre de deux ou plus, mais peuvent se réduire à un, qui alors appartient au côté droit.

9. La respiration ne se fait jamais au moyen de branchies, mais s'opère, après la naissance, à l'aide de poumons. Les bronches ne se ramifient pas dichotomiquement dans les poumons.

10. Un diaphragme thoracico-abdominal peut exister, mais il ne forme jamais une séparation complète entre les viscères du thorax et de l'abdomen.

11. Les corps de Wolff sont remplacés dans leurs fonctions par des reins permanents.

12. Les hémisphères cérébraux ne sont jamais unis par un corps calleux.

13. Les organes reproducteurs s'ouvrent dans le cloaque, et l'oviducte est un tube de Fallope qui présente une dilatation utérine dans la partie inférieure de son trajet.

14. Tous sont ovipares ou ovovivipares.

15. L'embryon possède un amnios et une large allantoïde respiratoire développée aux dépens du vitellus de l'œuf.

16. Il n'y a pas de glandes mammaires.

III. **Les Mammifères.**

1. Ils possèdent toujours un squelette externe sous forme de poils.

2. Les vertèbres sont ossifiées et, excepté chez l'ornithodelphe, leurs centres ont des épiphyses terminales.

3. Tous les segments de la boîte crânienne sont ossifiés. Il n'existe aucun parasphénoïde distinct chez l'adulte. Le prootique s'ossifie et s'unit à l'épiotique et à l'opisthotique avant que ces derniers s'unissent avec aucun autre os.

4. Il existe toujours deux condyles occipitaux, et le basi-occipital est bien ossifié.

5. La mandibule ne manque jamais, et chaque branche consiste (dans tous les cas chez l'adulte) en un simple os membraneux qui s'articule avec le temporal. L'os carré et l'élément supra-stapédial (au-dessus du pied de l'étrier) de l'arc hyoïdien sont transformés en malléus et enclume ; ainsi, avec l'*étrier*, il y a au moins trois *osselets auditifs*.

6. Le canal alimentaire peut se terminer ou ne pas se terminer dans un cloaque. Quand il ne s'y termine pas, le rectum s'ouvre derrière les organes génito-urinaires.

7. Le cœur est *quadriloculaire*; une partie des corpuscules du sang sont rouges et non nucléés.

8. Il n'y a qu'un arc aortique situé au côté gauche.

9. La respiration ne se fait jamais au moyen de branchies, mais, après la naissance, s'opère par des poumons.

10. Il existe un diaphragme complet.

11. Les corps de Wolff sont remplacés par des reins permanents.

12. Les hémisphères cérébraux sont réunis par un corps calleux.

13. Les organes reproducteurs peuvent s'ouvrir ou ne pas s'ouvrir dans un cloaque. L'oviducte est une trompe de Fallope.

14. L'embryon a un amnios et une allantoïde.

15. Les glandes mammaires fournissent l'aliment des petits.

CHAPITRE V

Le genre Ichthyopsidés comprend deux classes : 1° les Poissons; 2° les Amphibies.

SECTION I. — LA CLASSE DES POISSONS.

Caractères.— La classe des poissons renferme des animaux si variables dans leur mode d'organisation, et si voisins des *amphibiens,* qu'il est difficile d'esquisser aucune définition qui leur soit caractéristique et leur serve de diagnostic. Mais ce sont les seuls animaux vertébrés qui possèdent des nageoires médianes supportées par des rayons ; et chez lesquels les membres, quand ils en ont, n'offrent pas cette division en bras, avant-bras et main qui se trouve chez les autres *vertébrés.*

La présence d'organes spéciaux tégumentaires, constituant ce qui est connu comme système de canaux muqueux et organes de la ligne latérale (1), caractérise par-dessus tout les poissons, quoiqu'on ne puisse dire que ces organes existent dans la classe entière.

Classification. — La classe des poissons se subdivise dans les groupes primaires suivants :

A. La notocorde s'étend jusqu'à l'extrémité antérieure du corps. Il n'existe pas de crâne, pas de cerveau, pas d'organe auditif, pas d'organe urinaire tels qu'il en existe chez les vertébrés élevés. Le cœur est un simple tube et le foie est celluleux. (Leptocardia, Hæckel). — I. **Pharyngobranches.**

B. La notocorde se termine derrière la fosse pituitaire. Un crâne, un cerveau, des organes auditifs et urinaires sont développés. Le cœur est divisé en chambre auriculaire et ventricu-

(1) *Supra*, p. 86.

laire. Le foie a une structure ordinaire (Pachycardia, Hæck.)

a. Le sac nasal est simple, et pourvu d'une ouverture médiane externe. Il ne se trouve ni mandibules ni arcs des membres (Monorhina, Hæck.) — II. **Marsipobranches.** (Cyclostomes.)

b. Il existe deux sacs nasaux avec ouvertures séparées. Des mandibules et arcs des membres sont développés (Amphirhina, Hæckel).

a. Les conduits nasaux ne communiquent pas avec la cavité de la bouche. Il n'existe pas de poumons, et le cœur n'a qu'une oreillette.

α. Le crâne est dépourvu d'os de membrane. — III. **Elasmobranches.** (Branchiostomes.)

β. On trouve des os de membranes en rapport avec le crâne.

1. Les nerfs optiques forment un chiasma et le bulbe aortique possède plusieurs rangs de valvules. — IV. **Ganoïdes.**

2. Les nerfs optiques se croisent simplement et le bulbe aortique ne possède qu'un rang de valvules. — V. **Téléostéens.** (Poissons osseux.)

b. Les sinus nasaux communiquent avec la cavité orale. Il y a des poumons, et le cœur possède deux oreillettes. — VI. **Dipnoi.**

ARTICLE I

LES PHARYNGOBRANCHES.

Caractères zoologiques. — Cet ordre ne comprend qu'une espèce de poisson, le remarquable lancelet, ou *amphioxus lanceolatus*, qui vit dans le sable, à une petite profondeur de la mer dans beaucoup de parties du monde. C'est un petit être semi-transparent, pointu aux extrémités comme son nom l'indique, sans membres, n'ayant aucune enveloppe épidermique ou dermique durcie.

Caractères anatomiques. — Les régions caudales et dorsales du corps offrent en bas un pli médian de la peau qui est le seul représentant du système des nageoires médianes des autres poissons.

La bouche (fig. 30 A, *a*) est une ouverture proportionnellement large et ovale, placée derrière et au-dessous la terminaison antérieure du corps, et a son grand axe dirigé longitudi-

nalement. Ses bords s'avancent sous la forme de délicats
tentacules ciliés supportés par des filaments semi-cartilagineux attachés à une houppe de même texture placée autour
des marges de la bouche (fig. 31 *f, g*). Ceux-ci représentent
probablement les cartilages labiaux des autres poissons. L'ouverture orale conduit dans un large pharynx dilaté dont les
parois sont perforées par de nombreuses fentes, et richement
ciliées de manière à représenter le pharynx d'un acidien (fig.
30 B, *f, g*).

Ce grand pharynx est uni à une simple cavité gastrique, qui
se continue en un intestin droit se terminant par une ouverture anale située à la racine de la queue un peu à gauche de la
ligne médiane (fig. 30, A, *c*); la membrane muqueuse des
intestins est ciliée.

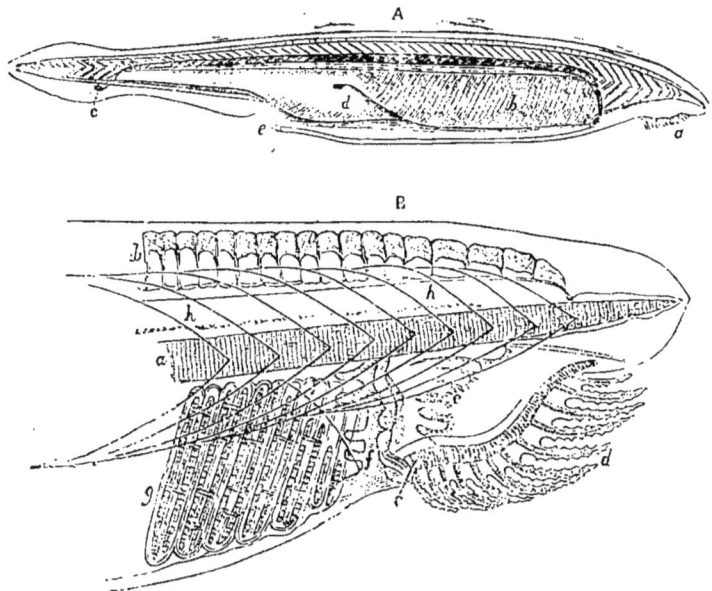

Fig. 30. — *Amphioxus lanceolatus.* — *a*, bouche ; *b*, cavité pharyngo-branchiale ;
c, anus ; *d*, foie ; *e*, pore abdominal. — B, la tête élargie ; *a*, notocorde ; *b*, représentants des épines neurales ou rayons de nageoires ; *c*, les anneaux oraux
articulés ; *d*, appendices filamenteux de la bouche ; *e*, lobes ciliés du pharynx;
f,g, portion du sac branchial ; *h*, corde spinale.

Une ouverture appelée *pore abdominal* (fig. 30 A, *e*), placée
au-devant de l'anus, conduit dans une cavité relativement spacieuse, qui se continue en avant de chaque côté du pharynx
tout près des ouvertures orales. L'eau, qui est constamment

mise en mouvement dans le pharynx par ses cils vibratiles et ceux des tentacules, est entraînée à travers les fentes branchiales et sort par le pore abdominal.

Le foie est un diverticulum sacculaire des intestins, dont le sommet est tourné en avant.

L'existence de reins distincts est douteuse; et les organes reproducteurs sont simplement des masses glandulaires quadrilatères attachées sur un rang de chaque côté des parois de la cavité viscérale dans laquelle ils déposent leur contenu quand il est arrivé à maturité.

Le cœur conserve la disposition tubulaire qu'il possède seulement à l'état embryonaire chez les autres *vertébrés*. Le sang qui revient du corps et du canal alimentaire entre dans un tronc cardiaque à pulsations qui s'étend sur la ligne médiane de la base du pharynx et envoie des branches de chaque côté. Les deux plus antérieures de ces branches passent directement dans l'aorte dorsale; les autres entrent dans la bande ciliée qui sépare les fentes branchiales et constituent autant d'artères branchiales.

Des dilatations contractiles se trouvent à la base de ces artères branchiales. Du côté dorsal du pharynx le sang est lancé par les deux troncs antérieurs, et par les veines branchiales qui emportent l'air oxygéné des bandes branchiales, dans un grand tronc longitudinal ou dans l'aorte dorsale, d'où il se distribue dans toutes les parties du corps.

Malgré la structure extrêmement simple du foie, il n'est pas sans intérêt de remarquer qu'un tronc contractile qui rapporte le sang noir de l'intestin se distribue sur le sac hépatique à la manière d'une veine porte. Le sang est recueilli encore dans un autre tronc contractile, qui représente la veine hépatique, et se continue dans le tronc cardiaque à la base du sac branchial. Les corpuscules du sang sont tous incolores et nucléolés.

Le squelette est dans une condition extrêmement rudimentaire, la colonne vertébrale y est représentée par une notocorde qui s'étend sur toute la longueur du corps et se termine sur un point à chaque extrémité (fig. 30). L'enveloppe de la notocorde est complétement membraneuse ainsi que les parois des bords des chambres neurales et viscérales. Ainsi il n'y a aucune apparence de centre vertébral, arcs ou côtes. Une série longitudinale de petits corps ayant l'apparence semi-cartilagineuse placés au-dessus du canal neural, représentent ou les apophyses épineuses, ou les rayons des nageoires (fig. 30 B, *b*). Il n'existe aucune trace distincte de crâne, mâchoires ou appareil hyoïdien et, en réalité, la chambre neurale qui occupe la place du crâne a une capacité un peu plus petite qu'un segment d'égale longueur du canal spinal.

Il n'existe pas d'organe auditif, et il est douteux que le sac

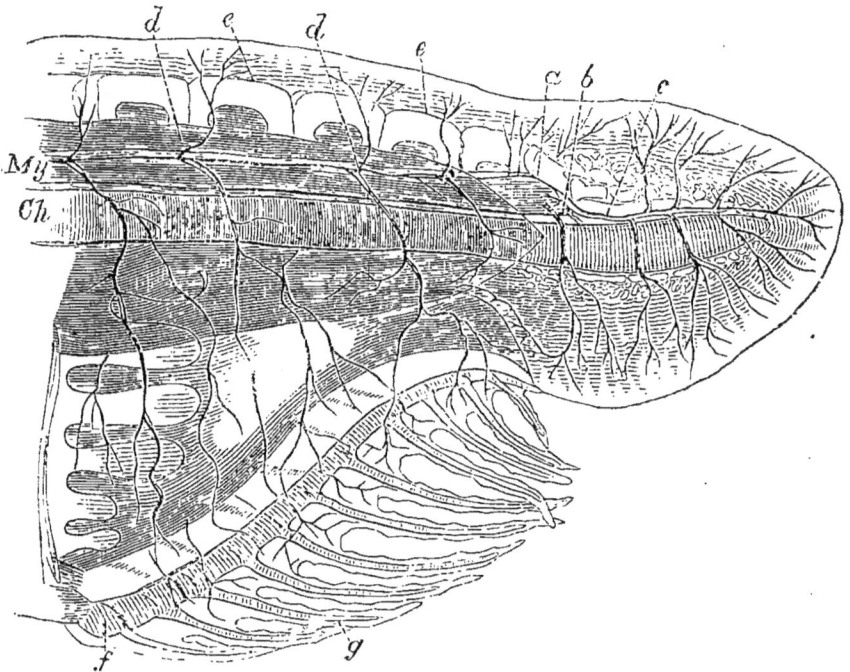

Fig. 31. — Extrémité antérieure du corps de l'*amphioxus*; *Ch*, notocorde; *My*, moelle ou corde dorsale; *a*, place du sac olfactif; *b*, nerf optique; *c*, cinquième paire; *d*, nerfs spinaux; *e*, représentants des épines neurales ou rayons de nageoires; *f,g*, squelette buccal. Les ombres claires et foncées représentent les segments musculaires et leurs interstices.

cilié, qui existe sur la ligne médiane, au-devant de la région céphalique (fig. 31, *a*), puisse être considéré comme un organe olfactif.

La moelle traverse toute la longueur du canal spinal et se termine antérieurement sans s'élargir dans un cerveau. Les nerfs envoient leurs terminaisons enroulées à la région orale et à l'œil ou aux yeux rudimentaires (fig. 31, *b*, *c*).

Développement. — Selon M. Kowalewsky (1), qui a récemment étudié le développement de *l'amphioxus*, le vitellus subit une complète segmentation, et se transforme en sphère creuse dont les parois sont formées par une simple couche de cellules nucléolées. La paroi d'une moitié de la sphère est repoussée intérieurement, pour ainsi dire, jusqu'à ce qu'elle se trouve en contact avec l'autre ; la cavité primitive se trouve ainsi réduite à rien, mais donne une seconde cavité enveloppée d'une double membrane. Ce qui se passe peut être comparé à l'effet d'un double bonnet fait pour recevoir la tête. Le blastoderme alors devient cilié et reprend à peu près la forme sphérique, l'orifice dans la seconde cavité étant réduite à une petite cavité à un des pôles, qui, plus tard, devient l'anus. M. Kowalewsky fait remarquer la ressemblance allant presque jusqu'à l'identité de l'embryon à cette période avec celui de beaucoup d'*invertébrés*.

Une face du blastoderme sphéroïdal s'aplatit et donne naissance aux *lames dorsales* qui s'unissent à la manière caractéristique des lames des vertébrés ; la corde dorsale apparaît entre les lames et au-dessous et s'étend en avant au delà de la terminaison du canal neural. Le canal neural reste en communication avec l'extérieur, durant longtemps, par une petite ouverture à son extrémité antérieure. La bouche se montre comme une ouverture circulaire développée sur le côté droit de l'extrémité antérieure du corps, par la réunion des deux couches du blastoderme, et la perforation subséquente du disque formé par cette réunion. Les ouvertures branchiales apparaissent comme une apophyse similaire qui se place derrière la bouche, où elles sont d'abord complétement exposées à la surface du corps. Mais bientôt un pli longitudinal se développe de chaque côté et s'élève au-dessus des ouvertures branchiales. Les deux plis se réunissent alors sur le côté ventral, laissant seulement une ouverture pour le pore abdominal. On ne peut manquer d'être frappé de la ressemblance de ces plis avec les apophyses tégumentaires qui croissent sur les branchies des larves des amphibiens et circonscrivent de la même manière une cavité

(1) KOWALEWSKY, *Mémoire de l'Académie impériale des sciences de Pétersbourg*, 1867.

qui ne communique avec l'extérieur que par un seul pore.

Par les nombreux caractères qui ont été énumérés, tels que l'absence complète d'un crâne et d'un cerveau distincts, d'organes auditifs, de reins et d'un cœur cloisonné ; par la présence d'un foie à saccules, de branchies et d'un canal alimentaire à cils vibratiles ; par l'extension de la notocorde en avant jusqu'à l'extrémité antérieure du corps, l'*amphioxus* diffère des autres animaux vertébrés à tel point que le professeur Haeckel a proposé de diviser les *vertébrés* en deux groupes principaux. Les *Leptocardes* comprenant l'*amphioxus* ; et les *Pachycardes* comprenant les autres vertébrés. Les grandes particularités du développement que présente l'*amphioxus* et ses nombreuses analogies avec les animaux invertébrés, particulièrement avec les acidies, conduisent à appuyer cette proposition.

État fossile. — On ne connaît aucune forme fossile qui se rapporte à l'*amphioxus*.

ARTICLE II
LES CYCLOSTOMES (MARSIPOBRANCHII).

Caractères anatomiques. — Dans cet ordre de la classe des *poissons*, la peau est dépourvue d'écailles et de plaques osseuses.

La colonne vertébrale consiste en une épaisse notocorde persistante recouverte d'une gaîne, mais dépourvue de centre vertébral. Les arcs neuraux et les côtes peuvent être représentés par du cartilage ; le crâne est distinct présentant du cartilage, au moins à la base, et conservant beaucoup des caractères du crâne fœtal des *vertébrés* supérieurs. La notocorde se termine à la base de ce crâne cartilagineux derrière le corps pituitaire, et le crâne n'est pas mobile sur une colonne vertébrale. Il n'y a pas de mâchoires, mais le palato-ptérygoïdien, l'os quadrate, l'hyo-mandibulaire et l'appareil hyoïdien des *vertébrés* élevés sont imparfaitement représentés (fig. 32, *f*, *g*, *h*). Dans quelques genres, un appareil ayant la forme d'un panier cartilagineux soutient la cavité orale, tandis que chez d'autres, un cadre semblable supporte les sacs branchiaux.

Les *Cyclostomes* (Marsipobranchii) ne possèdent ni les membres pectoraux, ni les membres pelviens, ni leurs arcs. Des dents cornées peuvent se trouver à la racine du palais et sur la langue ou peuvent être supportés par un cartilage labial spécial. Le canal alimentaire est simple et droit, et le foie n'est pas en forme de sac, mais ressemble à cet organe chez les autres vertébrés.

Le cœur présente la structure particulière aux poissons,

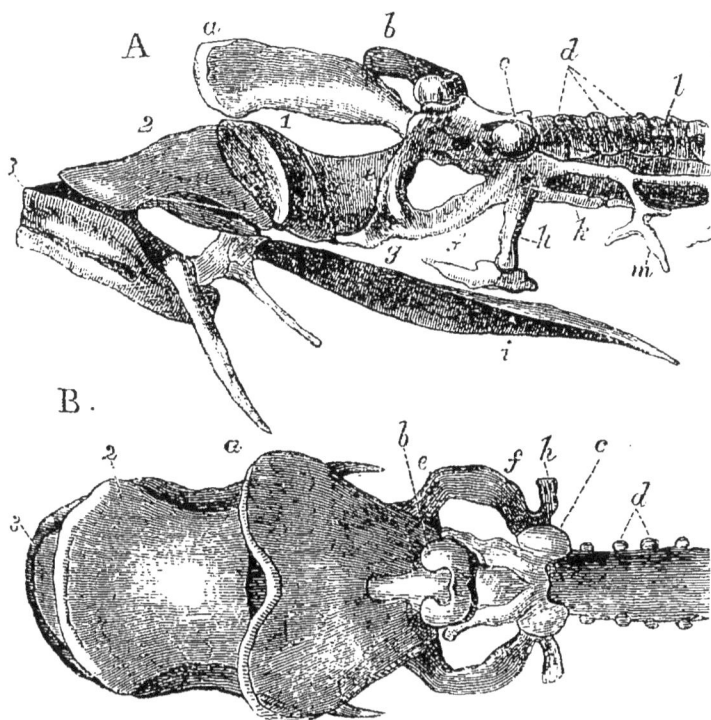

Fig. 32. — A, crâne d'une lamproie vu de côté ; B, de dessous : a, plaque ethmoïdienne ; b, capsule olfactive ; c, capsule auditive ; d, arcs neuraux de la colonne vertébrale ; e, portion palato-ptérygoïdienne, et g, la portion inférieure quadrate de l'arc sous-oculaire ; h, apophyse stylohyale ; i, cartilage lingual ; k, prolongement inférieur, l, latéral du cartilage crânien ; 1, 2, 3, cartilages accessoires labiaux ; m, squelette branchial. Les espaces de chaque côté de 1 sont fermés par une membrane.

consistant en une simple oreillette précédée d'un sinus veineux, un seul ventricule et un bulbe aortique. Ce cœur est contenu dans un péricarde dont la cavité communique avec celle du péritoine.

Chez le myxine la veine porte est douée d'une contraction rhythmique.

L'aorte cardiaque, qui se continue à partir du bulbe, distribue ses branches aux organes respiratoires. Ceux-ci se composent de sacs antéro-postérieurs aplatis qui communiquent

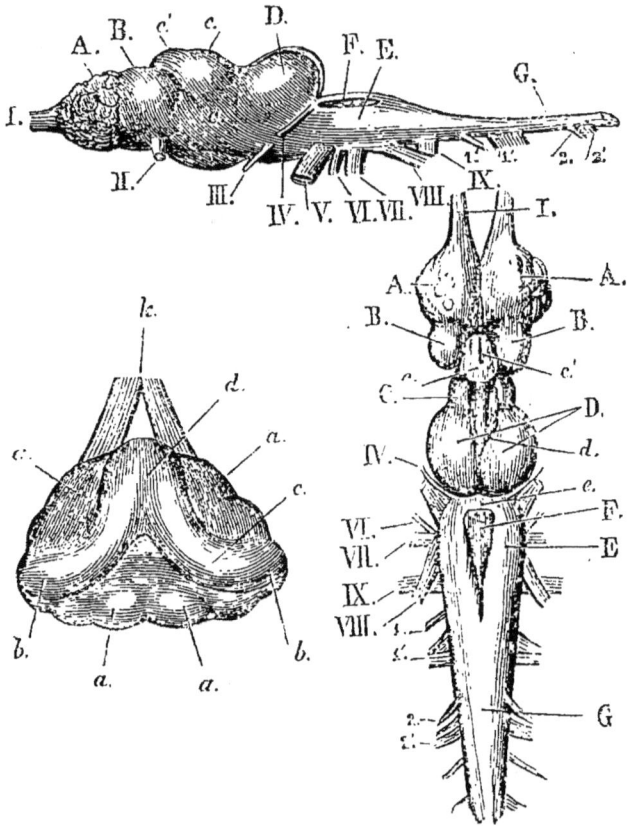

Fig. 33. — Vue supérieure et de côté d'un cerveau de *petromyzon fluviatilis*, et vue supérieure et interne du labyrinthe membraneux du *p. marinus*. Les lettres suivantes se rapportent aux figures du cerveau : I, nerfs olfactifs étroits, prolongements antérieurs du rhinencéphale (A); B, prosencéphale ; C, thalamencéphale ; D, mésencéphale ; E, moelle allongée ; F, quatrième ventricule ; e, bande étroite qui est tout ce qui représente le cerebellum ; G, moelle épinière ; II, nerfs optiques ; III, oculo-moteurs ; IV, pathétique, trijumeaux ; VI, adducens ; VII, facial et auditif ; VIII, glosso-pharyngien et pneumo-gastrique ; IX, nerf hypo-glosse ; 11' 22', racines motrices et sensorielles du premier des deux nerfs spinaux. Dans la figure du labyrinthe membraneux : k, nerf auditif ; a, vestibule ; c, les deux canaux semi-circulaires correspondant aux canaux verticaux et postérieurs des autres *vertébrés* ; d, leur union et commune ouverture dans le vestibule ; b, ampoules.

directement ou indirectement du côté interne avec le pharynx, et extérieurement avec le milieu environnant.

Chez la lamproie on trouve sept sacs de chaque côté qui s'ouvrent extérieurement par autant d'ouvertures distinctes. Ces sacs communiquent à l'intérieur par un long canal placé au-dessous de l'œsophage et qui se trouve fermé derrière, tandis qu'antérieurement il s'ouvre dans la cavité buccale (fig. 34, *pr.*).

Les reins de la lamproie sont très-développés et leur structure est celle des vertébrés ordinaires.

Le cerveau, quoique très-petit, est parfaitement distinct de la moelle, et présente toutes les grandes divisions que l'on trouve chez les vertébrés élevés, c'est-à-dire, un cerveau antérieur, un cerveau moyen et un cerveau postérieur. Le cerveau antérieur est encore divisé en *rhinencéphale*, en lobes durs *procencéphaliques* et en un *thalamencéphale*. Le cerveau postérieur en *métencéphale* et *myélencéphale* (cervelet et pont de varole, fig. 33).

L'organe auditif est plus simple que chez les autres poissons, il présente seulement deux canaux demi-circulaires et un sac vestibulaire chez la lamproie. Chez le *myxine* tout l'organe est représenté par un simple tube membraneux sans qu'il existe d'autre distinction dans les canaux et le vestibule.

Les *cyclostomes* ou *marsipobranches* diffèrent d'une manière remarquable non-seulement des poissons qui leur sont immédiatement supérieurs, mais de tous les autres vertébrés, par les caractères de leur organe olfactif, qui consiste en un sac placé sur la ligne médiane de la tête et ne présentant qu'une simple ouverture externe médiane. Dans tous les autres *vertébrés* on trouve deux sacs nasaux (1). Chez la lamproie le sac nasal est aveugle au-dessous et derrière, mais chez les *hiags* (myxine) il s'ouvre dans le pharynx. Dans aucun autre poisson, excepté le *lepidosiren*, l'appareil olfactif ne communique avec la cavité buccale.

Les organes reproducteurs des *cyclostomes* sont des plaques fermes suspendues au-dessous de la colonne vertébrale ; ils sont sans conduits, mais répandent leur contenu dans l'abdomen d'où il s'échappe par le pore abdominal.

(1) On doit se souvenir cependant, qu'il existe chez les cyclostomes deux nerfs olfactifs et que la membrane pituitaire est également double. C'est plutôt la présence du canal naso-palatin qu'aucune structure spéciale des organes olfactifs eux-mêmes qui constitue les particularités de ces animaux.

Dans le premier état de leur développement, les lamproies présentent de remarquables ressemblances avec les *amphibiens.* Elles subissent également une métamorphose, le jeune pétromizon étant dissemblable de ses parents à tel point qu'il a été regardé comme un genre distinct, l'*ammocœte.* Mais la jeune

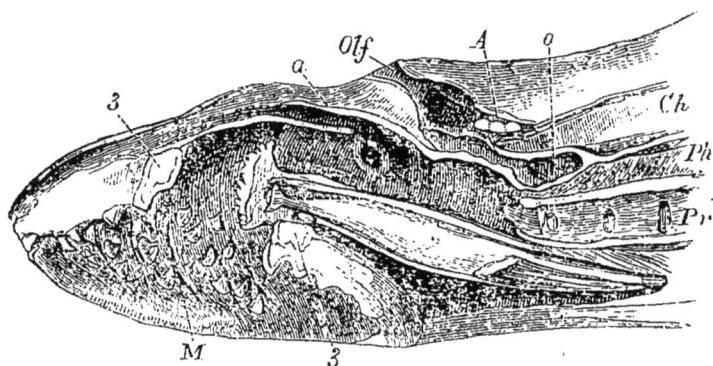

Fig. 34. — Section verticale et longitudinale de la portion antérieure d'une lamproie (*Petromyzon marinus*) : A, le crâne avec son cerveau ; a, section du bord du cartilage marqué a dans la figure 32 ; Olf, entrée dans la chambre olfactive qui se prolonge dans la poche cœcale o ; Ph, pharynx ; Pr, canal branchial avec les ouvertures internes des sacs branchiaux ; M, cavité buccale avec ses dents cornées ; 2, cartilage qui supporte la langue ; 3, anneau oral.

lamproie ne possède jamais de filaments branchiaux ou spiracula.

Caractères zoologiques. — Les *cyclostomes* vivent dans l'eau fraîche et dans l'eau salée. Les myxinoïdes sont remarquables par leurs mœurs parasitiques, le hag se frayant un passage dans le corps des poissons tels que la morue.

Etat fossile. — On ne connaît aucun cyclostome fossile. Cette circonstance peut être due en partie à la prompte décomposition de leurs corps, quoique des dents cornées comme celles de la lamproie puissent être conservées dans de favorables conditions.

ARTICLE III

LES CHONDROPTÉGYRIENS (ELASMOBRANCHII).

Cet ordre comprend les *squales,* les *raies* et les *chimères.*
Caractères anatomiques. — Les individus de cet ordre

ne possèdent jamais d'écailles comme les autres poissons, la peau peut même être nue, mais des écailles se développent en papilles qui se calcifient et donnent naissance à des organes ayant l'apparence de dents. Celles-ci, quand elles sont petites et très-rapprochées, constituent ce qu'on appelle *scha-green;* quand elles sont plus larges et plus étendues, elles forment des plaques dermales ou tubercules, et quand, comme dans beaucoup de cas, elles prennent la forme d'épines, elles sont appelées *défenses dermales,* et, à l'état fossile *ichthyodoru-lites.* Tout cela constitue ce qui a été appelé *exosquelette pla-coïde.* Enfin quand elles sont composées de petites pièces, elles ont l'aspect de dents, ainsi qu'il a été dit. Les surfaces proéminentes des défenses dermiques sont fréquemment ornées d'élégantes sculptures, jusqu'à la partie qui s'enfonce dans la peau. Les défenses dermiques sont habituellement implantées au front et aux nageoires dorsales, mais elles peuvent être attachées à la queue, ou dans des cas rares, placées au-devant des nageoires paires.

La colonne vertébrale offre une grande diversité de structure : depuis une notocorde persistante, un peu plus parfaite que celle des cyclostomes (Marsipobranches) ou offrant de simples anneaux osseux développés sur ses parois, jusqu'à des vertèbres ayant un centre à concavité antérieure et postérieure dont le cartilage primitif est plus ou moins remplacé par de la substance osseuse concentrique ou des lamelles radiées. Chez les raies, l'ossification s'étend assez loin pour convertir la partie antérieure de la colonne vertébrale en une masse d'os continue.

Les arcs neuraux sont souvent deux fois aussi nombreux que les centres des vertèbres; dans ce cas, les arcs en plus sont nommés cartilages *inter-cruraux.*

La partie terminale de la notocorde n'est jamais enfermée dans une gaîne osseuse continue ou *urostyle.* L'extrémité de la colonne vertébrale est ordinairement courbée, et les rayons des nageoires du milieu qui se trouvent au-dessous, sont presque toujours beaucoup plus longs que ceux qui se trouvent au-dessus, par suite le lobe inférieur de la queue est beaucoup plus large que le supérieur.

Les *élasmobranches* pourvus d'une queue ainsi conformée appartiennent vraiment au groupe *hétérocercal,* tandis que ceux dont les rayons de nageoires de la queue sont également divisés par la colonne vertébrale ou à peu près, tiennent au groupe *diphycercal* (p. 16). L'angelot (*squatina*) et beaucoup d'*élasmobranches* ont une disposition plutôt diphycercale que hétérocercale.

Les côtes sont toujours petites et peuvent rester complétement rudimentaires.

Le crâne est fait de cartilage dans lequel peuvent se trouver des dépôts de tissu osseux disséminés. Quand il est mobile sur la colonne vertébrale, il s'articule avec elle par deux

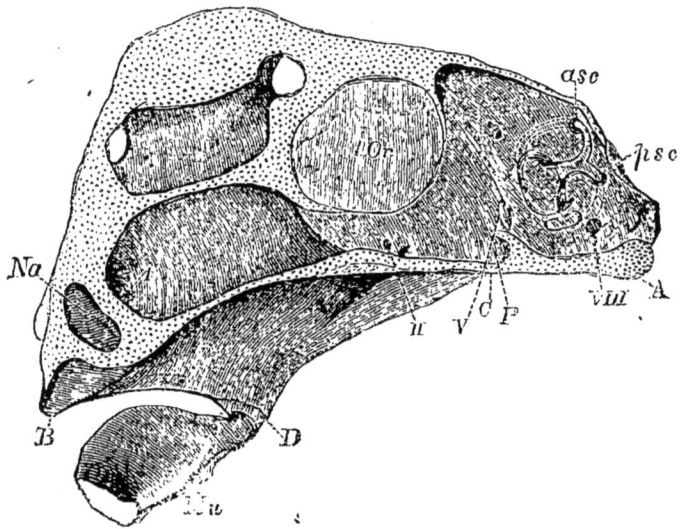

Fig. 35. — Section verticale du crâne de la *chimæra monstrosa* sans les cartilages labial et nasal ; A, région basi-occipitale; P, fosse pituitaire ; Na, cloison entre les sacs olfactifs; B, alvéoles pour les dents de la mâchoire antérieure supérieure ; C,D, région du cartilage triangulaire répondant à l'hyo-mandibulaire et au quadrate ; D,B, ce qui représente le quadrate, le ptérygoïde et le palatin ; Mn, mandibule ; 10r, septum inter-orbital ; *asc* et *psc*, canaux antérieur et postérieur semi-circulaires ; I, II, V, VIII, sortie des nerfs olfactif, optique et des cinquième et huitième paires.

condyles. La première vertèbre présente fréquemment une apophyse médiane qui s'avance en avant, entre les deux condyles du crâne et rappelle l'apophyse correspondante de la première vertèbre de beaucoup d'amphibiens urodèles.

Le crâne cartilagineux des *élasmobranches* dans sa forme et dans sa structure générale correspond au crâne des fœtus vertébrés à l'état cartilagineux, il existe fréquemment des fontanelles plus ou moins étendues sur ses parois supérieures. La région ethmoïdale envoie des plaques horizontales au-dessus des sacs nasaux dont les ouvertures conservent leur situation embryogénique à la surface supérieure du crâne.

Il n'existe ni prémaxillaires, ni maxillaires, les mâchoires des chondrostéens ou élasmobranches se composant d'une manière exclusive de cartilage représentant l'arc primitif palato-quadrate et du cartilage de Meckel. L'extrémité antérieure de l'arc mandibulaire correspondant au métaptérygoïde des *Teleostei* et à la plus grande partie de l'*os carré* des vertébrés plus élevés n'est représenté chez les *plagiostomes* que par un ligament dans lequel se développent un ou plusieurs cartilages au-devant du spiracle (quand il existe) et sont appelés *cartilages spiraculaires*.

Le premier appelé mâchoire supérieure peut ou être représenté comme dans la chimère (fig. 35), par la portion antérieure (B, D) d'une lamelle triangulaire cartilagineuse qui s'étend depuis les côtés de base du crâne et se continue avec ce qui représente le suspensorium hyo-mandibulaire, ou il peut y avoir de chaque côté une bande cartilagineuse articulée en avant avec la partie antérieure du crâne à l'aide d'une articulation mobile, fournissant en arrière un condyle avec lequel s'articule la branche de la mâchoire inférieure avec le cartilage de Meckel.

Chez les squales et les raies (fig. 36 et 37), une simple corde cartilagineuse (*g*) s'articule avec le crâne, de chaque côté, au moyen d'une articulation mobile, dans la région de la capsule périotique, et est jointe par chacune de ses extrémités opposées, à l'aide de fibres ligamenteuses, avec le *palato-quadrate* et avec le cartilage mandibulaire ou de Meckel (*m*, *n*). Ce suspensorium cartilagineux représente les os hyo-mandibulaires et symplectiques des poissons osseux (*teleostei*), et donne attache à l'appareil hyoïdien par son extrémité inférieure ou auprès, comme dans les squales, ou près de son extrémité supérieure comme dans les raies. L'appareil hyoïdien se compose d'un arc latéral placé habituellement de chaque côté, chacun de ces arcs s'unit à son correspondant et aux arcs branchiaux par l'intermédiaire des éléments de la base médiane au-dessous; puis viennent ensuite un nombre variable d'arcs

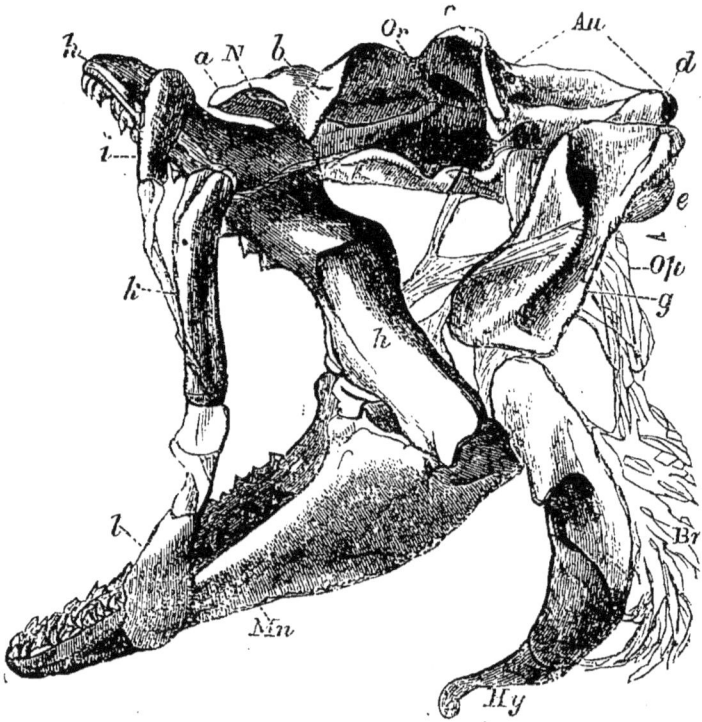

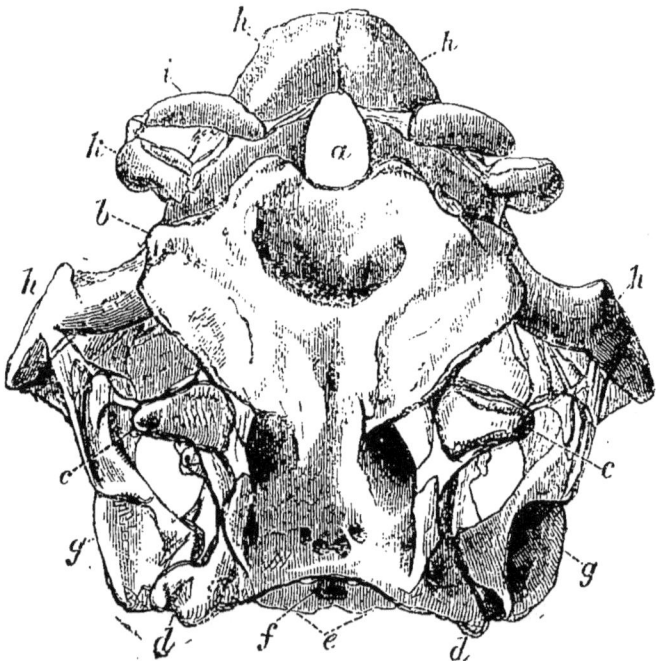

Fig. 36 et 37.— Crâne et apophyses de *squatina* vu de côté (fig. 36) et de dessus

similaires semblables qui supportent l'appareil branchial.

Des filaments sortent des arcs cartilagineux hyoïdien et branchial et passent directement dans les parois des sacs branchiaux auxquels ils servent de supports. Des cartilages superficiels placés parallèlement aux arcs branchiaux sont quelquefois superposés au-dessus de ceux-ci. Il n'existe pas d'os operculaires, quoique les filaments cartilagineux qui tiennent leur place (fig. 36, *o, p*) puissent être unis au cartilage hyo-mandibulaire ; et, dans la grande majorité des *elasmobranchii*, les ouvertures des sacs branchiaux sont complétement exposés. Mais dans un groupe de chimères, un grand pli de membrane s'étend en bas de l'appareil suspenseur et cache les ouvertures branchiales *externes*.

De larges cartilages accessoires appelés *labiaux* se développent sur les côtés de la cavité buccale chez beaucoup de chondrostéens ou elasmobranchii (fig. 36 et 37, *i, k, l*).

L'arc pectoral se compose d'un simple cartilage de chaque côté. Tous les deux s'unissent intimement sur la ligne ventrale médiane, et ne s'unissent pas directement avec le crâne. Le bassin est aussi représenté par une paire de cartilages qui peuvent se réunir et sont d'une manière invariable dans une position abdominale.

Il y a toujours deux paires de nageoires latérales correspondant avec les membres antérieurs et postérieurs des *vertébrés* élevés. Les nageoires pectorales dont la structure a été exactement décrite sont toujours les plus larges et atteignent quelquefois une dimension énorme relativement au corps.

Chez ces poissons, les dents ne sont développées que sur la membrane muqueuse qui couvre le cartilage palato-quadrate et la mandibule. Elles ne sont jamais implantées dans des alvéoles et elles varient beaucoup en forme et en nombre.

Chez les squales elles sont toujours nombreuses, et leurs couronnes habituellement triangulaires et aiguës se présentent avec ou sans dentelures et racines latérales. Les couronnes des

(fig. 37), région ethmoïdienne ; *b*, préfrontale ; *c*, post-orbitaire ; *d*, post-auditive ; *e*, condyles occipitaux ; *f*, trou occipital ; *g*, suspensorium ; *h*, arc dentaire supérieur ; *i,k,l*, cartilages labiaux ; *Mn*, mandibule ; *Au*, chambre auditive ; *Or*, orbite ; *N*, chambre nasale ; *Op*, filaments cartilagineux operculaires ; *Br*, rayons branchiostèges ; *Hy*, arc hyoïdien.

dents antérieures de chaque côté sont plus aiguës, celles des postérieures plus obtuses. Chez les squales du Port Jackson (*cestracion*), cependant, les dents antérieures ne sont pas plus aiguës que les dents les·plus obtuses des autres, tandis que les couronnes à rebords des dents intermédiaires deviennent larges, presque plates, et les dents postérieures sont semblables mais plus petites.

Les raies ont habituellement la pointe des dents quelque peu obtuse, mais la couronne des dents médianes des *myliobates* est transversalement allongée, celle des dents latérales hexagonale et plate ; les différentes dents sont solidement fixées par leurs bords dans les alvéoles. On ne retrouve les dents transversalement allongées que chez les *atobatis*. Chez les squales et les raies, les dents se développent dans des papilles ou bourgeons situés au milieu d'un pli profond de la membrane muqueuse de la mâchoire. Les dents apparaissent au bord de la mâchoire, et à mesure qu'elles s'en vont et se détériorent par l'usage, elles sont remplacées par d'autres qui se développent sur des rangs successifs jusqu'au fond du sillon. De semblables développements successifs n'ont pas lieu chez les *chimœræ*.

Comme chez les autres poissons on ne trouve pas de glandes salivaires. Le large œsophage conduit à un estomac habituellement spacieux et en forme de sac, mais quelquefois, comme chez les chimères, il est à peine distinct du reste du canal alimentaire. Aucun diverticulum rempli d'air et constituant une vessie natatoire comme chez les ganoïdes et beaucoup de poissons osseux n'est joint à l'œsophage ou à l'estomac, quoiqu'un rudiment de cet appareil ait été découvert dernièrement chez quelques *chondroptérygiens* ou *élasmobranches*.

L'intestin est court et commence généralement par une dilatation séparée de l'estomac par une valvule pylorique. Ce segment duodénal de l'intestin est habituellement désigné sous le nom de *bursa Entiana*. Il reçoit les canaux hépatiques et pancréatiques, et, chez le fœtus, le conduit vitellin. Au delà de cette partie, la région digestive de la membrane muqueuse de l'intestin grêle s'accroît d'une production qui prend la forme d'un pli appelé *valvule spirale*, et dont le bord fixé se poursuit en spirale le long des parois de l'intestin. Chez quelques *squales* (*garcharias culeocerdo*) le bord fixé du pli se poursuit droit et parallèlement à l'axe de l'intestin, et le pli est roulé sur lui-même dans une forme spirale cylindrique.

Un court rectum se termine à la partie antérieure d'un cloaque, qui lui est commun avec les organes urinaires et génitaux. La cavité péritonéale communique avec celle du péricarde en avant, et s'ouvre extérieurement en arrière par deux *pores abdominaux*. Le cœur ne possède qu'une oreillette simple recevant le sang veineux du corps par le *sinus veineux*. Il

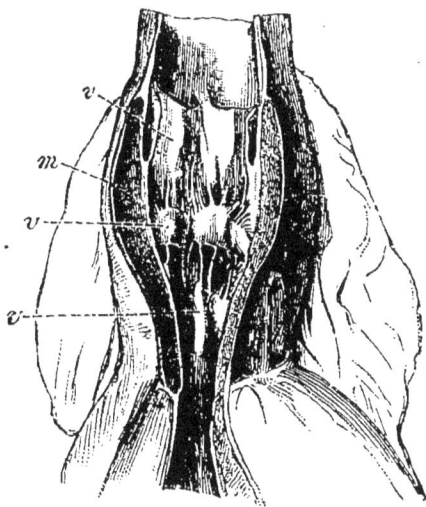

Fig. 38. — Bulbe aortique d'un squale (Lamna), placé de manière à montrer les trois rangs de valvules *v,v,v*, et l'épaisse paroi musculaire *m*.

n'y a qu'un simple ventricule divisé par une constriction en un ventricule propre en arrière, en un *conus arteriosus* en avant. Les parois du conus comme celles du ventricule sont pourvues de fibres musculaires striées et douées d'une contraction rhythmique aussi régulière que celle de l'oreillette et du ventricule.

L'intérieur du bulbe offre non-seulement un simple rang de valvules à l'ouverture ventriculo-conique, mais plusieurs rangs transverses de valvules semblables attachées aux parois du bulbe lui-même et à sa jonction avec l'aorte. Ces valvules peuvent être d'une grande importance en donnant un libre cours à la force de pulsation exercée par les parois du bulbe.

Chez un grand nombre de *chondroptégyriens* ou *élasmobranches*, il existe un trou ou ouverture conduisant dans la cavité buccale sur le côté supérieur de la tête, au-devant du suspensorium. Cette ouverture est le reste de la première fente viscérale de l'embryon et l'homologue de la trompe d'Eustache des vertébrés plus élevés, étant en effet inclue comme le canal tympano-Eustachien entre la division palatine (Vidienne) de la septième paire et sa division postérieure hyo-mandibulaire. De cette fente aussi bien que des fentes branchiales propres, sortent durant la période fœtale de longs filaments qui disparaissent chez l'adulte, chez qui les organes respiratoires sont des poches aplaties, avec parois plissées transversalement au nombre de cinq ou sept. Ces poches s'ouvrent par des fentes externes sur les côtés (squales et chimères), ou au-dessous de la surface du cou (raies) et par les ouvertures internes dans le pharynx. Les parois du spirale ou fente mandibulo-hyoïdienne ne portent aucunes branchies fonctionnelles chez l'adulte, mais la paroi antérieure présente des *pseudo-branchies* ou *rete mirabile* représentant des branchies de la même étendue que les pseudo-branchies hyoïdiennes des poissons osseux.

L'arc hyoïdien porte des branchies fonctionnelles à sa face postérieure, la paroi antérieure du sac branchial antérieur étant supportée par l'arc hyoïdien. Entre la paroi postérieure du premier et la paroi antérieure du second sac, et entre les parois adjacentes des autres sacs, un arc branchial avec ses cartilages radiés est interposé. L'arc hyoïdien supporte donc une série de plaques ou lames branchiales, tandis que les arcs branchiaux suivants, excepté le dernier, supportent deux séries séparées par un septum; se composant des parois adjacentes de deux sacs avec le squelette branchial interposé.

L'aorte cardiaque, tronc qui est la continuation du bulbe aortique, distribue le sang aux vaisseaux de ces sacs; ce sang est oxygéné par l'eau qui, entrant dans la bouche, est rejetée à travers les ouvertures pharyngiennes.

Les reins des cyclostomes ou *élasmobranches* ne s'étendent pas autant en avant que ceux de la plupart des autres poissons. Les uretères, en général, se dilatent près de leurs terminaisons, et s'ouvrent par un canal commun dans le cloaque derrière le rectum.

Le cerveau est bien développé. Il présente habituellement un large cerebellum qui couvre le quatrième ventricule, dont

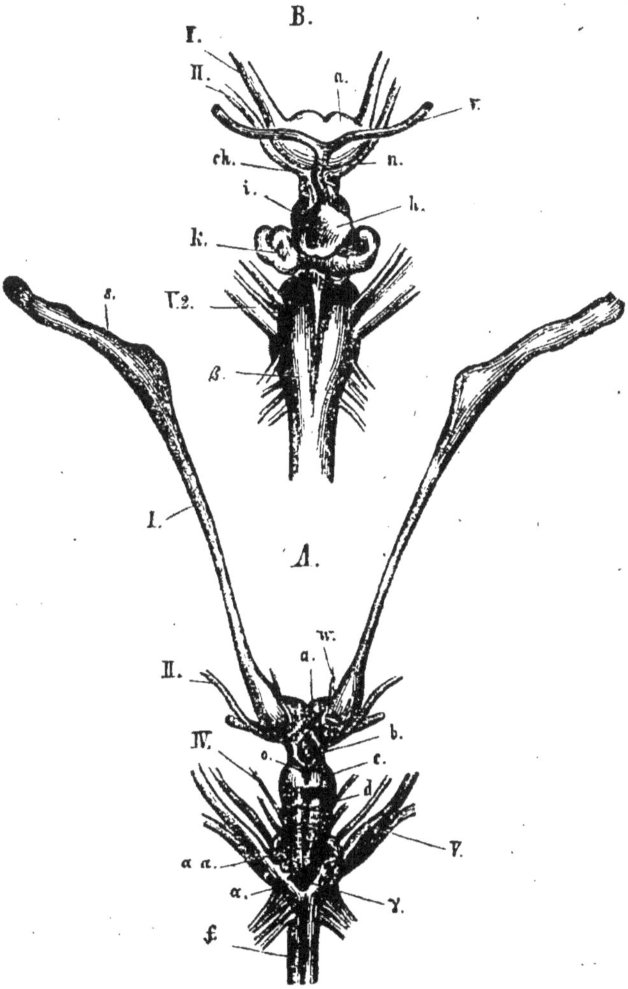

Fig. 39. — Cerveau de raie (*Raia batis*); A, dessus; B, une portion du côté ventral élargi; *s*, bulbes olfactifs; *a*, hémisphères cérébraux unis sur la ligne médiane; *b*, thalamencéphale; *c*, mesencéphale; *d*, cerebellum; *a,a*, bande plissée formée par le corps restiforme; I, II, IV, V, nerfs cérébraux des paires correspondantes; *f*, moelle allongée; W, vaisseaux sanguins. En B: *ch*, le chiasma des nerfs optiques; *h*, corps pituitaire; *n* et *v*, vaisseaux unis avec ce corps; *k*, les *saccus vasculosus*; β, pyramides de la moelle allongée.

les parois sont pliées d'une manière spéciale sur les côtés (*corpora restiformia*, fig. 39, A, *a*), des lobes optiques d'une dimension modérée sont tout à fait distincts du *thalamencéphale* ou vésicule du troisième ventricule. Le troisième ventricule lui-même est une cavité relativement large et courte qui envoie en avant, de chaque côté, un prolongement sous forme d'une simple masse large, et transversalement allongée (fig. 37, *a*), regardée en général comme le résultat de la réunion des hémisphères cérébraux, mais qui doit être plutôt considérée comme la terminaison épaissie de l'encéphale primitif dans lequel la *lame terminale* et les hémisphères se distinguent à peine. Les larges lobes olfactifs se prolongent presque toujours en pédicules qui se dilatent sous la forme de larges masses ganglionnaires, jusqu'au point où ils se trouvent en contact avec les sacs olfactifs (fig. 39 A, *s*). Ceux-ci s'ouvrent toujours à la partie superficielle de la tête. Une fente qui s'étend à partir de chaque ouverture nasale, jusqu'au bord de la bouche, est le reste de la séparation embryonnaire entre les apophyses naso-frontal et maxillo-palatine ; cette fente représente le canal naso-palatin chez les *vertébrés* plus élevés. Les nerfs optiques se fusionnent en un chiasma complet (fig. 39 B, *ch*) comme chez les *vertébrés* plus élevés. Chez quelques squales, l'œil est pourvu d'une troisième paupière ou membrane nictitante mue par un seul muscle ou par deux disposés d'une façon quelque peu comparable à celle que l'on trouve chez les oiseaux. On remarque chez quelques squales et quelques raies, à la surface postérieure de la sclérotique, une éminence qui s'articule avec l'extrémité d'une tige cartilagineuse venant du fond de l'orbite.

Le labyrinthe est complétement enveloppé de cartilage, excepté chez les *chimères*. Dans les raies, les canaux semi-circulaires antérieurs et postérieurs sont circulaires et s'ouvrent par des canaux étroits distincts dans le sac vestibulaire. Chez les autres *chondroptégyriens* (elasmobranchii) ils sont disposés dans l'ordre ordinaire. Un passage conduisant du sac vestibulaire au sommet du crâne et s'ouvrant là par une ouverture à valvules, représente le canal par lequel, chez les embryons vertébrés, l'involution auriculaire de la peau est mise en rapport avec l'extérieur.

Les testicules sont ovales et pourvus d'un épididyme et vas deferens comme chez les *vertébrés* plus élevés. Le vas deferens s'ouvre de chaque côté dans une partie dilatée de l'uretère. Des appendices spéciaux appelés crochets (claspers) sont attachés aux nageoires ventrales des mâles.

Les ovaires sont des organes arrondis, solides, au nombre de deux ordinairement. Mais dans quelques cas, comme chez les chiens de mer et les squales à paupières nictitantes, l'ovaire est simple et symétrique. Les oviductes sont de vrais tubes de Fallope qui communiquent librement avec la cavité abdominale à leur extrémité antérieure. Postérieurement ils se dilatent dans des chambres utérines qui s'unissent et s'ouvrent dans le cloaque.

Les œufs sont très-gros et comparativement peu nombreux.

Les chiens de mer, les raies, les *chimères*, sont ovipares et pondent leurs œufs couverts d'une enveloppe dure comme du cuir. Les autres sont vivipares et chez certaines espèces de *Mustelus* (lœvis) et *Carcharias*, un placenta rudimentaire se forme au moyen du plissement de la vésicule ombilicale alterné avec les plis similaires des parois de l'utérus.

Les embryons de la plupart des cyclostomes ou élasmobranches sont, à l'origine, pourvus de longs filaments branchiaux externes, qui sortent de la périphérie de l'ouverture, aussi bien que de la plupart des arcs branchiaux; ceux-ci disparaissent et sont remplacés dans leurs fonctions par des branchies, à mesure que le développement se fait. En ceci, comme sous beaucoup d'autres rapports, les *élasmobranches* présentent des points de ressemblance marqués avec les amphibiens.

Classification. — Les cyclostomes ou élasmobranches se partagent en deux groupes, les *Holocéphales* et les *Plagiostomes*.

Chez l'*holocéphale*, les cartilages palato-quadrate et suspenseur sont unis entre eux et avec le crâne par un cartilage plat continu; les fentes branchiales sont recouvertes d'un opercule membraneux. Les dents sont peu nombreuses (pas plus de six, dont quatre supérieures et deux à la mâchoire inférieure dans les espèces vivantes); leur structure diffère de celle des plagiostomes. Ce sous-ordre contient les *chimères* et les *callorhynchus* vivants, et les mésozoïques *Edaphodon* et *Passalodon* éteints, et, très-probablement, quelques-uns des plus anciens élasmobranches dont les dents sont si abondantes dans les terrains carbonifères.

Dans les *plagiostomes*, les cartilages palato-quadrate et suspenseur se distinguent l'un de l'autre et sont mobiles sur le crâne. Les fentes branchiales ne sont couvertes par aucune membrane operculaire. Les dents sont habituellement nombreuses.

Les *plagiostomes* sont encore subdivisés en squales (*selachii* ou *squali*), dont les ouvertures branchiales se trouvent sur le côté du corps; leurs nageoires antérieures ne sont pas unies au crâne par des cartilages, ni le crâne à la première vertèbre par une facette médiane; et en raies (*rajæ*), dont les fentes branchiales sont placées à la surface supérieure du corps. Les nageoires pectorales s'unissent au crâne, à l'aide de cartilages, et il n'existe aucune facette articulaire médiane sur l'occiput pour la première vertèbre.

Caractères zoologiques. — Les chondroptégyriens ou élasmobranches ont des habitudes essentiellement marines, quoique les squales passent pour monter très-haut dans quelques-unes des grandes rivières de l'Amérique du sud.

État fossile. — Les deux divisions des *Plagiostomes* se trouvent dans les terrains mésozoïques. A l'époque paléontologique, les défenses dermales et les dents des élasmobranches abondent dans les terrains permien et carbonifère et se rencontrent dans les terrains supérieurs siluriens; mais, excepté dans le cas des *pleuracanthus*, il est impossible de savoir à quelles divisions spéciales ils appartiennent.

Ainsi que Hancock l'a démontré, les nageoires pectorales du *Gyracanthus* sont usées obliquement à leur extrémité, comme si elles avaient servi à la locomotion, ou à plonger au sein de la mer.

ARTICLE IV

LES GANOIDES.

Caractères zoologiques. — Durant les premières périodes de l'histoire du monde, ce fut l'un des ordres les plus importants des poissons; mais, à présent, il ne contient que sept genres : *lepidosteus, polypterus, calamoichthys, amia* (thon), *accipenser* (esturgeon), *scapirhynchus, spatularia* et *polyodon*, qui sont, partiellement ou entièrement, confinés dans l'eau fraîche et ne se trouvent que dans l'hémisphère du Nord.

Caractères anatomiques. — Ces poissons diffèrent beaucoup les uns des autres sur beaucoup de points de leur organisation, mais se ressemblent par les caractères suivants dont quelques-uns sont communs avec les élasmobranches et les teleostei.

Ce sont :

a. Conus arteriosus, à contractions rhythmiques et pourvu de sept rangs de valvules, comme chez les chondroptégyriens (élasmobranches).

b. Les nerfs optiques réunis en chiasma, comme chez les chondroptégyriens (élasmobranches).

c. Une valvule en spirale, très-développée dans l'intestin, comme chez les chondroptégyriens (élasmobranches), se rencontre chez tous excepté le *lepidosteus* qui ne possède qu'un rudiment d'une semblable valvule.

D'autre part :

a. Les apophyses branchiales ne sont pas fixées sur toute leur étendue aux parois d'un sac branchial, qui s'étend après eux comme chez les chondroptégyriens (élasmobranches). Mais leurs extrémités se projettent au delà du bord du septum, qui sépare chaque paire de fentes branchiales, comme dans les *teleostei*; et chaque fente est recouverte d'un opercule osseux, comme dans ces derniers.

b. Il existe, chez beaucoup de poissons osseux, une ample vessie natatoire unie avec l'œsophage par un conduit pneumatique, ouvert d'une manière permanente.

c. Tous ont des nageoires ventrales, excepté les *calamoichthys*. Le cloaque manque, comme chez les teleostei. Le crâne est toujours pourvu d'un nombre plus ou moins grand d'os crâniens, semblables à ceux des teleostei.

Les nageoires ventrales sont toujours dans une position abdominale. La queue est diphycercale ou hétérocercale.

La cavité de l'abdomen est mise en communication avec l'extérieur par les pores abdominaux.

Enfin les canaux des organes reproducteurs communiquent avec ceux de l'appareil urinaire permanent, qui rappelle à la fois les caractères des chondroptégyriens (élasmobranches) et des amphibiens.

Le squelette externe offre la plus grande variété chez les *Ganoïdes*. Le *spatularia* et le *polyodon* sont nus; l'esturgeon et le *scapirhynchus* offrent de nombreuses plaques dermales composées de vrais os : le thon (*amia*) est recouvert d'écailles cycloïdes; le *lepidosteus* et le *polypterus* ont des

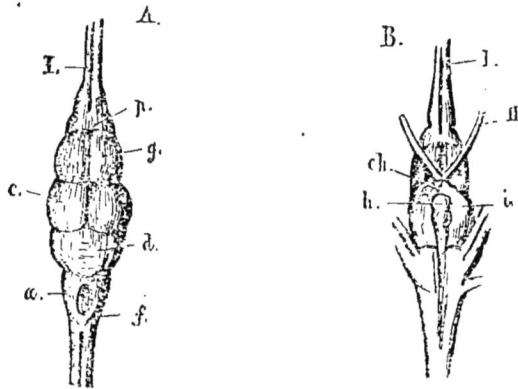

Fig. 40. — Cerveau de *Lepidosteus semiradiatus* : A, dessus ; B, dessous; f, moelle allongée; d, cerebellum; c, lobes optiques du mesencéphale ; g, hémisphères cérébraux ; h, corps pituitaire; i, lobi inférieurs ; ch, chiasma; 1, nerfs olfactifs; 11, nerfs optiques.

écailles émaillées, solides, rhomboïdales, non-seulement étendues, mais qui peuvent être fixées ensemble par des pointes et s'emboîtent, quand leurs bords antérieurs et postérieurs viennent en contact.

Le squelette interne n'est pas moins diversement modifié, et un caractère digne de remarque, c'est qu'aucune sorte de relation, directe ou indirecte, n'est indiquée entre la fin du squelette interne et celle du squelette externe. Le *spatularia*, le *scapirhynchus* et l'*accipenser* (esturgeon) ont une notocorde persistante dans la gaîne de laquelle apparaissent de simples rudiments cartilagineux, ou des arcs de vertèbres. Les côtes, quand il s'en trouve, sont partiellement ossifiées. Le *polypterus* et l'*amia* ont des vertèbres complétement ossifiées, dont le centre est amphicœlique. Le *lepidosteus* offre aussi des ver-

tèbres complétement ossifiées, mais leur centre est opisthocœlique ayant une convexité en avant et' une concavité en
arrière, comme chez quelques *amphibiens*.

Un plus ou moins grand nombre des vertèbres antérieures,
ou des cartilages qui les représentent, sont unies les unes aux
autres et avec la partie postérieure du crâne. Le crâne peut se
composer principalement de cartilage avec os de membrane
surajoutés, ou le cartilage peut être, en grande partie, remplacé par de la substance osseuse, comme dans les poissons
osseux (*Teleostei*).

Le *spatularia*, le *scapirhynchus* et l'*esturgeon* ont des crânes
disposés suivant la description précédente. Le crâne est une
masse cartilagineuse qui se continue en arrière avec le groupe
des cartilages spinaux antérieurs coalisés, de manière à être
articulé avec la colonne vertébrale par une articulation fixe. La
notocorde entre à sa base et se termine en un point derrière
la fosse pituitaire. Au-devant, le cartilage prend l'aspect d'un
bec qui, chez les *spatularia*, est très-long, aplati et à spatule.
Dans le périchondre de la base du crâne, des os médians répondent au vomer et au parasphénoïde des poissons téléostéens;
— et, dans celui de sa voûte, des points d'ossification apparaissent, représentant les pariétaux, les frontaux et autres os de
membrane des *teleostei*.

La structure des mâchoires chez les *spatularia* se rapporte
beaucoup à celle des plagiostomes (*Elasmobranchii*). Elle
comprend un cartilage suspenseur moitié cartilagineux, moitié
osseux (A, B, fig. 41), qui donne attache au-dessous directement
à l'arc hyoïdien (Hy) et indirectement aux mâchoires. Celles-ci
se composent d'un cartilage palato-quadrate (D) uni par un
ligament avec les cartilages de la même région et avec la
région préfrontale du crâne en F; son extrémité postérieure
présente au cartilage de la mandibule ou cartilage de Meckel
(Mn) une tête articulaire convexe. Il est douteux que A, B corresponde avec le cartilage hyo-mandibulaire ou suspenseur
des squales et raies; D, avec le cartilage palato-quadrate
appelé encore mâchoire supérieure; et le cartilage de la mandibule avec la mâchoire inférieure de ces animaux. Mais,
chez les ganoïdes, un opercule osseux (Op) se rattache à l'hyo-
mandibulaire; et un rayon branchiostège (Br) à la partie

essentiellement hyoïdienne du squelette du second arc viscéral;
tandis qu'un os de membrane (E), représentant le maxillaire,

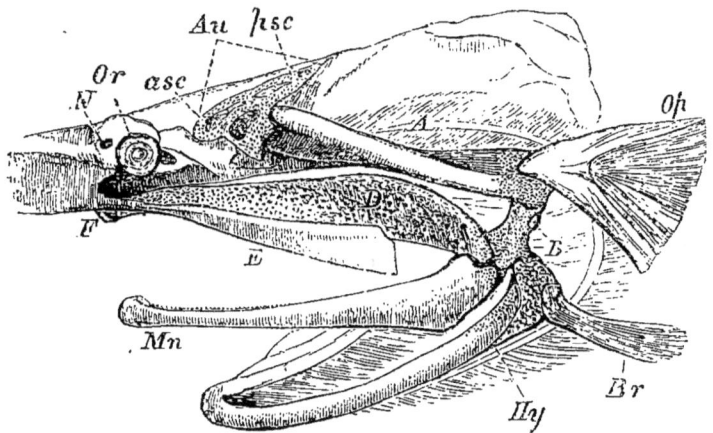

Fig. 41. — Vue de côté d'un crâne de *spatularia* ayant le bec coupé et les canaux
semi-circulaires antérieur (*asc*) et postérieur (*psc*) découverts; Au, chambre
auditive; Or, orbites avec les yeux; N, sac nasal; *hy*, appareil hyoïdien;
Br, représentants des rayons branchiostèges; Op, operculum; Mn, mandibule;
A,B, suspensorium; D, cartilage palato-quadrate; E, maxillaire.

et un autre (**Mn**) le dentaire de la mâchoire inférieure des
teleostei, se développent dans les cartilages palato-quadrate et
mandibulaire.

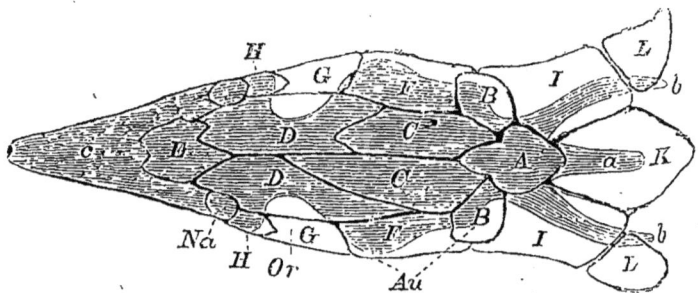

Fig. 42. — Crâne cartilagineux d'un esturgeon avec les os crâniens. Le premier
est ombré et supposé être vu à travers les derniers qui sont découverts à
gauche; *a*, crête formée par l'apophyse épineuse de la vertèbre antérieure;
b,b, apophyse latérale en forme d'aile; *c*, bec; Au, position de l'organe auditif; Na, position des sacs nasaux; Or, des orbites. Os membraneux de l'aire
supérieure superficielle: A, analogue du sus-occipital; BB, des épiotiques;
E, de l'ethmoïde; G,G, des post-frontaux; H, des préfrontaux; CC, pariétaux;
DD, frontaux; FF, squamosals; K, écaille (scute) antérieure dermale; H et LL,
ossifications dermales reliant l'arc pectoral au crâne.

Chez l'esturgeon (fig. 42) les os de membrane de la voûte du crâne sont plus nombreux et distincts que chez le *Spatularia* et s'unissent à de larges os dermoïdes (I, K, L) pour former la grande gaîne céphalique. Le suspensorium (fig. 43, *f, g, h*) se divise en deux parties ; l'os hyoïde propre s'attache à la partie inférieure en *h*, et les cartilages palato-quadrates avec leurs ossifications subsidiaires sont si lâchement joints au plancher du crâne, que les mâchoires peuvent avancer ou reculer jusqu'à une distance considérable.

Chez le *lepidosteus*, le *polypterus* et l'*amia* (1) le crâne présente non-seulement des os de membrane, mais de plus des ossifications basi-occipitale, ex-occipitale et pro-otique. Les vomers sont doubles comme chez les *amphibiens* (? *polypterus*). L'appareil des mâchoires s'est modifié suivant la structure typique des *téléostéens*. Le suspensorium du *lepidosteus* se compose de deux points ossifiés réunis par une portion cartilagineuse intermédiaire. Le supérieur, large et uni par une

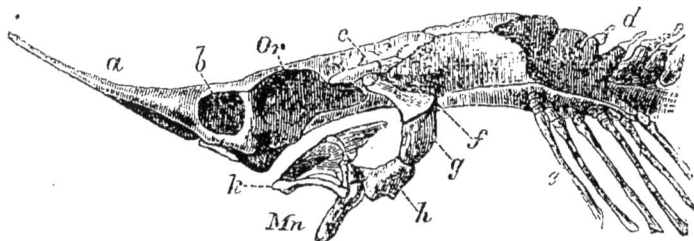

Fig. 43. — Vue de côté d'un crâne cartilagineux d'*Accipenser ; a*, bec ; *b*, chambre nasale; *Or*, orbite; *c*, région auditive; *d*, vertèbres antérieures réunies; *e*, côtes ; *f, g, h*, suspensorium; *k*, appareil palato-maxillaire; *Mn*, mandibule.

articulation mobile à la capsule périotique, est le *hyo-mandibulaire* ; l'inférieur répond au *symplectique* des poissons osseux. L'arcade cartilagineuse palato-quadrate est, en partie, remplacée par une série d'os : le palatin se trouve en avant et s'unit à la région préfrontale du crâne; derrière sont représentés le ptérygoïde, le métaptérygoïde, l'ectoptérygoïde et plus postérieurement encore l'os quadrate. Ce dernier fournit un condyle à l'élément articulaire de la mandibule. Le symplectique est ou lâchement joint au quadrate comme chez le *lepidosteus*, ou plus intimement uni à celui-ci comme dans les autres genres.

(1) Poissons éteints trouvés dans les couches oolithes.

Chez l'*amia* (thon) un os de membrane long et fort, le *pré-operculaire*, se développe sur le côté externe des os hyo-mandibulaire et quadrate (ou os carré) qui s'unissent encore plus fortement ensemble. L'existence d'un pré-operculaire n'est pas bien démontrée chez le polyptère.

Le crâne du *polyptère* a été récemment et soigneusement étudié par le professeur Fraguais (*De l'ostéologie crânienne des Polyptères, Journal d'anatomie et de physiologie*, 1870). Il a trouvé chez ce poisson un crâne primordial très-cartilagineux, avec une large fontanelle membraneuse à la région antérieure, et une plus petite à la région pituitaire de sa base. Une simple ossification entoure le *foramen magnum*; au-devant de celui-ci, de chaque côté, se trouve une ossification qui occupe la place de l'épisthotique et de l'épiotique, tandis que les parois latérales externes du crâne s'ossifient pour donner naissance à un os qui ressemble de très-près à l'*os en ceinture* du crâne des grenouilles. Il y a une ossification préfrontale (par-ethmoïde) dans l'apophyse antérieure orbitaire, et une ossification postfrontale (sphénotique) dans l'apophyse postorbitaire, mais il ne semble pas y avoir d'os pro-otiques. Un large parasphénoïde entoure la base de ce crâne, et les os nasaux, frontaux et pariétaux le recouvrent. Le suspensorium est formé d'une seule pièce, le symplectique étant distinct de l'hyomandibulaire. Il y a deux vomers. L'arc palato-quadrate est cartilagineux. Il y a pour le passage du septième nerf un foramen séparé de celui de la division mandibulaire du trijumeau. Les rapports de cette disposition crânienne avec celle du dipnoï et des amphibiens inférieurs sont très-intéressants.

Le maxillaire est représenté par une série de petits points ossifiés séparés chez le *lepidosteus*. L'extrémité supérieure du cartilage mandibulaire s'ossifie et devient une articulation distincte. Un élément *dentaire* s'ajoute extérieurement, et un splénial sur le côté interne du cartilage; de plus, chez le *lepidosteus*, on trouve encore des éléments *angulaire, sus-angulaire* et *coronaire*; ainsi les composants de la mandibule sont aussi nombreux que chez les reptiles.

Les *lepidosteus* et l'*amia* (thon) ont des rayons branchiostèges, mais les polyptères de l'espèce ordinaire n'en ont dans aucun cas. Une simple plaque jugulaire se développe entre les rames de la mandibule chez le *thon* ; deux plaques semblables se trouvent chez les polyptères et peuvent représenter les rayons branchiostèges.

L'arc pectoral de l'*esturgeon*, du *spatularia* et du *thon* présente deux éléments constituants : l'un interne et cartilagineux répond à l'arc pectoral cartilagineux des plagiostomes (*Elasmobranchii*) et aux scapulum et caracoïde des vertébrés plus élevés ; l'autre externe se compose d'os de membrane représentant les os claviculaire, sus-claviculaire et post-claviculaire des poissons osseux *teleostei*. Chez le *lepidosteus* un centre d'ossification apparaît dans le cartilage ; deux chez les polyptères. Le supérieur représente le scapulum, l'inférieur le coracoïde.

Il a été déjà établi que le polyptère est celui de tous les autres membres du même groupe qui se rapproche le plus des plagiostomes (*Elasmobranchii*) par sa structure. Les nombreux rayons de nageoires dermoïdes tous d'égale dimension sont réunis à la périphérie arrondie d'un disque large et allongé formé par le squelette de la nageoire ; alors le tégument écailleux se continue jusqu'à la base des rayons de nageoires qui semblent découper en lobe sur l'enveloppe tégumentaire. Pour cette raison la nageoire est dite lobée. Dans les autres genres on ne rencontre que deux des cartilages basilaires, et quelques-uns de la région radiale viennent entre eux se mettre en contact avec les rayons de l'épaule. De plus, le rayon de nageoire dermoïde antérieur est beaucoup plus large que les autres, et se réunit directement avec le cartilage basilaire antérieur. Ainsi par la structure de leurs nageoires, et par beaucoup d'autres caractères, les *ganoïdes* sont intermédiaires entre les *Élasmobranches* (plagiostomes) et les *teleostei* (poissons osseux).

Chez certains ganoïdes, tels que les *lepisdoteus*, l'*accipenser* et beaucoup de genres fossiles, les marges des rayons antérieurs des nageoires dorsales supportent une série simple ou double de petites écailles ou épines appelées *fulcra*.

Chez l'*esturgeon*, le *polyptère*, le *spatularia* et le *polodon*, les spiracles, ou ouvertures qui communiquent avec la bouche, sont placés sur le sommet de la tête au-devant du suspensorium comme chez les *Élasmobranches*.

Le *lepidosteus*, l'*esturgeon* et le *scapirhynchus* ont des branchies attachées à l'arc hyoïde comme chez les *Élasmobran-ches*. Elles sont nommées *branchies operculaires*.

Chez les *polyptères*, la vessie natatoire est double et sacculée, et le conduit pneumatique s'ouvre sur le côté ventral de l'œsophage. La vessie natatoire ressemble alors extrêmement à un poumon ; mais ses vaisseaux sont en communication avec ceux des parties adjacentes du corps, non avec le cœur comme les vrais poumons.

Chez les *lepidosteus* les conduits des organes reproducteurs du mâle et de la femelle se continuent avec ces corps, et chaque conduit s'ouvre dans la dilation de l'uretère de chaque côté. Dans

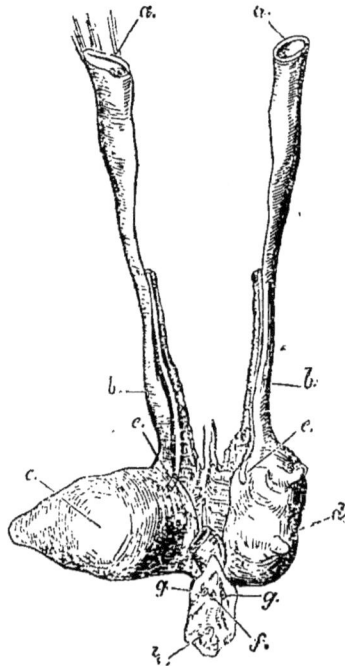

Fig. 44. — Organes reproducteurs de la femelle de l'*Amia calva ; aa*, extrémités ouvertes des conduits génitaux ; *bb*, oviductes ; *cd*, division droite et division gauche de la vessie urinaire ; *e,e*, ouvertures des uretères dans la vessie ; *f*, anus ; *g,g*, pores abdominaux ; *h*, ouverture urino-génitale.

les autres ganoïdes, l'extrémité supérieure des conduits géni-taux s'ouvre largement chez les deux sexes dans la cavité ab-dominale. Les uretères réunis du *polypterus* s'ouvrent dans la cavité des oviductes confluents, tandis que chez les autres *ga-*

noïdes, les oviductes s'ouvrent dans la dilatation des uretères (fig. 42).

Quand on recherche les ganoïdes fossiles, ils forment un ordre important divisible en sous-ordres suivants : 1° *Amiadæ*; 2° *Lepidosteidæ* ; 3° *Crossopterygidæ* ; 4° *Chondrosteidæ*, dont chacun a des représentants vivants, tandis que les trois suivants : 5° *Cephalaspidæ*, 6° *Placodermi* et 7° *Acantholidæ*, sont éteints depuis l'époque palæozoïque et ne sont rangés parmi les ganoïdes que provisoirement, car nous n'avons aucune connaissance de leur anatomie interne.

§ 1. — *Amiadæ*.

Caractères zoologiques. — Les *amiadæ* ont un seul représentant vivant dans les rivières de l'Amérique du Nord. — l'*Amia calva*.

État fossile. — Il n'est pas certain qu'il se trouve aucun membre du groupe à l'état fossile.

Caractères anatomiques. — Les écailles cycloïdes, le pré-operculum, la plaque jugulaire simple et médiane, les rayons branchiostèges, les nageoires paires non lobées et la queue hétérocercale caractérisent le sous-ordre.

§ 2. — *Lepidosteidæ*.

Caractères anatomiques. — Les *Lepidosteidæ* ont des écailles émaillées rhomboïdales, un pré-operculum, des rayons branchiostèges, des nageoires paires non lobées et une queue hétérocercale.

Caractères zoologiques. — On les trouve actuellement dans les rivières de l'Amérique du Nord.

État fossile. — Ils sont représentés, dans les formations tertiaires, par le *Lepidosteus* ; dans les terrains Mésozoïques, par une grande variété de genres : le *Lepidosteus*, l'*Æchmodus*, le *Dapedius* etc.; et dans l'époque Palæozoïque, par le *Paleoniscus* dans les terrains carbonifères et très-probablement par les *Cheirolepis* dans les formations Devoniennes.

§ 3. — *Crossopterygidæ*.

Caractères anatomiques. — Dans les *crossopterygidæ* les écailles varient en épaisseur et en ornementation ; elles peuvent être minces et cycloïdes, ou épaisses et rhomboïdales. Les nageoires dorsales sont au nombre de deux ou, si elles sont simples, très-longues et multiformes. Elles sont quelquefois arrondies comme chez le *polypterus*, quelquefois très-allongées et presque filiformes comme chez l'*holoptychius* (fig. 45). Il n'y a pas de rayons branchiostèges, mais deux plaques jugulaires

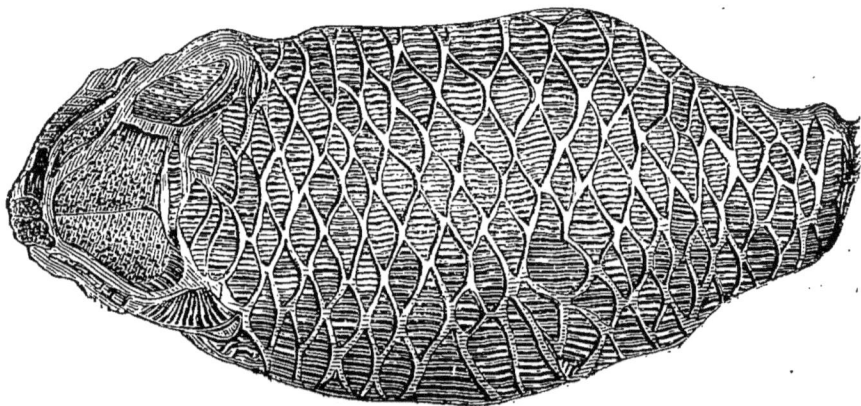

Fig. 45. — Restauration d'un *holoptychius*.

principales et quelquefois de beaucoup plus petites latérales. La queue peut être diphycercale ou hétérocercale.

Caractères zoologiques. — Les seuls représentants de ce sous-ordre sont le *Polypterus* et le *Calamoichthys*, qui habitent les rivières du Nord de l'Afrique.

État fossile. — On ne trouve aucun de ceux-ci à l'état fossile.

La seule famille du sous-ordre actuellement connue parmi les fossiles mésozoïques est celle des *Cælacanthini*, groupe remarquable de poissons dont les caractères sont : notocorde persistante, côtes rudimentaires, vessie natatoire avec parois ossifiées et enfin os simple interspinal, pour chacune des deux nageoires dorsales. Les *Cælacanthini* se trouvent également dans les formations carbonifères ; et la grande majorité des *Crossopterygidæ* se trouve dans les formations devoniennes (*Osteolepis, Diplopterus, Glyptolæmus, Megalichthys, Holoptychius, Rhizodus, Dipterus, Phaneropleuron*, etc.). Les *Megalichthys*, les *Dipterus*, et probablement quelque autre de ces poissons, ont le centre de leurs vertèbres partiellement ossifié ; les autres possèdent une notocorde persistante. C'est par les *Crossopterygidæ* que les ganoïdes sont particulièrement réunis aux *Dipnoï* et par ceux-ci aux amphibiens.

§ 4. — *Chondrosteidæ*.

Caractères anatomiques. — Les *chondrosteidæ* sont nus ou pourvus de plaques dermiques osseuses à la place d'écailles. Ni les nageoires ventrales, ni les pectorales ne sont lobées.

Les rayons branchiostèges sont peu nombreux ou absents, la queue est hétérocercale. Il n'existe aucun os cartilagineux dans la boîte crânienne. Les dents sont très-petites ou absentes.

Caractères zoologiques. — Les esturgeons (*accipenser*), qui habitent les rivières du Nord de l'Europe, de l'Asie et de l'Amérique, émigrent parfois vers la mer. Le *spatularia*, le *polyodon* et le *scapirhynchus* (que l'on trouve dans les rivières de l'Amérique du Nord) sont les membres actuels du groupe.

État fossile. — Le groupe est représenté dans les anciens terrains mésozoïques par les *chondrosteus*.

§ 5. *Cephalaspidæ*.

Caractères zoologiques. — Les *cephalaspidæ* sont des poissons très-remarquables, alliés probablement aux *chondrosteidæ*.

État fossile. — Ils ne se trouvent que dans les couches Devoniennes et dans les couches Siluriennes les plus récentes et font partie des poissons les plus anciens connus actuellement.

Caractères anatomiques. — La tête est recouverte d'une gaîne continue offrant la structure des vrais os, chez les *Cephalaspis*, mais dans les *Pterapsis* elle rappelle certaines écailles de poissons. La gaîne se prolonge en deux cornes à ses angles postéro-latéraux et dans le *cephalaspis* une prolongation dorsale médiane présente une épine en arrière. Le corps est couvert d'écailles ou plaques osseuses et possède deux larges nageoires pectorales. Les caractères du corps et des nageoires des *pterapsis* sont inconnus. Malgré l'excellente conservation d'un grand nombre de spécimens de ces poissons, l'existence d'aucune mâchoire et d'aucune dent n'a été démontrée. Si les mâchoires sont absentes, les *Cephalapsidæ* se rapprochent des Marsipobranches plus qu'aucun autre poisson *amphirhine*.

§ 6. — *Placodermi*.

Les *Placodermi* comprennent les genres *Coccosteus*, *Pterichthys*, *Asterolepis*, et quelques autres.

État fossile. — Ils sont connus pour ne se rencontrer que dans les formations Devoniennes et Carbonifères.

Caractères anatomiques. — Dans ces poissons, la région pectorale du corps est renfermée dans de grandes plaques osseuses qui, comme celles du crâne, sont ornées de dessins émaillés.

La région caudale du *Pterichthys* était couverte de petites écailles, tandis qu'il semble que celle du *Coccosteus* était nue.

Le membre pectoral des *pterichthys* est excessivement long, couvert de plaques osseuses unies par sutures et rejointes aux plaques thoraciques par une articulation régulière.

Le membre pectoral du *coccosteus* semble avoir eu une construction ordinaire.

Les os de la tête et du thorax du *coccosteus* ressemblent à peu près à ceux de certains poissons siluroïdes (ex. : *Clarias*) par leur forme et leur disposition, et il semble probable que les *Placodermi* eurent une forme transitoire entre les physostomes *telcostei* et les ganoïdes.

§ 7. — *Acanthodidæ*.

Les *Acanthodidæ* d'autre part, semblent avoir réuni les ganoïdes aux *Élasmobranches*.

État fossile. — Les écailles de ces poissons de formations Devoniennes et Carbonifères sont très-petites et semblables au schagreen.

Caractères anatomiques. — Des épines ressemblant aux défenses dermales des *Élasmobranches* sont placées au-devant de plus ou moins de nageoires médianes ou parallèles. Le crâne ne semble pas avoir été ossifié et l'arc pectoral semble s'être composé d'un simple cercle osseux.

Les *Pycnodontidæ* qui sont habituellement classés parmi les Ganoïdes, sont des poissons au corps très-aplati comme les poissons John dary ou les poissons-lime, couverts de larges écailles rhomboïdales émaillées, dont les bords osseux se projettent alternativement sous l'enveloppe tégumentaire. La notocorde est persistante, mais les arcs neuraux et les côtes sont ossifiés. Les extrémités antérieures des côtes enveloppées dans la gaîne de la notocorde ont une très-petite extension dans les plus anciens membres du groupe, tandis que dans les espèces plus récentes elles s'élargissent, et finissent par s'unir par sutures dentelées, donnant naissance à de fausses vertèbres. Le crâne est haut et étroit comme dans les *Balistes;* les prémaxillaires sont petits, et il n'y a pas de dents aux maxillaires, mais plusieurs séries longitudinales de dents crochues (le vomer et le parasphénoïde?) qui sont attachées à la base du crâne. Ces dents mordent entre les branches des mandibules qui sont également armées de plusieurs rangs de dents similaires. Les dents des Pycnodontes n'ont pas de successeurs verticaux. Les nageoires pectorales sont petites, les ventrales atrophiées.

État fossile. — Les Pycnodontes sont tous éteints, mais ils ont existé autrefois durant une longue période. Leurs restes fossiles se trouvent depuis les terrains Carbonifères jusqu'aux plus anciennes formations tertiaires inclusivement.

Ils présentent des traits curieux de ressemblance avec les plectognathes *teleostei.*

Les traces des ganoïdes commencent à apparaître dans les couches siluriennes supérieures de la même époque que celles des *Élasmobranches*, avec lesquels ils constituent l'ordre de la faune vertébrée ; ils abondent dans la formation Dévonienne et constituent avec les *Élasmobranches* toute la faune des poissons palæozoïques. Nous ignorons les vraies affinités des *Tharsis, Thrissops* et *Hoplopleuridæ* : mais au moins quelques-uns de ceux-ci, sinon tous, sont téléostéens. Les ganoïdes et les *Élasmobranches* seuls constituent la faune des poissons des formations Mésozoïques, jusqu'aux plus grandes profondeurs des séries crétacées.

ARTICLE V

LES TELEOSTEI.

Caractères anatomiques. — Les poissons osseux sont parfois dépourvus de tout squelette externe. Quelquefois ils présentent des plaques dermales disséminées faites de substance osseuse véritable; ou, comme chez les trunkfishes (*ostraciens*), le corps peut être encaissé dans une complète cuirasse calcifiée sans avoir la structure de l'os. La peau peut être encore comme chez les poissons-lime (*Balistes*) parsemée d'innombrables épines ressemblant un peu à celles qui forment le schagreen des *Élasmobranches*, quoiqu'elles en diffèrent complétement par leur structure. Mais le plus souvent, le squelette externe des Téléostéens prend la forme d'écailles qui offrent rarement les lacunes caractéristiques des vrais os. Les portions libres des écailles sont parfois molles, et arrondies sur le bord, quand elles sont dites cycloïdes ; ou elles sont rugueuses avec pointes et petites épines quand elles sont dites cténoïdes.

La colonne vertébrale présente toujours le centre vertébral ossifié, et le cartilage primitif du crâne est plus ou moins remplacé par de la substance osseuse. Le centre des vertèbres est habituellement biconcave, chaque face représentant un creux profond et conique. Chez certaines anguilles (*symbranchus*) le centre de la plupart des vertèbres est plat en avant et concave en arrière, le plus antérieur présentant une convexité en avant. Chez beaucoup de poissons siluroïdes un certain nombre de vertèbres antérieures sont soudées ensemble avec la peau en une seule masse, comme dans les ganoïdes.

On distingue les vertèbres seulement en celles du tronc et celles de la queue. Ces dernières sont pourvues d'arcs inférieurs complets, traversées par une artère et une veine caudales. Les premières possèdent des côtes, mais celles-ci ne se réunissent pas les unes aux autres, ni avec aucun sternum sur la ligne médiane ventrale, et elles enferment les viscères thoracico-abdominaux. Les vertèbres sont habituellement unies par des zygapophyses, ou prolongements obliques, placés au-dessus du centre. Il n'est pas rare que les marges inférieures du centre s'unissent à ces prolongements à l'aide d'apophyses articulaires. Il existe habituellement des apophyses transverses, mais les côtes s'articulent avec le corps des vertèbres ou avec la base des apophyses transverses et non avec leurs extrémités.

Quand il existe une nageoire dorsale sur le tronc, ses rayons sont articulés et supportés par des os allongés et pointus. — Les os *inter-spinaux* sont développés autour des cartilages préexistants qui se trouvent entre les épines des vertèbres et forment union avec elles. Les rayons de nageoires peuvent être entiers et complétement ossifiés, ou articulés transversalement et subdivisés dans le sens longitudinal à leurs extrémités. Il n'est pas rare que l'articulation entre les rayons de nageoires et l'os inter-spinal se fasse par l'intervention de deux anneaux, l'un appartenant à la base de la nagoire et du cartilage dermal inclus, et l'autre au sommet de l'os inter-spinal comme le chaînon adjacent d'une chaîne.

Dans tous les poissons téleostéens l'extrémité de la colonne vertébrale est courbée et l'on trouve un bien plus grand nombre de nageoires caudales au-dessous qu'au-dessus. Ces poissons appartiennent en conséquence, strictement parlant, à la division hétérocercale. Néanmoins, dans la grande majorité (comme il a été déjà indiqué p. 16), la queue semble, à première vue, être symétrique, la colonne vertébrale allant se terminer au centre d'un os de forme conique hypural (support des nageoires), aux bords libres duquel sont attachés les rayons de nageoires caudales de manière à former un lobe supérieur et un lobe inférieur égal ou sub-égal. La structure caractéristique de la nageoire de la queue chez les téléostéens a été appelée *homocercale*, — mot qui peut être conservé quoiqu'il doive son origine à une erreur sur les rapports de cette structure avec l'état hétérocercal.

Chez aucun poisson téléostéen, la courbure qui termine la notocorde n'est remplacée par des vertèbres. Quelquefois, comme chez le saumon (fig. 6, p. 17), elle se recouvre d'une gaîne cartilagineuse et persiste toute la vie. Mais le plus souvent sa gaîne se calcifie, et l'*urostyle* ainsi formé se réunit au bord dorsal de la partie supérieure de l'os conique hypural formé par l'ossification d'une série d'osselets qui se sont développés aux dépens de la gaîne de la notocorde à sa face ventrale.

Dans la région caudale du corps, des os inter-spinaux se développent entre les épines des arcs inférieurs des vertèbres et supportent les rayons de la nageoire anale, et en partie ceux de la nageoire caudale.

Les *Teleostei* diffèrent beaucoup en ce qui concerne l'é-

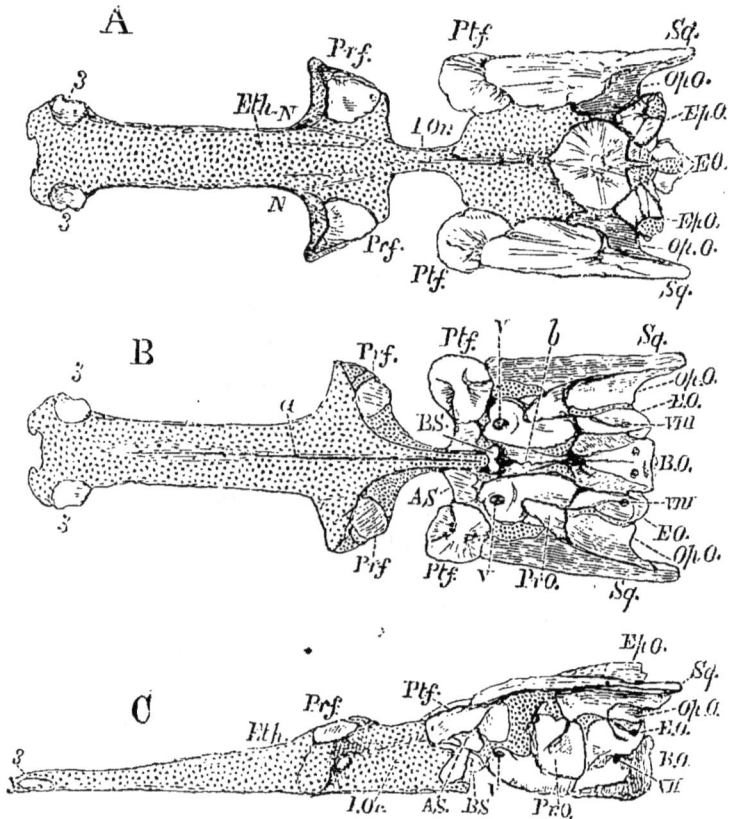

Fig. 46. — Crâne cartilagineux d'un brochet (*Esox lucius*) avec ses ossifications intrinsèques, vu en A par-dessus, en B par-dessous ; C, du côté gauche ; N,N, fosses nasales ; *Ior*, septum inter-orbital ; *a*, sillon pour la crête médiane du parasphénoïde ; *b*, canal pour les muscles de l'orbite ; *Sq*. Le ptérotique est marqué ainsi à tort. V et VIII marquent la sortie du cinquième nerf et du pneumogastrique ; 3, 3, petites ossifications du bec.

tendue du crâne primitif, qui persiste toute la vie. Quelquefois, comme chez le brochet (fig. 46 et 47), le crâne primitif croît à mesure que le poisson grandit et ne s'ossifie que partiellement; dans d'autres cas il disparaît presque pour faire place aux os basi-occipital (BO), ex-occipital (EO), et sus-occipital qui se développent en lui et forment un segment occipital complet. L'os basi-sphénoïde (BS) propre est toujours très-petit, habituellement sous la forme à peu près d'un y. Les ailes du sphénoïde sont parfois développées, quelquefois il n'en existe pas. Les régions sphénoïdale et orbito-sphénoïdale restent habituellement, mais pas toujours non ossifiées.

Dans la plupart des poissons, la base du crâne, au-devant du basi-sphénoïde, est largement comprimée d'un côté à l'autre et forme un septum inter-orbitaire (IOr). La moitié antérieure de la cavité crânienne est en conséquence réduite à un conduit comparativement étroit au-dessus du septum (fig. 47). Chez les poissons siluroïdes et cyprinoïdes cependant, ce septum ne se rencontre pas, et la cavité crânienne est partout d'égale dimension ou diminue graduellement en avant. Le cartilage ethmoïdal reste le plus souvent non ossifié mais quelquefois, comme chez le brochet, l'ossification peut s'y produire (fig. 46, 3, 3). Les apophyses antéro-orbitaires ou latérales ethmoïdales du crâne primordial s'ossifient et donnent naissance aux os pré-frontaux (Prf.). Les apophyses post-orbitaires s'ossifient ainsi que les post-frontales (Ptf). Ces os semblent être les homologues des post-frontaux des reptiles, mais sont des ossifications de la capsule auditive; aussi M. Pasker propose-t-il de les nommer os sphénotiques. Les parties supérieures et postérieures du crâne primitif offrent cinq apophyses — une postéro-médiane, deux postéro-latérales et deux postéro-externes.

La portion postéro-médiane s'ossifie ainsi qu'une partie de la portion sus-occipitale (SO). La portion postéro-latérale s'ossifie ainsi qu'une partie de l'épiotique (EpO) qui se trouve au sommet du canal vertical semi-circulaire. La postéro-externe correspond de très-près par sa position au temporal des vertébrés plus élevés; mais comme os de cartilage, elle correspond avec une ossification de la capsule auditive appelée ptérotique chez les vertébrés plus élevés. Il n'est pas rare de rencontrer comme chez la morue, par exemple, l'opisthotique (OpO) comme os distinct et un commencement d'apophyse postéro-externe.

Le pro-otique (PrO) est toujours un os très-bien dévelop.
et occupe sa place régulière au-devant du canal vertical an
rieur semi-circulaire et derrière la sortie du nerf trijume

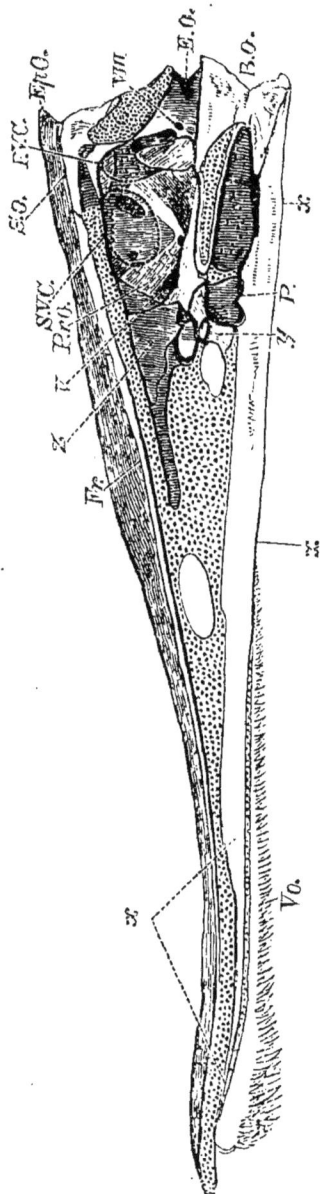

Fig. 47. — Section longitudinale et verticale du crâne frais d'un brochet. La surface coupée du cartilage est désignée par svc et pvc.

Outre ces os cartilagineux, la boîte crânienne des poissons
osseux est encore défendue par de nombreux os de membrane.
Ce sont à la voûte du crâne :

1° Les os pariétaux (Pa) qui se réunissent quelquefois en une suture sagittale, comme chez la plupart des vertébrés élevés, mais sont le plus souvent séparés par la jonction des frontaux avec le sus-occipital.

2° Les larges frontaux (Fr) qui peuvent s'unir ou ne pas s'unir en un seul.

3° Les os nasaux remplacés en apparence chez le brochet par les os 1 et 2.

La surface supérieure du crâne possède deux os de membrane : au-devant le *vomer* (Vo) et derrière l'immense para-sphénoïde (*x, x*), qui enveloppe toute la base du crâne, depuis le basi-occipital jusqu'au vomer.

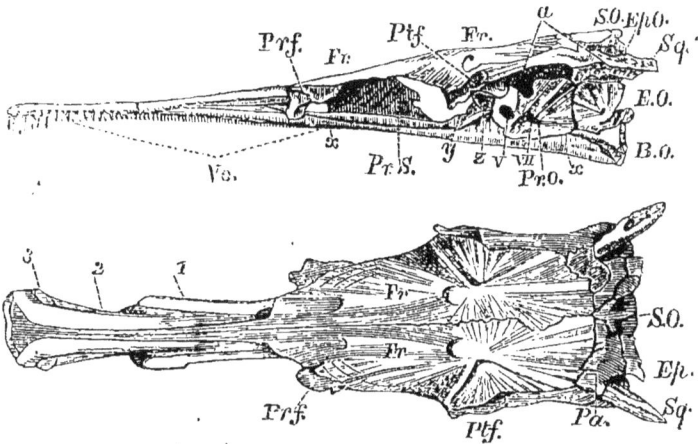

Fig. 48. — Vue supérieure et de côté du crâne d'un brochet (*Esox lucius*) sans l'os facial ou sus-orbitaire ; *y*, basi-sphénoïde ; *z*, alisphénoïde ; *a*, facette articulaire pour l'os hyo-mandibulaire.

Un os sus-orbitaire (SOr) est le seul os de membrane attaché aux côtés de la boîte crânienne. Deux os prémaxillaires sont attachés tantôt intimement, tantôt lâchement à l'extrémité antérieure du crâne ; et derrière se trouvent les maxillaires (Mx), quelquefois larges et simples, comme chez les poissons cyprinoïdes, mais qui peuvent être subdivisés ou réduits à de simples supports styliformes comme chez beaucoup de poissons siluroïdes. Dans la plupart des poissons osseux, les maxillaires prennent que peu ou pas de part à la formation de la bouche, qui est bordée au-dessus par les prémaxillaires étendus en arrière.

Le palato-quadrate et l'hyo-mandibulaire ont essenticllement la même structure et la même disposition que dans les *Lepidosteus* et l'*Amia*. L'homologue du suspensorium des *Elasmobranches* s'articule par une surface qui lui est fournie par les os post-frontal, sphénotique, ptérotique et pro-otique. Presque toujours, il se meut librement sur cette surface, mais chez les *Plectognathi* il peut être fixé. Il s'ossifie de manière à donner naissance à deux os, un large *hyo-mandibulaire* supérieur (HM), avec lequel s'articule l'operculaire, et un plus bas styliforme *symplectique* (Sy), qui s'enfonce dans un sillon sur la face interne et postérieure du quadrate où il est solidement retenu.

L'arc palato-quadrate est représenté par plusieurs os dont les plus constants sont le palatin au-devant (Pl) et le quadrate derrière et au-dessous. Outre ceux-ci, il peut y en avoir trois autres : un externe ectoptérygoïdien (Ecpt), un interne entoptérygoïdien (Ept) et un métaptérygoïdien (Mpt). Ce dernier enveloppe la portion supérieure et postérieure du cartilage quadrate primitif et, se mettant au contact de l'hyomandibulaire, contribue à affermir l'union déjà opérée par le symplectique.

Le cartilage de Meckel persiste toute la vie (Mck), mais l'ossification de ses extrémités antérieures donne naissance à un

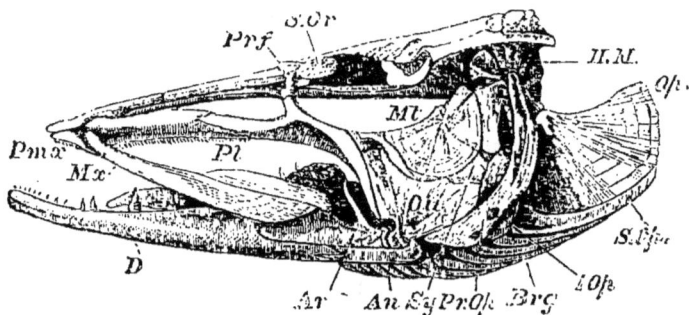

Fig. 49. — Vue de côté du crâne d'un brochet (*Esox lucius*); Prf, préfrontal; HM, hyo-mandibulaire; Op, operculum; S, Op, sous-operculum; I, Op, interoperculum; Pr, Op, pre-operculum; Brg, rayons branchiostèges; Sy, symplectique; mt, métaptérygoïde; Pl, arc palato-ptérygoïde; qu, os quadrate; or, articulaire; an, angulaire; D, dentaire; s, or, os sous-orbitaire.

os articulaire de la mâchoire inférieure. Les os de membrane angulaire (An) et dentaire (D) s'ajoutent communément aux précédents (fig. 49).

L'arc hyoïdien se compose pour l'ordinaire de deux grandes cornes unies à l'intervalle cartilagineux entre l'hyomandibulaire et le symplectique par une ossification *stylohyale* (1), et s'embranche au-dessous de la ligne médiane sur une ou plusieurs pièces dont l'antérieure (*antoglossale*) supporte la langue, tandis que la postérieure (*urohyale*) s'étend en arrière pour rejoindre les éléments de l'appareil branchial sur la ligne médiane. Les cornes elles-mêmes sont habituellement ossifiées sur quatre points; deux larges os, un supérieur (*épihyal*), et un inférieur (*cératohyal*), et deux petits (*basihyals*) unis aux extrémités internes du plus large point d'ossification inférieur.

Il existe habituellement cinq paires d'arcs branchiaux réunies par des ossifications médianes internes. Les paires postérieures sont de simples os qui garnissent le plancher du pharynx et ne portent pas de filaments branchiaux, mais, ordi-

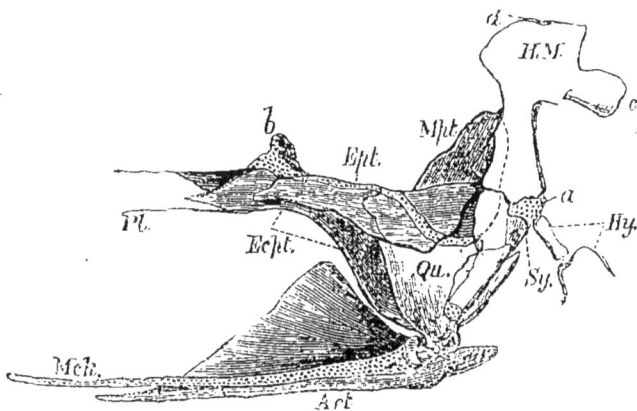

Fig. 50. — Arc palato-quadrate, avec le hyo-mandibulaire et le symplectique du brochet, vus du côté interne; la pièce articulaire (A*rt*) de la mâchoire inférieure et du cartilage de Meckel (M*ck*), du brochet, vue du côté interne; *a*, le cartilage interposé entre le hyo-mandibulaire (HM) et le symplectique (S*y*); *b*, ce qui sert comme d'un pédicule à l'arc ptérygo-palatin; *c*, apophyse de l'hyo-mandibulaire avec lequel s'articule l'operculum; *d*, tête de l'hyo-mandibulaire qui s'articule avec le crâne.

nairement, sont garnis de dents et sont appelés os *hypo-pharyngiens.* Chez certains poissons osseux, appelés pour cette raison

(1) Stylohyal. Nom appliqué par Ower à l'homologue de l'apophyse styloïde de l'os temporal. — Osselet servant à accrocher l'hyoïde au crâne.
                                        (Geoffroy Saint-Hilaire.)

pharyngognathi, ils se soudent ensemble en un seul os. Les quatre paires antérieures contiennent plusieurs articulations dont quelques-unes, les plus élevées d'entre elles, prennent habituellement une certaine extension, portent des dents et forment les *os épipharygiens*.

Plusieurs os de membrane importants se réunissent aux arcs mandibulaire et hyoïdien. Les plus constants sont : le *préoperculum* (Pop), l'*operculum* (Op) et les rayons *branchiostèges* (Br), que nous avons vus déjà parmi les Ganoïdes. Au-dessous de l'operculum se trouve le sous-operculum (SOp) et au-dessous de celui-ci, un inter-operculum (IOp) qui se réunit à l'aide d'un ligament avec la pièce angulaire de la mâchoire inférieure, et est uni aussi à la face externe de l'arc hyoïdien. Il peut être entièrement ligamenteux comme chez les siluroïdes siluriens.

Les rayons branchiostèges s'attachent d'une part à la face interne, de l'autre à la face externe de l'arc hyoïdien. Ils supportent une membrane, la *membrane branchiostège*, qui sert comme une sorte de couvre-branchies interne.

Beaucoup de *Teleostei* possèdent deux paires de membres : les nageoires pectorales et les nageoires ventrales. Mais les dernières manquent souvent et les premières quelquefois. Quand les nageoires pectorales sont absentes, l'arc pectoral subsiste habituellement, quoiqu'il puisse être réduit à un peu plus qu'un filament comme dans les *Murænophis*. Les nageoires ventrales sont fréquemment situées suivant leur position normale au-dessous de la partie postérieure du tronc; mais dans un grand nombre de groupes de ces poissons elles se trouvent immédiatement derrière les nageoires pectorales (*thoraciques*) ou même au-devant des *jugulaires*. Dans les *Pleuronectes* asymétriques une des nageoires pectorales peut être plus grande que l'autre ou peut rester unique comme chez les *Monochirus*.

L'arc pectoral se compose toujours d'une portion *coraco-scapulaire* primitivement cartilagineuse, qui, en général, s'ossifie pour former deux pièces, un coracoïde au-dessous et un scapulum au-dessus, puis de différents os de membrane. Les plus importants de ces os sont les deux *clavicules* (Cl), qui se rencontrent sur la ligne médiane et pour l'ordinaire s'articulent à l'aide de ligaments, mais quelquefois, comme chez les siluriens, par

suture. A sa face interne, la clavicule donne attache au coraco-scapulum et, quelquefois, au-dessus, à un os styliforme qui
s'étend en arrière, au milieu des muscles latéraux, le *post-
claviculaire* (Pcl).

Il existe ordinairement un second os beaucoup plus petit
attaché à l'extrémité dorsale, le sus-claviculum (Scl), et celui-
ci est très-généralement réuni au crâne par un os de membrane
superficiel, le *post-temporal*, qui devient bifurqué en avant,

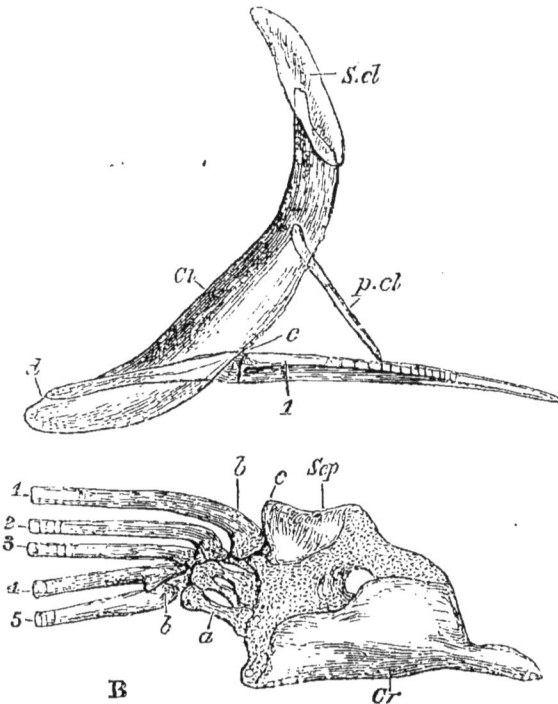

Fig. 51. — Os de l'arc pectoral et du membre antérieur d'un brochet (*Esox
lucius*); A, vue semi-diagrammatique de ces os montrant leur position relative
naturelle. La clavicule (Cl) est supposée transparente ; Scl, sus-clavicule ;
p, cl, post-clavicule ; c,d, extrémités postérieure et antérieure des marges
externes du scapulo-coracoïde ; B, le scapulo-coracoïde et le membre séparés ;
Scp, scapulum; Cr, coracoïde ; a, cartilages basilaires ; b, rayons de nageoires;
c, correspond à c de la figure précédente.

et s'attache par une branche à l'os épiotique, par l'autre au
ptérotique ou, plus bas, au côté du crâne. La base de la
nageoire contient une série de cartilages ossifiés dont le nombre n'excède pas cinq, placés côte à côte et s'articulant au co-

raco-scapulum; à ceux-ci succèdent un ou plusieurs rangs de petits cartilages partiellement cachés par la base des rayons de nageoire du squelette externe. Le plus antérieur de ces os basilaires (le mésaptérygien basilaire) est entouré par la base du rayon antérieur de la nageoire et concourt à former, avec la ceinture de l'épaule, cette articulation si remarquable chez beaucoup de poissons siluriens. Le cartilage postérieur, ou os, est le métaptérygien basilaire et l'intermédiaire, trois sont radiaires.

Beaucoup de *Teleostei* ont des dents, qui, chez la plus grande partie de ces poissons, sont très-espacées sur les parois des cavités orales et pharyngiennes. La structure des dents est très-variable; habituellement elles se composent de dentine couronnée par une substance d'émail. Il n'est pas rare que les côtés de la dent soient pliés dans la direction longitudinale vers le bas, mais ce pli ne s'étend jamais aussi loin que chez les ganoïdes. Les différentes sortes ou modes d'arrangement peuvent être classés comme il suit :

1° Dents isolées plus ou moins aiguës, se développant dans des papilles de la membrane muqueuse, sans s'enfermer dans un sac; se soudant fréquemment avec l'os adjacent, mais ne s'enfonçant pas dans des alvéoles placées verticalement.

La grande majorité des poissons osseux communs ont des dents de cette sorte.

2° Dents isolées qui s'enfoncent verticalement dans des alvéoles.

Ces sortes de dents se rencontrent dans les prémaxillaires du *Sargus* où elles simulent d'une manière curieuse la forme des incisives humaines; chez le *Labrus* elles s'enfoncent dans les os hypopharyngiens réunis.

3° Dents isolées enfoncées dans la substance de l'os qui les supporte. Les dents et l'os de support s'usent en avant, et sont remplacées par de nouvelles dents développées derrière les autres. Cette structure se rencontre dans les os hypopharyngiens réunis du *parrot-fish* (*Scarus*).

4° Dents composées en forme de bec, attachées aux prémaxillaires et aux os dentaires de la mandibule.

Il y en a de deux sortes. Chez le parrotfish (*Scarus*) le bec est formé par l'union en masse de dents nombreuses développées séparément. Mais chez les gymnodontes (*tetradon* et *dia-don*) le bec est formé par des lamelles horizontales calcifiées rejetées de la pulpe subjacente.

5° Dans la carpe et ses alliés, le basi-occipital envoie au-dessus une apophyse médiane, qui s'étend à l'extrémité et supporte une dent cornée large et épaisse.

L'estomac offre habituellement la forme d'un vaste sac, mais parfois (comme dans le cas des *scomberesoces* des *cyprinoïdes* et autres), il est moins grand que les intestins. Quelquefois, comme dans les *Mugil*, il acquiert des parois épaisses et devient comme un gésier. Le commencement de l'intestin grêle est très-souvent marqué par la présence de plus ou moins de *divercules cœcaux*, les *cæcum pyloriques*. L'intestin grêle n'a pas de valvule spirale, quoique la membrane muqueuse puisse s'élever en larges plis transversaux. Le rectum ne se termine pas dans un cloaque, et s'ouvre presque toujours tout à fait séparément et au-devant des conduits génitaux urinaires.

Chez beaucoup de poissons Téléostéens une *vessie natatoire* accompagne la colonne vertébrale et est réunie, par un conduit pneumatique ouvert, aux parois dorsales de l'œsophage, ou même avec l'estomac, comme chez le hareng. Chez les autres *Teleostei*, la vessie natatoire occupe la même position, mais se trouve fermée, le conduit par lequel la vessie natatoire est réunie au canal alimentaire devenant oblitéré. Le nombre des poissons *Teleostei* qui n'ont pas de vessie natatoire est relativement petit, ce sont les *Blennii*, les *Pleuronectidæ* ou poissons plats, les (sand-eel) anguilles de sable (*Ammodytes*), les *Loricarini*, les *Symbranchii* et quelques membres d'autres familles. Dans les *Teleostei* qui en possèdent, elle peut être divisée en deux parties par une contraction ou prolongée en diverti-culum; ou bien des *retia mirabilia* peuvent se développer sur ses parois. Quelquefois la vessie natatoire se trouve en relation directe avec le labyrinthe membraneux, comme dans les *Myripristis*, le *Sparus*, le hareng, l'alose, l'anchois, le prolongement de chacun de ces organes n'étant séparé que par la fenêtre membraneuse dans les parois du crâne. Chez les *Siluroidei*, les *Cyprinoidei*, les *Characini* et les *Gymnotini*, l'extrémité antérieure de la vessie natatoire est réunie au vestibule membraneux par l'intermédiaire d'une série d'os attachés à la colonne vertébrale dont quelques-uns sont mobiles.

Les vaisseaux de la vessie natatoire s'alimentent aux dépens de ceux des autres parties adjacentes du corps où ils se déchargent respectivement, ainsi que dans la partie dorsale de l'ouverture œsophagienne du conduit pneumatique. Cette disposition diffère de celle du poumon.

Le cœur se compose d'une seule oreillette, qui reçoit son sang d'un sinus veineux, et d'un ventricule simple, ne présentant pas de division antérieure ou *conus aretriosus*, séparé seulement par un rang de valvules à partir du *bulbe aortique*; celui-ci n'est qu'une dilatation du commencement de l'aorte, dont les parois ne contiennent que des fibres non striées; il n'est pas doué de contraction rhythmée.

L'aorte cardiaque se divise en troncs pour former les artères branchiales qui s'étendent sur le bord externe ou convexe des arcs branchiaux et se distribuent aux filaments branchiaux. Le sang est recueilli alors dans une veine branchiale, qui se trouve aussi sur le côté convexe de l'arc, et, prenant de l'accroissement vers son extrémité dorsale, s'ouvre dans un des troncs de l'aorte dorsale primitive. Ceux-ci, au nombre de deux, un droit et un gauche, passent en arrière et se rencontrent dans le tronc de l'aorte dorsale sous la colonne vertébrale.

La veine branchiale antérieure fournit à sa terminaison un tronc carotide considérable, qui passe en arrière au-dessus de la base du crâne et se réunit à la veine branchiale postérieure à l'aide d'une branche transverse. Ainsi un cercle artériel complet, le *Circulus cephalicus*, se trouve formé à la base du crâne. Au-dessous, la veine branchiale antérieure fournit l'artère hyoïdienne qui passe entre le basi-hyal, monte le long de l'arc hyoïdien et se termine très-généralement par une branche dans le cercle céphalique, et par une autre qui entre dans un *rete mirabile* situé sur le côté interne de l'os hyo-mandibulaire, et quelquefois a la forme d'une branchie. C'est ce qui constitue la *pseudo-branchie*.

Les branches du *rete mirabile* s'unissent encore à l'artère ophthalmique, qui perce la sclérotique et passe dans un autre *rete mirabile*, la *glande choroïde*, avant de se distribuer d'une manière définitive.

Dans la lamproie, comme on l'a vu, les organes respiratoires sont des poches dont les parois antérieure et postérieure s'élèvent en plis vasculaires. Les parois des poches adjacentes sont distinctes et lâchement unies ensemble ; des espaces considérables du tégument séparent leurs ouvertures extérieures arrondies.

Les poches branchiales des *Élasmobranches* sont plus aplaties de devant en arrière, et leurs ouvertures extérieures ont l'apparence d'une fente. Les espaces tégumentaires correspondant entre les fentes sont plus étroits, et les parois adjacentes des poches successives sont rapprochées de telle sorte qu'elles ne sont séparées que par des septum ; mais les plis vasculaires qui se trouvent à la surface de la membrane muqueuse n'atteignent pas les bords externes de ces septum. Chez les *chimères*, les bords libres de ces septum sont excessivement étroits et les sommets des apophyses branchiales s'étendent au-dessus.

Dans la *Chimœra*, les bords libres des septum sont extrêmement étroits, et le sommet des apophyses branchiales s'étend au dehors.

Chez l'Esturgeon, le septum n'est pas plus long que les trois quarts des apophyses branchiales dont les sommets sont par conséquent libres.

Le procédé de réduction est porté encore plus loin chez les *Teleostei*, le septum n'atteignant pas plus d'un tiers de la longueur des apophyses branchiales, et, comme dans les ganoïdes, chaque apophyse est supportée par un squelette osseux ou cartilagineux.

Les *Teleostei* n'ont pas de branchies fonctionnelles hyoïdiennes ou operculaires, et, règle générale, chacun de leur quatre arcs branchiaux possède une double série d'apophyses branchiales, en tout huit. Il n'est pas rare que le nombre se réduise à sept (*Tottus, Cyclopterus, Zeus*, etc.), le quatrième arc branchial ayant une seule série, l'antérieure. Dans ce cas, la fente branchiale qui se trouverait entre cet arc et le cinquième, n'existe pas. Parfois il n'y a que six séries d'apophyses branchiales, les quatre arcs n'en possèdant pas (ex.: *Lophius, Diodon*). Dans les *Malthea* le nombre se réduit à cinq, les séries antérieures du troisième arc étant seules développées ; et les *Amphipnous cuchia* ne possèdent de filaments branchiaux que sur le second arc branchial, le premier, troisième et quatrième en étant dépourvus.

Beaucoup de poissons téléostéens possèdent des organes respiratoires accessoires. Ces organes prennent parfois la forme d'appendices arborescents à l'extrémité supérieure des arcs branchiaux comme dans le *Clarias*, l'*Heterobranchus* et l'*Heterotis*; ou, comme dans la Climbing perche (*Anabas*) et ses alliées, les os épipharyngiens peuvent s'élargir, prendre la forme d'une chambre labyrinthique et supporter une large surface de membrane muqueuse; ou encore, comme dans les Clupéoides (*Lutodeira Chanos*), une branchie accessoire peut se développer dans une courbure cœcale provenant d'un prolongement de la cavité branchiale. Enfin, dans les *Saccobranchus Singio* et dans les *Amphipnous cuchia*, la membrane limitante des chambres branchiales se prolonge en sacs, qui se trouvent sur les côtés du corps et reçoivent le sang des divisions de l'aorte cardiaque qui alimentent les branchies, tandis qu'elles le reportent dans l'aorte dorsale.

Tous ces poissons, excepté le *Lutodeira*, sont remarquables par la faculté qu'ils ont de vivre hors de l'eau. Beaucoup habitent les marais des pays chauds qui se dessèchent plus ou moins durant l'été.

Les reins des poissons téléostéens reçoivent une grande partie de leur sang de la veine caudale, qui se ramifie à leur intérieur. Ils varient beaucoup de longueur, quelquefois s'étendant tout le long de la colonne vertébrale à sa face interne depuis la tête jusqu'à la terminaison de l'abdomen. Les uretères passent dans une vessie urinaire qui s'ouvre derrière le rectum.

Le cerveau des *Teleostei* a des hémisphères fermes et, vu au dessus, le thalamencéphale (couche céphalique) est caché par le rapprochement des hémisphères des larges et profonds lobes optiques du cerveau moyen (mésencéphale), qui possède une paire de dilatations inférieures (*lobi inferiores*). Il existe dans la disposition des lobes optiques une particularité qui a été le sujet d'une grande diversité d'interprétations sur cette partie du cerveau. La paroi postérieure de ces lobes, à l'endroit où ils passent dans le cerebellum ou dans la région qui répond à peu près à la valvule de Vieussens chez les mammifères, est rejetée en avant, dans un pli profond qui se trouve au-dessus des *crura cerebri* et divise le *iter a tertio ad quartum ventriculum* (passage du troisième au quatrième ventricule) des lobes optiques presque dans toute l'étendue du dernier. Ce pli est la voûte de Gottsche. De chaque côté du ventricule des lobes

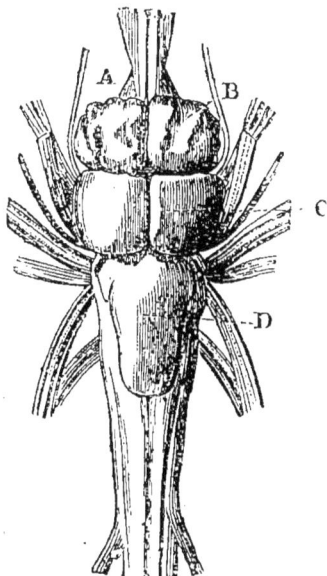

Fig. 52. — Cerveau d'un brochet vu de dessus ; A, nerfs ou lobes olfactifs, et au-dessus les nerfs optiques ; B, hémisphères cérébraux ; C, lobes optiques ; D, cerebellum.

optiques s'élève une ou plusieurs éminences qui ont avec les lobes optiques les mêmes relations que les corps striés avec la vésicule prosencéphalique.

Les nerfs optiques se croisent simplement entre eux et ne forment aucun chiasma.

Le cerebellum (cervelet) est habituellement large.

La partie céphalique du nerf sympathique existe comme chez les vertébrés plus élevés.

Chacun des sacs nasaux s'ouvre en général extérieurement par deux ouvertures. Chez quelques Gymnodontes, paraît-il, une tentatule pleine prend la place d'un sac nasal.

Les yeux sont abortifs chez les poissons aveugles des caves de

Kentucky *(Amblyopsis spelæus)*. Une bande fibreuse passe souvent du fond de l'orbite à la sclérotique et représente le cartilage pédiculé des Élasmobranches. Il n'y a pas de membrane nictitante, mais il peut se développer des paupières externes immobiles. La glande choroïde mentionnée ci-dessus entoure le nerf optique entre la sclérotique et la choroïde. Très souvent une *apophyse falciforme* de cette dernière membrane, apophyse qui représente le *pecten* des vertébrés plus élevés, traverse la rétine et l'humeur vitrée jusqu'à la lentille cristalline. La lentille est sphéroïdale et la cornée plate comme chez les autres vertébrés. Les saccules de l'organe auditif contiennent de gros, larges et durs otolithes, ordinairement au nombre de deux. Le plus gros antérieur est appelé *Sagitta*, le plus petit postérieur *Asteriscus*. Il y a toujours trois grands canaux semicirculaires.

Les organes reproducteurs sont ou des glandes dures qui s'ouvrent dans la cavité abdominale d'où leurs éléments reproductifs sont expulsés par les pores abdominaux, ou, ce qui est plus fréquent, ils se présentent sous la forme d'organes creux et se continuent en arrière dans des conduits qui s'ouvrent en dehors ou derrrière les ouvertures urinaires.

Quelques *Teleostei* sont ovovivipares (ex. : *Zoarces viviparus*), les œufs étant retenus et couvés dans les ovaires. Chez les syngnathus mâles et les autres *Lophobranchii*, des plis tégumentaires de l'abdomen se développent en dessous et forment une poche dans laquelle les œufs sont reçus, et où ils demeurent jusqu'à ce qu'ils soient couvés. On ne connaît aucun poisson osseux qui subisse des métamorphoses, ou qui soit pourvu dans le jeune âge de branchies externes ou de spiracules.

Classification. — La classification des *Teleostei* n'a pas atteint un degré de perfection satisfaisant, et les désignations suivantes peuvent être regardées comme provisoires.

§ 1. Les *Physostomi*. — Ce groupe comprend les *Siluroidei*, les *Cyprinoidei*, les *Characini*, les *Cyprinodontes*, les *Salmonidæ*, les *Scopelini*, les *Esocini*, les *Mormyri*, les *Galaxiæ*, les *Glupeidæ*, les *Heteropygii*, les *Murænoidei*, les *Symbranchii* et les *Gymnotini*.

Caractères anatomiques. — La vessie natatoire est

presque toujours présente et possède, quand elle existe, un conduit pneumatique. La peau est ou bien nue, ou garnie de plaques osseuses, ou d'écailles cycloïdes: les nageoires ventrales, quand elles se présentent, sont placées dans une position abdominale. Les rayons de nageoires (excepté dans les nageoires pectorales et dorsales de certains *Siluroidei*) sont tous simples et articulés. Les os pharyngiens inférieurs sont toujours distincts.

La vessie natatoire manque chez tous les autres poissons *Teleostei*, ou n'a pas de conduit pneumatique. C'est pourquoi ils sont appelés collectivement par Haeckel *Physoclisti*.

§ 2. Les *Anacanthini*. — Le corps est nu, ou couvert d'écailles cycloïdes ou cténoïdes. Les nageoires ventrales, quand elles existent, sont dans une position jugulaire. Les rayons de nageoires sont tous articulés. Les os pharyngiens inférieurs sont distincts : *Ophidini*, *Gadoidei* , *Pleuronectidæ*.

Les *Pleuronectidæ* sont les plus irréguliers des poissons, en raison des perturbations qu'ils manifestent dans la symétrie bilatérale du corps, du crâne et des nageoires, comme il a été mentionné déjà (p. 30).

§ 3. Les *Acanthopteri* ont, en général, des écailles cténoïdes, des nageoires thoraciques ou jugulaires ventrales, des rayons de nageoires entiers dans quelqu'une des nageoires, et des os pharyngiens inférieurs distincts. Tels sont les *Percoidei*, *Cataphracti*, *Sparoidei*, *Sciænoidei*, *Labyrinthici*, *Mugiloidei*, *Notocanthini*, *Scomberoidei*, *Squamipennes*, *Tænioidei*, *Gobioidei*, *Blennioidei*, *Pediculati*, *Theuthyes* et *Fistulares*.

§ 4. *Pharyngognathi* est le nom donné par Müller à un assemblage quelque peu artificiel de poissons dont les seuls caractères communs sont l'ossification des os pharyngiens inférieurs et le cloisonnement du conduit pneumatique. Ils ont des écailles cycloïdes ou cténoïdes. Les nageoires ventrales peuvent être dans une position abdominale ou thoracique. Les rayons des nageoires dorsale et ventrale peuvent être ou non articulés, comme dans les *Labroidei*, les *Pomacentridæ* et les *Chromidæ* ; ou articulés, comme dans les *Scomberesoces*.

Les deux autres groupes sont très-remarquables, mais je confesse que je ne vois pas à quel point de vue ils doivent être considérés, sous le rapport de leur valeur usuelle.

10.

§ 5. Les *Lophobranchii*. — Le corps est recouvert de plaques osseuses. Les nageoires ventrales manquent presque toujours. Les os pharyngiens inférieurs sont distincts. Les apophyses branchiales sont claviformes, étant plus larges à l'extrémité libre qu'à l'extrémité fixe, et, sous ce rapport, dissemblables de celles de tous les autres poissons, *Pegasidæ*, *Syngnatidæ*.

§ 6. *Plectognathi*. — Le corps est recouvert de plaques ou épines. Les nageoires ventrales manquent, ou ne sont représentées que par des épines. Les os pharyngiens inférieurs sont distincts. Les prémaxillaires, et ordinairement l'hyo-mandibulaire, sont unis au crâne par une articulation fixe, caractère rare parmi les autres poissons (*Gymnodontinæ*, *Ostraciontidæ*, *Baslistidæ*).

Caractères zoologiques. — Les *Teleostei*, pour la plupart, sont marins. Aucun des *Anacanthini*, *Plectognathi* ou *Lophobranchii* n'habite l'eau complétement douce, ni les *Pharyngognathi*; excepté une famille, les *Chromidæ*. Parmi les *Acanthopteri*, peu relativement habitent les fleuves. Au contraire, le plus grand nombre des *Physostomi* sont des poissons d'eau douce, ou temporairement, ou d'une manière permanente.

État fossile. — Si les *Leptolepidæ* (*Thrissops*, *Leptolepis*, *Tharsis*) sont ganoïdes, les *Teleostei* ne sont pas connus avant l'époque crétacée, tandis que les *Physostomi* et les *Acanthopteri* font leur apparition sous différentes formes dont quelques-unes (ex. : *Beryx*) sont génériquement identiques avec les poissons vivants de nos jours.

ARTICLE VI.

LES DIPNOI.

Caractères zoologiques. — Les Mudfishes, poissons de boue, habitent les rivières des côtes Est et Ouest de l'Afrique et Est de l'Amérique du Sud.

Caractères anatomiques. — Ils ont une forme à peu près intermédiaire entre les *Poissons* et les *Amphibiens*.

Le corps, qui a l'apparence d'une anguille, est recouvert de larges écailles cycloïdes, effilé sur un point à l'extrémité caudale, pourvu de deux longues paires d'organes en forme de rubans, pointu aux extrémités et pourvu d'une nageoire caudale. La colonne vertébrale consiste en une notocorde épaisse, entourée d'une gaîne cartilagineuse, sans aucun centre vertébral osseux ou cartilagineux. Les extrémités supérieures des arcs neuraux ossifiés et des côtes, et, dans la

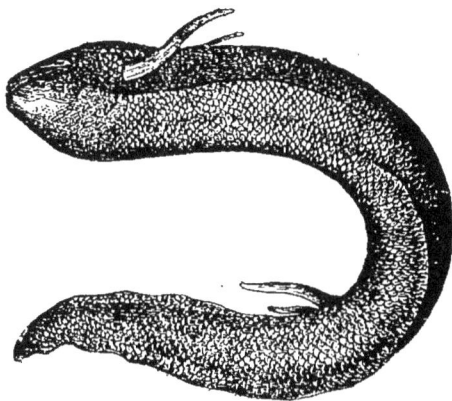

Fig. 53. — Le lépidosiren (*Mudfish*).

région caudale, des arcs inférieurs sont enfermées dans la gaîne de la notocorde.

Des rayons supportent la nageoire médiane. Le crâne, le palato-quadrate et l'appareil suspenseur forment, comme dans les Chimères, une masse compacte cartilagineuse, à la base de laquelle pénètre la notocorde, et qui se termine en pointe, derrière la fosse pituitaire.

Nul os de cartilage ne se développe à la place des basi-occipital, supra-occipital, basi-sphénoïde ou pré-sphénoïde; il n'y a que deux points d'ossification qui représentent les os occipitaux (EO), sur les parois parallèles du crâne. Un large para-sphénoïde (x) soutient la base du crâne. A sa voûte, un large os simple (A), représentant les pariétaux et les frontaux, s'étend depuis l'occipital jusqu'aux régions ethmoïdiennes. Au-devant, se trouvent deux os nasaux (C). Il n'y a pas d'ailes du sphénoïde, mais le fronto-pariétal et le para-sphénoïde envoient chacun une apophyse dirigée l'une vers l'autre et qui s'unissent devant la sortie de la troisième division du cinquième nerf. Il n'existe pas de septum interorbitaire, et la cavité du crâne reste d'un diamètre à peu près égal. Au-devant de la sortie des nerfs optiques cependant, il est divisé dans une direction longitudinale par un septum membraneux.

Le cartilage ethmo-vomérien se continue à l'extrémité antérieure du crâne. Il porte des dents mais pas de vomer distinct.

Un large arc palato-ptérygoïdien osseux s'étend depuis la ligne médiane le long de la surface supérieure et inférieure de chaque côté de l'arc palato-quadrate jusqu'auprès de la surface articulaire de la mandibule. Au milieu de la voûte buccale, des plaques dentaires divergentes, coupantes, se développent. Un nodule osseux se trouve à la tête articulaire du cartilage palato-quadrate, et se continue avec l'os F.

La mandibule présente des plaques dentaires correspon-

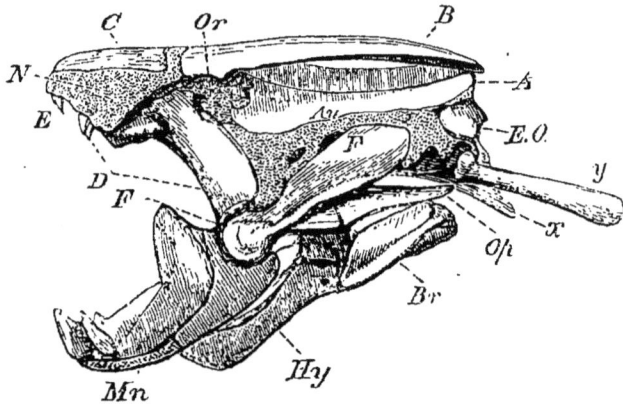

Fig. 54. — Crâne de *lepidosiren annectens* ; A, l'os pariéto-frontal; B, sus-orbitaire ; C, nasal ; D, palato-ptérygoïdien ; E, dents vomériennes; EO, ex-occipital ; Mn, mandibule ; Hy, hyoïde ; Br, rayons branchiostèges ; Op, plaque operculaire ; x, parasphénoïde ; y, pharyngo-branchial ; Or, orbite ; Au, chambre auditive; N, sac nasal.

dant à celles du palais et fonctionnant entre celui-ci. L'arc hyoïdien s'attache au bord postérieur et inférieur du suspensorium, qui porte un rayon osseux représentant un operculum, tandis que l'arc hyoïdien lui-même porte un simple rayon branchiostège (Br, fig. 54).

L'arc pectoral se compose d'une partie cartilagineuse médiane, avec deux portions latérales de cartilage à la fois séparées du cartilage médian, puis réunies à lui par un os. L'os est séparé du cartilage par une couche de tissu connectif, et semble représenter la clavicule, tandis que le cartilage répond aux cartilages coraco-scapulaires réunis des autres poissons.

La nageoire filiforme est supportée par une corde cartilagineuse pourvue d'un grand nombre d'articulations ; elle s'articule en avant avec le coraco-scapulaire. Sur celui-ci, des rayons de nageoires sont disposés comme ceux qui supportent les franges marginales de la nageoire chez les Élasmobranches. La nageoire ventrale a la même structure que la pectorale.

Les intestins possèdent une valvule en spirale et le rectum s'ouvre dans un cloaque. Les poumons ont des parois d'une épaisseur remarquable, et s'étendent sur la plus grande partie

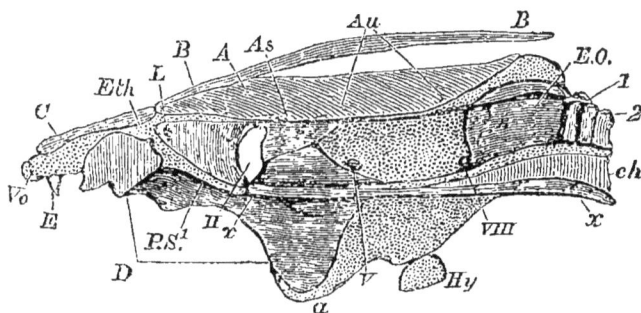

Fig. 55. — Section longitudinale et verticale du crâne d'un *lepidosiren*. Le cartilage est pointé, les constituants membraneux et osseux sont ombrés, limités par des lignes A,B,C,D,E ; HY, comme dans la figure précédente ; *x,x,* parasphénoïde ; PS, région presphénoïdale cartilagineuse ; *ch,* notocarde ; Au, situation de la chambre auditive ; 1, 2, première et seconde vertèbres ; II, V, VIII ; sortie des nerfs optique, trijumeau, vague ; *a,* articulation quadrato-mandibulaire.

du corps, au-dessous de l'épine. La glotte s'ouvrant à la paroi interne de l'œsophage les met en communication avec la cavité buccale dans laquelle s'ouvrent les sacs nasaux par des ouvertures postérieures situées derrière la lèvre supérieure et constituent de vraies narines postérieures. Le cœur a une oreillettte gauche petite, mais distincte, dans laquelle retourne le sang oxygéné en sortant des poumons. — Outre les poumons, le *lepidosiren* possède des branchies internes et des branchies externes, mais les dernières sont rudimentaires chez l'adulte.

Les différentes espèces semblent différer dans la manière dont les arcs aortiques primitifs se transforment ; mais on peut dire d'une manière générale qu'après la disparition du premier, le second fournit une branchie interne qui se développe sur l'arc hyoïdien ; le troisième envoie l'artère carotide antérieure, et ne fournit ni branchie interne ni branchie externe ; le cinquième et le sixième fournissent à la fois des branchies internes et des branchies externes ; tandis que le septième se joint seulement à une branchie interne. L'artère pulmonaire semble devoir son origine au huitième arc aortique.

Une observation très-digne de remarque chez les dipnoï, c'est que, tandis qu'ils marquent sous tant de rapports une transition entre les poissons et les amphibiens comme type et structure, leur colonne vertébrale et leurs membres, loin d'être ce qu'ils sont chez les poissons, ressembleraient plutôt aux plus anciens ganoïdes crossoptérygiens (1).

(1) *Philosophical Transactions* de 1871. — Le Dr Günter a donné une description complète et précise de l'anatomie d'un très-remarquable poisson trouvé dans quelques rivières · de l'Australie et qui semble appartenir au genre *Ceratodus* qu'on n'avait rencontré jusqu'ici qu'à l'état fossile et dans les couches mésozoïques les plus anciennes. Ce poisson ressemble au *lepidosiren* par la forme de son corps et de ses membres, par le caractère de ses écailles cycloïdes et la position de ses ouvertures nasales ; les narines externes sont situées juste au-dessous de la partie antérieure de la tête et sont couvertes par la lèvre supérieure quand la bouche est complètement fermée. Le squelette et la dentition rappellent les dipnoï ; l'intestin offre une valvule sphéroïde et s'ouvre dans un cloaque. Mais il existe deux ouvertures péritonéales derrière le cloaque au lieu d'une seule au-devant (comme dans le *lepidosiren*). On trouve des rangs transverses de valvules dans le *conus arteriosus* comme dans les Élasmobranches, les ganoïdes et les amphibiens ; les poumons sont représentés par un simple sac aérien et les branchies bien développées sont à peu près semblables à celles des *chimères*. Le sang retourne du sac aérien par une veine pulmonaire dans une oreillette non divisée ; mais il n'y a pas d'artère pulmonaire, le sac pulmonaire étant alimenté par l'aorte dorsale. Le sac aérien tient donc le milieu entre un poumon et une vessie.

Les *vasa deferentia* sont similaires aux oviductes et, comme chez la plupart des ganoïdes, s'ouvrent dans une cavité péritonéale. Le Dr Günter propose de joindre les dipnoï aux ganoïdes, mais on ne doit pas oublier que nul ganoïde vivant ne possède le crâne chimœro-amphibien du *lepidosiren* ou du *ceratodus*, ni un cloaque. Le Dr Günter propose plus loin de diviser le groupe des *crossopterygoides*, d'en séparer les *dipterus* et les *phaneropleuron* et de les unir aux dipnoï ; mais il considère l'objection manifeste qui s'élève de ce fait, que les *glyptodipterini* sont parfaitement semblables aux *ctenodipterini* dans la forme générale et la disposition de leurs na-

SECTION II. — LA CLASSE DES AMPHIBIENS.

Caractères. — Les seuls caractères distinctifs de cette classe, comparée à celle des poissons, sont les suivants :

1. Les *Amphibiens* n'ont pas de rayons de nageoire.

2. Leurs membres, quand ils en ont, contiennent des éléments squelettiques disposés de la même manière que chez les vertébrés plus élevés. Plusieurs autres particularités de structure sont communes à tous les *Amphibiens* et sont très-caractéristiques chez eux, sans avoir besoin de diagnostic. Ainsi :

1. Le corps est généralement dépourvu de squelette externe, et quand il existe des écailles chez les *Amphibiens* actuels, elles sont cachées dans la peau (*Cæcilia, Ephippifer*). Dans les *Labyrinthodonta* éteints, l'armure dermale est confinée dans la région ventrale du corps.

2. Le centre des vertèbres est toujours représenté par un os.

3. Le sacrum se compose rarement de plus d'une vertèbre, quoiqu'il y ait des exceptions individuelles à cette règle, comme les *Menopoma* en offrent l'exemple.

4. L'appareil suspenseur de la mandibule se continue avec le crâne, qui possède deux condyles occipitaux et une base occipitale incomplétement ossifiée.

5. Il n'existe pas de côtes sternales.

geoires et de leurs écailles, aussi bien que par la possession d'os jugulaires ; tandis que, sur ce dernier point, les dipnoï vivants sont complétement différents des *ctenodipterini*. Cependant les *saurodipterini* présentent une ressemblance remarquable avec les *ctenodipterini* dans la forme et la structure de leur gaîne céphalique, tandis qu'ils sont unis aux *glyptodipterini*, quoique leur forme se rapproche plus des *glyptopomus* et il reste évident que le *polypterus* est le plus proche allié des *saurodipterini*.

Tant qu'il ne sera pas démontré que les cronoptérygiens possèdent un crâne semblable à celui des *dipnoï* et un cloaque, je ne peux trouver de raisons pour la fusion des *dipnoï* et des ganoïdes. On doit se demander plutôt si les diverses affinités des dipnoï ne sont pas du côté des *chimères*, dans les derniers échelons de la série existant actuellement.

Classification. — Les *Amphibiens* sont divisibles en groupes distingués par les caractères suivants :

A. Une queue distincte et souvent longue, des vertèbres amphicœliques ou opisthocœliques; les éléments antérieurs du tarse non allongés.

    A. Deux ou quatre membres; pas d'écailles ni de queue.
I. Urodèles.

    (La distinction entre les Protées et les Salamandres est artificielle. L'urodèle appartient à la première division, à son état *siredon*, et à la seconde à son état embryonnaire.)

    a. Des branchies externes, ou fentes branchiales persistantes, ou ne disparaissant que dans un âge avancé ; pas de paupières, des vertèbres amphicœliques, carpe et tarse cartilagineux. *1.* **Proteïdea, Protées.**

    b. Ni branchies, ni fentes branchiales; carpe et tarse plus ou moins ossifiés, vertèbres habituellement opisthocœliques.
2. Salamandres.

    B. Membres absents, ou tous les quatre présents. Trois larges plaques pectorales osseuses et une armure de petites (scutes) pointes à la face ventrale du corps; vertèbres amphicœliques, parois des dents plus ou moins plissées. II. **Labyrinthodontes.**

    B. Queue avortée chez l'adulte.

    A. Membres absents; nombreuses petites pointes dermales enveloppées dans le corps serpentiforme. III. **Gymnophiona.**

    B. Tous les quatre membres présents, et les éléments antérieurs du tarse très-allongés; le corps court et la peau dépourvue de petites pointes, quoique des plaques dermales osseuses s'y développent quelquefois. IV. **Batraciens** ou **Anoures.**

    La peau de la plupart des Amphibiens est molle et humide et de nombreuses glandes s'ouvrent à sa surface. Une accumulation de ces glandes sur les côtés de la tête constitue la glande parotide. Les *Gymnophiona* font exception parmi les Amphibiens existants, en ce qu'ils possèdent des écailles petites, arrondies et flexibles, comme les écailles cycloïdes des poissons, recouvertes par les plis de la peau. Chez certains Anoures (*Ceratophrys dorsata*, *Ephippifer aurantiacus*), des plaques dermales plates se développent dans le tégument dorsal et s'unissent avec quelques-unes des vertèbres adjacentes. Beaucoup de *Labyrinthodontes* éteints, et probablement tous les membres de ce groupe, possèdent un squelette externe qui semble avoir été relégué à la face ventrale du corps. Au-dessous de la partie antérieure du thorax, il existe une sorte de plastron, composé d'une plaque médiane et de deux laté-rales. La plaque médiane est rhomboïdale ; les latérales sont quelque peu triangulaires et s'unissent, d'un côté, aux marges antéro-latérales de la plaque médiane, à l'aide d'une apo-physe qu'elles envoient au-dessus et derrière leurs angles externes. Les surfaces externes de ces plaques offrent des sculptures qui rayonnent, à partir du centre de la plaque mé-diane et des angles externes des plaques latérales. Ces plaques sont en relation intime avec l'arc pectoral et, probablement, représentent l'inter-claviculaire et les clavicules.

De petites plaques osseuses recouvrent l'extérieur du la-rynx chez un petit labyrinthodonte africain, le *Micropholis*. Je n'ai pas rencontré d'osselets dermoïdes à la même place chez les autres Labyrinthodontes, mais dans les *Archegosaurus*, les *Phalidogaster*, les *Urocordylus*, les *Karaterpeton*, les *Ophiderpe-ton*, les *Ichthyerpeton*, le tégument entre les plaques thoracique et pelvienne présente des rangs régulièrement disposés de petits osselets allongés, qui, pour la plupart, convergent du dehors en avant et en arrière, vers la ligne médiane. Aucune trace de corps semblables ne se remarque sur la queue, ni dans aucune partie de la région dorsale du corps, ou des membres.

Le squelette interne des *Amphibiens* est moins complet dans les *Archegosaurus*, où le centre des vertèbres n'est représenté que par un anneau osseux, qui entoure probablement une épaisse notocorde persistante, et rappelle ainsi le centre os-seux des vertébrés à sa première apparition chez le têtard, les côtes et les arcs neuraux étant complétement ossifiés. Les autres Labyrinthodontes de la même époque carbonifère, tels que l'*Anthracosaurus*, ont cependant le centre des vertèbres tout à fait ossifié, en disque biconcave, très-semblable au centre des vertèbres des *Ichthyosaures*.

Le centre des vertèbres des *Protées* et des *Gymnophiona* exis-tants est amphicœlique. Chez les *Salamandres*, il est opistho-

cœlique, dans les autres Anoures, il est presque toujours procœlique, mais il varie dans les différentes régions, quelques-
unes étant bi-convexes et d'autres bi-concaves. Des restes de la
notocorde se trouvent dans le centre des vertèbres de tous les
Amphibiens existants.

La première vertèbre, ou atlas, présente deux facettes articulaires aux condyles du crâne, mais il n'y a pas de vertèbre
ayant la forme spéciale de l'axis.

L'apophyse transverse peut être simple, mais chez les Labyrinthodontes et chez les Urodèles, elle est divisée en deux :
une supérieure *tuberculaire*, et une inférieure dite apophyse
capitulaire. Quand l'apophyse transverse est ainsi subdivisée,
l'extrémité antérieure des côtes offre une division correspondant aux apophyses capitulaire et tuberculaire.

Chez les *Gymnophiona*, les *Urodèles* et les *Labyrinthodontes*,
le nombre des vertèbres du tronc est considérable, et les
membres des deux derniers groupes possèdent de longues
queues. Mais, chez les *Anoures*, le nombre total des vertèbres
n'excède pas onze, dont huit appartiennent à la région pré-
sacrée, une au sacrum et deux (vertèbres modifiées) à la
région coccygienne.

Chez la plupart des *Urodèles*, la face antérieure présente
une forte apophyse qui passe en avant, entre les condyles
occipitaux du crâne. La présence de cette apophyse a fait
prendre à tort la première vertèbre pour l'homologue de la
seconde vertèbre odontoïde des *vertébrés* plus élevées.

Chez certains *Anoures*, quelques-unes se réunissent, et le
nombre apparent des vertèbres diminue ; mais, en réalité, il
est toujours le même.

Les apophyses transverses de quelques-unes des vertèbres
pré-sacrées sont habituellement très-longues, mais il n'existe
pas de côtes distinctes. Les apophyses transverses des vertèbres sacrées sont toujours fortes, quelquefois très-larges
et étendues, et leur centre possède ordinairement une seule
concavité en avant, et une double convexité en arrière.

Le coccyx se compose, d'une part, d'un os basilaire cylindrique, provenant de l'ossification du cartilage qui soutient
l'extrémité de la notocorde, et correspond sur une certaine
étendue à l'urostyle des *Teleostei*; et d'autre part, de deux

arcs neuraux situés à son extrémité antérieure avec laquelle ils se soudent. La face antérieure du coccyx représente ordinairement deux facettes concaves, pour l'articulation avec les convexités postérieures du sacrum.

Chez aucun amphibien la cavité du crâne n'est diminuée à la partie antérieure par le développement d'un septum interorbitaire. Tous les *amphibiens* existants ont des ex-occipitaux développés sur les parois d'un crâne cartilagineux, mais il ne semble pas certain qu'il se trouve aucun point d'ossification chez les *archegosaurus*, quoique ces derniers fassent partie des labyrinthodontes.

Aucun *amphibien* ne possède un os de cartilage complet basi-occipital, supra-occipital, basi-spénoïde, ali-sphénoïde ou pré-sphénoïde, dans quelques cas exceptés, comme dans l'os en ceinture du crâne des anoures, os qui contient les représentants des pré-sphénoïde et orbito-sphénoïde, et dans les parois latérales de la moitié antérieure de la boîte crânienne des Urodèles, où l'on trouve jusqu'à l'ossification qui peut représenter l'orbito-sphénoïde. Une ossification pro-otique est généralement présente chez les amphibiens existants. L'existence constante d'éléments opiosthotique et épiotique est très-douteuse.

Le crâne de la grenouille est caractérisé par le développement d'un os de cartilage très-singulier, appelé par Cuvier *os en ceinture*. Cette ossification envahit toute la circonférence du crâne dans les régions pré-sphénoïdale et ethmoïdale, et plus tard affecte souvent la forme d'une boîte à dés ayant la moitié de sa cavité divisée par une cloison longitudinale. Celle-ci correspond à la partie antérieure de l'os, et s'étend sur les apophyses préfrontales de quelques grenouilles, pour protéger l'extrémité postérieure des sacs olfactifs, et est perforée par la division nasale de la cinquième paire de nerfs. Le septum répond donc au mésethmoïde, la moitié antérieure de l'os en ceinture aux préfrontaux, entièrement ou en partie; et la moitié postérieure de l'os ceinture à l'orbito-sphénoïde des autres *vertébrés*. Des os turbinés se développent dans le cartilage qui borde les capsules nasales chez quelques *amphibiens*.

Les os de membrane du crâne des amphibiens sont :

1. Les frontaux et pariétaux qui peuvent, chez les *batraciens*, se fusionner en un os de chaque côté.

2. Les os du nez existent généralement.

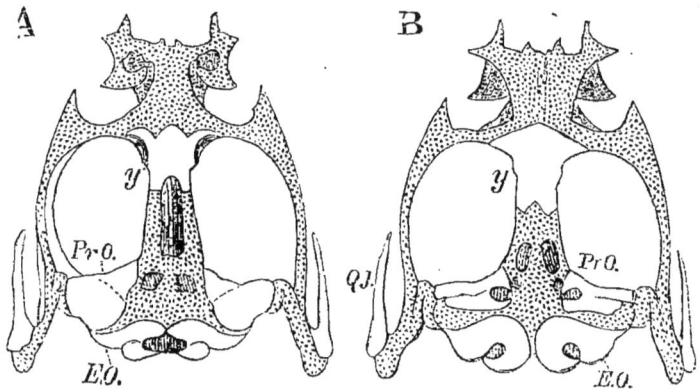

Fig. 56. — Crâne cartilagineux de la *Rana esculenta*. — A, dessus; B, dessous;
y, os en ceinture ou « girdle-bone ».

3. Les vomers sont toujours présents au nombre de deux,

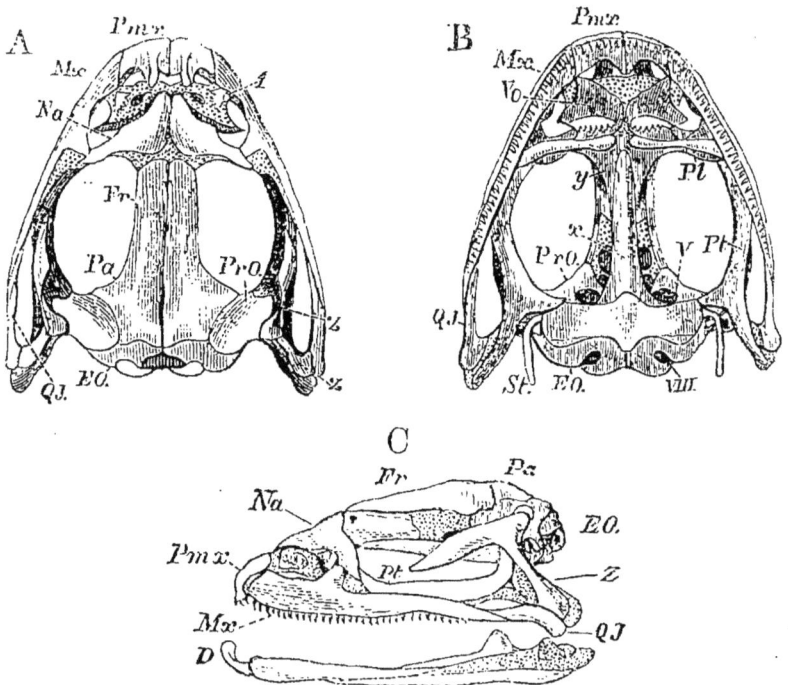

Fig. 57. — Crâne de *Rana esculenta*. — A, dessus ; B, dessous; c, côté gauche;
x, parasphénoïde ; *y*, girdle-bone ; *z*, temporo-mastoïde.

un de chaque côté dans tous les *amphibiens*, excepté le *Pipa*, le
Dactylethra et le Pelobates.

4. Un large parasphénoïde recouvre la base du crâne depuis l'occipital jusqu'à la région ethmoïdale, tel qu'on le voit chez les poissons Teleostei et les Ganoïdes.

Un os de membrane (Z), appelé par Dugès temporo-mastoïdien, situé sur le côté externe du *suspensorium*, s'étend depuis les parois parallèles du crâne jusqu'à la tête articulaire de la mâchoire inférieure. Par ses relations avec le pro-otique, l'os carré et le jugal, cet os répond au squamosal des *vertébrés* plus élevés; d'autre part, il correspond de très-près au préoperculaire des poissons ordinaires et à l'os carré du *Lepidosiren*.

Il existe toujours deux prémaxillaires. Les maxillaires sont ordinairement développés et peuvent être réunis, comme chez la plupart des *anoures*, par l'ossification du quadro-jugal avec les côtés externes de l'extrémité du *suspensorium*, dans lequel se développe souvent l'os quadrate. Mais le quadrato-jugal (et même les maxillaires) peuvent être représentés simplement par plus ou moins de tissu fibreux filamenteux, comme cela arrive chez l'Urodèle. Chez les *protées* et les *sirénes*, les maxillaires sont réduits aux simples rudiments, et les chambres nasales ne sont pas bordées d'os extérieurement.

Des os ptérygoïdiens sont développés dans tous les *amphibiens* et des os palatins distincts chez la plupart. Le supensorium, qui est incliné en bas et en avant dans les *Urodèles* inférieurs, passe presque directement au-dessous ou un peu en arrière chez les Urodèles supérieurs, chez les *Batraciens* il glisse grandement en arrière; et il subit les mêmes modifications dans sa direction durant la croissance de tous les *batraciens*, depuis la larve jusqu'à l'état adulte.

Dans la mandibule, l'extrémité antérieure du cartilage de Meckel est rarement, si elle l'est jamais, transformée en élément articulaire osseux. Mais la moitié postérieure s'ossifie quelquefois chez quelques *batraciens*.

Les os de membrane ordinaires de la mandibule sont un élément dentaire, splénial et angulaire.

L'arc hyoïdien est, dans la plupart des *amphibiens*, réuni au cartilage suspenseur, tantôt très-près de son origine, tantôt près de son extrémité terminale. Ses cornes sont grosses et très-ossifiées dans le *protée* et unies par un ligament avec la partie postérieure du cartilage suspenseur. Du point d'attache, des fibres ligamenteuses passent à la surface de l'étrier. Chez les *anoures* elles sont minces, et leurs extrémités supérieures peuvent se détacher du *suspensorium* et se réunir aux parois de la capsule otique comme chez la grenouille. A leur extrémité inférieure elles sont réunies à un corps large lamellaire depuis la marge postérieure d'où partent habituellement deux apophyses qui embrassent le larynx. Dans les perennibranches *proteidea*, les arcs hyoïdiens sont unis par des pièces médianes étroites.

Les arcs branchiaux des *anoures* disparaissent chez l'adulte, mais dans le *gymnophiona* et dans l'urodèle, plus ou moins des arcs branchiaux des larves subsistent toute la vie.

Chez les protées, on trouve trois ou quatre arcs branchiaux: chacun se compose ordinairement de deux pièces cartilagineuses ou osseuses de chaque côté. La salamandre possède primitivement quatre arcs branchiaux, mais seulement une portion des deux antérieurs subsiste chez l'adulte. Quatre se développent chez les *Cœcilia*, dont trois sont permanents. Quelques particularités du crâne des *gymnophiona* et des *labyrinthodontes* méritent une notice spéciale.

Dans le premier, ex. : chez l'*ichthyophis glutinosa*, le crâne est couvert par une voûte osseuse complète formée par les ex-occipitaux, les pariétaux, les frontaux, les pré-frontaux, les os nasaux et les branches ascendantes des prémaxillaires. Entre les ex-occipitaux, le pariétal et le frontal au-dessus, les maxillaires en avant, et l'os carré derrière et au-dessous, se trouve un os qui semble répondre à l'os (Z) de la grenouille, quelquefois, comme dans le *siredon* et le *protée*, une bande ligamenteuse répond à son quadrato-jugal. Entre la narine et le maxillaire, il existe un os qui semble être une ossification de l'*ala nasi* cartilagineuse. Un autre os forme presque un cercle autour de l'orbite, et comme sus-orbitaire et postorbitaire n'a pas d'analogue parmi les *amphibiens* existants. Les os palatins entourent les narines postérieures, puis se dirigent en arrière sur le côté interne du maxillaire d'une manière qui ne ressemble à rien de ce qui a été observé chez les autres *amphibiens*. Mais chez les labyrinthodontes les deux dispositions du palatin et de la voûte osseuse complète au-dessus du crâne se répètent, et il existe un os postorbitaire.

Le crâne des labyrinthodontes est encore plus caractérisé par le développement d'épiotiques pointus distincts semblables à ceux des poissons, et d'os pairs qui prennent la place du sus-occipital comme il arrive pour beaucoup de *ganoides*. Les éléments de la mâchoire inférieure se trouvent complétement ossifiés chez le labyrinthodonte.

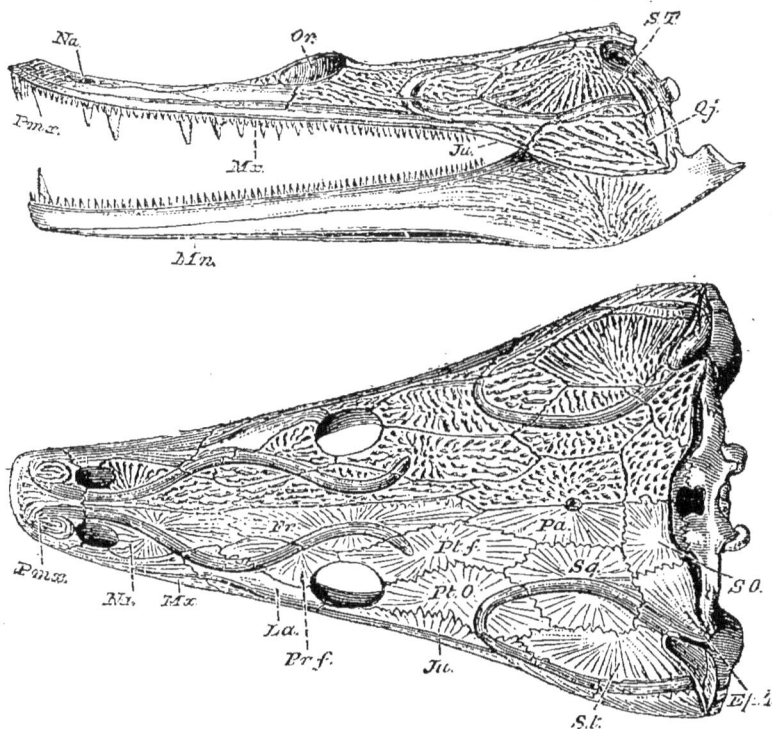

Fig. 58. — Vue d'un côté de la partie supérieure d'un *Trematosaure*. Le dessin des os crâniens n'est pas représenté dans la moitié inférieure de la partie supérieure du crâne, afin de montrer plus distinctement les sutures.

L'*archegosaurus* possède des arcs branchiaux dans son jeune âge, et on ne peut guère douter que les autres labyrinthodontes ne leur ressemblent sous ce rapport.

Les membres, leurs arcs et le crâne primordial manquent tout à fait chez le *gymnophiona* et apparemment chez l'*ophiderpeton* éteint des terrains carbonifères. Dans les autres amphibiens, l'arc pectoral et les membres sont présents, ainsi que l'arc pelvien dans tous, excepté la Sirène. Les arcs des membres antérieur et postérieur se composent d'une masse cartilagineuse de chaque côté, divisée par une surface articulaire en une moitié dorsale plus petite, et une plus grande portion ventrale. Les moitiés dorsales sont respectivement le scapulum et l'ilium. Les moitiés ventrales sont divisées par des entailles ou fontanelles en deux portions : une antérieure précoracoïde ou partie pubienne, et une postérieure coracoïde ou partie de l'ischion.

Dans l'*urodèle* le scapulum s'ossifie, et son ossification peut se prolonger dans le coracoïde et le pré-coracoïde, mais il n'y a jamais plus d'une masse osseuse. La clavicule n'est pas développée. Dans le *siredon*, le *menopoma* et la *salamandre*, les coracoïdes sont reçus dans les sillons des bords antéro-latéraux d'un sternum cartilagineux.

Les clavicules semblent avoir été représentées dans l'arc pectoral du labyrinthodonte dans la gaîne thoracique latérale. La structure du reste de l'arc est douteuse, mais il semble que des pièces du coraco-scapulum aient existé.

Chez les *anoures*, les cartilages du coraco-scapulum sont parfois solidement unis sur la ligne médiane, comme il arrive chez la grenouille commune, et envoient en avant une apophyse médiane qui s'ossifie, c'est l'*omo-sternum*, fig. 59 (*Sl*). En arrière, les coracoïdes s'articulent avec un sternum très-développé (*St*). Des points d'ossifications distinctes apparaissent de chaque côté de la cavité glénoïde et représentent le scapulum (*Sc*) et le coracoïde (*Er*); la moitié supérieure du scapulum peut s'ossifier distinctement en un sus-scapulum (*Ssc*). Le coracoïde est divisé par un large espace membraneux ou *fontanelle* en un coracoïde propre (*cr*), situé derrière la fontanelle; un *épicoracoïde* cartilagineux persistant (*e.cr.*) qui la borde intérieurement et un *pré-coracoïde* qui la limite en avant. Appliqué très-près du pré-coracoïde se trouve, dans la membrane, un point ossifié qui représente la clavicule.

L'arc pelvien est attaché, excepté chez les protées, à l'extrémité de la côte sacrée. Un os iliaque est toujours développé ainsi qu'un os ischion chez tous, excepté chez les protées. Le pubis ne semble pas être régulièrement représenté par un point ossifié distinct. Chez les *anoures*, les faces plates

des expansions provenant des divisions ventrales de l'arc pelvien se réunissent en un disque.

Dans le genre *amphiuma*, les membres ont chacun deux ou
trois doigts. Les membres antérieurs de la *sirène*, qui existent
seuls, portent trois ou quatre doigts. Chez les *protées*, les membres antérieurs sont tridactyles, le postérieur didactyle. Le
ménobranche a des pieds tétradactyles, tandis que les membres
antérieurs des autres *urodèles* sont tétradactyles, le postérieur
pentadactyle. Les *anoures* ont quatre doigts avec ou sans rudi-

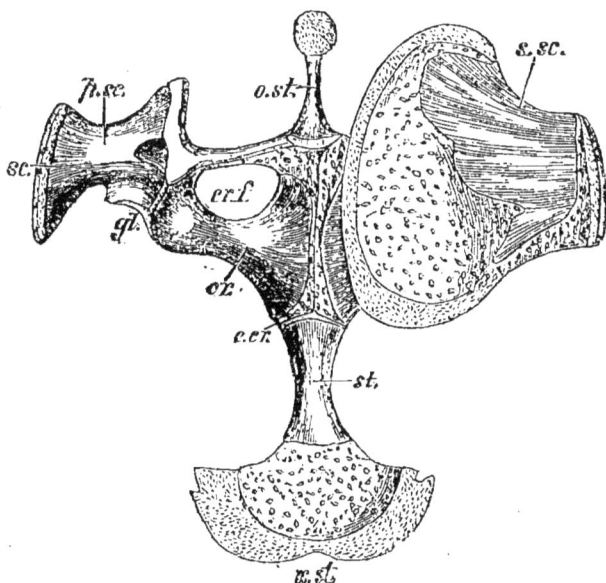

Fig. 59. — Arcs sternal et pectora d'une grenouille vus du dessus. Le sus-scapulum gauche est écarté ; *sc*, scapulum ; *s,sc*, sus-scapulum ; *p,sc*, apophyse pré-
scapulaire ; *cr*, coracoïde ; *e,cr*, épicoracoïde ; *cr,f*, fontanelle coracoïde. La
barre qui se présente en avant est le précoracoïde et supporte la clavicule ;
o,st, omo-sternum ; *st*, sternum ; *x,st*, xiphi-sternum.

ment du cinquième au membre antérieur, et cinq au membre
inférieur. Dans les *urodèles* perennibranches, les cartilages du
carpe et du tarse qui, excepté chez les protées, présentent une
petite déviation dans le nombre et la disposition typique
(fig. 13, p. 36) restent non ossifiés. Ils sont ossifiés pour la
plupart chez les autres *urodèles* et chez les *anoures*.

Les membres postérieurs des *anoures* ne sont pas plus longs
que les antérieurs. Le radius et le cubitus dans les membres

11.

antérieurs, le tibia et le péroné dans les membres postérieurs sont réunis en un seul os.

Les os du carpe ne présentent plus l'arrangement typique, et dans le tarse deux os intérieurs très-allongés et cylindriques prennent la place d'un calcanéum et d'un astragale, tandis que la série postérieure est réduite.

Les membres des labyrinthodontes étaient faibles en comparaison de la grosseur de leur corps. Dans les genres *archegosaurus*, *keraterpeton*, *urocordylus*, *lepterpeton*, chaque pied portait cinq doigts, le carpe et le tarse n'étaient pas ossifiés.

Les *amphibiens* ont habituellement des dents sur le vomer, les pré-maxillaires, les maxillaires et les pièces dentaires de la mandibule, mais rarement sur les os palatin, ptérygoïdien et splénial.

Les dents du pré-maxillaire et du vomer sont rangées en demi-cercles concentriques, disposition caractéristique de ce groupe. Chez les larves de *batraciens* et de *sirènes*, les pré-maxillaires et les mandibules sont recouverts d'un bec corné comme celui des chéloniens et des oiseaux. De plus, la *sirène* a des dents sur les vomers et sur la pièce spléniale de la mandibule ; les *ménobranches* et les *sirédons* ont des dents ptérygoïdiennes. Beaucoup de labyrinthodontes ont des dents sur le palatin. Dans quelques gymnophiona la mandibule porte un double rang de dents et les labyrinthodontes offrent une disposition analogue.

Les dents se soudent habituellement avec les os adjacents. Chez les *amphibiens* existants leur structure est simple, mais chez les labyrinthodontes, les côtés parallèles des dents, un peu au-dessous du sommet, se plissent longitudinalement, et il arrive que, chaque pli se plisse encore dans la même direction d'une manière telle que la dent acquiert une structure très-compliquée, la cavité pulpeuse étant subdivisée en un grand nombre de segments radiés et branchiaux. La structure est la même en principe que celle offerte par les dents de beaucoup de *ganoïdes*. Chez un grand nombre de labyrinthodontes deux dents de la mandibule antérieure prennent la forme de longs crochets qui sont reçus dans des fosses ou trous de la mâchoire supérieure comme chez la plupart des *crocodiles* existants. La langue est fixée à la voûte buccale chez les *urodèles* et les gymnophiona, et reste non développée dans les genres *pipa* et *dactylethra*, qui ont déjà été nommés *aglossa*. Chez les autres *anoures*, la langue habituellement très-longue, est courbée en arrière de manière que son sommet se trouve dirigé vers le pharynx, et l'attache de sa racine semble se trouver à la symphyse de la mandibule suspendue par son attache à la symphyse, la langue peut être lancée en avant et constituer un puissant organe de préhension. Aucune glande salivaire n'a été observée chez les *amphibiens*. Beaucoup d'*anoures* mâles ont la membrane muqueuse du plancher de la bouche en forme de poches qui peuvent être distendues par l'air.

Le canal alimentaire simple est habituellement court et beaucoup plus long chez les larves (qui se nourrissent de matières végétales) que chez l'adulte, il existe toujours une vésicule biliaire.

Le cœur des amphibiens se compose de deux oreillettes, d'un ventricule simple et d'un *conus arteriosus*. Un sinus veineux, dont les parois douées d'une contraction rhythmique reçoit le sang veineux du corps, s'ouvre dans l'oreillette droite. Chez les protées, les ménobranches et les sirènes, la cloison des oreillettes est moins complète que chez les autres amphibiens. L'oreillette gauche est beaucoup plus petite que la droite, et elle ne reçoit qu'une seule veine pulmonaire. L'intérieur du ventricule ressemble plus à une éponge qu'à une chambre close par des limites bien définies. Les parois du long bulbe artériel contiennent des fibres musculaires striées et ont une contraction rhythmique ; des valvules se rencontrent quelquefois à chacune de ses extrémités, et il peut être imparfaitement divisé en deux cavités par une cloison longitudinale incomplète.

Il se termine de chaque côté par trois ou quatre troncs, qui montent le long des arcs branchiaux.

Le plus antérieur de ces troncs fournit les artères carotides, le plus postérieur les artères pulmonaires et les artères de la peau. Le tronc central fournit les principales racines de l'aorte dorsale.

Chez les protées qui possèdent trois arcs branchiaux, le bulbe aortique se sépare en deux troncs, chacun de ceux-ci se divise d'abord en deux branches, plus tard, la branche postérieure de

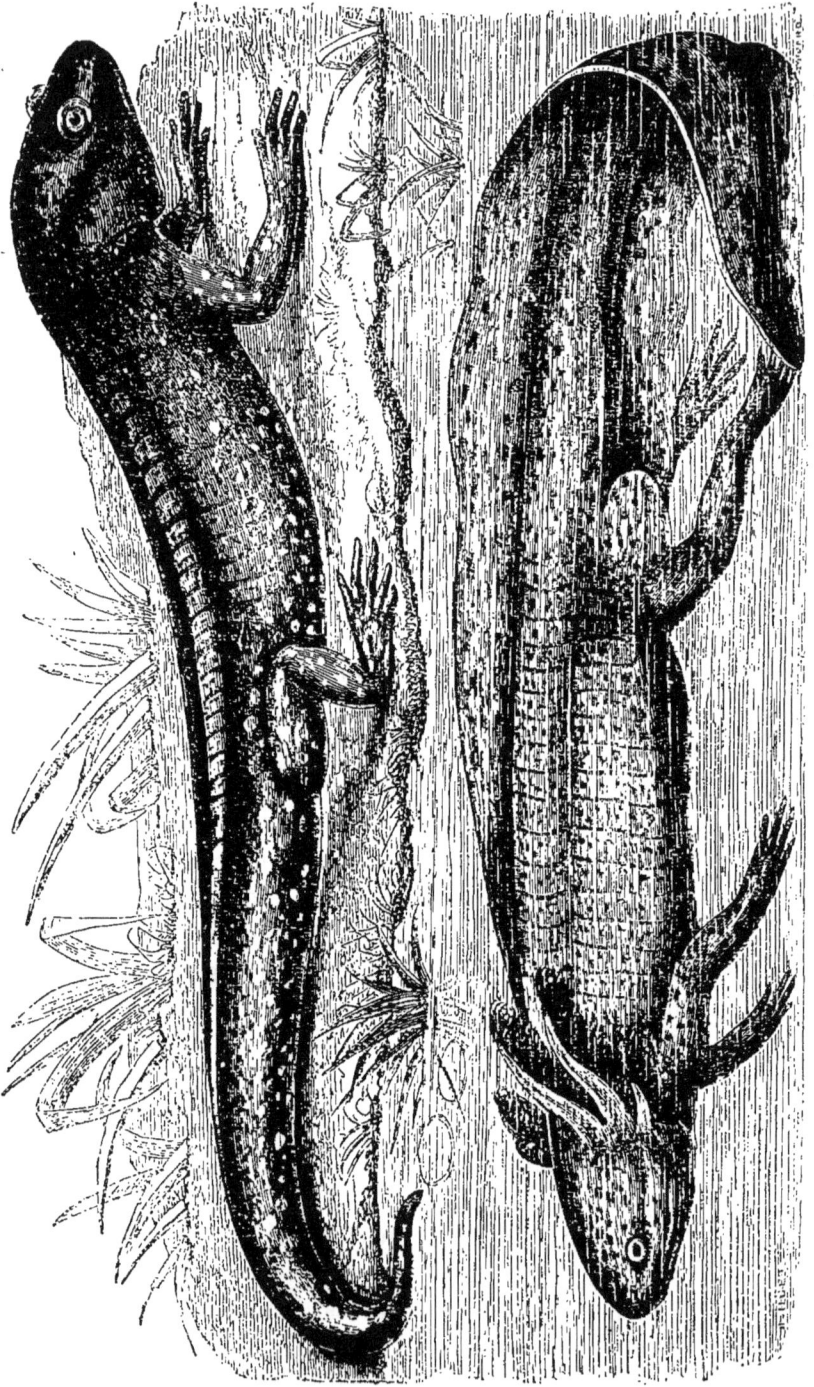

Fig. 60. — Axolotl muni de branchies et axolotl les ayant perdues après la transformation (Aug. Duméril).

chaque côté se subdivise encore en deux autres, ainsi se trouvent formées trois paires de troncs aortiques qui montent le long des arcs branchiaux. Les deux paires antérieures des troncs aortiques passent directement par les racines de l'aorte dorsale; chacune d'elles fournit un vaisseau qui entre dans une des branches externes et alimente à l'aide d'un canal afférent les parties supérieures de la même branche aortique. Le troisième tronc aortique de chaque côté est interrompu, sa partie inférieure devenant l'artère branchiale d'un groupe de branchies. Le sang revient de ces branchies par un tronc veineux qui s'ouvre dans la racine de l'aorte dorsale et est, en réalité, simplement la partie supérieure du troisième tronc aortique. On peut dire encore que les bases de l'artère et de la veine branchiales s'anastomosent dans les deux premières parties, mais non dans la troisième.

L'*axolotl* (fig. 60) possède quatre paires de troncs aortiques : la paire postérieure fournit les artères pulmonaires, les trois suivantes limitent les branchies externes, le tronc antérieur passe au-dessus sous la forme d'une artère qui se partage en branche hyoïdienne et branche carotide.

La *salamandre* possède quatre paires de troncs aortiques à l'état adulte, mais la partie supérieure de la première moitié, de chaque côté, est oblitérée et reste comme un simple trou de Botal. Le quatrième tronc fournit l'artère pulmonaire, quelques ramuscules pour l'œsophage, quelques branches cardiaques sortent encore de ce tronc; puis il s'unit au second et au troisième pour former l'aorte dorsale. La moitié de la base du premier tronc s'élargit à ses extrémités formées à l'angle de la mandibule par un organe spongieux, la *glande carotide*, d'où sortent l'artère carotide, et celles qui fournissent les régions hyoïdiennes et orales.

Chez la grenouille adulte, le bulbe aortique, séparé par une cloison longitudinale incomplète, forme deux canaux; il se partage en deux troncs à son extrémité, et chacun de ces troncs se subdivise inférieurement en trois canaux. Le canal du milieu ou *symétrique* passe directement dans un tronc qui s'unit avec les deux autres au-dessous de la colonne vertébrale dans l'aorte dorsale. Le *canal antérieur* ou *carotide* se termine en une glande carotide et un trou de Botal, les branches carotides hyoïdiennes et orales ayant été fournies par le premier.

Le canal postérieur ou pulmo-cutané se termine dans les artères pulmonaires et cutanées, dont les anastomoses sont oblitérées ainsi que les racines de l'aorte dorsale ; la paire médiane des troncs aortiques constitue ainsi exclusivement les origines de l'aorte dorsale et forme les *arcs aortiques permanents*. L'arc aortique droit est plus large que le gauche, particulièrement vers leur point de jonction, attendu que le gauche fournit aux viscères abdominaux, juste au-dessus de ce point, une grosse artère cœliaco-mésentérique. Chaque arc aortique donne les artères sous-claviaires et vertébrales de son côté. Il ne passe que du sang veineux dans les artères de la grenouille, tandis qu'il entre dans les arcs aortiques du sang mêlé qui est d'un rouge oxygéné plus brillant à la fin qu'au commencement de la systole.

Le sang qui passe dans les conduits carotidiens est toujours brillant. Le mécanisme au moyen duquel est employé ce sang dans son trajet a été très-bien analysé par Brücke. Il montre : premièrement, que l'intérieur spongieux du ventricule contient, à sa base, une cavité transversalement allongée dans laquelle s'ouvrent les oreillettes, et communique par son extrémité droite avec l'ouverture ventriculaire du bulbe aortique ; secondement, que le bulbe aortique est imparfaitement divisé par un septum longitudinal, dont le bord gauche supérieur est fixe, tandis que son bord droit est libre ; troisièmement, que des deux conduits résultant de la subdivision du bulbe aortique, celui du côté droit du septum se termine dans une cavité d'où partent les canaux systématiques et carotidiens, tandis que celui du côté gauche se poursuit parallèlement jusqu'à l'entrée des canaux pulmo-cutanés ; quatrièmement, que la glande carotide dans laquelle se termine l'artère carotide présente un obstacle mécanique au flot de sang qui le traverse. Cinquièmement, qu'il y a un repli valvulaire ouvert vers le cœur à chaque conduit systématique ou aortique qui offre aussi une certaine résistance mécanique au passage du sang ;

(1) *Études sur le cœur et la circulation centrale chez les vertébrés,* 1873.

et sixièmement, que quand le sang commence à couler à travers le bulbe, il force graduellement le septum au-dessus du côté gauche et ainsi retient le sang dans le conduit pulmo-cutané.

Alors, quand arrive la systole auriculaire, l'oreillette droite envoie son sang veineux dans la division de la cavité ventriculaire située le plus près de l'ouverture du bulbe, et, quand le ventricule se contracte, le sang le premier amené dans le bulbe est entièrement veineux. Ce sang remplit le canal des deux côtés du septum, mais trouve une bien plus grande résistance à sa sortie du côté droit que du côté gauche. Il coule donc d'abord exclusivement dans la division du côté gauche, et poursuit son chemin à travers les courtes artères pulmonaires dans les poumons. Mais, à mesure que les vaisseaux pulmonaires se remplissent, la pression des deux côtés du septum devient équilibrée et les conduits systématiques qui offrent le moins de résistance se remplissent de sang mêlé désormais puisqu'il sort du milieu du ventricule. Ensuite, le septum étant repoussé au-dessus du côté gauche, empêche qu'il passe davantage de sang dans le conduit cutané. A la fin de la systole le sang emporté par le ventricule est presque entièrement celui de l'oreillette gauche ; et en même temps, la résistance du canal systématique est aussi grande que celle des conduits carotidiens, c'est pourquoi ceux-ci se remplissent et envoient du sang oxygéné à la tête.

Le docteur Sabatier, dans son remarquable travail, s'accorde avec les vues de Brücke sur le mécanisme de la respiration du cœur des grenouilles. Mais il pense que c'est la résistance offerte par le flot de sang à travers les arcs aortiques, par la valvule de chacun, qui, en donnant lieu à une distension immédiate du *conus arteriosus*, permet au sang veineux, qui est d'abord contenu dans le ventricule, de passer en tournant le septum dans les canaux pulmo-cutanés, et la même distension oblitérant la cavité de l'entrée des canaux carotidiens, ne permet pas au sang de passer dans ces derniers presque jusqu'à la fin de la systole.

Les organes respiratoires des *amphibiens*, à l'état adulte, sont représentés ou par des branchies externes réunies aux poumons, comme dans les *urodéles* pérennibranches, ou par des poumons seulement, comme chez les autres *urodèles*, les *batraciens*, les *gymnophiona*, et probablement la majorité des *labyrinthodontes*. Dans les *urodèles* pérennibranches, les arcs branchiaux (ou quelques-uns d'entre eux) sont séparés par des fentes ouvertes (dont le nombre varie de quatre à deux) durant toute la vie, et trois branchies se continuent séparément par de simples bourgeons sous la peau, aux extrémités dorsales des arcs branchiaux. Un pli operculaire du tégument, placé au-devant des fentes branchiales, atteint une grandeur considérable chez le *sirodon* (fig. 60), mais ne couvre pas les branchies. Les arcs branchiaux eux-mêmes ne supportent pas d'apophyses branchiales à leur face antérieure ou postérieure. D'autres urodèles sont dépourvus de branchies externes, mais (comme il arrive chez les *menopoma* et chez les *amphium*) ils possèdent une ou deux fentes branchiales de chaque côté du cou et sont appelés pour cette raison *derotremata*. Les autres *urodèles*, ainsi que tous les *batraciens* et les *gymnophiona*, sont dépourvus à la fois de branchies externes et de fentes branchiales à l'état adulte.

Dans tous les *amphibiens*, une glotte placée sur la paroi ventrale de l'œsophage s'ouvre dans une courte chambre laryngo-trachéenne, avec laquelle sont réunis deux sacs pulmonaires, soit directement, soit par l'intermédiaire de bronches (comme dans l'*aglossa*) ou d'une trachée (comme chez les *gymnophiona*). Les parois des sacs pulmonaires peuvent être plus ou moins sacculaires. Dans la plupart des *amphibiens*, les poumons ont une égale dimension; mais dans le *gymnophiona* serpentiforme, le droit est beaucoup plus petit que le gauche. Chez les *protées*, le sang qui revient des poumons ne retourne pas tout au cœur, une partie entre dans les veines du tronc. La respiration aérienne s'opère chez tous les *amphibiens* par déglutition, c'est pourquoi la bouche reste fermée pendant l'acte respiratoire; l'entrée et la sortie de l'air s'opèrent par les conduits du nez qui s'ouvrent toujours derrière. La glotte est une très-petite ouverture longitudinale médiane en forme de fente dépourvue d'aucun cartilage lingual. Un conduit conique, à parois membraneuses, s'élargissant par degrés en arrière, conduit dans une large cavité, d'où les sacs pulmonaires se continuent; chaque sac pulmonaire se rétrécit rapidement et devient un simple tube qui cependant se dilate encore à son extrémité postérieure, derrière les vomers à la partie antérieure de la voûte buccale. Ces conduits étant ouverts, et l'appareil hyoïdien déprimé, l'air remplit la cavité buccale. Les narines externes sont souvent fermées ; l'appareil hyoïdien s'élève et l'air est refoulé à travers la glotte ouverte dans les poumons.

Dans les grenouilles, des fibres, qui font suite à la couche musculaire interne de la paroi abdominale, sont insérées au péricarde et à l'œsophage, et forment un diaphragme prépulmonaire. L'effet de la contraction de ces fibres doit être d'attirer l'air des poumons.

Tous les *amphibiens* possèdent une vessie urinaire qui s'ouvre dans un cloaque, et ne reçoit pas les uretères. Les reins des *amphibiens* semblent, comme ceux des poissons, les corps de Wolff persistants.

Dans le cerveau des *amphibiens*, (fig. 61) le cerebellum est

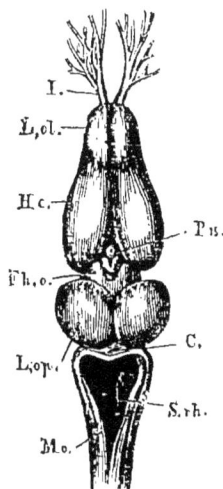

Fig. 61. — Cerveau de la *Rana esculenta*, vu d'en haut, grossi quatre fois. — L,ol, rhinencéphale ou lobes olfactifs, avec I les nerfs olfactifs; Hc, hémisphères cérébraux; Fh,o, thalamencéphale avec la glande pinéale, Pn ; Lop, lobes optiques ; C, cerebellum ; S,rh. Le quatrième ventricule ; Mo, moelle allongée.

toujours très-petit et représenté par une simple bande. Les hémisphères cérébraux sont allongés et contiennent des ventricules. — Chez les protées, le mésencéphale est très-indistinctement marqué.

Les nerfs optiques forment un chiasma.

De même que chez les poissons, le pneumogastrique fournit un nerf latéral qui longe les côtés du corps, entre les muscles dorsaux et ventraux dans les *urodèles*. Dans la plupart des *anoures*, le nerf latéral est absent, mais il y a une branche auriculaire du pneumogastrique.

Les yeux sont très-petits et recouverts par la peau chez les protées, les *gymnophiona* et le genre *pipa*. Les pérennibranches et les *urodèles* dérotrèmes n'ont pas de paupières ; mais la plus grande partie des *batraciens* ont non-seulement une paupière supérieure bien développée, mais une membrane nictitante mue par des muscles spéciaux.

Beaucoup d'*amphibiens*, sinon tous, possèdent une fenêtre ovale et un étrier cartilagineux ou osseux. Chez les urodèles, l'étrier est joint par un ligament au *suspensorium* formé par la réunion des arcs hyoïdien et mandibulaire. Chez beaucoup d'*anoures*, sinon chez tous, on trouve une fenêtre ronde, quoique la présence d'un cochléa distinct n'ait pas été reconnue. Les urodèles, les gymnophiona et les *pelobatidea*, parmi les *batraciens*, n'ont pas de cavité tympanique ni de membrane. Les autres *anoures* ont des cavités tympaniques qui communiquent librement avec la gorge. Chacune de ces cavités est close extérieurement par une membrane tympanique, à laquelle se réunit, par son extrémité externe, une *columella auris*, résultant d'une modification de l'extrémité antérieure de l'arc hyoïde. L'extrémité interne de la columelle est attachée à l'étrier. Chez l'*aglossa*, les deux cavités tympaniques communiquent avec la bouche par une simple ouverture, appelée trompe d'Eustache, et l'extrémité externe de la columelle s'étend dans une grande plaque cartilagineuse, co-extensive avec la membrane tympanique.

Les conduits des organes reproducteurs des *amphibiens*, tels que ceux des *ganoïdes*, communiquent toujours directement avec les conduits urinaires de ce jeune animal, comme dans la plupart des ganoïdes et des Élasmobranches ; l'extrémité antérieure des oviductes est ouverte et communique avec la cavité péritonéale. Le mâle n'a pas de pénis, à moins qu'une élévation papillaire des parois du cloaque ne représente cet organe. Les testicules de l'*amphibien* mâle se composent de tubules dont le contenu est emporté par les *vasa efferentia*. Dans les *urodèles*, les canaux efférents de chaque testicule entrent dans le rein correspondant par sa face interne, le traversent et ressortent par son côté externe pour entrer dans un conduit *génito-urinaire*, situé à la face externe du rein, et finit en avant par une terminaison close en avant, tandis qu'il s'ouvre en arrière dans un cloaque, qui est largement

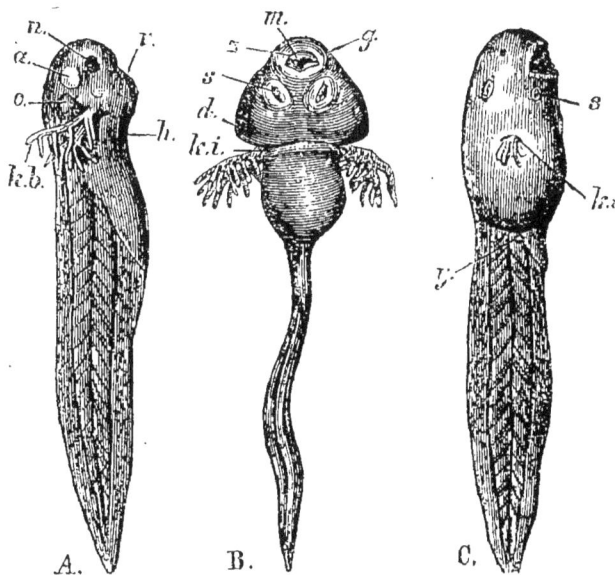

Fig. 62. — AB, têtards avec leurs branchies externes : *n*, sacs naxaux, *a*, œil ; *o*, oreille ; K*b*, branchies ; *m*, bouche ; *z*, mâchoires cornées; *s*, suçoir ; *d*, pli operculaire. — C, larve de grenouille plus avancée ; *y*, rudiment du membre postérieur; K*s*, l'unique ouverture branchiale. La figure n'a pas été bien tournée, ce qui fait que l'ouverture semble se trouver du côté droit au lieu d'être du côté gauche.

développé, dans la salamandre. Les tubes urinifères passent aussi directement des marges externes des reins dans les conduits génito-urinaires, ou se réunissent en un tronc commun qui s'ouvre dans le conduit génito-urinaire, près de sa terminaison dans le cloaque (*Triton*). Les *anoures* ont également un conduit génito-urinaire, et les canaux efférents suivent le bord interne des reins et les pénètrent. Dans le *bombinator igneus* et le *discoglossus pictus*, les conduits génito-urinaires reçoivent les produits urinaires et les spermatozoïdes de la même manière que chez les *urodèles*. Mais pour les grenouilles et les crapauds, les tubes urinifères sont réunis ensemble en un petit canal spécial qui s'ouvre dans le conduit génito-urinaire, près de sa terminaison dans le cloaque. Les *vasa efferentia* répandent leur contenu dans ce canal. En raison de ces dispositions, la partie du conduit génito-urinaire, située au delà du canal rénal, peut s'oblitérer comme chez la grenouille, ou persister et remplir le rôle d'une *vésicule séminale*, comme dans les crapauds.

Les reins de la femelle des *amphibiens* ont, comme ceux des mâles des grenouilles et des crapauds, un canal rénal qui peut s'ouvrir dans la partie inférieure de l'oviducte, ou peut devenir complétement séparé de l'oviducte, et avoir sa propre ouverture dans le cloaque (ex. : *Rana esculenta*). On peut croire, d'après ces faits, que l'oviducte de la femelle et les conduits génito-urinaires du mâle des amphibiens représentent les conduits de Wolff et de Müller des vertébrés plus élevés.

Développement. — Chez la plupart des *amphibiens*, les œufs sont fécondés et couvés en dehors du corps, mais il y a fécondation et incubation interne chez quelques *urodèles*. Les œufs du *pipa* sont couvés dans des poches du tégument dorsal, tandis que le mâle des *alytes* les porte entortillés et attachés autour de ses jambes.

A leur naissance, les petits sont dépourvus d'organes respiratoires et de membres, et possèdent une longue queue, au moyen de laquelle ils nagent. Des fentes branchiales font bientôt leur apparition, et des palmes branchiales ciliées, comme celles des *urodèles* chez les pérennibranches, apparaissent extérieurement. Une paire de suçoirs se forment quelquefois à la face inférieure de la région mandibulaire, et les mâchoires acquièrent une gaîne cornée.

Une large membrane operculaire se développe au-devant de l'ouverture branchiale, s'étend au-dessus chez les *anoures*, et recouvre bientôt les branchies, laissant pendant un certain temps seulement une ouverture arrondie du côté gauche. Les membres antérieurs se développent avant les membres postérieurs; mais, chez la grenouille, ils ne sont pas sitôt visibles, se trouvant cachés par la membrane operculaire.

Les poumons font leur apparition comme diverculum des

parois ventrales de l'œsophage. Les sacs nasaux sont à l'origine de simples involutions cœcales de la peau ; mais les canaux nasaux, communiquant avec la bouche, se forment bientôt, et les respirations aérienne et aquatique sont complétement établies.

A mesure que s'opère le développement des *batraciens*, les branchies externes disparaissent, et sont remplacées dans leurs fonctions par de courts filaments branchiaux, développés sur toute la longueur de chacun des arcs branchiaux, au nombre de quatre.

Avant le développement des poumons, le cœur n'a qu'une seule oreillette, ensuite l'oreillette se partage en deux. Les arcs aortiques passent d'abord le long des arcs viscéraux et branchiaux jusqu'à l'aorte dorsale, comme chez les autres embryons vertébrés. Quand les branchies externes sont développées, chacune reçoit une ouverture de l'arc correspondant, comme il arrive pour les *protées*.

Quand les branchies internes des *batraciens* apparaissent, chacun des arcs aortiques appartenant aux arcs branchiaux se partage en deux troncs. L'un reste directement en rapport avec l'aorte cardiaque, l'autre s'ouvre dans l'aorte dorsale. Les vaisseaux des filaments branchiaux constituent des ouvertures entre ces troncs afférents et efférents, qui restent toujours unis par anastomoses. Quand la respiration branchiale cesse, les apophyses branchiales et leurs vaisseaux disparaissent ; les anastomoses se dilatent, la communication directe entre les troncs afférents et efférents de la seconde paire des branchies internes est rétablie, et ces troncs deviennent les arcs permanents de l'aorte. Les branchies antérieures sont remplacées par les glandes carotides, et leur vaisseau afférent est le canal carotide de l'adulte. Les troncs afférents et efférents de la troisième paire de branchies deviennent la branche de l'aorte cutanée, et le tronc afférent de la quatrième paire de branchies devient l'artère pulmonaire.

Le diagramme (fig. 27, p. 94) a pour but de rendre intelligibles les changements et les rapports des différents troncs des arcs aortiques embryonnaires.

Le canal alimentaire des têtards est d'abord long et enroulé, serré en spirale dans l'abdomen, comme un ressort de montre ;

mais sa longueur diminue à mesure que son âge devient plus avancé. En même temps, le régime végétal devient animal, le jeune têtard étant principalement herbivore, l'adulte insectivore.

Chez les *urodèles*, la queue persiste, et des vertèbres complètes se développent; mais chez les *anoures*, la partie caudale de la colonne vertébrale disparaît le plus souvent avec le reste de la queue, et la base seulement de la masse enveloppante de la notocorde se transforme en urostyle, qui, plus tard, se soude avec les arcs neuraux postérieurs.

Caractères zoologiques. — Les *protées* sont, comme les ganoïdes prédominants dans l'Amérique du Nord ; les exceptions à cette règle, parmi les *protées* et les *sieboldliensés*, appartiennent encore aux régions arctiques, mais Européennes et Japonaises respectivement.

Les *gymnotes* sont limitées aux chaudes régions du vieux et nouveau monde.

Les *salamandres* appartiennent aussi essentiellement aux régions arctiques et atteignent leur plus grand nombre et leur plus grande variété dans l'Amérique du nord.

Les *anoures* sont cosmopolites, quoique certains groupes soient limités aux possessions *arctiques* austro-colombiennes et australiennes respectivement.

Les *grenouilles* seules semblent être cosmopolites.

État fossile. — Des anoures et urodèles se trouvent dans les couches tertiaires, mais ne se rencontrent pas plus tôt. La *gymnote* n'a pas été trouvée à l'état fossile. La *labyrinthodonte* se trouve dans les couches carbonifères, permiaire, triasique et peut-être liasique.

CHAPITRE VI

LE GENRE SAUROPSIDÉS.

Le genre Sauropsidés est divisible en deux classes, les *reptiles* et les *oiseaux*.

Caractères anatomiques. — Tous les *reptiles*, aussi loin que leur organisation nous est connue, se distinguent des oiseaux par les caractères suivants :

1. Le squelette externe se compose de plaques cornées (écailles) ou plaques osseuses (scutes), jamais de plumes.

2. Le centre des vertèbres peut être amphicœlique, procœlique, opisthocœlique, ou peut offrir des faces articulaires presque plates. Mais ces faces sont sphéroïdes ou ovales et jamais cylindriques, même dans la région cervicale (1).

3. Quand les reptiles possèdent un sacrum, les vertèbres ont des côtes largement étendues, à l'extrémité desquelles s'articule l'iliaque.

4. Le sternum est rhomboïdal; et, quand beaucoup de côtes s'y réunissent, la plus postérieure s'attache à un simple ou double prolongement en arrière, sur la ligne médiane (excepté peut-être chez les *Ptérosaures*). Le sternum peut être converti en un os de cartilage, mais (à l'exception possible des *Pterosauria*) il n'est jamais remplacé par un os de membrane, et ne s'ossifie pas autrement que dans deux centres définis, quelquefois davantage.

5. Quand un interclaviculaire existe, il reste distinct des clavicules.

6. La main contient plus de trois doigts? (*Dinosaure*), et,

---

(1) Les faces articulaires des vertèbres de quelques *Pterosauria* sont très-allongées transversalement.

chez quelqués-uns, les trois du radius au moins ont des griffes.

7. Chez tous les reptiles existants les iliaques se prolongent plus loin en arrière qu'en avant de l'*acetabulum*, et la paroi interne de *l'acetabulum* est entièrement ou presque complétement ossifiée.

Les pubis sont directement au-dessous et en avant et, de même que les ischions, se rencontrent dans une symphyse ventrale. Dans le Dinosaure éteint, le bassin offre des formes transitoires entre la disposition des reptiles et celles des oiseaux.

8. Les doigts de pied ne sont pas plus nombreux que trois, et les os métatarsiens ne sont pas soudés ensemble ni les os de l'extrémité du tarse.

9. Dans les reptiles existants, pas plus de deux arcs aortiques (un droit et un gauche) ne persistent. Deux troncs artériels sont fournis par le ventricule droit, ou la partie du ventricule simple qui le représente. Les deux courants de sang veineux et artériel se réunissent ou dans le cœur lui-même, ou à l'origine des arcs aortiques.

Le sang est froid. Il existe ordinairement deux valvules similaires à l'origine des troncs aortique et pulmonaire.

10. Les *corps bijumeaux* sont situés à la face supérieure du cerveau.

Chez les oiseaux au contraire :

1. Le squelette externe se compose de plumes. Les points d'ossification du derme sont rares et ne prennent jamais la forme de *scutes* (plaques osseuses).

2. Chez tous les oiseaux existants, le centre des vertèbres cervicales au moins offre des faces articulaires cylindriques. Si, comme il arrive chez quelques oiseaux, les faces du centre des autres vertèbres est sphéroïde, ces vertèbres sont opisthocœliques, ce qui est la forme la plus rare chez les reptiles.

3. Les vertèbres sacrées propres des oiseaux, c'est-à-dire celles entre ou à travers les arcs desquels passent les racines du plexus sacré, n'ont pas de côtes développées s'appuyant sur l'iliaque.

4. Le sternum n'a pas de prolongement costifère, toutes les

côtes étant attachées sur ses côtés. Le sternum cartilagineux est remplacé chez l'adulte par un os de membrane qui s'ossifie par plusieurs centres, de deux à cinq ou plus.

5. Quand il existe un interclaviculaire, il concourt à former la clavicule.

6. La main ne contient pas plus de trois doigts et deux doigts du radius seulement ont des griffes.

7. Les ilions se prolongent beaucoup en avant de l'*acetabulum* dont la paroi interne est membraneuse. Le pubis et l'ischion sont dirigés en arrière plus ou moins parallèlement l'un à l'autre et les ilions ne se rencontrent jamais dans une symphyse ventrale.

8. L'astragale envoie une apophyse à la face antérieure du tibia et se soude de bonne heure avec celui-ci. Par cette disposition les oiseaux diffèrent de tous les reptiles existants. Le pied ne contient pas plus de quatre doigts. Le premier métatarsien est presque toujours libre, plus court que le reste, et incomplet au-dessus. Les trois autres se soudent ensemble, et avec l'extrémité de l'os du tarse pour former un tarso-métatarsien.

Quelques *Dinosaures* éteints se rapprochent de très-près des oiseaux par la forme du tibia et de l'astragale, l'union fixe des deux os, et le nombre réduit des doigts.

9. Il n'existe qu'un seul arc aortique, le droit. Un tronc artériel seulement, le pulmonaire qui sort du ventricule droit. Les courants artériel et veineux communiquent par les capillaires.

10. Le sang est chaud. Il existe trois valvules similaires à l'origine des troncs aortique et pulmonaire. Chez tous les oiseaux existants, les extrémités des principaux vaisseaux pulmonaires se terminent par des sacs aériens. On trouve un rudiment de cette structure dans les chameaux, et les Pterodactyles éteints possèdent très-probablement des sacs semblables.

11. Les *corps bijumeaux* sont rejetés sur les côtés et à la base du cerveau.

Je donnerai la description du squelette externe, du squelette interne et du système dentaire des groupes principaux de *reptiles*, d'après les différents modes d'énumération employés déjà, et je donnerai un résumé de ces systèmes chez les *oiseaux*. Mais les modifications dans la myologie, la névrologie, la splanchnologie, et le développement des deux classes seront mieux étudiées dans une section spéciale.

SECTION I. — LA CLASSE DES REPTILES.

Classification et ostéologie.

Caractères anatomiques. — Cette classe est divisible par des caractères bien définis dans les groupes suivants :

A. Les vertèbres dorsales dépourvues d'apophyses transverses comme toutes les autres vertèbres, sont fixes les unes au-dessus des autres, les côtes ne sont pas mobiles également sur les vertèbres (*Pleurospondylia*). La plupart des vertèbres dorsales et des côtes sont privées de mouvement par l'union des plaques osseuses superficielles dans lesquelles elles passent pour former une carapace.

Les os du derme, ordinairement au nombre de neuf, dont l'un est médian et symétrique, et les autres latéraux et pairs, se développent dans les parois internes du thorax et de l'abdomen pour former un plastron. I. **Chéloniens.**

B. Les vertèbres dorsales (avec apophyses transverses complètes ou rudimentaires) sont mobiles les unes au-dessus des autres, ainsi que les côtes. Il n'y a pas de plastron.

a. Les vertèbres dorsales ont des apophyses transverses ou entières ou très-imparfaitement divisées en facettes terminales (*Erpetospondylia*).

b. Les apophyses transverses sont longues, les membres bien développés avec les doigts unis par la peau en palme ; le sternum et les côtes sternales manquent ou sont rudimentaires. II. **Plesiosauria.**

a. Les apophyses transverses sont courtes et parfois rudimentaires ; les membres sont présents ou absents ; les doigts sont libres quand ils sont entièrement développés, et il y a un sternum très-développé avec des côtes sternales.

b. Un arc pectoral et une vessie urinaire. III. **Lacertiliens.**

a. Pas d'arc pectoral et pas de vessie urinaire. IV. **Ophidiens.**

b. Les vertèbres dorsales ont de doubles tubercules à la place d'apophyses transverses (*Perospondylia*). Les membres sont en forme de palette. V. **Ichthyosaures.**

c. Les vertèbres dorsales ont des apophyses transverses allongées et divisées, la division tuberculaire est plus longue que la division capitulaire (*Suchospondylia*).

d. Deux vertèbres seulement dans le sacrum. VI. **Crocodiles.**

b. Plus de deux vertèbres au sacrum, pas de doigt cubital prolongé à la main.

1. Le membre de derrière des sauriens. VII. **Dicynoadontia.** Les membres de derrière des oiseaux. VIII. **Ornithoscelida.**

c. Un doigt cubital extrêmement prolongé à la main. IX. **Pterosauria.**

ARTICLE I

LES CHÉLONIENS.

Caractères anatomiques. — Les tortues sont les reptiles qui approchent le plus près des *amphibiens*, quoiqu'ils s'éloignent beaucoup, non-seulement des amphibiens, mais encore, sous certains rapports, du type ordinaire des vertébrés.

Il n'existe pas de squelette externe épidermique corné chez les tortues molles (Trionyx), leur corps est couvert d'une peau souple; mais l'épiderme des autres *chéloniens* se modifie en plaques cornées qui constituent la carapace, et se présentent sous un aspect spécial. La face dorsale du corps offre trois séries de plaques *centrales*, dont cinq au milieu et quatre de chaque côté (4, 5, 4). Les marges de la gaîne dorsale sont garanties par vingt-quatre ou vingt-cinq plaques : une sur la ligne médiane en avant appelée *nuquale*, une ou deux en arrière, *pygales*, et onze de chaque côté, *marginales*. La gaîne ventrale présente quelquefois une écaille médiane antérieure; mais le plus souvent il existe six paires disposées symétriquement. On verra tout à l'heure que ces plaques épidermiques ne correspondent en aucune manière avec l'ossification osseuse du derme. Outre ces plaques principales, de petites pièces épidermiques cornées en forme d'écailles, se développent sur les autres parties du corps et sur les membres. L'ossification du derme peut être mieux décrite réunie au squelette interne.

Les vertèbres pré-sacrées sont en petit nombre. Dans la tortue verte (chelone midas), on trouve huit cervicales et dix dorsales

Fig. 63. — *Alligator terrapene* (Chelydra serpentina).

en avant du sacrum, qui se compose de deux vertèbres. Dans toutes les vertèbres cervicales, les sutures neuro-centrales persistent; il n'y a pas d'apophyses transverses ou de côtes, et les épines sont courtes ou abortives. La première vertèbre ou atlas est un os en forme d'anneau composé de trois pièces, une basilaire et deux supéro-latérales. La seconde est une véritable vertèbre axis, la partie intérieure centrale du centre de l'atlas s'ossifiant en dehors comme un os odontoïde, et s'attachant à la face antérieure du centre de la seconde vertèbre.

Les autres vertèbres cervicales sont remarquables par la singulière variété de disposition de leurs couronnes et de leurs globes articulaires.

Ainsi, la troisième est opisthocœlique, la quatrième biconvexe, la cinquième procœlique, la sixième également procœlique, mais la face supérieure est presque plate et très-large; dans la septième, les deux faces postérieure et antérieure sont très-larges et aplaties; la postérieure étant la plus convexe. La huitième vertèbre cervicale est procœlique et diffère du reste par l'expansion de l'épine neurale, et par la manière dont ses postzygapophyses se trouvent archées en arrière, au-dessus des prézygapophyses de la première vertèbre dorsale, sur laquelle joue le premier en arrière et en avant.

Toutes les vertèbres cervicales sont très-librement mobiles les unes au-dessus des autres et donnent une grande flexibilité au cou. Comme contraste frappant avec cette disposition, les dix vertèbres suivantes ont des faces aplaties, fortement unies à l'aide de cartilage. Si on examine quelqu'une de ces vertèbres, depuis la seconde jusqu'à la neuvième, on trouve

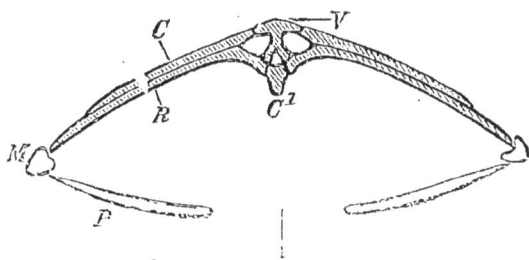

Fig. 64. — Section transversale d'un squelette de *Chelone midas* dans la région dorsale; C', centre; V, plaques neurales développées; C, plaque costale; R, côte; M, plaque marginale; P, élément latéral du plastron.

que le centre allongé est lâchement uni à l'arc neural, et que le sommet de l'arc neural se continue avec une large plaque osseuse, qui forme un des huit éléments médians de la cara-pace ou plaques neurales (fig. 64, V).

Il n'y a pas d'apophyses transverses, mais une côte s'arti-cule entre le centre et l'arc neural. A une petite distance de son attache, cette côte passe dans une large plaque osseuse qui s'avance au-dessus pour s'unir par suture avec la plaque neurale, et en avant et en arrière, se joint symétriquement avec la plaque costale qui précède et celle qui suit. La côte peut être marquée le long de la face supérieure de la plaque costale, en dehors des marges externes desquelles elle sort; et son extrémité libre est reçue dans une fosse située dans une ossification allongée et prismatique du derme, qui forme une des séries des plaques marginales (fig. 64, M).

La première vertèbre dorsale diffère des autres sous beau-coup de rapports. La face antérieure de son centre est concave, et se dirige en bas et en avant, tandis que ses prézygapophyses sont très-prolongées, afin de s'articuler avec la face postérieure convexe du centre et les postzygapophyses prolongées de la dernière vertèbre cervicale.

Les apophyses épineuses ne passent pas dans les plaques *nuquales* osseuses de la carapace située au-dessus (fig. 65, Nu), et ses côtes ne s'étendent pas en une plaque costale, mais s'unissent avec les plaques costales de la seconde vertèbre dorsale. L'arc neural de cette vertèbre est plus court d'avant en arrière que son centre; l'arc neural de la seconde vertèbre dorsale s'étend en avant et recouvre le centre de la première dans l'espace laissé inoccupé. La côte de la seconde vertèbre est entraînée aussi en avant, et s'articule, non-seulement avec son propre centre et son arc neural, mais avec le bord postérieur du centre de la première vertèbre.

Cette disposition est reproduite par les autres vertèbres dorsales et les côtes, jusqu'à la neuvième inclusivement, mais pour la dixième, l'arc neural n'occupe que la moitié antérieure du centre de sa propre vertèbre; la côte est très-petite et n'a pas de plaque costale.

L'union des plaques neurales et costales des huit vertèbres dorsales, depuis la seconde jusqu'à la neuvième inclusivement, donne naissance à la partie principale de la *carapace* ou moitié dorsale de la coquille osseuse des chéloniens. La première et la dixième vertèbres dorsales ne contribuent pas à former la carapace, leurs petites côtes s'attachant simplement en arrière et en avant aux plaques costales.

Une large plaque *nuquale* (fig. 65, Nu), située en avant de la première plaque neurale, à laquelle elle s'unit à l'aide d'une suture dentelée, forme les limites médianes de la carapace. Cette plaque *nuquale* envoie au-dessous de sa face supérieure une apophyse médiane, qui se rattache par un ligament à l'expansion de l'épine neurale de la huitième vertèbre cervicale. Derrière la huitième plaque neurale, trois autres plaques médianes *pygales* (fig. 65, Py) se succèdent les unes aux autres. Les deux antérieures s'unissent par sutures entre elles et avec les huitièmes plaques neurales et costales; mais la troisième se réunit, du côté extérieur, seulement avec les plaques marginales. Toutes les trois sont parfaitement distinctes des vertèbres subjacentes.

Les côtés de la carapace sont complétés entre les plaques nuquale et pygale par onze plaques marginales (fig. 65, M) de chaque côté. Huit de celles-ci reçoivent les extrémités des côtes des secondes, jusqu'à la neuvième vertèbre dorsale de la manière déjà décrite. Il n'y a pas de doute que les plaques nuquales, pygales et marginales de la carapace sont des os de mem-

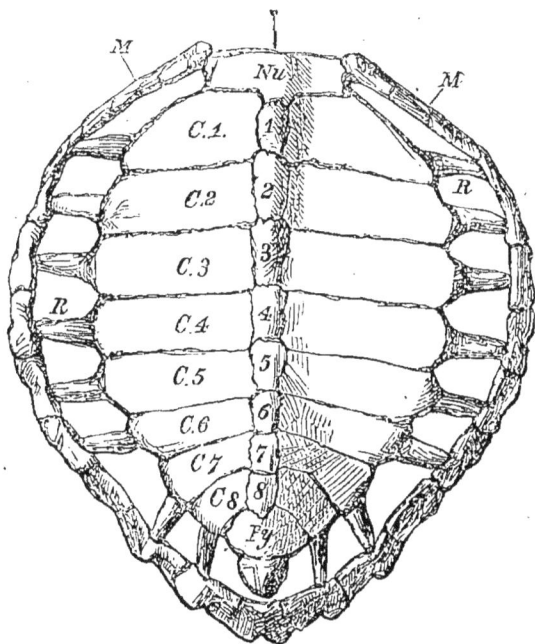

Fig. 65. — Vue dorsale d'une carapace de *Chelone midas*; Nu, plaque nuquale; M, plaques marginales; R, côtes; 1-8, plaques neurales; C,1. — C,8, plaques costales; Py, plaques pygales.

brane développés dans le tégument indépendamment des vertèbres et des côtes. Mais il paraît que les plaques neurales et costales existent comme expansions des cartilages des épines neurales et des côtes des vertèbres primitives avant l'ossification. D'après ce qui vient d'être dit, les plaques neurales et costales sont des éléments vertébraux et n'appartiennent pas au derme, quelque semblables qu'ils puissent paraître. Mais cette similarité ultime entre os d'origine totalement distincte, n'est pas plus remarquable ici que dans le crâne, où les pariétaux et les os frontaux sont placés dans le même rapport avec l'os sus-occipital, que les plaques nuquales et pygales avec les plaques neurales de la carapace.

Il n'y a aucune côte sternale et aucune trace d'un vrai sternum n'a encore été découverte chez les *chéloniens*. Le plastron est entièrement composé d'os de membrane développés dans le tégument, et se trouve en partie devant, en partie derrière l'ombilic du fœtus. Ces dernières appartiennent à l'abdomen, et la structure du plastron est thoracico-abdominale.

Chez les tortues, le plastron se compose de neuf pièces : une médiane et antérieure, quatre latérales et paires (fig. 66).

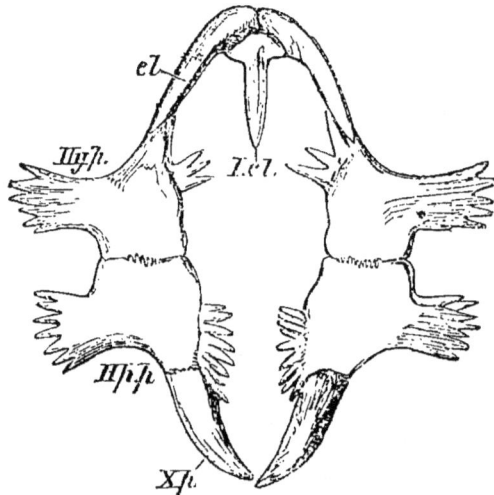

Fig. 66. — Plastron de la tortue verte (*Chelone midas*). — l.*cl*, reiter-clavicule ; clavicules ; Hy,*p*, hyo-plastron ; Hp,*p*, hypo-plastron ; Xp, xiphi-plastron.

Ces pièces peuvent être nommées l'*entoplastron* médian. Le premier latéral *épiplastron*; le second *hyoplastron*; le troisième *hypoplastron*; et le quatrième *xiphiplastron* (1).

L'*entoplastron* et les deux *épiplastrons* correspondent aux plaques médianes et latérales, thoraciques des labyrhinthodontes *amphibiens*, et très-probablement représentent l'interclavicule et la clavicule des autres *vertébrés*.

Le sacrum se compose de deux vertèbres. Les expansions des côtes de ces vertèbres ne sont pas soudées avec le centre et les arcs de leurs vertèbres.

(1) Les anatomistes, s'imaginant que le plastron répond au sternum des autres *vertébrés*, ont appelé ces éléments *entosternum*, *épisternum*, *hyosternum*, *hyposternum*, et *xiphisternum*.

La queue est flexible et composée de vertèbres procœliques. Les vertèbres caudales antérieures n'ont pas d'apophyses transverses, mais possèdent des côtes qui peuvent ne pas se souder avec le centre. Ainsi la queue et le cou sont les seules régions de la colonne vertébrale des chéloniens qui soient flexible.

Dans le crâne des *chéloniens*, tous les os, excepté la mandibule et l'arc hyoïdien, sont unis ensemble par articulation fixe.

Dans le segment occipital de l'adulte, le sus-occipital est uni à l'épiotique, mais habituellement l'occipital reste parfaitement distinct de l'opisthotique. Le basisphénoïde est large et distinct. La région alisphénoïdale reste non ossifiée ;

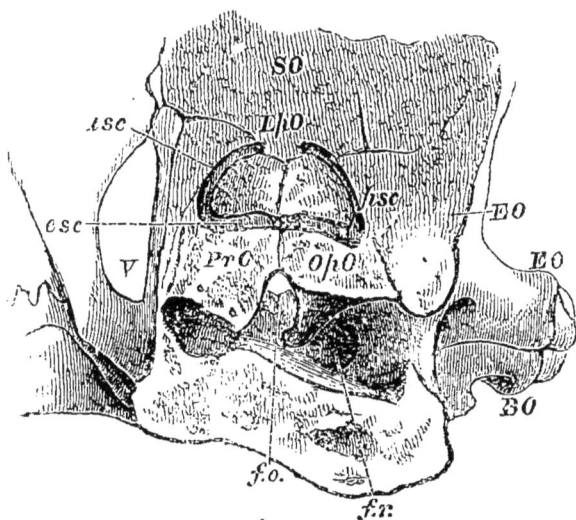

Fig. 67. — Vue externe d'une section de la région auditive du crâne chez une tortue (*Chelone midas*), fo, fenêtre ovale ; *fr*, fenêtre ronde ; *esc, asc, psc,* canaux semi-circulaires externe, antérieur et postérieur.

mais les larges pariétaux envoient au-dessous un prolongement de chaque côté qui tient la place d'un alisphénoïde. Il n'existe pas d'os pour représenter le présphénoïde, ni les orbito-sphénoïdes; mais on trouve de larges frontaux. Dans la capsule périotique, le large pro-otique et l'opisthotique (occipital externe de Cuvier) restent des os distincts, mais l'épiotique se réunit au sus-occipital. Le cartilage naso-ethmoï-

dien persiste en grande partie, mais il est recouvert au-
dessus et de chaque côté par un os large. Les deux autres se
rencontrent sur la ligne médiane et occupent la place des os
lacrymal, préfrontal et nasal.

Les prémaxillaires sont petits et s'unissent habituellement
ensemble.

Il existe un seul vomer, formé dans une plaque inter-nasale

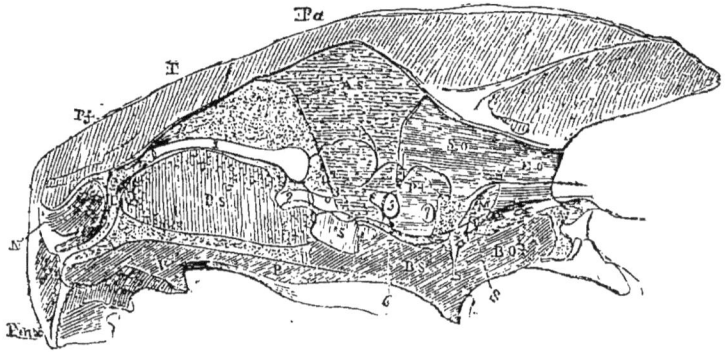

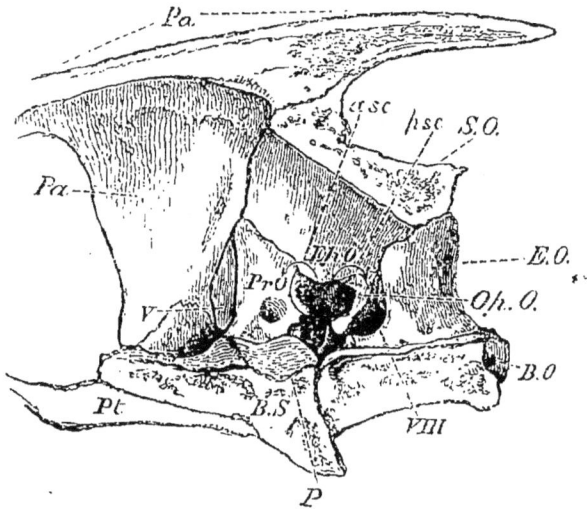

Fig. 68. — Sections longitudinales du crâne d'une tortue. La figure supérieure
représente le crâne entier avec les tracés du cerveau *in situ*. La figure inférieure
donne une plus large vue de la face interne des os de la moitié postérieure du
crâne.

médiane, qui s'étend au-dessous et joint la plaque palatine à
l'os palatin ; au-dessous de la partie postérieure et supérieure

de l'orbite, se trouve un postfrontal, et derrière celui-ci est placé un squamosal à côté de la capsule périotique, et au-dessus du large os carré. Le postfrontal et le squamosal occupent la partie supérieure de la région temporale du crâne. Au-dessous, un quadrato-jugal et un jugal rejoignent l'os quatrade au large maxillaire.

Dans quelques genres comme les *chélonés* ou tortues de mer et les *chelydra* ou tortues batraciens, le crâne possède une sorte de fausse voûte formée par l'expansion d'une épine médiane, sortie des os pariétaux, en une grande plaque qui s'unit par suture avec les postfrontaux ou *squamosaux*.

L'os carré est solidement fixé aux côtés de la région périotique du crâne et se termine au-dessous en un fort condyle pour les mandibules.

Les longs et larges os ptérygoïdiens s'unissent entre eux sur la ligne médiane et sont fortement fixés à la base du crâne comme on le voit chez les *plesiosaures* et les *crocodiles*. Ils s'unissent seulement à la partie supérieure de l'os quadrate chez ces derniers.

Les palatins sont fortement unis aux ptérygoïdiens et avec le vomer en avant. Ils se prolongent vers le bas, et développent une petite plaque palatine qui s'unit avec l'expansion saillante du bord inférieur du vomer, pour border les narines postérieures (fig. 69, Vo, N¹).

Les pièces dentaires des deux branches de la mandibule sont représentées par un os comme chez les oiseaux.

L'appareil hyoïdien se compose d'une plaque large de cartilage munie antérieurement de deux cornes ossifiées plus longues et postérieurement de deux plus courtes. Les cornes n'ont pas de rapport direct avec le crâne.

L'arc pelvien et l'arc pectoral semblent à première vue occuper une place anormale chez les chéloniens, en ce qu'on les croit situés en dedans et non en dehors du squelette du tronc, mais comme le plastron ne répond pas au sternum des autres *vertébrés*, mais partage le squelette dermal, l'anomalie n'existe pas réellement du côté ventral. Et du côté dorsal, le arcs pectoral et pelvien du fœtus des chéloniens sont situés dans le principe au devant des côtes ou derrière et extérieurement par rapport à elles comme chez les autres *vertébrés*. A me-

sure que le développement avance, la première plaque costale s'étend au-dessus du scapulum et les plaques costales
postérieures au-dessus de l'ilium.

L'arc pectoral s'ossifie de telle sorte que le scapulum et le
précoracoïde forment un seul os, tandis que le coracoïde
reste distinct. Les extrémités libres du coracoïde et du pré-

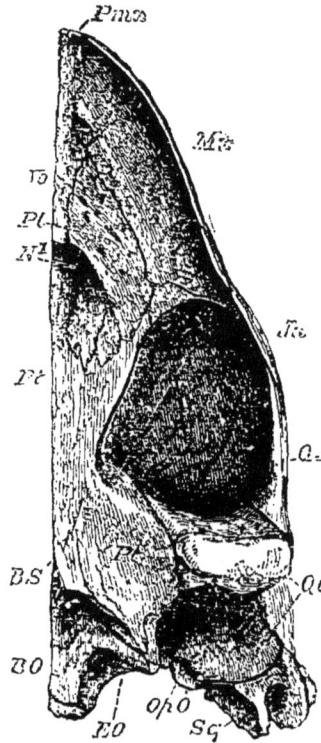

Fig. 69. — Moitié gauche de la partie inférieure du crâne d'une tortue ; N¹, narines
postérieures.

coracoïde sont habituellement unis ensemble par une bande
fibro-cartilagineuse représentant le cartilage épicoracoïde chez
les *lacertiliens*. Il n'existe pas de clavicule, à moins que les
épiplastrons et l'entoplastron ne représentent cet os.

Le carpe des *chéloniens* contient neuf osselets primitifs,
comme chez les *urodèles* : trois dans le rang antérieur, un central et cinq postérieurs ; ces os restent presque toujours distincts. Il y a cinq doigts ; le nombre des phalanges n'est pas
constant.

Le bassin contient les os usuels. Les os pubiens (qui sont très-larges) et les ischions se rencontrent respectivement dans une longue symphyse ; et quelquefois les trous obturateurs sont complétés en dedans, par la rencontre des os du pubis et de l'ischion de chaque côté sur la ligne médiane.

Le bassin n'est ordinairement joint ni à la carapace ni au plastron. Mais dans les *Chelys* et les *Chelodina* et quelques autres genres, l'iliaque s'unit par synchondrose, ou ankylose, avec les dernières plaques costales, de manière que le bassin devient solidement fixé entre la carapace et le plastron.

Le rang antérieur des os du tarse se compose ordinairement d'un *astragale* formé par l'union du *tibial* et de l'*intermédiaire* et d'un *péronéen* ou *calcanéum*. Chez les *Chelydra* il y a un os central. Dans les *Chéloniens*, les *Emys*, les *Testudo* de terre et les *Trionys*, l'os central est uni avec l'astragale, et chez les *Emys*, le *calcanéum* se réunit à l'*astragale*, de manière que la portion intérieure du tarse se compose d'un seul os. Dans la série postérieure, les deux tarsiens péronéens, et le cinquième métatarsien affecte une forme particulière en se courbant sur lui-même à angles droits, au milieu de sa longueur.

Les *Testudinea* n'ont que deux phalanges à chaque doigt de pied.

Classification. — Les *Chéloniens* se divisent en *Testudinea*, *Emydea*, *Trionychoidea* et *Euereta*.

Les *Testudinea* ont des mâchoires cornées unies et coupantes ou denticulées. Les yeux sont dans une position latérale, la membrane tympanique est en dehors, les membres courts et épais ont des orteils (tous pourvus d'ongles) reliés ensemble par le tégument. Les plaques cornées de la carapace et du plastron sont très-développées.

Les tortues de terre appartiennent à cette division. La carapace est habituellement très-convexe, et parfois (comme dans le genre *Pyxeis*) la partie antérieure du plastron est mobile, et peut être formée comme un couvercle. Chez les *Cinyxis*, la partie postérieure de la carapace est symétriquement mobile.

Les *Emydea* ont habituellement des mâchoires cornées coupantes non recouvertes de lèvres ; le tympan est en dehors ; les membres sont plus minces que ceux des *Testudinea*, et possèdent cinq doigts pourvus de griffes qui ne sont réunis que par une membrane. Les plaques cornées de la carapace et du plastron sont très-développées.

Il y a les tortues de rivière et de marais. Celles-ci sont encore divisibles en deux groupes, dans l'un desquels, celui des *Terrapenes*, le bassin est libre, le cou incliné dans un plan vertical, et la tête presque complétement cachée par la carapace, quand elle se retire (*Emys*, *Cistudo*, *Chelydra*). Chez les *Cistudo*, les *Cinosternum* et les *Staurotypus*, la partie postérieure du plastron est mobile. Dans l'autre division des *Chéloniens*, ce bassin est fixé à la carapace et au plastron, le cou penche de côté, et la tête ne peut se retirer complétement dans la carapace (*Chelys*, *Chelodina*).

3. Dans les *Trionychoidea* (tortues de boue ou tortues molles) les mâchoires ont une lèvre externe cutanée ; l'organe nasal se prolonge dans une sorte de museau, et la tête est couverte par une peau souple sans aucune membrane tympanique visible. Les membres sont aplatis, quelque peu en forme de nageoire, et pentadactyles ; mais trois doigts seulement ont des ongles. Il ne se développe pas de plaques cornées dans le tégument, qui est parfaitement mou. Les plaques costales sont plus courtes que chez les autres *Chéloniens* et les petits os des marges sont ou rudimentaires ou absents.

Les genres *Gymnopus*, *Cryptopus* et *Cycloderma* constituent cette division ; ils habitent tous les eaux douces des pays chauds.

Les *Euereta*, ou tortues de mer, ont un bec corné et crochu avec un museau rude. Le tympan est caché par le tégument. Les membres, dont la paire antérieure est de beaucoup la plus longue, sont convertis en rames, les doigts étant plus aplatis, allongés et immobiles, unis ensemble par le tégument ; un ou deux ongles seulement sont développés. La peau du corps est rugueuse (sphargis) ou couverte de plaques épaisses épidermiques (*Chéloniens*).

Caractères zoologiques. — Les deux genres qui composent ce groupe habitent les mers des pays chauds.

État fossile. — Les premiers chéloniens reconnus avec certitude se trouvent dans les terrains lias. Les plus anciennes tortues sont, sous beaucoup de rapports, intermédiaires entre les *Euereta* et les *Trionychoidea*, mais n'ont aucune ressemblance avec les reptiles d'aucun autre ordre.

ARTICLE II

LES PLÉSIOSAURES.

Caractères anatomiques. — Chez quelques Plésiosaures, un vingtième ou un trentième de la longueur du corps est monté sur un cou aussi long que celui du cygne, mais les autres ont une tête large et massive, et un cou plus court. Les membres de derrière sont plus longs que les membres de devant, et ils ont une queue comparativement courte. La peau était certainement dépourvue de *scutes* ou plaques osseuses, probablement molle et sans écailles.

Les vertèbres cervicales peuvent aller jusqu'à quarante et plus, quoique généralement elles soient moins nombreuses; et comme aucune des côtes ne semble avoir été unie au sternum, ou que, si quelque union a existé, on n'en retrouve plus de traces, il devient difficile de distinguer les vertèbres cervicales des vertèbres dorsales, et il faut pour les distinguer avoir recours à une méthode différente de celle qui sert à désigner les autres.

Dans ces animaux, la suture neuro-centrale de la moelle persiste durant une période considérable, sinon toute la vie; et les surfaces pour les articulations des côtes cervicales, qui sont d'abord toutes au-dessous des sutures neuro-centrales, s'élèvent graduellement à la partie postérieure du cou jusqu'à ce qu'elles soient coupées par la suture et alors s'élèvent au-dessus. Il est très-utile, pour se mettre en harmonie avec ces faits, d'être un peu familiarisé avec la structure des crocodiles, de prendre la dernière vertèbre dans laquelle la surface articulaire costale est coupée par la suture neuro-centrale ainsi que la dernière de la série cervicale.

Les deux vertèbres cervicales antérieures ainsi définies constituent l'atlas et l'axis, et sont fréquemment soudées ensemble. Les surfaces antérieure et postérieure du centre des autres vertébrés sont légèrement concaves; les arcs (neuraux) très-développés, les apophyses zygomatiques antérieure et postérieure possédant les caractères ordinaires, et des apophyses épineuses épaisses mais un peu courtes. Le centre présente de chaque côté une fosse rugueuse ovale parfois plus ou moins divisée en deux facettes. C'est la surface articulaire costale déjà désignée, dans laquelle se fixe la tête épaisse du membre costal, qui peut avoir des facettes correspondantes, mais autrement est indivisible. La côte se continue en arrière dans un corps court et droit, et l'angle de la partie où se joignent le cou et le corps se produit en avant, de manière que les côtes cervicales du Plésiosaure ont une forte ressemblance avec celles du crocodile. A la partie antérieure du cou et à la partie antérieure de la région dorsale, les côtes deviennent un peu plus larges et perdent leur apophyse antérieure, acquérant graduellement la forme arrondie et courbe des côtes ordinaires. Les extrémités antérieures restent simples, et les facettes avec lesquelles elles s'articulent, s'élèvent et se jettent en dehors comme des apophyses transverses développées dans les arcs des vertèbres (fig. 70, C).

Dans les autres vertèbres dorsales, ces apophyses transverses atteignent rapidement leur complet développement; elles se continuent sous cette forme un peu plus bas sur les arcs des vertèbres, vers le sacrum jusqu'à la fin de la région dorsale. Les apophyses épineuses acquièrent une plus grande longueur ; les apophyses zygomatiques sont très-développées et les surfaces articulaires du centre conservent la forme qu'elles possédaient dans la région cervicale. Il y a ordinairement de vingt à vingt-cinq vertèbres dorsales. Les vertèbres sacrées, au nombre de deux, ressemblent aux autres, si ce n'est que les côtes sacrées sont grandes et larges pour servir d'attache à l'ilium. Les vertèbres caudales, en général au nombre de trente à quarante, se réduisent comme à l'ordinaire à un peu plus que le centre vers l'extrémité de la queue; mais à la partie antérieure de la queue, elles ont des épines très-développées et des apophyses articulaires avec des côtes, qui se soudent aux corps des vertèbres dans un âge avancé de l'animal. Des os chevrons très-développés s'attachent entre les marges ventrales des centres successifs des vertèbres caudales.

Comme il a été dit déjà il ne semble pas y avoir de côtes

sternales, mais il y a un système très-développé d'ossification

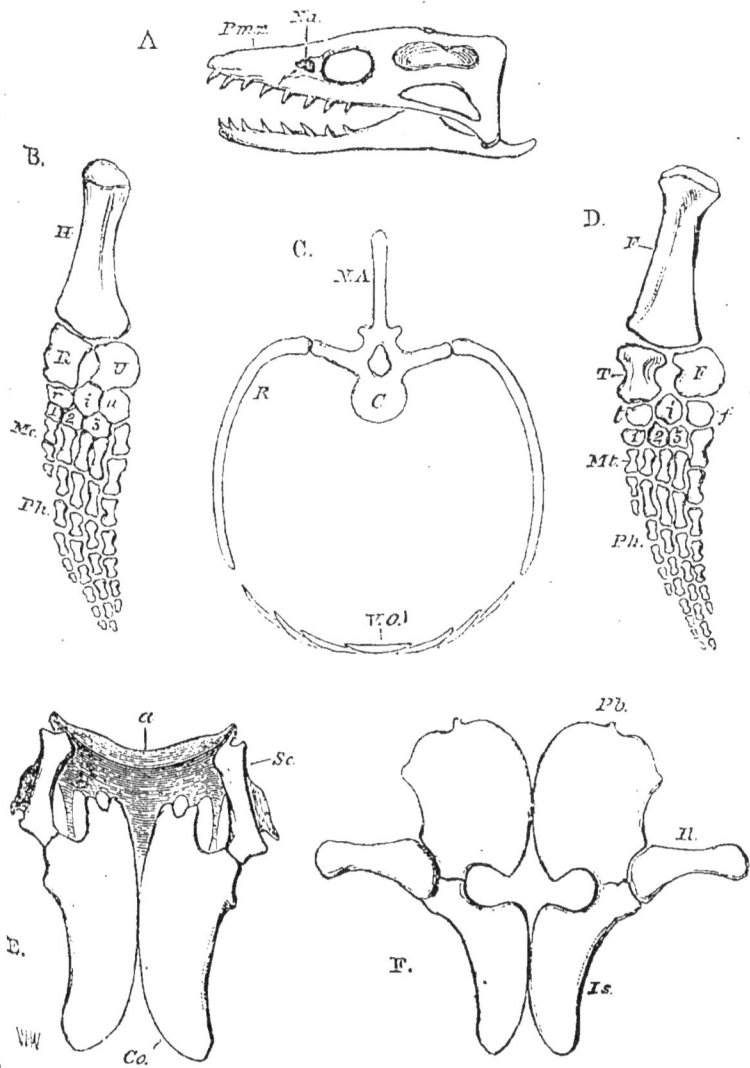

Fig. 70. — Diagramme montrant la disposition des parties les plus importantes du squelette d'un *Plésiosaure*. — A, crâne, Na, ouverture nasale ; B, membre antérieur gauche : H, humérus ; C, cubitus ; R, radius ; r,i,u, radial, intermédium, cubital du rang antérieur des os du carpe ; 1,2,3, os carpiens postérieurs ; Mé, métacarpe ; Ph, phalanges ; C, vertèbre dorsale avec côtes (R) et ossifications ventrales (Vo).— D, membre postérieur gauche ; F, fémur ; T, tibia ; P, péroné ; t.i.f., tibial intermédium et péronéen du rang antérieur des os du tarse, 1,2,3. Os tarsiens postérieurs ; M, métatarse ; Ph, phalanges. — E, arc pectoral ; Sc, scapulum ; Co, coracoïde ; a, clavicules et inter-clavicule (o) ; F, arc pelvien ; Pb, pubis ; il, ilium ; is, ischium

de la paroi de l'abdomen, disposé sur des rangs transverses de devant en arrière ; chaque rang se compose d'un os médian légèrement incliné sur lui-même, épais au milieu et mince à chaque extrémité, et de six autres os, trois de chaque côté, allongés et pointus aux deux extrémités et disposés de telle sorte que chaque bout pointu en couvre un autre (fig. 70, E).

Chez quelques *Plésiosaures*, ainsi qu'il a été établi, le crâne (fig. 70, A) est très-petit en proportion du corps, dont il représente à peine le vingtième ou le trentième de la longueur ; mais dans les autres espèces le crâne est beaucoup plus large. Le museau est effilé et aplati, et les ouvertures nasales sont situées non à son extrémité, mais juste au-devant des orbites. Celles-ci, de même que les fosses sus-temporales, sont larges. Le condyle occipital se développe presque entièrement dans le large basi-occipital. Les ex-occipitaux fournissent des apophyses parotiques allongées et le basi-sphénoïde est un os épais qui se termine en avant par un long bec.

Il existe un trou pariétal très-marqué et les pariétaux envoient en arrière des apophyses relativement courtes qui s'unissent à de larges squamosaux. Ceux-ci se joignent aux post-frontaux, qui séparent les orbites de la fosse temporale, et l'orbite est complétée, en arrière, par la jonction du post-frontal avec le jugal. L'os jugal se continue en arrière sous la forme d'une barre mince qui descend aussi bas que l'extrémité du quadrate, et contient probablement un quadrato-jugal, de manière qu'il se trouve une fosse intra-temporale distincte. La plus grande particularité qui distingue le crâne des *Plésiosaures* de la plupart des autres reptiles, est la grandeur des prémaxillaires, qui constituent une grande partie du museau.

La face inférieure du crâne est rarement très-découverte à sa partie antérieure ; postérieurement le crâne offre une large et longue expansion formée par les os ptérygoïdes, qui s'unissent sur la ligne médiane et envoient des apophyses en dehors et en arrière de l'os quadrate. De chaque côté de la ligne médiane de cette région du crâne, on voit une fosse ovoïde ou une dépression. Les ptérygoïdes se continuent en avant et s'unissent extérieurement avec les os transverses et plus antérieurement encore avec des os palatins aplatis. Quand la partie antérieure de la face inférieure du crâne est découverte, deux autres fosses sont visibles, une de chaque côté de la ligne médiane, limitées en arrière par les os palatins, et séparées par ce qui semble être les vomers. Je pense que ce sont les vraies narines postérieures, et que les ouvertures postérieures sont simplement des espaces entre les os ptérygoïdes et la base du crâne.

Sur les côtés de la base du crâne certaines espèces de *Plésiosaures* offrent quelquefois deux os styliformes, situés parallèlement à l'axe du crâne et qui peuvent faire partie de l'appareil hyoïdien. On n'a trouvé aucune trace d'anneau sclérotique.

Les dents du *Plésiosaure* sont très-aiguës, crochues, et les faces externes de leurs couronnes striées. Chaque dent est logée dans une alvéole distincte, avec laquelle, comme chez les crocodiles, elle ne se soude pas.

L'arc pectoral (fig. 70, E) est une des parties les plus remarquables de l'organisation des *Plésiosaures*. Il se compose d'abord de deux coracoïdes très-larges, dont les longs axes sont parallèles entre eux, tandis que leurs bords internes se rencontrent, sans se recouvrir, sur la plus grande portion de leur étendue. Sous ce rapport, les Plésiosaures diffèrent de tous les *Lacertiliens*, qui sont pourvus de membres très-développés. Chez ceux-ci, les longs axes des coracoïdes se rompent toujours à un large angle ouvert postérieurement, circonstance qui résulte de la manière dont les coracoïdes sont reçus dans les sillons des bords antéro-latéraux des parties rhomboïdales du sternum. Il semble donc que les *Plésiosaures,* ainsi que les *Chéloniens*, ne possédèrent rien de correspondant à cette partie rhomboïdale du sternum, mais que la partie intercoracoïdienne du sternum était absente ou réduite à une simple bande comme chez les *Batraciens*.

Les *scapulum* ne ressemblent pas aux organes correspondants des autres reptiles. L'extrémité glénoïde grosse et forte se continue horizontalement en avant et en dedans, comme un prisme osseux ayant un bord interne quelque peu concave et une face inférieure plate. La surface externe s'élevant à angle droit jusqu'à la face ventrale donne naissance à un bord très-défini ; à une petite distance de l'extrémité glénoïdienne, la partie de l'os qui supporte cette face s'avance au-dessus et en arrière, sous la forme d'une plaque recourbée. Cette partie semble représenter le corps propre du scapulum chez les autres reptiles, tandis que le prolongement horizontal correspond à l'apophyse glénoïde du scapulum, qui s'étend en avant et en dedans comme une barre osseuse chez beaucoup de *Lacertiliens*, par exemple chez l'*Iguana*.

Dans des spécimens très-bien conservés, un large anneau de substance (fig. 70, E, *a*), qui semble n'avoir été qu'imparfaitement ossifiée, s'étend à travers la ligne médiane du corps, depuis l'apophyse préglénoïdienne d'un des *scapulum* jusqu'à celui de l'autre, et se continue en arrière sur la ligne médiane jusqu'à la jonction des deux coracoïdes : cet anneau correspond de très-près par sa forme et sa position aux ossifications épi-coracoïdes des *Lacertiliens* combinées avec les clavicules et les inter-clavicules ; mais je n'ai jamais pu découvrir le moindre élément claviculaire ou intra-claviculaire distinct chez aucun *Plésiosaure*, quoique ces éléments semblent avoir été très-développés chez les *Nothosaurus*.

L'humérus est un os gros, prismatique et terminé à son extrémité supérieure par une tête arrondie ; plat et large inférieurement (fig. 70, B). Sa marge antérieure est presque droite, ou légèrement convexe, tandis que la postérieure est concave. A sa partie inférieure, il présente deux facettes, qui se rencontrent dans un angle avec lequel s'articulent le large et court radius et le cubitus. Le radius diffère du cubitus par sa forme, en ce qu'il est convexe postérieurement et concave en avant. Les deux os sont d'égale longueur, et beaucoup plus courts que les humérus. Il y a six os carpiens arrondis (1), disposés sur deux rangs ; et à ceux-ci succèdent cinq doigts composés de métacarpiens et de phalanges allongées et contractées au milieu. Les doigts médians ont de nombreuses phalanges.

L'arc pelvien possède de très-larges dimensions en rapport avec la grandeur des membres postérieurs, qui sont ordinairement plus longs que les membres antérieurs (fig. 70, F et D). L'ilium est un os verticalement allongé, plus étroit au dessous

(1) On peut discuter si le quatrième os postérieur du carpe et du tarse (fig. 70, B et D) appartient au carpe et au tarse, ou au métacarpe et au métatarse ; ou s'il est formé par la réunion d'éléments appartenant aux deux régions.

qu'au-dessus, où il s'unit aux côtes sacrées. Inférieurement il s'unit avec le pubis et avec l'ischion, pour former l'acétabulum. Les pubis sont des os quadrates très-larges, beaucoup plus larges que les ischions ; ils se rencontrent dans une symphyse médiane. Les ischions, triangulaires et étendus, s'unissent aussi dans une symphyse centrale. Le fémur ressemble à l'humérus dans son ensemble, quoique ses deux côtés soient plus droits ; et les autres os du membre de derrière sont tellement semblables à ceux du membre antérieur, qu'il est inutile d'en donner une description spéciale.

Il ne peut y avoir le moindre doute que tous les os des membres ne fussent comme ceux des Cétacés enfermés dans une gaîne commune de tégument, de manière à former une rame.

Telle est en général l'organisation du squelette des Plésiosaures.

État fossile. — Ce sont des animaux éteints depuis longtemps, entièrement confinés dans les terrains mésozoïques, depuis le trias jusqu'à la craie inclusivement. On peut les diviser en deux groupes, suivant qu'ils sont de période triasique ou post-triasique.

Le groupe post-triasique contient les genres *Plésiosaure* et *Pliosaure*, dont les différentes espèces semblent différer un peu plus que par les proportions de la tête par rapport au tronc, et la longueur relative avec le degré d'excavation du centre des vertèbres. Dans les espèces qui ont reçu le nom de *Pliosaures*, les vertèbres sont larges par rapport à leur longueur, et profondément excavées en avant et en arrière.

Les *Pliosaures* atteignent des dimensions gigantesques : les pieds de quelques individus atteignent une longueur de six pieds au moins.

Les genres triasiques, *Nothosaures*, *Simosaures* et *Pistosaures* (que les travaux d'Hermann von Meyer ont puissamment aidé à nous faire connaître) semblent avoir différé des Plésiosaures surtout sous les rapports suivants :

L'union des arcs nerveux avec le centre des vertèbres semble avoir été plus lâche. La fosse sus-temporale du crâne semble avoir été plus large en proportion. Dans ces animaux, la face supérieure du crâne offre la même structure que dans les

13.

Plésiosaures, mais la fosse postérieure manque apparemment; tandis qu'il n'est pas douteux que les vraies narines postérieures soient situées très en avant dans la position qui leur est assignée chez les *Plésiosaures*.

L'arc pectoral des *Nothosaures* présente encore une déviation très-intéressante du type plésiosaurien. Les coracoïdes sont très-étendus et se rencontrent par leurs bords internes de manière que la partie rhomboïdale du sternum semble avoir manqué tout à fait, et le scapulum possède un prolongement horizontal un peu moins long que chez les *Plésiosaures*, avec une partie ascendante scapulaire propre de forme correspondante. Mais alors les extrémités de ces apophyses pré-glénoïdiennes sont unies ensemble à l'aide d'une barre osseuse transverse grosse et courbe, à laquelle elles se joignent par sutures. Cette barre se compose de trois pièces, une petite et médiane, et de deux très-larges et latérales, toutes unies solidement ensemble par sutures. Il ne peut y avoir de doute que les os constituants de cette barre correspondent aux inter-clavicules et aux clavicules des *Lacertiliens* et *Ichthyosaures*.

ARTICLE III

LES LACERTILIENS.

Caractères anatomiques. — Quelques rares *Lacertiliens*, comme les caméléons et les *Amphisbœnα*, sont couverts d'un tégument mou; mais chez la plupart, le squelette externe épidermique est composé de plaques cornées, de tubercules ou d'épines, ou recouvert d'écailles. Dans quelques formes (ex.: *Scincus, Cyclodus*), le derme s'ossifie au-dessous des écailles cornées, et le corps a une complète armure de plaques osseuses correspondant aux écailles par la forme. Les ossifications dermales de la tête peuvent se réunir avec les os subjacents, mais cette union des os du derme avec les parties subjacentes n'a pas lieu dans les autres parties du corps.

La colonne vertébrale contient toujours un nombre considérable de vertèbres; et, excepté chez l'*Amphisbœnα* et quelques autres lézards, la queue est longue. Ces lézards, qui possèdent des membres de derrière, ont un sacrum dans lequel n'entrent jamais plus de trois vertèbres et rarement plus de deux. Les vertèbres pré-sacrées se partagent, quand les côtes sternales existent, en cervicales et en dorsales. Toutes les vertèbres situées au-devant de la première côte sternale sont cervicales, et si, comme il arrive quelquefois, les deux ou trois dernières vertèbres dorsales sont dépourvues de côtes, elles deviennent lombaires. Il ne se trouve pas plus de neuf vertèbres dans la région cervicale des *Lacertiliens* existants, et ce nombre est rare. Il y en avait davantage chez les *Lacertiliens* éteints.

L'atlas se compose de trois pièces, une inférieure et deux supéro-latérales. L'os odontoïde est intimement uni à la seconde vertèbre, et sa face antérieure peut être cylindrique. Une ossification séparée se forme quelquefois à la face supérieure de la colonne vertébrale, à la jonction de chaque paire de vertèbres. Cette ossification *cunéiforme subvertébrale* se développe habituellement au-dessous et entre l'os odontoïde et le corps de la seconde vertèbre.

Le centre des vertèbres est ou procœlique ou amphicœlique ; le premier genre est de beaucoup le plus fréquent dans les *Lacertiliens* existants dont tous, excepté les *Gekcos* et les *Sphenodon*, ont des vertèbres procœliques. La couronne et le globe sont habituellement ellipsoïdes, le plus grand axe de l'ellipse étant transverse. Dans les Geckos, le centre des vertèbres est conique, excavé à chaque extrémité et, excepté dans le centre de chaque vertèbre, où elle se trouve ossifiée, la notocorde persiste dans toute l'étendue de la colonne vertébrale.

Les vertèbres sacrées des *Lacertiliens* existants ne sont pas soudées ensemble, ni leurs faces articulaires modifiées, les deux étant unies par une articulation libre de la couronne et du globe. Les mouvements des deux vertèbres cependant sont modérés par les forts ligaments qui attachent leurs apophyses épineuses et les arcs nerveux, et par le fibro-cartilage qui joint et couvre les extrémités libres de l'expansion des côtes.

Dans la partie antérieure de la queue des *Lacertiliens*, on trouve presque toujours des os chevrons subvertébraux très-développés, communément attachés au corps de quelques vertèbres, et non dans les intervalles entre les vertèbres adjacentes. Chez beaucoup de *Lacertiliens* (Lacertæ, Iguanæ, Geckos), les vertèbres caudales ont une structure très-singulière, le milieu de chacune étant traversé par un septum transverse, mince non ossifié. La vertèbre se brise naturellement avec une grande rapidité à travers le plan du septum, et quand ces sortes de lézards sont saisis par la queue, il est presque sûr que cet appendice se rompt dans un de ces points délicats.

Les arcs des vertèbres des *Lacertiliens* s'articulent ensemble à l'aide des apophyses ordinaires au zygapophyses. Chez les *Iguanes* ils sont de plus réunis par une apophyse de la partie antérieure de .chaque arc (*zygosphène*), qui se fixe dans une fosse de la face antérieure de l'arc précédent (*zygantrum*). Ces vertèbres Lacertiliennes se rapprochent un peu de celles des Ophidiens.

Les apophyses transverses des vertèbres sont très-courtes et presque divisées en deux facettes peu marquées, avec lesquelles correspondent les facettes des extrémités antérieures des côtes articulées.

Des côtes peuvent être développées dans toutes les vertèbres cervicales, excepté l'atlas, et elles augmentent habituellement en longueur vers la région dorsale, où quelques-unes d'entre elles, plus ou moins, s'unissent au sternum. La moitié dorsale du cartilage primitif des côtes s'ossifie, et l'os cartilage primitif est finalement remplacé par un os de membrane. La moitié ventrale se convertit en cartilage, et peut passer directement, sans articulation, d'un côté dans le sternum et d'un autre dans les côtes vertébrales. Des apophyses appelées *processus uncinati* se développent quelquefois dans les marges de certaines côtes. Le sternum, quand il est complétement développé, se compose d'une portion antérieure rhomboïdale, de l'angle postérieur de laquelle un prolongement simple ou double se continue en arrière dans la paroi abdominale. Deux ou trois paires de côtes sternales sont réunies aux bords postéro-latéraux du rhomboïde, tandis que les autres peuvent s'attacher aux prolongements abdominaux, ou se continuer derrière ceux-ci les unes dans les autres pour former un cercle complet à travers la paroi abdominale (Geckos; Caméléons, Scincoïdes).

Le lézard volant (*Draco volans*) est remarquable par l'allongement d'une grande partie de ses côtes postérieures, qui se continuent, en la soutenant, dans une portion du tégument en forme de parachute insuffisante pour lui permettre le vol.

Le crâne des *Lacertiliens* ressemble à celui des *Chéloniens* en ce qui regarde le développement d'un septum inter-orbital (excepté chez les *Amphisbœnæ*), et par l'absence d'*alisphénoïde* ou d'aucune ossification complète du pré-sphénoïde ou des régions orbito-sphénoïdes. Les pré-maxillaires et les maxillaires sont fermement unis entre eux et avec le crane ; il y a

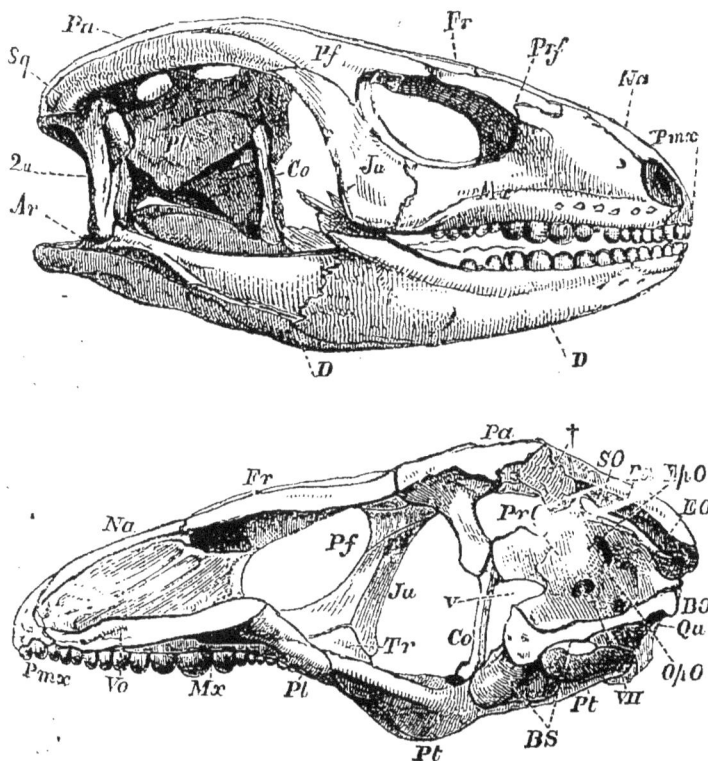

Fig. 71. — Crâne d'un *Cyclodus*, entier et en coupe longitudinale.

deux vomers. Un espace non ossifié, le *trou pariétal*, reste ordinairement à la voûte du crâne, dans l'espace de la suture sagittale ou entre les pariétaux et les frontaux.

Dans le principal groupe des *Lacertiliens*, un os de membrane en forme de colonne, *columella* (mais qui ne doit jamais être confondu avec l'*étrier* qui a reçu le même nom chez les reptiles), s'étend du pariétal au ptérygoïde, de chaque côté, en contact intime avec les parois membraneuses ou cartilagineuses du crâne, c'est ce qui les a fait appeler *Kionocrania* ou colonnes du crâne. Ces columelles (fig. 71, C. O.) semblent correspondre avec un petit os indépendant, uni à l'apophyse descendante du pariétal et du ptérygoïde chez quelques *Chéloniens.*

Dans la grande majorité des *Lacertiliens* (comme chez les *Chéloniens*), les parois des côtés du crâne, dans la région de l'oreille, se prolongent en deux apophyses *parotiques* larges et longues, dans la composition desquelles entrent les os opistho-tiques, ex-occipital et pro-otique. Chaque os quadrate s'arti-cule avec l'extrémité antérieure de ces apophyses, dans les-quelles apparaît quelquefois un petit os *ptérotique* séparé, habituellement mobile. Les os pariétaux ne s'unissent pas par sutures avec le segment occipital du crâne ou avec les os pro-otiques, mais ils y sont rattachés par du tissu fibreux. Et comme la région pré-sphénoïdale reste non ossifiée ou incom-plétement ossifiée, il en résulte que la portion fronto-pariétale du crâne est, chez la plupart des lézards, légèrement mobile sur la partie occipito-sphénoïdale.

Chaque os pariétal se prolonge en arrière dans une apo-physe qui s'articule avec la partie supérieure du prolonge-ment parotique du crâne, et le squamosal s'attache au côté externe de l'extrémité postérieure de l'apophyse pariétale. Le squamosal peut se continuer en avant jusqu'au post-frontal, qui se partage quelquefois en deux. Le post-frontal peut s'unir au-dessous avec le jugal, et border ainsi l'orbite. Le jugal ne se joint à l'extrémité inférieure de l'os carré par un os que chez le *Sphenodon* parmi les lézards actuels. Règle générale, le quadrato jugal n'est représenté que par un ligament.

En raison de la disposition qui vient d'être décrite, la région postérieure du crâne des Lacertiliens présente un nombre de fosses distinctes à l'état sec. Une fosse *sus-temporale* située entre le pariétal, l'occipital et l'apophyse parotique, à la face postérieure; une fosse *temporale latérale*, entre le squamosal et le post-frontal au-dessus, le jugal et le quadrate en avant et derrière, et le ligament quadrato-jugal au-dessous.

Les os palatins et ptérygoïdes sont fortement unis avec les os de la face et avec le plancher du crâne. Ainsi, le basi-sphénoïde, homologue du sphénoïde, fournit deux apophyses *basiptérygoïdes*, dont l'extrémité externe s'articule avec les côtés internes du ptérygoïde. Les extrémités postérieures des ptérygoïdes sont habituellement unies avec les faces profondes des extrémités inférieures des os quadrates. Leurs

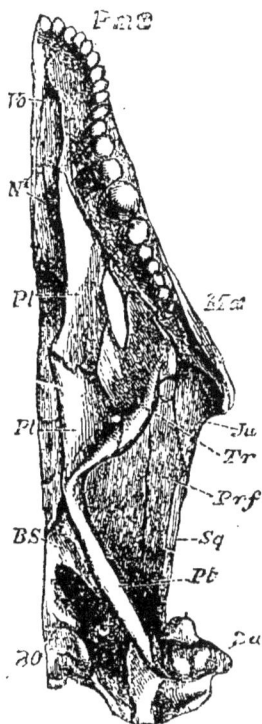

Fig. 72. — Vue inférieure d'un crâne de *Cyclodus ; N*, ouverture postérieure nasale.

extrémités antérieures sont fortement unies avec les palatins, et, à la jonction des deux, un os *transverse* (fig. 71 Tr) est placé habituellement de manière à réunir le palatin et le ptérygoïde avec le maxillaire.

Les extrémités antérieures des palatins s'unissent aux maxillaires et aux vomers ; mais chez les *Lacertiliens* existants, ils ne se rencontrent pas, ou ils arrivent en contact avec le basisphénoïde et le présphénoïde sur la ligne médiane. Les ouvertures palatines des narines sont placées entre les os palatins du côté externe et le vomer du côté interne. Chez quelques rares *Lacertiliens* seulement, les os palatins envoient des apophyses qui s'inclinent l'une vers l'autre sur la ligne médiane et forment ainsi un canal nasal postérieur, partiellement séparé de la cavité orale. Les deux branches de la mâchoire inférieure sont ordinairement, quoique pas d'une manière invariable, intimement unies à la symphyse, et chacune est composée de cinq ossifications ajoutées à l'*articulaire*.

L'appareil hyoïdien se compose d'une corde médiane allongée, dont la partie postérieure supporte la base de la langue, et habituellement de deux longues cornes de chaque côté de celle-ci. Les extrémités céphaliques des cornes céphaliques peuvent être parfaitement libres et se trouver sur les côtés du cou, comme dans les *Psammosaures*; ou bien on peut en reconnaître des traces ou les trouver unies à l'étrier et aux apophyses parotiques comme dans le *Sphenodon*.

Les membres peuvent être complétement développés, ou il peut n'y en avoir qu'une seule paire, soit antérieure, soit postérieure, ou bien encore ils peuvent manquer complétement. Quand ils existent, ce sont quelquefois de simples rudiments styliformes avec un nombre de doigts entre deux et cinq. Même quand les membres manquent complétement, l'arc pectoral subsiste, quoique l'arc pelvien semble s'effacer. Quand l'arc pectoral est complet, il se compose d'un sus-scapulum, L'un coracoïde (accompagné d'éléments précoracoïdiens et épi-coracoïdiens), et de deux clavicules réunies par une interclavicule située dans un sillon du sternum (fig. 14 et 16, pag. 38 et 39).

Les coracoïdes s'articulent avec les sillons des bords antérolatéraux du sternum, et ordinairement se croisent ou se couvrent l'une et l'autre en avant.

Dans les genres *Lialis*, chez lesquels on ne distingue aucune trace de membre antérieur, il existe un petit sternum composé d'une plaque cartilagineuse plate quelque peu pentagonale, dans laquelle se trouve un petit dépôt contenant de grosses granulations calcaires. Mais ce sternum n'est joint à aucune côte ni avec les coracoïdes, quoiqu'il soit situé entre ceux-ci. Chaque arc coraco-spapulaire est une pièce cartilagineuse, étroite au milieu, mais étendue à son extrémité dorsale, et encore plus à son extrémité sternale; le droit recouvre le gauche, et tous les deux sont réunis par un tissu fibreux avec le sternum. La partie médiane étroite du coracoïde est envahie, et en partie remplacée par une gaîne d'os de membrane, qui s'étend au-dessus et au-dessous, et représente le scapulum et le coracoïde, quoiqu'elle n'offre aucune trace ou de division ou de cavité glénoïdienne. Au delà des extrémités de cette ossification centrale, le cartilage représente seulement des calcifications granuleuses éparses.

Le long du bord antérieur de chaque arc coraco-scapulaire et intimement unie à lui, se trouve une longue clavicule courbée, entièrement composée d'os de membrane ; chacune de celles-ci s'unit à l'autre sur la ligne médiane ventrale par des fibres ligamenteuses. Il n'y a pas d'inter-clavicule. L'arc pectoral, chez les autres lézards serpentiformes comme les vers aveugles (*Anguis*) et les sheltopusik (*Pseudopus*), se trouve dans les mêmes conditions que celui des *Lialis*.

Quand les membres de derrière sont très-développés, il y a un bassin complet. Les ilions sont articulés à l'aide d'articulations mobiles avec les fibro-cartilages qui couvrent les extrémités des côtes sacrées. Les pubis et les ischions se rencontrent dans une symphyse médiane et, habituellement, la marge du pubis, comme chez les *Chéloniens*, envoie une forte apophyse recourbée. Dans beaucoup de Lacertilens, une corde partiellement ossifiée ou cartilagineuse (*os cloacæ*) se continue en arrière à partir de la symphyse de l'ischion et supporte la paroi antérieure du cloaque.

Dans la plupart des *Lacertiliens*, la main possède cinq doigts ; et alors, le carpe contient ordinairement huit os : un pour chaque métacarpien du côté postérieur, un radial, un cubital et un central. Comme règle générale, le pouce a deux phalanges, le second doigt trois, le troisième quatre, le quatrième cinq, le cinquième trois (2, 3, 4, 5, 3). Les pieds possèdent aussi généralement cinq doigts, qui augmentent en longueur jusqu'au quatrième, le cinquième étant plus petit et dans une direction divergente. Deux os larges, très-intimement unis ou complétement fixés ensemble, représentent le calcanéum et l'astragale, et sont articulés d'une manière qui permet un très-petit mouvement avec le tibia et le péroné.

Sur le rang postérieur, il existe ordinairement un gros os représentant le cuboïde. Le cinquième métatarsien (1) est in-

(1) L'os ainsi nommé peut contenir un élément tarsien, et représenter

cliné comme chez les Chéloniens, et peut s'articuler avec le calcanéum aussi bien qu'avec le cuboïde. Un ou deux des os cunéiformes peuvent être présents, ou les plus internes peuvent être représentés simplement par une membrane fibreuse ou par du cartilage ; dans ce dernier cas, les métatarsiens internes peuvent s'articuler directement avec le squelette par l'astragale. Le nombre des phalanges est en général le même que dans la main pour les quatre orteils tibiaux mais une de plus pour le cubital (2, 3, 4, 5, 4).

Les *Lacertiliens* possèdent tous des dents qui peuvent être confinées dans les prémaxillaires, les maxillaires, et la pièce dentaire des mandibules, ou peuvent de plus se développer sur les os palatins et ptérygoïdes. Ces dents ont une structure simple et leurs couronnes sont de formes très-variables, quelquefois aiguës et coniques (*Monitor*) ou en forme de lame à bords dentelés (*Iguanes*) ou à couronnes larges crochues et sphéroïdales (*Cyclodus*). Règle générale, les dents se soudent avec l'âge à l'os adjacent ; elles s'attachent ainsi aux mâchoires supérieure et inférieure, ou par leurs côtés sur le parapet de la mâchoire, quand la dentition est dite *pleurodonte* ; ou par leur base au sommet du parapet quand la dentition est *acrodonte*. Les Protorosaures éteints sont dits *thécodontes* ou ayant les dents logées dans les alvéoles. De nouvelles dents se développent habituellement à la base des anciennes.

Classification. — Les Lacertiliens sont divisibles en groupes nombreux dont les caractères distinctifs sont exposés dans la table suivante :

I. Les os ptérygoïdes et quadrate unis.

A. Une columelle et un septum inter-orbital dans le crâne. *Rionocrania* (Stannius).

  a. Vertèbres amphicœliques (*K. amphicœlia*).

  a. Dentition acrodonte ou pleurodonte.

  1. *Ascalabota*.

  2. *Rhynchocephala*,

  3. *Homœosauria* (1).

non-seulement le cinquième métatarsien, mais le tarsien postérieur correspondant.

(1) La columelle n'a pas été observée dans ces groupes.

b. Dentition thécodonte?

4. *Protosauriens*.

b. Vertèbres procœliques (*K. procœlia*).

a. Pas plus que neuf vertèbres cervicales.

1° L'os nasal simple.

5. *Platynota*.

2°. Les os du nez au nombre de deux.

1. Le tégument de la tête non recouvert de plaques épidermiques.

6. *Eunota*.

2. Le tégument de la tête recouvert de plaques épidermiques.

7. *Lacertina*.

8. *Chalcidea*.

9. *Scincoidea*.

b. Plus de neuf vertèbres cervicales.

10. *Dolichosauria*.

11. *Mosasauria*.

B. Pas de columelle ; pas de septum inter-orbital.

12. *Amphisbœnoida*.

II. Les os ptérygoïdiens et quadrate désunis.

13. *Caméléons*.

§ 1. Les *Ascalobota* :

Caractères zoologiques. — Les Geckos, qui constituent ce groupe, sont des lézards de petite dimension, qui habitent les parties chaudes de l'ancien et du nouveau monde et ont de tout temps attiré l'attention par leur manière de courir le long des murs avec une rapidité excessive, qu'ils sont incapables de soutenir, d'une part à cause de la forme de leurs griffes re-courbées aiguës et rétractiles dans certains cas, d'une autre à cause des expansions laminées du tégument de la face infé-rieure de leurs doigts qui semble agir à peu près de la même façon que le suçoir du *Remora* ou poisson suceur.

Caractères anatomiques. — Les caractères les plus im-portants et les plus distinctifs de ces lézards sont ceux-ci : leurs vertèbres sont amphicœliques.

Ni les arcades supérieures, ni les inférieures ne sont ossifiées ; le postfrontal étant uni par ligament au squamosal et le maxillaire avec le quadrate.

Le jugal est rudimentaire et le squamosal très-petit.

Il n'y a pas de paupières ; mais la peau devient transparente en se continuant sur les yeux. La peau est souple, ou coriace, ou écailleuse.

§ 2. Les *Rhynchocéphales*.

Cette division ne contient que le genre très-remarquable *Sphenodon* (autrement *Hatteria* ou *Rhynchocephalus*).

Caractères anatomiques. — Les vertèbres sont biconcaves. Quelques-unes des côtes ont des apophyses crochues récurrentes, comme chez les oiseaux et les crocodiles. Les côtes sternales et vertébrales sont réunies par une articulation ; le système de côtes abdominales est très-remarquable. L'arcade infra-temporale est complétement osseuse dans ceux-ci, mais non dans aucun autre lézard vivant.

L'os carré est fixe, non-seulement parce qu'il est soudé au quadrato-jugal et au ptérygoïde, mais à cause de l'ossification de la forte membrane qui, chez les lézards en général, s'étend entre le quadrate, le ptérygoïde et le crâne et borde le devant des parois du tympan. Les pièces dentaires de la mandibule ne sont pas unies par sutures. Les prémaxillaires ne sont pas soudés ensemble, et, comme chez quelques autres lézards (eg. *Uromastix*), sont en forme de bec, les dents du prémaxillaire devenant tout à fait confondues dans la substance osseuse des prémaxillaires. Il y a une série longitudinale de dents sur l'os palatin, placées parallèlement à celles qui se trouvent sur le maxillaire ; et les dents mandibulaires sont reçues dans des sillons profonds longitudinaux, situés entre le maxillaire et les dents palatines. Par mutuelle attrition, les trois séries de dents s'emboîtent l'une avec l'autre dans l'os, de telle sorte que les dents mandibulaires sont émoussées sur un bord, tandis que les dents maxillaires et palatines sont usées sur leur face interne et sur leur face externe respectivement.

État fossile. — Les lézards éteints de la période triasique, le *Rhynchosaurus* et l'*Hyperodapedon* semblent avoir été les très-proches alliés du *Sphenodon*.

§ 3. Les *Homœosaures*.

État fossile. — Les restes de lézards de petite dimension se rapportant par les parties les plus importantes de l'ostéologie au Lacertilien ordinaire, mais possédant des vertèbres amphicœliques, ont été trouvés dans les plus anciens terrains mésozoïques, depuis les couches de schistes jusqu'aux lias inclusivement. Ils ne peuvent être identifiés ni avec le *Rhynchocéphale*; ni avec l'*Ascalabota*; ils peuvent être provisoirement rangés dans le groupe des Homœosaures. Les genres Homœosaure, Saphœosaure et Télerpéton appartiennent à ce groupe.

§ 4. Les *Protosauriens*.

État fossile. — Ceux-ci sont les plus anciens individus appartenant au genre saurien connus : leurs restes se trouvent dans le Rupferschiefer de la Thuringie, qui fait partie de la formation permienne, et dans les terrains de cette contrée de l'âge correspondant, mais nul autre représentant de ce groupe n'est connu.

Caractères anatomiques. — Les lézards Thuringiens (Protorosaures) ne semblent pas avoir atteint une longueur de plus de six ou sept pieds. Le corps est remarquablement long, la région cervicale ayant la même longueur que la région dorsale; le crâne est d'une dimension modérée. La queue est longue et mince et les membres bien développés comme chez les Monitors existants. Malgré sa longueur, le cou ne contient pas plus de neuf vertèbres, quelquefois sept, qui, excepté l'atlas, sont remarquablement grosses et fortes. Il y a environ dix-huit ou dix-neuf vertèbres dorsales, deux (ou pas plus de trois) vertèbres sacrées et plus de trentes caudales. Dans ces vertèbres la suture neuro-centrale est complétement oblitérée et le centre légèrement concave à chaque extrémité. Le côté de chaque vertèbre, après l'atlas, présente près de son bord antérieur un petit tubercule avec lequel s'articule la tête d'une côte mince et styliforme. Les apophyses transverses des vertèbres dorsales sont très-courtes, aplaties antéro-postérieurement et s'articulent avec des plaques et de fortes côtes par des têtes non divisées. Le sternum n'a pas été conservé. Dans la région abdominale de quelques spécimens, un grand nombre d'os courts et filiformes semblent représenter les côtes abdominales des *Plésiosaures* et des crocodiles et correspondre avec elles.

Les apophyses épineuses des vertèbres caudales, en montant vers le milieu de la queue, offrent la structure ordinaire, mais, passé ce point, elles se bifurquent de manière que chaque vertèbre semble avoir une apophyse épineuse, particularité inconnue dans les autres Lacertiliens.

De gros os chevrons sont articulés entre les corps des vertèbres caudales, comme dans les crocodiles et quelques Lacertiliens tels que les Geckos. On n'a retrouvé, comme spécimen du crâne, qu'une seule pièce, en si mauvaise état qu'elle n'a pu servir à faire connaître les détails de sa structure. Les dents, cependant, sont presque droites, coniques et très-aiguës et semblent avoir été implantées dans des alvéoles distinctes, quoiqu'il puisse y avoir quelques doutes sur ce point.

Les arcs pectoral et pelvien sont larges et forts. Les membres antérieurs sont plus courts que les membres de derrière, et chaque membre porte cinq doigts. Les mains contiennent huit os carpiens, peut-être neuf, qui correspondent aux métacarpiens. Le nombre des phalanges est exactement le même que chez la plupart des *Lacertiliens* existants (2,3,4,5,3). Dans les pieds, le nombre des phalanges est encore la caractéristique des Lacertiliens (2,3,4,5,4), ainsi que la forme du cinquième métatarsien; mais les deux os tarsiens antérieurs semblent avoir été moins intimement unis ensemble que chez les *Lacertiliens* existants, et il y avait au moins trois os tarsiens postérieurs avec lesquels s'articulaient les métatarsiens, et par lesquels ils étaient complétement séparés des tarsiens antérieurs. Parmi les *Lacertiliens* existants, une disposition semblable à celle-ci ne se rencontre que chez les *Ascalabota*.

§ 5-9. Les *Kionocrâniens*.

La grande majorité des Lacertiliens existants appartient aux *Kionocrania* procœliques, qui n'ont pas moins de neuf vertèbres cervicales et s'éloignent peu dans leur ostéologie du type général d'organisation qui a été décrit.

Le crâne des *Platynota* ou Minotaures du vieux monde, ainsi que celui du genre américain *Heloderma*, diffère du crâne de tous les autres *Lacertiliens* dans ce sens que les os du nez sont représentés par une simple ossification étroite.

Dans le genre *Lacerta*, les os de la voûte du crâne se continuent dans des ossifications dermales, qui servent de voûtes aux fosses sus-temporales.

Dans les *Chalcidea* et les *Scincoidea,* dans lesquels le corps s'allonge quelquefois comme celui d'un serpent, les membres sont rudimentaires ; les arcades sus-temporales et sous-temporales peuvent être ligamenteuses ; les post-frontaux et squamosals petits.

§ 10. Les *Dolichosaures*.

État fossile. — Un très-singulier Lacertilien trouvé dans la craie, ressemblant à une anguille par la forme et la grandeur, a été décrit par M. le professeur Owen sous le nom de *Dolichosaure.*

Caractères anatomiques. — Le corps est excessivement allongé, mais il est pourvu de membres et d'un sacrum distinct composé de deux vertèbres. Sa plus remarquable particularité repose dans le nombre de ses vertèbres cervicales, qui n'allaient pas au-dessous de dix-sept.

§ 11. Les *Mosasaures*.

État fossile. — Les terrains crétacés d'Europe et d'Amérique ont fourni un autre remarquable Lacertilien marin de forme allongée et d'une grande dimension. C'est le genre *Mosasaurus,* dont les traces furent d'abord trouvées dans la craie près Maestricht.

Caractères anatomiques. — Quatre-vingt-sept vertèbres appartenant à un seul individu de ce genre ont été découvertes et placées ensemble ; elles atteignaient une longueur de trente pieds et demi, et il y avait encore beaucoup de vertèbres, car celles du bout de la queue manquaient et il y a des lacunes dans les autres séries. Le centre de toutes ces vertèbres est concave en avant et convexe en arrière ; les concavités et les convexités sont moins marquées dans les vertèbres postérieures que dans les vertèbres antérieures. L'atlas et l'axis ne sont pas bien conservés dans cette série de vertèbres, mais les neuf suivantes ont toutes des apophyses épineuses inférieures, qui deviennent plus courtes dans les vertèbres postérieures et, dans les deux dernières, sont représentées seulement par une paire de petites élévations. Elles ont de courtes apophyses transverses terminées par une simple facette costale. Il est probable que ce sont des vertèbres cervicales. Dans les vertèbres dorsales, qui sont au moins au nombre de vingt-quatre, les apophyses transverses, qui sont fortes dans les vertèbres antérieures, diminuent graduellement de grandeur dans les vertèbres postérieures. Il n'y a pas d'apophyses inférieures. Toutes les vertèbres qui ont été mentionnées jusqu'ici ont la circonférence du centre arrondie et sont articulées entre elles par zygapophyses. Mais une série de onze qui vient ensuite n'a pas de zygapophyse et le centre affecte une forme prismatique plus ou moins triangulaire. Les apophyses transverses de cette dernière série, qui semble avoir appartenu aux vertèbres lombaires, sont longues, minces et un peu courbées de haut en bas et en arrière. Nul sacrum n'a été retrouvé, mais les vertèbres caudales sont nombreuses et pourvues d'apophyses transverses avec centres prismatiques pentagones et d'os chevrons attachés au milieu de la face inférieure de chacune. A partir de la neuvième de ces vertèbres caudales postérieures, le corps est cylindrique, les apophyses transverses atrophiées, et les os chevrons, soudés jusqu'au dessous du centre, sont longs, inclinés en arrière, étendus au dessus les uns des autres. Dans les vertèbres caudales, les plus reculées des apophyses épineuses des os chevrons disparaissent.

Il y avait de fortes côtes, mais rien n'est connu sur la certitude du sternum, des arcs des membres et des autres os.

Les spécimens de crânes très-complets qui ont été découverts prouvent que la structure de la tête se rapportait beaucoup à celle des Monitors du vieux monde par la grandeur de ses ouvertures nasales et la fusion des os nasaux en un os étroit. Mais des dents aiguës et recourbées sont soudées par leur base non-seulement au prémaxillaire, au maxillaire et aux os dentaires, mais aussi aux os ptérygoïdes; et ces os ptérygoïdes ne ressemblent pas à ceux des autres Lacertiliens, non-seulement sous le rapport de la forme, mais parce qu'ils sont articulés ensemble à une distance considérable derrière l'ouverture nasale postérieure.

§ 12. Les *Amphisbænoida*.

Caractères anatomiques. — Ces lézards ont tout à fait des corps de serpents; un genre de ce groupe (Chirotes) possède une paire de petits membres pectoraux, mais le reste est apode. La peau du corps n'est pas écailleuse, mais sa surface est divisée en petits espaces triangulaires disposés sur deux rangs. La queue est excessivement courte de manière que l'ouverture se trouve fermée à l'extrémité du corps.

Les vertèbres procœliques nombreuses ont moins de faces articulaires elliptiques que celles du type *Lacertilien*. Il n'y a pas de sacrum, et toutes les vertèbres précaudales, excepté une ou deux des plus antérieures, ont des côtes. Les représentants des os chevrons, dans la queue, sont solidement unis au centre de la vertèbre. Les vertèbres n'ont ni zygantrum ni zygosphène. L'*Amphisbœna* n'a pas de sternum. Le *Chirotes* possède un sternum mais il n'est pas uni avec les côtes.

Le crâne, différent des *Lacertiliens*, en général, ne produit pas de septum antéro-latéral. Sous ce rapport et en ce que les parois antéro-latérales sont closes par la substance osseuse, il ressemble au crâne des Ophidiens. Il n'y a pas de columelle, les postfrontaux sont absents, et les squamosals très-petits. L'os quadrate est petit et incliné non-seulement de haut en bas, mais en avant d'une manière inconnue chez les autres *Lacertiliens*. Les deux branches de la mandibule sont fortement unies par suture.

Chez les *Amphisbœna*, les maxillaires portent deux rangs de dents, l'une devant l'autre ; une dent se trouve sur la symphyse des maxillaires.

§ 13. Les *Caméléons*.

Caractères anatomiques. — Les Caméléons se distinguent des *Kionocrania* non-seulement par le caractère négatif de l'absence d'une columelle, caractère qu'ils partagent avec le groupe précédent, mais encore par un nombre de traits importants très-positifs. Parmi ceux-ci on peut citer la peau molle et tuberculaire avec ses couleurs changeantes ; l'absence d'un tympan ; la langue préhensive, et les pieds modifiés d'une manière très-remarquable. Les doigts sont réunis en boules par deux et trois; la main possède un pouce, un index et un médius syndactyles tournés en dedans ; tandis que dans le pied il n'existe que le pouce et l'index unis ensemble et tournés en dedans, les trois autres doigts sont également réunis par le tégument jusqu'à

la phalange unguéale et dirigés en dehors. A ces caractères,
on peut ajouter les particularités de la langue capable de s'a-
vancer et de se rétracter avec la plus légère rapidité.

Les vertèbres des caméléons ressemblent par leurs caractères à celles des *Kionocrania* procœliques. Le sacrum ne se compose que de deux vertèbres; quelques-unes des côtes antérieures seulement se réunissent avec le sternum.

Un grand nombre de côtes postérieures, comme le cas s'est
déjà présenté dans les Geckos, s'unissent ensemble sur la ligne
médiane et forment un cercle non interrompu à travers les
parois de l'abdomen.

Mais pour la structure du crâne, celui des *Caméléons* se
sépare plus complétement du type Lacertilien ordinaire. L'os
pariétal n'est pas mobile sur l'occipital; le sus-occipital envoie une crête médiane, qui s'unit avec la base de la crête
correspondante, ou apophyse, qui s'avance en arrière à une
distance considérable de la ligne médiane de l'os pariétal.
Le sommet de cette crête sagittale est rejoint par deux prolongements courbes du squamosal. Ces trois éléments donnent
à la région occipitale du caméléon sa forme remarquable rappelant celle d'un casque. L'os frontal est simple et comparativement petit; les os du nez très-étroits ne bordent aucune
partie des ouvertures nasales antérieures. Ces ouvertures, en
réalité, sont situées sur les côtés de la partie antérieure du
crâne, et séparées des os du nez; en partie, par une membrane
qui s'étend en dehors des os nasaux, et par un prolongement
en avant de l'os préfrontal; cet os s'unit en effet avec le maxillaire et dans quelques espèces de caméléons se continue en
avant dans une grande corne osseuse, qui s'avance des côtés
antérieurs du museau.

L'orbite est fermée en arrière par les apophyses ascendantes de l'os jugal, mais il n'y a pas de quadrato-jugal.

L'os carré lui-même n'est pas, comme chez la plupart des
autres *Lacertiliens*, mobile sur les côtés du crâne, mais il est
solidement soudé avec les os adjacents situés à son extrémité
supérieure. Les os ptérygoïdiens s'avancent de haut en bas et,
par une particularité toute exceptionnelle, ne s'articulent pas
avec les os carrés, mais se réunissent seulement à l'aide de
tissu fibreux. Dans la mâchoire inférieure, la branche de la

pièce dentaire prend une bien plus grande proportion que chez les autres *Lacertiliens*.

La portion basilaire de l'hyoïde est représentée par un long os antoglosse médian et cylindrique, et ses cornes postérieures sont beaucoup plus fortes et plus longues que les antérieures. Dans l'arc pectoral, le scapulum et le coracoïde sont notablement plus longs et plus étroits que chez les autres *Lacertiliens*. Il n'y a pas de clavicule, et l'inter-clavicule manque aussi, le sternum n'est représenté que par son cartilage rhomboïde ossifié. De plus, dans l'arc pelvien, l'ilion est long et étroit, et son grand axe est dirigé presque verticalement à celui du tronc. Sous ce rapport les caméléons diffèrent beaucoup des *Lacertiliens* ordinaires. Il n'y a pas d'*os cloacal*.

Le carpe et le tarse ont une singulière structure. Le carpe comprend deux os supérieurs, articulés avec le radius et le cubitus respectivement. Un seul os de forme sphéroïdale s'articule avec ceux-ci et avec les cinq os supérieurs constituants des doigts. Il existe en outre un osselet représentant le pisiforme. On trouve également quatre os dans le tarse, deux articulés avec le tibia et le péroné respectivement, un troisième au-dessous et entre eux, et un quatrième os inférieur s'articulant avec les cinq os supérieurs des doigts. Dans les mains et dans les pieds, le nombre des phalanges compris entre le côté préaxial et le côté postaxial est : 2, 3, 4, 4, 3.

ARTICLE IV

LES OPHIDIENS.

Cet ordre de reptiles a été divisé comme il suit :

A. Les os palatins très-largement séparés et leur grand axe dans une direction longitudinale; un os transverse; les ptérygoïdes unis avec les os carrés.

a. Aucune des dents maxillaires sillonnées ou canaliculées. — I. **Aglyphodontes.**

Quelques-unes des dents maxillaires sillonnées. — II. **Opisthoglyphes.**

Dents maxillaires antérieures sillonnées remplacées par des dents pleines. — III. **Protéroglyphes.**

b. Dents maxillaires peu nombreuses, canaliculées et en forme de croc. — IV. **Solénoglyphes.**

B. Les os palatins se rencontrent, ou à peu près, à la base du crâne et leur grand axe est transverse; pas d'os transverse. Les ptérygoïdes ne sont pas unis à l'os quadrate. — V. **Typhlopides.**

Tous les serpents possèdent une enveloppe épidermique écailleuse qui tombe ordinairement tout d'une pièce pour se renouveler à intervalles définis. Comme règle générale, ces écailles sont plates et étendues les unes au-dessus des autres, mais quelquefois, comme chez les *Acrochorbus*, elles prennent plutôt l'aspect de tubercules et ne s'étendent pas. Dans le serpent à sonnette (*Crotalus*), le corps se termine par plusieurs anneaux de matière cornée lâchement réunis, provenant d'une modification épidermique au bout de la queue. Le derme ne s'ossifie pas chez les *Ophidiens*.

Le nombre des vertèbres chez les serpents est toujours considérable, et, dans quelques cas, devient très-grand, s'élevant à plus de quatre cents chez quelques-uns des grands Pythons. La colonne vertébrale n'est divisible qu'en régions caudale et précaudale, comme il n'y a ni sacrum, ni aucune distinction entre les vertèbres cervicales, dorsales et lombaires. L'atlas et la vertèbre odontoïde sont semblables à ceux des lézards, et l'atlas est la seule vertèbre précaudale dépourvue de côtes. Les centres ont des surfaces articulaires à peu près hémisphériques, et ainsi diffèrent de ceux des autres *Lacertiliens*, tandis que les apophyses articulaires surajoutées, chez certains lézards seulement, atteignent un grand développement chez les serpents. Les zygapophyses sont larges et aplaties, et les surfaces externes de la paire antérieure se prolongent habituellement dans une apophyse. La surface antérieure de l'arc, au-dessus du canal rachidien, est placée dans un fort zygosphène cunéiforme, qui s'adapte à un zygantrum correspondant de la vertèbre précédente; et, à la surface postérieure de l'arc, se trouve un zygantrum pour le zygosphène de la vertèbre suivante (fig. 73).

Les apophyses transverses sont courtes et tuberculeuses, elles s'articulent avec la tête des côtes qui est simple. Les côtes sont courbes, habituellement creuses et se terminent inférieurement par un cartilage qui est toujours libre ; nulle trace de sternum n'existant.

Chaque côte fournit en général une apophyse montante à une petite distance de la tête. De fortes apophyses descendantes sortent des côtés inférieurs d'un grand nombre de vertèbres présacrées. Dans la région caudale des apophyses transverses allongées prennent la place des côtes. Il n'existe pas d'os chevrons semblables à ceux des *Lacertiliens*, mais les vertèbres caudales sont pourvues d'apophyses bifurquées descendantes, qui ont les mêmes relations avec les vaisseaux de la région caudale.

Le crâne s'éloigne du type des Lacertiliens ordinaires dans les points suivants :

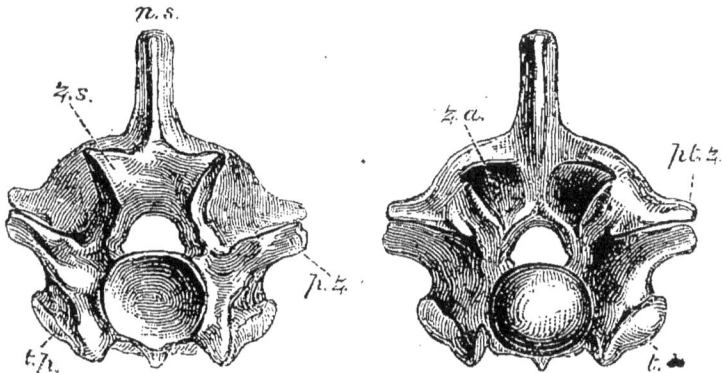

Fig. 73. — Vues antérieure et postérieure de la vertèbre dorsale d'un Python ; *z.s*, zygosphore ; *za*, zygantrum ; *pz*, pré-zygapophyses ; *pt.z*, post-zygapophyses; *t.p*, apophyse transverse.

1. L'élévation verticale et latéralement comprimée de la région présphénoïdale, qui donne naissance au septum inter-orbitaire, fait défaut ; le plancher du crâne est presque plat, et la hauteur verticale de sa cavité diminue graduellement en avant, de manière qu'il reste un espace entre les yeux et souvent dans la région frontale. La région périotique ne s'avance pas en apophyse parotique.

2. Les bords des parois de la moitié antérieure de la cavité crânienne ne sont pas aussi complétement ossifiés que ceux de la moitié postérieure, et les os qui constituent la boîte crânienne sont fortement unis entre eux.

14.

3. D'autre part, le segment nasal est moins complétement ossifié, et peut être mobile. Les prémaxillaires sont habituellement représentés par un simple petit os, qui porte très-rarement des dents et n'est joint aux maxillaires que par du tissu fibreux.

4. Les os palatins ne s'unissent jamais avec le vomer, ou avec la base du crâne, mais sont habituellement réunis avec les maxillaires par des os transverses, et aux mobiles os carrés par les ptérygoïdes. C'est pourquoi l'union de l'appareil palato-maxillaire avec les autres os du crâne est toujours moins intime chez les *Ophidiens* que chez les *Lacertiliens* et quelquefois est excessivement lâche. Les deux branches de la mandibule ne sont unies à la symphyse que par des fibres ligamenteuses souvent très-élastiques.

5. L'appareil hyoïdien est très-rudimentaire et se compose seulement d'une paire de filaments cartilagineux unis ensemble en avant, et situés parallèlement l'un à l'autre au-dessous de la trachée. Ils n'ont pas de rapports avec le crâne.

On trouve les différences les plus frappantes entre le crâne des Ophidiens et celui des Lacertiliens. Il en est d'autres qui frappent moins d'abord, mais qui ont un caractère plus remarquable en ce qu'elles démontrent que le crâne des ophidiens s'éloigne non-seulement de celui des lézards, mais encore des autres *vertébrés*. Ainsi le basi-sphénoïde passe au-devant de la *selle turcique* dans un grand bec qui s'étend au-devant de la région ethmoïdale et probablement résulte de l'ossification du parasphénoïde. Chez beaucoup d'*Ophidiens* adultes deux cordes cartilagineuses sont placées comme des sillons à la face supérieure de ce bec, et passent derrière dans le basi-sphénoïde, tandis qu'elles se continuent en avant dans un septum ethmoïdal cartilagineux.

Ces cordes sont les *trabeculæ cranii* du fœtus qui ne se réunissent pas chez les serpents comme elles le sont chez les autres vertébrés sans branchies.

La voûte et les côtés du crâne des Ophidiens sont complétés, en avant du segment occipital, par deux paires d'os qui semblent être les pariétaux et les frontaux. Les os frontaux suivent non-seulement les parois des côtés de la région frontale dans toute leur étendue, mais se continuent intérieurement au-dessous, et se rencontrent sur la ligne médiane au-dessus du bec basi-sphénoïdien et des tubercules persistants. Les pariétaux s'unissent par sutures avec le basi-sphénoïde. Ces rapports ne sont pas ordinaires dans de vrais frontaux et pariétaux (quoique ceux-ci s'unissent avec le basi-sphénoïde chez les *Chéloniens*, et les frontaux sur la ligne *médiane* du plancher du crâne chez quelques mammifères) ; et comme il n'y a que deux os au lieu de quatre dans cette région du crâne, c'est une raison pour rechercher si les deux os de chaque côté représentent respectivement les orbito-sphénoïdes, les frontaux les alisphénoïdes et les pariétaux, ou s'ils représentent seulement des expansions des frontaux et des pariétaux, ou si enfin ils sont le résultat d'un développement excessif des orbito-sphénoïdes et des ali-sphénoïdes, les vrais frontaux et pariétaux étant absents. Suivant les recherches de Bathke sur le développement du crâne du *Coluber natrix*, les deux os de chaque côté sont formés par un seul centre d'ossification qui apparaît dans des pièces de cartilage situées d'abord dans les régions supéro-latérales du crâne, à la place normalement occupée par les orbito-sphénoïdes et les ali-sphénoïdes, qui s'élèvent et se rencontrent sur la ligne médiane.

Dans ce cas, les os en question sont les orbito-sphénoïdes et les ali-sphénoïdes; les *Ophidiens* n'ont ni frontaux ni pariétaux réels, mais la certitude d'une déviation si remarquable de la construction ordinaire des vertébrés ne peut être admise jusqu'à ce que le développement du crâne des serpents ait été de nouveau étudié avec soin.

Les *Ophidiens* possèdent habituellement des préfrontaux très-développés et ont de larges os de membrane, en avant de l'orbite; situés sur les chambres nasales cartilagineuses, ils sont regardés en général comme les lacrymaux. De grands os du nez se trouvent situés à la face supérieure de la capsule nasale, entre les lacrymaux. Un large os concavo-convexe formant le plancher de la partie antérieure de la chambre nasale (Tl, fig. 74), qui s'étend du septum ethmoïdal au maxillaire, protége la glande nasale et est communément appelé turbiné, quoiqu'il soit un os de membrane ; il ne correspond pas en réalité aux os turbinés des *vertébrés* plus élevés. Les squamosaux sont habituellement très-développés. Il n'y a ni jugal ni quadrato-jugal.

Quoique la conformation générale du crâne des *Ophidiens* soit celle qui a été déjà décrite, elle présente des modifications remarquables chez différents membres de l'ordre, principalement dans la forme et la disposition des os des mâchoires. Dans la grande majorité des *Ophidiens*, les os palatins allongés ont leur grand axe longitudinal situé sur les côtés externes des ouvertures nasales internes, et n'entrent pas dans la conformation des bords de ces ouvertures; chacun d'eux est joint au maxillaire par un os transverse situé sur le

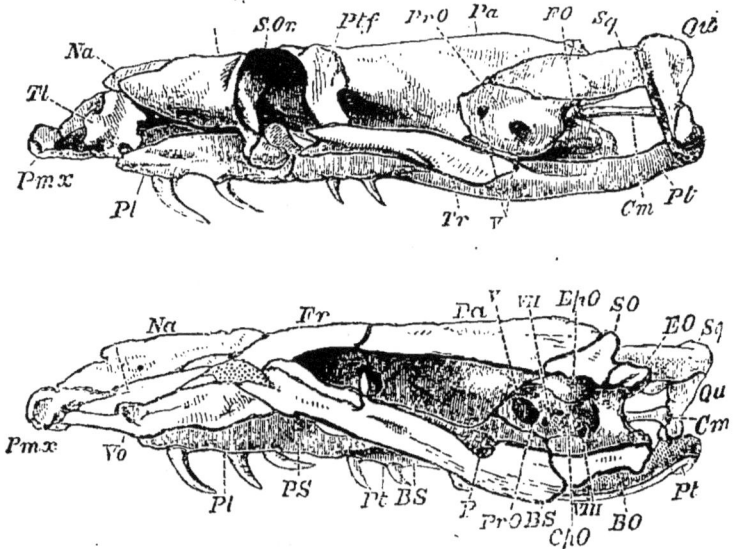

Fig. 74. — Le crâne d'un Python vu du côté gauche et dans une section longitudinale ; *Cm*, étrier ; *Tl*, os turbinal.

côté de la cavité orale, et les ptérygoïdes divergent postérieurement vers les os carrés avec lesquels ils sont unis par ligaments.

Mais dans le groupe remarquable des *Typhlopidæ*, de minces os palatins se rencontrent à la base du crâne, sur la ligne médiane, et se dirigent transversalement, de manière à border les ouvertures nasales en arrière comme chez les *Batraciens*. Il n'y a pas d'os transverse. Les ptérygoïdes sont situés parallèlement entre eux, au-dessous de la base du crâne, et ne sont pas réunis aux os carrés. Les maxillaires sont de courtes plaques osseuses unies à l'extrémité externe des os palatins; ils se dirigent obliquement vers la ligne médiane de la cavité orale, de laquelle dépendent leurs bords libres armés de dents.

La première forme mentionnée ou typique du crâne des Ophidiens offre les deux modifications extrêmes entre lesquelles se trouvent les gradations intermédiaires. A une des extrémités de l'échelle se trouvent les serpents non venimeux,

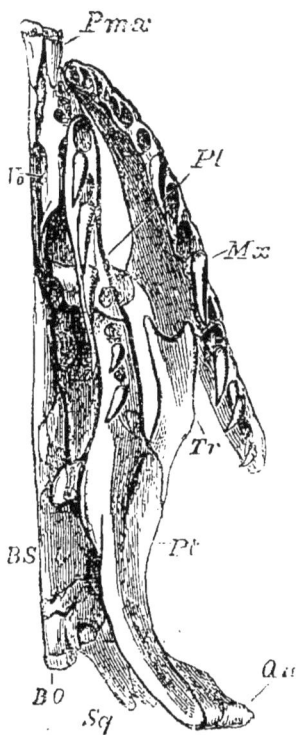

Fig. 75. — Vue inférieure de la moitié gauche du crâne et des os de la face d'un *Python*.

particulièrement le *Python* et le *Tortrix*, qui appartiennent à la division (*Aglyphodontia*). A l'autre extrémité les serpents venimeux, en particulier le *Crotalus* (*Solenoglyphia*).

Ainsi le Python (fig. 74 et 75) offre de larges prémaxillaires et des os maxillaires très-développés; des os palatins solidement unis aux ptérygoïdes et les os transverses qui relient les barres maxillaires et palato-ptérygoïdiennes en un cadre fixé.

Les maxillaires donnent attache à une ongue série de dents crochues qui ne diffèrent pas beaucoup de volume. Les *Pythons* (comme les *Tortrix*, mais contrairement aux autres *Ophidiens*) ont des dents aux prémaxillaires.

Les os squamosals sont très-longs et adhèrent au crâne, sur lequel ils sont légèrement mobiles, seulement par leur extrémité antérieure; les os carrés ont pris naissance sur l'extrémité postérieure des squamosaux, et sont, pour ainsi dire, rejetés hors des parois du crâne. Les branches de la mandibule sont lâchement réunies par un ligament de symphyse élastique. Aussi ces branches peuvent non-seulement être largement séparées l'une de l'autre, mais les squamosaux et les os carrés constituent une sorte de levier articulé qui facilite, quand il se dresse, la séparation des mandibules à partir de la base du crâne. Toutes ces conditions réunies permettent l'immense distension de la gorge nécessaire au passage de la large proie du serpent.

Dans le *Tortrix*, ce mécanisme n'existe pas, puisqu'un court os carré s'articule directement avec le crâne, tandis que le squamosal, comme le préfrontal, est rudimentaire. Les os maxillaires sont également presque fixés au crâne.

Dans les serpents à sonnettes (*Crotalus*, fig. 76), les prémaxillaires sont très-petits et dénués de dents. L'os maxillaire n'a plus la forme d'une barre allongée, mais il est court, cylindrique et creux; sa cavité loge la fosse formée par le tégument au-devant de l'œil qui est si visible dans ces animaux et chez quelques autres serpents venimeux.

La partie supérieure et interne du maxillaire s'articule avec une surface en forme de poulie qui lui est fournie par le lacrymal, de manière que le maxillaire joue librement d'avant en arrière et en avant sur cet os. Le lacrymal possède encore une certaine quantité de mouvement sur le frontal.

Le bord supérieur de la paroi postérieure du maxillaire s'articule, par une articulation en forme de ressort ou gond, avec l'extrémité antérieure de l'os transverse qui a la forme d'une barre extrêmement allongée et aplatie, unie en arrière avec le ptérygoïde. Celui-ci est long et gros et, comme à l'ordinaire, uni en arrière avec l'extrémité postérieure de l'os carré. Antérieurement au point où il se réunit au transverse et en dedans, il se prolonge en avant et s'unit avec une articulation mobile à un court os palatin, qui se trouve aplati d'un côté à l'autre et situé sur le côté externe de l'ouverture nasale postérieure. Son extrémité antérieure n'est réunie à la base du crâne que par du tissu fibreux. Quelques petites dents se trouvent sur le bord inférieur des barres palatines, quelques autres plus

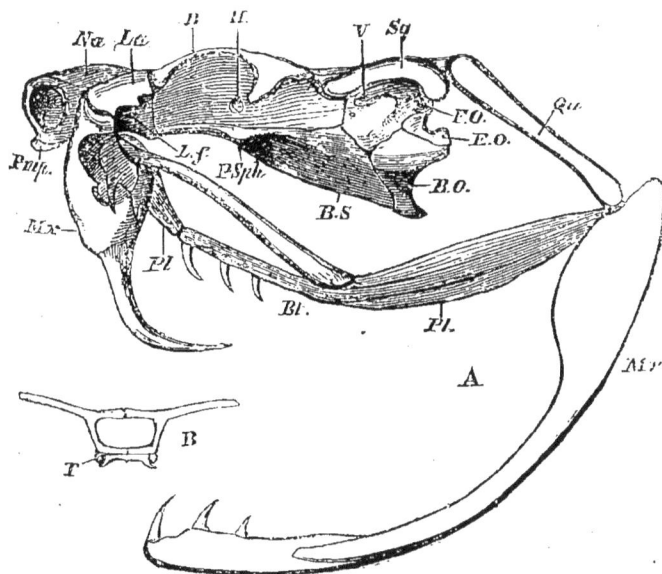

Fig. 76. — A, crâne d'un *Crotalus* vu du côté gauche ; B, une section transverse prise au point B, figure A, montrant T, les trabécules cartilagineux persistants. Le maxillaire est supposé transparent et la moitié antérieure de l'os palatin est vue à travers.

fortes, aiguës et recourbées sont attachées à la face inférieure de la moitié antérieure du ptérygoïde.

Quand la bouche est fermée, l'axe de l'os carré est incliné en bas et en arrière. Le ptérygoïde, jeté aussi loin que possible en arrière, redresse l'articulation ptérygo-palatine et fait coïncider l'axe des os palatin et ptérygoïde. Le transverse, entraîné également en arrière, pousse de la même manière la partie postérieure du maxillaire et fait tourner en arrière sa propre face palatine à laquelle sont attachées les grandes dents cannelées vénéneuses. Alors ces dents se trouvent le long de la voûte buccale, cachées entre les plis de la membrane muqueuse. Mais quand l'animal ouvre la bouche pour mordre sa proie, le muscle digastrique, poussant l'angle de la mandibule, pousse en même temps l'extrémité de l'os postérieur en avant. Ce mouvement pousse en avant le ptérygoïde. Il en résulte, premièrement, la courbure de l'articulation ptérygo-palatine ; secondement, la rotation partielle du maxillaire sur son articulation lacrymale, le bord postérieur du maxillaire étant poussé en bas et en avant. En vertu de cette rotation du maxillaire sur un quart de cercle, la face du maxillaire qui supporte les dents est tournée en arrière et les dents sont placées dans une direction verticale. Le serpent frappe ; par une contraction simultanée du muscle crotaphite dont une partie s'étend sur la glande empoisonnée, le venin est injecté dans la blessure à travers le canal de la dent ; ensuite la bouche se ferme, et tout reprend sa position première.

L'ophidien ne possède aucune trace des extrémités antérieures, mais les *Typhlopidæ*, le Python, le Boa et les *Tortrices* possèdent les rudiments d'un bassin, et chez les derniers, les membres de derrière sont représentés par de courts appendices pourvus de griffes.

Les dents des *Ophidiens* sont courtes et coniques et se soudent aux os qui les supportent. Elles peuvent se développer dans les pré-maxillaires, les maxillaires, les palatins, les ptérygoïdes et dans la pièce dentaire de la mandibule, mais leur présence dans les maxillaires est exceptionnelle. Chez les *Uropeltis* et quelques autres genres, il n'y a pas de dents palatines ; dans les serpents africains mangeurs d'œufs, *Rachiodon*, les dents sont petites et rudimentaires sur tous les os qui les supportent habituellement. Mais les apophyses épineuses inférieures de huit ou neuf des vertèbres antérieures sont longues et terminées à leur sommet par une substance émaillée ; elles se projettent dans la cavité œsophagienne à travers sa paroi dorsale, et les œufs qui sont avalés tout entiers sont ainsi introduits dans des conditions qui doivent nécessairement préserver leur contenu.

Dans la majorité des serpents non venimeux, les dents sont simplement coniques ; mais dans les autres, et dans tous les serpents venimeux, quelques-unes des dents maxillaires, qui sont habituellement plus longues que les autres, sont cannelées en avant. Dans les *Solenoglyphia* ou vipère et les serpents à sonnettes, les dents maxillaires se réduisent à deux ou trois longues dents, le sillon qui se trouve au-devant de celles-ci est converti en un canal ouvert à chaque extrémité par la rencontre de ses bords. Les dents des serpents sont remplacées par d'autres qui se développent très-près de la base des anciennes.

État fossile. — Les *Ophidiens* ne sont pas connus à l'état fossile avant les plus anciennes périodes tertiaires.

ARTICLE V

LES ICHTHYOSAURES.

Dans sa forme générale, l'*Ichthyosaure* présente de nombreuses ressemblances avec les cétacés. La tête est énorme et passe tout entière dans le tronc, de manière qu'il n'y a pas plus d'apparence de cou que dans un marsouin, et le corps se termine en pointe comme le serait le corps de ce dernier s'il était dépourvu de nageoire caudale. Il y a vraiment quelque raison de supposer que la queue de l'*Ichthyosaure* peut avoir été pourvue d'une sorte d'expansion de la peau représentant une nageoire. Ce corps en forme de poisson était mis en mouvement par quatre membres ou rames, mais les rames antérieures se trouvaient tout près de la tête et étaient généralement beaucoup plus larges que les postérieures.

La colonne vertébrale est divisible en deux régions seulement, caudale et précaudale, attendu que les côtes, commençant à la partie antérieure du cou, se continuent sans union avec le sternum à l'extrémité postérieure du corps; et il n'y a pas de sacrum. La région caudale cependant se reconnaît par les os chevrons qui sont attachés au-dessous de ses vertèbres. Les vertèbres de l'*Ichthyosaure* ont en général certains caractères par lesquels elles diffèrent de celles de tous les autres *Vertébrés* (fig. 78, C). Non-seulement le centre ressemble à un disque aplati, et profondément biconcave (caractère qui rappelle les vertèbres de quelques labyrinthodontes et des poissons), mais les seules apophyses qu'elles possèdent sont des tubercules développés sur les côtés de ces centres; et les arcs neuraux sont unis par simple synchondrose, au moyen de deux surfaces plates, une de chaque côté de la ligne médiane de la face supérieure des vertèbres. Les arcs neuraux eux-mêmes sont des os fourchus ne possédant que des rudiments de zygapophyses, et dans la plus grande partie du corps ne s'articulent pas les uns aux autre.

Dans la région cervicale, si l'on peut appeler cou l'extrémité de la colonne vertébrale, la partie la plus antérieure de la surface latérale de chaque vertèbre présente deux élévations séparées, ou surfaces articulaires situées d'abord à la moitié supérieure de la surface latérale. Vers la moitié postérieure de la région dorsale, elles montent et s'approchent graduellement l'une de l'autre, s'unissent en une des vertèbres caudales. La forme de l'extrémité antérieure des côtes correspond avec les dispositions de ces tubercules, car, là où elles sont séparées, l'extrémité antérieure de la côte est bifurquée. La branche inférieure ou capitulum se rend au tubercule capitulaire ou inférieur, et la branche supérieure ou tuberculum à l'élévation supérieure ou tuberculaire. Dans la région caudale les côtes sont courtes et droites, mais dans la région précaudale elles sont grosses, courbes et beaucoup plus longues dans le milieu qu'à l'une ou l'autre extrémité de la série. L'atlas et l'axis ressemblent aux autres vertèbres dans leur forme générale, mais un os cunéiforme est, pour ainsi dire, interposé entre leurs bords inférieurs opposés; et un os semblable, attaché à la partie inférieure de la face concave du centre de l'atlas, sert à compléter la couronne par le condyle occipital.

Le crâne des *Ichthyosaures* (fig. 78, A) est remarquable par la forme allongée de son museau, l'énorme dimension de ses orbites, ses larges fosses sus-temporales, et les plaques osseuses qui recouvrent ses fosses infra-temporales. De plus, les deux branches de la mandibule sont unies dans une symphyse qui, pour la longueur, est comparable à celle que l'on trouve chez les gavials récents et chez les anciens *Téléosaures*. Le basi-occipital fournit le condyle articulaire arrondi à la première vertèbre, et devient très-fort et épais en avant. Il semble n'avoir été ankylosé ni avec le basi-sphénoïde ni avec le basi-occipital. Ces derniers os sont adaptés à ses côtés et, réunis au sus-occipital qui est interposé entre eux au-dessus, concourent à circonscrire le trou occipital. Le basi-sphénoïde, os gros et

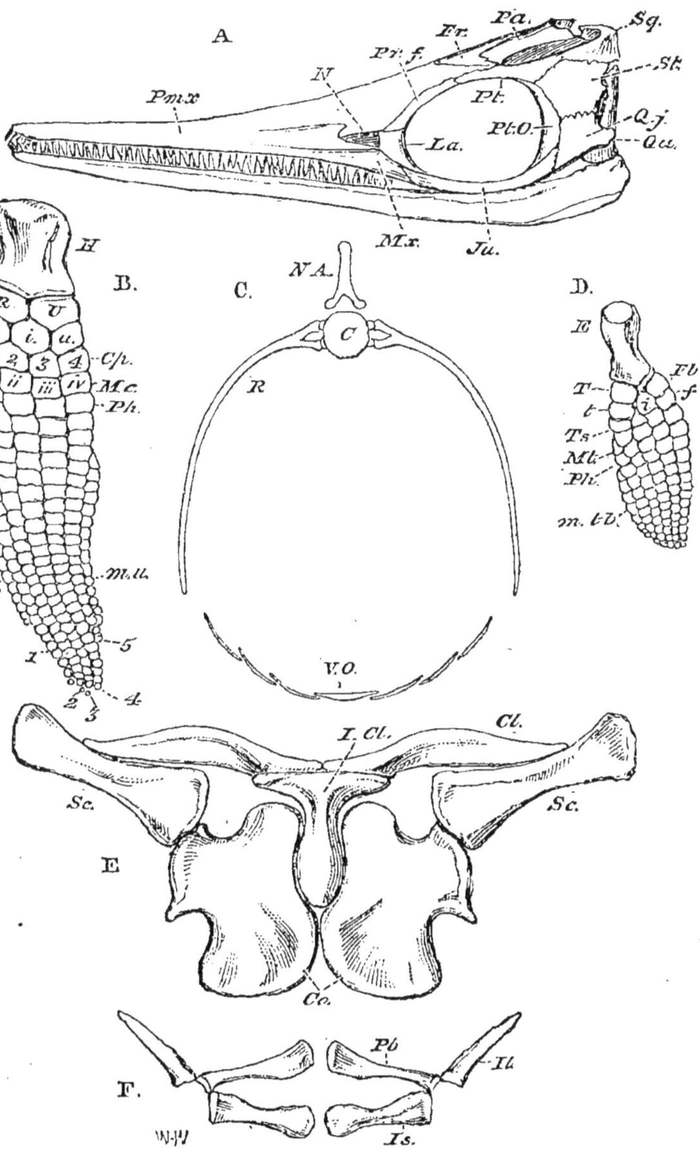

Fig. 78. — Différentes parties du squelette de l'*ichthyosaure intermedius*, dessiné sur la même échelle ; A, crâne ; B, membre antérieur ; H, humérus ; R, radius ; U, cubitus ; *r,i,u*, radial, intermédiaire, cubitus ; *cp*, carpien ; 1, 2, 3, 4, 5 ; doigts ; *m,r,m,u*, osselets de la marge radiale et cubitale ; *c*, une vertèbre dorsale avec les côtes (R) et les ossifications ventrales (V,*o*). — D, le membre postérieur ; F, fémur ; T, tibia ; Fb, péroné ; *t,i,f*, tibial, intermédiaire, péronéen ; Ts, tarsiens ; Mt, métatarsiens ; Ph, phalanges ; *m,tb*, osselets de la marge tibiale ; — E, arc pectoral vu du côté ventral ; F, le même vu de l'arc pelvien.

épais, s'avance en avant sous la forme d'un bec para-sphénoïde long et mince. Il ne semble y avoir eu aucun ali-sphénoïde ossifié.

Les pariétaux restent séparés toute la vie, et dans quelques espèces présentent non-seulement un grand trou pariétal fermé par la suture coronale, mais sont complétement divisés par une fissure médiane. Il semble n'avoir existé ni présphénoïde ni orbito-sphénoïde ossifiés, et les os frontaux sont relativement petits. Les os pro-otiques sont, comme à l'ordinaire, situés au-devant des ex-occipitaux; entre les premiers et les derniers, on peut distinguer un os conique à large base qui semble être fixée entre les ex-occipitaux et le pro-otique. Si cet os n'était pas aussi large, il pourrait être considéré comme un étrier, mais il est possible, comme l'indique Cuvier, qu'il réponde à l'opisthotique séparé des *Chéloniens*.

Dans le segment naso-prémaxillaire, les os du nez, continuant la direction des frontaux, atteignent une grandeur considérable, mais les prémaxillaires constituent la plus grande partie du museau.

Les maxillaires sont réduits, comme chez les oiseaux, à des cordes osseuses comparativement petites et minces, bordant seulement une partie de la bouche.

Les vomers sont allongés et situés sur la ligne médiane du côté inférieur du museau.

Les narines sont de petites ouvertures près des orbites, bordées par les os nasaux, lacrymaux et prémaxillaires.

De chaque côté du frontal, se trouve un large préfrontal qui passe en arrière au-dessus à la rencontre du post-frontal et ainsi borde l'orbite. Au-dessous, le maxillaire s'unit avec le jugal. Depuis le post-frontal jusqu'au jugal, la marge postérieure de l'orbite est formée par un os post-orbitaire courbe distinct (fig. 78, A, Pt.o).

Un quadrato-jugal large et plat (Q.j.) passe depuis l'extrémité du jugal jusqu'à l'extrémité inférieure du quadrate, et couvre la partie inférieure et postérieure de la fosse infra-temporale. L'espace compris entre cet os, le post-orbitaire, le post-frontal et le squamosal est occupé par un autre os plat (fig. 78, A, St), que Cuvier appelle le temporal, mais qui ne semble avoir aucun homologue précis parmi les autres *Reptiles*.

L'os squamosal est très-large et gros ; il forme l'angle postéro-externe du crâne. Il envoie de ce point en avant une apophyse à la rencontre du post-frontal pour s'unir en dedans avec le pariétal, en arrière avec le ptérygoïde. Un fort et gros os carré rejoint l'extérieur du crâne, et présente une surface en forme de poulie à la pièce articulaire de la mandibule.

A la face inférieure du crâne, on voit les longs et minces os palatins border les narines postérieures situées bien en avant. En arrière, et séparés par un intervalle traversé par le bec du basisphénoïde, de très-larges ptérygoïdes commencent par des bouts minces et pointus situés sur le côté interne des os pala-tins, à la naissance des narines postérieures. Ils s'élargissent alors et, passant en arrière avec une légère courbure anté-rieure de chaque côté du bec du sphénoïde, se terminent par trois apophyses, une qui s'unit avec le basi-sphénoïde, une autre qui passe en dehors et en arrière jusqu'à l'os carré, tandis que la troisième se dirige en montant jusqu'à l'os squamosal.

La mâchoire inférieure se compose de deux branches qui s'unissent antérieurement dans une longue symphyse. Chaque branche se compose des six pièces normales, la pièce splénique est d'une longueur remarquable et entre largement dans la symphyse.

Nous n'avons pas de connaissances exactes sur la structure de l'appareil hyoïdien de ce reptile.

L'arc pectoral (fig. 78 E) se compose, de chaque côté, d'un scapulum étroit (Sc) placé dans la direction habituelle chez les Lacertiliens, et d'un large coracoïde (Co) dont le bord interne ne recouvre pas son semblable, mais le rencontre sur toute l'é-tendue de la ligne médiane comme chez les Plésiosaures ; ainsi, dans ce genre encore, la partie rhomboïdale du sternum semble avoir manqué ou avoir été très-petite.

Mais il existe une interclavicule en forme de T très-distinct (I. Cl.), dont le prolongement en arrière est reçu entre les extrémités antérieures des coracoïdes, tandis que la barre hori-zontale est très-intimement unie à l'extrémité interne de deux clavicules courbes et grosses (Cl.), dont les extrémités externes se terminent à la partie supérieure du bord antérieur de chaque scapulum et ne sont pas moins unies avec ceux-ci. Cette disposition des clavicules et des inter-clavicules présente des conditions intermédiaires entre les dispositions qui ont été observées dans les *Nothosaures* d'une part, et qui se trouvent communément chez les *Lacertiliens*, d'autre part.

Le scapulum et le coracoïde donnent naissance par leur jonction à la cavité glénoïde, dans laquelle est reçue la très-courte tête de l'humérus prismatique (fig. 78 B, H.) L'extrémité postérieure de l'humérus présente deux facettes qui s'articulent avec une couple d'os aplatis, de forme polygonale représentant le radius et le cubitus (R. U.). A ceux-ci succèdent deux rangs d'os plus petits de même forme à la place du carpe ; trois représentent le radial, l'intermédium et le cubital (r, i, u) situés sur le rang supérieur et trois ou quatre carpiens (Cp) sur le rang inférieur. Avec les os carpiens supérieurs sont unies, par les osselets métacapiens (Mc), des séries longitudinales d'un très-grand nombre d'os de forme polygonale, adaptés ensemble par leurs bords, et devenant graduellement plus petits vers l'extrémité inférieure de chaque série. Le nombre des séries complètes n'excède pas cinq et peut se réduire à trois ; par conséquent, la rame ou patte peut être pendactyle, tétradactyle ou tridactyle. La multiplicité du nombre des doigts vient de deux causes : d'abord la bifurcation accidentelle de quelques-uns des doigts, ensuite la réunion des *os marginaux* (1) aux bords radical et cubital de la main ($m.u$, $m.r$.). Ainsi est formée une rame qui ne ressemble ni à celle d'un Cétacé, ni à celle d'un Plésiosaure ou d'une tortue, s'éloignant plus que pas une de ces dispositions de la forme ordinaire offerte par les membres des Vertébrés.

Il n'y a pas de traces de sternum derrière l'arc pectoral, mais les parois abdominales sont soutenues par un certain nombre d'os transverses, arqués, semblables à ceux que l'on trouve chez le Plésiosaure, quoique pas aussi forts. Chacun d'eux est composé d'une pièce médiane terminée en pointe de chaque côté, et de trois pièces latérales ou plus, couvrant les extrémités des autres de chaque côté.

Le bassin (fig. 78, F.) n'est pas uni par un os à la colonne

(1) Je laisse à résoudre la question de savoir si ces séries d'osselets marginaux sont les restes des doigts d'une main polydactyle, tels qu'en présentent les poissons Elasmobranches.

vertébrale. Il se compose d'un ilion (*Il*), d'un ischion (*Is*) et d'un pubis (*Pb*) unis ensemble pour former un acétabulum, tandis que le pubis et l'ischion se rencontrent de chaque côté sur la ligne médiane. L'ischion est un os étroit presque comme une corde, le pubis est un peu plus large, principalement à l'extrémité de sa symphyse.

Le membre de derrière (fig. 78 D.) a, en substance, la même structure que le membre antérieur, mais il est toujours plus grêle et en général d'une dimension beaucoup moindre.

Il ne reste plus qu'une disposition osseuse appartenant à à l'*Ichthyosaure* digne d'être indiquée; c'est un cercle de plaques développées dans la sclérotique d'un œil énorme qui se retrouve fréquemment dans un parfait état de conservation.

État fossile. — Il est possible que l'*Ichthyosaure* se rencontre dans les terrains triasiques ; il abonde dans les lias et les autres couches mésozoïques en montant jusqu'à la craie.

Quelques-uns de ces *Ichthyosaures* atteignent des dimensions gigantesques et beaucoup d'espèces ont été reconnues par les différences de formes et de proportions du corps et des dents; mais aucune forme n'est suffisamment différente des autres pour justifier sa séparation en un genre distinct. Ils peuvent être grossièrement groupés parmi ceux qui ont le museau relativement petit et des membres ou rames courtes avec quatre os carpiens (*I. intermedius, communis*, etc.) et ceux qui ont de plus longs muscaux, de longues rames et trois os carpiens (*I. longirostris, tenuirostris, platyodon*).

ARTICLE VI

LES CROCODILES.

Caractères anatomiques. — Les Crocodiles, les plus élevés des *reptiles* vivants, sont des Lacertiliens, pour la forme, avec une longue queue et quatre membres bien développés ; la paire antérieure, plus courte que l'autre, est pourvue de cinq doigts complets, tandis que les pieds de derrière n'en ont que quatre, sauf une seule exception. Les espèces vivantes ont des ongles aux trois doigts de la région préaxiale (doigts du radius et du tibia); ainsi deux doigts du pied antérieur n'ont pas d'ongles, de même qu'un du pied de derrière. Les pieds sont palmés, mais le degré du développement de la palme varie. Les narines sont situées à l'extrémité d'un long museau, et peuvent être fermées. Les membranes tympaniques sont découvertes, mais une valvule cutanée, ou opercule, située au-dessus de chacune, peut se fermer dessus. Tous ont des habitudes essentiellement aquatiques et quelques-uns (les gavials) le sont complétement. Aucun des genres existants n'est marin, quoique d'anciens *crocodiles* habitassent la mer.

L'armure dermale se compose de plaques osseuses (scutes), recouvertes d'écailles épidermiques de forme correspondante. Quand l'armure est complète, comme dans le *Caiman* et le *Jacare* seuls parmi les crocodiles existants, dans les *Teleosaurus* et les *Stagonolepis* parmi les formes éteintes, il se compose de rangs transverses de plaques osseuses carrées, disposées de manière à former un bouclier dorsal et un ventral, distincts, séparés du tronc par un tégument souple, mais unis à la queue par des anneaux complets.

Les écailles osseuses (scutes) du même rang sont unies par sutures. Les écailles osseuses de chaque rang recouvrent celles du rang suivant, qui présentent des facettes lisses pour recevoir leur surface inférieure. Dans les Crocodiles existants, comme dans les Crocodiles éteints (*Crocodilus Hastingsiæ*), et dans les Stagonolepis, la plaque osseuse (scute) se compose de deux pièces, une petite antérieure et une large postérieure, unies par une suture. Les écailles osseuses sont toujours empreintes de cavités; celles de la région dorsale sont plissées longitudinalement, tandis que les écailles ventrales sont toujours unies. Il existe plus ou moins d'écailles osseuses (scutes) dorsales chez tous les Crocodiles, et celles qui se trouvent sur le cou forment quelquefois des groupes de la nuque et de la région cervicale distincts du bouclier dorsal. Les écailles osseuses dorsales ne sont pas toujours étendues partout; les ventrales manquent ou sont incomplétement ossifiées dans la plupart des *Crocodiles* existants.

Dans ces reptiles, la colonne vertébrale est toujours ossifiée dans toute son étendue et divisée en régions distinctes cervicale, dorsale, lombaire, sacrée et caudale. Le nombre des vertèbres présacrées est de vingt-quatre, celui des sacrées de deux, dans les formes récentes et probablement aussi dans les genres éteints. Le nombre des vertèbres caudales varie, mais n'est pas au-dessous de trente-cinq. Le nombre des vertèbres cervicales, dorsales et lombaires varie, mais on compte ordinairement neuf des premières, onze ou douze des secondes, et quatre ou trois des troisièmes.

Dans les *Crocodiles* existants, toutes les vertèbres, excepté l'altas et l'axis, les deux sacrées et la première caudale sont procœliques.

La majorité des Crocodiles antérieurs à la période crétacée ont les vertèbres correspondantes amphicœliques, les concavités du centre étant très-peu marquées. Un genre, le *Streptospondylus*, qui appartient peut-être au genre Crocodile, a les vertèbres antérieures *opisthocœliques*. Il est un fait caractéristique chez les Crocodiles, c'est que le centre des vertèbres est uni à l'aide de fibro-cartilage, et que les sutures neuro-centrales persistent pendant longtemps ou durent toute la vie.

L'atlas se compose de quatre pièces, par l'addition, aux trois pièces trouvées déjà chez les *Lacertiliens* et les *Chéloniens*, d'une supérieure médiane, parfois divisée en deux, qui se développe dans la membrane séparément du reste. Un large os odontoïde est intimement uni à la face lisse de la seconde vertèbre sans être soudé avec elle. Une paire de côtes allongées, à tête simple, s'attache à la pièce inférieure de l'atlas, et une autre paire semblable à l'os odontoïde et à la seconde vertèbre, à l'aide d'apophyses capitulaires et tuberculaires. Les autres vertèbres cervicales possèdent toutes des côtes avec capitulum et tuberculum distincts. Ce dernier s'attache au-dessus de la suture neuro-centrale à l'arc neural, le premier au centre, au-dessous de la suture neuro-centrale. Le corps des côtes cervicales, à partir de la seconde jusqu'à la septième ou huitième, est court et se prolonge également avant et après la jonction du capitulum avec le tuberculum, et les côtes sont situées à peu près parallèlement avec la colonne vertébrale et se recouvrent entre elles. Les côtes des huitième et neuvième vertèbres cervicales sont plus longues, et commencent à prendre

15.

dre les caractères des côtes dorsales, la neuvième ayant un cartilage terminal.

Les points sur lesquels les capitulum et les tuberculum des côtes sont attachés, se développent en tubercules, et, par degrés, s'allongent en apophyses capitulaires et tuberculaires distinctes, entre lesquelles passe la suture neuro-centrale, depuis la troisième jusqu'à la neuvième vertèbre. Mais dans la dixième et la onzième vertèbre, l'apophyse capitulaire, qui se trouve plus près de la suture neuro-centrale du côté postérieur des vertèbres cervicales que du côté antérieur, s'élève sur le corps de la vertèbre, à la naissance de la suture neuro-centrale qui la traverse, et l'apophyse tuberculaire devient plus longue. (Voy. fig. 5, pag. 15.) Le cartilage terminal est uni au sternum par une côte sternale, qui peut se convertir plus ou moins en os de cartilage et s'articule avec la côte vertébrale.

A la douzième vertèbre, il se fait un changement subit dans les apophyses transverses. Il n'y a plus d'apophyse capitulaire distincte d'une apophyse tuberculaire, mais une longue apophyse transverse prend la place des deux. Une sorte de barre à la base de cette apophyse supporte le capitulum de la côte, et répond à l'apophyse capitulaire des vertèbres cervicales, tandis que l'extrémité externe de l'apophyse s'articule avec le tuberculum de la côte. La suture neuro-centrale, dans celle-ci et dans les vertèbres dorsales qui suivent, se trouve au-dessous de la racine de l'apophyse transverse, qui, par conséquent, est entièrement le produit de l'arc neural. Ni les apophyses capitulaires, ni la partie de l'apophyse transverse qui les représente n'ont de centre d'ossification distinct (1).

Dans les vertèbres dorsales qui suivent, l'apophyse transverse s'avance graduellement en dehors jusqu'à ce qu'enfin elle se confonde avec la facette tuberculaire, et un changement correspondant se fait à l'extrémité antérieure des côtes; la distinction entre le capitulum et le tuberculum se perd dans la partie postérieure.

(1) Si c'est une partie de la définition d'un parapophyse, c'est un antagoniste ; il n'y a pas de parapophyse dans les vertèbres des crocodiles, et, si le parapophyse se forme dans le centre, les vertèbres dorsales du crocodile n'ont pas de parapophyse.

Les vertèbres lombaires ont de longues apophyses transverses qui sortent des arcs neuraux (i, e), au-dessus de la suture neuro-centrale.

Les faces du centre des deux vertèbres sacrées qui se trouvent appliquées et fortement liées sont plates, les faces libres sont concaves. Donc la face antérieure de la première est concave et la face postérieure plate, tandis que la face antérieure de la seconde est plate, et la postérieure concave. Chaque vertèbre sacrée est accompagnée d'une forte côte qui poursuit son expansion par son extrémité postérieure, et s'attache à son extrémité antérieure entre des surfaces à grossières sutures, surfaces formées par l'arc neural au-dessus et au-dessous du centre.

La première vertèbre caudale est biconvexe, mais toutes les autres sont procœliques ; celles de la moitié antérieure de la queue ont de longues côtes fixées en dedans, entre les arcs neuraux et le centre, comme dans le sacrum, qui finissent par se souder dans cette position. Des os chevrons sont attachés aux bords postérieurs du centre des vertèbres, excepté celui de la première, et ceux de la partie postérieure de la queue.

Sept ou neuf côtes dorsales antérieures sont unies avec le sternum par des côtes sternales dont la forme varie beaucoup chez les Crocodiles suivant les individus : elles se présentent, tantôt étroites, tantôt larges et aplaties. Une bande longitudinale, longue, cartilagineuse, qui peut s'ossifier, se convertir partiellement en os de cartilage, s'attache à la marge postérieure de quelques-unes des côtes les plus antérieures, au-dessus de la jonction entre les parties cartilagineuse et osseuse de la côte vertébrale (fig. 5, Pu.) Ce sont les apophyses appelées unciformes, qui existent également chez les *Hatteria* et réapparaissent chez les oiseaux.

Le sternum se compose d'une plaque rhomboïdale d'os de cartilage, dont les bords postéro-latéraux s'articulent dans deux paires de côtes sternales. L'angle postérieur de la plaque se continue dans un prolongement médian qui finit par se diviser en deux cornes courbes divergentes. Cinq à sept paires de côtes sternales s'unissent avec le prolongement et les cornes. A la partie rhomboïdale du sternum un os long et mince représente l'interclavicule placée dans un sillon au milieu de la face ventrale.

Dans la paroi ventrale de l'abdomen, au-dessus des muscles *droits*, se trouvent sept séries d'os membraneux appelés côtes abdominales, bien qu'on doive se souvenir qu'elles sont tout à fait distinctes des vraies côtes, et correspondent plutôt avec les osselets du derme des *Labyrinthodontes*. Chaque série se compose de quatre osselets allongés plus ou moins courbes, pointus à chaque extrémité et disposés de telle sorte que les extrémités internes de la paire interne se rencontrent à angle ouvert en arrière sur la ligne médiane, tandis que leur extrémité externe recouvre l'extrémité interne de la paire externe. Les plus postérieurs de ces osselets sont plus forts que les autres et sont intimement unis avec les cartilages pubiens.

Les principales particularités du crâne des Crocodiles (fig. 79) sont les suivantes :

1. Présence d'un septum inter-orbitaire; persistance des régions présphénoïdales et orbito-sphénoïdales à l'état cartilagineux ou très-incomplètement ossifié.

2. Tous les os du crâne, excepté la mandibule, l'étrier et l'hyoïde, sont fortement noués au moyen de sutures qui persistent toute la vie.

3. Il existe de grandes apophyses parotiques. Les arcades temporales supérieure et inférieure sont complètement ossifiées et formées par les os post-frontal, squamosal, jugal et quadrato-jugal ; les fosses sus-temporale et post-temporale sont formées, comme chez les *Lacertiliens*, quoique leurs dimensions relatives soient très-différentes.

4. Des plaques palatines se développent dans les os maxillaires et palatins qui s'unissent par sutures sur la ligne médiane et séparent les conduits nasaux de la cavité buccale comme chez les mammifères; dans tous les Crocodiles existants, excepté le *Téléosaure* ou *Belodon*, les ptérygoïdes sont également modifiés de la même manière (ainsi que chez les *Mymercophaga* parmi les mammifères), de manière que les narines postérieures se trouvent situées très-loin en arrière au-dessous de la base du crâne.

5. Il résulte du développement de ces plaques palatines

dans les os maxillaires et palatins, que les vomers sont, comme chez la plupart des Crocodiles, invisibles à la face infé-rieure de la voûte buccale osseuse.

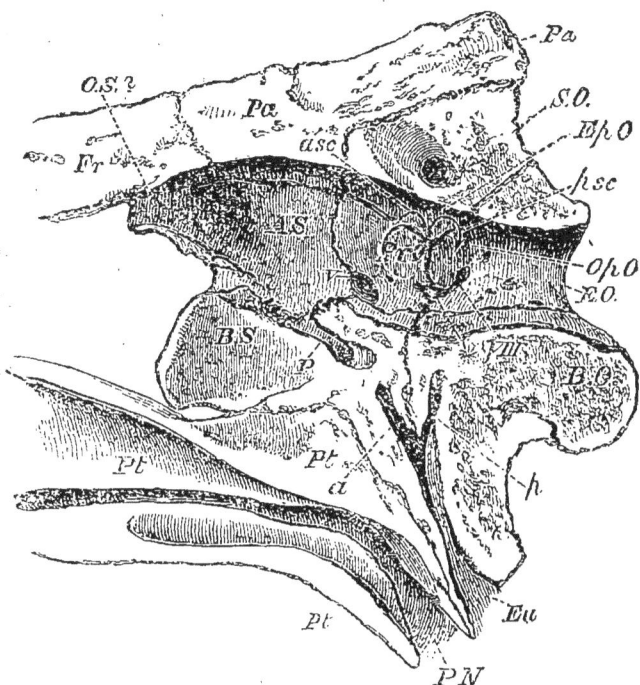

Fig. 79. — Section longitudinale et verticale de la partie postérieure du crâne d'un Crocodile : — *Eu*, trompe d'Eustache ; PN, narines postérieures ; P, foss pituitaire.

6. Il existe de larges (1) alisphénoïdes, mais les orbito-sphé-noïdes sont absents ou rudimentaires.

7. Il n'y a pas de trou pariétal.

9. L'os carré est très-large, et fixé aux parois du crâne comme chez les *Chéloniens;* comme chez ces derniers encore, l'os ptérygoïde est fortement joint à la base du crâne et seulement uni à la surface supérieure et interne de l'os qua-drate.

9. Les ptérygoïdes envoient en bas une large apophyse libre contre les larges bords externes desquels la mandibule opère ses mouvements.

(1) Appliqué par Owen au milieu ou grande aile du sphénoïde.

10. La cavité tympanique est pourvue d'un bord osseux complet. Le pro-otique et l'opisthotique (qui est uni à l'ex-occipital) forment ses parois internes, le quadrate sa paroi externe, le squamosal et le postfrontal sa voûte, le quadrate, le basi-occipital et le basi-sphénoïde son plancher. Les deux tympans sont mis en communication avec la cavité buccale par trois canaux, un large s'ouvrant sur la ligne médiane, et deux plus petits de chaque côté à la base du crâne derrière les narines postérieures. Le large canal passe en outre entre le basi-sphénoïde et le basi-occipital, et se divise entre ces deux os en un canal droit et un gauche latéraux. Chaque canal latéral se subdivise en une branche antérieure qui traverse le basi-sphénoïde, et une postérieure qui passe dans le basi-occi-pital. La branche postérieure reçoit l'étroit canal latéral de son côté (qui le longe verticalement), puis s'ouvre dans la partie postérieure du plancher de tympan. La branche anté-rieure s'ouvre à sa paroi antérieure.

Les cavités tympaniques des crocodiles à l'état embryon-naire communiquent avec la bouche par des ouvertures larges et simples. Les complications des canaux que nous venons de décrire résultent du grand développement des basi-sphé-noïde et basi-occipital et de leurs attaches sur ces ouvertures du côté interne, tandis que l'os quadrate les rétrécit du côté externe.

Chez les *Crocodiles* adultes, les conduits aériens s'étendent de chaque tympan à celui du côté opposé, à travers les os qui forment la voûte de la région postérieure du crâne. De l'autre côté, ils creusent l'os quadrate dans lequel passe l'air à tra-vers un tube membraneux dans la pièce articulaire creuse de la mandibule.

L'appareil hyoïdien est grandement simplifié et ne se com-pose plus que d'une large plaque cartilagineuse qui peut s'ossi-fier en partie, et de deux cornes osseuses qui ne sont pas direc-tement liées au crâne. Un petit cartilage styliforme, qui se trou-ve en rapport intime avec la *portio dura*, à la partie supérieure de la face postérieure de l'os carré, représente le *stylohyal* ou extrémité antérieure de l'arc hyoïde.

L'arc pectoral n'a pas de clavicule et le coracoïde n'a pas d'élément épicoracoïdien, ni aucune fontanelle. La carpe se compose, en avant, de deux os allongés et quelque peu en forme de sablier, articulés respectivement avec le radius et le cubitus. Le radial est le plus grand, et s'articule spécialement avec le cubitus. Derrière et dirigé transversalement, se trouve un autre point d'ossification courbe, dont la face supérieure concave s'articule avec le cubitus ; il s'unit avec ce dernier d'une part, et avec le cinquième métacarpien de l'autre par de forts ligaments, et représente un os pisiforme. En arrière se trouve du côté cubital, l'os appelé *lenticulaire*, osselet ovale interposé entre le cubital carpien antérieur et les second, troisième, quatrième et cinquième métacarpiens, dont il supporte entièrement les trois derniers. Du côté radial, un disque cartilagineux qui ne s'ossifie jamais complétement est joint par ligament au lenticulaire et est interposé entre l'os antérieur radial et la tête du métacarpien du pouce. Du côté cubital de la tête de cet os, s'avance une bande de cartilage ligamenteux au-dessus de la tête du second métacarpien, jusqu'au côté radial du *lenticulaire*.

Les trois doigts du radius sont plus forts que les deux du cubitus et le nombre des phalanges contenues du bord radial au bord cubital est 2, 3, 4, 4, 3.

Le bassin (fig. 80, C.) est pourvu de larges iliaques solidement unis à l'extrémité des fortes côtes du sacrum. Les deux ischions s'unissent ensemble dans une symphyse médiane ventrale, et forment avec l'ilion presque entièrement l'*acetabulum*.

Les os pubiens participent à peine à la formation de cette dernière cavité chez l'adulte. Leurs axes se dirigent en avant et intérieurement et s'unissent sur la ligne médiane ; mais comme la moitié interne ou médiane de chaque pubis reste cartilagineuse, ou imparfaitement ossifiée, les os, dans les squelettes mal préparés, semblent n'avoir pas formé de symphyse.

Le tarse présente en avant un os astragalo-naviculaire et un calcanéum, moins intimement unis que dans les lézards. Le dernier de ces os possède à sa face postérieure une forte apophyse calcanéenne ; le Crocodile est le seul Sauropside vertébré chez lequel cette apophyse soit développée (fig. 80, C, Ca).

Deux os postérieurs du tarse arrondis, dont le péroné est

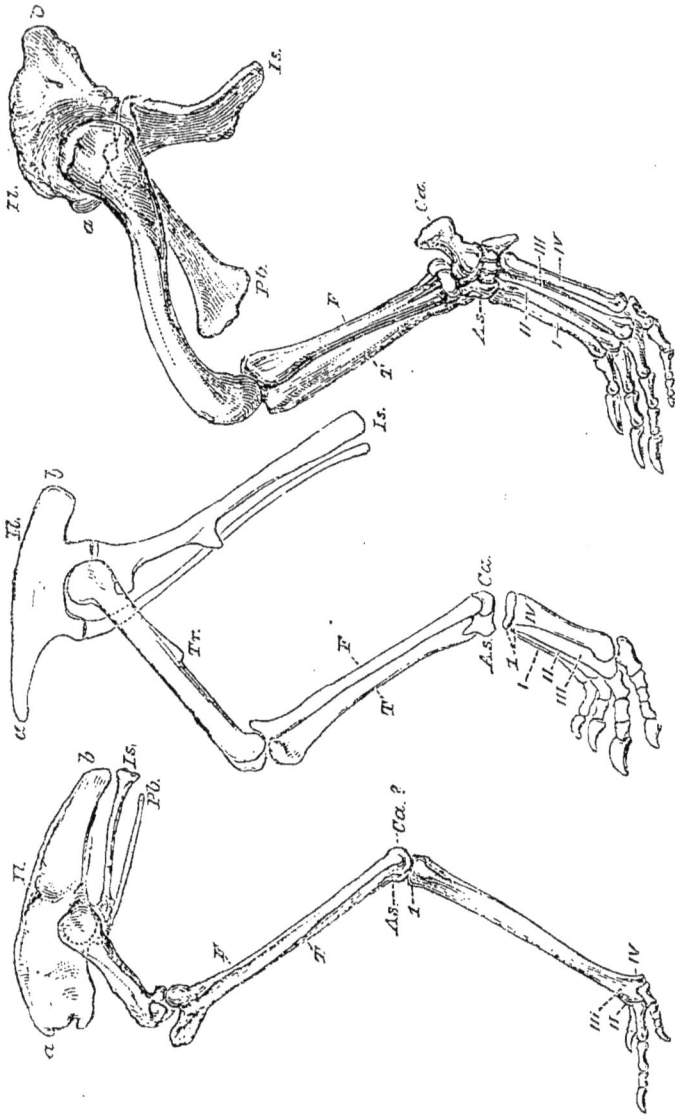

Fig. 80. — Membre pelvien postérieur de : A, *Dromæus* ; B, un *reptile ornithos-célide,* tel que l'*Iguanodon* ou *Hypsilophodon,* et C, un crocodile. Le membre de l'oiseau est dans sa position naturelle ainsi que celui de l'ornithoscélide, quoique les métatarses du dernier ne doivent pas, en nature, avoir été levés ainsi. Le membre du crocodile, est représenté à dessein dans une position hors nature. Naturellement, le fémur serait tourné à peu près à angle droit vers le plan médian vertical du corps, et le métatarse serait horizontal. Les lettres sont les mêmes partout ; *il,* ilion ; *is,* ischion ; *Pb,* pubis ; *a,* apophyse antérieure ; *b,* apophyse postérieure de l'ilion ; *tr,* trochanter interne du fémur ; *t,* tibia ; *f,* péroné ; *as,* astragale ; *ca,* calanéum ; 1, II, III, IV, les doigts.

de beaucoup le plus grand sont placés entre le calcanéum et les troisième, quatrième et cinquième métatarsiens rudimentaires. Une mince plaque de cartilage est interposée entre l'extrémité postérieure de l'astragalo-naviculaire et le second métatarsien, et s'unit avec la tête du cinquième métatarsien.

Comme dans la main, les trois doigts de la région préaxiale pourvus de griffes, sont plus forts que les autres. Le cinquième n'est représenté que par un métatarsien imparfait. Le nombre des phalanges contenues du bord tibial au bord péronéal est 2, 3, 4, 4.

Dans les *Crocodiles* les dents sont placées sur les pré-maxillaires, les maxillaires et la pièce ventrale de la mandibule. Elles sont simples comme structure, contiennent une cavité pulpeuse, sont logées dans des alvéoles distinctes et sont remplacées par d'autres développées sur leur bord interne.

La nouvelle dent absorbe par son développement la paroi interne de la base de l'ancienne et se place dans sa cavité pulpeuse. Les dents varient beaucoup dans la forme, leur couronne étant longue, courbe, aiguë, courte, obtuse, presque globuleuse ou droite. Elles possèdent très-souvent des bords tranchants antérieurs et postérieurs qui peuvent être finement dentelés.

Caractères zoologiques. — Les *Crocodiles* se trouvent dans les rivières de tous les continents et dans les plus grandes îles des parties les plus chaudes du monde. Aucune des espèces existantes ne sont vraiment marines, quoique des espèces éteintes le fussent. On les a d'abord reconnus dans les couches de l'âge triasique, et ils abondent, sous des formes qui existent actuellement, dans les formations mésoïques et caïnozoïques.

On peut les ranger dans les groupes suivants :

A. Ayant les vertèbres sacrées procœliques, et les narines postérieures bordées au-dessous par les ptérygoïdes. (Tous les *Crocodiles* existants, ainsi que les formes fossiles des terrains crétacés et celles des dernières formations, sont compris dans cette division.)

a. Les os nasaux entrent dans la formation des ouvertures nasales.

a. La tête est courte et large : les dents très inégales, la première et quatrième de la mandibule fonctionnant dans des cavités de la mâchoire supérieure. La suture prémaxillo-maxillaire droite ou convexe en avant. La symphyse mandibulaire non étendue au delà de la cinquième dent, et l'élément splénial n'y pénétrant pas. Les écailles cervicales distinctes des dorsales. I. **Alligatoridæ.** — *Alligator, Caïman, Jacare.*

b. La tête plus longue, les dents inégales, la première dent mandibulaire fonctionnant dans une fosse ; la quatrième dans un sillon sur le bord de la mâchoire supérieure ; la suture prémaxillo-maxillaire droite ou convexe en arrière. La symphyse mandibulaire ne s'étend pas au delà de la huitième dent et ne comprend pas d'élément spécial. Les écailles cervicales se distinguent quelquefois des dorsales et parfois s'unissent avec elles. II. **Crocodilidæ.** — *Crocodilus, Mecistops.*

b. Les nasaux sont exclus des ouvertures nasales externes. La tête est très-longue, les dents subéquales. La première et la quatrième dent mandibulaires fonctionnent dans des sillons sur la marge de la mâchoire supérieure. La suture prémaxillo-maxillaire forme un angle aigu en arrière. La symphyse mandibulaire s'étend au moins jusqu'à la quatorzième dent, et reçoit le splénial. Les écailles cervicales et dorsales forment une série non interrompue. III. **Gavialidæ.** — *Rhynchosuchus, Gavialis.*

B. Les vertèbres présacrées sont amphicœliques (les vertèbres antérieures sont quelquefois opisthocœliques) ; et les narines postérieures bordées par les palatins, les ptérygoïdes non unis au-dessous. Tous ces crocodiles sont éteints et appartiennent à la période pré-crétacée.

a. Narines externes terminales. IV. **Teleosauridæ.** — *Teleosaurus, Goniopholis, Streptospondylus, Stagonolepis, Galesaurus*(?).

b. Narines externes à la partie supérieure de la base du museau près les orbites. V. **Belodontidæ.** — *Belodon.*

Un grand nombre de *Reptiles* éteints ressemblent au *Crocodile* par les caractères de leurs vertèbres pré-sacrées, mais s'en éloignent et se rapprochent sous d'autres rapports des *Lacertiliens*, des *Chéloniens* ou des oiseaux.

Tels sont les *Dicynodontes*, les *Ornithoscélides* et les *Ptérosaures.*

ARTICLE VII

LES DICYNODONTES.

Caractères anatomiques. — Le Dicynodon et l'Oudenodon sont des animaux lacertiformes, quelquefois de grande dimension, avec des vertèbres semblables à celles des Crocodiles, dont quatre ou cinq se soudent ensemble pour former un fort sacrum. Le crâne est massif et lacertilien par ses principaux caractères; mais ses mâchoires sont semblables à celles des Chéloniens et étaient sans doute renfermées dans un bec corné. Cependant la plupart des espèces possèdent deux grandes canines qui croissent dans la pulpe persistante logée dans de profondes alvéoles de l'une ou l'autre mâchoire. Les membres semblent avoir été subégaux et massifs avec de courts et gros pieds.

Le scapulaire et le coracoïde sont simples et développés; il ne semble pas y avoir eu de clavicule. Le bassin est très-fort et pouvu d'iliaques, d'ischions et de pubis largement développés. Les deux derniers se rencontrent dans une symphyse médiane ventrale; le pubis et l'ischion de chaque côté se rencontrent et oblitèrent le trou obturateur. Les os des membres ont des caractères lacertiliens.

État fossile. — Des restes de ces reptiles n'ont été trouvés jusqu'à présent que dans des couches qui appartiennent probablement aux formations triasiques dans l'Inde, l'Afrique du sud et les monts Ourals.

ARTICLE VIII

LES ORNITHOSCÉLIDES.

Caractères anatomiques. — Les reptiles très-remarquables qui constituent ce groupe, présentent une large série de modifications de structure intermédiaires entre les *Reptiles* et les *Oiseaux* existants.

Ces caractères transitoires du squelette des Ornithocélides sont plus remarquables dans le bassin et les membres de derrière.

Si l'on compare le bassin d'un reptile quelconque avec celui des oiseaux existants, on remarque les différences suivantes :

1. Dans le reptile (fig. 80, C) l'ilion ne se prolonge pas au devant de l'*acetabulum*, et l'*acetabulum* est ou entièrement clos par un os, ou présente seulement une fontanelle de moyenne dimension comme chez le *Crocodile*.

Dans les oiseaux (fig. 80, A) l'ilion se prolonge très-loin au devant de l'*acetabulum*, et la voûte de la cavité acétabulaire est un large arc ; la paroi interne de cette cavité est membraneuse, le pilier antérieur de l'arc ou apophyse pré-acétabulaire s'étend davantage en descendant que le pilier postérieur ou apophyse post-acétabulaire (fig. 80, B).

2. L'ischion, dans les reptiles (fig. 80, C) est un os modérément allongé qui se joint au pubis dans l'*acetabulum*, et s'étend en dessous, en dedans, et quelquefois en arrière pour s'unir avec son semblable dans une symphyse ventrale médiane. L'espace obturateur n'est interrompu par aucune apophyse en avant de la moitié externe et antérieure de l'ischion.

Dans tous les oiseaux (fig. 80, A) l'ischion est allongé et incliné en arrière, cette direction étant moins accentuée dans l'*Apteryx* que dans le *Rhea*. Les ischions ne se réunissent jamais directement dans une symphyse ventrale médiane, quoiqu'ils s'unissent du côté dorsal chez le *Rhea*. Le bord antérieur de la moitié externe ou acétabulaire de l'ilion envoie très-généralement une apophyse qui s'unit avec le pubis, divisant ainsi l'espace obturateur.

Dans tous les Ornithoscelida (fig. 80, B) où j'ai pu vérifier l'os (Thécodontosaure, Tératosaure, Mégalosaure, Iguanodon, *Sténopelyx*, *Hadrosaure*, *Hypsilophodon*), l'ischion est grandement allongé. Dans l'iguanodon, on trouve l'apophyse obturatrice caractéristique du même os chez les oiseaux ; et j'imagine que la même apophyse se trouve chez le *Compsognathus*. Dans l'*Hypsilophodon* on ne peut s'y tromper, et le prolongement de l'ischion, mince à l'excès, fournit un magnifique caractère ornithologique. Dans l'*Iguanodon*, l'état grêle et le prolongement sont même portés au delà de ce qui se voit chez les oiseaux. Je suis tenté de croire cependant, que comme c'était certainement le cas des *Hypsilophodon*, l'ischion s'unissait dans une symphyse médiane ventrale chez tous les *Orni-thoscelida*.

3. Dans tous les reptiles, le pubis est incliné en avant aussi bien qu'en arrière vers la ligne médiane ventrale. Dans tous, excepté le Crocodile, il prend une part considérable à la formation de l'*acetabulum* ; et les pubis ossifiés s'unissent directement sur la ligne médiane.

Les pubis du *Compsognathus* sont malheureusement peu connus par le fémur. Ils semblent avoir été minces et dirigés en avant et en bas, comme ceux des lézards. Quelques lézards en effet ont des pubis qui, si l'animal était placé dans les mêmes conditions fossiles que le Compognathus, lui ressembleraient beaucoup comme forme et comme direction. L'Hypsilophodon cependant offre une évidence non équivoque d'un degré plus avancé vers les oiseaux. Les pubis ne sont pas seulement aussi minces et allongés que dans la plupart des types oiseaux, mais ils sont dirigés en bas et en arrière, parallèlement avec l'ischion, laissant ainsi seulement un trou obturateur très-étroit et allongé, divisé par une apophyse obturatrice.

Il reste à voir jusqu'où les modifications de l'Hypsilophodon s'étendent parmi les *Ornithoscelida*. Les restes du *Compsognathus* et du *Stenopelyx* tendent à démontrer qu'elles n'étaient rien moins qu'universelles.

Pour les membres de derrière dans les reptiles existants :

1. L'extrémité antérieure du tibia n'a qu'une crête anormale très-petite ou tout à fait rudimentaire et elle ne présente aucune crête pour le péroné sur ses côtés externes.

Les côtés aplatis de l'extrémité postérieure du tibia sont dirigés, l'un directement en avant ou en avant et en dedans, et l'autre en arrière ou en dehors. Et quand les bords postérieurs des deux condyles de l'extrémité antérieure du tibia reposent sur une surface plate dirigée en avant, le grand axe de l'extrémité postérieure est ou à peu près parallèle à cette surface, ou incliné obliquement à partir du devant en dehors jusqu'en arrière et en dedans.

3. Il n'y a pas de dépression à la face antérieure du tibia pour la réception d'une apophyse ascendante de l'astragale.

4. L'extrémité postérieure du péroné est aussi large ou plus

large que l'extrémité antérieure ; et s'articule largement avec une facette sur la partie externe de l'astragale.

5. L'astragale n'est pas déprimé et aplati de haut en bas, et elle n'envoie pas d'apophyse au devant du tibia.

6. L'astragale reste complétement dégagé du tibia.

Sous tous ces rapports la jambe de tous les oiseaux existants (voy. fig. 80) contraste d'une manière frappante avec celle des reptiles.

1. L'extrémité antérieure du tibia s'avance en avant et en dehors dans une énorme crête cnémiale chez tous les oiseaux marcheurs et nageurs (fig. 80, A); et, d'un autre côté, il existe une forte épine pour le péroné.

2. Quand les bords postérieurs des condyles du tibia reposent sur une surface plane, la surface plate de l'extrémité postérieure de l'os est dirigée en dehors et en avant, l'autre en dedans et en arrière ; plus loin, le grand axe de l'extrémité postérieure s'incline sur un angle de 45° vers la surface plate, de dedans et en avant, derrière et en dehors; renversant ainsi exactement la direction du reptile.

3. Il existe une dépression profonde, longitudinale à la face antérieure de l'extrémité postérieure du tibia, qui reçoit une apophyse ascendante de l'astragale.

4. L'extrémité supérieure du péroné est un simple filet et ne s'articule pas avec l'astragale.

5. L'astragale est un os très-déprimé ayant sa face antérieure concave, et sa face postérieure convexe en forme de poulie ; une apophyse monte de ses marges antérieures dans un sillon à la face antérieure du tibia. L'apophyse est comparativement courte, et perforée par deux canaux pour le *tibialis auticus* et l'*extensor communis* dans les poulets; tandis que chez l'Autruche et l'Émeu il est extrêmement long et pas aussi perforé.

6. L'astragale s'ankylose avec le tibia (quoiqu'il reste longtemps distinct dans l'Autruche, le *Rhea* et dans quelques espèces de volaille).

Dans les *Ornithoscelida* :

1. Il existe une grande crête cnémiale et une épine pour le péroné.

2. La disposition de l'extrémité postérieure du tibia est littéralement celle que l'on a observée chez les oiseaux.

3. Il y a une fosse pour recevoir l'apophyse ascendante de l'astragale.

4. L'extrémité postérieure du péroné est beaucoup plus petite que l'extrémité antérieure, quoique moins mince que chez les *Oiseaux*.

5. L'astragale est complétement semblable à celui des oiseaux avec une courte apophyse ascendante.

6. L'astragale semble être resté distinct du tibia durant toute la vie dans l'*Iguanodon*, le *Megalosaurus* et beaucoup d'autres genres ; mais il semble s'être ankylosé dans le *Compsognathus*, l'*Ornithotarsus* et l'*Euskelosaurus*.

Caractères zoologiques. — Les reptiles qui appartiennent à ce groupe sont pour la plupart d'une très-grande dimension et quelques-uns, comme l'*Iguanodon*, sont au nombre des plus grands animaux terrestres connus.

Etat fossile. — Ils se trouvent sur toute l'étendue des couches mésozoïques et sont représentés par le *Thecodontosaurus*, *Palæosaurus*, *Teratosaurus*, *Platæosaurus*, et d'autres genres dans les trias : par les Celidosaurus dans les *lias ;* par le *Megalesaurus*, le *Porkilopleuron*, l'*Euskelosaurus*, l'*Hylæsaurus*, le *Palacanthus*, l'*A. anthopholis*, l'*Iguanodon*, l'*Hadrosaurus*, le *Trachodon* et le *Laelaps* dans les couches moyennes et supérieures mésozoïques. Il n'est pas évident que le *Megalosaurus* et l'*Iguanodon* possédassent une armure dermale ; mais différents genres (ex. le *Scelidosaurus*, l'*Hylæosaurus* et l'*Acanthopholis*) possédaient des écailles dermales qui s'avancent quelquefois en prodigieuses épines.

Les faces du centre des vertèbres sont légèrement amphicœliques ou presque plates, mais celles des régions dorsales antérieure et cervicale semblent, dans quelques cas, avoir été épisthocœliques. Le sacrum semble s'être composé de moins de quatre vertèbres, qui dans quelques-uns (*Scelidosaurus*) sont crocodiliennes, dans d'autres (*Megalosaurus*) prennent quelques caractères ornithiques. La région caudale se composait de nombreuses et longues vertèbres entre lesquelles s'attachaient les os chevrons. Les branches des os chevrons ont leurs extrémités vertébrales unies par un os. Les côtes vertébrales thoraciques sont très-fortes ; mais les côtes sternales et le sternum sont inconnus. Cependant il y a quelque raison de croire que le sternum était large et avec expansion. Des côtes abdominales dermales se développent dans quelques espèces, sinon dans toutes.

La structure du crâne semble avoir été intermédiaire sous beaucoup de rapports entre les types Crocodilien et Cacertilien. Dans l'*Iguanodon* et l'*Hypsilophodon* les extrémités des prémaxillaires semblent avoir été dénuées de dents et en forme de bec; la symphyse de la mandibule est excavée pour recevoir le bec, presque comme la mandibule d'un perroquet.

Les dents varient extrêmement depuis la dent aiguë, courbe, dentelée du *Megalosaurus*, jusqu'aux larges molaires des *Iguanodon* se rapprochant par mutuelle attrition. Leur mode d'implantation varie, mais elles ne sont pas soudées aux mâchoires.

Le scapulum est allongé verticalement, étroit et dépourvu d'apophyse acromion; le coracoïde est arrondi, n'a ni fontanelles ni apophyses. Aucun ornithoscélidien n'est connu pour avoir possédé une clavicule.

Le membre antérieur est plus court, et souvent beaucoup plus court que le membre postérieur.

La structure de la main n'est pas parfaitement connue.

Le fémur possède ordinairement un fort trochanter interne; et son extrémité postérieure est tout à fait semblable à celle des oiseaux par le développement d'une forte épine qui fonctionne entre le tibia et le péroné.

Les métatarsiens sont allongés et s'adaptent ensemble de telle sorte qu'ils peuvent à peine, sinon pas du tout, se mouvoir les uns sur les autres.

Les doigts interne ou externe sont ou plus courts que les autres ou tout à fait rudimentaires; et le troisième doigt est le plus long, comme chez les oiseaux en général.

Classification. — Les *Ornithoscelida* sont divisibles en deux sous-ordres, les *Dinosauria* et les *Compsognatha*. Le type de la dernière division est le merveilleusement petit reptile éteint *Compsognathus*, qui diffère des *Dinosauria* par la grande longueur du centre des vertèbres cervicales et par le fémur qui se trouve plus court que le tibia. Sa tête ressemble à une légère tête d'oiseau (pourvue de nombreuses dents), son cou est long, ses membres antérieurs petits et ses membres postérieurs très-longs. L'astragale semble avoir été soudé avec le tibia comme chez les oiseaux. Un spécimen de ce seul reptile a été trouvé dans les schistes de Solenhofen.

ARTICLE IX

LES PTÉROSAURES.

État fossile. — Les reptiles volants qui appartiennent à ce groupe et sont généralement connus comme Ptérodactyles

Fig. 81. — Restauration du *Pterodactylus spectabilis* (Von Meyer).

sont éteints depuis longtemps, leurs restes ne se trouvent que dans les terrains mésozoïques depuis le lias jusqu'au calcaire inclusivement (fig. 81).

Caractères anatomiques. — Ils sont tous remarquables par leur tête et leur cou proportionnellement longs, et par la grandeur de leurs membres antérieurs dont le doigt cubital, énormément allongé et dépourvu de griffe, semble avoir supporté le bord externe d'une expansion de tégument semblable au patagium d'une chauve-souris (fig. 81).

La colonne vertébrale est distinctement divisée en régions cervicale, dorsale, sacrée et caudale, les vertèbres cervicales sont, comme chez les oiseaux, les plus grosses de toutes. L'atlas et l'axis sont soudés ensemble au moins dans les espèces de la période crétacée. Les autres vertèbres cervicales ne semblent pas excéder le nombre de cinq ou six, et sont pourvues d'apophyses petites et abortives et, comme les autres vertèbres de l'épine, sont procœliques; leur suture neuro-centrale est oblitérée. L'existence des côtes cervicales est douteuse.

Entre les régions cervicales et sacrées se placent quatorze ou seize vertèbres; et pas plus de une ou deux des dernières, sinon aucune, ne sont dépourvues de côtes. Le nombre des vertèbres soudées ensemble pour former le sacrum n'est pas moindre que six.

La queue est très-courte chez les *Ptérodayctyles* et, dans ce genre, toutes les vertèbres sont mobiles les unes sur les autres; mais chez les *Rhamphorhynchus* elle est extrêmement longue, et les vertèbres sont fixées par ce qui semble être des fibres ligamenteuses ossifiées.

Les côtes vertébrales sont minces, et les antérieures, dans aucun cas, n'ont de capitulum et de tuberculum distincts. Il y a des côtes sternales ossifiées et des côtes abdominales comme fendues. Le sternum est large et, contrairement à celui des reptiles, n'est pas ossifié; il supporte une longue crête médiane à la partie antérieure de la face ventrale. Aucun prolongement médian n'a été trouvé en rapport avec lui.

La boîte crânienne est plus arrondie et rappelle davantage celle des autres oiseaux que celle des autres *reptiles* et, sous beaucoup d'autres rapports, le crâne se rapproche de celui des oiseaux. Ainsi le condyle occipital se trouve à la base du crâne, non à sa face postérieure; les os crâniens se soudent de très-bonne heure; les orbites sont très-larges, et les narines externes en sont très-près. Les pré-maxillaires sont très-larges, les maxillaires plus minces et les pièces dentaires de la mandibule se confondent dans une masse osseuse sans aucune trace d'une symphyse à suture.

La ressemblance avec les oiseaux va encore plus loin dans quelques espèces par la présence d'une large fosse lacrymonasale entre les orbites et les cavités nasales et par le prolongement des pré-maxillaires et de la partie symphysienne de la mandibule en apophyses aiguës en forme de becs, qui semblent avoir été recouvertes d'une gaîne cornée. Mais le type reptile subsiste par la présence d'un post-frontal distinct qui s'unit avec le squamosal et ainsi donne naissance à une fosse sus-temporale. Le post-frontal et le jugal s'unissent derrière l'orbite à la manière des Lacertiliens, et les mâchoires supérieure et inférieure portent des dents. La sclérotique est soutenue par un anneau osseux comme chez beaucoup d'autres *Sauropsidés*.

Le scapulum et le coracoïde s'éloignent complétement de de ceux de tous les autres Sauropsidés, mais ressemblent beaucoup aux mêmes parties dans les oiseaux et à la ceinture de l'épaule des *Carinatæ*, qui se rapprochent moins des reptiles. Le scapulum est plus mince et en forme de lame: son grand axe est incliné moins qu'à angle droit vers celui du coracoïde.

La surface glénoïdale est cylindrique, concave de dessus en dessous, convexe d'un côté à l'autre. Le coracoïde allongé et relativement étroit est dépourvu de fontanelle, d'épicoracoïde ou précoracoïde.

Aucune trace de clavicule n'a été découverte.

L'humérus a une grande pointe deltoïde ou apophyse. Le radius et le cubitus sont d'égale grandeur et séparés. Il y a quatre os métacarpiens distincts, celui du côté du cubitus beaucoup plus fort sans être plus long que les autres. Un autre os styliforme s'attache au carpe et ne semble pas avoir appartenu aux séries métacarpiennes. Le radial métacarpien supporte deux phalanges, le second trois, le troisième quatre, lesquelles représentent le pouce et les doigts suivants de la main du lézard. Les phalanges postérieures de chacun de ces doigts sont fortes et courbées, et étaient sans doute enchâssées dans une griffe cornée.

Le quatrième, comme le doigt correspondant du crocodile, a quatre phalanges dont la dernière est droite et sans ongle. Mais ces phalanges sont énormément allongées et de grande force relative. Une forte apophyse se projetait à partir du côté dorsal, de l'extrémité antérieure de la première phalange, et sans doute donnait attache au tendon d'un puissant muscle extenseur correspondant. La surface articulaire au-dessous et en derrière est concave et agit sur la poulie postérieure convexe du quatrième métacarpien.

Le bassin est remarquablement petit. Les ilions sont des os allongés qui s'avancent antérieurement et postérieurement comme chez les oiseaux, mais le reste du bassin ne rappelle nullement celui des oiseaux. Les ischions plats et larges semblent être unis aux os pubiens dans une large plaque osseuse qui passe à angle droit aux ilions vers leur symphyse ventrale. Une large spatule osseuse s'articule avec chaque os pubien près de la symphyse, et semble être une exagération de l'apophyse pré-pubienne des *Lacertiliens* et des *Chéloniens*. Il peut arriver (quoique je ne pense pas que ce soit probable) que les plaques larges et plates correspondent presque complétement aux ischions, et que les spatules osseuses soient les pubis. Dans ce cas, la disposition du bassin serait une sorte d'extrême exagération de ce qui a été observé chez les Crocodiles.

Le membre de derrière est petit comparé au membre antérieur. Le péroné est imparfait et semble s'unir au tibia par son extrémité postérieure. La structure du tarse a besoin d'être éclaircie. Dans quelques *Ptérosaures* il semble n'y avoir que quatre doigts avec, peut-être, un rudiment du cinquième dans le pied; mais d'autres, tels que le *Rhamphorhynchus Gemmingi* ont quatre doigts au pied. Quand il n'y en a que quatre, chaque doigt se termine par une phalange ongulée, pointue et courbe. Le nombre des phalanges du tibial au péroné est 2, 3, 4, 5. Ces doigts par conséquent sont le pouce et les trois qui le suivent immédiatement; et le cinquième doigt rudimentaire.

Les os longs des *Ptérosaures* ont de minces parois renfermant de larges cavités, qui semblent avoir reçu de l'air comme chez beaucoup d'oiseaux, et des ouvertures pneumatiques sont visibles sur les côtés des vertèbres.

État fossile. — Les restes de plus de vingt espèces de *Ptérosaures* ont été découverts, quelques-uns excessivement bien conservés dans la couche de pierre à lithographie de Solenhofen.

Classification. — Ils sont ainsi groupés en genres :

A. Ayant deux articulations au doigt cubital de la main, **Ornithopterus.**

B. Quatre articulations au doigt cubital.

a. Les mâchoires fortes, pointues et pourvues de dents à leurs extrémités antérieures. La queue très-courte. Le métacarpe habituellement plus long que la moitié de la longueur de l'avant-bras. **Pterodactylus.**

b. Les extrémités des mâchoires s'avançant sous la forme d'un bec sans dents, probablement renfermé dans une gaîne cornée. La queue très-longue. Le métacarpe plus court que moitié la longueur de l'avant-bras.

a. Toutes les dents mandibulaires semblables. **Rhamphorhynchus.**

b. Les dents postérieures pour la plupart très-courtes, les antérieures longues. **Dimorphodon.**

Je suis très-disposé à croire que les restes fossiles sur lesquels le genre *Ornithopterus* a été fondé, appartiennent à un oiseau véritable.

SECTION II. — CLASSIFICATION ET OSTÉOLOGIE DES OISEAUX.

Classification. — Quoique cette classe contienne un grand nombre de formes spécifiques, les modifications de structure qu'elle présente sont comparativement de petite importance, car si l'on prend deux oiseaux de n'importe quelle espèce, ils diffèrent beaucoup moins entre eux que ne le font les types extrêmes des *Lacertiliens*, et à peine plus que les formes extrêmes des *Chéloniens*. Car les caractères par lesquels sont séparés les groupes qui se succèdent semblent presque insignifiants si on les compare avec ceux par lesquels sont indiquées les divisions des *reptiles*.

16.

A. Les métacarpiens ne sont pas soudés ensemble, la queue est plus longue que le corps.

I. Saururæ.

1. Archeopterygidæ.

B. Les métacarpiens sont soudés ensemble, la queue est considérablement plus courte que le corps.

A. Le sternum est dépourvu de carène.

II. Ratitæ.

α. L'humérus de l'aile est rudimentaire ou très-court, et il n'existe qu'une phalange unguéale.

a. Un pouce.

2. Apterygidæ (the Kiwis).

b. Pas de pouce.

3. Dinornithidæ (the Moas).

4. Casuaridæ (the Cassowaries).

β. L'aile possède deux humérus et deux phalanges unguéales.

α. Les ischions s'unissent immédiatement au-dessous du sacrum, les pubis sont libres.

5. Rheidæ (Autruches américaines).

β. Les ischions libres et les pubis s'unissent dans une symphyse ventrale.

6. Struthionidæ (Autruches).

b. Le sternum pourvu de carène (1).

III. Carinatæ.

α. Le vomer large en arrière et s'interposant entre les ptérygoïdes, les palatins, et le bec basi-sphénoïdal (Dromœognathæ).

7. Tinamomorphæ (the Tinamous).

β. Le vomer étroit derrière; les ptérygoïdes et les palatins s'articulant largement avec le bec du basi-sphénoïde.

a. Les maxillo-palatins libres (2).

a. Le vomer pointu en avant (Schizognathæ).

8. Charadriomorphæ (les Plongeurs).

9. Cecomorphæ (les Goëlands).

10. Spheniscomorphæ (les Pingouins).

11. Geranomorphæ (les Grues).

(1) La carène est rudimentaire dans le remarquable perroquet *Stringops*.

(2) En exceptant les Dicholophus et quelques espèces de *Crax*.

12. **Turnicignorphæ** (the Hemipods).

13. **Alectoromorphæ** (les Poulets).

14. **Pteroclomorphæ** (les Oies de sable).

15. **Pteristeromorphæ** (les Pigeons).

16. **Heteromorphæ** (les Hoazins).

b. Le vomer tronqué en avant (Ægithognathæ).

17. **Coracomorphæ** (les Passereaux).

18. **Cypselomorphæ** (les Marcheurs).

19. **Celeomorphæ** (les Pics).

b. Les maxillo-palatins unis (Desmognathæ).

20. **Altomorphæ** (les Oiseaux de proie).

21. **Psittacomorphæ** (les Perroquets).

22. **Coccygomorphæ** (les Coucous, Rois-pêcheurs, Tragons).

23. **Chenomorphæ** (les Oies).

24. **Amphimorphæ** (les Flamands).

25. **Pelargomorphæ** (les Cicognes).

26. **Dysporomorphæ** (les Cormorans) (1).

Caractères anatomiques. — Le squelette externe des oiseaux se compose presque entièrement de formations épidermiques sous la forme de gaînes cornées, d'écailles, de plaques ou de plumes. Nul oiseau ne possède d'ossifications dermiques à moins que les éperons, qui sont développés aux jambes et aux ailes de quelques espèces, puissent être regardées comme telles.

Les plumes sont de différentes sortes. Celles qui offrent la

(1) La table ci-jointe, montrant avec quels anciens ordres d'oiseaux correspondent les ordres ci-dessus, peut être utile :

I. Accipitres ou raptores = Aetomorphæ.

II. Scansores = Psittacomorphæ, Coccygomorphæ (en partie).

III. Passeres ou insessores = Coracomorphæ, Cypselomorphæ, Celeomorphæ, Coccygomorphæ (en partie).

IV. Gallinæ (avec Columbæ) = Alectoromorphæ, Peristeromorphæ, Pteroclomorphæ, Turnicimorphæ.

V. Cursores = Ratitæ.

VI. Grallæ = Charadriomorphæ, Geranomorphæ, Amphimorphæ, Pelargomorphæ.

VII. Palmipedes = Cecomorphæ, Scheniscomorphæ, Chenomorphæ, Dysporomorphæ.

structure la plus compliquée sont appelées *pennæ* ou *plumes à contours*, parce qu'elles sont placées à la surface et déterminent les contours du corps. Les différentes parties des pennæ se distinguent ainsi : — Une tige principale (*scapus*) formant l'axe de la plume, et divisée en un cylindre supérieur creux, en partie enveloppé dans un sac du derme appelé *calamus* ou quille ; et un *vexillum* inférieur ou pinnule qui consiste en une flèche solide à quatre côtés, le *rachis* qui s'étend à l'extrémité de la plume et supporte un nombre d'apophyses latérales, les *barbes*. Le calamus offre une ouverture inférieure (*umbilicus inferior*), dans laquelle pénètre la pulpe vasculaire ; et une ouverture supérieure (*umbilicus superior*) située à la surface de la plume à la jonction du calamus avec la tige. Les barbes sont des plaques étroites, tachetées de points à leurs extrémités libres et attachées par leur base de chaque côté du rachis. Les bords de ces barbes sont dirigés au-dessus et au-dessous quand le *vexillum* de la plume est horizontal. Les interstices entre les barbes sont remplis par les *barbules* ; des apophyses effilées se développent dans les mêmes rapports avec les barbes, que les barbes avec le rachis. Les barbules elles-mêmes peuvent être latéralement dentelées et terminées par de petits crochets qui alternent avec les crochets des barbules opposées. Dans un grand nombre d'oiseaux, chaque quille supporte deux vexilla ; le second appelé *aftershaft* (*hyporachis*) est attaché sur le côté inférieur du premier, près de l'ombilic supérieur.

L'aftershaft est généralement beaucoup plus petit que le principal vexillum ; mais chez quelques oiseaux, tels que les *Casuaridæ*, les deux sont d'une égale grandeur, ou à peu près. Des muscles passent du tégument adjacent au sac de la plume et, par leur contraction élèvent la plume. Les autres espèces de plumes diffèrent des pennæ, en ce qu'elles ont des barbes souples et séparées les unes des autres quand elles constituent le *pennoplumæ* ou *plumulæ* (duvet), selon que la tige est plus ou moins développée. Quand la tige est très-longue, et le vexillum très-petit ou rudimentaire, la plume s'appelle *filopluma*.

Les plumes de contour sont distribuées de la même manière sur le corps, seulement chez quelques oiseaux comme les *Ratitæ*, les Pingouins et quelques autres. Généralement les *pennæ* sont disposées dans des espaces définis ou bandes circonscrites entre lesquelles la peau est nue ou seulement couverte de duvet. Ces séries de plumes à contours sont appelées *pterylæ* et leurs interstices *apteria*.

Chez quelques oiseaux, tels que les Hérons, les plumes d'une espèce particulière dont les sommets se brisent en fine poussière ou poudre, dès qu'ils sont formés, se développent sur certaines portions du tégument appelées espaces de la poudre (powder down patches).

Le tégument des oiseaux est, pour la plupart, dépourvu de glandes, mais beaucoup d'oiseaux ont une glande sébacée particulière développée dans la partie du tégument qui couvre le coccyx. Cette *glande uropygiale* sécrète un fluide huileux que les oiseaux répandent sur leurs plumes par l'opération de — preening — (faire ses plumes). L'excrétion passe par une des deux ouvertures habituellement situées sur une élévation qui peut être ou n'être pas pourvue d'un circuit spécial de plumes.

Dans différents oiseaux (ex : les Dindons), le tégument du côté de la tête et du cou développe des apophyses vasculaires et quelquefois *érectiles* (les peignes, les claies).

La colonne vertébrale des oiseaux contient de nombreuses vertèbres bien ossifiées dont un nombre considérable, plus de six, sont soudées ensemble pour former un sacrum. Pas plus de trois à cinq des vertèbres qui entrent dans la composition de cet os cependant ne peuvent être considérées comme les homologues des vertèbres sacrées des reptiles genre Crocodile et Lacertilien. Les autres sont empruntées, en avant, des régions lombaires et dorsales; en arrière, de la queue. La région cervicale de l'épine est toujours longue, et ses vertèbres qui ne sont jamais moins nombreuses que huit et peuvent aller jusqu'à vingt-trois, sont, pour la plupart, larges en proportion du reste du corps.

L'atlas est un os relativement petit en forme d'anneau, et le ligament transverse peut s'ossifier et diviser son ouverture en deux parties, une supérieure pour la moelle épinière et une inférieure pour l'apophyse odontoïde de l'axis.

L'os *odontoïdien* est toujours soudé à la seconde vertèbre

et constitue une apophyse odontoïde en forme de cheville.

Les apophyses épineuses des vertèbres cervicales suivantes sont souvent oblitérées et jamais très-proéminentes dans la région médiane du cou. La face antérieure de leur centre vertébral allongé est cylindrique, légèrement excavasé de haut en bas, et convexe d'un côté à l'autre, tandis que la face postérieure est concave d'un côté à l'autre. C'est pourquoi dans la section verticale, le centre semble procœlique; dans la section horizontale opisthocœlique; cette disposition est essentiellement caractéristique chez les oiseaux. La surface inférieure du centre fournit fréquemment des apophyses médianes inférieures. Dans les *Ratitæ* il est évident que les vertèbres cervicales ont des apophyses transverses courtes et des côtes disposées environ comme celles des *Crocodiles*, car, chez les jeunes oiseaux, l'extrémité antérieure de la face latérale de chaque vertèbre porte deux petites apophyses, une supérieure et une inférieure, avec lesquelles s'articule la tête d'une côte styliforme par deux facettes qui représentent le capitulum et le tuberculum. Avec l'âge, les côtes cervicales peuvent se souder complétement, et alors elles ont l'apparence d'une apophyse transverse perforée à la base par un canal qui, comme chez le *Crocodile*, contient la veine et l'artère vertébrale, et le principal tronc du nerf sympathique. Les côtes cervicales et les apophyses transverses sont disposées de la même manière chez les très-jeunes *Carinatæ*. Mais dans ces oiseaux il arrive souvent qu'elles se modifient beaucoup à l'état adulte; elles fournissent des prolongements qui s'étendent en bas et en dedans et protègent l'artère ou les artères carotides.

Les arcs neuraux ont des pré- et post-zygapophyses très-développées. Les côtes d'une ou deux des vertèbres postérieures cervicales deviennent allongées et mobiles dans les *Carinatæ* et les *Ratitæ*.

La première vertèbre dorsale se reconnaît par l'union de ses côtes avec le sternum au moyen d'une côte sternale qui, non-seulement comme chez les *Crocodiles*, s'articule avec la côte vertébrale, mais est encore transformée en un os complet et réunie par une véritable articulation avec les marges du sternum.

Le nombre des vertèbres dorsales (reconnaissable entre toutes les autres en ce qu'elles possèdent des côtes distinctes soit fixées soit libres) varie. Le centre des vertèbres dorsales, ou possède des faces articulaires cylindriques comme celles du cou, c'est ce qui arrive en général; ou quelques-unes d'entre elles, plus ou moins, peuvent avoir leurs faces sphéroïdales comme chez les Pingouins. Dans ce cas, la face convexe est antérieure, la concave postérieure. Elles peuvent développer ou ne pas développer des apophyses médianes inférieures. Elles possèdent en général des apophyses épineuses très-accentuées. Quelquefois elles sont légèrement mo-

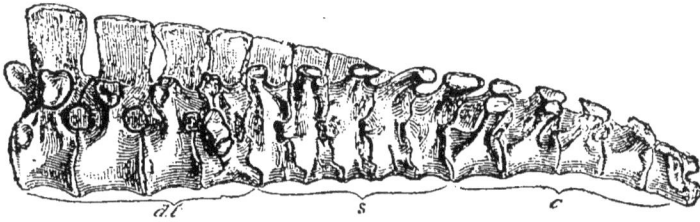

Fig. 82. — Le sacrum d'un poulet; *dl*, vertèbres dorso-lombaires; *s*, sacrées; *c*, caudales.

biles les unes sur les autres; quelquefois encore elles se soudent ensemble dans une masse solide. Un des caractères des vertèbres dorsales des oiseaux est que les postérieures non moins que les antérieures présentent une facette ou petite apophyse sur le corps de la vertèbre à la partie inférieure de son arc pour le capitulum de la côte, tandis que la partie supérieure de l'arc neural fournit une apophyse transverse plus allongée pour le tuberculum. Ainsi les apophyses transverses de toutes les vertèbres dorsales d'un oiseau ressemblent à celles des deux dorsales antérieures d'un crocodile, et nulle portion de la colonne vertébrale des oiseaux ne présente d'apophyse transverse avec un support pour la tête de la côte, comme celles de la grande majorité des vertèbres du *Crocodile*, du *Dinosauria* du *Dicynodontia* et du *Pterosauria*.

La description des vertèbres propres lombaires, sacrées, caudales antérieures dans la masse ankylosée qui constitue le sacrum d'un oiseau offre les plus grandes difficultés.

Voici les particularités générales qui les distinguent :

La plus antérieure des vertèbres lombaires porte une large apophyse transverse qui correspond par la forme et la disposition avec l'apophyse transverse tuberculaire de la dernière dorsale. Dans les vertèbres lombaires qui suivent, cette apophyse s'incline en bas ; et, dans la plus postérieure, elle se continue du centre, aussi bien que de l'arc de la vertèbre, et forme une large masse qui vient se terminer contre l'ilion (1). Cette apophyse pourrait très-bien être prise pour une côte sacrée, et sa vertèbre pour la vertèbre sacrée propre. Mais d'abord, je n'y trouve aucun point d'ossification et ensuite les nerfs qui sortent des trous intervertébraux au-devant et en arrière de cette vertèbre entrent dans le plexus lombaire où prennent leur origine les nerfs crural et obturateur, et non dans le plexus sacré, qui est le produit des nerfs qui sortent des trous intervertébraux des vertèbres sacrées propres chez les autres vertébrés. Derrière la dernière vertèbre lombaire, viennent au moins cinq vertèbres qui n'ont pas de côtes, mais leurs arcs envoient des lamelles horizontales, des apophyses transverses qui s'unissent avec les ilions. Les nerfs qui sortent des trous intervertébraux de ces vertèbres s'unissent pour former le plexus sacré d'où sort le grand nerf sciatique ; et je les prends pour les homologues des vertèbres sacrées des *Reptiles*. Les fosses profondes qui se trouvent entre le centre de ces vertèbres, leurs apophyses transverses et les ilions sont occupés par les lobes médians des reins.

Si ce sont les vraies vertèbres sacrées, il en résulte que celles qui viennent après sont les caudales antérieures. Elles ont des apophyses transverses supérieures comme les vertèbres sacrées propres ; mais, de plus, trois ou quatre des plus antérieures de ces vertèbres possèdent des côtes qui, comme les côtes sacrées propres des reptiles, sont unies par sutures ou ankylosées en avant avec les arcs neuraux et le centre de leurs vertèbres, tandis qu'en arrière, elles s'étendent et se terminent contre l'ilion. Les vertèbres caudales soudées peuvent être désignées comme *uro-sacrées*.

(1) Il serait plus exact de dire que l'ossification s'étend du centre aussi bien que de l'arc neural. L'apophyse aussi bien que les autres apophyses existe avant que le centre se distingue de l'arc par l'ossification.

Les vertèbres caudales qui viennent ensuite peuvent être nombreuses et toutes distinctes les unes des autres comme dans les *Archæopteryx* et les *Rhea* ; mais, plus généralement, les vertèbres caudales antérieures seules sont distinctes et mobiles, le reste étant réuni en un os en forme de soc de charrue, ou *pygostyle*, qui supporte les plumes de la queue et une glande *uropygiale*, et quelquefois, comme dans les pics et beaucoup d'autres oiseaux s'étendent au-dessous en un large disque polygonal.

Les centres des vertèbres présacrées mobiles des oiseaux sont réunis par un des anneaux fibro-cartilagineux qui s'étendent de la circonférence de l'une à celle de l'autre. Chaque anneau se continue intérieurement en un disque ayant ses faces antérieure et postérieure libres, — le *ménisque*. — Le ménisque s'amincit vers son centre, qui est toujours perforé. L'espace synovial entre les centres, de deux en deux, est cependant divisé par le ménisque en deux chambres trèsétroites qui communiquent par les ouvertures du ménisque. Quelquefois le ménisque est réduit à un rudiment; tandis que, dans d'autres cas, il peut être uni sur plus ou moins d'étendue avec les faces du centre de vertèbres. Dans la région caudale, l'union est complète et les ménisques réunis ont l'aspect d'un cartilage intervertébral ordinaire.

Un ligament traverse le centre de l'ouverture du ménisque; et, dans le poulet, contient la portion intervertébrale de la notocorde. Ainsi que Jäger (1) l'a démontré, ce ligament est l'homologue du ligament odontoïde dans l'articulation crânio-spinale, et de la partie pulpeuse centrale des fibro-cartilages intervertébraux des *Mammifères*.

Toutes les côtes vertébrales de la région dorsale, excepté peut-être les dernières côtes libres, ont le capitulum ou tuberculum largement séparés. Quelques-unes, plus ou moins, ont des apophyses *uncinées* attachées à leurs marges postérieures comme dans les *Crocodiles*.

Les côtes vertébrales sont complétement ossifiées jusqu'à leur jonction avec les côtes sternales.

(1) *Das Virbelkörpergelenk der Vögel* (*Sitzungsberichte der Wiener Akademie*, 1858).

Le sternum des oiseaux est une large plaque cartilagineuse qui est toujours plus ou moins complétement remplacée chez l'adulte par un os de membrane (1). Il commence à s'ossifier dans deux centres au moins, un de chaque côté, comme dans les *Ratitæ*. Dans les *Carinatæ*, il commence à s'ossifier par

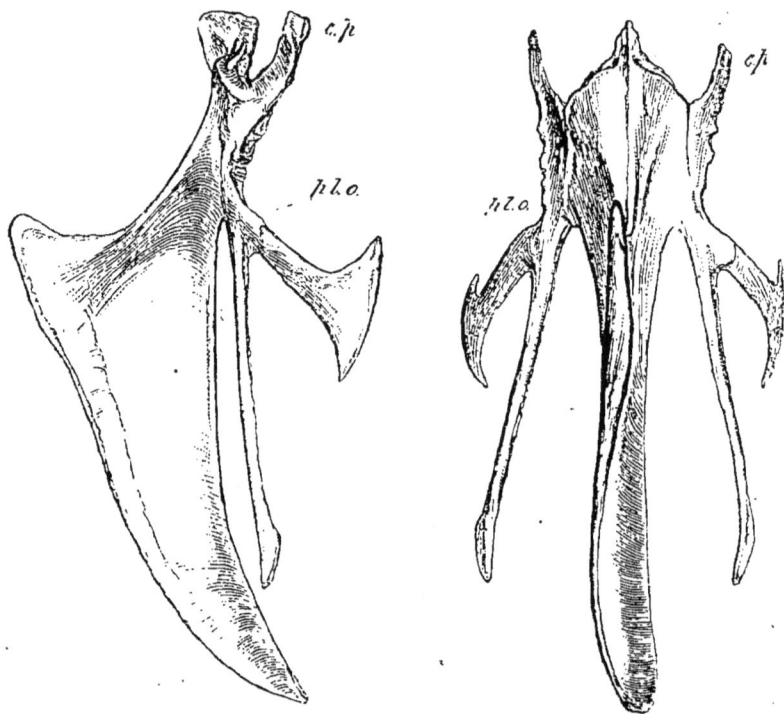

Fig. 83. — Vues antérieure et de côté du sternum d'un poulet; *r*, bec ou manubrium; *c, p*, apophyse costale; *pl,o*, pleurostéon (la ligne qui part de la lettre se rend au point de jonction entre le pleurostéon et le métostéon); *m, x*, apophyse xiphoïde médian; *ca*, carène ou talon.

cinq centres dont un médian pour la carène et deux paires pour les parties latérales du sternum. Ainsi le sternum du poulet est à la fois divisé en cinq os distincts dont l'ossification centrale de la carène (de *r* à *m, x*, fig. 83) est appelée *lophostéon*; la pièce anétro-latérale qui s'articule

(1) Ces assertions concernant la colonne vertébrale, les côtes et le sternum, comme celles qui suivent et ont rapport au crâne, ne s'appliquent pas à l'*Archæopteryx* chez lequel toutes ces parties sont inconnues ou imparfaitement connues.

avec les côtes *pleurostéon* (*pl. o.*) et la pièce postérolatérale bifurquée *métostéon.*

La forme du sternum dans beaucoup d'oiseaux semble différer beaucoup de celle des *reptiles :* il est rhomboïdal dans les *Casuaridœ*, où il diffère du sternum reptilien principalement par la longueur de ses côtés postérieurs proportionnellement plus grands, l'absence de prolongements médians en arrière, et la convexité de sa surface ventrale. Mais dans les autres oiseaux, et notamment dans beaucoup de *Carinatœ*, les bords antéro-latéraux qui sont creusés de sillons pour recevoir les coracoïdes forment un angle beaucoup plus ouvert que dans les *reptiles*, tandis que les bords postéro-latéraux deviennent parallèles ou divergents, et un bord transverse large, droit et convexe prend la place de l'angle postérieur. Deux ou quatre fontanelles membraneuses peuvent rester dans la moitié postérieure du sternum quand l'ossification se produit, et donner naissance à autant de trous ou entailles, qui séparent les minces apophyses dans le squelette sec, et correspondent à autant de divisions de l'apophyse xiphoïde du sternum chez les *Mammifères*, et en conséquence sont appelés apophyses xiphoïdes médian, interne et externe. Quelquefois une apophyse médiane, *rostrum* ou *manubrium* (*r*, fig. 83) se développe de l'angle antérieur du sternum et ses angles antéro-latéraux s'avancent fréquemment en apophyses costales (*c p*, fig. 83), qui peuvent être pourvues de surfaces articulaires pour plus ou moins de côtes. Ces deux dernières dispositions sont très-distinctes chez les *Coracomorphœ* ou passereaux.

L'extension que prend la carène du lophostéon dans les Canaries varie beaucoup. Dans les *Strigops* elle est rudimentaire ; dans les oiseaux au vol puissant, aussi bien que dans ceux qui se servent de leurs ailes pour nager, elle est extrêmement large.

Dans le crâne des oiseaux (fig. 84), la boîte crânienne est plus arquée et spacieuse, et plus large par rapport à la face que dans aucun *reptile*, en exceptant les *Ptérosaures*. Il y a un septum inter-orbital très-marqué, mais l'étendue de son ossification varie beaucoup. Comme règle générale, la barre supérieure temporale est incomplète et il n'existe pas d'os post-

frontal distinct. La barre temporale inférieure formée par
le jugal et le quadrato-jugal de l'autre côté est toujours
complète. Il n'y a pas de longues apophyses parotides ni

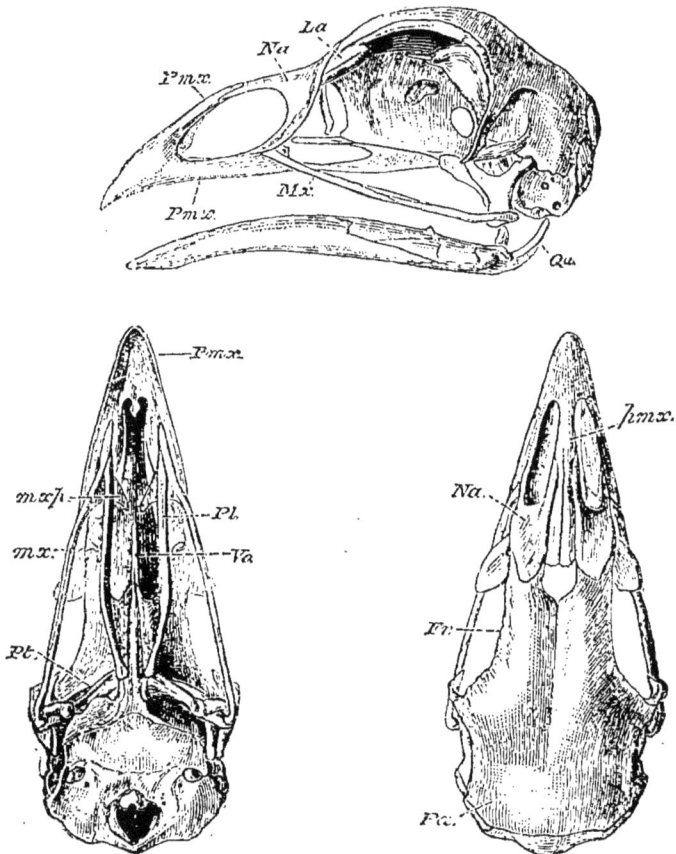

Fig. 84. — Vues latérale, supérieure et inférieure du crâne d'un poulet commun
(*Phasianus gallus*); *mxp*, apophyse maxillo-palatine ; *Qu*, os quadrate. La ligne
pointée s'arrête accidentellement à l'apophyse angulaire de la mandibule.

aucune fosse post-temporale, chaque os temporal étant pour
ainsi dire confondu dans la voûte du crâne.

Les ouvertures nasales se trouvent entre les palatins et le
vomer ; et le canal nasal n'est jamais séparé de la cavité
buccale par l'union des plaques palatines des os palatins ou
ptérygoïdes.

Les tubes d'Eustache traversent généralement le basi-sphénoïde et ont une commune ouverture sur le milieu de la surface inférieure du crâne.

Les os de la boîte crânienne, et beaucoup de ceux de la face, se soudent très-vite dans une masse compacte chez la plupart des oiseaux, mais les sutures se distinguent plus longtemps chez les *Chenomorphæ* et les *Spheniscomorphæ*, et particulièrement chez les *Ratitæ*.

Tous les constituants des segments occipitaux et pariétaux du crâne sont représentés par des os distincts, mais le segment du frontal varie beaucoup sous ce rapport. Le basi-sphénoïde a un long bec qui représente une partie du para-sphénoïde des *Ichthyopsidés*. Il existe toujours de larges os frontaux, mais les régions pré-sphénoïdales et orbito-sphénoï-dales ne sont pas régulièrement ossifiées.

L'ethmoïde (fig. 84) est ossifié et fréquemment visible à la sur-face du crâne entre les os nasaux et frontaux ; le septum na-sal qui se trouve au-devant de l'ethmoïde peut présenter des degrés très-variés d'ossification. Très-souvent l'interstice entre les ossifications ethmoïdales et inter-nasales est sim-plement membraneux chez l'adulte, et le bec ne tient au crâne que par une apophyse ascendante des os pré-maxil-laires et par les os nasaux qui sont minces et flexibles. Une sorte d'articulation élastique est produite par ce moyen et donne au bec un certain degré de mobilité verticale. Dans le perroquet et quelques autres oiseaux, cette jointure se change en véritable articulation, et le degré de mobilité du bec supérieur devient très-étendu.

La capsule périotique est complétement ossifiée, et, comme dans les autres *Sauropsidés*, l'épiotique et l'opisthotique sont soudés avec le segment occipital avant de s'unir avec le pro-otique. Dans le crâne primordial des oiseaux, les or-ganes olfactifs sont entourés par des capsules cartilagineuses dont les parois latérales envoient une apophyse *turbinée* de de-grés variés de complexité. Quand la paroi postérieure de cette capsule est ossifiée, l'os ainsi formé représente le pré-frontal ou masses latérales de l'ethmoïde des mammifères. Il est largement développé chez les *Apteryæ*, les *Casuaridæ* et beaucoup d'autres oiseaux. Mais il manque dans les *Stru-thionidæ* ; et, dans d'autres oiseaux, il est souvent représenté par une simple barre qui se dresse en dehors de l'ossification ethmoïdale.

Le lacrymal est ordinairement un os large et distinct, articulé au-dessus avec le nasal et le frontal, intérieurement avec le préfrontal et, au-dessous, avec les maxillaires; mais quelquefois, au contraire, comme chez les perroquets, il prend une grande dimension et envoie une apophyse en arrière au-

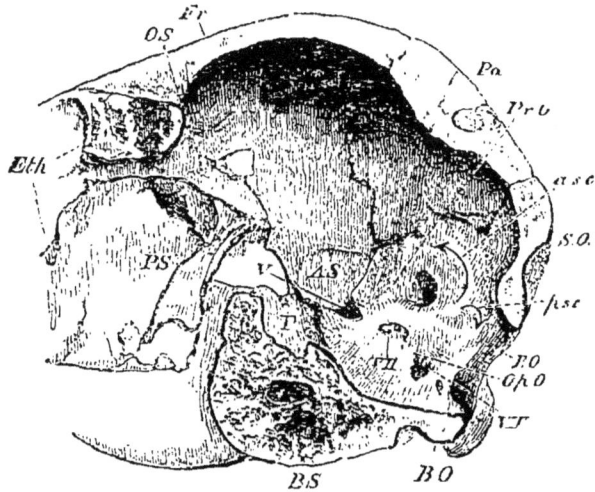

Fig. 85. — Section longitudinale et verticale de la moitié postérieure du crâne d'une autruche; P, fosse pituitaire; asc, psc, canaux verticaux semi-circulaires antérieur et postérieur de l'oreille.

dessous de l'orbite, qui peut s'articuler avec une apophyse post-orbitale du frontal et circonscrire ainsi la cavité orbitale. Les *Opisthocomus* offrent la particularité d'une soudure complète du nasal avec le lacrymal, qui est complétement séparé du frontal et se meut avec le bec. Un os sus-orbital ou une chaîne d'os peut se développer en rapport avec la marge orbitaire de l'os frontal; et, quelquefois, des os orbitaires apparaissent à la suite au-dessous de l'orbite, parallèlement avec l'arc jugal. Une apophyse post-orbitaire peut se développer dans le frontal ou dans des alisphénoïdes; et, dans ce dernier cas, peut s'ossifier séparément.

Le squamosal est appliqué très-près du crâne, et, ordinairement, soudé avec les autres os. Il envoie souvent une apophyse en bas, au-dessus de l'os quadrate, et peut s'unir avec l'apophyse post-orbitaire du frontal comme chez les Poulets.

Il n'est pas rare que le cadre de la membrane tympanique contienne des ossifications distinctes qui représentent l'os tympanique des *Mammifères*.

Les pré-maxillaires sont modifiés d'une manière qui ne se retrouve en partie que chez les *reptiles*. Ce sont des os triradiés, de grande dimension, qui ordinairement envoient trois apophyses : une ascendante pour le frontal, une palatine qui longe le milieu du palais, jusqu'aux os palatins ; et une externe ou maxillaire qui forme la plus grande partie de la marge du bec et s'unit avec les maxillaires. Les deux os sont représentés de très-bonne heure par une seule ossification.

Les vomers varient plus que presque tous les autres os du crâne. Ils bordent et embrassent le bord inférieur de la région ethmo-présphénoïdale de la base du crâne, et chez tous les oiseaux où ils sont distinctement développés, excepté les autruches, ils sont unis derrière avec les os palatins. Dans beaucoup d'oiseaux ils s'unissent de bonne heure en un os simple, mais ils restent longtemps distincts chez quelques *Coracomorphæ* et semblent toujours être séparés chez les pics. Les vomers réunis constituent un os très-grand et large dans la plupart des *Ratitæ* et dans les *Tinamomorphæ*; un os étroit profondément fendu en arrière et abruptement tronqué en avant dans les *Coracomorphæ*. Dans la plupart des *Desmognathæ* le vomer est petit ; et, quelquefois, il semble abortif.

Les maxillaires des oiseaux sont habituellement minces, sortes de cordes osseuses s'articulant par sutures écailleuses en avant, avec les pré-maxillaires; en arrière, avec le jugal également mince. Dans la grande majorité des oiseaux, les maxillaires envoient intérieurement une apophyse *maxillo-palatine* (fig. 84, *mxp*) qui, tantôt, est une lame osseuse mince, tantôt devient gonflée et spongieuse. Dans les *Ratitæ* et les *Desmognathæ* (fig. 86), les apophyses maxillo-palatines s'unissent ensemble et avec le vomer, et forment une voûte osseuse complète à travers le palais. Dans les *Schizognatæ* (fig. 84) et les *Ægithognathæ*, les maxillo-palatins restent complétement distincts les uns des autres et du vomer.

Le quadrato-jugal est habituellement une corde osseuse

mince, dont l'extrémité postérieure présente sur ses côtés internes, une tête articulaire qui se fixe dans une fosse à la face externe de l'extrémité postérieure de l'os quadrate.

Les os palatins sont généralement longs et concaves à leurs faces palatines. En avant ils passent au-dessous (c'est-à-dire

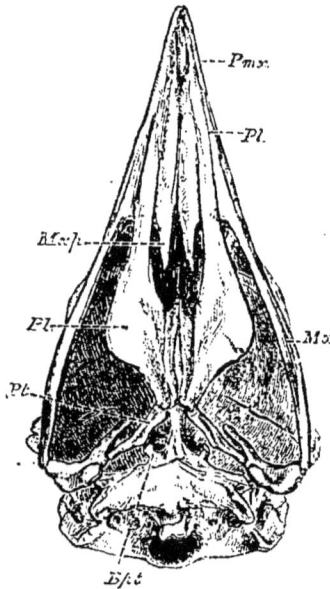

Fig. 86. — Surface inférieure d'un crâne d'oiseau Secrétaire (*Gypogeranus*), comme exemple de la disposition des Desmognathes; M*xp*, apophyse maxillo-palatine; B*pt*, apophyse basi-ptérygoïde.

du côté ventral) des maxillo-palatins et s'unissent avec les prémaxillaires, tantôt par suture écailleuse, tantôt par ankylose, rarement comme chez les Perroquets, par une articulation flexible. Postérieurement ils s'unissent toujours avec les ptérygoïdes. Dans la plupart des oiseaux, les palatins convergent postérieurement vers le bec basi-sphénoïdal et s'unissent avec lui par une surface articulaire à l'aide d'un léger mouvement du palatin sur le bec. Il n'existe pas de semblable articulation chez les *Ratitæ* ou chez les Tinamous parmi les *Carinatæ*. Dans ceux-ci (en exceptant les autruches) les palatins naissent, pour ainsi dire, du bec par les extrémités divergentes du grand vomer, et les dispositions des parties rappellent plutôt les Lacertiliens que les oiseaux. L'extrémité externe ou postérieure de l'os ptérygoïde présente une fosse pour une tête articulaire développée du côté interne de l'extrémité postérieure du quadrate. Les extrémités internes ou antérieures des ptérygoïdes se rencontrent chez presque tous les oiseaux, et peuvent arriver à s'articuler avec le bec basi-sphénoïdal. Chez tous les oiseaux embryonnaires, chez tous les *Ratitæ* et dans beaucoup de *Carinatæ*, tels que les *Tinamomorphæ*, les *Charadriomorphæ*, les *Alectoromorphæ*, les *Peristeromorphæ*, les *Chenomorphæ*, des apophyses plus ou moins courtes sortent du basi-sphénoïde et présentent des facettes articulaires à des facettes correspondantes sur les côtés internes des ptérygoïdes. Ce sont les apophyses basi-ptérygoïdes semblables à celles qui se trouvent chez les Lacertiliens et quelques Ophidiens.

L'os quadrate est presque toujours mobile sur le crâne et s'articule avec le pro-otique, l'alisphénoïde et le squamosal par une tête simple ou double. La tête postérieure s'articule avec la mandibule au-dessous; le quadrato-jugal du côté externe, et le ptérygoïde du côté interne. En conséquence, quand l'articulation ethmo-nasale est développée, aucun mouvement en avant de l'extrémité inférieure du quadrate, tel qu'il s'en produit quand la mandibule est déprimée par le muscle digastrique, ne porte la barre maxillo-jugale à pousser les prémaxillaires en haut et en avant. Les os palatins et ptérygoïdes en même temps glissent en avant sur le bec du basi-sphénoïde. Alors il arrive que la mâchoire supérieure des oiseaux tels que les Perroquets s'élève, quand en ouvrant la bouche la mandibule est relâchée. Chaque rame de la mandibule se compose primitivement de six pièces comme dans les autres *Sauropsidés*, mais les pièces dentaires de chaque côté sont, comme dans les *Chéloniens*, unies de très-bonne heure. Si elles ne sont pas ossifiées dans un centre. Très-fréquemment une fontanelle reste entre le dentaire et les autres éléments, comme chez les *Crocodiles*; et le dentaire reste longtemps réellement séparé du reste ; ou, comme chez les engoulevents (*Gœtsuckers*), n'est uni avec les autres éléments que par du tissu fibreux, ce qui fait qu'il reste mobile. L'angle de la mandibule peut être tronqué ou projeté en arrière dans une longue apophyse courbe comme dans les poulets (fig. 84), les dindons et les oies.

L'hyoïde se compose des éléments basilaires, dont l'anté-

rieur, formé en général de deux portions, est placé dans la
langue, plus de deux cornes courtes antérieures et de deux
longues postérieures qui ne s'unissent jamais avec la région
périotique du crâne et communément restent libres tout à
fait. Dans quelques espèces de pics cependant, les longues
cornes postérieures sont immensément allongées et se courbent en haut et en arrière au-dessus du crâne (les os frontaux
sont creusés de sillons pour les recevoir), et leurs extrémités
libres sont insérées entre les apophyses maxillaires ascendantes du maxillaire droit.

L'arc pectoral présente un scapulum long, étroit et recourbé (Sc, fig. 87) sans sus-scapulum, et un coracoïde (Co) fixé

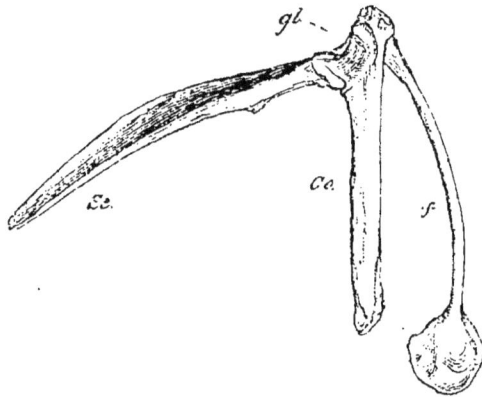

Fig. 87. — Scapulum droit (Sc), et coracoïde (Co) d'un poulet ; gl, cavité glénoïdale ; f, clavicule droite ou moitié droite du furculum ; hp, hypocléidium.

par son extrémité antérieure dans le sillon du bord antéro-latéral du sternum. Les extrémités internes du coracoïde sont
quelquefois recouvertes comme chez les *Lacertiliens* ; autrement
la ceinture de l'épaule diffère de celle de tous les *reptiles*, excepté le *Ptérosaure*. Le coracoïde est habituellement tout à fait
ossifié et ne présente pas de fontanelle. Il n'y a pas d'épicoracoïde distinct. Les deux os prennent à peu près une part
égale à la formation de la cavité glénoïde et habituellement
restent soudés et distincts dans cette région.

Chez les *Ratitæ* le grand axe de la partie du scapulum qui
se trouve près de la cavité glénoïde est parallèle avec cette
partie du coracoïde ou coïncide avec elle, et les deux os se
soudent complétement. Mais, chez tous les *Carinatæ*, le grand

axe du scapulum forme un angle aigu ou légèrement obtus (*Ocydromus*, *Didus*), avec celui du coracoïde. Un petit os, le *scapula accessoria*, se développe sur le côté externe de l'articulation de l'épaule comme dans la plupart du *Coracomorphæ* et des *Celeomorphæ*.

Dans les *Carinatæ*, l'extrémité glénoïdienne du scapulum est divisée en deux parties ; une apophyse glénoïdienne qui s'étend pour fermer la partie supérieure de la cavité. glénoïde, et pour s'unir au coracoïde, et une apophyse acromiale qui donne attache à l'extrémité externe de la clavicule. L'extrémité glénoïdienne du coracoïde est également divisée en deux portions : une apophyse *glénoï-lienne* qui s'unit avec le scapulum, et une apophyse *claviculaire* qui s'articule avec la surface externe de la clavicule près l'extrémité externe.

L'apophyse claviculaire du coracoïde représente probablement le précoracoïde des Lacertiliens. Chez les *Ratitæ*, il n'existe pas d'apophyse claviculaire distincte, mais la partie antérieure du coracoïde, près la cavité glénoïde, peut s'avancer et être séparée du reste par une entaille ou fontanelle comme un précoracoïde lacertilien. Il n'existe aucune trace de clavicule dans l'Apteryx et dans quelques Perroquets. Dans l'Emeu et différents *Carinatæ* (quelques Perroquets et Hiboux), les clavicules restent distinctes les unes des autres, ou reliées seulement par du tissu fibreux ; mais, dans la majorité des oiseaux, elles se soudent de très-bonne heure ensemble et avec le représentant de l'inter-clavicule sur la ligne médiane, en un seul os, le *furculum*, qui contribue à donner aux ailes la force qui leur est nécessaire pour voler ou pour nager. Dans les passereaux, l'extrémité scapulaire de la clavicule prend habituellement de l'expansion et s'ossifie séparément comme dans l'*épicléidium*. Une apophyse médiane (*hypocléidium*) se développe fréquemment dans la partie inter-claviculaire du furculum, et celui-ci peut s'unir avec la carène du sternum par un fort tissu fibreux, ou même par une pièce ossifiée. Dans l'*Opisthocomus*, le furculum s'ankylose avec la partie manubriale du sternum d'une part, et avec les coracoïdes de l'autre. L'ankylose du furculum avec les coracoïdes a été également remarquée dans le *Didus*.

Le membre antérieur d'un oiseau à l'état de repos offre une

grande différence de disposition s'il est comparé à celui d'un reptile ordinaire; et ce changement a un caractère semblable et, sous certains rapports, plus grand que celui que présente le bras de l'homme comparé avec le membre antérieur d'un quadrupède mammifère. L'humérus est situé parallèlement à l'axe du corps, sa surface ventrale dirigée en dehors. Le bras antérieur est dans une position moyenne entre la pronation et la supination, et la main est renversée sur le côté cubital du bras antérieur, dans une position non de flexion mais d'abduction.

Dans les oiseaux ordinaires, l'extrémité antérieure de l'humérus s'étend, et sa tête articulaire s'allonge transversalement, sa face ventrale est convexe, et pourvue d'un fort bord préaxial qui donne attache au muscle pectoral. La face dorsale propre est concave d'un côté à l'autre, particulièrement vers la marge post-axiale où l'ouverture pneumatique se trouve dans ces oiseaux qui ont l'humérus creux. L'extrémité postérieure est développée, et la surface articulaire pour le radius est une facette convexe dirigée obliquement en dedans, à sa face ventrale. Sous ce rapport, l'humérus des oiseaux exagère un des traits de celui des Lézards.

Dans les *Ratitæ* ces particularités sont très-faiblement ou pas du tout marquées, l'humérus étant un os mince, cylindrique, légèrement courbe.

Dans les *Casuaridæ*, les *Dinornithidæ* et les *Apterygidæ*, le membre antérieur est extraordinairement réduit, et peut devenir rudimentaire. Dans les Pingouins, et à un degré moindre dans la grande espèce de Pingouins, l'humérus s'aplatit d'un côté à l'autre; l'extrémité antérieure est singulièrement modifiée, et, à son extrémité postérieure étroite, la surface articulaire pour le radius se trouve tout à fait en avant, et plutôt au-dessous pour le cubitus.

Le cubitus, qui présente souvent une série de tubercules indiquant l'attache des quilles des plumes secondaires, est habituellement un os plus fort et plus long que le radius. Il n'y a que deux os carpiens, un radial et un cubital.

Dans les *Apterygidæ* et dans les *Casuaridæ* il n'y a qu'un doigt complet dans la main. Il semble répondre au second du membre pentadactyle et est pourvu d'une griffe.

Dans les *Struthionidæ*, les *Rheidæ* et les *Carinatæ*, il existe à la main trois doigts qui répondent au pouce et aux second et troisième doigts du membre antérieur pentadactyle; les os métacarpiens de ces doigts sont soudés ensemble.

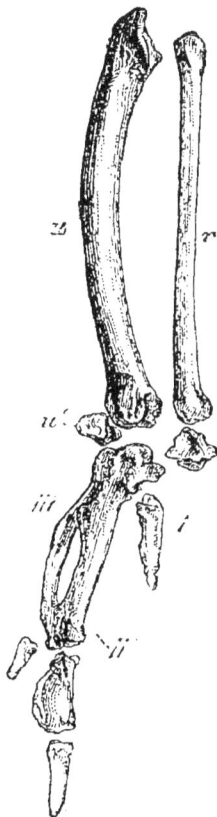

Fig. 88. — Radius (*r*), cubitus (*c*); os radial, cubital, carpien (*r'*, *u'*) avec les trois doigts (I, II, III) du membre antérieur droit d'un poulet. Les dernières phalanges du premier et du second doigt étaient incomplètes dans le spécimen figuré.

Règle générale. — Le métacarpien du pouce est beaucoup plus court que les deux autres; celui du second doigt est fort et droit, celui du troisième est plus mince et courbé de manière à laisser un interstice entre lui et le second qui est souvent rempli par une matière osseuse. Le pouce est pourvu de deux phalanges dont la seconde, chez beaucoup d'oiseaux, est pointue, courbe et recouverte d'une griffe cornée. Le second doigt possède trois phalanges, et la phalange terminale est également pourvue de griffe dans différents oiseaux. Dans les autruches, le pouce et le second doigt sont pourvus d'ongles. Le troisième doigt ne possède jamais plus d'une ou deux phalanges, et est toujours dépourvu de griffe.

Une singulière circonstance digne de remarque, c'est que les proportions relatives de l'humérus et de la main présenteraient le contraste le plus frappant entre deux groupes d'oiseaux également remarquables par le pouvoir de leur vol. Ce sont les marcheurs et l'oiseau mouche, chez lesquels l'humérus est long et la main relativement courte.

Dans les Pingouins, le pouce n'a pas de phalanges libres, et son os métacarpien semble soudé à celui du second doigt. Le troisième métacarpien est plus mince et étroit. Les os de la main sont singulièrement allongés et aplatis.

Le bassin d'un oiseau (fig. 89) est remarquable par le long prolongement antérieur et postérieur des os iliaques (Il) qui s'unissent dans toute la longueur des bords du sacrum (sm) et même s'étendent en avant sur les côtes postérieures de la région dorsale. Au-dessous, chaque os iliaque forme un large arc au-dessus de la partie supérieure de l'acétabulum (Am) dont le centre est toujours fermé par du tissu fibreux ; aussi, dans le squelette sec, l'intérieur de l'acétabulum est-il largement perforé. Une surface articulaire sur laquelle jouent le grand trochanter et le fémur est appelée *anti-trochanter*. Chez tous les oiseaux ordinaires, l'ischion (fig. 89, Is), qui s'élargit vers son extrémité postérieure, s'étend en arrière à peu près parallèlement à la partie postérieure de l'ilion, avec laquelle il s'unit postérieurement par ossification. L'intervalle ilio-sciatique est ainsi converti en une perforation. Le pubis (Pb) entre par son extrémité dorsale ou acétabulaire dans la formation de l'acétabulum, et alors passe en arrière et au-dessous sous la forme d'un os comparativement petit, courbé, à peu près parallèle à l'ischion. Les deux ischions s'unissent ensemble à l'aide de tissu fibreux. Ni l'ischion, ni les pubis ne s'unissent directement avec le sacrum. Très-peu d'oiseaux présentent quelque importante déviation à cette structure du bassin. Dans le *Tinamus*, le *Casuarius*, le *Dromœus*, l'*Apteryx*, le *Dinornis*, l'ischion n'est pas uni par un os avec l'extrémité postérieure de l'ilion. Dans le *Rhea*, les ischions s'unissent ensemble au-dessous de la colonne vertébrale; les vertèbres de cette région sont très-minces et imparfaitement ossifiées. Dans l'autruche seulement parmi les oiseaux, les pubis s'unissent dans une symphyse ventrale.

Une autre remarque non moins importante dans l'autruche, c'est que des tubérosités latérales se développent sur les vertèbres à partir de la 31e jusqu'à la 35e inclusivement (en comptant depuis l'atlas). Les trois tubérosités médianes sont

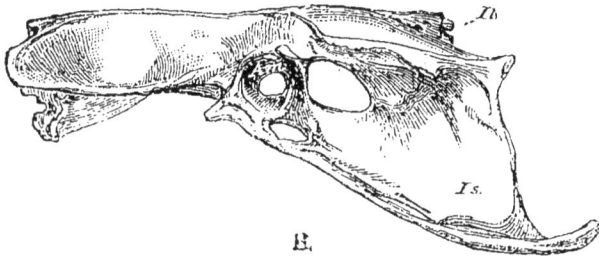

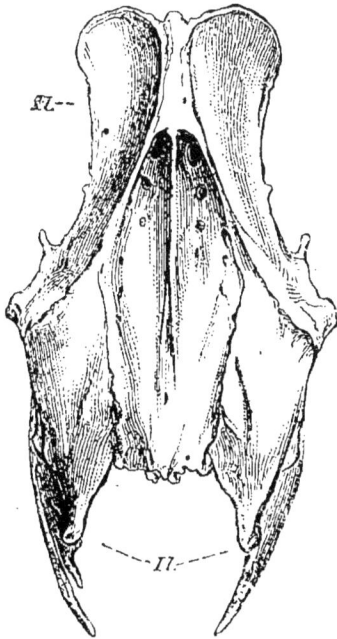

Fig. 89. — Vues (A latérale et dorsale B) du bassin d'un poulet ; Sm, sacrum ; Il, ilion ; Is, ischion ; Pb, pubis ; Am, acétabulum.

larges et viennent se terminer contre le pubis et l'ischion. Dans ces vertèbres, comme dans les vertèbres dorsales des Chéloniens, l'arc neural de chaque vertèbre se tourne en avant, de manière que la moitié de sa base s'articule en avant avec le centre de la vertèbre suivante, et les tubérosités en question sont des produits en partie de l'arc neural, en partie du centre des vertèbres juxtaposées entre lesquelles elles sont percées. Aussi, dans les jeunes autruches, la face de chaque tubérosité offre-t-elle une suture tri-radiée.

La tête articulaire du fémur est arrondie, et son axe est presque à angles droits avec le corps de l'os, disposition qui ne se trouve pas dans les *reptiles* ordinaires, mais qui existe dans l'*Iguanodon* et les autres *Ornithoscélides*. La tige est relativement courte et épaisse, et les deux condyles qui terminent la tige sont larges et allongés antéro-postérieurement. Un sommet proéminent, qui joue entre l'extrémité antérieure du tibia et le

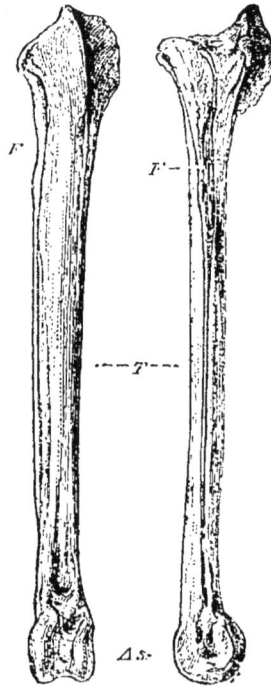

Fig. 90. — Tibia droit et péroné d'un poulet ; A, vue antérieure ; B, vue latérale externe ; T, tibia ; F, péroné ; Cn, apophyse cnémiale ; As, astragale.

péroné, est visible à la face postérieure et inférieure du condyle externe. Un sommet semblable est faiblement développé dans quelques *Lacertiliens* et très-marqué dans les reptiles *Dinosauriens*. Il existe habituellement une rotule, mais elle manque quelquefois, et elle peut être double.

Le péroné des oiseaux est toujours imparfait et se termine par un simple filet au-dessous. En général, il est véritablement plus court que le tibia, mais il est de même longueur chez quelques Pingouins. Le tibia, ou plutôt *tibio-tarsien*, est un os grandement caractéristique. Son extrémité supérieure s'étend et s'avance antérieurement dans une grande apophyse cnémiale, qui peut être diversement subdivisée comme chez le *Dinosauria*. L'extrémité inférieure se termine par une surface articulaire en forme de poulie très-marquée, inclinée quelque peu en avant et en bas. Il n'est pas rare de trouver une barre osseuse oblique à la face antérieure, juste au-dessus de la poulie, au-dessous de laquelle passent les longs tendons extenseurs.

L'extrémité de l'apophyse cnémiale dans le *Struthio* (autruche) et le *Rhea* s'ossifie, comme une *épiphyse*; dans les jeunes oiseaux, l'extrémité articulaire postérieure de l'os est entièrement séparée du reste par une suture et semble également être une épiphyse. Mais c'est en réalité, comme M. le professeur

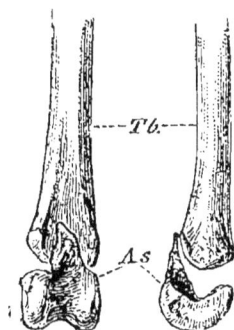

Fig. 91. — Extrémité postérieure du tibia gauche (T*b*), avec l'astragale (A*s*) détaché d'un jeune poulet, vus antérieurement et du côté externe.

Gegenbaur l'a démontré, la division supérieure du tarse (représentant selon toute apparence seulement l'astragale des autres *vertébrés*), qui existe chez l'embryon sous la forme d'un cartilage isolé, et qui, quand elle s'ossifie, se soude avec le tibia. Ce qu'on appelle le tibia des oiseaux est à proprement parler un *tibio-tarsien* (voy. p. 263, fig. 77 A et fig. 91).

Dans tous les oiseaux, même les *Archæopteryx*, le cinquième doigt de pied reste non développé; et les second, troisième et quatrième métatarsiens sont soudés ensemble et par leurs extrémités antérieures, avec un os qui, chez le fœtus, est un cartilage distinct et représente la division inférieure du tarse. Ainsi se forme le *tarso-métatarsien*.

Les extrémités inférieures des métatarsiens restent séparées et offrent des surfaces articulaires convexes aux phalanges antérieures des doigts.

Dans les Pinguoins, de larges ouvertures se trouvent entre les différents métatarsiens du *tarso-métatarsien* adulte ; et, chez les autres oiseaux, plus ou moins de conduits importants persistent dans la partie supérieure entre les métatarsiens médian et latéraux et les métatarsiens médian et externe dans la partie inférieure. Chez la plupart des oiseaux, le métatarsien médian ne reste pas parallèle avec les autres, mais son extrémité supérieure s'incline un peu en arrière et son extrémité inférieure un peu en avant. Ainsi les deux ouvertures de chaque côté de son extrémité supérieure peuvent se trouver au fond d'une fosse, ou s'y perdre en avant, tandis qu'elles restent distinctes en arrière.

De plus, dans la plupart des oiseaux, la face postérieure de l'extrémité supérieure du métatarsien médian et la surface adjacente de l'os du tarse se montrent sous la forme d'une apophyse qui est habituellement, mais improprement, appelée *calcanéenne*. La surface inférieure de cet *hypo-tarsus* est tantôt simplement aplatie, tantôt traversée par des sillons ou canaux pour les tendons fléchisseurs des doigts. Quand il existe un pouce, son os métatarsien est habituellement incomplet au-dessus, et s'unit par ligament à la surface interne ou à la surface postérieure du tarso-métatarsien. Dans l'oiseau frégate (Phaéthon) et dans le *Steatornis*, le métatarsien du pouce est remarquablement long. Le genre Phaéthon est le seul, autant que je connaisse, qui ait le métatarsien du pouce soudé avec les autres.

Dans beaucoup d'*Alectoromorphæ*, un éperon (Calcar), qui consiste en un corps osseux recouvert de corne, se développe sur le côté interne du métatarse et se soude avec le métatarsien du second doigt. Chez quelques oiseaux, des éperons semblables (*Palamedea*) ou excroissances osseuses (*Pozaphaps*) se développent en relation avec le métacarpe.

Le nombre normal des phalanges pédales chez les oiseaux est (comme chez les Lacertiliens ordinaires) 2, 3, 4, 5, en commençant par le pouce jusqu'au quatrième doigt. Parmi les quelques oiseaux qui font exception à la règle sont les marcheurs, dans lesquels le troisième et le quatrième orteils n'ont que trois phalanges chacun (2, 3, 3, 3), les Engoulevents et les Coqs de bruyère, chez qui le quatrième orteil est réduit comme suit (2, 3, 4, 3).

Beaucoup d'oiseaux n'ont que trois orteils par la suppression du pouce. Dans les Autruches, non-seulement le pouce, mais les phalanges du second doigt sont supprimées ; et l'extré-

Fig. 92. — Tarso-métatarse droit d'un poulet comprenant trois doigts, I, III, IV ankylosés les uns avec les autres et avec le corps osseux de l'éperon ; A, vue antérieure ; B, vue interne.

mité inférieure du second métatarsien est réduite à un simple rudiment. Ainsi l'autruche n'a que deux orteils (qui répondent aux troisième et quatrième du pied pentadactyle) avec quatre phalanges à l'interne et cinq à l'externe, quoique l'orteil interne soit de beaucoup le plus long et le plus fort.

Dans la plupart des oiseaux à quatre orteils, le pouce est tourné plus ou moins en arrière et les autres trois doigts en avant. Mais chez beaucoup d'*Aetomorphæ* (principalement les Hiboux) l'orteil externe peut être tourné en dehors, ou même en arrière à volonté. Chez les Perroquets, les Toucans, les Coucous, les Pics et autres oiseaux appelés *Scansoriaux*, l'orteil externe est renversé d'une manière permanente. Dans ces conditions, l'extrémité inférieure du métatarsien externe peut être divisée en deux surfaces articulaires distinctes. Les Trogons ont deux orteils en avant et deux en arrière, comme les Perroquets, mais c'est le second doigt qui est tourné en arrière. Enfin, dans les marcheurs, les *Dysporomorphæ* et les *Spheniscomorphæ*, le pouce est dirigé plus ou moins en avant, de même que les quatre doigts sont également tournés.

Règle générale, le tissu osseux des oiseaux est remarquablement dense et dur. Durant la vie intra-utérine, les os sont durs et remplis de moelle vasculaire; mais, après la naissance, une partie des os, plus ou moins, sont creusés par des cavités contenant l'air qui se trouve dans leur voisinage. Ces cavités à air se trouvent toujours dans le crâne en rapport avec les conduits nasaux et auditifs, et elles peuvent s'étendre dans toutes les parties du crâne, excepté l'arc jugal; chez beaucoup d'oiseaux tels que l'*Apteryx*, Pingouins, Plongeurs, Goëlands et les plus petits oiseaux chanteurs, nuls autres os que ceux du crâne ne sont pneumatiques; mais, dans la plupart des oiseaux, les sacs aériens des poumons envoient des prolongements dans les os du reste du squelette, et ainsi tout le squelette dans quelques cas (comme chez les Calao) devient pneumatique. Il est bon de remarquer que le degré dans lequel les os sont pneumatiques ne suit en rien le développement de la puissance du vol. Dans l'Autruche, par exemple, les os sont beaucoup plus pneumatiques que chez le Goëland.

Dans quelques cas, les prolongements des sacs aériens s'étendent au-dessous du tégument.

SECTION III. — MUSCLES ET VISCÈRES DES SAUROPSIDÉS.

Les déviations les plus importantes à la disposition ordinaire du système musculaire se trouvent, comme on aurait pu s'y attendre, chez les *Ophidiens*, les *Chéloniens* et les *Oiseaux*. Les nombreux muscles des bras manquent naturellement dans le premier groupe mentionné; et la mobilité des vertèbres, des côtes et des mâchoires subit des variations correspondantes à celles des muscles de ces parties. Les muscles superficiels (épi-squelettiques) forment une série non interrompue (divisible en *spinalis, semispinalis, longissimus dorsi, levatores costarum* et autres) de l'extrémité de la queue à la tête; et, dans la région du dos, constituent une masse épaisse qui s'étend en dehors jusqu'à l'extrémité des côtes caudales (appelées apophyses transverses) et au-dessus du tiers dorsal des autres côtes, et au delà de ces points, ils se continuent en une couche mince, de fibres musculaires, au-dessus de la moitié ventrale de la queue et du tronc, passant d'une côte à l'autre dans la dernière région d'où les fibres les plus dorsales sont dirigées obliquement, excepté une bande longitudinale qui suit les extrémités des côtes et représente un *rectus abdominis*. Ce muscle se continue en avant jusqu'à l'appareil hyoïdien, puis à la mandibule. Des faisceaux musculaires superficiels passent des côtes aux écailles. Les muscles hypo-squelettiques sont plus développés que ceux des autres *vertébrés* et s'étendent également de la tête à l'extrémité de la queue. Un rang de muscles médians dorsaux se réunit en un tronc à l'apophyse subvertébrale, et à la base des représentants des os chevrons de la queue, et passe aux côtes caudales et dorsales. Un rang de ceux-ci, dans le tronc, fonctionne comme rétracteurs des côtes. Les muscles qui correspondent au *transversus abdominis* commencent à la queue par des faisceaux de fibres dirigées transversalement, qui naissent de la racine des côtes caudales (apophyses transverses) et se rencontrent dans une aponévrose médiane. Dans le tronc, des fibres libres semblables naissent des surfaces inférieures des côtes et forment deux couches de fibres obliques qui se rencontrent également sur la ligne médiane.

Dans les Chéloniens, les muscles épisquelettiques sont toujours faiblement développés, et peuvent être entièrement abortifs dans la région dorsale, tandis que ceux des parois abdominales sont petits. Les *recti* sont très-faibles, mais les muscles qui répondent aux *pyramidaux* s'étendent des pubis à la surface interne du plastron. Une expansion musculaire analogue à un diaphragme peut s'attacher aux corps et aux côtes des troisième et quatrième vertèbres dorsales d'où elle s'étend au-dessus de la surface des poumons. Aucun muscle ne passe de la tête à la ceinture osseuse de l'épaule. L'arc pectoral est porté en avant et le cou en arrière par un muscle attaché aux vertèbres cervicales du précoracoïde. Il y a aussi un simple rétracteur de l'arc pectoral représentant, en apparence, un *serratus magnus*, et passant de la première plaque costale au scapulum. Le *pectoralis major* s'élève de la surface interne du plastron.

Le représentant du *latissimus dorsi* naît du côté interne de la première plaque costale.

Les muscles cutanés des oiseaux sont très-développés et forment de larges expansions dans différentes parties du corps. Des fibres musculaires spéciales passent dans les quilles des plumes de la queue et des autres jusqu'au *patagium*, pli du tégument qui s'étend entre le tronc et le bras en arrière, et entre le bras et l'avant-bras en avant. En conséquence de la légère mobilité des vertèbres dorsales, les muscles superficiels et profonds de l'épine atteignent un développement considérable, seulement dans le cou et dans la queue. Par rapport à la grande dimension du sternum, les muscles abdominaux sont habituellement petits, et l'oblique interne peut manquer. Un diaphragme composé de faisceaux de fibres musculaires passant des côtes à l'aponévrose qui recouvre la face ventrale des poumons se développe chez tous les oiseaux, mais reste incomplet chez les *Ratitæ* et particulièrement chez les *Apteryx*.

Les muscles des membres sont modifiés d'une manière remarquable par le développement excessif de ceux que l'on trouve chez les autres *Vertébrés* et la suppression des autres.

Ainsi, dans tous les oiseaux possédant la puissance du vol, le *pectoralis major*, comme principal agent qui concourt à abaisser l'aile, est très-large et épais, prend son origine de toute la longueur et d'une grande partie de l'épaisseur de la carène du sternum.

L'élévation de l'aile est principalement effectuée par le *pectoralis tertius*, qui prend naissance au-dessous du muscle précédent, et passe au-dessus du côté interne de l'articulation du scapulo-coracoïde comme au-dessus d'une poulie, pour atteindre l'humérus. Les muscles de l'avant-bras et des doigts sont réduits suivant la modification particulière du squelette de ces parties. Dans le membre inférieur de la plupart des oiseaux, il existe un muscle extenseur spécial, qui s'élève du pubis et se termine en un tendon qui passe du côté externe de l'articulation du genou et se termine dans la jambe en s'unissant avec le *flexor digitorum perforatus*. Il résulte de cet arrangement que les orteils sont fléchis toutes les fois que la jambe est repliée sur la cuisse, et, par conséquent, l'oiseau jucheur est retenu sur son perchoir par le poids de son propre corps.

Dans les *Sauropsidés*, l'axe cérébro-spinal est anguleux à la jonction de la moelle épinière avec la moelle allongée, celle-ci étant courbée en bas vers le côté ventral du corps. La région dans laquelle les nerfs des extrémités antérieures et postérieures prennent naissance peut s'élargir chez les reptiles comme chez les oiseaux; mais, dans les premiers, les colonnes

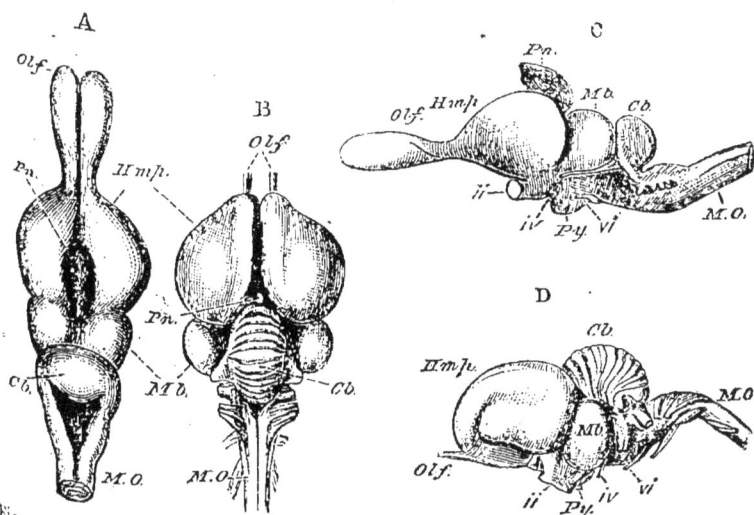

Fig. 93. — A,C, cerveau d'un Lézard (*Psammosaurus bengalensis*), et B,D d'un oiseau (*Melagris gallopavo*, le Dindon), dessinés comme s'ils étaient d'égale grandeur : A,B, vu d'en haut; C,D, vu du côté gauche; *Olf*, lobes olfactifs; *Pn*, glande pinéale; H*mp*, hémisphères cérébraux; M*b*, lobes optiques du cerveau moyen; C*b*, cérébellum; M,O, moelle allongée; *ii, iv, vi*, seconde, troisième et sixième paires de nerfs cérébraux; P*y*, corps pituitaire.

postérieures de la moelle restent parallèles dans la dilatation lombaire, tandis que dans les derniers ils divergent et donnent naissance au *sinus rhomboidalis*, qui est une sorte de répétition du quatrième ventricule; la dilatation centrale du canal étant simplement recouverte par une mince membrane qui consiste principalement en l'épendyme et l'arachnoïde.

Le cerveau (fig. 93) remplit la cavité du crâne dans les *Sau-*

ropsidés élevés et présente un cérébellum bien développé, un mésencéphale divisé au-dessus en deux lobes optiques ; et des hémisphères prosencéphales relativement larges qui atteignent une dimension considérable chez les crocodiles et les oiseaux, mais ne cachent jamais les lobes optiques. Le cérébellum des *crocodiles* présente un vermis distinct et des fissures transverses. Chez les oiseaux ces derniers sont plus distincts, et les appendices latéraux du cérébellum ou *floculli* deviennent bien définis et sont logés, comme dans beaucoup de Mammifères inférieurs, dans les cavités des parois parallèles du crâne, ayant au-dessus, en forme d'arc, le canal semi-circulaire vertical antérieur.

Il n'y a pas de *pont de varole*, dans le sens de fibres transverses reliant les deux moitiés du cérébellum, visible à la surface interne du mésencéphale. Les lobes optiques contiennent des ventricules. Chez les *reptiles* les lobes optiques se tiennent habituellement l'un près de l'autre, du côté dorsal du mésencéphale, mais chez les oiseaux (fig. 93, B, D), ils sont rejetés sur les côtés de la base du cerveau et réunis au-dessus de l'*aqueduc de Sylvius* par une large bande commissurale.

Chaque lobe prosencéphale contient un ventricule latérale se continuant à travers le trou de Monro avec le troisième ventricule, qui est un peu plus qu'une fissure entre la paroi interne très-mince du lobe et ses parties externes épaisses, qui contiennent les corps striés.

Les corps striés sont unis par une commissure antérieure qui n'est pas d'une grande dimension. L'amincissement de la paroi interne des lobes, depuis le bord du trou de Monro en arrière, qui donne naissance à la fissure de Bichat chez les *Mammifères*, s'étend sur une courte distance dans les *Sauropsidés*, même chez les oiseaux.

Les lobes olfactifs sont habituellement allongés, et contiennent des ventricules communiquant avec ceux des hémisphères prosencéphales.

Dans tous les *Sauropsidés* les nerfs moteurs de la langue passent par un trou dans l'os ex-occipital. On compte douze paires de nerfs crâniens, excepté chez les *Ophidiens*, qui ne possèdent pas de nerf spinal ou accessoire.

Les branches latérales cutanées, si généralement envoyées

au tronc par le pneumo-gastrique dans les Ichthyopsidés, sont absentes, mais le pneumogastrique fournit une branche récur-

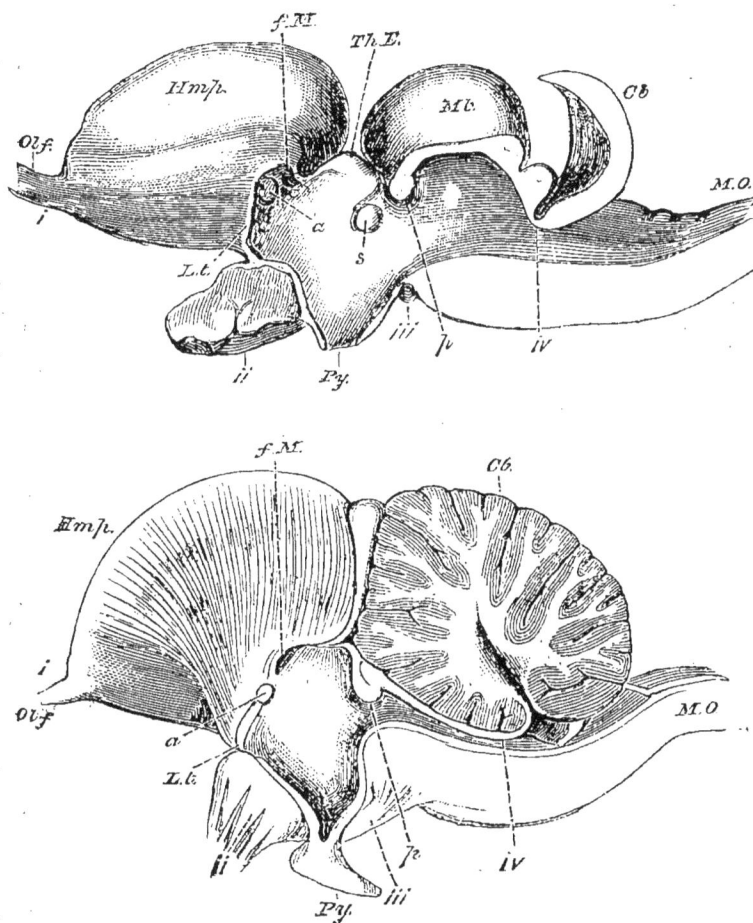

Fig. 94. — Cerveau d'un Lézard (*Psammosaurus bengalensis*) et d'un oiseau (*Meleagris gallopavo*) sur une section longitudinale et verticale. La figure supérieure représente le cerveau du Lézard, l'inférieure (prise comme dans la figure 90 BD, de Carus « Erläuterungs-Tafeln ») celle de l'oiseau. Les lettres comme dans la figure précédente, excepté L, t, *lamina terminalis* ou paroi antérieure du troisième ventricule ; *f*M, trou de Munro ; *a*, commissure antérieure ; T*h*E, thalamencéphale ; *s*, commissure molle ; *p*, commissure postérieure ; *iv*, indique le point exact de sortie de la troisième paire de cette partie du cerveau qui répond à la valvule de Vieussens.

rente au larynx. Les troisième, quatrième et sixième nerfs naissent tout à fait indépendants du cinquième.

Le sympathique est très-développé, excepté chez les *Ophi-*

diens où il n'est pas distinct des nerfs spinaux dans la plus grande partie du tronc.

Les *Ophidiens*, beaucoup de *Sauriens* et les *oiseaux* possèdent des glandes nasales qui, chez les oiseaux, atteignent une large dimension et se trouvent plus généralement sur l'os frontal ou dans les orbites que dans la cavité nasale.

L'œil rudimentaire de quelques *Ophidiens* et *Lacertiliens* est habituellement large, et quelquefois, comme chez beaucoup d'oiseaux et dans les *Ichthyosaures*, atteint de très-grandes dimensions absolues et relatives.

Dans les *Ophidiens* et quelques *Lacertiliens* (les *Amphisbœnoidea*, quelques *Scincoidea* et les *Ascalobota*), le tégument se continue sur les yeux et devient transparent. Ces reptiles passent en général pour n'avoir pas de paupières ; mais il faut remarquer que ceci n'est pas exact dans le sens où on le prend pour la plupart des poissons osseux, car le voile transparent de l'œil représente en réalité les deux paupières des *Vertébrés* plus élevés et est séparé du globe de l'œil par une chambre bordée par la conjonctive qui communique avec le nez au moyen d'un canal lacrymal. Dans les autres *Sauropsidés*, deux paupières sont développées, et chacune possède en général un muscle palpébral qui agit comme élévateur de la paupière supérieure et abaisseur de l'inférieure. Le milieu de la paupière est transparent chez quelques *Scincoidea*. Il contient, chez beaucoup de *Lacertiliens,* un cartilage ou une ossification.

La plupart des Lézards, tous les *Chéloniens*, les *Crocodiles* et les oiseaux possèdent une membrane nictitante mue par des muscles spéciaux qui présentent trois dispositions différentes :

Dans les Lézards un muscle court et épais (*bursalis*) s'attache à la paroi interne et postérieure de l'orbite et se termine dans une gaîne fibreuse. Un tendon, dont une des extrémités s'attache à la région pré-sphénoïdale de la paroi interne de l'orbite, passe en arrière à travers la gaîne, puis en avant pour s'attacher à la membrane nictitante. Quand le muscle se contracte, il pousse nécessairement celle-ci sur les yeux. Une glande de Harder est toujours développée, ainsi qu'une glande lacrymale, très-généralement, quoique pas toujours.

Dans les *Chéloniens*, des fibres musculaires (formant le muscle appelé *pyramidal*) sortent du côté interne du globe de l'œil, et, formant un arc au-dessus de celui-ci et du nerf optique, elles s'insèrent d'une part au bord externe de la membrane nictitante et de l'autre à la paupière inférieure. Les *crocodiles* ont un muscle *pyramidal* ayant même origine et même cours; mais il n'envoie pas de fibres à la paupière inférieure, son tendon étant inséré tout entier dans la membrane nictitante.

La troisième disposition, qui résume la première et la seconde, est celle qui se trouve chez les oiseaux. Un muscle *pyramidalis* sort de la surface interne et inférieure du globe de l'œil et se termine bientôt en un tendon qui parcourt tout le tour de la surface supérieure et externe de la sclérotique jusqu'à la membrane nictitante, comme chez les crocodiles. Mais il existe aussi un muscle *bursalis* qui cependant ne provient pas, comme chez les Lézards, des parois de l'orbite, mais de la surface supérieure de la sclérotique elle-même, d'où il passe en arrière et se termine dans une gaîne fibreuse qui renferme le tendon du *pyramidalis*. La contraction de ce muscle tend nécessairement à éloigner le tendon du pyramidalis du nerf optique. Un tubercule se développe quelquefois dans la sclérotique au-dessus de l'entrée du nerf optique et empêche le tendon du *pyramidalis* de dévier en avant ou en dedans.

Le globe de l'œil est toujours mû par quatre *droits* et deux *obliques*. L'oblique supérieur ne passe pas au-dessus d'une poulie. Les *Chéloniens* et la plupart des *Lacertiliens* ont le muscle rétracteur ou choanoïde plus ou moins complétement développé. Un anneau formé de plaques osseuses est développé dans la partie antérieure de la sclérotique chez les *Lacertiliens*, les *Chéloniens*, les Ichthyosaures, les Dicynodontes, le Ptérosaures et les *Oiseaux*, mais non chez les *Ophidiens*, les *Plésiosaures* ou les *Crocodiles*.

L'iris et le tenseur de la choroïde contiennent des fibres musculaires striées.

Un peigne est très-généralement développé. Il atteint une grande dimension et se plisse beaucoup dans la plupart des *Oiseaux*.

Les *Crocodiles* et les *Oiseaux* seulement possèdent un rudiment de l'oreille externe.

Les *Ophidiens* et les *Amphisbœnoidea* n'ont pas de cavité tympanique. Dans quelques *Chéloniens*, dans le *Sphénodon* et dans les Caméléons, la membrane tympanique est recouverte par le tégument, mais il existe une cavité tympanique. La cavité tympanique des Lacertiliens communique par de larges ouvertures avec le pharynx ; mais dans les Chéloniens, les Crocodiles et les *Oiseaux*, la dimension des conduits communiquants se réduit, et ils deviennent les tubes d'Eustache qui, chez les Chéloniens, s'incurvent en arrière, en bas et intérieurement autour des os quadrates et s'ouvrent séparément sur la voûte buccale. On trouve chez les crocodiles comme il a été démontré précédemment (p. 255) trois trompes d'Eustache : une médiane et deux latérales. On ne rencontre chez les oiseaux qu'une ouverture d'Eustache répondant à la médiane du crocodile ; et comme dans ce dernier groupe, chaque tube d'Eustache traverse la base osseuse du crâne pour rejoindre son semblable dans une ouverture commune.

L'étrier est un os columelliforme, dont l'extrémité est attachée à la membrane tympanique où celui-ci se développe, mais se trouve au milieu des muscles quand il n'existe pas de cavité tympanique.

Tous les *Sauropsidés* ont une *fenêtre ronde*, ainsi qu'une *fenêtre ovale*, et tous ont une *cochlea* qui n'est jamais roulée en spirale et est plus rudimentaire dans les *Chéloniens* que dans d'autres groupes.

Trois canaux semi-circulaires, un antérieur, un postérieur vertical et un externe horizontal sont unis à la membrane vestibulaire. Dans les *Oiseaux*, le canal antérieur vertical est très-large en proportion des autres, et recouvre l'angle des deux canaux verticaux avant qu'ils s'unissent.

Des glandes buccales et labiales sont développées chez quelques *Sauropsides*, et l'une d'elles, de chaque côté, atteint un grand développement dans la glande vénéneuse des serpents venimeux. Des glandes sublinguales, sub-maxillaires et parotides bien développés apparaissent chez les oiseaux, et les glandes sublinguales atteignent une grande dimension chez les pics. La langue varie grandement, tantôt abortive comme chez le crocodile et quelques oiseaux (ex : les Pélicans), tantôt cornée et même épineuse, quelquefois charnue. Dans les Serpents et quelques Lézards, la langue est fourchue et capable de se rétracter dans une gaine basilaire. Chez les Caméléons elle est collée à son extrémité et peut être rétractée ou avancée par invagination ou inversion du creux de sa tige.

Le canal digestif des *Sauropsidés* est généralement divisé en un œsophage, un simple estomac, un petit et un grand intestin, dont le dernier se termine dans un cloaque. Il est recouvert d'une couche péritonéale qui en général suit toutes les incurvations de l'intestin. Mais chez les *Ophidiens*, les plis du petit intestin sont unis par du tissu fibreux et enveloppés dans une gaîne commune du péritoine.

L'estomac est habituellement une simple dilatation du canal digestif, dont les ouvertures cardiaques et pyloriques sont éloignées l'une de l'autre ; mais, dans les Crocodiles, et dans la plupart des oiseaux, les ouvertures pyloriques et cardiaques sont rapprochées. Il existe une dilatation pylorique chez beaucoup de *Crocodiles* et d'*Oiseaux* avant le commencement du duodénum.

Dans les Crocodiles et les oiseaux, les parois de l'estomac sont très-musculeuses et les fibres musculaires de chaque côté rayonnent d'un tendon central ou aponévrotique. L'épaisseur de la tunique musculaire de l'estomac atteint son maximum chez les oiseaux granivores, ét l'épithélium qui la tapisse se développe en une mince couche dense et dure disposée pour broyer la mourriture de ces animaux.

Les oiseaux aident ordinairement le pouvoir de trituration de ce moulin gastrique en avalant des pierres ; mais cette habitude ne leur est pas particulière ; on a vu les Crocodiles faire la même chose.

Les Oiseaux sont encore plus remarquables par le développement d'une large zone de glandes dans la partie inférieure de l'œsophage qui est habituellement dilatée et forme un *proventriculus* joint par un canal étroit à l'estomac musculaire ou gésier déjà mentionné (gigerium).

Quelques *Ophidiens* ont un cœcum à la jonction de l'intestin grêle avec le gros intestin ; et deux cœcums semblables, qui atteignent quelquefois de larges proportions, se développent généralement chez les *Oiseaux*. Dans cette classe aussi, le petit intestin présente souvent un appendice cœcal, reste du canal vitellin. Le duodénum des oiseaux forme constamment une ouverture où se place le pancréas comme chez les *Mammifères*.

Le foie des *Sauropsidés* possède presque toujours une vésicule biliaire habituellement attachée à la surface inférieure du lobe droit, mais chez les Ophidiens elle est reculée à quelque distance.

Un sac glandulaire spécial, la bourse de Fabrice, *Bursa Fabricii*, s'ouvre dans la région antérieure et dorsale du cloaque des oiseaux.

On trouve dans le *Sauropsidés* trois formes de cœur. La première est celle que l'on remarque chez les Chéloniens, les Lacertiliens et les Ophidiens; la seconde celle des Crocodiles et la troisième celle des Oiseaux.

I. Le cœur des Chéloniens, des Lacertiliens et des Ophidiens possède deux oreillettes. En général, un *sinus veineux* distinct, pourvu de parois contractiles et communiquant par une ouverture valvulaire avec l'oreillette, reçoit le sang de la *veine cave* et le verse dans l'oreillette droite. Les veines pulmonaires s'ouvrent habituellement par un tronc commun dans l'oreillette gauche.

Le septum inter-auriculaire est rarement perforé (dans quelques *Chéloniens*). Son bord ventriculaire s'étend de chaque côté dans une valvule membraneuse, dont le bord, durant la systole, frappe contre une crête ou un pli formé d'un ou des deux côtés des marges de l'ouverture auriculo-ventriculaire, et constituant un rudiment de la seconde valvule. Le ventricule ne contient qu'une cavité, mais cette cavité est imparfaitement divisée en deux ou trois chambres par des septums développés dans ses parois musculaires.

Dans la tortue (fig. 95) un septum moitié musculaire, moitié cartilagineux s'étend au-devant de la paroi de la cavité ventriculaire vers son extrémité à droite, et divise imparfaitement cette cavité commune en une petite moitié droite et une large moitié gauche. Celle-ci reçoit le sang des oreillettes. Il résulte de la forme allongée de la cavité ventriculaire, et de la projection dans cette cavité des larges valvules auriculo-ventriculaires, particulièrement de celle du côté droit, que cette moitié gauche la plus large du ventricule commun est virtuel lement divisée en deux, une gauche et une droite, durant la systole auriculaire. La portion gauche se remplit par le sang artériel de l'oreillette gauche et est désignée sous le nom de

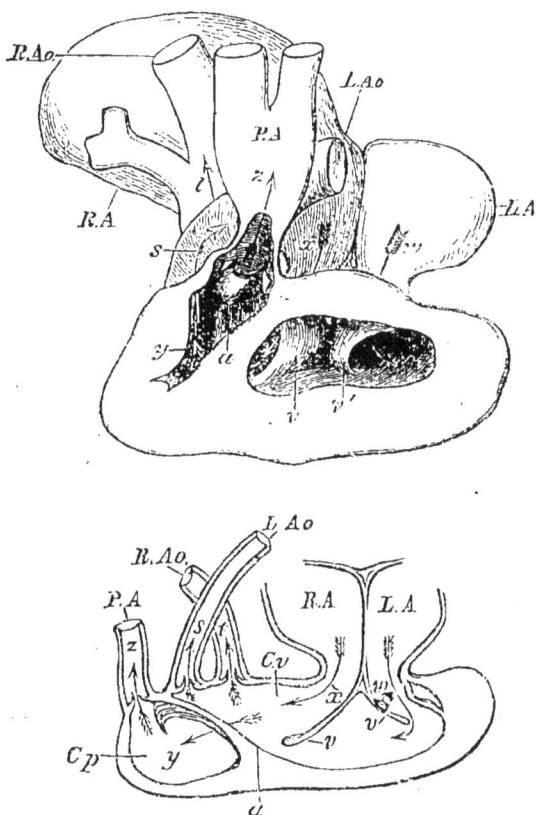

Fig. 95. — Le cœur d'une tortue (*Chelone midas*) ; A, dessin d'après nature ; la face ventrale du ventricule est ouverte ; B, diagramme explicatif de la disposition des cavités et des vaisseaux ; B, A, L, A ; oreillettes droite et gauche ; w, x, flèches placées aux ouvertures auriculo-ventriculaires pour indiquer le cours du sang pendant la systole auriculaire. Valvules médianes auriculo-ventriculaires ; v droite et v' gauche ; Cv, *cavum venosum* ; Cp, *cavum pulmonale* ; a, septum incomplet qui divise le canal pulmonaire du reste de la cavité du ventricule. PA, artère pulmonaire. R, Ao, L, Ao, aortes droite et gauche ; s, flèche indiquant le cours du sang dans l'aorte gauche ; t, dans l'aorte droite ; z, dans l'artère pulmonaire ; y, entre le canal veineux et le canal pulmonaire ; x, dans les ouvertures auriculo-ventriculaires gauche et w droite.

cavum arteriosum ; la portion droite reçoit le sang veineux de l'oreillette droite et est nommée *cavum venosum*.

Il ne s'élève pas de tronc artériel du *cavum arteriosum*, mais deux troncs artériels naissent de l'extrémité droite du *cavum*

venosum ; ce sont les deux arcs aortiques. L'un d'eux passe
à gauche et l'autre à droite ; ils se croisent en même temps,
car l'origine de l'arc gauche se trouve plus à droite que l'origine de l'arc droit. Les entrées des deux arcs sont gardées
par des valvules semi-lunaires ; et celle de l'arc gauche est
placée au-dessous et à droite de celle de l'arc droit. Comme
aucun tronc artériel ne sort du *cavum arteriosum*, le sang
rouge peut être emporté par celui-ci durant la systole dans
le *cavum venosum* seulement.

La moitié droite du ventricule, petite en comparaison, est
séparée du *cavum venosum* par le septum déjà mentionné, qui
est attaché entre l'origine de l'arc aortique gauche et celle de
l'artère pulmonaire, ses bords libres étant tournés vers la
face dorsale du cœur. Ainsi les artères pulmonaires naissent
de ce qui est, virtuellement, une subdivision indépendante
du ventricule ou un *cavum pulmonale*.

Au moment de la systole du ventricule, le résultat pratique
de ces dispositions est que l'artère pulmonaire et les arcs
aortiques reçoivent d'abord tout le sang veineux du *cavum
venosum* et du *cavum pulmonale*. Mais comme le sang artériel
du *cavum arteriosum* est emporté dans le *cavum venosum*, le
sang veineux de celui-ci tend à être exclus des bouches des
arcs aortiques, et à être emporté dans un *cavum pulmonale*,
tandis que les arcs aortiques reçoivent le sang artériel. L'arc
gauche reçoit une plus grande proportion de sang veineux
que le droit. Au moment où le ventricule se contracte, le
bord libre du septum musculaire s'approche de la paroi dorsale du ventricule et graduellement ferme l'accès au *cavum
pulmonale* qui expulse le sang veineux qu'il reçoit du *cavum
venosum*, mais n'admet pas le sang artériel ; en conséquence,
nulle trace de ce sang n'atteint les poumons.

11. Dans les *Crocodiles*, le *cavum venosum* et le *cavum arteriosum* sont convertis en ventricules droit et gauche parfaitement distincts. Le ventricule droit fournit l'artère pulmonaire et, de plus, un arc aortique qui passe en croix au-dessus
du côté gauche. Un seul tronc sort du ventricule gauche,
et, croisant le côté droit, devient l'arc aortique droit dont
l'aorte dorsale est la continuation directe. Les parois des
deux arcs aortiques sont en contact quan ils se croisent

entre eux; et, à ce point, une petite ouverture, située au-dessus des valvules semi-lunaires, place les cavités des deux arcs en communication. Ainsi dans le *Crocodile*, les courants veineux et artériels ne communiquent avec le cœur qu'à l'extérieur mais ne pénètrent pas à l'intérieur comme dans les groupes précédents.

Le septum du *cavum pulmonale* reste comme une petite bande musculaire, et le pli de la lèvre externe de chaque ouverture auriculo-ventriculaire est devenu une valvule membraneuse distincte.

III. Chez les *oiseaux*, les courants du sang veineux et du sang artériel ne communiquent que dans les poumons et le système capillaire; les septums de l'oreillette et du ventricule sont complets comme chez le Crocodile; mais le ventricule droit alimente seulement l'artère pulmonaire, l'arc aortique gauche ayant disparu. Le septum du *cavum pulmonale* devient un grand pli musculaire, et prend la fonction d'une valvule ariculo-ventriculaire. A l'origine de l'artère pulmonaire et à celle de l'arc aortique, se développent trois valvules semi-lunaires.

Les reptiles n'ont ordinairement que deux arcs aortiques, un de chaque côté, répondant à la quatrième paire des arcs de l'embryon. Le droit donne les artères carotides et sous-clavières, et passe directement dans le tronc de l'aorte dorsale. Le gauche donne habituellement les artères viscérales, et diminue de volume d'une manière notable avant de rejoindre le tronc commun.

Dans beaucoup de *Lacertiliens*, quatre arcs aortiques (répondant aux troisième et quatrième paires de l'embryon) persistent. Deux de ces arcs antérieurs sortis d'un tronc commun de l'arc aortique droit ordinaire donnent les carotides.

Chez les *Reptiles* la plus grande partie du sang des membres de derrière et de la queue passe dans un, deux ou trois systèmes de veine porte avant d'arriver au cœur, un de ces systèmes est placé dans le rein, l'autre dans le foie. La portion du sang qui se rend au foie lui est portée également par les veines abdominales antérieures qui sont représentées par deux troncs chez la plupart des *reptiles*, par un chez les Ophidiens.

Il n'existe pas de système de veine porte rénale dans les

Oiseaux, et la veine antérieure abdominale s'ouvre dans la veine cave inférieure près du cœur. Cependant un tronc médian, fourni par la veine caudale, emporte une portion considérable de son sang directement dans le système de la veine porte hépatique.

Tous les *Sauropsides* possèdent un larynx, une trachée et un ou deux poumons. Les bronches n'ont pas une division dichotomique comme chez les *Mammifères*.

Le larynx des *Chéloniens* et des *Crocodiles* se compose d'un cartilage circulaire correspondant en apparence avec le thyroïde et le cricoïde des *vertébrés* plus élevés ; et des cartilages aryténoïdes articulés avec son bord antérieur et dorsal.

Les *Lacertiliens* ont, pour la plupart, un larynx semblable, mais le cartilage circulaire est souvent interrompu par des fontanelles membraneuses rondes ou allongées. Chez les Chaméléons, la membrane muqueuse du larynx, entre le cartilage circulaire et le premier anneau de la trachée, s'avance sous la forme d'un sac aérien.

Dans les *Amphisbœnoidea* et les *Ophidiens*, le squelette du larynx se compose de deux bandes cartilagineuses latérales longitudinales, unies par des bandes transverses de quatre à seize. En d'autres termes, la structure qui répond aux cartilages circulaires est très-longue et pourvue de fontanelles transversalement allongées. Il y a un simple cartilage aryténoïde parfois représenté par une apophyse de la marge antérieure dorsale du cartilage circulaire. Une épiglotte se trouve rarement.

Les oiseaux ont des cartilages thyroïde, cricoïde et aryténoïde distincts, qui peuvent s'ossifier plus ou moins. Quelquefois une épiglotte est ajoutée.

La voix des oiseaux, cependant, ne se forme pas dans le larynx, mais dans le *syrinx* ou larynx inférieur, qui peut être développé dans trois positions : 1° au fond de la trachée, dans dans la trachée seulement ; 2° à la jonction de la trachée et des bronches, et en dehors des deux ; 3° dans les bronches seulement. Le syrinx peut manquer complétement comme chez les *Ratitæ* et les *Cathartidæ* ou vautours américains.

La forme la plus commune du syrinx est la seconde mentionnée ci-dessus, ou *syrinx broncho-trachéal*. Elle se rencontre chez tous nos oiseaux chanteurs et se retrouve encore complètement développée chez beaucoup d'oiseaux tels que les coqs qui ne chantent pas. Cette forme de syrinx, dans sa condition la plus ordinaire, présente les caractères suivants :

Les anneaux postérieurs de la trachée se réunissent et constituent une chambre d'une forme particulière, le *tympanum*. Immédiatement au delà, les bronches divergent et forment leur paroi postérieure à l'endroit où une bronche passe dans l'autre. Un pli vertical de la membrane limitante se forme sur la ligne médiane vers le tympanum et donne naissance à un *septum* vertical, entre les ouvertures antérieures des deux bronches. Le bord antérieur de ce *septum* est libre et mince, *membrana semilunaris*, mais dans son intérieur un cadre cartilagineux ou osseux se développe et s'unit avec le tympanum. La base du crâne est large, et envoie deux cornes, une le long du bord ventral de la paroi interne des bronches de son côté, et l'autre le long du bord dorsal, qui, dans cette partie de son étendue, est membraneuse et élastique, et reçoit le nom de *membrana tympaniformis interna*.

Les anneaux des bronches opposées sont nécessairement incomplets intérieurement, et ont la forme d'arcs embrassant la moitié externe des bronches. Les second et troisième de ces arcs bronchiques sont librement mobiles, et du tissu élastique accumulé à leur surface interne donne naissance à un pli de la membrane muqueuse qui forme les bords externes d'une fente bordée du côté interne par la *membrane semilunaris*. L'air chassé des poumons par ces deux fentes fait vibrer leurs marges élastiques et produit un son musical dont le caractère principal est de déterminer la tension des marges élastiques et la longueur de la colonne d'air trachéenne.

Les muscles dont la contraction modifie ces deux facteurs de la voix sont les uns extrinsèques et les autres intrinsèques. Les premiers sont propres aux oiseaux en général et sont ordinairement au nombre de deux paires, passant de la trachée au *furcula* et au sternum. Quelques oiseaux, possédant un syrinx broncho-trachéen tel qu'il a été décrit pour les *Alectoromorphœ*, les *Chenomorphœ* et les *Dysporomorphœ*, n'ont pas de muscles intrinsèques. La plupart des autres en ont une paire attachée, une de chaque côté aux anneaux de la trachée au-dessus, et au tympanum ou aux arcs branchiaux au-dessous. La majorité des *Coracomorphœ* ont cinq ou six paires de muscles syringuéens intrinsèques qui passent de la trachée et de son tympanum aux arcs branchiaux mobiles. Les perroquets ont un septum et seulement trois paires de muscles intrinsèques.

Le *Syrinx trachéen* ne se trouve que dans les *Coracomorphœ* américains. L'extrémité postérieure de la trachée est aplatie et six ou sept des anneaux, au-dessus du dernier, sont interrompus sur les côtés et se tiennent par une bande longitudinale ligamenteuse. Ces anneaux sont excessivement délicats, aussi cette partie de la trachée est-elle en grande partie membraneuse.

Le *Syrinx bronchial* ne se trouve que dans le *Steatornis* et le *Crotophaga*.

Dans le genre *Cinyxis*, parmi les *Chéloniens*, dans quelques espèces de *Crocodiles* (*C. acutus*, par ex.), la trachée est inclinée sur elle-même. Des flexuosités semblables atteignent un développement extraordinaire chez beaucoup d'oiseaux, et peuvent se trouver à l'extérieur du thorax sur la peau (*Tetrao urogallus*, quelques espèces de *Crax* et de *Pénélope*); dans la cavité du thorax (quelques *Spoonbills*); à l'intérieur du sternum (quelques *Cygnes* et *Grues*); ou même dans une sorte de coupe formée par l'apophyse médiane de la furcula (*Poulet de Guinée*). Dans l'Emeu, quelques-uns des anneaux de la trachée sont incomplets en avant, et bordent l'ouverture d'un sac aérien qui se trouve en avant de la trachée. Quelques oiseaux (*Aptenodytes*, *Procellaria*) ont la trachée divisée par un septum longitudinal comme chez les *Sphargis* parmi les *Chéloniens*.

Le tympanum trachéen est amplement dilaté chez les *Cephalopterus* et chez quelques dindons, oies et plongeons; dans ces oiseaux aquatiques la dilatation plus marquée chez les mâles, est habituellement asymétrique, le côté gauche étant généralement plus large.

Dans les *Ophidiens*, la bronche s'ouvre directement dans le poumon; celui-ci est un sac allongé dont les parois sont projetées en nombreux septum, qui rendent la cavité très-cellulaire près de la bronche, tandis qu'à l'extrémité opposée, ils deviennent mous et peu vasculaires. Dans cette dernière région, le poumon peut recevoir son sang du système général circulatoire et non de la circulation pulmonaire. Les poumons sont toujours d'inégale grandeur, et le gauche est habituellement le plus petit. Très-fréquemment, surtout parmi les serpents venimeux, un des poumons est rudimentaire ou manque complétement ; et la portion postérieure de la trachée peut prendre la structure d'un poumon.

Les poumons du lézard ressemblent beaucoup à ceux des *Ophidiens* ; ils sont allongés et d'inégale grandeur dans les Lacertiliens serpentiformes. Dans les lézards ordinaires ils sont plus arrondis, et la trachée et les bronches sont plus courtes. Chez beaucoup de Chameaux et quelques Geckos, la moitié postérieure de chaque poumon se prolonge en diverticulums étroits qui se trouvent au milieu des viscères abdominaux et recouvrent les sacs aériens des oiseaux.

Dans les *Crocodiles*, chaque bronche traverse son poumon et conserve d'abord mais perd bientôt ses anneaux cartilagineux. Des ouvertures latérales dans les parois de la bronche conduisent dans des poches sacculaires dont chacune a l'aspect d'un poumon de Lacertilien ordinaire.

Les *Chéloniens* ont des poumons semblables : mais tandis que, dans les groupes précédents, les deux poumons sont libres et enveloppés de chaque côté par le péritoine, dans celui-ci ils sont fixés contre le périoste interne de la carapace, et leur face ventrale seulement est recouverte par le péritoine. Cette ressemblance avec la disposition du poumon des oiseaux augmente encore par la présence d'un diaphragme musculaire, dont les fibres s'étendent au-dessus des faces ventrales des poumons.

Dans les *Oiseaux*, les poumons sont solidement fixés de chaque côté de la colonne vertébrale, la surface dorsale de chaque poumon étant moulée sur les vertèbres et les côtes. Les fibres musculaires du diaphragme élèvent les poumons au moyen des côtés externes et de la colonne vertébrale et se terminent dans une aponévrose à la surface ventrale des poumons.

Chaque bronche entre dans son poumon, plus près du centre que du bord antérieur ; et, perdant immédiatement ses anneaux osseux ou cartilagineux, se dilate, puis traverse le poumon se rétrécissant peu à peu jusqu'au bord postérieur de ce viscère, où il se termine en s'ouvrant dans un sac aérien situé généralement dans l'abdomen. Du côté interne de la bronche, sortent des canaux : un près de son extrémité postérieure et les autres près de son entrée dans les poumons, lesquels passent directement à la surface ventrale du poumon et s'ouvrent là dans d'autres sacs aériens au nombre de quatre. Deux, l'antérieur et le postérieur thoraciques sont situés à la face interne du poumon dans le thorax. Les deux autres sont situés en avant de son extrémité antérieure, et sont extra-thoraciques. L'externe et supérieur est le *cervical*; l'interne et inférieur, l'*interclaviculaire*. Ce dernier s'unit dans une cavité voisine du poumon opposé. Ainsi il y a en tout neuf sacs aériens ; deux postérieurs ou abdominaux, quatre thoraciques, deux cervicaux et un interclaviculaire.

D'autres larges canaux fournis par la bronche, ne se terminent pas dans des sacs aériens, mais ceux qui viennent du côté interne de la bronche, passent le long de la surface vertébrale, et ceux du côté externe, le long de la surface dorsale du poumon. Là ils fournissent à angles droits des séries de canaux secondaires, et ceux-ci en émettent également de plus petits encore, qui terminent la série ; alors toute la substance du poumon se pénètre de tubules dont les parois des plus petits sont finement sacculées.

Dans la plupart des oiseaux, les sacs aériens, excepté l'antérieur et postérieur thoraciques qui ne communiquent jamais avec aucune cavité (si ce n'est celle des poumons), sont en rapport avec un système plus ou moins ramifié de conduits aériens qui peut s'étendre jusqu'à un grand nombre d'os et même fournir des sacs subcutanés. Ainsi le sac aérien interclaviculaire envoie généralement dans chaque aisselle un prolongement qui s'ouvre à l'extrémité antérieure de l'humérus et remplit d'air la cavité de cet os. Quand le sternum, les côtes et les os de la ceinture pectorale sont pneumatiques, ils reçoivent également leur air des sac aériens interclaviculaires. Les sacs aériens cervicaux peuvent envoyer le long du canal vertébral, de chaque côté des prolongements qui alimentent le corps des vertèbres cervicales et communiquent avec des chambres aériennes dans le canal spinal lui-même. Quand les vertèbres dorsales sont pneumatiques, elles communiquent avec un système de sacs aériens cervicaux. Les sacs aériens abdominaux envoient des prolongements au-dessus des reins aux vertèbres sacrées et au fémur, d'où ces os, quand ils sont pneumatiques, reçoivent l'air.

Les sacs aériens pulmonaires et leurs prolongements ne communiquent pas avec les cavités aériennes du crâne, qui reçoivent leur air des tympans et des chambres nasales. Dans quelques oiseaux, l'air est dirigé du tympan à la pièce articulaire de la mandibule par un tube osseux spécial le *Siphonium*.

Dans tous les *Sauropsides*, les uretères s'ouvrent directement dans un cloaque, qui est pourvu d'une vessie urinaire, chez les *Lacertiliens* et les *Chéloniens*, mais non chez les autres *Reptiles* ni chez les *Oiseaux*.

Des organes copulateurs se présentent sous trois formes :

1. Chez les *Chéloniens*, les *Crocodiles* et les Autruches, un pénis simple et ferme sillonné à sa superficie postérieure, est attaché à la paroi antérieure du cloaque et contient du tissu érectile. Dans les Autruches ce pénis se trouve dans un sac du cloaque dans lequel il peut se retirer quelquefois comme chez les monotrèmes.

2. Dans beaucoup d'oiseaux, tels que les *Rheidæ*, les *Casuaridæ*, les *Apterigidæ*, les *Tinamomorphæ*, le Pénélope et le *Crax*, parmi les *Alectoromorphæ*, et dans beaucoup d'oiseaux aquatiques, il existe aussi un simple pénis attaché devant la paroi du cloaque, sillonné du côté dorsal et supporté par deux corps fibreux recouverts de plus ou moins de tissu érectile. Mais l'extrémité du pénis n'est pas recouverte ; l'involution conserve cette position à l'aide d'un ligament élastique, excepté durant l'érection.

3. Dans les *Lacertiliens* et dans les *Ophidiens*, deux organes copulateurs sont développés sur les côtés du cloaque. Le tégument se prolonge en dedans de chaque côté. dans un sac aveugle qui se trouve sur les muscles inférieurs de la partie caudale. La surface interne est souvent armée de développements épineux de l'épiderme et présente un sillon qui se continue sur les côtés du cloaque à l'ouverture du *vas deferens*. La paroi du sac aveugle contient du tissu érectile, et il peut être élevé ou retiré par des muscles spéciaux.

CHAPITRE VII

LES MAMMIFÈRES.

Classification. — La classe des mammifères est divisible en groupes comme suit :

A. Présence d'os coracoïdes larges et distincts qui s'articulent avec le sternum.

Les uretères et les conduits génitaux s'ouvrent dans un cloaque, dans lequel la vessie urinaire a une ouverture séparée.

Le pénis est traversé par un canal urinaire qui s'ouvre en arrière du cloaque et se continue avec l'urèthre cystique.

Pas de vagin.

Les glandes mammaires sans mamelon.

I. Ornithodelphes.

1. Monotrèmes.

B. Les os coracoïdes sont de simples apophyses du scapulum chez l'adulte, et ne s'articulent pas avec le sternum.

Les uretères cystiques s'ouvrent dans une vessie ; les conduits génitaux dans un urèthre ou un vagin.

L'urèthre cystique se continue avec le canal uréthral du pénis.

Vagin simple ou double.

Glandes mammaires avec mamelons.

α. L'embryon n'est pas mis en rapport avec la paroi utérine par un placenta allantoïdien. Le vagin est double.

II. Didelphes.

2. Marsupiaux.

β. L'embryon n'a pas de placenta allantoïdien. Le vagin est simple.

III. **Monodelphes** (1).

a. Aucune dent incisive médiane ne se développe sur l'une ou l'autre mâchoire.

3. **Édentés.**

b. dents incisives médianes presque toujours développées sur une ou sur les deux mâchoires.

a. L'utérus ne développe pas de caduque (non deciduata).

4. **Ongulés.**

5. **Toxodontes?** (2).

6. **Sirènes?** (2).

7. **Cétacés.**

b. L'utérus développe une caduque (deciduata).

1. Le placenta est une zone.

8. **Hyracoïdiens.**

9. **Proboscidiens.**

10. **Carnivores.**

2. Le placenta est discoïde.

11. **Rongeurs.**

12. **Insectivores.**

13. **Chéiroptères.**

14. **Primates.**

SECTION 1. — LES ORNITHODELPHES OU MONOTRÈMES.

Caractères anatomiques. — Ce sont les mammifères qui se rapprochent le plus des *Sauropsides*, quoiqu'ils en soient séparés par tous les caractères essentiels des mammifères qui ont été définis précédemment.

Les deux genres *Echidné* et *Ornithorhynque*, qui constituent cette division, se rapportent l'un à l'autre et diffèrent de tous les autres mammifères par la combinaison des caractères suivants :

Dans la colonne vertébrale, le centre des vertèbres est dépourvu d'épiphyses. L'os *odontoïde*, appelé aussi apophyse odontoïde de la seconde vertèbre cervicale, reste longtemps sinon

(1) Cette subdivision des monodelphes doit être regardée comme simplement provisoire.

(2) L'état du placenta des Toxodontes et des Sirènes est inconnu.

durant toute la vie détaché du corps de cette vertèbre, comme il arrive pour beaucoup de reptiles. Quelques côtes cervicales, également, persistent longtemps dans cet état.

Un trait frappant des Sauropsides et des Amphibiens, particulier aux *Ornithodelphes*, se trouve en ce que le coracoïde qui est un os large qui s'articule directement avec le sternum. En avant, il existe un autre point d'ossification considérable appelé *épicoracoïde*, qui correspond par sa position et non par son mode d'ossification avec le cartilage ossifié du même nom dans les reptiles. Dans ces mammifères seuls il se trouve encore un inter-clavicule en forme de T qui supporte les clavicules. La portion centrale de l'acetabulum reste non ossifiée et, dans le squelette sec, semble perforée comme chez les *Oiseaux*, les *Ornithocelides* et les *Crocodiles*.

Les tendons internes des muscles externes obliques sont ossifiés sur un parcours considérable ; et ces ossifications ressemblent, dans le squelette sec, à des os qui s'articulent avec les parties internes des marges antérieures de chaque pubis. Ces os correspondent à ceux qui existent dans une position analogue chez les *Didelphes* et sont appelés *Marsupiaux*, terme absolument mal appliqué, car ces os n'ont aucun rapport avec le *marsupium* ou poche dans laquelle les petits se logent chez la plupart des *Didelphes*.

Vu au-dessus du cerveau, le cerebellum n'est pas recouvert par les hémisphères cérébraux, ceux-ci sont réunis par un petit corps calleux. La commissure antérieure, contrairement à celle de tous les *Sauropsides*, atteint une très-grande dimension, et la circonvolution de l'hippocampe se prolonge en avant jusqu'au corps calleux.

Dans l'oreille interne, la cochléa est seulement un peu courbée sur elle-même, non roulée en spirale comme chez les autres *Mammifères*. L'étrier est imperforé et columelliforme, le marteau est très-large tandis que l'enclume est singulièrement petite.

Il existe un vaste cloaque commun au rectum, aux organes génitaux et urinaires, comme chez les Sauropsides et beaucoup d'*Ischthyopsides*. Dans les deux sexes, un long canal urino-génital s'ouvre au-devant du cloaque. A son extrémité antérieure se trouvent cinq ouvertures distinctes, une sur la ligne médiane pour la vessie et deux de chaque côté qui sont les ouvertures des conduits génitaux et des uretères. Ainsi, dans ces mammifères, et dans ceux-là seulement, les uretères ne s'ouvrent pas dans la vessie urinaire. Les testicules restent dans l'abdomen durant toute la vie. Le pénis est attaché au-devant du cloaque, et n'est pas directement uni avec l'ischion. Il est traversé par un canal urinaire qui s'ouvre en arrière dans le cloaque, mais n'est uni directement ni avec le conduit séminal ni avec le conduit urinaire. Il est probable que durant la copulation, l'ouverture postérieure de l'uretère pénial est appliquée à l'ouverture antérieure du canal urino-génital, de manière à former un passage continu pour le sperme.

Les œufs de la femelle sont très-gros et expulsés de l'ovaire comme chez les *Sauropsides*. Les ouvertures des trompes de Fallope ne sont pas frangées. Il n'y a pas de vagin distinct de la chambre urino-génitale.

Les glandes mammaires sont situées de chaque côté de la ligne médiane, à la partie postérieure de la paroi abdominale. Les différents canaux de la glande s'ouvrent sur une petite aire du tégument qui ne s'élève pas en un mamelon, aussi dans le strict sens étymologique du mot, ces animaux ne sont pas des *Mammifères*. La glande mammaire est comprimée par le *panniculus carnosus* et non par un prolongement du *cremaster*.

La nature des appendices fœtaux n'est pas bien connue ; mais l'embryon naît dans des conditions incomplètes et peut être pourvu d'une houppe ou caroncule sur les prémaxillaires, comme on en trouve chez des *Sauropsides*. Chez l'adulte, le cœur offre une *fossa ovalis*.

Caractères zoologiques. — Les deux genres d'Ornithodelphes se trouvent dans l'Australie, en comprenant sous ce nom la Tasmanie.

L'un d'eux, l'*Echidné*, a le corps couvert d'épines comme un porc-épic. Il possède un long pied fouisseur et une bouche étroite dépourvue de dents, de laquelle s'avance sa longue langue pour attraper les fourmis dont il se nourrit.

L'autre genre, l'*Ornithorhynque*, est couvert d'une molle fourrure, son museau aplati rappelle un bec de canard, la peau qui le recouvre est une sorte de cuir; ses pieds sont pourvus de griffes et fortement palmés, disposition en rapport avec son mode d'existence aquatique.

L'ornithorhynque, en réalité, fréquente l'eau douce des étangs et des rivières à la manière des rats d'eau, dormant et se nourrissant dans des terriers creusés sous terre.

Dans ces animaux l'angle de la mandibule n'est pas infléchi. Ils sont dépourvus d'oreille externe, et, chez les mâles, une sorte d'éperon perforé donnant accès à la sécrétion d'une glande est attaché à l'astragale.

La fonction de cet organe est inconnue.

Dans chacun de ces genres, le cœur est pourvu de deux veines caves supérieures. Dans l'*Echidné*, la valvule auriculo-ventriculaire droite est membraneuse, mais dans l'ornithorhynque, elle est plus ou moins charnue.

Les hémisphères du cerveau de l'*Echidné* ont de nombreuses circonvolutions, mais ils sont lisses chez l'*Ornithorhynque*. Le droit est beaucoup plus petit que le gauche, comme chez les oiseaux. Comme on l'a vu déjà, l'*Echidné* est entièrement dépourvu de dents, tandis que l'*Ornithorhynque* a quatre larges dents cornées.

SECTION II. — LES DIDELPHES OU MARSUPIAUX.

Caractères anatomiques. — Dans les *Didelphes*, l'apophyse odontoïde se soude de bonne heure complétement avec le corps de la seconde vertèbre et, en général, toutes les côtes cervicales cessent vite d'être distinctes, comme chez les mammifères en général.

Le coracoïde est réduit à une simple apophyse de la spatule et ne s'approche pas du sternum. Il n'y a pas d'épicoracoïde ni d'interclavicule en forme de T, mais les clavicules, qui sont toujours présentes (excepté dans les *Perameles*), s'articulent avec le manubrium du sternum dans le mode des mammifères ordinaires.

Les planchers des acetabulum sont complétement ossifiés et en conséquence imperforés dans le squelette sec. La cochléa est roulée sur elle-même.

Il y a un cloaque profond, le muscle sphincter étant commun

aux ouvertures génitales et urinaires, mais il n'y a pas de chambre urogénitale comme dans les *Monotrèmes*. Les uretères s'ouvrent directement dans la vessie.

Chez le mâle, la partie de l'uretère uro-génitale, et celle qui traverse le pénis, forment un canal continu qui s'ouvre en dehors, seulement à l'extrémité du pénis.

Dans la femelle, le conduit vaginal est parfaitement distinct du conduit urinaire. Les ouvertures des tubes sont frangées, et les œufs ne sont pas plus larges que ceux des *Monodelphes*.

Les glandes mammaires sont pourvues de longs mamelons.

Par tous les précédents caractères, les Didelphes ressemblent aux *Monodelphes* et diffèrent des *Ornithodelphes*.

Mais ils ressemblent aux *Ornithodelphes* et diffèrent des *Monodelphes* en ce qu'ils ne possèdent ni os, ni cartilages attachés aux pubis, à la place des os marsupiaux des Ornithodelphes. De plus, le cerveau, les hémisphères cérébraux, qui peuvent avoir ou n'avoir pas une surface à circonvolutions, sont pourvus d'un corps calleux très-petit et d'une large commissure antérieure. Le sillon de l'hippocampe se prolonge en avant au-dessus du corps calleux.

Les attaches du corps caverneux du pénis ne sont pas fixées à l'ischion.

L'embryon n'est pas uni à la mère par des villosités développées sur l'allantoïde, et il naît dans un état de développement incomplet.

Certains caractères sont particuliers aux *Didelphes*. Ainsi, le testicule du mâle passe dans un scrotum qui est suspendu au devant du pénis. Dans la femelle, le muscle crémaster est largement développé, et s'étend sur la surface de la glande mammaire qu'il comprime de manière à faire sortir le lait du mammelon. Il n'y a pas de *fosse ovale* du côté droit du septum des oreillettes. Très-généralement, mais pas d'une manière invariable, les Didelphes possèdent ce qui est appelé poche marsupiale, sorte de sac formé par un pli du tégument de l'abdomen dans lequel s'étendent les fibres musculaires du *panniculus carnosus*. Celles-ci supportent la partie ventrale de la poche, et ont la propriété d'en fermer l'entrée, qui peut se diriger en avant ou en arrière. Les glandes mammaires se trouvent dans la paroi dorsale de cette poche, où se projettent les mamelons.

Il n'y a pas de communication directe entre les organes génitaux de la femelle et la poche; mais les petits, qui naissent aveugles et incomplétement développés, sont portés dans cet état dans l'intérieur du *marsupium*, et chacun s'attache à un mamelon qui lui remplit littéralement la bouche. Il reste là durant un temps considérable, le lait coulé dans sa gorge par la contraction du muscle crémaster. Le danger de suffocation est évité par la forme allongée et conique de l'extrémité supérieure du larynx qui est embrassé par un palais mou comme chez les *Cétacés*; et ainsi la respiration se fait librement pendant le passage du lait, de chaque côté du cône laryngien dans l'œsophage.

Il arrive très-souvent parmi les *Didelphes* que les deux longs vagins soient courbés sur eux-mêmes; leurs extrémités antérieures appuyées l'une contre l'autre se dilatent, et ces parties dilatées communiquent rarement. Une autre particularité très-générale chez les *Didelphes* est la flexion en dedans de la marge inférieure de l'angle de la mandibule en une forte apophyse horizontale. Dans le genre *Tarsipes*, cependant, cette apophyse manque.

Il y a d'autres caractères anatomiques très-dignes d'attention sans être aussi importants que les précédents.

Le tégument est toujours couvert de fourrure, jamais épineux ou écailleux ni pourvu de plaques osseuses. Le pavillon de l'oreille externe est bien développé. Dans le crâne, les artères carotides percent le basi-sphénoïde pour entrer dans la cavité crânienne. La cavité tympanique est bordée, en avant, par l'alisphénoïde et, très-généralement, le jugal fournit une partie de la surface articulaire pour la mandibule.

Beaucoup de sutures crâniennes, surtout dans la région occipitale, persistent toute la vie; et le squamosal, les ossifications périotiques réunies, les os tympaniques restent distincts les uns des autres.

Les mâchoires sont toujours pourvues de vraies dents; et, habituellement, ces dents se distinguent en incisives, canines, fausses molaires et vraies molaires. Les canines manquent cependant dans quelques genres, soit dans les deux mâchoires ou dans la mandibule. On compte habituellement quatre vraies molaires et, comme le professeur Flower l'a récemment découvert, une seule molaire succède à une autre verticalement. Elle représente la dernière prémolaire. Les molaires n'ont jamais une structure complexe.

Aucun Didelphe mammaire ne possède trois incisives de chaque côté au-dessus; et aucun, si ce n'est le Phascolomys, n'a un nombre égal d'incisives à chaque mâchoire, le nombre de la supérieure étant habituellement en excès sur celui de la mâchoire inférieure.

Le nombre des vertèbres dorso-lombaires est presque toujours dix-neuf, dont six sont habituellement dorsales. L'atlas est en général ossifiée d'une manière incomplète sur la ligne médiane ventrale. La main pour l'ordinaire possède cinq doigts, mais chez les *Pérameles* et les *Chœropus* les doigts externes sont rudimentaires.

Le péroné est toujours complet à son extrémité inférieure. Dans quelques cas il se soude avec le tibia, tandis que dans le Wombat (*Pascolomys*), les Phalangers (*Phalangistidæ*) et les Opossum (*Didelphes*). il est non-seulement libre, mais susceptible d'un mouvement rotatoire sur le tibia, semblable au mouvement de pronation et de supination du radius sur le cubitus chez l'homme. La rotation du péroné vers le côté ventral du tibia est effectuée par un muscle qui occupe, en grande partie, la place du ligament interosseux ; il est l'analogue du *pronator quadratus* dans le membre antérieur. Ce muscle a son antagoniste dans les extenseurs des doigts, ceux qui sortent du péroné.

Les doigts du pied varient beaucoup dans leur forme et leur développement relatif parmi les *Marsupiaux* ; les différentes subdivisions de l'ordre se distinguent aisément par les modifications du pied de derrière.

Ainsi dans les carnivores essentiellement marsupiaux, les *Didelphes* d'Amérique, et les *Dasyuridæ* d'Australie, les second et troisième doigts de pied ne sont pas réunis par le tégument. Dans les *Didelphes*, le pouce n'a pas d'ongle, mais il est large et opposable de manière à convertir le pied en un organe préhensible comme celui de beaucoup de *Primates*; dans les *Dasyuridæ* d'autre part, le pouce est rudimentaire ou absent. Dans le Wombat, le quatrième orteil est lié avec les deux autres et le pouce, de petite dimension, est dépourvu d'ongle. Dans les

Phalangers, le second et le troisième orteil seulement sont syndactyles, et ils sont petits comparés aux autres doigts, tandis que le pouce est très-développé et opposable. Dans les *Peramelidæ* (Bandicoots) et les *Macropodidæ* (Kanguroos), le métatarse est très-allongé, et les second et troisième doigts sont unis et minces, tandis que le quatrième orteil est très-large. Le pouce est réduit à son os métatarsien dans les *Peramelidæ*, et le cinquième doigt est petit ou rudimentaire. Dans les kanguroos, le pouce disparaît complétement, mais le cinquième doigt reste bien développé sans être aussi large que le quatrième.

Il y a une grande échelle de variations dans les caractères du cerveau. Les carnivores marsupiaux (*Didelphes, Thylacines, Dasyurus*) offrent les types les plus inférieurs de la structure cérébrale ; les lobes olfactifs sont très-larges et complétement découverts ; tandis que les hémisphères cérébraux sont relativement petits et tout à fait lisses. Dans les Kanguroos, d'un autre côté, les hémisphères cérébraux présentent de nombreuses circonvolutions et sont beaucoup plus larges en proportion des lobes olfactifs qui les couvrent.

L'estomac peut être simple comme dans la plupart des marsupiaux, ou pourvu d'une glande cardiaque (*Phascolarctos, Phascolomys*). Dans les Kanguroos, il devient immensément allongé, avec des bandes musculaires longitudinales et des sacculations transverses, de manière qu'il ressemble à un côlon humain. Le cœcum, qui est large dans le Kanguroo, manque dans le *Dasyuridæ* ; il est pourvu dans le Wombat, d'un appendice vermiforme comme celui de l'homme.

Le foie possède toujours une vésicule biliaire. Il existe deux *veines caves supérieures* qui reçoivent la veine *azygos* de leurs côtés respectifs. La valvule tricuspide du cœur est membraneuse. Il n'y a pas d'artère mésentérique inférieure et les iliaques externe et interne sortent séparément de l'aorte.

Il n'existe pas de vésicules séminales, et la glande du pénis est bifurquée de plusieurs manières.

La poche marsupiale manque chez quelques Opossums et *Dasyuridæ*. Quand elle existe, son entrée est habituellement dirigée en avant, mais dans les *Thylacinus* et dans quelques *Permelidæ* elle est tournée en arrière. Dans le Thylacinus l'os marsupial reste également cartilagineux.

L'état du fœtus n'est connu que chez les Kanguroos ; de nouvelles observations sur l'embryogénie des *Didelphes* sont très-nécessaires. On dit que le fœtus possède un large sac ombilical dont les vaisseaux s'étendent sur les plis du chorion et un petit allantoïde. Il serait dépourvu de glande thymus.

Caractères zoologiques. — Les *Didelphes* actuellement sont confinés dans l'Australie, et les provinces de la Colombie australienne. Quelques rares espèces s'étendent au delà des bords de ces dernières dans les parties nord de l'Amérique du Nord. On ne trouve que les Didelphes dans la Colombie australienne, tous les autres groupes étant australiens.

État fossile. — Des formes gigantesques, genre Kanguroo ou Phalangistiques (*Nototherium, Diprotodon, Thylacoleo*) ont été trouvées dans les derniers dépôts tertiaires et les caves d'Australie. En Europe, les Didelphes se trouvent dans les couches Éocènes ; les Didelphes, les Dasyuridæ et les Macropotidæ (*Phascolotherium, Amphitherium, Plagiaulax*) dans les terrains moyens Mésozoïques et les Macropodidæ ? (*Microlestes*) dans les Trias.

SECTION III. — LES MONODELPHES.

Caractères anatomiques. — Dans les *Monodelphes*, les os *odontoideum* se soudent très-souvent avec la seconde vertèbre cervicale, dont ils semblent être simplement les apophyses odontoïdes ; et les côtes cervicales deviennent bientôt unies d'une manière définitive avec leurs vertèbres. Le coracoïde est réduit à une simple apophyse du scapulum, il n'existe pas d'épicoracoïde semblable à celui des *Ornithodelphes*.

Des clavicules peuvent être présentes ou absentes. Quand elles sont tout à fait développées, elles s'articulent directement, ou par l'intermédiaire de restes plus ou moins modifiés de l'extrémité sternale du coracoïde, avec le sternum, et non au moyen d'interclavicules. Les acetabulum sont perforés. Le bassin est dépourvu d'os marsupiaux, quoique chez quelques carnivores ces os soient représentés par de petits cartilages dans le tendon interne du muscle oblique externe ayant une forme et des rapports correspondants.

La commissure antérieure du corps calleux non moins que

les hémisphères cérébraux eux-mêmes varie grandement, le cerveau de quelques *Édentés* se rapprochant beaucoup de celui des *Didelphes* sous le rapport du corps calleux et de la commissure antérieure ; tandis qu'en ce qui concerne les hémisphères eux-mêmes, les hémisphères cérébraux peuvent être soit assez petits pour permettre que le cerebellum se trouve complétement découvert sur le derrière, ou assez larges pour le couvrir et s'avancer au delà. Enfin la surface externe des hémisphères peut être ou parfaitement unie ou pourvue d'un grand nombre de circonvolutions.

La cochléa est roulée en spirale. Les ouvertures génitales et urinaires, comme règle générale, s'ouvrent tout à fait en dehors du rectum. Les uretères s'ouvrent toujours dans la vessie. Les testicules peuvent rester dans l'abdomen toute la vie ou passer dans une poche scrotale. Mais quand ce scrotum forme un sac distinct, il est placé sur les côtés ou derrière le pénis et non au-devant. L'urèthre cystique fait toujours suite à la partie de l'urèthre qui traverse le pénis.

Les œufs sont petits et les ouvertures des tubes de Fallope sont frangées. Le vagin est un simple tube qui peut cependant être partiellement divisé par une cloison longitudinale. Le crémaster n'a pas de rapports avec les glandes mammaires qui sont pourvues de mamelons distincts.

L'allantoïde est toujours très-développée, et donne naissance à un placenta ; les petits naissent grands et actifs.

La grande majorité des *Didelphes* ainsi définie se divisent suivant les caractères de leur placenta en caduques ou non caduques.

Chez les non caduques les villosités fœtales du placenta sont, à la naissance, simplement retirées des fosses utérines dans lesquelles elles sont reçues, mais aucune substance maternelle n'est éliminée sous forme de caduque ou partie maternelle du placenta. Chez les caduques, la couche superficielle de la membrane muqueuse de l'utérus subit une modification spéciale et s'unit sur une plus ou moins grande étendue avec les villosités développées dans le chorion du fœtus ; et, à la naissance, cette caduque et partie maternelle du placenta sont éliminées avec le fœtus. La membrane muqueuse de la mère se régénère durant et après la gestation.

On rencontre cependant deux ordres de monodelphes mammifères actuellement existants dont la nature du placenta n'est pas encore bien connue.

Une d'elles est le Sirène dont le mode de placenta est inconnu. L'autre est l'assemblage hétérogène et mal défini appelé Édentés.

Quelques-uns des membres de ce groupe possèdent certainement un placenta caduque, tandis que chez les autres la question de savoir si la caduque existe ou non ne semble pas être résolue.

Comme ce groupe des *Édentés* est décidément le plus inférieur de toute la division, je le mettrai à la tête de l'ordre, tandis que les *Sirènes* seront rangés provisoirement dans les groupes non caduques.

ARTICLE I

LES ÉDENTÉS OU BRUTES.

Dans ces mammifères les dents sont loin de manquer toujours, comme le nom du groupe semble l'indiquer; mais quand les dents sont présentes, les incisives manquent complétement ou, dans tous les cas, les médianes incisives manquent dans les deux mâchoires. Les dents sont toujours dépourvues d'émail et se composent entièrement de dentine et de cément.

Comme elles croissent durant un temps indéfini, elles n'ont pas de racines ; et aussi loin que nos connaissances s'étendent jusqu'ici, celles qui apparaissent les premières ne sont remplacées par un second rang que dans quelques-uns des Armadillos. Les phalanges unguéales des doigts portent de longues et fortes griffes.

Il y a des mamelles sur le thorax, et quelquefois, de plus, sur le tégument de l'abdomen ou dans la région inguinale.

Le cerveau varie grandement, tantôt ses hémisphères sont tout à coup unis avec un corps calleux très-petit et une large commissure antérieure, tantôt le corps calleux est beaucoup plus large et les circonvolutions apparaissent à la surface du cerveau.

Les *Édentés* se divisent en *Phytophages* ou *Herbivores* et *Entomophages* ou *Insectivores*. Les feuilles sont la principale nourriture du premier groupe, tandis que le second recherche spécialement les fourmis ; quoique quelques-uns y ajoutent des vers et de la charogne.

§ I. Les *Phytophages*.

Caractères anatomiques. — Les os longs n'ont pas de cavités médullaires. La partie latérale de l'arc zygomatique envoie au-dessous une apophyse verticale très-remarquable. L'apophyse acromion du scapulum se réunit au coracoïde. Dans le carpe, les os scaphoïde et trapèze se soudent pour n'en former qu'un seul. L'ischion s'unit avec les vertèbres caudales antérieures, et celles-ci se soudent avec les vertèbres sacrées propres pour former un long sacrum.

L'articulation de la cheville a le caractère d'une cheville et d'un socle, le pied de derrière est plus ou moins complétement tordu, se posant sur son bord externe et non sur la plante.

Des canaux vasculaires en rapport avec la cavité pulpeuse traversent la dentine des dents.

Les *Phytophages* sont divisibles en deux groupes, un existant et l'autre éteint. Le premier se compose des Paresseux ou *Tardigrades*, animaux remarquables, qui sont confinés dans les grandes forêts de l'Amérique du Sud où ils vivent complétement sur les arbres, suspendus par leurs longues griffes crochues aux branches des arbres.

Leurs caractères distinctifs sont les suivants : queue courte, membres extrêmement longs et minces, la paire antérieure plus longue que la paire postérieure. Dans les membres antérieurs et les membres postérieurs, les doigts internes et externes sont rudimentaires, mais le pied de derrière a toujours les trois orteils du milieu complétement développés, tandis que dans le pied de devant, il arrive quelquefois que deux seulement subsistent. Les phalanges unguéales sont très-longues et crochues.

L'arc zygomatique est incomplet postérieurement n'étant pas uni par un os au squamosal. Les vertèbres cervicales, dans ce groupe remarquable, excèdent ou atteignent le nombre de sept, qui est la caractéristique des mammifères en général ; quelques espèces de paresseux en ont neuf, d'autres seulement six.

Le bassin est extrêmement spacieux, et les acetabulum sont dirigés en arrière et en dehors. Le fémur est dépourvu du *ligamentum teres*. L'extrémité postérieure du péroné envoie en dedans une apophyse qui se fixe dans une fosse située à la surface externe de l'astragale et donne naissance à cette sorte d'emboîture ou articulation de la cheville qui est particulière à ces animaux.

Il y a beaucoup de confusion par rapport à la structure de l'articulation de la cheville des paresseux. Cuvier (1) écrit de l'Aï ou paresseux à trois doigts :

« Chez le plus grand nombre des animaux, l'articulation principale de l'astragale se joint au tibia au moyen d'un ginglyme plus ou moins lâche qui permet au pied de se courber sur la jambe. Mais ici, la face principale et supérieure de l'astragale est une fosse conique, dans laquelle l'extrémité effilée du péroné pénètre comme un pivot (2). Le bord interne de cette fosse tourne sur une facette très-petite, qui occupe seulement un tiers de la tête inférieure du tibia. Le résultat de cet arrangement est que le pied tourne sur la jambe comme une girouette sur son support, mais ne peut fléchir. Il en résulte encore que le plan, le corps du pied, est presque vertical quand la jambe l'est et que l'animal ne peut appuyer sur la terre que la face plantaire de son pied quand il étend la jambe de manière à la tenir presque horizontale. »

Meckel (3) a déjà démontré avec raison, contre l'assertion de Cuvier, que l'abduction et l'adduction sont possibles pour les pieds de l'Aï, affirmant qu'il est capable de flexion et d'extension, bien que sur une étendue limitée. A. Wagner suit Meckel, mais Rapp (4) adopte l'opinion de Cuvier dans toute son étendue : « L'extension et la flexion du pied ne peuvent pas avoir lieu, mais seulement l'abduction et l'adduction. Ce-

---

(1) Cuvier, *Ossements fossiles*, t. VIII, p. 143.
(2) Cuvier, Pl. 208, fig. 2, *a*.
(3) Meckel, *System der vergleichenden Anatomie*, 2te Theil. 2te Abtheilung, p. 457.
(4) Rapp, *Edentaten*, p. 46.

pendant, il est aisé de démontrer sur un animal mort intact, ou moins encore sur le membre d'où les muscles ont été enlevés sans que les ligaments aient été attaqués, que le pied des paresseux à trois doigts est capable de mouvement dans les trois directions. 1° En abduction et adduction ; un mouvement en azymuth, quand la jambe est verticale; 2° en flexion et extension ; un mouvement plus étendu en altitude dans les mêmes rapports; et 3° en rotation sur son axe au moyen duquel le corps peut se mouvoir de 90° dans la position perpendiculaire à l'axe de la jambe par rapport à une qui lui est parallèle.

Les dispositions anatomiques desquelles dépendent ces mouvements sont les suivantes : L'astragale présente deux facettes aux os de la jambe, facettes dont une (quand le pied est dans la position habituelle des autres quadrupèdes) est dirigée en dedans et en haut, tandis que l'autre est tournée en dehors et en bas. La première, convexe de devant en arrière aussi bien que d'un côté à l'autre, n'est nullement un simple rebord puisqu'elle est aussi large que l'autre. Elle est la surface antérieure propre de l'astragale et s'articule avec le tibia. L'autre surface est excavée par une fosse conique profonde. Dans celle-ci est reçue une apophyse conique correspondant à l'extrémité postérieure du péroné, qui est dirigée de dehors en dessous et en dedans, cependant, pas dans une direction verticale, mais oblique; en conséquence, quand même le pivot serait fixé dans le socle très-profondément, il y aurait encore de grandes facilités de flexion et d'extension, quoique le mouvement du pied se fasse obliquement en dehors aussi bien qu'en dessous. Mais le socle retient le pivot lâchement, et alors, comme l'expérience l'a démontré, le mouvement de flexion et d'extension du pied n'est que très-légèrement oblique.

Si le vrai mouvement d'abduction et d'adduction est beaucoup moins étendu que le mouvement de flexion et d'extension, c'est qu'il est réprimé par de forts et courts ligaments latéraux interne et externe de l'articulation de la cheville.

En ayant égard à la rotation du pied sur son axe, on doit remarquer d'abord que le *calcaneum*, les *cuboïdes*, le *navicu-*

laire, les trois cunéiformes, les trois métatarsiens complets et les trois rudimentaires, les trois phalanges basilaires des doigts, *ii*, *iii* et *iv*, sont soudés ensemble en une masse osseuse; tandis que dans la main, il en existe à peine une trace entre la base et les phalanges médianes. En réalité, les seuls os des pieds qui soient mobiles les uns sur les autres sont : 1. les phalanges postérieures pourvues d'un mouvement d'extension et de flexion de 180° sur les phalanges médianes ; 2. la synostose tarso-phalangienne ci-dessus décrite est librement mobile sur l'astragale; et l'articulation est disposée de manière à permettre au corps du pied la rotation d'une position plantigrade dans laquelle il est perpendiculaire à l'axe de la jambe. Il est douteux cependant, que la première position puisse être donnée au pied par l'animal vivant. Le *tibialis anticus* et l'*extensor hallucis longus* sont des muscles extrêmement forts et sans antagonistes efficaces, aussi leur contraction tonique doit-elle pousser la tubérosité naviculaire du métatarsien sur laquelle ils sont insérés aussi loin au-dessus que possible, donnant à la synostose tarso-phalangienne un mouvement rotatoire sur l'astragale et obligeant ainsi le corps du pied à se tourner en dedans.

Dans les Paresseux à deux doigts ou Unau (*Cholœpus*) la structure générale de l'articulation de la cheville est la même, mais la fosse de l'astragale est dirigée presque en dehors, et le pivot du péroné est plutôt à peu près horizontal quand la jambe est verticale. La facette tibiale de l'astragale est dirigée directement au-dessus, par conséquent ce mouvement du pied marque une flexion et une extension plus grandes que dans l'Aï. Il ne se produit aucune soudure du tarse, du métatarse et des os phalangiens, mais la rotation de la moitié postérieure du tarse sur l'astragale est beaucoup plus complète et permanente que chez l'Aï. Le calcanéum est tordu en rond sur l'astragale, de telle sorte que sa face externe propre devient inférieure, tandis que la surface articulaire pour le cuboïde est non-seulement au-dessous, mais partiellement interne par rapport à la facette naviculaire de l'astragale. Il résulte de cette position du cuboïde que les métatarsiens externes qu'il supporte sont placés directement au-dessous des internes et le pied reste absolument sur son bord externe, le plan du corps du pied étant vertical.

Les paresseux, il paraît, sont naturellement pied-bot, mais ni dans l'Aï, ni dans l'Unau, cela ne dépend nullement de la structure de l'articulation tibio-tarsienne. Au contraire, et cela résulte dans l'Unau, de la manière dont le *calcanéum* et le *naviculaire* s'articulent avec l'astragale, et, dans l'Aï, de l'action des muscles sur le synostose tarso-phalangienne. Il n'est question ni pour l'Aï, ni pour l'Unau de libre flexion ou extension du pied.

Les dents supérieures sont au nombre de cinq de chaque côté et les inférieures de quatre; elles deviennent aiguës par mutuelle attrition dans une forme de ciseaux. L'estomac est remarquablement complexe.

Les Gravigrades ont, pour la plupart, les formes des Paresseux de l'Amérique du Sud, mais sont entièrement éteints, et, pendant que sous beaucoup de rapports ils ressemblent aux paresseux, sous d'autres, ils offrent une ressemblance avec les insectivores (Ant-eaters, mangeurs de fourmis).

L'arc jugal peut être complet ou incomplet. Les surfaces articulaires des vertèbres dorsales ont quelquefois des complications comme celles que l'on a observées chez les mangeurs de fourmis. La queue est très-longue et forte. Les membres sont courts et semblables, tandis que le pied antérieur a le doigt cubital imparfait comme chez les insectivores. Le péroné n'a pas d'apophyse interne, et l'astragale est en conséquence dépourvu de fosse à sa surface externe. Mais une autre sorte de cheville et socle de l'articulation tibio-tarsienne se produit par l'attache des surfaces du tibia à l'astragale.

État fossile. — Les grands animaux éteints, le *Megathérium* (fig. 96), le *Mylodon*, le *Megalonyx*, dont les restes ont été retrouvés presque tout entiers dans les dernières couches tertiaires de l'Amérique, appartiennent à ce groupe.

§. Les *Entomophages.*

Dans ce groupe d'*Édentés*, le zygomatique n'envoie pas d'apophyse au-dessous de la région latérale, quoique, dans quelques cas rares, la partie antérieure de l'arc ait un prolongement descendant. L'acromion et le coracoïde ne s'unissent pas. Le scaphoïde et le trapèze restent distincts, et le corps du pied de derrière reste posé à terre sur une plus ou moins grande étendue de toute sa surface et non pas seulement par son bord externe.

Les édentés insectivores sont divisibles en quatre groupes : *a.* les *Mutica*, *b.* les *Squamata*, *c.* les *Tubulidentata*, *d.* les *Loricata*.

a. Le groupe des *Mutica* contient les genres : *Myrmecophages* et *Cyclothurus*, les mangeurs de fourmis de l'Amérique du Sud. Le corps de ces animaux est couvert de poil, et ils sont

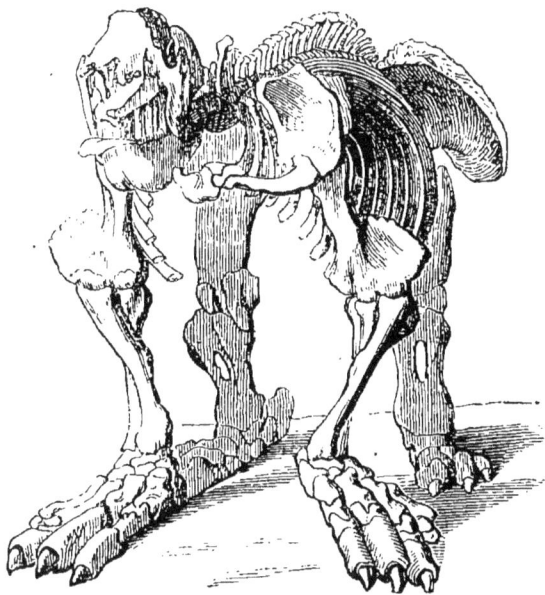

Fig. 96. — Megatherium.

pourvus de longues queues qui sont quelquefois préhensives. Le crâne est très-allongé et de petits prémaxillaires sont lâchement unis au crâne. L'arc jugal est incomplet. Dans les *Myrmécophages*, les ptérygoïdes, qui sont très-longs, s'étendent derrière le niveau des bulles tympaniques avec les bords internes tout entiers, auxquels ils sont unis soit par un os, soit par une membrane ; et, comme en même temps ils s'unissent sur la ligne médiane, la voûte du palais se prolonge grandement, et les narines postérieures sont bordées au-dessous et sur les côtés par les os ptérygoïdes. Cette disposition ne se retrouve dans aucun mammifère, excepté dans quelques *Cétacés*, ni dans aucun *Vertébré*, si ce n'est chez les Crocodiles. La mandibule est très-mince, les branches ascendantes (apophyses coronoïdes) et l'angle de la mâchoire étant abortifs. La surface articulaire du condyle est plate. L'hyoïde est placé loin en arrière au-dessous des vertèbres cervicales postérieures, et uni au crâne seulement par des muscles. Les cartilages thyroïde et cricoïde sont ossifiés. Les vertèbres dorso-lombaires sont compliquées par la présence d'apophyses articulaires accessoires. Il existe des clavicules bien développées chez les *Cyclothurus didactylus* grimpants, mais elles sont incomplètes ou absentes dans les autres espèces. Dans la main, le doigt externe ou les doigts sont dépourvus de griffes, et le poids du corps, quand l'animal marche, est supporté par son bord externe qui est ordinairement épais et calleux. Le pied a cinq doigts, chacun pourvu d'un fort ongle, la plante du pied est posée sur le sol.

La langue est extraordinairement longue et prolongée ; elle n'est pas unie à l'hyoïde par les muscles ordinaires hyo-glosses ; mais de longs muscles attachés au sternum (*sterno-glosses*) la rétractent, tandis qu'elle est avancée par les *génio-glosses* et les *stylo-hyoïdiens*.

D'immenses glandes sub-maxillaires s'étendent en arrière au-dessus du thorax et couvrent la langue d'une sécrétion visqueuse quand elle est lancée dans le nid des fourmis qui sont la proie des *Myrmécophages*.

Les insectes pris par milliers dans cette sorte de glu sont attirés au fond de la bouche des mangeurs de fourmis et avalés. La portion pylorique de l'estomac est assez épaisse et musculeuse pour être comparée à celle d'un lézard.

Le cerveau présente de nombreuses circonvolutions et un large corps calleux. La commissure antérieure est aussi remarquablement large. Dans la femelle, l'utérus est simple, mais possède un double *os uteri*. Le placenta est dit de forme discoïde dans les *Myrmécophages* didactyles.

b. Le groupe des *Squamata* contient le seul genre *Manis* dont les espèces se rencontrent en Afrique et dans l'Asie méridionale.

Chez ces singuliers animaux, le corps est recouvert d'écailles cornées, et ils ont le pouvoir de se rouler comme des porcs-épics. En marchant, les longues griffes du pied antérieur sont recourbées de manière que leurs surfaces dorsales appuient sur la terre, tandis que le poids de la partie postérieure du corps retombe sur la plante du pied de derrière.

Le crâne est allongé, le prémaxillaire est petit, et le zygomatique habituellement incomplet. Les ptérygoïdes sont très-allongés et étendus en arrière au delà de la bulle des os tympaniques, mais ils ne s'unissent pas sur la ligne médiane. La mandibule n'a pas de branches ascendantes, et son condyle est bas. Des conduits aériens dans les parois du crâne mettent un tympan en communication avec l'autre et s'étendent dans l'os squamosal.

Il n'y a pas de clavicules. L'extrémité xyphoïde du sternum est large, et peut s'avancer en deux longues cornes comme chez les lézards. La bouche est dénuée de dents.

Les larges glandes salivaires s'étendent sur le thorax. L'estomac est divisé en un sac cardiaque à minces parois, bordé par un épithélium dense et une portion pylorique musculeuse épaisse. Il contient toujours de nombreuses pierres. Le placenta semble être diffus et non caduque.

e. Les *Tubulidentata* ne sont également représentés que par un seul genre, l'*Orycterope*, qui est originaire de l'Afrique du sud. Le corps est couvert de poil, pourvu de mamelles thoraciques et inguinales ; les oreilles sont longues et non courtes et rudimentaires comme dans les genres précédents. Dans les membres antérieurs et postérieurs, le pied repose également sur la terre et sur les surfaces plantaires de fortes griffes. Le pied antérieur n'a que quatre doigts, en conséquence de l'absence du pouce, tandis que le pied de derrière est pentadactyle.

Le crâne a des prémaxillaires zygomatiques complets et très-développés. L'os lacrymal est large, et le trou lacrymal est situé sur la face. L'os tympanique est annulaire, et la masse périotique si large et si profondément entrée dans les parois latérales du crâne qu'elle rappelle une des proportions des *Sauropsides*. La mandibule est pourvue d'une branche ascendante. Les clavicules sont complètes.

Les mâchoires sont pourvues de dents dont la substance est traversée par un grand nombre de canaux verticaux parallèles. Ces dents sont des molaires sans racines, et le plus grand nom-

bre qui ait été trouvé est $\frac{8.8}{6.6}$, mais les petites antérieures tombent et se réduisent à $\frac{5.5}{4.4}$. Les postérieures et les petites antérieures sont simples, cylindriques; mais les dents médianes
présentent un sillon longitudinal de chaque côté.

Les glandes sous-maxillaires sont très-grosses. L'estomac se
divise en une portion droite et une portion gauche, les parois
de la première sont épaisses et musculaires. Les intestins ont
un cœcum. Il est reconnu que le *ductus arteriosus* reste longtemps ouvert.

Les deux utérus s'ouvrent séparément dans le vagin, Le placenta est caduc et discoïde.

d. Dans les *Loricata*, la région dorsale du corps est recouverte
d'une carapace, formée d'écailles épidermiques, et de plaques
osseuses carrées ou polygonales qui sont des ossifications dermoïdes, aussi cette disposition est-elle complétement comparable à la gaîne dorsale d'un crocodile. Ce sont les seuls mammifères chez lesquels il xiste des écailles osseuses.

L'armure d'un de ces animaux, à son complet développement,
présente cinq gaînes distinctes dont les bords permettent un
certain degré de mouvement entre elles. L'une couvre la tête
et est appelée *céphalique*; une autre *nuquale* protége le dos du
cou; une troisième *scapulaire* couvre les épaules comme un
grand capuchon; une quatrième, formée en général d'un
nombre de segments libres et mobiles, couvre la région postérieure dorsale et lombaire comme la gaîne *thoraco-abdominale*:
et la cinquième *pelvienne* est attachée par sa face profonde à
l'iliaque et à l'ischion et forme des arcs au-dessus de la croupe
comme un demi-dôme.

Dans le crâne, les prémaxillaires sont bien développés, et le
zygomatique est complet. La branche mandibulaire offre ordinairement une portion ascendante bien développée et une
apophyse coronoïde. Des clavicules sont présentes. Les pieds
antérieurs et postérieurs s'appuient sur le sol également et les
membres de derrière sont en général plantigrades ou à peu
près. Mais dans le singulier genre des *Tolypeates*, le pied antérieur est supporté sur les extrémités de longs ongles. Le
pouce est toujours présent dans le pied antérieur, et le cin-

quième doigt devient quelquefois rudimentaire. Il y a toujours cinq orteils au pied de derrière.

Dans le genre *Euphractes*, chaque prémaxillaire contient une seule dent qui, par conséquent, est incisive.

Ce groupe contient deux divisions, les *Dasypodidæ* et les *Glyptodontidæ*; tous les deux sont de l'Amérique du Sud, mais le premier est principalement composé d'animaux vivants, tandis que le second ne contient qu'un genre éteint.

Les *Dasypodidæ* (1) sont ce qui est habituellement connu sous le nom d'*Armadillos*. Dans cette division, la gaîne thoraco-abdominale, quand elle existe, comme il arrive dans tous les genres, excepté les *Chlamydophores*, se compose d'au moins trois et au plus treize zones osseuses d'écailles mobiles transverses.

Dans le crâne, l'extrémité des os nasaux se projette au delà du niveau des prémaxillaires, aussi les ouvertures nasales sont-elles plus ou moins dirigées en bas. Les prémaxillaires ont une dimension considérable et s'articulent largement avec les nasaux. La partie de l'arc jugal offre au moins un prolongement rudimentaire. La symphyse mandibulaire n'a qu'une longueur limitée, et les alvéoles postérieures des mandibules ne longent pas la face interne de la branche de la mandibule dans sa portion ascendante.

Les dents des mâchoires supérieure et inférieure alternent, car leurs surfaces molaires sont surmontées de crêtes.

La vertèbre odontoïde est soudée à un nombre plus ou moins grand des vertèbres suivantes. Les vertèbres cervicales qui suivent ont des surfaces accessoires spéciales ; les dernières dorsales et les lombaires sont aussi pourvues de facettes articulaires d'accessoires et d'apophyses.

Un certain nombre de vertèbres caudales antérieures sont toujours soudées ensemble et avec les vraies vertèbres sacrées pour former un long sacrum; les apophyses transverses de quelques-unes de ces vertèbres caudales s'appuient contre

---

(1) Le *Dasypus* de Linné, genre particulier à l'Amérique, prend son nom d'*Armadillo*, de l'écaille composée de petites pièces ayant l'aspect de pierres à pavage qui lui couvrent la tête, le corps, et quelquefois la queue.

les surfaces internes de l'ischion et y restent ankylosées.

La première côte est large et aplatie et la pièce antérieure du sternum développée. Les côtes vertébrales suivantes sont reliées au sternum par des côtes sternales ossifiées, et s'articulent non-seulement avec le sternum, mais les unes avec les autres.

Dans le carpe, l'os cunéiforme est courbé autour de l'unciforme, et s'articule avec le cinquième métacarpien quand il existe. Les phalanges unguéales de la main sont longues et pointues. Le fémur a un troisième trochanter et les quatre métatarsiens internes sont plus longs que larges.

La division des *Glyptodontitæ* contient le simple genre *Glyptodon*, qui est essentiellement un gros armidillo ; mais il s'éloigne sous certains rapports non-seulement de ces animaux, mais de tous les autres *Mammifères* et même reste isolé parmi les *Vertébrés*.

La carapace couvre tout le corps, mais ne présente pas de zones mobiles thoraco-abdominales; elle se compose de plaques polygonales fortement unies ensemble et frangées par une marge de plaques osseuses à surfaces coniques élevées.

Les os nasaux sont courts et larges, et leurs extrémités libres ne s'avancent pas autant que les maxillaires, de sorte que les ouvertures nasales sont légèrement dirigées en haut et en avant. Les maxillaires, cependant, sont de très-petits os et s'ils s'unissent aux nasaux, ce n'est que sur un petit parcours. La portion antérieure de l'arc jugal envoie en bas une large apophyse. La symphyse mandibulaire est très-longue, et les alvéoles postérieures de la mandibule sont situées à la face interne de la partie perpendiculaire la plus élevée de la branche.

Les dents sont trilobées, deux sillons profonds creusent leurs surfaces internes et externes. Et, comme la couronne de chaque dent des deux mâchoires est opposée à l'autre, elles s'aplatissent par l'usure.

La dernière vertèbre cervicale et la vertèbre dorsale antérieure sont soudées ensemble en un simple os tri-vertébral, qui est mu à l'aide d'une articulation à pivot sur la troisième dorsale. Celle-ci et les vertèbres suivantes dorso-lombaires sont unies sans mouvements et le plus souvent soudées ensemble. La tête de la première côte est engagée dans un socle qui lui est fourni par l'os trivertébral, de manière à rester immobile, et la côte n'est pas plate, mais arrondie et en forme de colonne.

Dans le carpe, l'os cunéiforme s'articule avec le quatrième et le cinquième métacarpien, celui-ci étant entièrement supporté par le cunéiforme.

Les phalanges et les métacarpiens sont très-courts et larges. Le pouce est rudimentaire, tandis que le cinquième doigt est entièrement développé.

Le bord supérieur du condyle du fémur n'est pas distinct du troisième trochanter si celui-ci existe réellement. Les os métatar-

Fig. 97. — Fouisseur ou dasypide fossile.

siens sont aussi larges que longs; et, comme dans le pied antérieur, la majorité des phalanges est comparativement courte et tronquée.

État fossile. — On a retrouvé de nombreux spécimens d'édentés (fig. 97).

ARTICLE II

LES ONGULÉS.

Un grand nombre de mammifères sans caduque, sont avec

raison compris sous le titre d'ongulés, quoique la question de savoir si ce groupe représente un seul ordre ou plus d'un puisse être discutée.

Dans tous les *Ongulés* le placenta est ou diffus, c'est-à-dire que les villosités sont étendues également à la surface du chorion, ou cotylédoné, cas où les villosités sont accumulées en groupes distincts sur le chorion. Ces groupes s'appellent *cotylédons.*

Tous les *Ongulés* ont des dents de lait, remplacées verticalement par les permanentes. Les dents se composent d'émail, de dentine et de cément ; les molaires ont de larges couronnes tuberculées rayées ou plissées et émaillées.

Il n'y a jamais de clavicules. Les membres n'ont pas plus de quatre doigts complets. Les phalanges unguéales sont renfermées dans des gaines cornées obtuses, ordinairement très-épaisses et désignées sous le nom de *sabots.* Elles supportent le poids de ces quadrupèdes, c'est pourquoi ceux-ci ont été appelés *unguligrades.* Le poids de quelques-uns cependant repose sur la surface inférieure des phalanges ; ceux-ci sont *digitigrades.* Les os métacarpiens et métatarsiens sont allongés et prennent une position verticale et très-inclinée.

Dans la femelle, les mamelles sont ou peu nombreuses, quand elles sont dans une position inguinale, ou nombreuses quand elles sont disposées sur deux rangs le long de l'abdomen.

L'intestin est très-généralement pourvu d'un cœcum d'une dimension considérable.

Les hémisphères cérébraux offrent toujours des circonvolutions habituellement très-nombreuses ; et, quand le cerveau est vu d'en dessus, la surface du cerebellum est largement découverte.

Les *Ongulés* sont divisibles en *Perissodactyles* et *Artiodactyles,* mais il est probable que les essais pour définir ces groupes échoueront devant les nombreuses formes fossiles qui parviennent à notre connaissance.

§ I. Les *Perissodactyles.*

Caractères anatomiques. — Le nombre des vertèbres dorso-lombaires n'est pas moindre que vingt-deux.

Le troisième doigt de chaque pied est pair lui-même (1), et les orteils du pied de derrière impairs (fig. 98 B). Le fémur a un troisième trochanter (fig. 105). Les deux facettes de la face antérieure de l'astragale sont très-inégales, la petite s'articule avec l'os cuboïde.

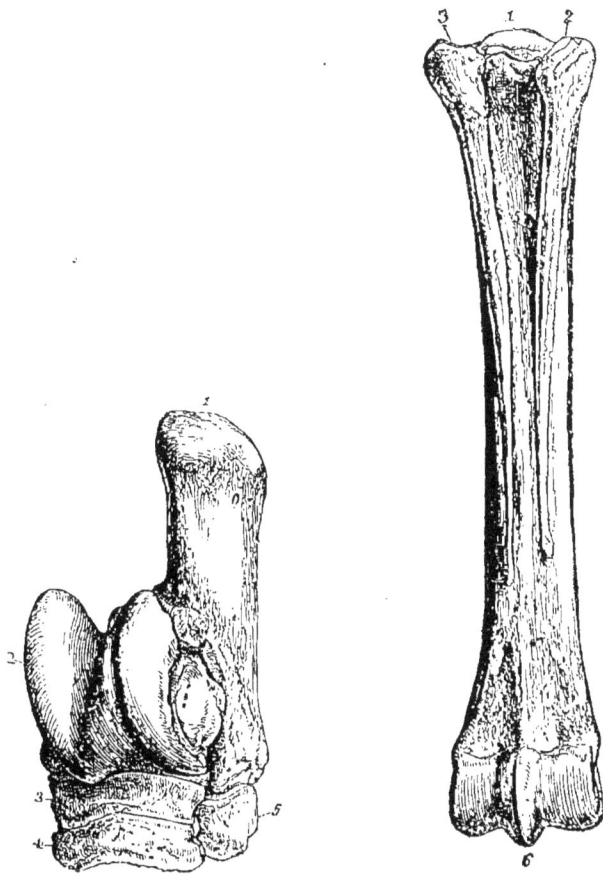

Fig. 98. — A, vue antérieure du tarse gauche d'un cheval ; 1, calcanéum ; 2, astragale ; 3, naviculaire ; 4, ectocunéiforme ; 5, cuboïde ; B, vue postérieure du métatarse d'un cheval. — 1, métatarsien du troisième doigt ; 2, 3, métatarsiens des doigts rudimentaires.

Dans le crâne, l'os tympanique est petit ; et, comme dans plusieurs autres mammifères, la racine de l'apophyse ptérygoïde du sphénoïde est perforée par une ouverture ou canal.

Les dents postérieures prémolaires sont généralement très-

_____

(1) Ou au moins très-près de l'être.

semblables aux molaires. L'estomac est simple, et le cæcum excessivement large.

Les mamelles sont inguinales, ou situées sur le groin. Quand la tête est pourvue d'appendices cornés, ils sont entièrement épidermiques et dépourvus de corps osseux ; ils sont placés sur la ligne médiane du crâne.

Les *Perissodactyles* se composent des familles *Equidæ*, *Rhinocerotidæ* et *Tapiridæ* et des *Palæotheridæ* et *Macrauchenidæ* éteints.

a. Les *Equidæ* ou Chevaux et Anes ont un doigt à chaque pied, le troisième beaucoup plus long et plus large que les autres, qui ne sont représentés que par leurs os métacarpiens ou métatarsiens, les doigts internes et externes manquant ou étant représentés par de simples osselets (comme rudiments de leurs métacarpiens et métatarsiens), chez tous les *Equidæ* existants.

Mais, dans l'*Hipparion* éteint, les second et quatrième doigts étaient complets quoique petits et comme de légères griffes, tandis que chez l'*Anchitherium* miocène, qui se rapproche le plus des *Palæotheridæ*, les doigts latéraux sont beaucoup plus grands et concourent à supporter le poids du corps.

La formule dentaire est $i.\ \dfrac{3.3}{3.3}\ c.\ \dfrac{1.1}{1.1}\ p.\ m.\ \dfrac{4.4}{4.4}\ m.\ \dfrac{3.3}{3.3}.$

La dent représentée ici comme première prémolaire peut être une dent de lait qui semble n'avoir ni prédécesseur ni successeur et disparaît bientôt.

Les dents molaires présentent une paroi externe qui forme un double croissant dans sa section transverse, et deux bords internes plus ou moins incurvés en dedans et en arrière, et correspondant respectivement avec les croissants antérieur et postérieur de la paroi externe. L'intérieur peut être plus ou moins rempli de cément qui revêt aussi la dent. Les incisives ont des formes semblables dans chaque mâchoire, et dans l'*Equus* et l'*Hipparion*, leurs couronnes présentent une cavité médiane large et profonde formée par un pli de l'émail.

Tels sont les caractères distinctifs des *Equidæ*. Il est bon d'ajouter quelques détails spéciaux par rapport à l'anatomie du cheval comme représentant du groupe perissodactyle.

Le cheval possède sept vertèbres cervicales, vingt-quatre dorso-lombaires (dix-huit ou dix-neuf dorsales), cinq sacrées et environ dix-sept caudales.

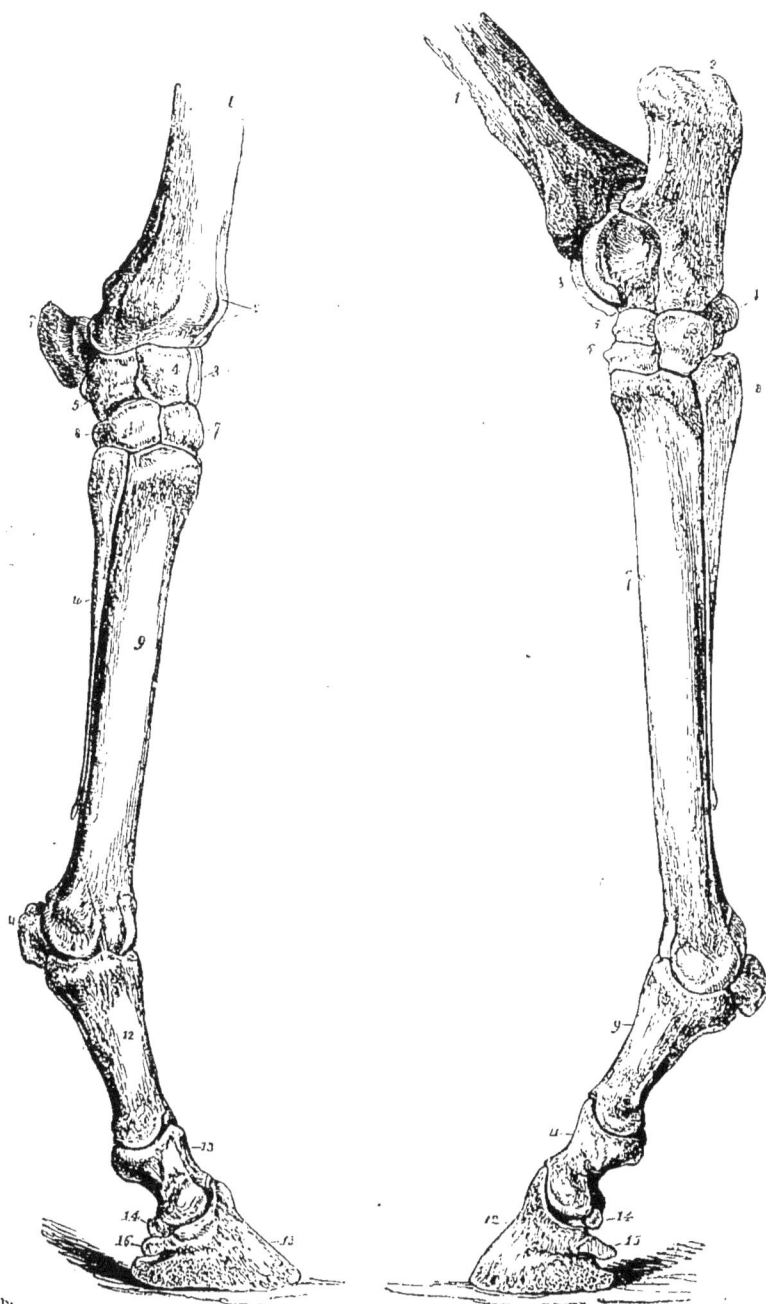

Fig. 99. — **A**, pied antérieur droit d'un cheval : 1, radius; 2, sillon de la face antérieure du radius ; 3, scaphoïde ; 4, semi-lunaire ; 5, cunéiforme ; 6, pisiforme ;
7, grand os ; 8, unciforme ; 9, métacarpien *iii* ; 10, métacarpien *iv* ; 11, os sésamoïdes dans les ligaments derrière l'articulation métacarpo-phalangienne ; 12,
phalange antérieure (os du fer, fetterbone); 13, phalange médiane (coronaire)

L'atlas est pourvu d'apophyses latérales très-larges, dont les faces se dirigent obliquement en bas et en avant, en haut et en arrière. Le centre des autres vertèbres cervicales est très-allongé, très-convexe en avant et la partie correspondante en arrière concave. Le *ligamentum nuchæ* est une large bande de

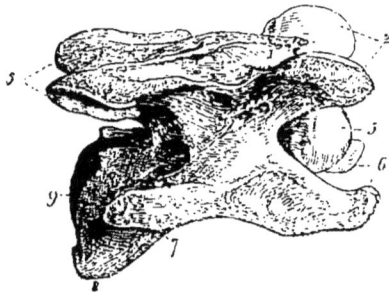

Fig. 100. — Vertèbre cervicale d'un cheval. — 1, épine rudimentaire; 2, 3, pré et post-zygapophyses; 5, face antérieure convexe du centre; 9, face postérieure concave; 6, 7, apophyses transverses des côtes rudimentaires.

de tissu élastique, qui s'étend depuis les épines des vertèbres dorsales jusqu'à l'occiput, et est fixée, au-dessous, dans l'arc neural des vertèbres cervicales.

Dans la région dorsale, le caractère épisthocœlique du centre des vertèbres diminue graduellement, quoique la face antérieure du centre de la dernière lombaire soit encore distinctement convexe. La longueur des apophyses épineuses de ces vertèbres augmente jusqu'à la quatorzième ou quinzième; celle de la seizième est verticale. Les apophyses épineuses antérieures sont inclinées en arrière et les postérieures un peu en avant.

Dans nulle de ces vertèbres les prézygapophyses ne se courbent autour des postzygapophyses de la vertèbre antérieure, comme il arrive souvent chez les *Artiodactyles*. Les apophyses transverses de la pénultième et de la dernière vertèbre présentent sur leurs marges postérieures des facettes concaves qui s'articulent avec les facettes convexes développées sur les

13, phalange postérieure (os du pied); 14, os sésamoïde dans le tendon du fléchisseur perforant appelé naviculaire par les vétérinaires; B, pied de derrière gauche d'un cheval: 1, tibia; 2, calcanéum; 3, astragale; 4, cuboïde; 5, naviculaire ou scaphoïde; 6, ectocunéiforme; 7, métatarsiens *iii*; 8, métatarsiens *iv*; 9, 11, 12, phalanges; 10, 4, sésamoïdes.

marges antérieures de la dernière lombaire et de la première vertèbre sacrée respectivement.

Dans le crâne, le plan du sus-occipital est incliné en haut et en avant, et donne naissance à la partie médiane d'une épine transverse qui se continue sur les côtés du squamosal. Les épines qui limitent l'origine des muscles temporaux au-dessus s'unissent sur la ligne médiane postérieurement et produisent ainsi une petite crête sagittale. L'orbite est bordée en arrière par les apophyses postorbitale, frontale et jugale réunies. L'ouverture lacrymale est située dans l'orbite. Les os nasaux s'unissent pendant quelque temps sur un court espace aux prémaxillaires. Il n'y a pas d'os prénasal. La marge postérieure du palais est opposée à la pénultième molaire. La surface glénoïde est transversalement allongée et convexe d'avant en arrière.

La bulle tympanique n'est pas très-large et est rugueuse inférieurement. Elle n'est pas ankylosée avec les os environnants. L'apophyse post-tympanique du squamosal ne touche pas l'apophyse post-glénoïdienne du même os, au-dessous du *meatus auditorius*.

L'apophyse mastoïde propre est distincte, mais courte. Un long et fort paramastoïde sort de l'ex-occipital.

Les branches de la mandibule sont ankylosées à la symphyse. La partie perpendiculaire de chaque branche est longue, le condyle transverse et convexe d'avant en arrière ; l'apophyse coronoïde étroite apparaît bien au-dessus du niveau du condyle. Dans une section longitudinale du crâne, la chambre cérébrale est située presque entièrement en avant de celle du cerebellum.

La disposition des membres du cheval est telle qu'on devait se l'imaginer d'après le pouvoir de vitesse que possède le cheval dans sa course.

Le développement excessif de l'épiderme qui donne naissance à l'*ongle* se produit chez le cheval, non-seulement à la surface dorsale de l'articulation finale du doigt, mais à la surface ventrale et sur le côté, et produit ainsi un sabot.

L'animal est supporté par ces ongles exceptionnellement développés et est appelé, pour cette raison, *unguligrade*. Le grand axe de ses phalanges est très-incliné à la surface sur

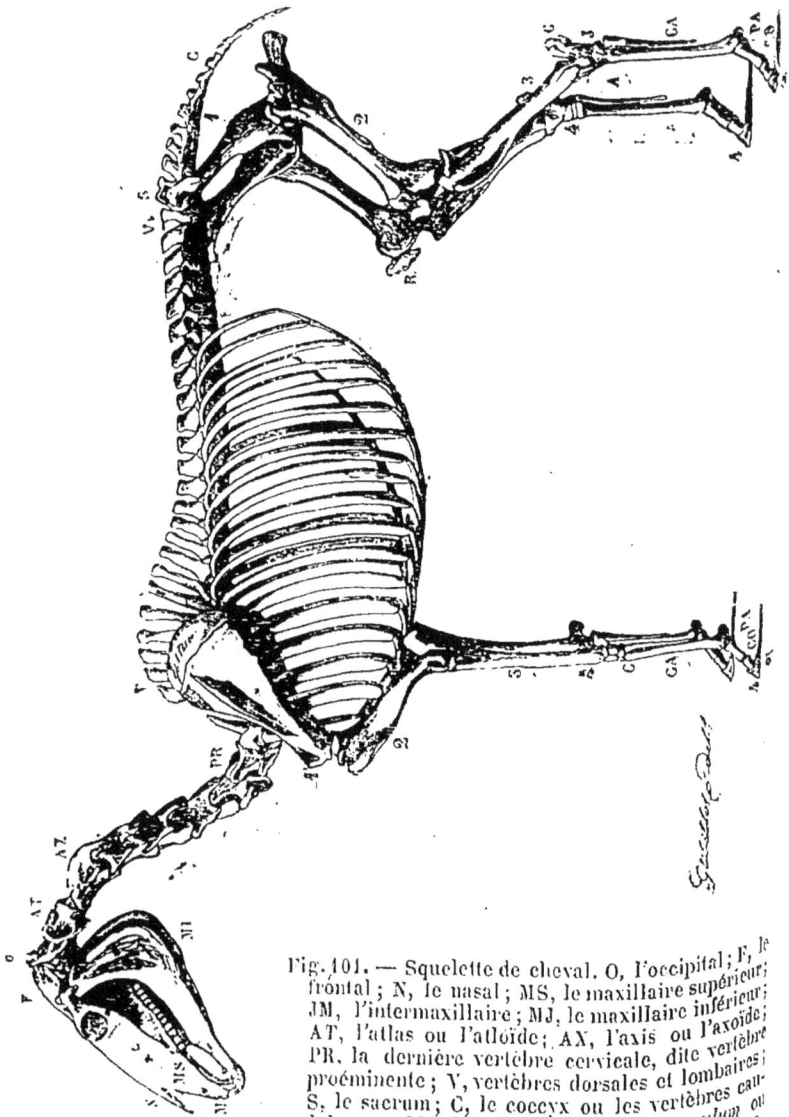

Fig. 101. — Squelette de cheval. O, l'occipital; F, le frontal; N, le nasal; MS, le maxillaire supérieur; JM, l'intermaxillaire; MJ, le maxillaire inférieur; AT, l'atlas ou l'atloïde; AX, l'axis ou l'axoïde; PR, la dernière vertèbre cervicale, dite vertèbre proéminente; V, vertèbres dorsales et lombaires; S, le sacrum; C, le coccyx ou les vertèbres caudales. — *Membre antérieur*, 1, le *scapulum* ou plate; 2, l'os du bras ou humérus, appliqué contre le thorax et le sternum; 3, l'os de l'avant-bras ou cubitus; 4, le *pied antérieur*, qui correspond à la main de l'homme, et se subdivise en cinq parties; G, le genou, formé de six ou sept petits os, dits *os carpiens*; CA, le canon, qui correspond au métacarpe de l'homme, et qui est formé d'un os principal (os du canon) et de deux péronés; PA, le paturon correspondant au premier phalangien de l'homme; CO, la couronne, qui correspond au deuxième phalangien, et PI, le *pied proprement dit*, composé du troisième phalangien et d'un sésamoïde. — *Membre postérieur*, 1, l'os coxal; 2, l'os de la cuisse ou fémur; 3, l'os de la jambe ou tibia, portant un péroné à sa face externe, et surmonté d'une rotule R; 4, le *pied postérieur* qui correspond au pied de l'homme et se subdivise comme l'antérieur en cinq parties : le jarret, J (A, l'astragale, vulgairement *poulie*; C, le calcanéum); le canon, GA; le paturon, PA; la couronne CO, et le pied proprement dit, PI.

laquelle il se tient, tandis que celui des métacarpiens et des métatarsiens est perpendiculaire et plus allongé. Le carpe du cheval arrive ainsi à occuper le milieu de la longueur du devant de la jambe, et constitue ce qui est improprement appelé le genou. Le talon s'élève également au milieu de la jambe de derrière et est appelé le *jarret*. Les avant-bras de la jambe sont libres, mais leurs mouvements se réduisent presque à un plan antéro postérieur. L'avant-bras est fixé dans une position de pronation. Le bras et la jambe sont appliqués très-près des côtés du corps et renfermés dans le tégument commun de ma-

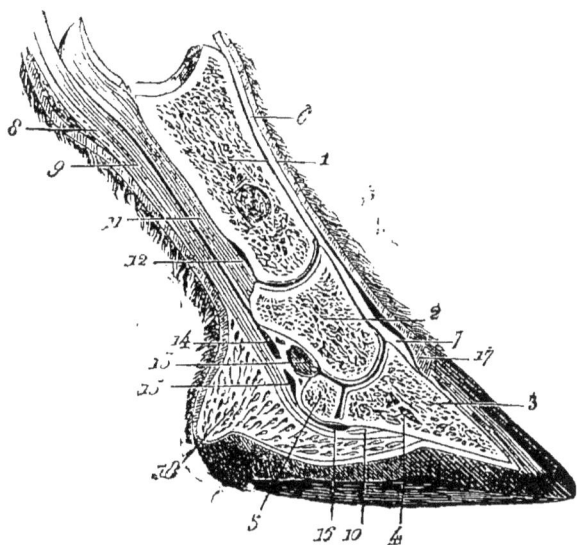

Fig. 102. — Pied de cheval. Coupe longitudinale et verticale de la région digitée, montrant la disposition des synoviales articulaires et tendineuses : 1, première phalange ; 2, deuxième phalange ; 3, troisième phalange ; 4, sinus semi-lunaire de cette dernière ; 5, petit sésamoïde ; 6, tendon de l'extenseur antérieur des phalanges ; 7, son insertion à la troisième phalange ; 8, tendon du perforé ; 9, id du perforant ; 10, son insertion à la troisième phalange ; 11, ligaments sésamoïdiens inférieurs ; 12, cul-de-sac postérieur de la première synoviale interphalangienne ; 13, id de la deuxième ; 14, cul-de-sac inférieur de la grande gaîne sésamoïdienne ; 15, cul-de-sac supérieur de la petite gaîne sésamoïdienne ; 16, cul-de-sac inférieur de la même ; 17, coupe du bourrelet ; 18, id du coussinet plantaire.

nière à ne pouvoir opérer que peu de mouvements propres. En même temps, l'axe de l'humérus est incliné obliquement en arrière et en bas à angles droits avec le grand axe du scapulum, et celui du fémur obliquement en avant et en bas, à angles droits avec l'*os innominé* ; le grand axe de ces deux

os forme un grand angle avec ceux du bras antérieur et de la
jambe respectivement. Chaque membre forme ainsi une sorte
de double *CC* dont le sommet porte le poids du corps et s'avance
dans les membres postérieurs au moyen des solides attaches
de l'iliaque avec le sacrum, et dans les membres antérieurs
au moyen de la grande couche musculaire formée par le

Fig. 103. — Vue antérieure du carpe droit d'un cheval ; 1, cunéiforme ; 2, semi-
lunaire ; 3, scaphoïde ; 4, pisiforme ; 5, os crochu ; 6, grand os ; 7, trapézoïde.

serratus magnus et le *levator anguli scapulæ*. Le scapulum est
long et étroit ; la petite épine n'a pas d'acromion ; l'apophyse
coracoïde est petite, et il n'y a pas de clavicule.

La tête de l'humérus est dirigée en arrière, et la surface articulaire postérieure de l'os est complétement ginglymoïdale.
Les deux os de l'avant-bras sont soudés, et le corps du cubitus
devient excessivement mince ; sa petite extrémité postérieure
ne se reconnaît que difficilement. La surface articulaire des
os carpiens est, en conséquence, presque complétement fournie par le radius. Il y a sept os carpiens, le trapèze étant

abortif. Une ligne qui longe l'axe du troisième métacarpien et celui de l'*os magnum* ne passe pas à travers celui du *lunaire*, mais se rapproche plutôt de la jonction entre les scaphoïdes et le lunaire.

Le pouce et le cinquième doigt sont supprimés ou représentés seulement par de petits modules d'os ; le seul os complet est le troisième ; le second et le quatrième ne sont représentés que par les os métacarpiens en forme d'attelle.

Le troisième métacarpien, qui est quelquefois aplati d'avant en arrière, est à peu près symétrique en lui-même. De soigneuses observations, cependant, montrent que la moitié interne est la plus large.

Il existe deux larges os sésamoïdes (les plus grands sésamoïdes), développés dans le ligament qui unit le métacarpien à la phalange basilaire ; un autre sésamoïde, transversalement allongé, donne attache au tendon du fléchisseur perforant et est situé du côté interne de l'articulation entre les phalanges médiane et postérieure.

Les *os innominés* sont allongés, et leur grand axe, dont la longueur répond à la dimension proportionnée du quart d'un cheval, forme un angle aigu avec l'épine. La crête de l'ilion est large et dirigée transversalement, la symphyse pubienne est très-longue.

Le fémur a un troisième trochanter très-accentué (3, fig. 105), sur lequel s'insère le *glutæus maximus*. Sa tête présente une fosse profonde pour le ligament rond ; il existe encore une fosse (10) spéciale et très-caractéristique placée à la face interne et postérieure de la moitié postérieure de l'os.

L'extrémité supérieure du péroné est réduite à un simple rudiment ; sa flèche n'est pas représentée par un os ; son extrémité postérieure est soudée au tibia, et a l'apparence d'une apophyse malléolaire externe. L'extrémité postérieure du tibia présente deux cavités profondes, dirigées obliquement, qui correspondent aux convexités de l'astragale.

Il existe six ou sept os tarsiens ainsi que les os ento- et mésocunéiformes, lesquels restent distincts ou se soudent. L'astragale (fig. 98, A, 94, B) est extrêmement caractéristique. Il présente deux crêtes convexes séparées par une fosse profonde et dirigées obliquement de derrière en dedans, d'avant en dehors du tibia ; sa face postérieure est à peu près plate, sans col distinct, s'articule presque entièrement avec le naviculaire, ne présentant qu'une très-petite facette au cuboïde.

Le naviculaire et l'ectocunéiforme ont une forme singulièrement large et aplatie (fig. 98 A, 99 B).

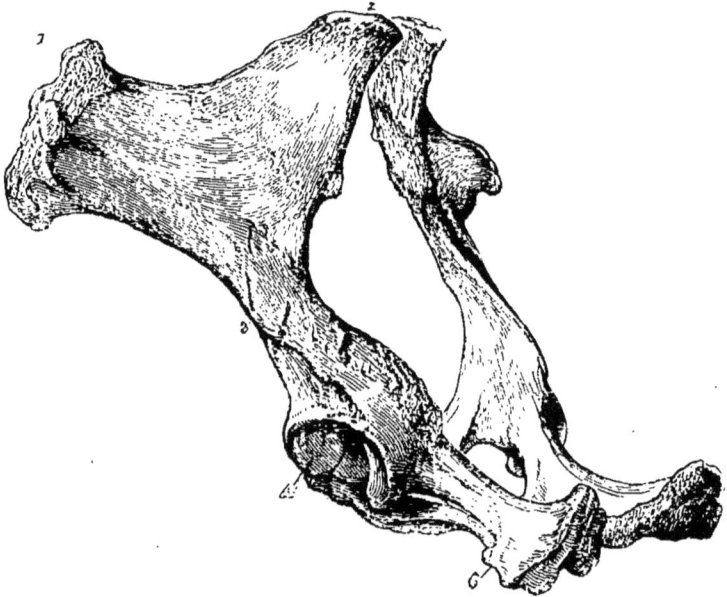

Fig. 104. — L'os innominé d'un cheval vu du côté gauche et par derrière. — 1, crête de l'ilion ; 2, surface par laquelle elle s'articule avec le sacrum ; 4, acétabulum ; 6, l'ischion.

Les doigts métatarsiens répètent les dispositions du membre antérieur ; mais le principal métatarsien est plus mince et plus aplati d'un côté à l'autre, que d'avant en arrière (fig. 98 B, 99 B).

Ainsi qu'on pouvait le prévoir, les principales particularités du système musculaire du cheval se remarquent dans les membres.

Le *grand dentelé* et l'*élévateur angulaire de l'omoplate* (qui ne forment en réalité qu'un muscle) concourent à former, avec un *sterno-scapulaire*, la grande bande déjà mentionnée, au moyen de laquelle le poids de la partie antérieure du corps est transmis aux extrémités. L'action de l'abducteur est à peine nécessaire pour un pur coursier. Aussi, le deltoïde est-il réduit à sa portion scapulaire, qui est très-petite. D'un autre côté le protracteur et le rétracteur, les fléchisseurs et extenseurs sont très-développés. Les *supra* et *infra-spinaux* sont très-larges. Il y a un grand *céphalo-huméral* répondant aux portions clavicu-

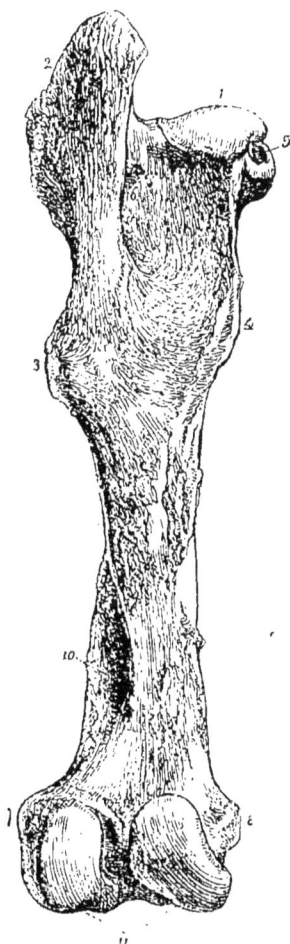

Fig. 105.— Fémur gauche d'un cheval, vue postérieure. — 1, tête ; 2, grand trochanter ; 3, troisième trochanter ; 5, fosse par le ligament rond ; 11, condyles.

laires du sterno-mastoïdien et du deltoïde humains qui se trouvent l'un sur l'autre par l'absence totale de la clavicule. La portion antérieure du sterno-mastoïdien est fixée à la mandibule, et devient sterno-maxillaire.

Les muscles grand et petit dorsaux sont très-larges, ainsi que les fléchisseurs et les extenseurs de l'avant-bras.

Les *supinateurs* et les *pronateurs* n'existent pas ; mais on trouve un *petit extenseur des doigts*, dont le tendon s'unit avec celui de l'*extenseur commun*. Le radial et le cubital extenseurs du carpe sont aussi présents.

Le *fléchisseur perforé* n'a qu'un seul tendon qui se fend, et s'attache, comme à l'ordinaire, sur les côtés de la phalange médiane. Le *fléchisseur perforant* n'a aussi qu'un seul tendon qui perce le premier, et est inséré au plus petit sésamoïde de la phalange postérieure.

Les *interosseux* du troisième doigt ne sont représentés que par les ligaments qui unissent les plus grands sésamoïdes avec les métacarpiens, et dans lesquels se trouvent quelquefois des fibres musculaires. On dit qu'il y en a deux autres, un pour chaque métacarpien latéral et un *lumbricalis*.

Dans le membre de derrière, les muscles fémoraux sont chez le cheval les mêmes que chez l'homme, mais énormément développés. Il n'existe pas de *tibialis anticus*, de *peronœus longus ou brevis*, ni de *tibialis posticus*.

L'*extensor longus digitorum* a un chef qui part du condyle externe du fémur ; il y a un simple *extensor brevis*.

Le *flexor hallucis* et le *flexor digitorum perforans* s'unissent en un simple tendon fléchisseur perforant pour la phalange postérieure, tandis que le tendon perforé est la terminaison de celui du plantaire qui passe au-dessus d'une poulie fournie par le calcanéum.

La dentition primitive ou dentition de lait du cheval a la formule suivante : $d.$ I. $\frac{3,3}{3,3}$ $d.$ c. $\frac{1-1}{1-1}$ $d.$ m. $\frac{4,4}{4,4}$. Elle est complète à la naissance, à l'exception des incisives qui apparaissent avant que le poulain ait atteint trois mois. Les incisives ont la même structure que chez l'adulte. Les canines et les premières molaires temporaires sont simples et très-petites, les canines plus petites que les molaires. Les autres molaires temporaires de la mâchoire supérieure ont la même structure. La paroi externe de la dent est courbée de manière à présenter d'avant en arrière deux surfaces concaves séparées par une crête verticale. De l'extrémité antérieure et du milieu de cette paroi externe, deux lames de la couronne passent en dedans et en arrière de manière à être convexes à l'intérieur et concaves à l'extérieur, et à renfermer ainsi deux espaces entre elles et les parois externes. De la surface interne et de la partie postérieure de chacune de ces lames en forme de croissant, un pilier vertical se développe, et la surface interne du pilier est sillonnée verticalement. La paroi externe, les lames et les piliers sont tous formés de dentine et émaillés, et couverts d'une épaisse couche de cément. L'attrition qui se produit pendant la mastication use les surfaces libres de toutes ces parties de manière à découvrir avec le temps une surface de dentine au milieu de chacune, entourée d'une bande d'émail bordée par le cément qui remplit les interstices. La bande d'émail est simple et sans plis. L'aspect général de la surface usée peut être défini comme représentant, à l'extérieur, deux croissants longitudinaux, l'un derrière l'autre, avec leurs concavités tournées en dehors et sortant de la paroi usée ; plus deux autres croissants à l'intérieur des premiers, dans une direction en partie transverse, et unis par leurs extrémités antérieures à la paroi qui sort de la partie usée des lames ; deux surfaces en forme de verres de montre attachées à la surface interne des lames, se produisent par l'usure des piliers sillonnés.

Dans la mandibule, la structure des molaires et la forme qui en résulte sont tout à fait différentes. Les parois externes présentent deux surfaces convexes séparées par une dépression longitudinale et renversent ainsi les conditions qui se trouvent dans les molaires supérieures. Le résultat de l'usure est nécessairement deux croissants dont les concavités sont dirigées en dedans. Un pilier vertical, longitudinalement sillonné à sa face interne, se développe à la face interne de la dent, à la jonction des croissants antérieur et postérieur, et donne naissance à une surface profondément bifurquée quand elle est usée. Un second pilier plus petit semble être en rapport avec la face interne de l'extrémité postérieure de la paroi externe.

Ainsi les surfaces des molaires supérieures peuvent être représentées par quatre croissants à piliers internes, et celles des molaires inférieures par deux croissants à piliers internes. Les croissants supérieurs sont concaves en dehors ; les inférieurs concaves en dedans ; par cet arrangement et l'inégale usure de la dentine, de l'émail et du cément, il résulte une surface molaire dans un état permanent d'inégalité.

Comme règle générale parmi les mammifères, la première molaire permanente est la première dent permanente qui apparaisse (à moins que l'éruption de l'incisive interne ne se produise simultanément); elle se trouve en place et fonctionne longtemps avant que les molaires temporaires disparaissent pour faire place aux prémolaires. Donc, quand la dernière prémolaire fait son apparition comme dent nouvelle et non usée, la première molaire, située à côté, est déjà considérablement usée; cette différence d'usure se maintient pendant longtemps et fournit un moyen très-utile de distinguer la dernière prémolaire de la première molaire chez l'adulte, quand, comme chez le cheval, les prémolaires et les molaires se ressemblent beaucoup.

La première molaire passagère tombe ordinairement quand apparaît la première prémolaire et n'est pas remplacée; mais elle persiste quelquefois. Toutes les autres dents de lait sont remplacées, et il y a trois molaires permanentes.

En conséquence, la formule dentaire du cheval adulte est

$$i. \frac{3,3}{3,3} \ c. \ \frac{1,1}{1,1} \ p.\ m \frac{3,3}{3,3} \ m.\ \frac{3,3}{3,3} = 40.$$

Les canines permanentes sont les dernières dents complétement développées, et, dans la jument, souvent elles ne font pas leur apparition. Les canines supérieures sont séparées des incisives externes, tandis que les canines inférieures en sont tout à fait rapprochées. Dans les deux mâchoires il y a un large intervalle ou *diastème* entre les canines et les petites molaires.

Le profond sillon des dents incisives se remplit d'une matière pulpeuse et alors la marque sombre se produit. A mesure que les incisives s'usent, la marque change de forme en conséquence des différences dans la section transverse du sillon sur différents points; et, plus tard, quand l'usure a dépassé le fond du sillon, elle disparaît. La présence ou l'absence de la *marque* sert ainsi pour indiquer l'âge. Les surfaces des dents molaires permanentes sont essentiellement semblables à celles des dents de lait quant à la structure et à la forme ; mais l'émail se plisse plus ou moins, et, à une période plus avancée de la vie, le développement des longues dents est complété par la formation des racines. Il est important de remarquer que la dernière molaire du cheval n'est pas plus complexe dans sa structure que les autres molaires, et que la dernière dent de lait molaire n'est pas plus complexe que la petite molaire qui lui succède.

Le canal digestif du cheval est environ huit fois aussi long que son corps. L'estomac simple présente une portion cardiaque et une pylorique, qui se distinguent facilement au moyen d'un épithélium qui borde la surface interne de la première. ·

Le cœcum est énorme ; il a deux fois le volume de l'estomac. Il n'y a pas de vésicule biliaire. Un cartilage est développé dans le septum du cœur. Il n'y a pas de valvule d'Eustache, et une seule veine cave antérieure subsiste. L'aorte se divise immédiatement après son origine en un tronc antérieur et un tronc postérieur. Celui-ci devient l'aorte thoracique. Le premier est l'origine des artères de la tête et des extrémités antérieures ; il donne d'abord la sous-clavière gauche, puis une sorte d'innominée qui alimente la sous-clavière droite et les carotides.

La trachée se divise en deux bronches seulement, le poumon droit ne fournit pas de bronche accessoire. Dans le cerveau, les points suivants sont dignes d'attention. La moelle allongée présente des *corpora trapezoidea*. Les floculli ne s'avancent pas sur les côtés du cerebellum ; le vermis et les circonvolutions des lobes du cerebellum ne sont pas symétriques. Les hémisphères cérébraux sont allongés et subcylindriques ; ils ne recouvrent pas le cerebellum quand le cerveau est vu par-dessus. Les sillons sont très-profonds et séparent de nombreuses circonvolutions aux surfaces supérieure et externe des hémisphères. La circonvolution unciforme (ou protubérance natiforme) et la région qui répond à l'insula sont cachées par les circonvolutions qui les recouvrent sur les parties latérales du cerveau. La fissure de Sylvius est indiquée. Le corps calleux est large et la commissure antérieure d'une grandeur modérée. La corne postérieure du ventricule latéral manque.

De larges sacs aériens sont en rapport avec les tubes d'Eustache.

Les testicules passent dans un scrotum, mais le canal inguinal reste ouvert d'une manière permanente. La prostate est simple. Les glandes de Cowper sont présentes, et il y a un large *uterus masculinus*. Le large pénis est recouvert d'un prépuce et retiré par un muscle spécial qui sort du sacrum. L'utérus est divisé en deux cornes, et le vagin de la jument vierge est pourvu d'un hymen. La période de gestation est de onze mois. Le sac vitellin du fœtus est petit et oval. L'allantoïde s'étend sur tout l'intérieur du chorion et couvre l'amnios, qui est vasculaire. Les petites villosités auxquelles il fournit des vaisseaux sont également distribuées à toute la surface du chorion.

Caractères zoologiques. — Les *Equidæ* existants sont naturellement confinés en Europe, en Asie et en Afrique, et sont partagés en chevaux qui ont des plaques cornées du côté interne des deux paires de membres, au-dessus du poignet du membre antérieur et du côté interne du métatarsien dans le membre de derrière; et les ânes qui possèdent de semblables callosités seulement sur les membres antérieurs.

État fossile. — Les restes fossiles des *Equidæ* sont abondants dans les derniers dépôts tertiaires de l'Europe, de l'Asie et de l'Amérique, mais le groupe n'a pas été retrouvé avant l'époque miocène ou la dernière éocène.

Les *Equidæ* sont au nombre des très-rares groupes de mammifères dont l'histoire géologique soit suffisamment connue pour prouver que les formes existantes résultent des modifications graduelles d'ancêtres très-différents. Le squelette du plus ancien *hipparion* pliocène et du plus récent miocène se rapproche de très-près de celui d'un âne ou d'un cheval de dimension modérée. Il existe une curieuse dépression de la face en avant de l'orbite, quelque peu semblable à celle qui loge le *larmier* d'un cerf (dont les traces se retrouvent dans quelques-unes des plus anciennes espèces d'*Equus*); autrement le crâne ne diffère pas de celui du cheval. La flèche du cubitus est très-mince, mais plus forte que chez le cheval et distinctement tracée sur toute sa longueur quoique fortement ankylosée avec le radius. L'extrémité inférieure du péroné est si complètement ankylosée avec le tibia, que, comme chez le cheval il est difficile de distinguer aucune trace de la séparation primitive de ces os. Mais, comme on l'a dit déjà, chaque membre possède trois doigts complets, un fort médian, pourvu d'un d'un large sabot, tandis que les deux doigts latéraux sont si petits qu'ils ne s'étendent pas au delà du boulet. Dans le membre antérieur, on a trouvé des rudiments du premier et du cinquième doigts.

Les dents sont complétement semblables à celles du cheval, mais les couronnes des molaires sont plus courtes; et, dans la mâchoire supérieure, ce qui chez les vrais chevaux est un large pli de la face interne de la dent devient un pilier séparé. Les plis de l'émail plus petits sont aussi plus nombreux, plus rapprochées et plus compliqués. A la face externe de la plus petite molaire temporaire est une colonne comme il en existe chez les cerfs. On en trouve un rudiment sous forme de pli dans les dents correspondantes du cheval existant.

Dans le genre *Anchitherium*, tous les restes connus des plus anciennes périodes miocènes et peut-être des récentes éocènes font connaître un squelette plus extraordinaire encore en général que celui du cheval. Le crâne, cependant, est plus petit en proportion que dans le cheval, et les mâchoires sont plus minces. La dernière dent molaire est située très en arrière au-dessous de l'orbite, et l'orbite lui-même n'est pas entouré d'un cercle osseux complet comme chez les chevaux et les *hipparions*.

La flèche du cubitus est plus grosse que dans l'*hipparion*, et moins intimement unie au radius. Le péroné semble sous certains rapports, dans quelques cas, avoir été un os complet, quoique mince dont l'extrémité inférieure est encore plus intimement unie avec le tibia, quoique beaucoup plus distincte que dans les hipparions et dans les chevaux. Dans quelques cas, cependant, le milieu de la flèche semble avoir été incomplétement ossifié. Non-seulement il existe trois doigts à chaque pied comme chez l'*hipparion*, mais les doigts internes et externes sont si gros qu'ils doivent appuyer sur la terre. Ainsi, aussi loin que les membres sont étudiés, l'*Anchitherium* est au-dessus de l'*hipparion* comme l'*hipparion* est au-dessus du cheval, sous le rapport de ses caractères moins tranchés de quadrupèdes. Les dents s'éloignent plus encore du type cheval. Les incisives sont plus petites en proportion, et leurs couronnes n'ont pas la fosse qui caractérise celles des *Equus* et des *Hipparions*. La première dent molaire est à proportion plus grosse, surtout à la mâchoire supérieure, et, comme les six autres, a une courte couronne et une légère couche de cément.

La forme de leurs couronnes est d'une simplicité extrême, les crêtes antérieure et postérieure n'ont qu'une légère obliquité sur la couronne, et les piliers sont un peu plus que des élargissements des crêtes, tandis, que dans la mâchoire inférieure, ces piliers ont presque disparu. Mais la plus antérieure des six molaires principales est encore un peu plus large que les autres, et le lobe postérieur de la dernière petite molaire est aussi petit que celui des autres *Equidæ*.

Sous tous ces rapports l'*Anchitherium* s'éloigne du type Equine moderne, et se rapproche du type éteint des *Palæotheria* ; et c'est ainsi que Cuvier considérait les restes de l'*Anchitherium*, qu'il reconnaissait comme appartenant à l'espèce des *Palæotherium*.

b. Dans les *Rhinocerotidæ*, les second, troisième et quatrième doigts sont à peu près également développés dans le pied antérieur et dans le pied de derrière.

La formule dentaire est $i \dfrac{1,1}{1,1}$ ou $i \dfrac{0,0}{0,0}$ $c \dfrac{0,0}{0,0}$ $pm \dfrac{4,4}{4,4}$ $m \dfrac{3,3}{3,3}$.

Mais les dents diffèrent de celles du cheval sous beaucoup d'autres rapports, outre le nombre des incisives et l'absence des canines. Ainsi, les incisives supérieures diffèrent grandement pour la forme de celles de la mâchoire inférieure, et, dans quelques espèces, les incisives manquent. Leurs couronnes n'ont pas de plis comme celles du cheval. Les particularités des dents molaires seront mentionnées plus bas.

La peau est très-épaisse et peut être transformée en armure articulée ; le poil est court. La lèvre supérieure est très-avancée et flexible. Dans quelques espèces, une et quelquefois deux cornes sont attachées sur la ligne médiane aux os nasal et frontal. Mais les cornes sont formées, pour ainsi dire, par l'agglomération d'un grand nombre de pointes chevelues.

Les phalanges distinctes des pieds tridactyles du Rhinocéros sont enveloppées par de petits sabots, mais ceux-ci ne supportent pas entièrement le poids du corps qui repose, en grande partie, sur une large plaque calleuse développée à la surface des régions métacarpienne et métatarsienne ; celles-ci sont plus courtes que dans le cheval.

Les vertèbres dorso-lombaires sont au nombre de vingt-deux ou vingt-trois, dont vingt sont dorsales. Il y a quatre sacrées et vingt-deux caudales. Les vertèbres cervicales comme celles du cheval sont fortement opisthocœliques, et les apophyses transverses de la dernière lombaire s'articulent avec celles de la pénultième lombaire et avec le sacrum.

Le crâne diffère de celui du cheval par l'absence d'apophyse frontale ou zygomatique, ce qui fait que l'orbite et la fosse temporale forment une cavité. Les naseaux sont immenses et séparés des prémaxillaires par une large extension du maxillaire de chaque côté. Les prémaxillaires sont relativement petits, et réduits à un peu plus de deux portions palatines. La surface glénoïdienne de la mandibule est transverse et convexe. Le squamosal envoie en bas une immense apophyse post-glénoïdienne plus longue que le post-tympanique pour former une sorte de faux méat auditif en l'absence d'aucun canal propre ossifié de cette sorte. Les os périotiques et tympaniques sont ankylosés ; le tympanique est un simple cercle osseux irrégulier. La *pars mastoidea* est complétement cachée par la jonction du court post-tympanique avec le long paramastoïde. La marge postérieure de la plaque osseuse marque le milieu de l'ante-pénultième molaire.

Le condyle mandibulaire est transverse et convexe. La portion perpendiculaire de la branche est large, et l'apophyse coronoïde monte légèrement au-dessus du condyle. Dans une section verticale et longitudinale du crâne, la forme de la cavité cérébrale se montre semblable à celle du cheval. Les tables interne et externe de la boîte osseuse du crâne sont séparées par de grandes cavités aériennes.

L'épine de l'omoplate est sans acromion, mais fournit une forte apophyse recourbée à partir du milieu de sa longueur.

Le radius et le cubitus sont complets mais ankylosés.

Le carpe contient les huit os ordinaires. Dans la main les doigts II, III, IV, sont complets, et un tubercule osseux s'articule avec la facette externe du cunéiforme représentant le doigt V. Le doigt III, est plus large et plus long, et ses phalanges sont symétriques en elles-mêmes. Les phalanges terminales ont environ la forme de l'os du pied de cheval (coffin-bone). L'iliaque a de larges crêtes dirigées transversalement comme chez le cheval. Le fémur est pourvu d'un troisième trochanter très-fort. Le tibia et le péroné sont complets, et le tarse a les sept os ordinaires. La poulie de l'astragale n'est pas sillonnée très-profondément, et elle est à peine oblique. La facette destinée à recevoir le cuboïde se trouve très-petite ; les métatarsiens se correspondent aux métacarpiens par le nombre et la symétrie, mais il n'y a aucun rudiment du cinquième.

Dans quelques espèces de *Rhinoceros*, on trouve $\frac{3,3}{2,2}$ incisives pour la dentition temporaire et $\frac{1,1}{2,2}$ ou $\frac{1,1}{1,1}$ incisives pour la dentition permanente. Dans la dernière, les incisives supérieures sont des dents larges, à longues couronnes très-différentes des petites dont il semble qu'il n'y ait jamais plus d'une persistante. Dans quelques rhinocéros, comme on l'a dit déjà, l'adulte est dépourvu d'incisives.

Il n'existe pas de canines dans l'une ou l'autre dentition. Sur les quatre dents molaires temporaires, la première, comme chez le cheval, est plus petite que les autres, et n'est pas remplacée. La structure des molaires supérieures et inférieures est en substance la même que chez le cheval, mais les racines sont développées bien plus tôt ; les lames des molaires supérieures prennent une direction beaucoup plus transverse ; les lames des molaires supérieures ne développent pas de piliers, quoique des crêtes accessoires puissent se produire sur les deux faces de la lame postérieure ; les molaires inférieures n'ont pas de piliers, et le cément ne remplit pas la cavité comprise entre la paroi et les lames.

La division cardiaque de l'estomac, simple quoique large, est bordée par un épithélium calleux blanc comme chez le cheval. Le petit intestin présente de larges saillies ou pointes longues d'un demi-pouce ou plus, sur lesquelles naissent les vraies villosités. Le cœcum est très-large, et le côlon énorme. Il n'existe pas de vésicule biliaire. Le cœur et le cerveau ressemblent beaucoup à ceux du cheval.

On peut à peine dire que le mâle ait un scrotum, car les testicules sont placés près de l'anneau abdominal. Une prostate, des vésicules séminales, des glandes de Cowper sont présentes. Le long pénis a un gland en forme de champignon, et l'animal est rétromingent. Les cornes de l'utérus sont proportionnellement plus longues que chez la jument. Les mamelles sont au nombre de deux et dans la position inguinale. Les caractères des membranes fœtales et la nature du placenta sont inconnus.

Actuellement, le genre Rhinocéros est confiné en Afrique et en Asie. Les espèces d'Afrique ont toutes deux cornes, et la peau à peu près lisse ; l'adulte n'a pas d'incisives. Les espèces asiatiques ont une corne seulement (excepté celle de Sumatra qui en a deux). La peau est marquée par des plis profonds et l'adulte a des incisives très-développées.

Les Rhinocéros se trouvent à l'état fossile jusqu'à l'époque miocène. Le *R. tichorhinus* avec le septum nasal ossifié, et une robe à long poil laineux, habitait l'Europe et l'Asie à l'époque glaciale. Le *R. incisivus* possède quatre doigts à la main, et des incisives plus longues qu'aucune espèce existante. Le *R. exhaprotodon* a de plus nombreuses incisives qu'aucune autre espèce.

c. Dans les *Tapiridæ* on trouve quatre doigts au pied de devant, quoique le doigt cubital ne touche pas la terre. Le pied de derrière porte trois doigts.

La formule dentaire est $i\ \dfrac{3,3}{3,3}\ c\ \dfrac{1,1}{1,1}\ pm\ \dfrac{4,4}{3,3}\ m\ \dfrac{3,3}{3,3}$.

Chaque dent molaire présente deux crêtes transverses ou légèrement obliques, reliées extérieurement par une étroite paroi.

La peau est molle et pourvue de poils ; la bouche et le museau se prolongent dans une courte protubérance.

Les *Tapirs* ont trente-trois ou trente-quatre vertèbres dorso-lombaires dont dix-neuf ou vingt sont habituellement dorsales. Le centre de ces vertèbres, et les apophyses transverses des dernières lombaires offrent les mêmes particularités que celles du cheval et du rhinocéros. On trouve sept vertèbres sacrées et environ douze caudales. Les caractères du crâne rappellent d'une part le rhinocéros, de l'autre l'Equine. Ainsi il existe une crête sagittale ; les apophyses post-tympaniques sont larges, mais moins longues que les para-mastoïdiens, et ils ne s'unissent pas avec l'apophyse glénoïde au-dessous du méat. Sous ces rapports, le tapir se rapporte au cheval, mais dans les suivants, il se rapproche plus du rhinocéros.

Ainsi, le tympanique est tout à fait rudimentaire ; l'apophyse post-glénoïdale est plus grande que dans le cheval ; l'orbite n'est pas séparée de la fosse temporale ; les naseaux sont largement séparés des prémaxillaires ; les prémaxillaires sont très-petits, et se soudent de bonne heure.

La marge postérieure du palais osseux est opposée au bord antérieur de la pénultième molaire.

Les branches mandibulaires s'unissent dans une symphyse très-longue ; la portion ascendante des branches est large, et s'avance en arrière d'une manière remarquable avec un bord convexe. Il existe une apophyse coronoïde proéminente.

Dans le membre antérieur, le scapulum n'a pas d'acromion et le coracoïde a un simple tubercule. La fosse sus-épineuse est beaucoup plus large que dans le cheval ou le rhinocéros. Le radius et le cubitus sont complets, mais non mobiles l'un sur l'autre. Quoique par la complexion du cinquième doigt ajouté aux second, troisième et quatrième il y ait cinq doigts dans la main, le caractère périssodactyle est manifesté par ce fait que le troisième doigt est plus long et symétrique tandis que les autres sont asymétriques. Le fémur a un troisième et fort trochanter ; le péroné est complet ; l'astragale rappelle plus le Rhinocéros que l'Equine. Il n'y a pas de trace de pouce, mais le cinquième doigt de pied semble être représenté par un rudiment osseux.

Par la présence complète des incisives et des canines, le Tapir se rapproche plus du cheval que du rhinocéros, mais il est encore très-original, car les incisives externes supérieures sont plus larges que les canines, tandis que les externes inférieures sont beaucoup plus petites que les canines, et destinées à tomber à un certain âge. Les canines sont encore plus rapprochées des incisives que chez le cheval, particulièrement dans la mâchoire inférieure, et par conséquent le diastème est très-large. Les six molaires postérieures de la mâchoire supérieure, et les cinq molaires postérieures de la mâchoire inférieure, présentent à peu près la même structure. Il existe deux étroites parois portant la marque de légères concavités (dans les dents maxillaires) ou de convexités (dans les dents mandibulaires). De ces deux sortes de crêtes des lamelles s'étendent en dedans et un peu en arrière sur la couronne de la dent. Les cavités sont larges et profondes, et la couche de cément très-mince. La dent molaire du tapir représente ainsi le plan de structure commun aux périssodactyles dans les formes les plus simples. La profondeur des cavités augmente la courbure de la paroi et des lames, donne à celles-ci une pente plus directement en arrière, qui produit des crêtes accessoires et des piliers, et augmente la quantité de cément, et alors les molaires supérieures du tapir passent graduellement de la structure du rhinocéros à celle du cheval. Dans la prémolaire supérieure antérieure (ou dent de lait), la moitié antérieure de la couronne est incomplétement déve-- loppée. Dans la prémolaire inférieure antérieure, l'apophyse basilaire antérieure, qui existe dans toutes les molaires, est excessivement développée, de telle sorte que la pente prend la forme bi-concentrique de la molaire inférieure du rhinocéros. Ceci explique sans doute comment la forme tapir de la molaire inférieure est convertie en forme de Rhinocéros ou Equine.

L'estomac est simple et ovale, les orifices cardiaques et pyloriques très-rapprochés. Le cœcum est à proportion plus petit que dans le cheval et le rhinocéros. Il n'existe pas de vésicule biliaire. Le cœur est dépourvu de septum osseux et de valvule d'Eustache. Il n'y a qu'une simple *veine cave antérieure*, et l'aorte se divise en un tronc antérieur et un tronc postérieur. Pas de troisième bronche. Nul scrotum distinct. Il existe des vésicules séminales et des glandes prostatiques. Mais pas de glandes de Cowper. Le mode placentaire est diffus. Les mamelles sont au nombre de deux et inguinales.

Caractères zoologiques. — Il existe deux ou trois espèces de Tapirs vivant actuellement dans l'Amérique du sud et une dans le sud-ouest de la Chine, Malaca et Sumatra.

État fossile. — Le genre Tapir a été trouvé à l'état fossile en Europe, dans les terrains de l'âge miocène. Les genres éteints proches alliés *Cophiodon* (et *Laryphodon*) reportent le tapir à l'époque éocène.

d. Les Palæotheridæ.

État fossile. — Ce sont tous des animaux éteints dont les restes se trouvent dans les plus anciennes couches tertiaires, et qui sont alliés de très-près, d'une part, avec les chevaux et, de l'autre, avec les tapirs (fig. 106 et 107).

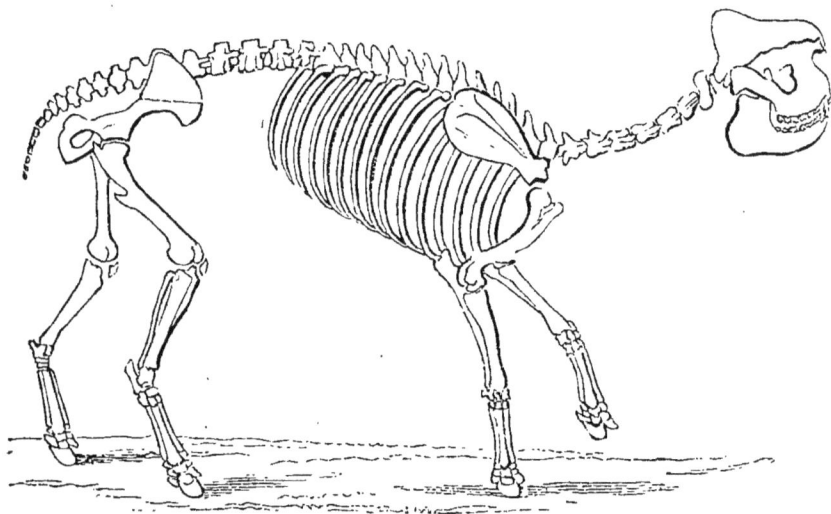

Fig. 106. — Palæotherium. Restauration.

Caractères anatomiques. — Le type de la famille *Palæotherium* se rapproche du tapir sous bien des rapports ; mais il n'a que trois doigts à la main comme au pied. La formule dentaire cependant est $i\ \frac{3,3}{3,3}\ c\ \frac{1,1}{1,1}\ pm\ \frac{4,4}{4,4}\ m\ \frac{3,3}{3,3}$. Le diastème est plus petit que dans le tapir, et la forme des dents molaires des deux mâchoires ressemble beaucoup à celle du rhinocéros.

e. Les Macrauchenidæ.

État fossile. — Le genre Macrauchenia est aussi une forme éteinte qui se trouve dans les dernières couches tertiaires ou quaternaires déposées dans l'Amérique du sud.

Caractères anatomiques. — Les pieds sont tridactyles,

et la formule dentaire est $i\ \frac{3,3}{3,3}\ c\ \frac{1,1}{1,1}\ pm\ \frac{5,5}{4,4}\ m\ \frac{3,3}{3,3}$. Les dents sont disposées dans une série à peu près continue. La couronne des incisives présente une fosse profonde comme dans les *Equidæ*. Les molaires, par leurs caractères, rappellent en partie l'Equine et en partie le Rhinocéros. Le crâne est surtout

Fig. 107. — Palæotherium. Contour.

celui de l'Equine, mais les os nasaux sont très-courts et sont plutôt ceux du Tapir. Les vertèbres du cou sont parfaitement semblables à celles des chameaux et en particulier du lama.

§ 2. Les *Artiodactyles*.

Caractères anatomiques. — Le nombre des vertèbres dorso-lombaires de ce groupe est toujours inférieur à vingt-deux, et excède rarement dix-neuf.

Le troisième doigt de chaque pied est asymétrique, et forme habituellement une paire symétrique avec les quatre doigts ; les orteils du pied de derrière sont de même nombre, c'est-à-dire deux ou quatre.

Le fémur est dépourvu du troisième trochanter.

Les facettes de la face inférieure sont subégales, celle destinée au cuboïde étant à peu près aussi large que celle destinée à l'os naviculaire. Le tympanique est large et l'apophyse ptérygoïde du sphénoïde n'est pas perforée.

Les prémolaires postérieures diffèrent beaucoup en général des molaires par la simplicité de leur forme. La dernière prémolaire de la mâchoire inférieure est trilobée ; mais c'est aussi le cas de quelques *Périssodactyles.*

L'estomac est plus ou moins composé. Le cœcum, quoique bien développé, est plus petit que dans les *Périssodactyles.*

Les mamelles sont inguinales et abdominales. Quand il y a des cornes elles sont doubles, supportées en totalité ou en partie par l'os frontal, et pourvues d'un corps osseux qui est presque toujours une excroissance de cet os.

Les *Artiodactyles* sont divisibles en *ruminants* et en *non-ruminants.*

A. Les *non-ruminants.*

Caractères anatomiques — Ils ont habituellement plus d'une paire d'incisives à la mâchoire supérieure. La forme de leurs dents molaires est ou celle du rhinocéros ou bien elles sont pourvues de saillies, ou sillonnées transversalement. Dans un genre seulement, le *Dicotyles,* il n'existe ni métatarsiens, ni os métatarsiens soudés ensemble. Ils sont dépourvus de cornes, et l'estomac a rarement plus de deux divisions.

Les non-ruminants sont divisibles en trois familles : les *Suidæ,* les *Hippotamidæ* et les *Anoplotheridæ ;* mais un nombre plus ou moins grand des membres de ces groupes peut avoir été des ruminants.

a. Les *Suidæ* ont la peau d'une épaisseur moyenne et couverte de poil. Les membres minces, et les troisième et quatrième doigts considérablement plus longs que le second et le cinquième. Les mamelles sont abdominales, et il y a un scrotum. La formule dentaire varie considérablement, mais les molaires ont des surfaces triturantes à crêtes multi-tuberculées ou transversales.

Dans le genre *Sus,* la formule dentaire est $i\ \dfrac{3,3}{3,3}\ c\ \dfrac{1,1}{1,1}$
$pm\ \dfrac{4,4}{4,4}\ m\ \dfrac{3,3}{3,3}$.

Comme moyen de contraste avec le cheval, j'ajoute quelques détails concernant l'anatomie du porc, détails qui rangent celui-ci parmi les vrais Artiodactyles. Le porc a sept vertèbres cervicales, dix-neuf (1) dorso-lombaires, dont quatorze sont dorsales, quatre sacrées et vingt ou vingt-trois caudales. L'atlas a deux grandes ailes obliques comme dans le cheval. Le centre des autres vertèbres cervicales est court, pourvu de surfaces articulaires presque plates, et cet aplatissement est conservé dans la région dorso-lombaire. Les vertèbres cervicales et dorsales sont pourvues de longues apophyses épineuses, celle de la première dorsale étant la plus longue de toutes. Au-dessus de la douzième dorsale, les apophyses épineuses sont courbées en arrière, ensuite leur inclinaison, s'il y en a, se trouve en avant.

Dans la neuvième vertèbre dorsale la post-zygapophyse présente du côté dorsal une surface articulaire, et la prézygapophyse de la dixième vertèbre est courbée en rond de manière à couvrir cette surface. Ce caractère se retrouve dans les vertèbres suivantes jusqu'à la première vertèbre sacrée. Les apophyses transverses de la pénultième et de la dernière vertèbre lombaire sont assez longues, mais inclinées en avant et en dehors, et ne s'articulent pas l'une avec l'autre ou avec la première sacrée.

Dans le crâne, le sus-occipital est incliné au-dessus et en avant en une grande crête transverse à laquelle les pariétaux ne contribuent que peu. Les pariétaux se soudent de bonne heure. Les crêtes temporales restent largement séparées sur le milieu de la voûte du crâne.

L'os frontal a une apophyse post-orbitale ainsi que le jugal, mais ces deux os ne se rejoignent pas pour border l'orbite. Le lacrymal est très-large, et ses deux canaux s'ouvrent sur la face. Les nasaux sont très-longs, et s'unissent aux prémaxillaires sur une grande étendue. Il y a un os prénasal ou ossification du septum cartilagineux du nez. Le palais osseux s'étend en arrière au delà du niveau de la dernière molaire. La base de l'apophyse externe ptérygoïde n'est pas perforée. La surface destinée à l'articulation de la mâchoire inférieure est transversalement allongée, convexe d'avant en arrière, et bordée, en arrière et en dedans, par une crête post-glénoïdienne.

(1) Par exception leur nombre peut s'élever jusqu'à vingt-deux.

Le bulbe tympanique est très-large, et le méat osseux, excessivement long, s'incurve au-dessus et en dehors, entre le squamosal et le mastoïdien, avec lesquels il se soude à la racine du zygomatique, où son ouverture est presque complétement tournée au-dessus. Le post-tympanique est très-rapproché de l'apophyse post-glénoïde de manière à former avec celle-ci un cercle autour du méat. Le mastoïde propre est distinct, quoique court, mais un long para-mastoïde sort de l'occipital et s'étend derrière et au-dessous du mastoïde. Les branches de la mandibule sont complétement soudées à la symphyse. La rame possède une longue portion perpendiculaire. Le condyle est transversalement allongé, et convexe dans la partie antéro-postérieure. Il est à peine moins élevé que l'apophyse coronoïde. Dans la section longitudinale, la cavité des hémisphères cérébraux est plus arrondie que dans le cheval, et se trouve tant au-dessus qu'en avant celle du cerebellum.

Le scapulum est long et étroit. Il est dépourvu d'acromion et n'a qu'une petite apophyse coracoïde.

Le radius et le cubitus sont complets, mais ils sont soudés ensemble dans une position de pronation.

L'extrémité postérieure du cubitus s'articule avec l'os cunéiforme.

Le carpe contient huit os, mais le radial, dans la série inférieure, peut être ou le trapèze ou un rudiment du pouce. Le lunaire et l'axe du troisième métacarpien ont les mêmes rapports que chez le cheval. Les troisième et quatrième doigts sont plus grands que les deux autres et forment une paire symétrique.

Il y a des os sésamoïdes à la face interne des articulations entre le métacarpien et la phalange basilaire ainsi qu'aux articulations de la phalange médiane et de la phalange inférieure. Chacune des dernières phalanges est renfermée dans un petit sabot. Le sabot a un ligament rond. Il n'y a pas de troisième trochanter. Le péroné est complet et son extrémité inférieure s'articule avec le calcanéum. Les sept os ordinaires du tarse se retrouvent. L'extrémité tibiale de l'astragale a la forme d'une poulie profondément creusée ; la direction du sillon correspond à peu près à la longueur du pied. L'extrémité inférieure présente une surface sub-cylindrique convexe, divisée par une crête en deux facettes, dont l'une est un peu au-dessous de l'autre et s'articule avec le cuboïde.

Le métatarse et les phalanges du pied sont disposés comme les os correspondants de la main.

La partie antérieure du corps est supportée sur les extrémités antérieures par une couche musculaire composée du dentelé, de l'élévateur angulaire, du scapulaire et du sterno-scapulaire, à peu près comme dans le cheval, avec qui le porc offre une analogie générale dans sa myologie. Les muscles qui meuvent les doigts, cependant, sont moins compliqués. Chaque doigt de la main, par exemple, a ses extenseurs propres, et il existe un extenseur osseux métacarpien du pouce qui se termine à la dernière phalange du second doigt. Un *pronator teres* est inséré à la moitié inférieure du radius. Le *fléchisseur perforé* n'a que deux tendons, qui vont du troisième au quatrième doigt, et deux petits du second au cinquième doigt. Il y a un large muscle *interosseux* sur le côté radial du second doigt, et un autre sur le côté cubital du quatrième ; mais les *interosseux* des interstices entre ces doigts ne sont représentés que par du tissu fibreux.

Le second et le cinquième doigt ont chacun deux *interosseux*. Il n'y a pas de soléaire. Le fort et gros *plantaire* part du condyle externe, au-dessous du *gastrocnemius* et, enveloppant les deux têtes de celui-ci, passe vers le côté interne du *tendon d'Achille* qu'il entoure de son propre tendon, puis, passant au-dessus de l'extrémité du calcanéum comme au-dessus d'une poulie, le pénètre et enfin se divise en deux tendons perforés du troisième et du quatrième doigt.

Les doigts interne et externe du pied, comme ceux de la main, n'ont pas de tendons perforés.

Un large et fort long *fléchisseur* du pouce part du péroné et du ligament interosseux ; son large tendon passe dans le pied et se réunit au tendon du plus petit *long fléchisseur des doigts*. Les deux tendons réunis se divisent en quatre parties, deux larges et médianes, deux petites interne et externe : celles-ci se rendent aux phalanges postérieures et aux sésamoïdes des doigts respectifs.

Le tibial postérieur est absent, mais il y a un petit tibial antérieur.

Un muscle très-compliqué représente le long extenseur des doigts (*extensor longus digitorum*) et le *peronæus tertius*. Il fait son apparition par un fort tendon rond qui sort du condyle externe du fémur, juste au-devant du ligament latéral externe. De ce tendon naissent deux plaques musculaires dont l'une se distribue aux tendons des troisième, quatrième et cinquième doigts, tandis que l'autre se termine dans une large bande de fibres tendineuses qui s'insèrent au troisième métatarsien et au cunéiforme externe, ecto-cunéiforme. Dans cette bande s'insère : (*b*) la seconde tête musculaire fournie par la partie supérieure du tibia et traversée par le tendon (*c*) de la troisième tête, qui est plus mince et sort du péroné. Elle envoie son tendon long et délicat au dorsal du second doigt.

Le long péronier est présent, et son tendon est inséré à l'ento-cunéiforme et au second métatarsien.

Il n'y a pas de *court péronier*. Un péronier du quatrième et du cinquième doigt naît de la partie supérieure du péroné, derrière le *peronæus longus* et se termine par un tendon qui passe en arrière de ce musle et à son côté interne, se rendant au dos du pied, où il se divise en deux branches pour former les tendons du quatrième et du cinquième doigt.

Le *court extenseur* se rend aux deux doigts médians et est uni au tendon moyen du long extenseur.

Les *interosseux* sont semblables à ceux de la *main*.

La formule pour la dentition de lait d'un porc (qui est complète trois mois après la naissance) est : $d.\ i.\ \frac{3,3}{3,3}$

$$d.\ c.\ \frac{1,1}{1,1}\ dm.\ \frac{4,4}{4,4}.$$

Les incisives supérieures externes sont dirigées obliquement en dehors et en arrière. Dans la mâchoire supérieure, les deux molaires antérieures présentent des bords tranchants, longitudinaux, tandis que les deux postérieures ont de larges couronnes surmontées de deux crêtes transverses. Dans la mandibule, les trois molaires antérieures ont encore de larges bords tranchants dans une direction longitudinale, tandis que les postérieures ont une large couronne à triple crête.

La première vraie molaire est la première dent de la dentition permanente qui apparaisse, environ six mois après la naissance. Cette dentition se complète dans la troisième année au moment où les molaires temporaires disparaissent. La formule de la dentition permanente est : $i\ \dfrac{3,3}{3,3}\ c\ \dfrac{1,1}{1,1}$

$pm\ \dfrac{3,3}{3,3}\ m\ \dfrac{3,3}{3,3} = 40.$

Les incisives permanentes de la mâchoire supérieure ont des couronnes courtes, larges, disposées verticalement et sont placées dans des séries longitudinales, la première séparée des autres par un intervalle. De longues incisives inférieures sont placées côte à côte, très-inclinées en avant et en haut et sont sillonnées à leurs faces supérieure et interne. Les fortes couronnes anguleuses des canines sont inclinées en haut et en dehors dans les mâchoires inférieures. Elles fonctionnent l'une contre l'autre, de manière que la supérieure use, sur ses faces antérieure et externe, l'inférieure, à la partie postérieure de son sommet. Les couronnes des prémolaires présentent toutes un bord longitudinal coupant, tandis que les molaires ont de larges couronnes pourvues de crêtes transverses subdivisées en tubercules. Deux de ces crêtes se trouvent aux deux molaires antérieures de chaque mâchoire, tandis que la molaire postérieure est plus compliquée, ayant à peine trois crêtes distinctes. Les dents molaires développent toutes des racines, mais les canines continuent à croître si longtemps dans le porc qu'on peut les dire sans racines. Le canal digestif est dix ou douze fois aussi long que le corps.

La structure de l'estomac est moins simple qu'on ne le croirait au premier abord. L'extrémité cardiaque présente un petit cœcum, dans lequel se trouve un pli spiral de la membrane muqueuse; et, à l'entrée de l'œsophage, le bord épithélial est plié de manière à former une sorte de valvule. Des plis de la membrane muqueuse, entre lesquels se trouve un sillon, s'étendent du cardia au pylore et en recouvrent la structure compliquée qui s'observe chez les ruminants. Le cœcum n'a pas plus d'un sixième de la capacité de l'estomac, et l'ilion s'avance jusqu'à son intérieur, de manière à former une véritable valvule iléo-cœcale efficiente. Le foie est pourvu d'une vésicule biliaire. Le cœur est dépourvu de valvule d'Eustache et quelquefois, mais pas toujours, il possède une ossification septale.

Il n'y a qu'une veine cave antérieure. L'aorte fournit un tronc *innominé* d'où sortent la sous-clavière droite, les deux carotides et la sous-clavière gauche. La disposition médiane est entre celle du cheval et celle de l'homme.

La trachée fournit, avant de se diviser, une troisième bronche qui passe dans le poumon droit ; les poumons sont profondément lobés.

Dans le cerveau, les hémisphères cérébraux s'élèvent au-dessus du cerebellum beaucoup plus qu'ils ne le font chez le cheval.

Dans le mâle, le pénis est contenu dans un long prépuce, et, comme celui du cheval, est dépourvu d'os et pouvu de muscles rétracteurs.

La prostate est lobée. Il existe un large utérus masculin et des vésicules séminales bien développées. Les conduits de la glande de Cowper s'ouvrent dans une cavité cœcale contenue dans le bulbe masculin. Les testicules descendent dans un scrotum. Dans la truie, une paire de canaux de Gaertner ou conduits de Wolff persistants s'ouvrent dans le vestibule en dehors du méat urinaire. Les cornes utérines sont très-longues, et les ovaires lobulés. La période de gestation est de seize à vingt semaines. Les œufs, d'abord sphériques, conservent cette forme jusqu'à ce qu'ils aient atteint un diamètre d'à peu près la moitié d'un pouce. Ils s'allongent alors rapidement en un corps filiforme roulé qui atteint jusqu'à vingt-sept pouces de long. L'allantoïde et la vésicule ombilicale affectent en même temps la forme d'un fuseau.

L'allantoïde se divise bientôt en une couche épithéliale et une couche vasculaire externe ; celle-ci s'unit avec le chorion par les extrémités d'où passe plus tard l'allantoïde. Les villosités sont très-nombreuses, petites et étendues à toute la surface de l'ovaire.

Les *Suidæ* offrent de grandes variations dans leur dentition et dans la structure de l'estomac.

Dans certains *porcs* (*Babyrussa*) la formule dentaire est :
$$i\frac{2,2}{2,2}\ c\frac{1,1}{1,1}pmm\frac{5,5}{5,5}\ ;$$ les canines sont énormément allongées et

recourbées, et le pharynx est pourvu de sacs aériens particuliers.

L'estomac est divisé en trois chambres, et le sillon conduisant de l'œsophage au pylore est plus distinctement marqué
que dans le *porc*.

Chez les Dicotyles (les Peccaries) (1), les incisives supérieures
sont réduites aussi à deux de chaque côté, et les molaires présentent des crêtes transverses qui sont plus distinctes et
moins tuberculées que dans le *porc*.

L'estomac est divisé en trois sacs, et pourvu d'une gouttière
œsophagienne comme dans le genre précédent.

Le métatarsien et le métacarpien médians se réunissent en
un os rond, et le cinquième doigt de pied n'est représenté que
par son métatarsien.

Dans les Phacochærus (le Wart-hog), les incisives supérieures
sont réduites à une paire; les molaires postérieures, qui
sont les seules qui subsistent chez l'animal adulte, sont d'une
grande dimension et possèdent une structure compliquée et
tuberculée.

Les *Suidæ* sont représentés par un genre ou l'autre sur
toute l'échelle des nombreuses espèces, excepté celles de l'Australie (2) et de la Nouvelle-Zélande.

Les *porcus* sont originaires de l'archipel Malais; les *Dicotyles*
de l'Amérique du Sud, et les Phacochærus de l'Afrique du Sud.

Il existe une grande variété d'ongulés se rapprochant du
porc dans les couches tertiaires. Ce sont les premiers membres connus du groupe.

b. Les *Hippopotamidæ* ne sont représentés actuellement que
par les genres *Hippopotamus* et *Chœropus*. Ces animaux ont une
énorme tête, un corps lourd, couvert d'un tégument épais,
pourvu d'un poil rare, des membres courts, gros et tétradactyles, dont les quatre doigts reposent à terre; la femelle a des
mamelles inguinales, et le mâle est dépourvu de scrotum.

---

(1) Le tajonca de l'Amérique du Sud, quadrupède qui a été placé par
Linné parmi les porcs. Ses jambes sont plus courtes que celles du porc;
les soies, plus longues, ressemblent à des quilles de porc-épic; le
corps est moins gros.

(2) Le porc papuan peut être venu de l'Ouest.

La formule dentaire de l'*hippopotamus* adulte est : $i\dfrac{2,2}{2,2}\ c\dfrac{1,1}{1,1}$

$pm\dfrac{3,3}{3,3}\ m\dfrac{3,3}{3,3}$, tandis que le Chœropus n'a que deux incisives à la mâchoire inférieure. Les tubercules des molaires, quand elles sont émoussées par la mastication, présentent l'apparence d'un trèfle double, et la dernière molaire inférieure est trilobée. Les incisives sont droites et en forme de crochet. Les canines, très-larges et recourbées, sont dirigées en bas dans la mâchoire supérieure, en haut dans la mâchoire inférieure. Leur mutuelle attrition use la face antérieure de l'extrémité de la mâchoire supérieure et la face postérieure de celle de la mâchoire inférieure.

La dentition de lait se compose de $di\dfrac{3,3}{3,3}\ dc\dfrac{1,1}{1,1}\ dm\dfrac{4,4}{4,4}.$ La dernière molaire temporaire inférieure est trilobée, la première persiste longtemps et ne semble pas être remplacée.

L'estomac est divisé en trois ou quatre compartiments, et il n'y a pas de cœcum. Le foie a une vésicule biliaire, et les reins lobulés.

Le squelette est très-semblable à celui du porc, mais sous quelques rapports il se rapproche de celui des ruminants. Le centre est légèrement convexe en avant, et concave en arrière, dans la région cervicale mais non partout. Les pré-zygapophyses recouvrent les post-zygapophyses dans les vertèbres postérieures dorso-lombaires. D'autre part, les apophyses transverses de la dernière vertèbre lombaire s'articulent avec celles des vertèbres précédentes comme dans le cheval et les autres Périssodactyles.

Dans le crâne, les orbites sont à peu près complètes postérieurement, et elles deviennent presque tubulaires par l'avancement des os frontal et lacrymal.

Les nasaux et les prémaxillaires s'unissent sur une grande étendue. Le palais osseux est long; le large os tympanique est ankylosé avec les apophyses voisines post-glénoïdiennes et post-tympaniques.

La mandibule est extrêmement massive, et forme un angle avancé en arrière.

Le scapulum a un court acromion. Le radius et le cubitus

sont complets et soudés, et il y a huit os dans le carpe. Le péroné est complet ; le tarse, qui contient sept os, se rapproche beaucoup de celui du porc.

Caractères zoologiques. — Les *Hippopotamidæ* sont actuellement confinés en Afrique ; mais une espèce abonde dans les rivières d'Europe et dans les derniers terrains tertiaires.

État fossile. — Le *Merycopotamus* de la faune miocène des collines de Sewalik semble avoir été un *hippopotamidæ*, avec des molaires supérieures à quadruple croissant comme les ruminants, et des molaires inférieures à double croissant comme le rhinocéros.

Dans les *Suidæ* et les *Hippopotamidæ* il est intéressant de remarquer la tendance des métacarpiens et métatarsiens à se réunir en *dicotyles*, la disparition des incisives supérieures par paires dans les *Dicotyles*, les *Porcus* et les *Phacochœrus* ; et la grande complexité de l'estomac dans les *Dicotyles* et les *Hippopotamides*, comme autant de points de ressemblance avec les ruminants *Artiodactyles*, marquant la transition entre les groupes ruminants et ceux qui ne le sont pas ; le type commun aux deux se trouve dans l'*Anoplotheridæ* (1).

c. La famille des Anoplotheridæ contient exclusivement les mammifères éteints (fig. 108 et 109) appartenant aux périodes éocène et miocène.

Ils se reconnaissent principalement en ce que les dents qui sont au nombre de onze de chaque côté au-dessus et au-dessous, dans la dentition adulte, ne sont interrompues par aucun vide en avant, et en arrière ; les canines sont semblables à celles du genre précédent, mais forment une série non interrompue et semblable à celle de l'homme.

La formule dentaire de l'*Anoplotherium* adulte est $i\,\dfrac{3,3}{3,3}\ c\,\dfrac{1,1}{1,1}$ $pm\,\dfrac{4,4}{4,4}\ m\,\dfrac{3,3}{3,3}$ en supposant que la première prémolaire soit réellement telle et non une molaire de lait persistante.

Les molaires supérieures et inférieures ont la structure générale de celles des rhinocéros ; mais les barres des supérieures sont plus courbées en arrière dans un parallélisme

(1) Nom donné par Cuvier.

avec la paroi externe, et un fort pilier conique est developpé

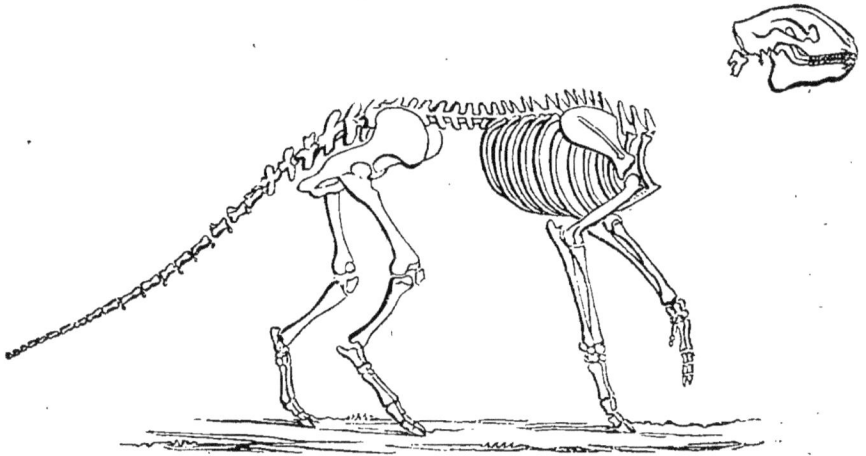

Fig. 108. — Anoplotherium. Restauration.

sur le côté de la lame antérieure. La structure du crâne se rapproche de celle des ruminants *Tragulidæ*, mais l'orbite est

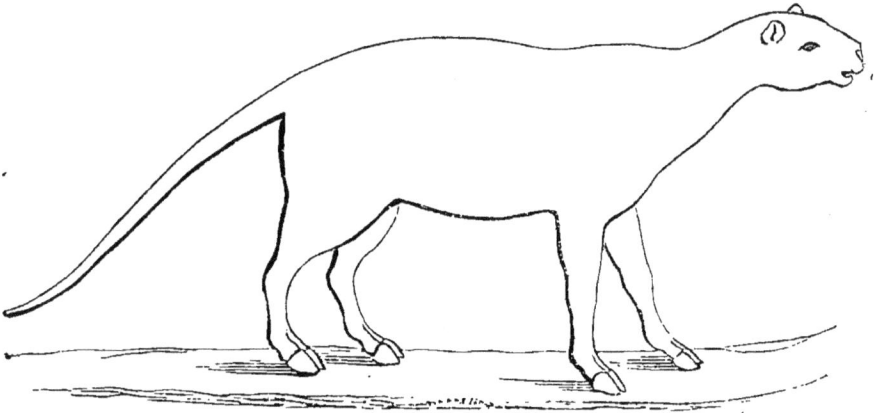

Fig. 109. — Anoplotherium. Contour.

incomplète en arrière. Le reste du squelette ressemble d'une part à celui du porc, de l'autre à celui des ruminants (1).

(1) Dans l'Anoplotherium secundarium, le doigt *ii* est développé sur chaque pied, quoique beaucoup moins long que *iii*, qui est à peu près symétrique. Il existe une structure analogue dans la main du Cainotherium.

Dans le *Xiphodon* et le *Cainotherium*, qui sont ordinairement compris parmi les *Anoplotheridæ* (quoique selon toute probabilité ce soient des Ruminants du groupe Traguline), l'orbite est complète, et les molaires supérieures et inférieures déterminent le caractère de ruminant. Par sa dentition, le Cainothérium diffère du ruminant seulement en ce qu'il possède toutes les incisives supérieures, tandis qu'aucun ruminant existant adulte n'a plus que les incisives supérieures externes. Nous ignorons la structure de l'estomac chez ces animaux, mais ils se rapprochent tant des ruminants *Artiodactyles* qu'il est infiniment probable qu'ils ont eu la faculté de rumination dans un degré plus ou moins parfait.

B. *Ruminants.*

Caractères anatomiques. — Parmi les membres généralement connus de cette division des *Artiodactyles*, il n'existe jamais plus d'une paire d'incisives chez l'adulte, et la paire la plus en avant de la mâchoire supérieure. Les canines peuvent exister ou ne pas exister dans la mâchoire supérieure ; elles sont toujours présentes dans la mâchoire inférieure, et ordinairement inclinées en avant et très-près des incisives auxquelles elles ressemblent en général. C'est pourquoi on les prend pour des incisives et on dit que les Ruminants ont huit dents incisives à la mâchoire inférieure.

Si ce n'est une seule exception (*Hyæmoschus*), les os métacarpiens et métatarsiens des troisième et quatrième doigts se soudent ensemble de bonne heure en un seul appelé *canon bone* (os canon). Il y a un os particulier appelé *malléole*, qui se trouve à l'extrémité postérieure du péroné et s'articule au-dessous avec l'astragale.

La grande majorité des Ruminants a des cornes, dont les supports osseux ou corps se développent de chaque côté de la ligne médiane (fig. 110) ; et, excepté dans la girafe, sont des excroissances des os frontaux.

L'estomac offre, au moins, trois divisions ; et, dans la majorité des *ruminants*, il a quatre compartiments.

Si on examine l'estomac d'un *ruminant* typique (fig. 111 et 112), tel qu'une brebis ou un bœuf, on trouve qu'il est divisible en deux moitiés ; l'une cardiaque et l'autre pylorique ; chacune de celles-ci est encore subdivisée en deux autres. Ainsi l'extrémité cardiaque de la moitié cardiaque est dilatée en un sac énorme de forme irrégulière dont la membrane muqueuse four-

Fig. 110. — Squelette d'un bœuf (Bos).

nit un grand nombre de papilles cloisonnées. Cette chambre est le *Rumen* ou *Panse*; elle communique par une large ouverture avec une chambre beaucoup plus petite, qui constitue la seconde subdivision de la moitié cardiaque. Celle-ci est appelée *Reticulum* ou *rayon de miel* (bonnet), de ce que sa membrane

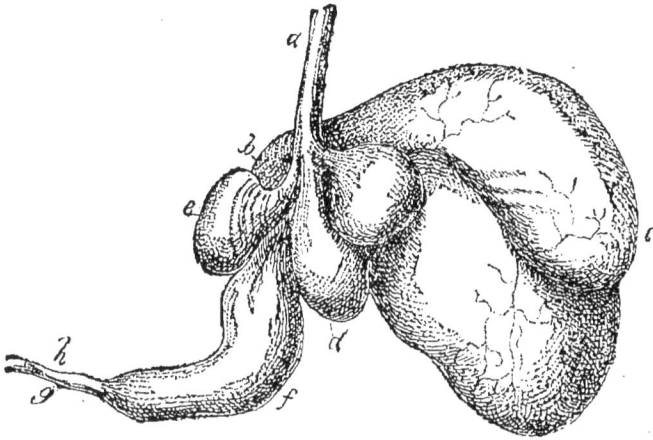

Fig. 111. — Estomac de ruminant, vue extérieure (*).

muqueuse s'élève en un grand nombre de plis, qui se croisent entre eux à angles droits, et de cette manière, renferme une

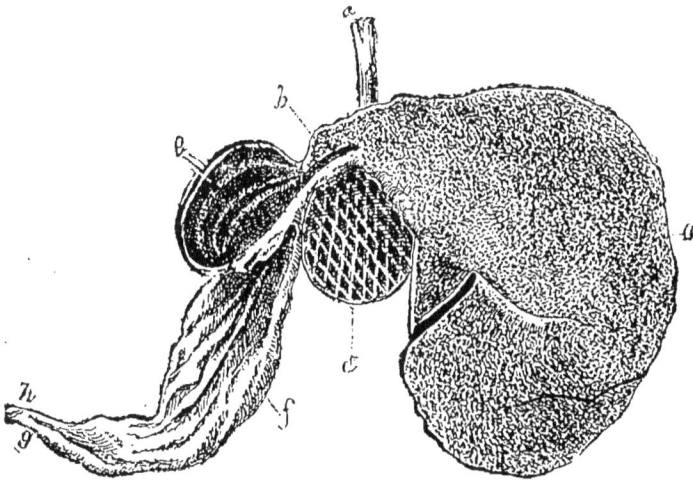

Fig. 112. — Estomac de ruminant, coupe intérieure (**).

multitude de cellules à côtés hexagonaux. Le reticulum com-

(*) *a,* œsophage; *b,* point où se trouve la gouttière œsophagienne; *c,* panse; *d,* bonnet; *e,* feuillet; *f,* caillette; *gh,* pylore.

(**) *a,* œsophage; *b,* point où se trouve la gouttière œsophagienne; *c,* panse; *d,* bonnet; *e,* feuillet; *f,* caillette; *gh,* pylore.

munique par une étroite ouverture avec la première subdivision de la moitié pylorique qui est de forme un peu plus allongée.

La membrane muqueuse de cette subdivision forme un grand nombre de plis longitudinaux de diverses longueurs, mais ils sont en général suffisamment longs pour s'étendre presque sur toute l'étendue de la cavité de la chambre et réduire ainsi cette cavité à une série de fentes étroites radiées interposées entre les lamelles. Quand cette portion de l'estomac est fendue dans le sens longitudinal, les lamelles tombent de côté comme les feuillets d'un livre d'où elle reçoit des anatomistes le nom fantaisiste de *Psalterium* (feuillet), tandis que le boucher lui donne celui de *Manyplies* ou plissé. Le quatrième segment de l'estomac ou seconde subdivision de la moitié pylorique, est appelée *Abomasum* ou *Caillette*.

Cette portion est en comparaison plus petite et allongée, et sa membrane muqueuse a un caractère tout à fait différent de celui des trois autres segments, étant molle, très-vasculaire, glandulaire et ne formant que peu de plis dans la direction longitudinale.

Il est à remarquer que le feuillet est construit de manière à remplir le rôle d'un filtre entre le bonnet et la panse; rien autre chose que des matières très-finement divisées ou semi-fluides ne peut donc traverser les interstices de ses lamelles.

L'ouverture gastrique de l'œsophage est située à la jonction de la panse et du bonnet; les marges de cette ouverture s'élèvent en plis musculaires et s'avancent parallèlement l'une à l'autre le long de la voûte du bonnet jusqu'à l'ouverture qui communique dans le feuillet. Quand les lèvres de ce sillon se rencontrent, un canal se trouve formé et conduit directement de l'œsophage au feuillet.

Quand un ruminant mange, il coupe l'herbe avec rapidité et, saisissant avec sa langue la provision ainsi récoltée, il presse les incisives inférieures contre le tampon calleux formé par la gomme qui couvre le pré-maxillaire. Les paquets d'herbe sont vivement avalés accompagnés d'une abondante salive. Après avoir brouté jusqu'à ce que son appétit se trouve satisfait, le ruminant se couche, inclinant son corps d'un côté, et reste tranquille durant un certain espace de temps. Un mouvement soudain des flancs, très-semblable à celui que pourrait produire un hoquet, se montre alors, et en observant le long cou on verrait que quelque chose est en même temps ramené du gosier dans la cavité buccale. C'est un bloc d'herbe qui a été dissous dans les liquides contenus dans l'estomac et revient, saturé, pour subir la mastication (fig. 143). Dans un ruminant ordinaire, cette opération s'exé-

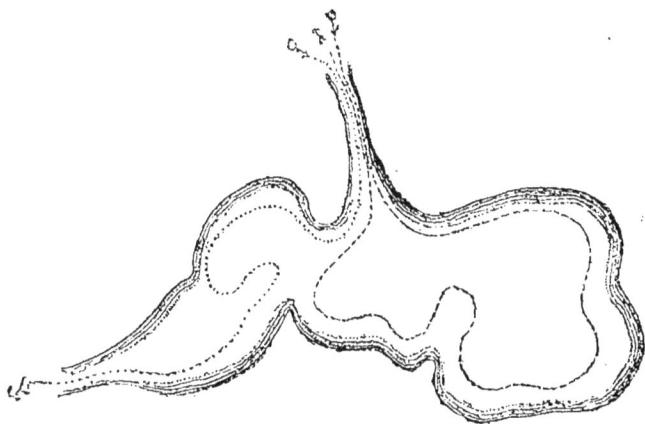

Fig. 143. — Schéma montrant la marche des aliments dans l'estomac des ruminants.

cute toujours de la même manière. La mâchoire inférieure fait un premier mouvement dit de gauche à droite, tandis que le second et tous ceux qui suivent à partir du moment où le bloc est suffisamment mastiqué, se font de droite à gauche ou dans la direction opposée à celle du premier mouvement. Tandis que la mastication se poursuit, de nouvelles quantités de salive coulent dans la bouche, et, quand l'herbe est complétement broyée, le produit semi-fluide passe en arrière dans le pharynx et est avalé une seconde fois. Ces actes se répètent jusqu'à ce que la plus grande portion de l'herbe qui a été broutée soit pulpeuse.

La nature précise de l'opération dont les traits extérieurs viennent d'être décrits a été l'objet de beaucoup d'investigations et de discussions. Les points suivants semblent avoir été clairement établis :

1° La rumination est complétement arrêtée par la paralysie

des muscles abdominaux et elle est très-entravée par tout obstacle à la libre action du diaphragme.

2° Ni la panse, ni le bonnet ne se vident complétement par le procédé de régurgitation. On trouve la panse à moitié pleine d'herbe même quand l'animal est mort de faim.

3° Quand des substances dures sont avalées, elles passent indifféremment dans la panse ou dans le bonnet, et sont constamment transportées en arrière et en avant de l'une à l'autre par l'action péristaltique des parois de l'estomac.

4° Les fluides peuvent passer dans la panse et dans le bonnet; ou dans le feuillet, et de là tout d'un trait dans le quatrième estomac suivant les circonstances.

5° La rumination s'effectue parfaitement bien quand les lèvres du sillon œsophagien sont intimement unies par une suture.

Il semble, cependant, que l'herbe broutée passe dans le bonnet et la panse et y est macérée. Mais il n'y a a nulle raison de croire que le bonnet prenne aucune part spéciale à modeler les boules qui retournent dans la bouche. Il est plus probable qu'une contraction soudaine et spontanée du diaphragme et des muscles abdominaux comprime le contenu de la panse et du bonnet, et amène l'herbe dissoute contre l'ouverture cardiaque de l'estomac. Celle-ci s'ouvre, et alors l'extrémité cardiaque de l'œsophage se dilate passivement et reçoit autant de pâture qu'elle en peut contenir. Puis l'ouverture cardiaque se referme, le bloc ainsi retenu est poussé, par l'action péristaltique des parois musculaires de l'œsophage, dans la bouche où il subit la soigneuse mastication qui a été décrite.

Le passage de l'herbe paturée entre l'ouverture des rayons du reticulum est prévenu, d'une part, par l'étroitesse de cette ouverture, d'une autre part, au moyen des fines grilles formées par les bords lamellaires des rayons. Mais quand la matière semi-liquide, revenue après la mastication, se présente encore au cardia, elle est apte à passer à travers l'extrémité des rayons du reticulum (même sans être aidée par les lèvres de la gouttière œsophagienne), en raison de la direction de l'œsophage et des bords de l'ouverture cardiaque sur le côté de la panse formée par une crête élevée. La matière triturée coulant à la surface des contenus plus solides du bonnet, atteint le feuillet; et, vu son état de divisibilité extrême, traverse rapidement les interstices des lamelles de cet organe; puis passe dans le quatrième estomac pour y être soumise à l'action du fluide gastrique et subir la digestion des composés du protéine qui ne s'est pas effectuée dans les mastications et insalivations précédentes.

Les *ruminants* sont divisés en trois groupes : *a*, les *Tragulidæ*; *b*, les *Cotylophora*; *c*, les *Camelidæ*.

a. Les *Tragulidæ* composent une famille remarquable, primitivement unie au genre *Moschus*, et plus connue encore sous le nom de cerf musqué, quoique ces animaux soient dépourvus de sac musqué et sous d'autres rapports diffèrent totalement des *Moschus*.

Caractères zoologiques. — Ils sont actuellement au sud de l'Asie et de l'Afrique.

Caractères anatomiques. — Ils sont surtout intéressants en ce qu'ils offrent, sous certains rapports un trait d'union entre les ruminants typiques et les autres Artiodactyles, particulièrement les Anoplotheridæ. Ainsi le second et le cinquième doigt sont complets dans les pieds de devant et dans les pieds de derrière; les métacarpiens et les métatarsiens des troisième et quatrième doigts s'unissent très-tard ou, comme dans un genre *Hyæmoschus*, pas du tout.

Les canines sont bien développées dans les deux mâchoires; les dents pré-molaires sont aiguës et coupantes.

L'œsophage s'ouvre à la jonction de la panse avec le bonnet, la communication entre les deux étant très-large (fig. 112 B). L'épithélium de la panse est papillaire, et il existe deux plis œsophagiens comme dans les ruminants ordinaires. Mais le feuillet n'est représenté que par un tube étroit et très-court, dont la membrane limitante est dépourvue de plis.

La surface des hémisphères du cerveau offre moins de circonvolutions que dans aucun autre ruminant, quoique ceci puisse se rapporter à la moindre dimension de l'animal, attendu que la règle générale dans ce groupe est que les plus petits animaux ont le moins de circonvolutions.

Les corpuscules du sang, petits dans tous les *Ruminants*, sont remarquablement petits dans les *Tragulidæ*, n'excédant pas $\frac{1}{10000}$ de pouce de diamètre. Ils sont circulaires.

Le placenta est à peu près *diffus*, les villosités fœtales étant répandues sur le chorion en bandes non reliées par des cotylédons.

Il faut ajouter encore comme particularités remarquables de ce groupe, l'ankylose de la malléole avec le tibia, et la tendance à l'ossification des ligaments pelviens et des aponévroses des muscles du dos chez l'adulte mâle. Enfin, le naviculaire, le cuboïde et les os cunéiformes du tarse sont tous soudés ensemble. Si, comme il est probable, le *Xiphodon* est un *Tragulidæ*, le groupe a existé depuis la période éocène.

Les *Cotylophores* sont, comme le groupe précédent, onguligrades, mais les métacarpiens et les métatarsiens sont incomplets à leurs extrémités antérieures et ceux du milieu sont soudés de bonne heure dans un *os canon* (canon bone).

L'os malléolaire est toujours distinct. Le naviculaire et le cuboïde du tarse sont soudés ensemble, mais rarement avec aucun os du tarse. Le pré-maxillaire est dépourvu de dents chez l'adulte. L'estomac a la structure qui a été décrite comme typique.

Les corpuscules de sang sont circulaires et peuvent avoir un diamètre aussi petit que $\frac{1}{5000}$ de pouce. Les villosités fœtales sont réunies en masses ou cotylédons, qui peuvent présenter une face convexe ou concave à l'utérus. Elles sont reçues dans des élévations persistantes de la membrane muqueuse de l'utérus dont les surfaces sont recourbées inversement.

Tous les *Cotylophores*, excepté les *Moschus*, le vrai cerf musqué, sont pourvus de cornes, mais ces cornes sont de deux sortes. Le corps osseux dans un des cas est renfermé dans une case fortement cornée; tandis que dans l'autre, l'épiderme du tégument qui couvre le corps ne devient pas si compliqué.

Dans la première sorte de corne, le corps devient creux par l'extension dans son intérieur des sinus frontaux d'où les ruminants qui possèdent ce genre de cornes sont souvent appelés *cavicornia* (antilopes, brebis, chèvres, bœufs).

Règle générale, la gaîne cornée persiste toute la vie. Mais

dans le groupe remarquable des antilopes à cornes four-
chues de l'Amérique du Nord (Antilocapra), la gaîne osseuse
tombe annuellement et est remplacée par une nouvelle.

De la seconde sorte de corne, ou celle qui ne se recouvre
pas d'une gaîne cornée, il y a deux espèces. Dans la girafe,
le corps de la corne est attaché sur la suture coronale, à la
jonction des os frontal et pariétal avec lesquels il n'est pas
soudé; il persiste durant toute la vie et est toujours recouvert
d'un tégument mou et poilu.

Dans le daim, les os frontaux se développent sous la forme
d'apophyses solides, recouvertes dès le premier moment de
peau et de poil, les mâles seuls en sont pourvus en général,
mais les deux sexes en ont dans le Renne. Les cornes atteignent
vite leur complet développement et alors une crête circulaire,
qui fait son apparition à une petite distance de la racine de
la corne sous le nom de lobe (burr) divise la corne de son
côté en *pédicelle* et du côté opposé en *bourgeon (beam)*.

La circulation des vaisseaux du bourgeon languit graduellement, son tégument meurt et tombe, alors la substance osseuse qui se trouve au-dessous reste découverte.

L'absorption et le dépérissement de la peau ont lieu à
l'extrémité du *pédicelle* comme il arrive dans les cas ordinaires
de *nécroses*. Le bourgeon (beam) et le lobe (burr) tombent,
l'extrémité du pédicelle se durcit et est recouverte peu à peu
par un tégument de nouvelle formation qui lui rend bientôt
sa souplesse primitive et sa couche de poil.

La rapidité avec laquelle s'opère le développement de la
matière osseuse dans la corne du daim est merveilleuse : des
cornes pesant 72 livres ont été remplacées en dix semaines.

Les *Cotylophores* sont représentés dans toutes les parties
du monde, excepté en Australie et à la Nouvelle-Zélande. On
n'en a pas trouvé de traces plus loin que l'époque miocène.

c. Les *Camelidæ* (ou *Tylopoda*) sont dépourvus de cornes ;
et, contrairement aux autres ruminants, ils marchent sur les
surfaces palmaires et plantaires des phalanges des troisième
et quatrième doigts, qui sont seuls développés. De larges cous-
sins tégumentaires forment la plante du pied ; les ongles sont
aplatis et peuvent à peine être appelés ongles.

Les arcs des vertèbres cervicales et non leurs apophyses

transverses, sont perforés par le canal de l'artère vertébrale, caractère que les chameaux partagent avec les *Macrauchenidæ*.

Les métacarpiens sont séparés par une fente profonde, et les phalanges inférieures des doigts sont à peu près symétriques. Les facettes inférieures de l'astragale sont plus inégales que celles des autres *ruminants*, le naviculaire et le cuboïde ne sont pas soudés ensemble.

Les pré-maxillaires ont une seule forte incisive externe de chaque côté. De larges canines pointues et recourbées sont développées à chaque mâchoire et complétement distinctes des incisives de la mandibule. Il n'y a pas plus de cinq dents molaires dans une série complète supérieure et inférieure.

L'estomac diffère du type des ruminants. L'œsophage s'ouvre directement dans la panse qui est tapissée par une substance épithéliale molle et non papillaire. De ses parois deux rangs de diverticulum, au moins, se développent avec des ouvertures comparativement étroites. On les appelle réservoirs d'eau (water cells); ces cavités servent à sécher le contenu de la panse et à tenir en réserve une quantité d'eau considérable. Le réticulum ou bonnet est parfaitement distinct de la panse avec laquelle il communique par une ouverture petite en comparaison. La gouttière œsophagienne est bordée par une seule crête située sur son côté gauche. Le feuillet est réduit à un simple conduit tubulaire sans lames; la caillette est large et offre la structure ordinaire. L'extrémité pylorique du duodénum est considérablement dilatée et a été prise pour une division de l'estomac. Le cœcum est court et simple. Par une remarquable exception parmi les *mammifères*, les corpuscules rouges du sang sont elliptiques. Les villosités fœtales sont répandues également sur le chorion et le placenta; ainsi le placenta est *diffus*.

Tandis que les *Tragulidæ* relient les ruminants avec les non-ruminants artiodactyles, les *Camelidæ* d'autre part les relient aux *Macrauchenia* et aux Périssodactyles.

Les *Camelidæ* sont actuellement représentés par deux groupes très-distincts. Les chameaux du vieux monde et les lamas du nouveau; on les trouve à l'état fossile jusqu'à l'époque miocène.

ARTICLE III

LES TOXODONTES.

Cet ordre a été fondé à la réception du grand mammifère éteint (Toxodonte), dont les restes ont été découverts dans les derniers dépôts tertiaires de l'Amérique du Sud.

Caractères anatomiques. — La surface sus-occipitale du crâne massif se penche obliquement en haut et en avant. Il y a des prolongements sus-orbitaires ; les zygomatiques sont très-forts et arqués ; la plaque osseuse est très-longue.

La mâchoire supérieure possède deux petites incisives internes et deux grandes externes. La mâchoire inférieure contient six incisives. Il y a trois canines dans la mandibule, au milieu de l'intervalle entre les incisives et les molaires. Dans la mâchoire supérieure de l'adulte, on ne trouve que des traces de l'existence ancienne d'alvéoles pour les canines. Les dents molaires sont au nombre de sept de chaque côté en haut et six de chaque côté en bas. Elle sont très-courbées (d'où le nom du genre), de manière à être convexes en dehors et concaves en dedans. Elles naissent d'une pulpe persistante et l'émail est absent à leur face interne.

Le centre des vertèbres cervicales est pourvu de facettes articulaires. Les vertèbres dorso-lombaires et sacrées sont inconnues. Le fémur est dépourvu de troisième trochanter, et, comme le tibia et l'astragale, présente de nombreux points de ressemblance avec l'os correspondant des éléphants.

Il existe de curieux commentaires sur la prétention de reconstruire des animaux d'après de simples fragments de leurs os et de leurs dents. Mais quoique nous connaissions le crâne et la dentition ainsi que les os les plus importants des membres du *Toxodon*, nous ne pouvons indiquer les caractères de leurs pieds, encore moins dire quoi que ce soit de l'organisation interne. Ses affinités zoologiques mêmes sont extrêmement douteuses et il est difficile de décider si le *Toxodon* est simplement un membre des ongulés ou s'il présente un type d'un nouvel ordre.

ARTICLE IV

LES SIRÈNES.

Comme on l'a vu déjà, rien n'est connu sur le mode placentaire de ce petit mais important groupe de *mammifères*.

Caractères zoologiques. — Toutes les formes existantes ont des habitudes aquatiques, fréquentant les rivières et leurs embouchures.

Caractères anatomiques. — Ils sont dépourvus de membres postérieurs et le tégument de l'extrémité caudale du corps s'avance en une nageoire aplatie horizontale. Il n'existe jamais de nageoire dorsale. La démarcation entre la tête et le cou est à peine indiquée, et les membres antérieurs sont convertis en palettes sur lesquelles des rudiments d'ongles seulement sont développés.

Des soies éparses couvrent la surface du corps. Le museau est épais et saillant ; les narines valvulaires, parfaitement distinctes l'une de l'autre, sont situées bien au-dessus de sa terminaison. Il existe une troisième paupière très-développée ; le pavillon de l'oreille est absent, et les mamelles sont thoraciques, circonstance qui n'a sans doute pas peu contribué à l'origine des légendes qui ont été faites sur ces sirènes.

Les sirènes étaient autrefois unies aux baleines et aux marsouins comme *cétacés herbivores*. Mais elles diffèrent par leur organisation des vrais cétacés dans presque tous les détails, tandis qu'elles sont très-intimement liées aux ongulés.

Les vertèbres cervicales se réduisent à six dans un genre (*Manatus*). Les corps de ces vertèbres sont toujours comprimés d'avant en arrière, sans être jamais soudés ensemble (il est rare qu'aucun d'eux soit uni ainsi) et la seconde a une apophyse odontoïde. Les vertèbres dorsales ont des apophyses épineuses larges et aplaties, et leur nombre peut s'élever jusqu'à soixante-dix ou quatre-vingt, tandis qu'il n'y a pas plus de trois vertèbres lombaires ; et même la dernière de celles-ci peut être considérée comme sacrée. Il y a vingt vertèbres caudales ou davantage, dont la dernière n'est pas polygonale, mais aplatie avec des apophyses bien développées.

Les zygapophyses des vertèbres successives s'articulent ensemble dans la région dorsale. Mais, dans les régions dorsale et caudale, les post-zygapophyses disparaissent et les pré-zygapophyses sont petites et ne recouvrent ni n'embrassent l'épine de la vertèbre précédente.

La moitié postérieure de l'épine acquiert ainsi une flexibilité considérable. Il n'y a pas de vrai sacrum, les vertèbres appelées sacrées n'étant désignées comme telles que par leur union avec le bassin rudimentaire. De forts os chevrons tous vertébraux sont au-dessous des cartilages inter-articulaires des vertèbres caudales.

La tête des côtes s'articule avec le centre de chaque vertèbre. Le corps des côtes est très-épais, arrondi et doué d'une structure très-dense et laminée. Le sternum étroit et allongé est une masse d'os compacte et est relié aux trois paires de côtes vertébrales antérieures par des côtes sternales ossifiées.

Quant au crâne, la forme allongée et sub-cylindrique de la cavité crânienne est digne de remarque, comme contraste frappant avec la forme de la boîte crânienne des cétacés. Le sus-occipital est très-large, et s'avance en haut et en avant sur un long espace de la surface supérieure du crâne ; mais il ne sépare pas les os pariétaux, qui, comme toujours, s'unissent dans la suture sagittale. Les frontaux se prolongent en larges apophyses sus-orbitaires. Les os nasaux sont abortifs et, dans le crâne sec, les narines externes sont très-larges et dirigées en haut. L'os tympanique est un cercle épais ankylosé avec les os périotiques, et sort vite du crâne avec ceux-ci. Le zygomatique est énormément épais. Les prémaxillaires constituent une large portion des bords de la cavité buccale ; et la mâchoire inférieure est pourvue d'une portion ascendante élevée avec une large apophyse coronoïde.

Le scapulum est pourvu d'une épine distincte dans la position ordinaire. Il n'y a pas de clavicule. L'humérus a son extrémité inférieure disposée en surfaces articulaires sur lesquelles le radius et le cubitus sont librement mobiles. Le pouce est rudimentaire et les autres doigts n'ont pas plus de trois phalanges chacun.

Le bassin est rudimentaire, les os qui représentent les *ossa innominata* étant réunis par leurs extrémités avec l'apophyse transverse de la dernière vertèbre précaudale, ils sont disposés verticalement à l'axe du corps. Nulle trace de membres postérieurs n'a été remarquée chez aucune sirène existante.

La région prémaxillaire du palais et la surface correspondante de la mandibule sont revêtues de plaques cornées mamillées et rugueuses, formées d'un épithélium durci ; et, dans le genre éteint *Rhytina*, ces plaques étaient les seuls organes masticateurs puisqu'il n'y avait pas de dents. Dans l'*Halicore* (le Dugong), on trouve des dents qui n'ont pas de successeurs verticalement, ne fournissent pas de racines et sont dépourvues d'émail, tandis que dans le *Manatus* (Sirène) on trouve des dents de lait molaires ; les vraies molaires sont émaillées, et présentent des couronnes avec doubles crêtes transverses.

La sirène adulte n'a pas d'incisives.

Dans le Dugong, la mandibule n'a pas d'incisives. Le mâle a deux incisives en forme de crocs qui s'avancent de leurs alvéoles dans les prémaxillaires, tandis que, chez la femelle, les crocs restent cachés dans leurs alvéoles.

A l'état fœtal, l'*Halicore* et le *Manatus* ont des incisives à la mandibule ainsi qu'aux maxillaires.

L'estomac est divisé en deux portions par une contraction médiane, et son extrémité cardiaque est pourvue d'une glande spéciale. Son extrémité pylorique, dans quelques espèces, fournit deux cœcums.

Il y a un cœcum à la jonction du gros et du petit intestin. Des glandes salivaires sont bien développées. La portion apicale du septum *ventriculorum* est profondément fendue, de manière que les ventricules sont séparés l'un de l'autre sur environ la moitié de leur étendue.

Il y a deux veines caves supérieures et une valvule d'Eustache (fig. 114). De vastes *retia mirabilia* artériels et veineux sont développés chez les sirènes (Manatus). En raison de la grande longueur de la région thoracique et de l'exiguïté du sternum, le diaphragme prend un cours inusité, s'étendant très-obliquement d'avant en arrière, et provoquant la partie supérieure de la cavité thoracique à s'étendre en arrière au-dessus de presque tout l'abdomen. Les poumons très-allongés remplissent cette partie de la chambre thoracique, tandis que le large cœur se trouve à sa portion antérieure et sternale.

Les cartilages aryténoïdes ne se prolongent pas comme chez les *cétacés*. Une large et longue épiglotte est capable de couvrir la glotte complétement.

Il n'y a pas de troisième bronche.

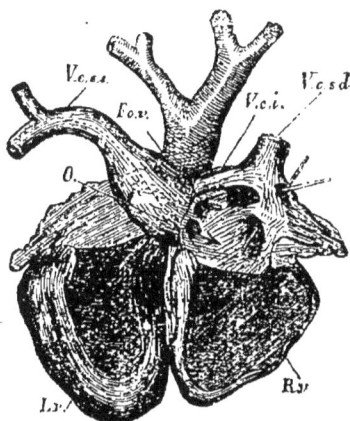

Fig. 114. — Vue dorsale du cœur d'un Dugong (*Halicore*), les cavités étant ouvertes : *Rv*, ventricule droit ; *Lv*, ventricule gauche ; *V, c, s, s*, veine-cave supérieure gauche ; *V, c, s, d*, veine cave supérieure droite ; *V, c, i*, veine cave inférieure ; *F, o, v*, extrémité interne d'un diverticulum cœcal de l'oreillette droite dans lequel la pointe est introduite et qui représente le trou ovale ; *O*, septum auriculaire.

Le muscle cutané est largement inséré à l'humérus, et les muscles au-dessous de la partie caudale s'étendent en avant jusqu'aux vertèbres lombaires postérieures. Les principaux muscles de l'avant-bras et de la main sont présents.

Le mâle *sirène* possède des vésicules sénimales. L'utérus a deux cornes.

Caractéres zoologiques. — Il existe actuellement deux genres de *sirènes*. Le Dugong (*Halicore*), qui se trouve sur les bords de l'océan Indien et de l'Australie ; et la sirène (*Manatus*), qui est confinée dans l'Amérique du Sud et sur les bords de l'Atlantique africain.

Un troisième genre, *Rhytina*, dont le tégument dur est presque dépourvu de poil, et qui ne possède pas de dents, abondait dans les détroits de Behring il y a moins d'un siècle. Il est aujourd'hui presque complétement éteint.

État fossile. — Le genre miocène (*Halitherium*) semble avoir eu des membres de derrière distincts, quoique petits.

ARTICLE V

LES CÉTACÉS.

Caractères anatomiques. — Dans cet ordre de *mammifères* la forme du corps se rapproche encore plus du poisson que dans la *sirène*. Il n'y a pas de trace de cou, les contours de la tête passant graduellement dans ceux du corps. Une nageoire caudale horizontalement aplatie est toujours présente; et, très-souvent, le tégument dorsal s'avance en une nageoire dorsale médiane comprimée latéralement. Le corps est encaissé dans un épais tégument mou, au-dessous duquel une épaisse couche de graisse est déposée. Les poils manquent presque complétement à l'état adulte.

Comme dans les *sirènes* actuelles, les membres antérieurs seuls sont présents. A l'extérieur, ils n'offrent aucune indication de division en bras, avant-bras et main, mais ils ont la forme d'une large palette ou rame aplatie.

L'ouverture ou les deux ouvertures par lesquelles s'ouvre extérieurement la cavité nasale sont toujours situées au sommet de la tête et loin de l'extrémité du museau. Il n'y a pas de troisième paupière et les ouvertures auditives très-petites sont totalement dépourvues de pavillon.

Les mamelles sont au nombre de deux chez la femelle et logées dans des dépressions de chaque côté de la vulve.

Les surfaces articulaires du centre des vertèbres sont plates et les épiphyses restent habituellement distinctes durant longtemps.

La colonne vertébrale est remarquable par le peu d'étendue de sa région cervicale et la longueur de sa région lombaire qui contient quelquefois plus de vertèbres que la région dorsale. Il n'y a pas de sacrum. Les vertèbres caudales ne se distinguent des vertèbres lombo-sacrées que par leurs os chevrons. La seconde vertèbre du cou est dépourvue d'apophyse odontoïde; et il est arrivé très-souvent que plus ou moins de vertèbres cervicales, dont les corps sont souvent si courts qu'ils se trouvent réduits à de simples disques, sont soudées ensemble par leurs arcs, par leur centre, ou par les deux.

Le centre de toutes les vertèbres successives est large en proportion de leurs arcs ; et l'inter-vertébral et les fibro-cartilages sont extrêmement épais de manière à rendre l'épine très-flexible et élastique. Les arcs des vertèbres inférieures dorsales et ceux des régions lombaires et caudales ne s'articulent pas ensemble par zygapophyses. Les centres des vertèbres caudales postérieures perdent leurs apophyses et prennent une forme polygonale.

Très-peu de côtes s'unissent au sternum à leur extrémité postérieure ; et, contrairement à ce qui arrive chez la plupart des *mammifères*, les extrémités antérieures de la plus grande partie des côtes sont unies seulement avec les apophyses transverses des vertèbres et non avec leurs corps.

Le crâne est encore plus modifié que la colonne vertébrale. La boîte cérébrale elle-même a une forme sphéroïdale, tandis que les mâchoires sont très-allongées, la principale dilatation de la mâchoire supérieure se trouvant dans la région située au-devant des ouvertures nasales. Le *basis cranii* dans son ensemble est remarquablement large, et sa surface supérieure concave d'avant en arrière. La *selle turcique* est légèrement indiquée.

Les os pariétaux sont en comparaison petits, et ne se rencontrent pas dans une suture sagittale, comme il arrive chez les autres *mammifères*. Le sus-occipital et l'os inter-pariétal sont interposés entre eux et s'étendent en avant de manière à s'unir avec les frontaux. Chaque os frontal s'avance en dehors en une plaque osseuse qui couvre l'orbite.

L'os squamosal envoie une large et épaisse apophyse zygomatique à la rencontre de ce prolongement sus-orbitaire du frontal. D'autre part, l'os jugal propre, qui borde l'orbite au-dessous, est extrêmement mince. Le maxillaire très-mince s'étend en arrière et en dehors en contact avec le frontal ou même en recouvrant une grande partie de sa surface ; il s'étend en avant presque auprès de l'extrémité antérieure du museau ; ainsi presque toute la cavité buccale est bordée par le maxillaire.

23.

Les prémaxillaires, quoique très-longs, puisqu'ils occupent toute la longueur de la mâchoire sur la ligne médiane, depuis l'ouverture nasale antérieure jusqu'à l'extrémité du museau, sont entièrement en dehors de la cavité buccale.

Les os nasaux sont toujours courts; et quelquefois sont de simples tubérosités osseuses unies avec les os frontaux derrière l'ouverture nasale antérieure. Les os turbinés sont presque toujours rudimentaires et les canaux nasaux à peu près dans une direction verticale en raison de la condition rudimentaire et du peu de longueur des os nasaux.

Les os périotiques sont lâchement unis au squamosal et aux tympaniques et en général aux autres os du crâne seulement à l'aide de cartilage, aussi se détachent-ils très-vite dans le crâne sec. Les os tympaniques sont habituellement d'une dimension considérable, épais et en forme de rouleau.

L'apophyse coronoïde de la mâchoire inférieure est à peine indiquée et sa branche n'a pas de portion perpendiculaire, le condyle étant situé à son extrémité postérieure. Le corps de l'hyoïde est une plaque d'os très-large, munie de deux paires de grosses cornes bien développées.

Les *cétacés* sont dépourvus de clavicules. Quand l'épine du scapulum existe, elle se présente sous la forme d'une courte crête enterrée près du bord antérieur de l'os ; mais elle se termine ordinairement dans une longue apophyse acromion, et, quelquefois, il y a une apophyse coracoïde très-marquée, droite et aplatie. L'humérus est court et les surfaces articulaires de l'extrémité postérieure sont, dans tous les cétacés récents, des facettes plates inclinées les unes sur les autres en formant un angle. Le cubitus et le radius sont des os courts, comprimés latéralement sans aucun mouvement l'un sur l'autre, et dans tous les cétacés récents ils ne sont pas librement mobiles sur l'humérus. Le carpe n'est souvent ossifié que d'une manière incomplète. Quand les os carpiens sont complets, ils sont polygonaux, recouverts d'un tissu fibreux et non réunis par des articulations pourvues de membranes synoviales. Le nombre des doigts n'excède pas cinq, mais on compte toujours plus de trois phalanges dans quelques-uns d'entre eux.

Le bassin est représenté par deux os situés parallèlement à l'axe de la colonne vertébrale, qui donnent attache aux corps caverneux du mâle, et représentent aussi probablement les ischions. Ces os sont allongés, convexes en dessus, concaves en dessous et ne se rattachent à la colonne vertébrale que par un tissu fibreux. Dans quelques rares *cétacés* (*Balænoidea*) des osselets placés du côté externe de l'os pelvien semblent représenter le fémur, mais on n'a découvert aucune autre indication du membre de derrière.

Dans la plupart des *cétacés*, les muscles qui, chez les autres *mammifères*, meuvent l'avant-bras et la main, sont absents; ceux qui meuvent l'humérus sur la lame de l'épaule étant seuls représentés.

Chez aucun cétacé récent les dents ne sont remplacées par aucun successeur vertical, et elles n'ont pas plus d'une simple racine. Les alvéoles sont souvent incomplétement séparées les unes des autres. Le nombre des dents varie beaucoup, mais leur caractère est toujours à peu près le même. Il ne semble y avoir aucune glande salivaire. L'estomac est compliqué, étant divisé au moins en trois chambres dont la première est une sorte de panse bordée d'un épithélium épais, tandis que la seconde et la troisième sont allongées; le dernier estomac est celui où se fait la digestion.

Les artères et les veines forment un grand plexus, *retia mirabilia*, qui se remarque surtout dans la cavité du thorax, de chaque côté de la colonne vertébrale et dans les espaces inter-costaux.

Le palais mou est très-long et musculaire. L'épiglotte et les cartilages aryténoïdes s'avancent plus ou moins de manière à donner à la glotte la forme d'un entonnoir dont le sommet est embrassé par une plaque molle qui forme un conduit aérien continu depuis les narines postérieures jusqu'au larynx de chaque côté du passage des aliments. La très-courte trachée, avant de se diviser en bronches, donne ce qu'on appelle la troisième bronche au poumon droit comme dans les ours, les morses et les ruminants.

Les reins sont profondément subdivisés en lobules; chez le mâle les testicules restent toujours dans l'abdomen et il n'existe pas de vésicules séminales. Le pénis est dépourvu d'os. L'utérus de la femelle est divisé en deux longues cornes et les villosités du fœtus sont dispersées sur son chorion comme dans les autres mammifères à placentation diffuse.

Les cétacés sont divisibles en trois groupes : les *Balænoidea*, les *Delphinoidea* et les *Phocodontia* (1).

§ 1er. *Balænoidea.*

Caractères anatomiques. — Les chambres nasales communiquent avec l'extérieur par deux ouvertures susceptibles de se fermer selon la volonté de l'animal, et appelées spiracles. Ces ouvertures ne sont pas unies aux dilatations sacculaires des conduits nasaux situés entre le crâne et le tégument.

Dans la colonne vertébrale nulle côte n'a un col complet et un capitulum, les têtes même des côtes les plus antérieures n'étant unies aux corps de ces vertèbres que par ligament. La principale union de toutes les côtes cependant, et la seule union de la plupart d'entre elles, a lieu avec les apophyses transverses des vertèbres. Le court et large sternum s'unit seulement avec la première côte, et l'union est directe ; ainsi il n'y a pas de côtes sterno-costales.

Le crâne (fig. 115) est extrêmement large en proportion du corps, et à peu près symétrique. Les os nasaux, Na, quoique courts, sont plus longs et plus semblables à ceux des mammifères ordinaires, qu'ils ne le sont chez les autres *cétacés*. Le maxillaire, Mx, s'étend en dehors au devant de la grande apophyse sus-orbitaire du frontal, Fr. Mais il ne couvre pas l'os frontal. Il n'y a pas de lacrymal distinct. Chaque branche de la mandibule Mn est convexe en dehors et concave en dedans, et l'espace entre les branches de la mandibule est beaucoup plus grand que la largeur de la partie maxillo-prémaxillaire du crâne, qui se trouve à son extrémité antérieure, et est plus ou moins convexe en-dessus et concave au-dessous. Les deux branches de la mandibule ne sont unies que par ligament à la symphyse.

De petites dents sont développées chez le fœtus de baleine, mais elles tombent bientôt, et leur place est prise par ce qu'on appelle les fanons. Chacun de ceux-ci est triangulaire avec un

(1) Pour plus complète information concernant les caractères des cétacés récents, je renvoie le lecteur au très-remarquable mémoire du professeur Flower : « On the osteology of India and Pontoporia » (*Transactions of the Zoological Society* for 1867).

bord externe épais et lisse, un peu concave de haut en bas ;
dans sa position ordinaire, le bord du fanon est à peu près

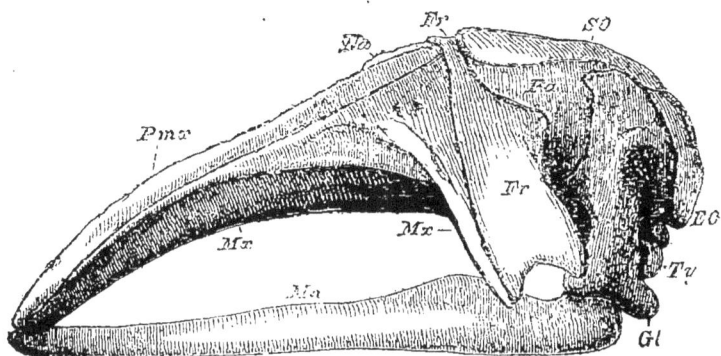

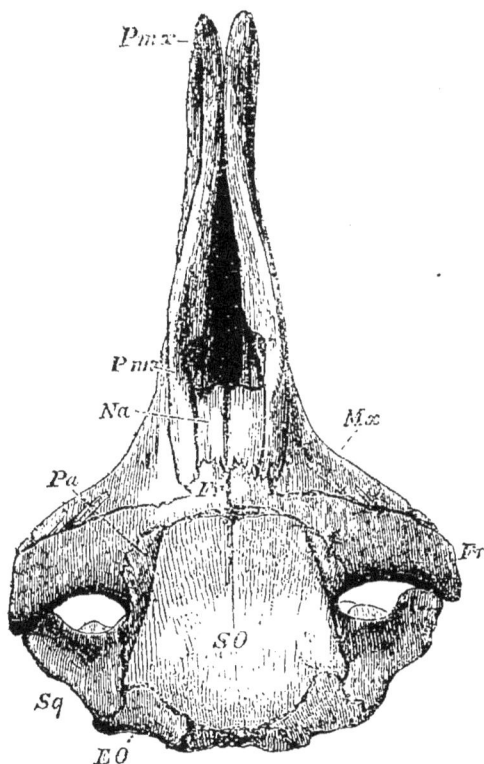

Fig. 115. — Vues latérale et supérieure du crâne d'un fœtus de baleine (*Balæna australis*). L'os jugal manque et la figure n'indique pas suffisamment la courbure en dehors des branches de la mandibule Mn.

vertical et couvert par la grande lèvre inférieure. Le bord
supérieur du fanon légèrement convexe est attaché à une

élévation transverse par la gomme qui couvre le palais. Le troisième côté du fanon triangulaire, quelque peu convexe et penchant sur la ligne médiane de haut en bas et en dehors, donne naissance à un nombre d'apophyses filamenteuses dans lesquelles les fanons semblent moulés. Quand la bouche est fermée, ces bords moulés des rangs nombreux et serrés des baleines, qui sont plus longs dans le milieu de chaque série et plus courts à chaque extrémité, renferment une cavité dont le fond est occupé par une langue large et épaisse. Quand la langue se lève, quelles que soient les matières solides qui se trouvent enfermées dans la bouche, elles sont entraînées dans le pharynx et avalées tandis que l'eau dans laquelle les matières étaient suspendues est éliminée entre les fanons. La baleine, pour se nourrir, allonge sa langue gigantesque en nageant à travers les bandes de petits molusques, crustacés et poissons qui se trouvent constamment à la surface de la mer. Ouvrant son immense bouche, elle avale l'eau de la mer avec sa multitude d'habitants pour remplir la cavité buccale, alors elle ferme la mâchoire inférieure sur les fanons et, expulsant l'eau à travers ceux-ci, avale la proie restée sur sa vaste langue.

Dans quelques-uns des *Balænoidea* (ex. : *Balæna rostrata*), le cartilage cricoïde et les anneaux de la trachée sont incomplets en avant, et un large sac aérien est développé dans l'espace crico-thyroïdien. Les *balænoidea* possèdent des nerfs olfactifs et un appareil olfactif distinct, quoique petit. La couche sclérotique du globe de l'œil est énormément épaisse et le nerf optique est entouré d'un *rete mirabile*. La membrane tympanique est réunie au malleus par ligament. Les canaux semi-circulaires sont très-petits, mais le cochlea est large et ne fait qu'un tour et demi. Les muscles de l'avant-bras et de la main ne manquent pas toujours.

La vraie baleine (Balæna) et les poissons à nageoires (fin-fishes: *Megaptera*, *Balænoptera*), etc., appartiennent à cette division.

§ 2. *Delphinoidea.*

Les chambres nasales s'ouvrent par un simple spiracle au sommet de la tête; et des dilatations sacculaires de diverses dimensions sont développées sur les parois du conduit qui

relie cette ouverture aux conduits naso-palatins et sont situées entre le tégument et la face externe du crâne.

Quelques côtes antérieures, plus ou moins, ont des têtes et
des cols, le capitulum s'articulant avec le corps des vertèbres
comme chez les autres *mammifères*. Le sternum allongé est
presque toujours composé de plusieurs pièces disposées dans

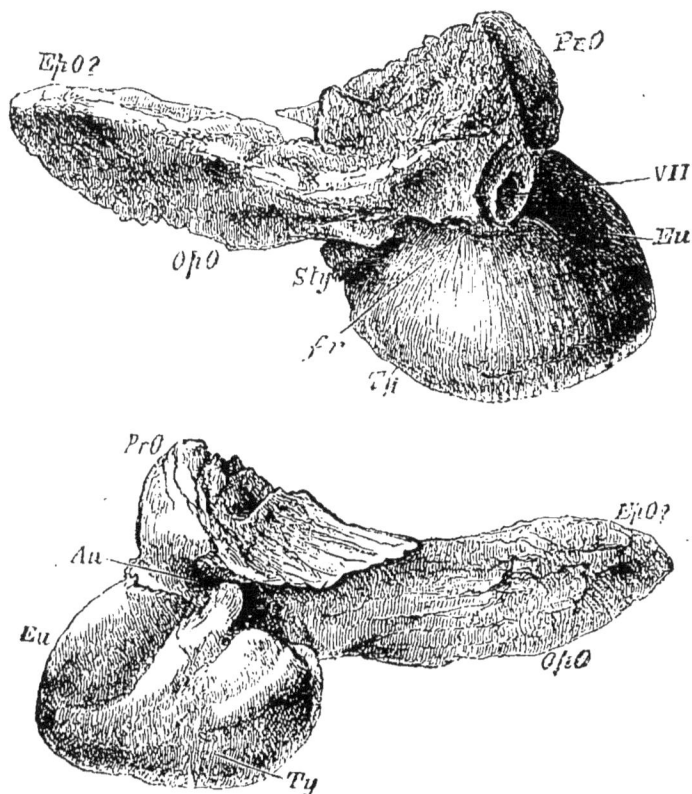

Fig. 116. — Os de l'oreille chez l'adulte, *Balæna australis*, vus à l'intérieur dans
la figure supérieure, extérieurement dans la figure inférieure : Eu, trompe d'Eustache ; au, méat auditif externe ; sty, racine ossifiée de l'apophyse styloïde.

une série longitudinale et des côtes cartilagineuses ou ossifiées sont présentes en nombre plus ou moins grand. Les os
nasaux, qui sont très-courts et ont leurs surfaces tuberculeuses,
sont plus ou moins symétriquement développés, ainsi que les
maxillaires, de telle sorte que la partie faciale du crâne semble
contournée.

Les maxillaires sont développés derrière et couvrent entièrement, ou en partie l'apophyse orbitaire de l'os frontal. L'os lacrymal est habituellement petit et se confond avec le grêle os jugal, mais il peut être large et distinct. Les branches de la mandibule ne sont pas arquées en dehors et elles s'unissent en une symphyse plus ou moins longue. La mandibule en général n'est pas sensiblement plus large que les portions correspondantes des parties maxillo-prémaxillaires du crâne.

Il existe toujours des dents après la naissance qui ne sont jamais remplacées par des balcines. Elles sont habituellement énormes, mais quelquefois peu nombreuses et temporaires. Parfois une ou deux seulement persistent et peuvent prendre, comme chez le narwhal, la forme de défenses extrêmement longues.

A cette division appartiennent les *Physeteridæ*, les *Platanistidæ* et les *Delphinidæ*.

Les *Physeteridæ* ne possèdent des dents fonctionnelles qu'à la mâchoire inférieure. L'assymétrie du crâne est très-marquée; et, chez l'adulte, les os maxillaires et frontal s'avancent de manière à former une sorte de bassin au-dessus de la surface du crâne. Les ptérygoïdes se rencontrent sur une ligne médiane au-dessous, et la symphyse mandibulaire est quelquefois extrêmement longue (fig. 117).

Le plus grand nombre des vertèbres cervicales est ankylosé. Les côtes postérieures perdent leur articulation tuberculaire, mais conservent l'articulation capitulaire avec les vertèbres. Les cartilages costaux ne sont pas ossifiés. Les membres pectoraux sont petits et les nageoires dorsales sont présentes, habituellement.

Les balcines à cétines propres (*Physeteridæ*) ont une tête énorme avec un museau carré et tronqué, à l'angle antérieur et supérieur duquel le spiracle est placé. Les dents n'atteignent leur complet développement qu'à la mâchoire inférieure. La boîte crânienne est immense et remplie par un tissu connectif lâche qui contient la graisse spéciale connue sous le nom de *spermaceti*. L'ambre gris est une sorte de bezoard trouvé dans le canal digestif du cachalot, et qui semble dériver de la matière grasse contenue dans les céphalopodes dont les cétacés se nourrissent. Dans les autres groupes de *Physeteridæ* les *Ziphiinæ* ou *Rhynchoceti*, auxquelles appartiennent les balcines gros-nez (*Hyperoodon*) on ne trouve qu'une ou deux paires de dents mandibulaires pleinement développées.

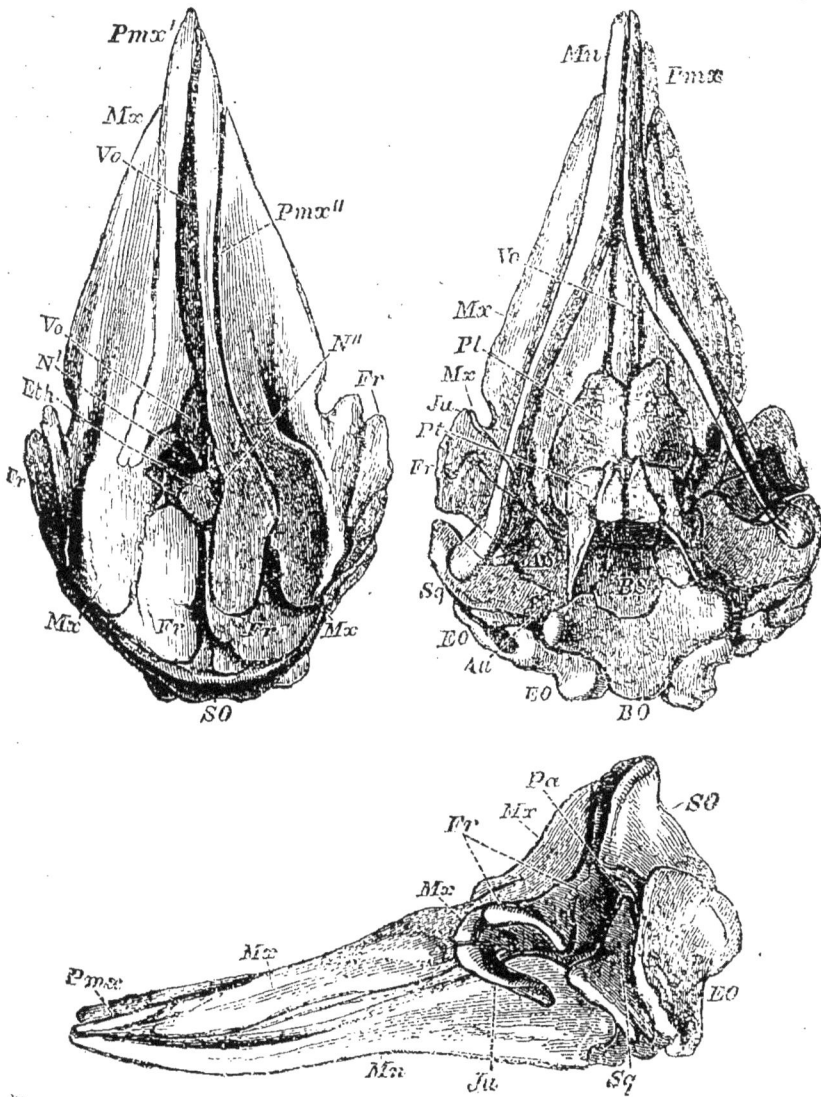

Fig. 117. — Vues supérieure A, inférieure B, et latérale C du crâne d'un fœtus de cachalot (*Physeter*). Les os nasaux ne sont pas représentés dans la vue supérieure et l'extrémité postérieure du jugal est déplacée dans ses rapports naturels avec le squamosal en C.

État fossile. — Quelques genres récents et beaucoup de fossiles (moyen et dernier tertiaire) de ces cétacés sont remarquables par leur bec allongé formé par l'ossification solide et l'ankylose de l'ethmoïde, des prémaxillaires et des maxillaires.

Caractères zoologiques. — Les *Platanistidæ* sont des cétacés qui fréquentent les fleuves et les estuaires du Gange et les rivières de l'Amérique du Sud.

Les vertèbres cervicales ne sont pas ankylosées ni les cartilages costaux ossifiés. Les tubercules et la tête des côtes se rejoignent en arrière. La symphyse des mandibules est extrêmement longue, et les mâchoires étroites. De nombreuses dents avec défenses aplaties se trouvent dans les deux mâchoires. Les yeux sont petits, et dans les *Platanistæ* ils sont rudimentaires.

Dans les *Delphinidæ* (Dauphins, Marsouins, Grampuses), les dents sont en général nombreuses dans les deux mâchoires, quoique le Narval soit une exception à cette règle, comme on l'a déjà remarqué.

Les vertèbres cervicales antérieures sont généralement soudées ensemble. Les côtes postérieures perdent leur tête et ne s'articulent plus qu'avec les apophyses transverses des vertèbres. Les cartilages costaux sont bien ossifiés. La symphyse de la mandibule n'excède pas la longueur d'un tiers de la branche, et les os frontaux et maxillaires ne s'avancent pas d'une manière spéciale au-dessus de leurs bords.

Comme le marsouin commun (*Phocæna communis*), qui fait partie de ce groupe, [est le cétacé que l'étudiant rencontre le plus aisément, il peut être utile de parler avec quelque soin de ses particularités anatomiques les plus intéressantes.

L'animal adulte atteint habituellement cinq pieds de long, et est recouvert d'un tégument sur lequel on ne découvre aucun poil, bien que quelques-uns soient visibles aux environs de la bouche chez les jeunes animaux.

Le contour de la partie antérieure de la tête est très-convexe, et présente sur la ligne médiane un spiracle ou évent qui a la forme d'un croissant avec les pointes tournées en bas et en avant. Les yeux sont petits et placés très-bas, près de l'extrémité postérieure de la cavité buccale qui est bordée par des lèvres épaisses et rudes. L'ouverture de l'oreille se trouve à environ un pouce trois quarts derrière l'œil et est si petite qu'on la découvre difficilement. L'ouverture génitale est placée très-loin au devant de l'anus chez le mâle; tandis que, chez la femelle, l'intervalle dans lequel sont situées les fosses qui logent les mamelles, en est beaucoup plus près. Il y a une vertèbre dorsale visible entre la nageoire caudale aplatie. Immédiatement au-dessous de la peau se trouve une couche épaisse de graisse, comme chez les autres cétacés.

Par la texture spongieuse de tous les os, par l'absence de cavités médullaires dans ceux des membres, par la séparation persistante des épiphyses du centre des vertèbres, le marsouin ressemble à tous les autres *cétacés*; cette ressemblance se retrouve encore dans ses vertèbres cervicales courtes et dans la longueur de celles appartenant à la région lombaire de la colonne vertébrale.

Les sept vertèbres cervicales sont toutes soudées ensemble, et l'atlas, qui est très-large en proportion du reste, les recouvre au-dessus et sur les côtés. Le centre des dernières cervicales est si court et large que ce n'est plus qu'un os plat. Il y a vingt-huit vertèbres dorso-lombaires, dont quinze sont dorsales. Dans toutes, moins la plus antérieure de ces vertèbres, les zygapophyses sont abortives; et la longue apophyse accessoire développée dans la partie antérieure des arcs neuraux embrasse lâchement en avant l'apophyse épineuse de la vertèbre. Cette disposition, ainsi que l'épaisseur des ligaments intervertébraux, donne une grande flexibilité à la colonne vertébrale. L'apophyse transverse de la dernière dorsale et de la dernière lombaire sont très-longues. Il y a cinq paires de vraies côtes. Les sternales s'ankylosent dans un long sternum. Les vertèbres caudales antérieures sont pourvues de larges os chevrons offrant des ouvertures à travers lesquelles passent les branches de l'aorte.

En raison de la forme globuleuse de la boîte crânienne et du prolongement des mâchoires, le crâne a une forme saillante. Il y a un léger manque de symétrie du côté de la base de la mâchoire supérieure, mais c'est à peine appréciable.

Dans une section longitudinale, l'aplatissement et l'élévation des contours concaves de la base du crâne; l'extrême minceur de la selle turcique; la présence d'une tente non ossifiée, la large paroi antérieure imperforée à la place de la lame cribée de l'ethmoïde, sont des traits frappants. La synchondrose entre les basi- et présphénoïde est persistante. A la base du crâne le basi-occipital envoie une longue apophyse en dehors et en bas pour former à l'aide d'un prolongement paramastoïdien de l'ex-occipital et du squamosal une chambre contenant les os tympaniques et périotiques ankylosés. Les ex- et sus-occipitaux avec les inter-pariétaux forment toute la paroi postérieure et médiane de la voûte du crâne, séparant complétement les pariétaux, en grande partie les frontaux, et rejoignant les os nasaux.

Le basi-sphénoïde est ankylosé avec les petites ailes du sphénoïde presque horizontales, il n'y a pas d'apophyse ptérygoïde du sphénoïde. Les pariétaux sont petits et n'occupent que les portions supérieure et latérales de la boîte crânienne. Les os frontaux sont très-larges et étendus, complétement soudés ensemble pour former la paroi antérieure de la boîte crânienne. Postérieurement et au-dessus, ils se divisent pour recevoir l'inter-pariétal. Les apophyses sus-orbitaires sont extrêmement larges, et dirigées en avant et en dehors comme dans l'os des baleines. La plus grande partie de la surface supérieure des frontaux et de leurs apophyses orbitaires est rugueuse et recouverte par des os maxillaires étendus qui ne donnent qu'une étroite apophyse, une surface unie en forme de bande envoyée par les frontaux se voit à la région supérieure et antérieure du crâne. La surface rugueuse est marquée par deux légers sillons qui, passant de dessous en dessus, sont convexes l'un vers l'autre et sur la ligne médiane. Des sillons correspondants existent au-dessous de l'extrémité supérieure et prolongée des maxillaires; et, quand ils sont dans leur position naturelle, les sillons accolés l'un à l'autre forment deux canaux aveugles au devant et au-dessus. Ceux-ci dans leur état naturel sont remplis d'air et communiquent avec des chambres aériennes à la base du crâne et avec les tubes d'Eustache.

Des prémaxillaires étroits sont ankylosés avec les marges internes des maxillaires et ne contribuent que pour une très-petite part à former des marges alvéolaires de la mâchoire supérieure. Les alvéoles ne sont pas complétement séparées les unes des autres. Les os ptérygoïdes ne s'unissent pas sur le palais. Ils ont une forme creuse particulière et offrent une ouverture pour le passage des extrémités des tubes d'Eustache dans les canaux nasaux. Ceux-ci sont à peu près verticaux et séparés par le large et fort vomer. Leurs ouvertures supérieures restent entièrement découvertes en raison de la petitesse, de la forme tuberculeuse et de la position en arrière des os nasaux. Le squamosal est relativement petit, mais pourvu de l'apophyse zygomatique large qui caractérise les cétacés ; celui-ci s'étend en avant à peu près jusqu'à l'extrémité postérieure de l'apophyse sus-orbitaire et donne attache au mince jugal.

Les os périotiques forment une masse osseuse dense soudée avec un non moins lourd et épais tympanique en forme de rouleau. La *partie mastoïdienne* de la masse périotique se trouve fixée dans un enfoncement de la chambre qui a déjà été décrite, et est tenu en position dans le crâne sec, quoiqu'elle en soit très-aisément détachée.

Quand l'os *tympano-périotique* et tous les os de la face sont retirés, deux paires de trous seulement sont visibles à la base du crâne. La paire antérieure, qui répond aux trous optique et sphéno-orbitaire, donne passage aux deuxième, troisième et quatrième nerfs, et à la division antérieure des cinquième et sixième nerfs. La paire postérieure prend la place du trou déchiré ovale postérieur et du trou jugulaire, dans lesquels s'ouvrent postérieurement les trous pré-condyloïdiens. Les branches des mandibules sont unies seulement par une courte symphyse. Le corps de l'hyoïde est large et hexagonal, a deux cornes minces antérieures et deux postérieures larges et plates.

Dans la position naturelle les membres antérieurs se tiennent droits en dehors du corps avec leurs surfaces plates dirigées en haut et en bas ; la surface supérieure un peu en arrière, l'inférieure un peu en avant. La tubérosité d'un court humérus est dirigée en avant. Le carpe contient six ou sept os. Le nombre des phalanges des doigts est deux, huit, six, trois, deux en comptant le pouce comme le premier.

Les os pelviens sont allongés, légèrement incurvés, sortes de styles osseux. Ils ont leur grand axe parallèle à la colonne vertébrale, leurs côtés convexes au-dessus, et leur plus petite extrémité en dehors sur un point du centre des vertèbres, leurs extrémités postérieures près du troisième os chevron de la queue. Les extrémités antérieures sont séparées environ d'un pouce. Derrière son centre, chaque os présente un point épais aplati pour servir d'attache au corps caverneux de son côté.

Le muscle cutané est très-largement développé et se trouve entre deux couches de graisse, une épaisse et superficielle qui le sépare de la peau, une mince et profonde au-dessus des muscles sous-jacents. On peut dire que le muscle cutané est disposé en deux larges couches; une dorsale et une ventrale de chaque côté, qui s'étendent depuis la crête occipitale et les branches de la mandibule jusqu'à la queue. Ces deux divisions envoient de larges bandes à l'humérus qui agit comme adducteur et abducteur puissant, dilatateur ou compresseur de la nageoire.

Il n'y a pas de *trapèze*, et le représentant du long dorsal est très-petit. Un *occipito-huméral*, s'étendant du para-mastoïde à la tubérosité de l'humérus, semble représenter le cléido-mastoïdien et le deltoïdo-claviculaire. Un *costo-huméral* s'étend du sternum à la tubérosité interne de l'humérus. Un petit *coraco-brachial* s'étend du sommet du coracoïde à la tubérosité interne de l'humérus. Le grand pectoral semble être représenté par un muscle qui s'élève du sternum, près de l'articulation de la troisième et de la quatrième côte, et est inséré au cubitus. Le *triceps extenseur* est représenté par des fibres tendineuses parmi lesquelles le muscle ne peut pas toujours être distingué; ces fibres s'étendent de la face postérieure de l'humérus au cubitus.

Les autres muscles de l'avant-bras et tous ceux de la main sont absents. Les muscles dorsaux forment une masse épaisse depuis l'extrémité de la queue jusqu'à l'occiput; et, du côté ventral de la colonne vertébrale, les muscles de la partie sous-caudale se continuent également en avant jusqu'au milieu du thorax. Un *ischio-caudalis* passe de chaque côté de l'os chevron antérieur à l'ischion. Entre leurs attaches, se trouve une aponévrose qui supporte l'anus; des muscles ischio-caverneux passent des ischions aux corps caverneux.

Le diaphragme n'a pas de centre tendineux. Ses piliers sont très-minces, s'étendent entre les reins et l'épine, deviennent tendineux et s'attachent aux faces ventrales des vertébres jusqu'à la neuvième lombaire. Une forte aponévrose fibreuse se continue en arrière au-dessus des muscles sous-vertébraux des os pelviens. Entre ces os et les extrémités des apophyses transverses des vingt-huitième et vingt-neuvième vertèbres (en comptant depuis la première dorsale), l'aponé-vrose est assez épaisse pour former une bande fibreuse pres-que distincte qui occupe la place de l'ilium. Les uretères sont placés entre la fascia ischio-vertébral et le péritoine.

Les dents sont petites et nombreuses, et leurs couronnes obtuses et rétrécies. Le canal du pharynx est divisé au milieu : un palais mou se prolonge dans un conduit musculaire dont l'ouverture s'adapte au cou du long cône dans lequel s'avan-cent l'épiglotte et les cartilages aryténoïdes. Ainsi la disposi-tion qui est transitoire chez les marsupiaux est permanente chez les cétacés.

L'estomac est divisé en trois sacs. Le premier large, coni-que et bordé par une couche grossière d'épithélium blanc. L'œsophage s'ouvre directement dans celui-ci. Le second com-munique avec le premier par une ouverture fermée à l'extré-mité cardiaque de l'œsophage et est entouré d'un bord rugueux proéminant. Un canal courbe, long d'un pouce environ et où le doigt pourrait tenir, est tapissé d'un épithélium blanc sem-blable à celui du premier et conduit dans le second estomac. Celui-ci est doublé d'une membrane muqueuse molle extrê-mement vasculaire avec environ dix forts plis longitudinaux séparés par un sillon profond interrompu par des crêtes trans-verses. Un canal étroit et courbe conduit du second estomac au troisième qui est de forme tubulaire et courbé sur lui-même. Sa membrane limitante est complétement unie. Il communi-que par une petite ouverture pylorique circulaire avec le commencement de la dilatation du duodenum qui a été par-fois regardée comme un quatrième estomac. La membrane limi-tante de cette partie se continue avec celle du duodenum lui-même. Les canaux pancréatique et biliaire réunis s'ouvrent précisément au delà de la partie dilatée du duodenum. Il n'y a pas de cœcum, ou de démarcation entre le gros et le petit intestins. Le foie bilobé n'a pas de vésicule biliaire.

Dans le cœur, la fosse ovale est distincte, mais il n'y a ni valvule d'Eustache ni valvule tricuspide.

La veine cave inférieure est longue et large, mais elle n'est pas spécialement dilatée près du cœur. Des fibres musculaires ne lui sont pas envoyées par le diaphragme. L'aorte et les artères pulmonaires ne sont pas dilatées à leur origine. Les artères ont une grande tendance à se terminer dans des plexus. Ainsi les carotides internes forment un grand réseau qui communique avec le plexus vertébral, comprenant toute l'étendue du canal vertébral. Les artères brachiales se divisent en deux branches et celles-ci à leur tour se subdivisent en rameaux parallèles innombrables. Les artères intercostales sont la principale source du large plexus thoracique placé sur les côtés de la colonne vertébrale dans la moitié dorsale du thorax. Enfin un *rete mirabile* entoure l'aorte caudale. Les veines forment des plexus correspondant à ceux des artères, et les deux se mêlent ensemble. Les muscles sous-vertébraux de l'abdomen et du thorax reçoivent un large plexus veineux.

L'appareil respiratoire des marsouins présente des particularités très-remarquables. Le contour de la partie antérieure de la tête, bordée par le tégument, est très-convexe; la région faciale correspondante du crâne, au contraire, est très-concave. L'intervalle entre les deux régions est occupé d'une part par du tissu fibreux et adipeux, de l'autre par une chambre à spirales, sacculée d'une manière spéciale, qui joint le simple spiracle du crâne avec les doubles narines externes.

Deux valvules, une antérieure et une postérieure, se trouvent immédiatement au-dessous de ces narines externes et terminent la communication entre elles et la chambre, excepté à l'instant où l'ouverture est forcée en bas. Chaque canal nasal reste distinct de l'autre jusqu'aux valvules, le milieu de chacune de celle-ci étant attaché au septum; aussi peut-on dire qu'il existe une paire de valvules pour chaque ouverture entre les canaux et la chambre spiraculaire.

Chaque conduit nasal, quand il cesse d'avoir un entourage osseux, envoie deux diverticulums: un en avant et un en arrière. L'antérieur, situé entre la valvule antérieure et le prémaxillaire, est un simple sac doublé d'une mince membrane noire et unie. Le diverticulum postérieur se trouve entre la valvule postérieure, l'éthmoïde et les os nasaux; il est incomplétement divisé par une sorte de cloison et se prolonge

en avant autour et au-devant de la valvule antérieure, sa terminaison close se fait sur la ligne médiane au-dessus du sac
antérieur.

La chambre spiraculaire elle-même s'avance de chaque côté
dans un large sac latéral dont les parois s'élèvent en de fortes
crêtes parallèles, recouvertes d'un tégument à papilles pig-
menté de noir. Les parois de ces sacs sont fortes et élastiques.
Des couches de fibres musculaires passent de la crête occipitale à la lèvre postérieure du spiracle, et des bords des maxillaires à sa lèvre antérieure. Leur action a nécessairement
pour but d'ouvrir le spiracle et de comprimer les sacs. Il n'y
a pas de sphincter, le spiracle, par sa forme, se trouvant
naturellement fermé puisque ses parois se touchent et sont
comprimées par le poids de l'eau.

Quand un marsouin vient à la surface pour souffler, la forme
de la lèvre postérieure concave du spiracle concentrique n'est
pas sensiblement altérée, mais la lèvre antérieure convexe est
poussée en arrière et en avant, sa surface se déprime un peu
et ses bords libres deviennent presque droits, aussi l'ouverture, quand elle est complétement dilatée, affecte-t-elle la forme
d'une demi-lune. En même temps, l'air est expulsé avec un
bruit retentissant. L'acte inspiratoire doit être très-rapide
car le spiracle ne reste ouvert que très-peu de temps après
l'expiration. Quand les plus larges cétacés viennent à la surface pour respirer, la vapeur expirée se condense subitement
en un nuage ; si l'expiration commence avant que le spiracle
ne se trouve à la surface, une certaine quantité d'eau peut
être entraînée avec le violent courant de l'air expulsé. C'est
ce qui justifie le terme *jaillissement* des baleines, terme qui ne
vient pas, comme on le croit généralement, de l'expulsion par
les narines de l'eau avalée avec les aliments.

L'épiglotte en avant et les cartilages aryténoïdes en arrière
se prolongent sous la forme d'un tube conique dilaté à son
sommet en une échancrure. Le palais mou musculaire embrasse
le col de cette échancrure si intimement qu'il ne peut en être
séparé que par un effort considérable. Aussi, durant la vie, les
canaux aériens du nez et de la glotte restent-ils en continuité
parfaite ; c'est pourquoi le marsouin rejette l'eau en ouvrant la
bouche après avoir avalé sa proie. Le point où commence la

bronche externe du poumon est séparé par quatre anneaux de la bifurcation à la trachée. Les poumons ne sont pas lobés; leur tissu est très-dense et élastique.

Les hémisphères cérébraux pris ensemble sont plus larges que longs. Vus en dessus, ils ne laissent pas plus d'un septième de la longueur du cérébellum découvert, tandis qu'ils le recouvrent amplement sur les côtés. La surface des hémisphères offre beaucoup de circonvolutions séparées par des sillons profonds. Il y a une scissure de Sylvius très-bien marquée avec un lobe central ou insula. Un rudiment d'une corne postérieure a été observé sur le ventricule latéral.

Le corps calleux est petit, relativement à la grandeur des hémisphères, et la commissure antérieure est presque abortive. La moelle allongée a un *corps trapezoïde*. Les nerfs olfactifs manquent, circonstance qui s'accorde avec l'absence complète d'os turbinés de l'éthmoïde. L'œil a une sclérotique épaisse et un muscle choanoïde; il n'y a pas de membrane nictitante.

L'ouverture auditive externe est si petite qu'on peut à peine la distinguer. Le méat auditif est un tube étroit ondulé, long environ d'un pouce. La membrane tympanique est concave à l'extérieur, et, comme il arrive chez les cétacés, reliée par un ligament au manche du marteau. Il n'y a qu'une petite ouverture à l'étrier. Le tenseur du tympan sort, comme chez les carnivores, d'une fosse de l'os périotique.

Le tube d'Eustache passe à travers l'échancrure dans le ptérygoïde et s'ouvre dans le canal nasal. Il communique tout près de son origine par une ouverture ovale avec une chambre aérienne remarquable qui s'étend en arrière entre la masse périotique et le *basis cranii* et en avant sur le côté inférieur de la partie étendue du maxillaire, où il s'ouvre dans un canal entre le maxillaire et le frontal déjà décrits. Ces chambres, comme les bronches, sont généralement pleines de cils vibratiles.

Les testicules et le pénis du mâle sont énormes en proportion de la grandeur du corps. Le pénis est dépourvu d'os, et ordinairement est courbé dans une longue gaîne préputiale.

§ 3. Les *Phocodontes*.

État fossile. — Ils ne sont représentés que par le *Zeuglo-*

don, le *Squalodon* et d'autres larges cétacés éteints de l'époque tertiaire. Ces remarquables formes fossiles relient les *cétacés* aux *carnivores aquatiques*.

Caractères anatomiques. — Les vertèbres cervicales sont distinctes et non ankylosées, à peu près semblables à celles du *Rhyncoceti*. Les vertèbres caudales ont leurs apophyses transverses perforées verticalement comme chez beaucoup de cétacés. Les extrémités postérieures des côtes sont élargies environ comme dans la *sirène*. Le crâne est symétrique, et les os nasaux, quoique courts encore, sont plus longs que ceux d'aucun autre *cétacé*.

Le scapulum semble avoir eu une épine et un acromion comme celui des *sirènes*. L'humérus est comprimé sur le côté et présente de vraies surfaces articulaires à son extrémité postérieure, quoiqu'elles soient de petites dimensions.

Les dents molaires ont des couronnes aplaties latéralement avec des bords dentelés, et deux crocs ressemblant à ceux de beaucoup de phoques ; enfin le *Zeuglodon* diffère de tous les autres *cétacés* en ce que quelques-unes de ses dents ont des successeurs verticaux.

Mammifères à membrane caduque. — Comme les mammifères à membrane non caduque, on peut les subdiviser en deux groupes suivant la forme du placenta : les *Zonaria* et les *Discoïdes*.

A. Dans les premiers, le placenta entoure le chorion comme un cercle, laissant ses extrémités libres de villosités ou à peu près.

B. Dans les *Discoïdes*, le placenta prend la forme d'un disque épais qui est quelquefois plus ou moins lobé.

A. Les *Zonaria*.

Les mammifères qui possèdent un placenta en forme de zone sont les *Carnivores*, les *Proboscidiens* et les *Hyracoïdes*.

Chacune de ces divisions se rapproche beaucoup de celles qui ont été décrites plus haut. Ainsi les *Cornivores* se rapprochent des *Cétacés* ; les *Proboscidiens* des *Syrènes*, et les *Hyracodes* des *Ongulés*.

ARTICLE VI

LES CARNIVORES.

Caractères anatomiques. — Dans cet ordre, la tête relativement au corps est de grandeur modérée ou petite, le poil abondant (fig. 118).

Les vertèbres cervicales sont libres et non ankylosées, et leur centre est allongé. L'apophyse odontoïde de la seconde est très-développée. Les vertèbres dorso-lombaires sont presque toujours au nombre de vingt, rarement vingt et une ou dix-neuf. Le nombre des vertèbres dorsales ou lombaires respectivement varie entre seize dorsales et quatre lombaires, treize dorsales et dix-sept lombaires. Les vertèbres dorso-lombaires s'articulent toujours ensemble par leurs zygapophyses et il y a un sacrum complet.

Les côtes sternales sont nombreuses et latéralement aplaties.

Dans le crâne les os nasaux sont très-développés, et ont la forme ordinaire. Quand les dilatations sus-orbitaires existent, elles sont d'une grandeur moyenne. Les pariétaux s'unissent dans une longue suture sagittaire. Les orbites et les fosses temporales communiquent librement, le bord postérieur de l'orbite n'étant jamais fermé par de la substance osseuse. L'os jugal est fort et s'unit par une large surface au maxillaire. Il existe une apophyse coronoïde distincte, et le grand axe de la surface articulaire qui reçoit la tête de la mandibule est transverse.

L'hyoïde a un petit corps et plusieurs cornes antérieures articulées.

Les deux paires de membres sont pleinement développées, la queue n'est pas pourvue de nageoire horizontale. Les clavicules peuvent manquer, et, quand elles sont ossifiées, elles n'occupent pas plus de la moitié de l'intervalle entre l'acromion et le sternum. Le scapulum a une épine distincte et une large fosse sus-épineuse.

Ni le pouce ni le gros orteil ne sont opposables. Les os carpiens et tarsiens ont le nombre et la disposition ordinaires, si ce n'est que le *scaphoïde* et le lunaire dans le carpe sont unis en un seul os. Les dernières phalanges des doigts, dont le nombre n'est jamais au-dessous de quatre, sont presque toujours pourvues de longues griffes.

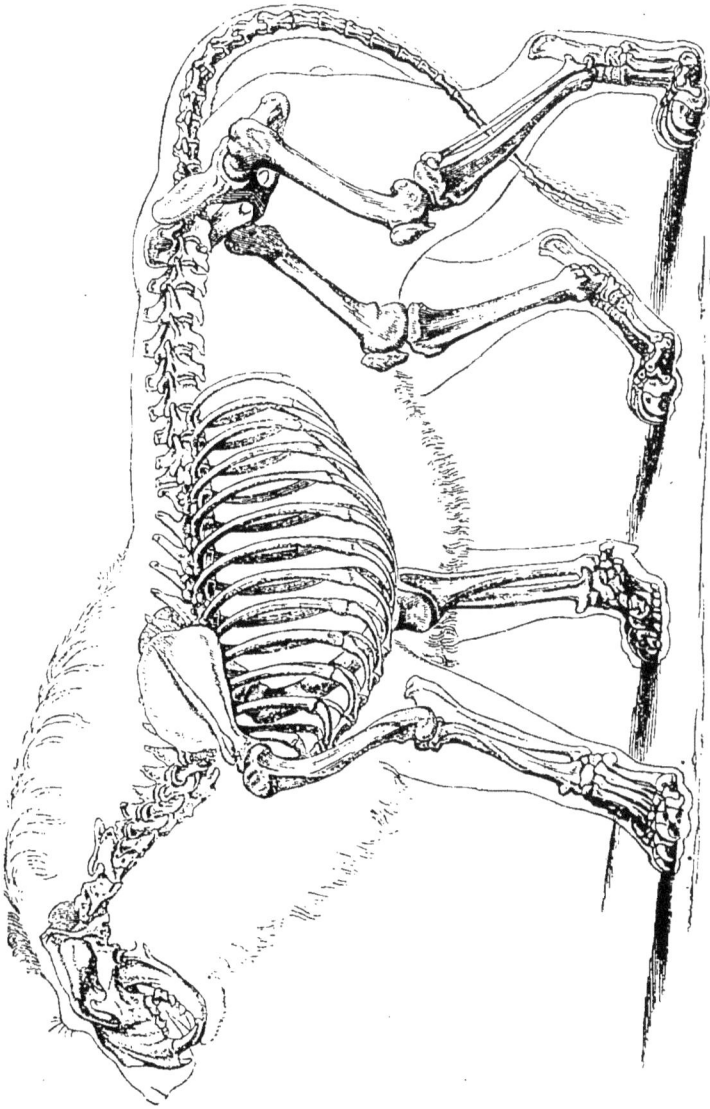

Fig. 118. — Squelette d'un lion (Felis leo)

Les dents se distinguent toujours en incisives, canines et molaires ; elles sont logées dans des alvéoles distinctes et leurs couronnes sont recouvertes d'émail. Il y a toujours

24.

deux rangs de dents, un pour la dentition temporaire, un pour la dentition permanente. Comme règle générale, il y a six incisives supérieures et un nombre égal au-dessous. Les canines sont longues, courbes et pointues.

L'estomac est simple et non divisé, le cœcum, qui n'est jamais large, peut manquer tout à fait.

Le foie est profondément subdivisé et il y a une vésicule biliaire.

Quant au cerveau, le cérébellum n'est jamais complétement recouvert par les hémisphères qui sont réunis par un large corps calleux, et, excepté dans les espèces aquatiques, par une commissure antérieure bien développée. A l'extérieur de chaque hémisphère, il existe ordinairement trois circonvolutions distinctes entourant la scissure de Sylvius. Mais, dans les *Carnivores* aquatiques, les circonvolutions sont beaucoup plus nombreuses et plus compliquées ; les hémisphères cérébraux sont beaucoup plus larges et plus longs en proportion de la longueur du cerveau ; et ils peuvent même offrir un rudiment de la corne postérieure. Sous tous ces rapports, ils se rapprochent des *Cétacés*.

Les os turbinés inférieurs sont toujours larges et ont une forme compliquée.

Il n'y a pas de vésicules séminales visibles, et la présence d'un *os pénis* se rencontre très-généralement. L'ovaire est contenu dans un sac péritonéal.

Classifications. — Les *Carnivores* sont divisibles en *Pinnipedia* ou carnivores aquatiques ; et en *Fissipedia*, qui sont terrestres et bons coureurs.

§ 1. Les *Fissipèdes*.

Caractères anatomiques. — Dans les *Fissipèdes* la formule des incisives est, en exceptant l'Enhydris (la loutre de mer, qui a $i\frac{3.3}{2.2}$) six à chaque mâchoire.

Les membres postérieurs ont la position ordinaire dans les mammifères, et la queue est libre jusqu'à sa racine. Le pavillon de l'oreille est très-développé. Les doigts médians ou les plus externes des pieds sont les plus longs, le pouce est plus court que les autres.

Presque toujours les dernières phalanges sont pourvues de griffes aux deux membres; et, dans les formes carnivores les plus pures, ces griffes sont très-fortes, courbes et pointues. Les phalanges qui supportent les griffes ont une forme semblable, et une plaque d'os s'élève de leur base comme une courte gaîne. Un ligament élastique joint la base de la phalange unguéale à la phalange médiane de manière que, quand le *fléchisseur profond des doigts* n'est pas en action, la phalange unguéale est repoussée en arrière sur la phalange médiane et la griffe qu'elle supporte est attirée dans une gaîne tégumentaire.

Les lobes olfactifs sont habituellement larges et les hémisphères cérébraux allongés.

Comme le chien (*Canis familiaris*) est un exemple excellent et très-accessible de carnivore fissipède, il sera utile de faire connaître les points les plus importants de son anatomie.

La colonne vertébrale contient vingt vertèbres dorso-lombaires dont treize sont dorsales et dix-sept lombaires; trois sacrées et de dix-huit à vingt-deux caudales. L'atlas a de larges ailes arrondies, dont les marges antérieures sont creusées profondément près des racines. Le bord postérieur de l'apophyse épineuse de la vertèbre axis est presque perpendiculaire et très-épais.

Neuf paires de côtes sont ordinairement réliées, à l'aide de cartilages sterno-costaux, au sternum, qui se compose de huit *sternebræ* latéralement aplaties. Deux seulement des trois vertèbres sacrées ankylosées s'articulent avec les ilions.

Ainsi que chez les *carnivores* en général le trou occipital est placé à l'extrémité postérieure du crâne, et se trouve dirigé presque directement en arrière. Les crêtes sagittales et lambdoïdes sont largement développées et se rencontrent dans une épine occipitale proéminente; les zygomatiques sont très-larges et arqués en avant; l'apophyse coronoïde de la mandibule est très-large. La grandeur de ces parties est en rapport avec la dimension des muscles du cou et des mâchoires.

Les branches de la mandibule sont à peu près droites, l'angle propre de la mâchoire étant abortif. Une apophyse sus-angulaire se projette en dehors de la portion ascendante de la branche, et prend la place de l'angle propre. Le condyle arti-

culaire est très-allongé transversalement, étroit et convexe
d'avant en arrière ; les apophyses pré- et post-glénoïdes du
squamosal s'avancent en bas de manière à transformer l'articulation en véritable ginglyme, et à limiter le mouvement de
la mâchoire à un plan vertical. Les apophyses sus-orbitaires
des frontaux sont petites et pointues. La base des alisphénoïdes est traversée par un canal longitudinal. Le tympan est
bordé en dessous par une paroi osseuse convexe appelée
bulla. Il s'ouvre extérieurement par le court méat externe à
l'extrémité interne duquel se trouve une élévation pour
l'attache de la membrane tympanique. A une petite distance
interne de ce cadre, destiné à la membrane tympanique du
tambour, une petite crête s'élève du plancher de la bulle, et
le divise imparfaitement en une portion externe et une portion antérieure qui communiquent avec la trompe d'Eustache
et avec une cavité interne sphénoïdale aveugle occupant la
plus grande portion de la bulle.

La partie de la bulle qui forme le plancher de cette cavité est
le résultat de l'ossification d'une apophyse du cartilage périotique, tandis que l'autre partie est fournie par l'os tympanique. La petite crête est portée en avant par la jonction des
deux. Postérieurement et intérieurement, la région périotique
de la bulle présente un canal à travers lequel passe l'artère
carotide. L'ouverture postérieure du canal carotidien est dirigée vers le *trou déchiré postérieur*, et n'est pas visible sans dissec-
tion. Il existe une large apophyse en avant de l'occipital ayant
son extrémité libre proéminente; mais sur la plus grande partie de la longueur elle est appliquée au dos de la bulle. Le
trou condylien est complétement distinct du *trou déchiré postérieur.* Un large trou derrière la cavité glénoïdale donne passage
à une veine venant de l'intérieur du crâne. Dans la cavité nasale, les os turbinés de l'ethmoïde sont très-larges ; les turbinés
supérieurs se prolongent en larges sinus frontaux, et les inférieurs s'unissent sur la ligne médiane avec le septum.

Les clavicules du chien, toujours rudimentaires, ne sont généralement représentées que par une intersection cartilagineuse des muscles qui représentent le sterno-mastoïdien et le
deltoïde.

La fosse olécrânienne de l'humérus est perforée. Le pouce

est beaucoup plus court que les autres doigts. Quand le chien est debout, les os métacarpiens de ses doigts sont à peu près dans une direction verticale. Les dernières phalanges du côté de la base sont inclinées en forme de V avec leur sommet (l'articulation entre les deux) en bas. Les griffes sont en conséquence élevées au-dessus de la terre, le pied reposant en partie sur une plaque tégumentaire épaisse qui se trouve au-dessous des phalanges basilaires et en partie sur la surface des articulations entre les phalanges médianes et inférieures.

Les phalanges inférieures restent inclinées sur les médianes au moyen des ligaments élastiques qui passent de l'un à l'autre et s'opposent à l'action des longs fléchisseurs. Le chien possède donc le mécanisme pour la rétraction de ses griffes, mais son action n'est pas suffisante pour les protéger contre l'usure. Des os *fabellæ* ou sésamoïdes se développent dans les tendons du *gastrocnemius* derrière les condyles du fémur. Le péroné est mince et appliqué contre le tibia, mais non ankylosé avec lui. Le pouce est habituellement rudimentaire; le métatarse et les phalanges basilaires ne sont représentés que par deux petits osselets. Chez quelques jeunes chiens cependant le pouce est complétement développé.

Dans la myologie du chien, l'insertion du tendon du muscle externe oblique de l'abdomen présente quelques particularités intéressantes. Les fibres externes et postérieures de ce muscle se terminent en une fascia qui, d'une part, se continue sur la cuisse comme *fascia lata*, et de l'autre forme un arc (ligament de Poupart) au-dessus des vaisseaux fémoraux. Il s'insère par son extrémité interne sur le côté externe d'un fibro-cartilage triangulaire dont la large base est attachée à la marge antérieure du pubis, entre son épine et la symphyse, tandis que le sommet se trouve sur les côtés de l'abdomen. Le tendon interne de l'oblique externe s'unit avec le tendon de l'oblique interne pour former le pilier interne de l'anneau abdominal, et s'insère à l'intérieur du fibro-cartilage triangulaire. Le *pectiné* s'attache à la face ventrale du cartilage; la partie externe du tendon du muscle droit à sa face dorsale; mais la principale partie de ce tendon s'insère au pubis en arrière. Ce fibro-cartilage semble représenter les os marsupiaux ou cartilage des monotrèmes et des marsupiaux.

Le trapèze et le sterno-mastoïdien se réunissent en un seul muscle, et, en l'absence d'une clavicule complète, les fibres externes du dernier, et celles de la partie antérieure du deltoïde se continuent. Ainsi se forme un muscle qui a été appelé *élévateur propre de l'humérus*. L'*omo-hyoïdien* et le *sous-clavier* sont absents. Il existe un *trachélo-acromial* et un *dorso-épitrochléaire*. Le long supinateur manque, mais il y a un *carré pronateur*. L'extenseur commun des doigts de la main se divise en quatre tendons dans lesquels se développent des os sésamoïdes au-dessus des articulations, entre la première et la seconde phalange. L'*extensor primi internodii pollicis* est absent.

L'*extensor secundi internodii* est un seul muscle avec l'*extenseur des doigts*. Le petit extenseur des doigts envoie des tendons aux troisième, quatrième et cinquième doigts.

Tous ces extenseurs profonds ont des os sésamoïdes au-dessus des articulations métacarpo-phalangiennes. Le *long palmaire* semble manquer ; mais tous les autres fléchisseurs de la main, même le court palmaire, sont représentés. Les tendons du long *fléchisseur du pouce* et du *fléchisseur perforant* des doigts sont unis. Les divisions que les tendons communs envoient aux cinq doigts développent des os sésamoïdes, au-devant de leurs insertions à la base des phalanges postérieures. Le cinquième doigt a un abducteur, un court fléchisseur et un opposant ; le pouce a un abducteur, un adducteur, un court fléchisseur et peut-être un opposant. Les second, troisième et quatrième doigts ont chacun une paire de courts fléchisseurs qui représentent les inter-osseux et sont insérés à la base des phalanges antérieures, chacun d'eux développe un sésamoïde relativement gros et envoie un petit tendon dorsal à la gaîne de l'extenseur. Le plantaire est large, et, comme dans le porc, son tendon passe dans le représentant du *court fléchisseur des doigts de pieds*. Les tendons du long fléchisseur du pouce et du fléchisseur perforant s'unissent dans un tendon commun, qui se subdivise en branches pour les doigts.

La formule dentaire du chien est $i\,\dfrac{3.3}{3.3}\ c\,\dfrac{1.1}{1.1}\ p\,m\,\dfrac{4.4}{4.4}\ m\,\dfrac{2.2}{3.3} =$

42. Les deux incisives internes supérieures, de chaque côté, ont des couronnes distinctement trilobées, les lobes latéraux des couronnes résultant des produits du *cingulum* à sa base.

L'incisive externe est plus large que les autres, et sa pointe médiane est très-large tandis que l'externe est rudimentaire. La canine est large, surmontée d'une couronne forte, courbe et pointue, avec une crête longitudinale le long de sa face postérieure. Les couronnes des trois prémolaires antérieures sont triangulaires, avec un bord uni et coupant. Le bord postérieur est également aigu, mais il est divisé par une entaille en deux lobes dont le plus postérieur est le plus petit. Ces dents sont à deux branches. La quatrième prémolaire est très-large. Quant à la forme, sa couronne offre une ressemblance générale avec celle des précédentes; mais, d'abord, le lobe postérieur est relativement beaucoup plus large et assez effilé pour former une seconde pointe très-accentuée; et, de plus, une forte apophyse de la couronne s'avance en dedans de son extrémité antérieure et est supportée par une branche distincte; ainsi la prémolaire est à trois branches. On l'appelle dent *carnassière* ou *sectoriale* parce qu'elle coupe comme une lame de ciseaux contre une dent correspondante de la mandibule. Les dents précédentes ont des couronnes coupantes; mais celles des molaires sont larges et crochues. Elles offrent une division externe formée par deux larges pointes et une division interne présentant aussi deux pointes dont la postérieure est beaucoup plus petite que l'antérieure. De plus, le *cingulum* envoie une forte apophyse du côté interne de la couronne.

Dans la mâchoire inférieure, la couronne des incisives, dont la plus externe est la plus large, est trilobée; le lobe externe est plus fort que le lobe interne dans toutes et particulièrement dans les incisives externes. Ces incisives ressemblent à celles de la mâchoire supérieure. Chaque prémolaire a deux branches et une couronne aiguë triangulaire dont le bord postérieur est trilobé comme dans les prémolaires supérieures; mais le lobe postérieur est petit dans la quatrième qui diffère peu des autres. La première molaire, d'autre part, est une dent large avec une couronne en lame qui agit contre le côté interne de la quatrième prémolaire supérieure et est appelée *carnassière* ou dent *sectoriale* de la mâchoire inférieure. La couronne est allongée et présente un large lobe antérieur externe divisé en deux lobes par une entaille profonde. Un petit lobe interne se trouve en dedans.

Les deux lobes postérieurs sont beaucoup plus bas que les antérieurs et forment une sorte de talon à la portion de la couronne en forme de lame. Une crête oblique rejoint le plus externe et le plus large des deux lobes postérieurs avec les petits lobes interne et antérieur. La seconde molaire est pourvue d'une large couronne quadricuspide, le lobe postérieur étant presque abortif. La couronne de la dernière molaire est petite, simple, conique et obtuse.

Il semble donc que la nature des dents *sectoriales* ou *carnassières* des deux mâchoires soit différente, la supérieure étant la dernière prémolaire et l'inférieure la molaire antérieure.

La formule pour la dentition de lait du chien est $d\,i\,\dfrac{3.3}{3.3}\,d\,c$ $\dfrac{1.1}{1.1}\,d\,m\,\dfrac{3.3}{3.3}$ (les premières prémolaires de l'adulte n'ayant pas de prédécesseurs temporaires) ; ainsi dans ce cas, comme dans beaucoup d'autres, on ne sait si on doit les comprendre parmi les dents de lait ou dans la dentition adulte. La molaire temporaire médiane dans les deux mâchoires ressemble à la dernière prémolaire de la dentition adulte, et la dernière à la première molaire adulte. Les dents appelées première molaire de l'adulte, et les molaires antérieures apparaissent avant la chute d'aucune molaire temporaire.

Le cœcum du chien est long et plié sur lui-même ; sous ce rapport, il diffère de celui des autres carnivores. L'arc aortique envoie un tronc innominé et une sous-clavière gauche.

Dans le cerveau, les corps *olivaires* sont invisibles, les corps *trapézoïdes* larges, et les corps *mamillaires* distinctement doubles. Les lobes olfactifs sont très-larges, et s'étendent en arrière sur les côtés du cerveau en une large masse continue avec la circonvolution uncinée ou lobule de l'hippocampe. Les hémisphères cérébraux s'étendent sur une distance considérable au-dessus du cerebellum quand on les regarde d'en haut, et le recouvrent littéralement. La scissure de Sylvius ne s'étend pas plus qu'à la moitié de la fente médiane. La surface qui répond à l'*insula* est entièrement unie : les extrémités antérieures du sillon calloso-marginal, passent au-dessus de la surface des hémisphères, et donnent naissance au sillon *crural*. Il y a trois circonvolutions principales à la surface des hémisphères, une qui borde immédiatement la scissure de Sylvius, une qui s'étend le long de la marge supérieure de l'hémisphère, et une entre les deux. Le corps calleux est long, et la commissure antérieure bien développée.

Il y a un muscle choanoïde ajouté aux muscles ordinaires de l'œil, et on dit que la membrane nictitante rudimentaire possède un muscle.

Le *tenseur du tympan* sort d'une fosse profonde au-dessus du promontoire, et son tendon passe directement au *marteau*.

Le mâle est dépourvu de glandes de Cowper. Le pénis a un os, et le gland s'enfle durant la copulation de manière à prévenir le retour du pénis hors du vagin de la femelle. L'ovaire de la femelle est enfermé dans un sac du péritoine, et l'utérus a une longue corne. Le sac ombilical est attiré vers un point à chaque extrémité.

Les chiens (en comprenant dans cette division les loups, chacals, renards) forment le groupe de carnivores le plus central d'entre les individus de cet ordre qui peuvent être appelés *Cynoïdes* (1).

Ceux qui s'en éloignent sont d'une part les ours, les belettes et les *Procyonidæ*, de l'autre les chats, les lièvres et les hyènes. Dans le premier groupe, la cavité de la bulle tympanique n'est pas divisée par un septum. L'apophyse *paroccipitale* n'est pas appuyée contre la paroi postérieure de la *bulle*. L'apophyse mastoïde est largement séparée du paroccipital. Le trou condylien n'est pas confondu dans une ouverture commune avec le trou déchiré postérieur. Le canal intestinal est dépourvu de cœcum : le large pénis contient un os qui n'est pas sillonné. Il n'y a pas de glandes de Cowper et la prostate est petite.

Dans le dernier groupe (*Ailuroïdæ*) (refulgens de F. Cuvier), la bulle tympanique est large et arrondie, et le septum, qui est rudimentaire dans les *Cynoïdes*, s'est tant élargi, qu'il ne laisse qu'une ouverture étroite de communication entre les deux chambres. Le paroccipital est appliqué tout contre la paroi postérieure de la *bulle*. L'apophyse mastoïde est souvent abortive. Le trou condylien s'ouvre dans une fosse qui lui est com-

(1) Voyez l'important mémoire du professeur Flower : *Classification des carnivores Proceeding of the Zoological Society* pour 1869.

mune avec le trou déchiré postérieur : tous ont un court cœcum, le pénis est petit, son os est également petit, irrégulier, abortif ou manque tout à fait. Il y a des glandes de Cowper et une prostate bien développée.

Les *Cynoïdes* sont tous digitigrades et ressemblent aux chiens pour la dentition. Les *Arctoïdes* sont plantigrades, tandis que les *Ailuroïdes* sont pour la plupart digitigrades, mais peuvent être plantigrades. Quant à la dentition, chacun de ces groupes présente des formes semblables à celles de l'ours d'une part, et de l'autre à celles des chats, formes qui peuvent être regardées comme des modifications extrêmes des formes opposées, au type du chien.

La formule dentaire de l'ours est la même que celle du chien, mais la couronne des dents est plus obtuse. Les dents *sectoriales* perdent leurs caractères, et les molaires ont des couronnes plates tuberculées. Les prémolaires antérieures tombent à un âge avancé. Un fait digne de remarque c'est que les dents des frugivores et les carnivores de l'ours n'offriraient pas de caractères suffisants pour nous conduire à soupçonner les complètes différences d'habitudes de ces animaux si nous ne les connaissions qu'à l'état fossile. La formule dentaire du chat est : $\dfrac{3.3}{3.3} \; c \; \dfrac{1.1}{1.1} \; p\,m \; \dfrac{3.3}{2.2} \; m \; \dfrac{1.1}{1.1} = 30$. Les canines sont très-longues et aiguës. Les prémolaires sont semblables à celles du chien, si ce n'est qu'elles sont plus aiguës et que la dernière (la dent sectoriale) n'a presque pas d'apophyse interne. L'unique molaire supérieure est une petite dent avec une couronne plate transversalement allongée, et située en dedans de la grande prémolaire sectoriale et derrière elle. Dans la mâchoire inférieure, la sectoriale ou première prémolaire est la dernière dans la série. La couronne est une lame profondément bifurquée représentant le lobe antéro-externe de la dent correspondante chez le chien. Le talon est abortif.

Tandis que l'ours se trouve au nombre des carnivores les plus complétement plantigrades, le chat est presque entièrement digitigrade et l'appareil de rétraction des phalanges unguéales est si bien développé que les griffes se retirent d'une manière complète dans des gaines du tégument quand l'animal ne désire pas s'en servir. Dans ce but, les ligaments élastiques sont très-forts, et la phalange médiane est creusée afin de pouvoir loger la phalange rétractée de chaque côté.

§ 2. *Les pinnipèdes.* — Les pinnipèdes ou phoques et morses sont les *carnivores* qui se rapprochent le plus des *cétacés.*

Caractères anatomiques. — Chez ces animaux, la queue est reliée par un pli de la peau, qui s'étend plus qu'à la moitié de sa longueur, au tégument qui couvre les jambes postérieures. Celles-ci sont, dans la plupart des espèces, étendues suivant l'axe du tronc d'une manière permanente. Le pavillon de l'oreille est petit ou absent. Les doigts sont complétement unis par de fortes membranes, et les ongles droits manquent ou leur nombre est réduit. Les doigts de pied externe et interne sont très-larges.

Les incisives varient dans leur nombre et perdent leur forme coupante. Les dents prémolaires et molaires ont des caractères semblables et jamais plus de deux racines. Il n'y a ni os ni canal lacrymal.

Le crâne est généralement beaucoup plus arrondi que chez les autres *carnivores* ; et, dans quelques genres, les apophyses sus-orbitaires des frontaux sont très-largement développées. Par ces caractères, par la grande largeur et les complications des circonvolutions de leurs hémisphères, ainsi que par la petitesse relative de leurs nerfs olfactifs et de la commissure antérieure, les *pinnipèdes* se rapprochent des *cétacés.*

Classification. — Il y a trois groupes de *pinnipèdes* : les *Otaridæ*, les *Trichechidæ* et les *Phocidæ.*

1. Les *Otaridæ* ou phoques à oreilles, sont appelés ainsi parce que leurs oreilles possèdent un pavillon distinct quoique rudimentaire.

Ces phoques ont de longs cous et peuvent se tenir debout ou marcher sur leurs quatre pieds, les membres de derrière étant capables de supporter le poids de leur corps.

Sous beaucoup de rapports, ces animaux sont les proches alliés des ours, et aucune partie de leur organisation ne le démontre mieux que le crâne qui, par sa forme générale, par ses longues apophyses sus-orbitaires, par la petite et rugueuse *bulle tympanique*, la perforation des alisphénoïdes, par un canal et la présence d'une crête à la surface interne des pariétaux, est essentiellement celui de l'ours.

2. Les *Trichechidæ* ou morses sont dépourvus d'oreilles externes mais ressemblent aux *Otaridæ* par leur manière de se tenir debout et de marcher.

Le crâne ressemble à celui de l'ours, mais le museau est contourné par l'énorme développement des canines supérieures. Les morses se rapprochent des ours sur un autre point, par la présence d'une bronche suplémentaire ; la bronche droite, avant d'arriver au poumon, se divise en deux troncs, un large et un petit. Le cartilage thyroïde est profondément creusé au-devant par une fissure triangulaire ; et l'épiglotte est extrêmement petite.

Dans le cerveau, les hémisphères d'une grandeur remarquable et richement convolutionnés, couvrent le cerebellum et présentent une corne postérieure rudimentaire. La commissure antérieure est très-petite ainsi que les nerfs olfactifs.

La dentition du morse est très-étrange. Chez l'adulte, il n'y a qu'une simple dent conique à la partie externe des maxillaires, suivie d'une canine crochue et de deux courtes dents à une seule racine. Quelquefois deux autres dents qui tombent bientôt se trouvent derrière celle-ci, de chaque côté de la mâchoire supérieure. Dans la mandibule il n'y a pas d'incisives, mais une simple canine est suivie de trois simples dents semblables, et d'une autre qui est caduque.

La formule dentaire est donc $i\frac{1.1}{0.0} c\frac{1.1}{1.1} p\ m\ m\ \frac{3.3}{3.3}+\frac{2.2}{1.1} = 24$.

3. Les *Phocidæ* ou phoques ordinaires. Le pavillon de l'oreille manque complétement.

Les membres inférieurs sont étendus parallèlement à la queue d'une manière permanente et en conséquence incapables de supporter le corps ou de concourir à la locomotion sur terre.

L'espace entre les orbites est extrêmement étroit, et les apophyses sus-orbitaires manquent. La *bulle tympanique* est très-large et à paroi épaisse ; le doigt de pied médian est beaucoup plus court que le doigt externe.

Le phoque commun (*Phoca vitulina*) est un membre naturel et ordinaire de ce groupe. Sa tête est arrondie, et son cou bien marqué quoique plus court en proportion que celui des phoques à oreilles. Les ouvertures nasales ont l'aspect de

fentes et ne peuvent se fermer à volonté, les yeux sont larges
et brillants, et les ouvertures auditives petites et dépourvues
de pavillon. Les membres sont larges, et leur division postérieure est plus longue que leur division antérieure. Le membre antérieur est enfermé derrière l'olécrâne dans une enveloppe tégumentaire commune. Mais la flexibilité du carpe
permet que le poids du corps soit supporté par la surface
palmaire de la main. Les membres de derrière, au contraire,
sont étendus d'une manière permanente et tournés en arrière
parallèlement à la queue qui forme avec eux une sorte de
nageoire. Quand le phoque nage, en effet, les membres antérieurs sont appliqués contre les côtés du thorax, et la moitié
postérieure du corps étant très-flexible, les membres postérieurs réunis et la queue sont soumis au même usage que
la nageoire caudale des cétacés.

Le phoque a vingt vertèbres dorso-lombaires, dont cinq sont
lombaires. Il a quatre vertèbres sacrées, mais une de celles-
ci seulement s'unit à l'ilion. Onze vertèbres entrent dans la
formation de la courte queue. Il y a dix vraies côtes et neuf
côtes sternales, le sternum se prolongeant en une longue apophyse cartilagineuse.

La boîte crânienne est unie, arrondie et spacieuse, mais le
crâne se rétrécit rapidement en une région inter-orbitaire.
Son plancher est remarquablement aplati de dessus en
dessous, et très-mince ; la large base occipitale présente quelquefois une perforation dans le crâne sec ; la faux est partiellement ossifiée et la tente totalement. Le segment occipital est très-large et le sus-occipital s'avance entre les pariétaux, mais ne les sépare pas en entier. Les alisphénoïdes sont
petits et dans une direction presque horizontale. La synchondrose entre le basi-sphénoïde et le pré-sphénoïde persiste.
Sous tous ces rapports le crâne du phoque rappelle celui du
cétacé d'une manière frappante. En effet, si les apophyses
sus-orbitaires étaient enlevées, la boîte crânienne d'un marsouin ressemblerait fort à celle d'un phoque. Mais les os du
nez et les pariétaux sont larges et la région ethmoïdale
très-remarquable. La *lame perpendiculaire* est largement ossifiée, et le vomer s'ossifie bientôt avec elle en une seule masse.
Les deux os turbinés ethmoïdaux (ou le supérieur et le mé-

dian) sont petits et aplatis ; le dernier s'ankylose avec le vomer de chaque côté. L'os turbiné inférieur ou maxillaire est extrêmement large et compliqué, il limite le conduit nasal au-devant des autres à la manière d'un tamis ou d'une passoire. Il n'y a pas d'os lacrymal, mais le jugal est large. Le squamosal est ankylosé avec le périotique et le tympanique. Celui-ci est massif et en forme de coquille environ comme chez les *cétacés*, mais il a des rapports différents avec le méat auditif. Le périotique est très-large et son renflement (*pars mastoidea*) est très-visible à l'extérieur du crâne. La fosse au-dessous du canal semi-circulaire vertical se prolonge en une partie renflée du périotique.

Les portions alvéolaires des prémaxillaires sont très-petites, mais ces os s'étendent jusque sur les côtés des narines antérieures. Les maxillaires ne s'étendent pas au-dessus des frontaux. La mandibule a une apophyse coronoïde bien développée.

Le pouce est le doigt le plus long et le plus fort, les autres sont de moins en moins longs. Le cinquième métacarpien s'articule avec l'os cunéiforme, ainsi qu'avec l'os crochu.

L'ilion est court, et les longs pubis et ischions sont très-inclinés en arrière, aussi le long diamètre de l'*os innominé* fait-il seulement un angle aigu avec l'épine. Le fémur est beaucoup plus court que l'humérus. Le tibia et le péroné sont ankylosés et plus de deux fois aussi longs que le fémur. Le pied est plus long que le tibia. L'astragale offre une surface tibiale en forme de voûte et envoie une apophyse en arrière qui contribue à la formation d'un très-court talon. Le pouce est le plus fort des doigts, il est avec le cinquième le plus long des doigts de pied.

Le muscle cutané est largement développé et s'insère à l'humérus. Le *grand pectoral* est très-large ; il s'élève de chaque côté du long sternum, et même au-devant de lui, au-dessous du cou ; les fibres des muscles des côtés opposés lui font-suite. Le *long palmaire* est un fort muscle, mais les muscles propres des doigts sont faibles ou absents, comme c'est le cas de l'*abducteur*, de l'*adducteur*, du *court fléchisseur* et de l'*opposant* du cinquième doigt. Un long abducteur de ce doigt spécial passe cependant de l'olécrâne à la phalange postérieure. L'*iliaque* manque et il n'y a pas de *grand psoas* ; mais les

muscles qui représentent le *petit psoas* et les muscles sous-
vertébraux des *cétacés* sont très-larges et prennent une part importante à la locomotion du phoque. Le *pectiné* est très-petit,
et les autres abducteurs s'insèrent non au fémur mais au tibia.
Le grand fessier s'insère sur toute la longueur du fémur. Le
semi-membraneux et le *semi-tendineux* sont remplacés par un
caudo-tibialis, qui s'élève des vertèbres antérieures caudales et
s'insère au tibia, quelques-unes de ses fibres tendineuses
s'étendent de la région plantaire au pouce. Le *poplité* et le
gastrocnemius sont forts, mais il n'y a pas de *soléaire*. Le tendon du plantaire passe au-dessus du calcaneum et se termine
à la face plantaire du tendon perforé du quatrième doigt.
Les autres tendons perforés semblent s'élever du fascia attaché au calcaneum.

La formule dentaire est $i \; \dfrac{3.3}{2.2} \; \dfrac{1.1}{1.1} \; mpm \; \dfrac{5.5}{5.5} = 34.$

Les dents molaires ont des couronnes triangulaires avec
des bords fendus et au moins deux racines.

Les dents de lait tombent durant la vie fœtale ; à cette
époque il existe trois molaires au-dessus et au-dessous de
chaque côté, qui semblent être remplacées par un second,
un troisième et un quatrième rang chez l'adulte. S'il en est
ainsi, les plus postérieures de celles-ci seulement sont de
vraies molaires.

La langue est bifurquée à son extrémité. L'œsophage,
très-large et dilatable, passe sans délimitation bien marquée à l'estomac, qui est un grand sac pyriforme et courbé
sur lui-même. L'intestin est environ douze fois aussi long
que le corps. Le côlon est court, et pourvu d'un cœcum. Le
foie est divisé en un grand nombre de lobules qui sont, pour
ainsi dire, assis sur la veine cave inférieure. Celle-ci, placée
juste au-dessous du diaphragme, présente une grande dilatation dans laquelle s'ouvre la *veine hépatique* de plusieurs
lobules. Après avoir traversé le diaphragme, la veine cave est
entourée sur une longueur d'un pouce environ par une
couche de fibres musculaires circulaires rouges. L'aorte et les
artères pulmonaires sont dilatées à leur origine.

Le pénis du mâle est contenu dans un prépuce supporté par
une boucle du muscle cutané. Il y a un gros os pénial présen-

tant un sillon pour l'urèthre inférieur. La prostate, est petite, et il n'y a pas de vésicules ou glandes de Cowper. Les testicules se trouvent en dehors du canal inguinal. L'anus et la vulve de la femelle sont entourés d'un pli commun tégumentaire. Le clitoris n'a pas d'os. Le corps de l'utérus est divisé par un septum longitudinal.

ARTICLE VII

LES PROBOSCIDIENS.

Caractères anatomiques. — Ce sont des animaux massifs marchant sur le bout des quatre doigts, dont chaque pied est pourvu, et sur un grand coussin tégumentaire qui réunit ces doigts et forme la plante du pied (fig. 119).

Le nez se prolonge en une trompe flexible qui est une organe de préhension à la fois puissant et délicat.

Les espèces actuelles ont le poil rare, mais le poil était long et épais, et une couche de laine se trouvait au-dessous dans au moins une espèce éteinte des proboscidiens ; le Mammoth (*Elephas primigenium*) qui se trouvait au nord de l'Europe et de l'Asie, durant la période glaciale.

Le pavillon de l'oreille est large et plat.

Les testicules du mâle restent dans l'abdomen, et les mamelles de la femelle sont placées entre les membres antérieurs.

Les vertèbres dorso-lombaires vont jusqu'au nombre de trente-trois et pas plus de trois d'entre elles sont lombaires : ainsi la partie dorsale est à proportion extrêmement longue ; il y a quatre vertèbres sacrées suivies d'une queue relativement courte. Le centre des vertèbres est beaucoup plus aplati d'avant en arrière que chez aucun autre animal terrestre. Cette particularité se rencontre surtout dans la région cervicale, ce qui fait que le cou est extrêmement court.

Le crâne est énorme, même en proportion du corps ; son volume est dû en grande partie au développement de cavités aériennes dans le diploé. Les interstices entre les tables interne et externe du crâne sont souvent, chez un vieil éléphant, considérablement plus grands que le diamètre de la cavité cérébrale elle-même. La cavité crânienne est allongée et subcylindrique. Le sus-occipital s'élève bien au-dessus de la

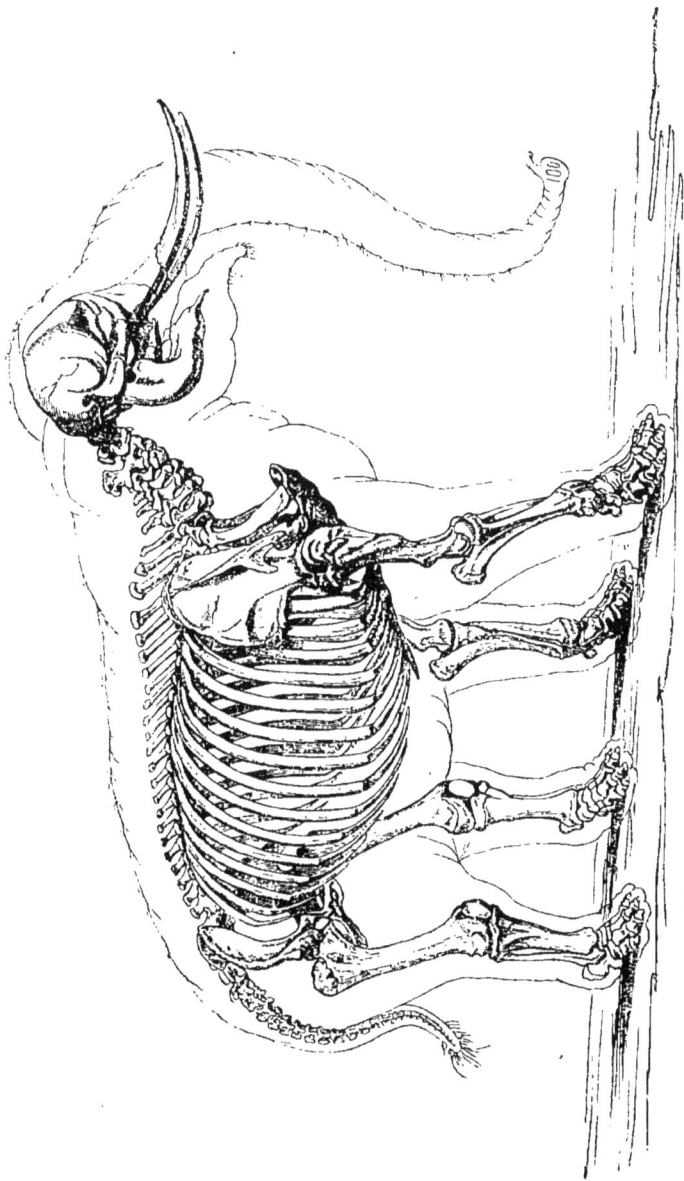

Fig. 119. — Squelette d'un éléphant africain (Loxodon africanus).

voûte du crâne, aussi les pariétaux sont-ils beaucoup plus étroits à la suture sagittale que partout ailleurs. Les prémaxillaires sont très-larges, et les os nasaux courts, le conduit nasal est à peu près vertical. L'os jugal ne forme que la partie médiane de l'arcade jugale. Les branches de la mandibule ont une portion perpendiculaire et sont largement ankylosées à la symphyse qui s'avance dans une sorte de gouttière.

L'acromion et le scapulum ont une apophyse recourbée telle qu'on en rencontre si fréquemment dans les rongeurs, ordre dont les Proboscidiens actuels se rapprochent beaucoup. Il n'y a pas de clavicules. Dans l'avant-bras, le radius se tient d'une manière permanente (quoiqu'il ne soit pas ankylosé) dans une position de pronation, croisant le cubitus obliquement. Les os du carpe et du métacarpe ainsi que les phalanges sont remarquables par leur forme courte et épaisse ; la main est plus large que le pied.

Les ilions ont une énorme étendue dans le sens transversal. Le fémur, qui n'est uni par aucun ligament rond à l'acetabulum, est relativement long et mince ; quand l'animal est au repos, sa direction est perpendiculaire à l'axe du tronc sans qu'il soit courbé de manière à former un angle aigu avec cet axe comme il arrive pour les quadrupèdes ordinaires. Le jarret occupe en conséquence le milieu de la longueur de la jambe postérieure ; sa flexion en ce point donne à l'éléphant une allure qui offre une différence frappante avec celle des autres quadrupèdes. Le tibia est relativement court. Le péroné est distinct et complet ; les os des pieds ont la forme large et courte de ceux de la main. Le pouce n'a qu'une seule phalange dans quelques espèces.

Les *Proboscidiens* n'ont que deux sortes de dents incisives et molaires, les canines manquent complétement. Les incisives se composent de dentine et de cément, avec ou sans bande d'émail longitudinale et ne se trouvent chez les éléphants actuels que sur la mâchoire supérieure. Comme elles croissent durant une longue période, ou pendant toute la vie, elles prennent ordinairement la forme de longues défenses qui s'avancent de chaque côté de la mâchoire supérieure. Les dents molaires se composent de dentine, d'émail et de cément, et leurs couronnes, quand elles ne sont pas usées, sont toujours sillonnées, ces sillons étant produits souvent par des tubercules distincts. Les intervalles entre les pointes sont quelquefois,

comme il arrive pour l'éléphant asiatique, extrêmement profonds, étroits, et complétement remplis de cément; ou, comme
dans l'éléphant africain, ils peuvent se gonfler et s'ouvrir, le
cément ne formant qu'une légère couche. Chez les éléphants
actuels, deux incisives seulement sont précédées par des dents
de lait. Il y a en tout six molaires de chaque côté en haut et
en bas; elles poussent et servent successivement, les postérieures sortant à mesure que les antérieures sont usées par
l'attrition de celles qui leur sont opposées.

L'estomac est simple et allongé, il y a un cœcum très-large.
Le foie trilobé n'a pas de vésicule biliaire. Le cœur a deux
veines caves antérieures.

Le cerebellum n'est pas recouvert par les hémisphères
cérébraux qui, chez les éléphants existants, sont larges et
offrent à leur surface de nombreuses circonvolutions.

Les organes reproducteurs du mâle présentent deux très-
fortes vésicules séminales et quatre prostates. L'utérus de la
femelle a deux cornes.

État fossile. — Quelques-unes des espèces du genre
éteint *Mastodonte*, sinon toutes, possédaient une paire de

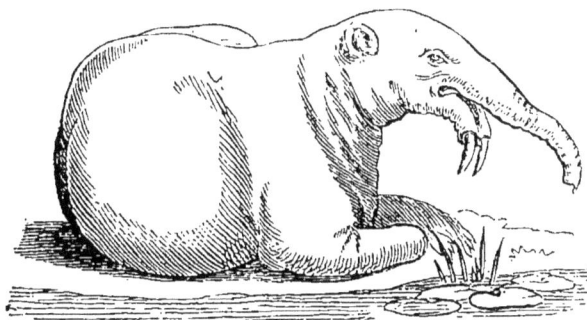

Fig. 120. — Dinotherium.

courtes défenses à la mandibule, outre les grandes défenses
des maxillaires. Dans quelques-uns de ces animaux, comme
dans certains éléphants éteints, les dents molaires antérieures
ont des successeurs verticaux. Le genre miocène *Dinotherium* (fig. 120) avait deux larges défenses dirigées en bas,
une de chaque côté de la symphyse de la mandibule, tandis

qu'elles n'existaient pas à la mâchoire supérieure. La seconde et la troisième molaire antérieure avaient des successeurs verticaux.

Caractères zoologiques. — Les Proboscidiens sont, actuellement, retirés en Asie et en Afrique où ils sont représentés par deux formes très-distinctes auxquelles les noms de *Loxodon* (E. africanus) et *Euelephas* (E. indicus) proposés par le dernier docteur Falconer peuvent être très-convenablement appliqués. Les plus anciens terrains où se retrouvent leurs restes sont ceux de l'âge miocène. Des restes fossiles d'éléphants se rencontrent non-seulement dans le vieux monde, mais aussi dans l'Amérique du Nord et l'Amérique du Sud.

ARTICLE VIII

LES HYRACOIDES.

Le genre *Hyrax*, qui est le seul membre de ce groupe, a été rangé par Pallas parmi les rongeurs, et Cuvier, après avoir démontré qu'il ne pouvait être un rongeur, le plaça parmi les ongulés dans le voisinage immédiat du *Rhinocéros*, sans autres preuves que celles offertes par les caractères des dents molaires. Le professeur Brandt, de Pétersbourg, arrive à conclure pour un *ongulé gliriforme* intermédiaire, en un certain sens entre les rongeurs et les ongulés, mais se rapprochant plus des ongulés que des rongeurs. Il ne me semble ni ongulé ni rongeur, mais le type d'un ordre distinct, sous beaucoup de rapports, intermédiaire entre les ongulés d'une part, les rongeurs et les insectivores de l'autre.

Caractères anatomiques. — Les petits animaux semblables aux lapins compris dans le genre *Hyrax* sont plantigrades et pourvus de quatre doigts distincts en avant et trois en arrière. Les ongles ne sont pas en forme de sabot, mais seulement aplatis, excepté le plus interne du pied de derrière qui est spécialement courbé. Le corps est couvert de fourrure et le mufle, ou museau, est fendu comme chez les rongeurs. Il y a un pénis pendant, mais pas de scrotum ; quatre mamelles inguinales et deux axillaires.

On compte de vingt-neuf à trente-une vertèbres dorso-lombaires, ce qui est le plus grand nombre connu chez aucun animal terrestre. Vingt et une ou vingt-deux d'entre elles sont dorsales. Aucun mammifère, excepté les *Cholœpus*, les paresseux à deux doigts, ne possède un si grand nombre de vertèbres dorsales. Les apophyses transverses des dernières vertèbres lombaires s'articulent avec le sacrum, comme dans le cas de beaucoup de mammifères ongulés.

Dans le crâne, les apophyses post-orbitaires, qui sont prin-cipalement fournies par le pariétal et le jugal, se rencontrent presque. La facette articulaire pour la mandibule est formée en partie par le jugal qui s'étend en avant, jusqu'à ce qu'il arrive en contact avec l'os lacrymal. La base de l'apophyse ptérygoïde externe est perforée par un canal, comme dans les *Périssodactyles* et les *Lemuridæ*. Il y a de larges apophyses pré et post-tympaniques; l'apophyse post-tympanique est beau-coup plus courte que la paroccipitale. Les pré-maxillaires sont grands et s'unissent longuement avec les os nasaux; la branche perpendiculaire de la mandibule est très-large et rappelle un peu la forme de celle du tapir. La marge posté-rieure du palais osseux est opposée au bord antérieur de la dernière molaire.

Le scapulum est dépourvu d'apophyse acromion, comme chez les Périssodactyles. Il n'y a pas de clavicules, mais l'apo-physe coracoïde est bien développée. Le cubitus est complet et il existe un rudiment de pouce. Dans le carpe, une ligne prolongeant l'axe du troisième métacarpien coupe le *grand os* et le *lunaire*, ce qui n'arrive chez aucun mammifère ongulé.

Dans le membre postérieur, le fémur possède un troisième trochanter, qui n'est pas à beaucoup près aussi distinct que dans quelques rongeurs. Le tibia et le péroné sont complets. L'extrémité de la malléole interne s'articule avec une apo-physe rayonnante de l'astragale dont la face postérieure offre une facette pour le cuboïde. Les doigts I et V sont représentés par des rudiments. La dernière phalange de II est fendue dans le sens longitudinal.

La dentition de l'adulte est $i \frac{2.2}{2.2}$ $c \frac{0.0}{0.0}$ $pm \frac{4.4}{4.4}$ et $m \frac{3.3}{3.3}$.

Les incisives supérieures externes sont très-petites et tombent bientôt. Les internes qui sont très-larges, courbes et dont la surface est recouverte d'une épaisse couche d'émail, continuent de croître durant toute la vie, comme chez les rongeurs. Les incisives inférieures ont des couronnes à rebords denticulés, comme celles des *Galeopithecus* et de quelques chauves-souris. Elles agissent sur une plaque calleuse, située derrière les incisives supérieures. La forme de leurs dents molaires supérieures et inférieures se rapproche beaucoup de celle des dents correspondantes chez le *Rhinocéros*. Ainsi que dans le cheval, une partie du tube d'Eustache est dilatée en sac, à paroi mince, s'étendant sur le côté interne de la *bulle tympanique*, depuis l'apophyse ptérygoïde jusqu'à la sortie du neuvième nerf crânien.

Un léger resserrement sépare la portion cardiaque de la division pylorique de l'estomac. La portion cardiaque est bordée par un épithélium dense. L'intestin est pourvu de trois cœcum; un dans la position ordinaire et deux placés beaucoup plus bas, au-dessous du côlon, opposés l'un à l'autre et se terminant en pointe. Il n'y a pas de vésicule biliaire.

L'uretère s'ouvre non près du col de la vessie, comme chez les mammifères, en général, mais près du fond comme dans quelques rongeurs.

Le mâle a des *vésicules séminales* et des glandes prostate et de Cowper. L'utérus a deux cornes, la vulve et l'anus sont entourés d'un pli commun tégumentaire.

Dans le fœtus, le sac vitellin et le canal vitello-intestinal disparaissent de bonne heure. L'amnios n'est pas vasculaire. L'allantoïde recouvre l'intérieur du chorion et donne naissance à un large placenta, en forme de zone, composé de substance maternelle et de substance fœtale. Les vaisseaux maternels traversent l'épaisseur du placenta jusqu'à sa surface fœtale où ils s'anastomosent et forment un réseau, à travers lequel passent les vaisseaux du fœtus à la surface utérine du placenta.

Caractères zoologiques. — Les espèces du genre *Hyrax* ne se trouvent que dans la Syrie et dans l'Afrique.

État fossile. — Il n'y a pas d'*Hyracoïdes* fossiles connus.

B. Les *Discoïdes*. — Les mammifères à placenta discoïde

sont les *Rongeurs*, les *Cheiroptères*, les *Insectivores* et les *Primates*.

ARTICLE IX

LES RONGEURS.

Caractères anatomiques. — Ce vaste groupe de mammifères est surtout caractérisé par sa dentition. Chez ces animaux il n'y a pas de canines, et la mandibule ne contient pas plus de deux incisives, qui sont placées de chaque côté de la symphyse et continuent à croître durant toute la vie. Elles sont recouvertes d'une couche d'émail, beaucoup plus épaisse à leur surface antérieure que partout ailleurs ; ce qui fait que, par attrition, elles acquièrent et conservent un bord en forme de ciseau, l'émail s'usant en avant de la dent moins qu'ailleurs.

Excepté chez un seul groupe de rongeurs, le prémaxillaire ne contient que deux dents, offrant les mêmes caractères que les incisives de la mandibule. Les *Lagomorphes* ou Lièvres et Lapins, cependant, ont une seconde paire d'incisives de petite dimension, derrière les premières, dans la mâchoire supérieure. Le nombre des molaires est de deux à six sur chaque moitié de la mâchoire supérieure, et de deux à cinq à la mâchoire inférieure. Elles se composent d'émail, de dentine et de cément. Leurs couronnes peuvent être tuberculeuses ou lamineuses, quelquefois elles ont des racines, mais, dans d'autres cas, elles croissent toute la vie. Quand il y a plus de trois dents molaires, celle qui précède les trois dernières a remplacé une dent de lait. Même quand les dents de lait existent, elles doivent avoir tombé avant la naissance, comme dans le Porc de Guinée.

Les os prémaxillaires sont toujours larges et les orbites ne sont jamais séparées des fosses temporales par un os. Très-fréquemment, le condyle de la mandibule est allongé d'avant en arrière.

Excepté un seul groupe, le *Dormice* (Myoxinæ), tous les rongeurs ont un large cœcum.

Les hémisphères cérébraux laissent le cerebellum largement

découvert, quand le cerveau est vu au-dessus. Ils sont unis ou offrent très-peu de circonvolutions. Le corps calleux est bien développé. En tenant compte des exceptions signalées, les caractères précédents sont universels parmi les *rongeurs*. Il se présente, en général, d'autres particularités, lesquelles, quand elles se rencontrent, sont très-caractéristiques, quoiqu'elles ne soient pas universelles.

Ainsi les vertèbres dorso-lombaires sont habituellement au nombre de dix-neuf. Il existe une large ossification inter-pariétale. L'os jugal est en comparaison court, et n'occupe que le milieu de l'arc zygomatique.

Les clavicules sont très-généralement présentes, quoiqu'elles manquent tout à fait dans quelques genres comme, par exemple, chez le porc de Guinée (Cavia). L'acromion envoie presque toujours une apophyse en arrière, au-dessus de la fosse sous-épineuse. Il y a un neuvième os dans le carpe, intercalé entre les séries antérieure et postérieure. Les doigts sont au nombre de cinq ; ils sont ongulés et pourvus de petites griffes.

Le pénis contient un os. Les testicules ne quittent pas l'abdomen mais tombent dans l'aine à l'époque de la fécondation.

Il existe des vésicules séminales et des glandes prostates. Dans la femelle, l'utérus est, dans beaucoup de genres, complétement divisé en deux cornes, dont chacune s'ouvre séparément dans le vagin, mais chez d'autres les corps s'unissent dans un *corpus uteri*.

Quelques genres s'éloignent beaucoup des autres sur certains points ; par exemple, dans les porcs-épics, les poils de la région dorsale du corps sont très-élargis, acquièrent une structure spéciale et forment ce qu'on appelle les *quilles*. Quelques porcs-épics ont une queue préhensive.

Chez les *Cavia* et l'*Hydrochœrus* les doigts sont réduits à trois, et les ongles ont presque le caractère de sabots.

L'écureuil a le pouce court et presque opposable.

Le fémur de quelques rongeurs a un troisième trochanter bien développé ; et dans le *Dipus*, la Gerboise, les longs métatarsiens s'enkylosent ensemble en un os canon.

Dans les porcs-épics, les trous sous-orbitaires sont énormes ; un fascicule antérieur du muscle masséter s'élève des maxillaires et traverse le trou à son insertion.

Le Hamster (Cricetus) a de grandes poches aux joues, pourvues de muscles rétracteurs unis aux apophyses épineuses de deux vertèbres lombaires.   .

Dans quelques genres, l'estomac, qui est habituellement simple, tend à devenir complexe. Ainsi, la division cardiaque de l'estomac du Castor est pourvue d'une masse glandulaire spéciale. L'extrémité cardiaque de l'œsophage du *Loir* est glandulaire et dilatée comme le *proventriculus* d'un oiseau. Dans l'*Arvicola* l'estomac se resserre d'une manière sensible, et un sillon, qui conduit de l'œsophage à l'extrémité pylorique, rappelle l'estomac de certains Artiodactyles.

Dans quelques genres, les uretères s'ouvrent dans le fond de la vessie ou auprès.

Quoique les genres et les espèces de rongeurs soient plus nombreux que ceux d'aucun autre ordre de mammifères, et que ces animaux affectent des modes d'existence complétement différents, puisque les uns, comme les écureuils volants, flottent dans l'air au moyen d'expensions tégumentaires placées en parachute entre les membres antérieurs et les membres postérieurs, tandis que les autres vivent dans les arbres comme les écureuils, sont coureurs comme les lièvres ou fouisseurs comme les *Bathyergus*, espèce de taupe, ou aquatiques comme les *Campaniols* ou *rats d'eau*, leurs différences de structure sont comparativement insignifiantes et la division de l'ordre en larges groupes est très-difficile.

Classification. — Brandt a divisé les Rongeurs suivant leurs caractères crâniens en *Sciuromorphes*, *Myomorphes*, *Hystricomorphes*, *Lagomorphes* ; ou Écureuils, Rats, Porcs-épics et Conies, si nous employons ces mots vulgaires dans le large sens de genres.

L'étudiant trouvera sans doute le lapin, un des *Lagomorphes*, commode par sa taille et par la facilité de se le procurer. Les points suivants sont les plus importants qu'il y ait à noter sur sa structure. Il est recouvert de poil jusqu'aux régions palmaires et plantaires des pieds et à l'intérieur de la bouche : ainsi il y a une bande de poil du côté interne de chaque joue. Chaque pied antérieur ou main a cinq doigts, ceux de derrière n'en ont que quatre et le membre postérieur est plus long que le membre antérieur. La lèvre supérieure est large, flexible et fendue sur la ligne médiane; les yeux grands sont pourvus d'une troisième paupière; le pavillon de l'oreille est long et mobile. La queue est courte et recourbée. Le mâle a un pénis recourbé, et de chaque côté un sac scrotal. La femelle a cinq paires de mamelles abdominales.

Dans les deux sexes, les glandes périnéales sont présentes : elles résultent d'une involution sacculée de la peau, à parois rugueuses dans lesquelles s'ouvre le conduit d'une glande spéciale placée sur le côté du pénis ou du clitoris.

Il y a dix-neuf vertèbres dorso-lombaires, dont douze sont dorsales. Des quatre vertèbres sacrées, la première seulement s'unit à l'ilion. Les vertèbres dorsales ont des apophyses épineuses et transverses bien développées. Vers la huitième, une apophyse *mamillaire* ou *métapophyse* devient visible, et s'accroît en longueur et en largeur dans les vertèbres suivantes d'une telle façon que, dans la région lombaire, elle se trouve aussi longue que l'apophyse épineuse. A la dernière lombaire elle est courte, et au sacrum abortive, mais elle est visible dans la série des premières vertèbres caudales. Des apophyses accessoires ou *anapophyses* se rencontrent à la dernière vertèbre dorsale et aux quatre ou cinq premières lombaires. Les apophyses transverses des vertèbres lombaires sont extrêmement longues et celle de la première est bifurquée à son extrémité. Ces apophyses transverses donnent attache au-dessus aux sacro-lombaires, et au-dessous, au *grand psoas*. Ces deux muscles sont très-larges. Les têtes du long dorsal s'insèrent aux longues métapophyses. La grande masse de ces muscles extenseurs et fléchisseurs de l'épine et leur facilité de s'élever, due à leur mode d'insertion aux longues apophyses des vertèbres, sembleraient se rapporter aux habitudes du lapin de sauter et de gratter. De fortes apophyses médianes se développent sur les faces ventrales du centre des trois vertèbres lombaires antérieures, celles-ci donnent attache aux piliers du diaphragme.

Les tubercules de la seconde à la huitième côte inclusivement se prolongent en apophyses spiniformes qui donnent attache aux tendons du *long dorsal*. Il y a six côtes sternales et une longue apophyse xiphoïde. Le manubrium est long, étroit, profond, en forme de carène inférieurement.

Dans le crâne, les grandes apophyses sus-orbitaires sont dignes de remarque. Le pré-sphénoïde est élevé et déprimé d'un côté à l'autre, de manière à former un mince septum entre les orbites ; les trous optiques se confondent en un seul comme dans quelques phoques. Les os tympanique et périotique sont soudés ensemble mais restent distincts des os adjacents et conservent simplement leur position en s'appuyant contre la base du sphénoïde ou basi-sphénoïde par leur côté interne, et par le crochet post-tympanique du squamosal du côté externe. Le tympanique se prolonge au-dessus et en dehors en un méat tubuleux.

La cavité glénoïde est allongée d'avant en arrière. La suture entre le jugal et les maxillaires s'oblitère et le zygomatique ne fournit pas d'apophyse orbitaire. La paroi externe des maxillaires reste non ossifiée sur une grande étendue. Le pré-maxillaire est extrêmement large et trifurqué.

La portion ascendante de la branche de la mandibule est longue, et l'apophyse coronoïde bien développée. Le grand axe du condyle est antéro-postérieur, et l'apophyse angulaire offre une légère projection en dedans. Les trous palatins antérieurs ou incisifs sont énormes; il résulte, de cette circonstance, d'une part et de l'excavation postérieure de la plaque palatine, d'autre part, que la voûte du palais est réduite à un peu plus qu'une barre osseuse transversale.

Le scapulum est long et étroit, et l'apophyse de l'acromion, dont il a été déjà question, donne attache à une partie du *trapèze*. Une clavicule osseuse est présente, mais elle n'est pas complète aux deux extrémités. Il y a un trou sus-condylien à l'humérus. Les radius et le cubitus sont complets, mais ne sont pas fixés dans une attitude de pronation.

Le fémur a un petit troisième trochanter.

Le tibia et le péroné sont soudés. L'os cunéiforme interne manque, et la surface plantaire du naviculaire envoie une longue apophyse.

Le côté interne de la base du second métatarsien envoie une apophyse le long de la face interne du méso-cunéiforme qui s'articule avec le naviculaire. Ceci peut représenter un rudiment du pouce avec l'ento-cunéiforme.

Dans la myologie du lapin, le grand volume des fléchisseurs

et extenseurs du dos a déjà été indiqué. Les muscles qui meuvent les membres antérieurs et surtout les membres postérieurs, et le *masséter* ne sont pas moins remarquables par leurs dimensions. Dans le membre antérieur, le *supinator longus* est absent. Les *extensor indicis* et *secundi internodii pollicis* forment un seul muscle. L'*extensor minimi digiti* passe du quatrième au troisième doigt. Le fléchisseur perforant et le *long fléchisseur du pouce* s'unissent en un tendon commun qui se divise en cinq parties, une pour chaque doigt. Il y a trois lombricaux à partir du côté radial des tendons des troisième, quatrième et cinquième doigts : le *flexor sublimis* ou *perforatus* pour les doigts *ii, iii,* et *iv,* s'élève du condyle interne comme à l'ordinaire; mais celui du cinquième doigt sort de l'os pisiforme, simulant ainsi la disposition ordinaire du fléchisseur perforé du pied. Il n'y a pas de *pronator quadratus,* mais le long palmaire est distinct, et son mince tendon s'étend dans l'aponévrose palmaire : chaque doigt, excepté le pouce, possède une paire de courts fléchisseurs ou interosseux placés sur les faces palmaires des os métacarpiens.

Dans le membre postérieur, le *soléaire* prend son origine du péroné seulement. Le plantaire est très-large, et enveloppé dans le *gastrocnemius*; il se termine dans un tendon environ aussi large que le *tendon d'Achille,* lequel passe au-dessus de l'extrémité du calcaneum avec qui il est lié, ainsi qu'avec le tendon d'Achille, par un fort fascia latéral, mais il en est séparé d'autre part par un sac synovial. Dans le corps du pied, il se divise en quatre tendons, qui deviennent les tendons perforés des quatre doigts. Le fléchisseur perforant et le fléchisseur du pouce se réunissent en un seul muscle, dont le tendon se subdivise en trois lombricaux et quatre paires d'interosseux (courts fléchisseurs). Il n'y a pas de *tibial postérieur,* mais un muscle s'élève de la partie supérieure de la face interne du tibia du côté interne et au-devant de l'insertion du *poplité*; il devient tendineux vers le milieu de la jambe, passe derrière la malléole interne, et se poursuit le long du côté dorsal interne du second métatarsien, pour aller s'insérer aux tendons extenseurs. Il semble être dans les mêmes rapports avec le second doigt que le *peronæus quinti,* du côté opposé du pied, avec le cinquième. Le *peronœus longus* s'insère à la base du second métatarsien : un court péronier pour le quatrième et pour le cinquième doigts est présent. Il n'y a pas de *long extenseur du pouce* ni aucun *court extenseur des doigts*.

Les principaux caractères du cerveau du lapin ont déjà été décrits (voy. p. 64, fig. 21 et 22). Il y a un seul corps mamillaire. Quant aux corps quadrijumeaux, les *nates* sont plus larges que les *testes* : il y a un *flocculus* très-grand et complétement découvert ; le *vermis* est large en proportion des lobes latéraux du cerebellum. Les corps trapézoïdes sont très-marqués. La *membrane nictitante* très-large présente un bord convexe libre, et contient un cartilage triangulaire : il n'y a pas de *points lacrymaux*, mais une ouverture en forme de croissant conduit au canal lacrymal. Une forte glande lacrymale se trouve au-dessus et en dehors du globe de l'œil ; il existe aussi une glande de Harder bien développée sur son côté inférieur et interne.

La formule dentaire est $i\,\dfrac{2.2}{1.1}\,c\,\dfrac{0.0}{0.0}\,pm\,\dfrac{3.3}{2.2}\,m\,\dfrac{3.3}{3.3} = 28.$

Les incisives inférieures et supérieures internes sont très-longues et très-larges ; elles croissent continuellement d'une pulpe persistante, et elles sont recouvertes d'émail seulement en avant de manière que l'usure les laisse constamment tranchantes. La seconde paire de petites incisives existe seulement à la mâchoire supérieure ; un grand diastème sépare les incisives des premières petites molaires au-dessus et au-dessous. Les dents molaires croissent toutes d'une pulpe persistante, et ne forment pas de racines ; elles ont des couronnes à crêtes transversales dont le modèle est à peu près le même de la première à la dernière, avec quelques petites différences. Le jeune lapin a trois incisives et trois dents de lait molaires de chaque côté de la mâchoire supérieure : dans la mâchoire inférieure, il n'y a que deux dents de lait de chaque côté.

L'estomac est simple, et il y a un large cœcum. Des glandes spéciales répandent leurs sécrétions du côté de l'anus.

Le pancréas est très-large, et son conduit entre dans l'intestin environ à un pied du pylore, très-loin du conduit biliaire.

Il y a deux veines caves antérieures ; et la veine jugulaire externe est beaucoup plus large que l'interne.

Dans le mâle, le canal inguinal reste ouvert d'une manière permanente, et il y a un large utérus masculin. Dans la femelle, les utérus sont complétement séparés, et chacun s'ouvre par un museau de tanche distinct dans le vagin.

Caractères zoologiques. — Les rongeurs sont distribués presque sur toute la surface du monde : Madagascar est la seule île importante où les rongeurs ne soient pas connus. Les provinces Austro-colombiennes peuvent être regardées comme le principal quartier du groupe.

État fossile. — Des restes de ruminants ont été trouvés à l'état fossile jusqu'aux formations eocènes.

ARTICLE X

LES INSECTIVORES.

Caractères anatomiques. — Il est extrêmement difficile de donner une définition absolue de ce groupe de mammifères. Mais tous les insectivores possèdent plus de deux incisives à la mandibule ; leurs molaires, qui sont toujours recouvertes d'émail, ont des couronnes tuberculées et forment des racines.

Les membres antérieurs ont la structure ordinaire des mammifères onguigulés ; et, dans les deux membres, les doigts sont pourvus de griffes. Le pouce n'est pas opposable, et, comme les autres doigts, il est pourvu de griffe.

Il faut ajouter à ces caractères distinctifs d'autres que l'on rencontre dans tous les membres du groupe.

Les *Insectivores* sont, presque tous, ou plantigrades ou semi-plantigrades. Les clavicules sont complétement développées chez tous, excepté chez le *Potamogale*. L'estomac est simple, les testicules du mâle sont, ou dans la région inguinale, ou dans la région abdominale et ne descendent pas dans un scrotum. La femelle a un utérus à deux cornes.

Les hémisphères cérébraux laissent le cerebellum découvert si on regarde le cerveau en dessus et sont presque com-

plétement dépourvus de circonvolutions. Le corps calleux est
quelquefois excessivement court.

Aucun insectivore n'atteint une grande dimension, et, quelques-uns, tels que les musaraignes, sont les plus petits des
mammifères.

· Les *insectivores* présentent une grande diversité d'organisation, le hérisson est la forme à peu près moyenne. Les musaraignes se rapprochent des *rongeurs*, et les *Tupayæ* des *Lémuriens* ; tandis que les taupes d'une part, et le *Galeopitheci* de
l'autre, sont des modifications isolées. Des rapports d'un caractère plus général les unissent aux *Carnivores* et aux Ongulés.

Le hérisson (*Erinaceas Europæus*) est pentadactyle et plantigrade. Son museau est long et flexible, ses yeux sont petits ;
les pavillons des oreilles sont arrondis et le tégument qui
borde la conque s'avance en un pli transverse en forme de
gaîne. Le dessous du corps est couvert du poil ordinaire, mais
au-dessus de la tête et du tronc, le poil s'est converti en fortes
épines effilées ; on compte vingt et une vertèbres dorso-lombaires (dont quinze sont dorsales et six lombaires), trois ou
quatre sacrées et de douze à quatorze caudales. Des apophyses accessoires ou métapophyses sont développées sur
plusieurs vertèbres dorso-lombaires. Les vertèbres sternales
sont latéralement aplaties, excepté le manubrium qui est large ;
huit paires de côtes sur quinze sont réunies au sternum.

Le trou occipital est placé complétement à l'extrémité postérieure du crâne, dans la partie inférieure de la face occipitale perpendiculaire du crâne, et dirigé en arrière. Il y a de
grandes apophyses en avant du mastoïdien ou *paramastoïdes*.
La surface glénoïdale de la mandibule est aplatie ; le zygomatique est gros, l'os jugal est, pour ainsi dire, appuyé contre
son côté externe. L'orbite n'a pas de bords postérieurs osseux ;
le trou lacrymal est situé sur la face : il y a des espaces non
ossifiés dans le palatin osseux, et les marges postérieures du
palais sont épaisses comme chez les Lémuriens. Le large os
tympanique en forme de bulle ne s'ankylose pas avec le squamosal ou le périotique, et disparaît promptement du crâne
sec. Les alisphénoïdes contribuent amplement à la formation
de la paroi antérieure du tympan ; et une grande portion de
la paroi interne de la cavité tympanique est formée par une

large apophyse du basisphénoïde, dont les bords externes et inférieurs s'articulent par une sorte d'harmonie avec le bord interne et inférieur du tympan.

La portion ascendante de la branche de la mandibule est courte, et l'angle est légèrement incliné. Les deux branches ne sont pas ankylosées avec la symphyse. La fosse sus-scapulaire est plus large que la sous-scapulaire ; l'épine est forte, et l'acromion se bifurque, envoyant un prolongement en arrière. Les clavicules sont longues et convexes en avant. L'humérus a un trou inter-condylien, mais il n'y a pas de trou au-dessus du condyle interne, et cette particularité est exceptionnelle chez les *insectivores*. Les os de l'avant-bras sont fixés dans une position de pronation ; il y a un *os central* dans le carpe ; celui-ci contient donc neuf os. Le scaphoïde et le lunaire sont ankylosés comme chez les *carnivores*, et le pisiforme est très-allongé. Le pouce et le cinquième doigt sont les plus courts.

Le bassin est remarquablement vaste : l'union symphysienne du pubis est toujours faible, et, quelquefois, les os restent séparés. L'arc sous-pubien est très-arrondi ; l'ilion est étroit, et une simple crête sépare la fosse iliaque de la surface du fessier. Le fémur a un ligament rond, et une crête proéminente représente un troisième trochanter. L'extrémité postérieure du tibia et du péroné sont soudées ensemble.

Une des particularités les plus importantes du hérisson est le pouvoir qu'il possède de se rouler sur lui-même comme une balle sur laquelle les épines s'avancent de tous côtés. Ce phénomène résulte, en grande partie, de la contraction d'un muscle cutané dont les fibres principales sont disposées comme suit : une bande très-large, l'*orbicularis panniculi*, enlace le corps latéralement. En avant, il sort d'une part des os nasaux et des frontaux, de l'autre il est la continuation d'une masse épaisse de fibres qui passent au-dessus de l'occiput. Postérieurement, chaque division latérale du muscle s'étend en une très-large bande épaisse à la partie interne, mince à la partie dorsale et intimement adhérente à la peau à partir du point où les poils et les épines rejoignent la ligne médiane du dos. Postérieurement, les deux moitiés latérales du muscle orbiculaire passent l'une dans l'autre au-dessus de la moitié inférieure de la courte queue.

L'action de ce muscle doit rendre compte de l'attitude de l'animal quand il se rétracte. Si la tête et la queue sont très-étendues, les orbiculaires peuvent seulement diminuer les dimensions de la région spineuse et redresser les épines. Mais si la tête et la queue sont plus ou moins inclinées, comme elles le sont dans l'attitude ordinaire des hérissons, l'*orbiculaire* doit jouer le rôle d'un sphincter puissant rapprochant les bords de l'aire épineuse vers le centre du côté ventral du corps et plier le tronc forcément, enfermant les membres comme dans un sac. Tel est, en effet, le principal agent qui roule le corps sur lui-même et le retient dans cette position.

De nombreuses bandes musculaires prennent une direction radiée du côté dorsal du corps, et sont les antagonistes de l'*orbicularis* : 1. Une paire de minces occipito-frontaux s'élèvent de la crête occipitale, et s'insèrent dans le tégument, au-dessus des os frontaux et nasaux. 2. Une paire d'*occipito-orbiculaires* s'élèvent de la même crête et passent dans la partie antérieure de l'*orbicularis*. 3. Une paire de plus larges *cervico-orbiculaires* s'élèvent du fascia du cou et passent dans la partie dorsale de la quatrième paire antérieure de l'*orbiculaire*. 4. De minces dorso-orbiculaires s'élèvent près des extrémités postérieures des *trapèzes* et s'étendent au-dessus des précédents. 5. Deux forts muscles *coccygeo-orbiculaires* s'élèvent du milieu des vertèbres caudales, et, après avoir reçu des fibres de la région ventrale, se terminent dans les marges dorsales de l'orbiculaire. 6. Deux muscles s'attachent au pavillon de l'oreille (auriculo-orbiculaire) et passent derrière l'*orbicularis* de chaque côté.

Il se trouve certains muscles du côté ventral qui assistent l'*orbicularis* : 1. Deux larges muscles (sterno-faciaux) s'élèvent de la ligne médiane au-dessus de la partie antérieure du sternum, et passent en dehors et en avant des côtés de la mâchoire inférieure et du tégument de la face et des oreilles ; ils envoient des faisceaux musculaires au-dessus de chaque épaule jusqu'à l'*orbicularis*. 2. Un huméro-abdominal s'élève de chaque humérus au-dessous de l'insertion du *grand pectoral*, et, passant en arrière, au-dessus des côtés de l'abdomen, chacun d'eux s'unit au bord interne de l'*orbiculaire*. Les fibres ex-

ternes de ces muscles se continuent autour de la région de l'ischion jusqu'au *coccygeo-orbicularis*; les fibres internes passent
au prépuce et au-dessus de la ligne médiane de l'abdomen au
devant de celui-ci. 3. Un huméro-dorsal sort de l'humérus
tout près du précédent, et, passant au-dessus et en arrière à
travers l'axe, s'étend au milieu dorsal du tégument et à *l'orbiculaire*.

La contraction de tous ces muscles doit tendre à les rapprocher des bords du sac tégumentaire, et à y renfermer la
tête, la queue et les membres.

En ce qui concerne la myologie des membres, les points suivants sont à remarquer : le *long supinateur*, le *rond pronateur*,
le *long palmaire* sont absents. Le court palmaire existe. Un
simple muscle prend la place des *extensor secundi internodii
pollicis* et *extensor indicis* et envoie un troisième tendon au
doigt médian. L'*extensor minimi digiti* fait mouvoir les deux
autres doigts. Le *fléchisseur perforant* et le long *fléchisseur du
pouce* sont représentés par cinq muscles distincts, chacun avec
son propre tendon, mais tous les tendons se réunissent à celui
du milieu pour l'avant-bras, et le tendon commun se subdivise
encore en quatre parties seulement, le pouce ne recevant pas
de tendon. Il n'y a pas de *lombricaux*. Le pouce n'a qu'un rudiment du court fléchisseur et un *abducteur*. Les autres doigts
ont chacun deux *interosseux* ou *courts fléchisseurs* insérés au
sésamoïde métacarpo-phalangien.

Dans la jambe, le *soléaire* n'a qu'une tête et le court fléchisseur des doigts s'élève entièrement du calcanéum. Le *fléchisseur du pouce* et le *fléchisseur perforant* ont un tendon commun
qui, dans le pied, se subdivise en cinq tendons un pour chaque doigt. Il n'y a ni lombricaux ni fléchisseur accessoire.

Le *tibialis posticus* semble être représenté par deux petits
muscles du ventre : l'un qui s'élève de l'extrémité proéminente
du tibia, l'autre de celle du péroné. Les tendons de tous les
deux passent derrière la malléole interne, celui du premier
se rend au tibial et à la surface plantaire du métatarsien du
pouce, tandis que celui du second s'insère à l'os ento-cunéi-

(1) E. Rousseau : *Anatomie comparée du système dentaire chez l'homme
et les principaux animaux.* Paris, 1827.

forme. Les *intcrosseux* des pieds sont représentés par une paire de *courts fléchisseurs* pour chaque doigt, excepté le pouce.

Le hérisson adulte a trente-six dents, dont vingt à la mâchoire supérieure et seize à la mâchoire inférieure. La formule dentaire est : $i \frac{3.3}{3.3} \, c \frac{0.0}{0.0} \, pm \frac{4.4}{2.2} \, m \frac{3.3}{3.3} = 36.$

La surface des couronnes de la première et de la seconde molaires supérieures offre un aspect tout à fait semblable à celui des dents correspondantes de l'Homme, des Anthropomorphes et de la majorité des Lémuriens ; c'est-à-dire qu'elles ont quatre lobes, et le lobe antéro-interne est réuni au lobe postéro-externe par une crête oblique. Les lobes sont extrêmement coupants et pointus, la surface externe du postéro-externe seulement est parfois infléchie.

Dans la mâchoire inférieure, les molaires correspondantes sont chacune marquées comme dans la plupart des Lémuriens, par deux crêtes transverses. Au devant de la crête antérieure se trouve un prolongement basilaire de la dent sur lequel une crête recourbée se continue en dedans et en dehors à partir de la crête principale antérieure, donnant naissance à un croissant incomplet avec sa convexité en dehors.

Suivant E. Rousseau, il y a vingt-quatre dents de lait, $i \frac{3.3}{4.4}$ $dm \frac{4.4}{1.1}$, qui tombent sept semaines après la naissance.

Le cerveau du hérisson est remarquable par l'infériorité de son organisation. Les lobes olfactifs sont extrêmement larges ; les hémisphères cérébraux les laissent entièrement découverts et ne s'étendant pas assez en arrière pour cacher aucune partie du cerebellum. Ils couvrent à peine les corps quadri-jumeaux. Une simple trace de sillon longitudinal marque la surface supérieure et externe de chaque hémisphère. A la surface inférieure, une élévation arrondie correspond à la base de chaque corps strié. Derrière celle-ci, une autre élévation représente l'extrémité de la circonvolution uncinée et la terminaison du grand hippocampe, et répond en partie au lobe temporal. La face interne de l'hémisphère ne présente ni circonvolution ni sillon, excepté derrière et au-dessous, où une très-large dépression suit les contours de la fente de Bichat et de la voûte, représentant le sillon denté. Au-dessus, ce sillon se termine derrière la marge postérieure du corps calleux. Celui-ci est très-court et dirigé obliquement en arrière et au-dessus. Il n'y a pas de *genu* et les fibres *pré-commissurales* de la paroi ventriculaire s'étendent au-dessous de son extrémité antérieure, sur la face de l'hémisphère. La partie du corps calleux qui répond à la *lyre* est très-épaisse comparativement, et est inclinée à angle aigu vers le reste.

Dans une section transverse, on trouve le corps calleux très-mince et courbé en haut et en dehors sur la voûte de la cavité ventriculaire.

Les parois internes des ventricules latéraux qui répondent au septum lucidum, sont épaisses, tandis que la voûte est comparativement mince et étroite. La commissure antérieure est très-épaisse. Par cette particularité, ainsi que par le corps calleux, le cerveau du hérisson se rapproche beaucoup de celui des *Didelphes* et des *Ornithodelphes*. Il n'y a pas de trace de corne postérieure ou de fissure calcarine, et le ventricule latéral s'étend en avant dans les lobes olfactifs. Les nerfs optiques sont très-minces ; les *corps géniculés externes* sont larges et proéminents ; les *nates* sont plus petites que les *testes* et transversalement allongées. Le cerebellum a un large vermis et des lobes latéraux petits ; les *flocculi* sont proéminents et logés dans des fosses grandes à proportion, creusées dans les os périotiques.

La moelle épinière est remarquable par son épaisseur et en même temps par son peu de longueur puisqu'elle se termine au milieu de la région dorsale. En conséquence de cette disposition, la *cauda equina* est large et longue.

L'estomac est simple, mais la membrane muqueuse d'une dilatation cardiaque considérable est reléguée dans de nombreuses et très-fortes rugosités longitudinales. L'intestin est environ six fois aussi long que le corps, et ne présente pas de division en petit et gros intestin. Il n'y a pas de cœcum. Le foie est divisé par de profondes fissures en six lobes ; un lobe central qui contient la vésicule biliaire, un lobe bifide de Spigel et deux autres de chaque côté de ceux-ci. Le pancréas est une grosse glande irrégulièrement ramifiée ; la rate est allongée et à trois faces.

Le péricarde est extrêmement mince. Les artères sortent de l'arc aortique comme chez l'homme, par un tronc anonyme, une carotide, et une sous-clavière gauche. Le cours de la carotide interne est remarquable. Quand ce vaisseau atteint la base du crâne, il entre dans le tympan et là se divise en deux branches, dont l'une traverse l'étrier, et, passant en avant dans un sillon de la voûte du tympan, entre dans le crâne, puis donne naissance aux artères médianes-méningiennes et ophthalmiques. L'autre branche passe au-dessus du cochléa, entre dans le crâne par un canal étroit près de la *selle turcique* et s'unit avec le cercle de Willis.

La veine jugulaire externe est beaucoup plus grosse que l'interne. Celle-ci est très-petite et à peine visible vers le trou jugulaire interne. C'est en réalité par la veine jugulaire externe que la grande masse de sang du crâne est emportée, un trou placé dans l'os squamosal permettant la libre communication entre la veine jugulaire externe et le sinus latéral. Il y a une veine cave supérieure gauche qui entoure la base de l'oreillette gauche, reçoit la veine coronaire, et s'ouvre dans l'oreillette droite. Le système vasculaire conserve donc beaucoup des caractères embryonnaires.

Le poumon droit est divisé en quatre lobes; le gauche peut contenir de un à trois lobes. Deux points d'ossification, un de chaque côté de l'ouverture de l'aorte, se trouve dans le diaphragme.

Les testicules du mâle ne quittent pas la cavité de l'abdomen, mais ils descendent jusqu'au côté interne de l'anneau inguinal auquel ils sont unis par un court gubernaculum et cremaster. Les *vasa deferentia* descendent jusqu'à la base de la vessie, puis entrent dans une gaîne musculaire profonde qui se trouve sur leur chemin jusqu'à une chambre logée à l'extrémité postérieure de cette gaîne. Cette chambre passe dans l'urèthre pénial; l'urèthre cystique s'ouvre dans celui-ci par une ouverture étroite au-devant de la paroi et reçoit le conduit de trois paires d'appendices. La paire supérieure se compose d'une multitude de tubules ramifiés où des spermatozoïdes ont été trouvés, et sont généralement considérés comme des vésicules séminales. La paire de glandes médianes, appelées aussi prostatiques, offre une structure semblable, et on a trouvé aussi qu'elles contenaient des spermatozoïdes. La paire des glandes les plus inférieures est celle de Cowper. La chambre semble représenter le sinus uro-génital de l'embryon transformé en urèthre prostatique et bulbeux.

Les ovaires sont renfermés dans des sacs péritonéaux à larges ouvertures, et une bande ligamenteuse, le ligament diaphragmatique, s'étend de l'ovaire à la surface postérieure du diaphragme. Les cornes des utérus sont larges et longues. Il y a cinq paires de mamelles; la paire antérieure est axillaire et la postérieure inguinale. Les trois autres paires sont équidistantes et situées le long de la surface ventrale à l'intérieur du bord des *orbicularis panniculi*.

Ainsi que les *Rongeurs*, les *Insectivores* ont une grande diversité d'habitudes; quelques Galeopitheci flottent dans l'air à la manière des écureuils; d'autres grimpent sur les arbres comme les *Tupayæ*; ou sont terrestres et coureurs comme la majorité de l'ordre: un petit nombre nagent et quelques-uns, comme les taupes, sont les plus fouisseurs des mammifères.

La plus grande déviation de forme des *Insectivores* se trouve dans le genre *Galeopithecus*, insectivores aux habitudes essentiellement arboréales et frugivores et aux membres longs et minces. Ceux-ci sont unis l'un à l'autre et avec les côtés du cou et la queue par un grand pli tégumentaire appelé *patagium*; celui-ci différant de la membrane des ailes chez les chauvessouris se trouve garni de poil de chaque côté et entre les doigts de pied. Cette grande expansion en parachute permet au *Galeopithecus* de sauter d'arbre en arbre à de grandes distances. Au repos, les Galeopitheci se suspendent par les pieds de devant et les pieds de derrière, le corps et la tête pendants; position que prennent parfois les Marmosets, parmi les *Primates*.

Les membres antérieurs sont un peu plus forts que les membres inférieurs. Il y a quatre mamelles axillaires. Le mâle a un pénis pendant et des poches scrotales inguinales. Le pouce et le gros orteil sont courts et capables de mouvement considérable en adduction et abduction, mais ils ne sont pas opposables, et leurs griffes sont semblables à celles des digitigrades.

Le trou occipital se trouve à la face postérieure du crâne. L'orbite est à peu près mais pas complétement entourée par un cercle osseux. La voûte osseuse du palais est large et sa marge postérieure épaisse. Il existe une forte apophyse post-glénoïdale recourbée du squamosal qui s'unit avec le mastoïde au-dessous du méat auditif et restreint le mouvement de la mandibule à un plan vertical. Une section longitudinale du crâne découvre une large chambre olfactive s'avançant au delà de celle des lobes cérébraux ; deux crêtes longitudinales à la face interne de ces derniers, démontrent que ces lobes doivent avoir possédé des sillons correspondants. Le plan tentorial est à peu près vertical et les fosses flocculaires très-profondes.

Le cubitus est très-mince inférieurement, à l'endroit où il se soude à l'extrémité postérieure du radius, qui supporte le carpe. Quand les ilions sont déplacés horizontalement, les acétabules sont dirigés un peu au-dessus et en arrière ainsi qu'en dehors. Le péroné est complet. Comme dans les Paresseux et la plupart des *Primates*, le naviculaire et le cuboïde ont un réel mouvement de rotation sur l'astragale et le calcaneum, ainsi la plante du pied est habituellement dirigée en dedans.

La formule dentaire est $i\,\dfrac{2.2}{3.3}\ c\,\dfrac{1.1}{1.1}\ pm.m\,\dfrac{5.5}{5.5} = 34$.

Les incisives externes, dans la mâchoire supérieure ont deux racines, particularité qui ne se trouve nulle part ailleurs. Les canines des deux mâchoires ont aussi deux racines, comme chez les *insectivores*.

Les incisives inférieures sont à lobe simple ; leurs couronnes sont larges, plates, divisées par de nombreuses et profondes fissures longitudinales ou pectinées.

Toute la longueur de tout le canal digestif, depuis la bouche jusqu'à l'anus, n'atteint pas plus de six fois la longueur du corps. Le cœcum sacculé a la même longueur que l'estomac, et sa capacité est beaucoup plus grande.

Le *Galeopithecus* a été placé dans un temps parmi les Lémuriens, et dans un autre parmi les Chauves-souris. Mais ses ressemblances avec les premiers n'existent que d'une manière générale et superficielle, et les différences de forme offertes par le cerveau, par la dentition l'excluent de l'ordre des *Primates*.

Le *Galeopithecus* se rapproche de la chauve-souris par la

disposition de sa queue et l'existence d'un *patagium* pourvu de muscles spéciaux, de plus, par une légère obliquité des acétabules qui se trouvent dans leur extrême développement chez les chauves-souris; par la condition imparfaite du cubitus, par la position pectorale de ses mamelles et son pénis pendant. Les deux derniers caractères, cependant, comme on peut s'en souvenir, sont aussi les caractères des primates. Enfin, les dents incisives inférieures à peu près parallèlement pectinées se retrouvent dans le genre Chéiroptère, les *Diphylles* et les *Desmodes*.

Mais le *Galeopithecus* diffère complétement des chauves-souris par la structure des membres antérieurs; par la position des membres postérieurs et l'absence d'un éperon; par les incisives et les canines à deux racines et la présence d'un cœcum.

D'un autre côté, les particularités du crâne et du cerveau sont également insectivores ainsi que les canines à deux racines; et je ne vois pas de raison pour m'éloigner des vues du professeur Péter quand il dit que le *Galeopithecus* n'appartient ni aux primates ni aux chéiréoptères, mais que c'est un insectivore isolé.

Quant aux autres *insectivores*, une observation digne de remarque c'est que le Macroscélide a le radius et le cubitus soudés.

Les *Tupaya* possèdent un large cœcum. Le *Chrysochloris* a des glandes mammaires pectorales; les *Centetes* et les *Taupes* ont un pénis pendant.

Les *Tupaya* sont des animaux à fourrure souple, à longue queue, aimant les arbres, ayant des orbites complétement osseuses, et un large cœcum. Ce sont ces *insectivores* qui se rapprochent à peu près des Lémuriens.

Les musaraignes (*Sorices*) se rapprochent beaucoup des rongeurs par leur extérieur ayant une complète ressemblance avec les petites souris. Le zygomatique est imparfait, le tibia et le péroné sont enkylosés et les os pubiens ne se rejoignent pas dans une symphyse. Il y a seize à vingt dents à la mâchoire supérieure et douze à la mandibule. Les canines sont absentes : il y a six incisives au-dessus et quatre au-dessous. Les incisives inférieures internes sont grandement allongées et inclinées, et il n'est pas rare que quelques-unes des dents se soudent avec les mâchoires. Il n'y a pas de cœcum ; des glandes musquées spéciales se développent quelquefois sur les côtés du corps.

Les Taupes (*Talpinœ*) n'ont pas d'oreille externe, et leurs yeux sont rudimentaires. Les membres antérieurs sont beaucoup plus grands que les membres postérieurs, et sont enveloppés dans le tégument jusqu'au carpe. La surface palmaire de la large main est tournée en dehors et en arrière.

Le manubrium du sternum est très-large, et sa surface ventrale donne naissance à une forte crête médiane. Le scapulum est aussi long que l'humérus et le radius à la fois : il est à trois côtés et possède une apophyse acromiale, mais pas de coracoïde distinct. La clavicule, qui est très-forte, est perforée par un grand trou et, au milieu de sa marge postérieure, envoie une apophyse rentrante tronquée. Elle fournit antérieurement une surface articulaire pour l'humérus. Dans le carpe il y a un os *central* distinct, et un large os accessoire en forme de C, se trouve sur le côté radial ; les pubis sont séparés à la symphyse et un os accessoire styloïde est uni au naviculaire du pied.

Caractères zoologiques. — La distribution des *Insectivores* est singulière par cette raison que quoiqu'ils se rencontrent dans des climats très-variés dans tout le vieux monde et l'Amérique du nord, il ne s'en trouve ni dans l'Amérique du sud ni dans l'Australie.

État fossile. — A l'état fossile on n'en connaît pas dans des couches plus anciennes que dans les tertiaires.

ARTICLE XI

LES CHEIROPTÈRES.

Les cheiroptères peuvent être regardés comme des insectivores extrêmement modifiés, ayant leurs plus proches alliés parmi les *Galeopithecus*.

Caractères anatomiques. — Ils possèdent une ou deux paires de mamelles pectorales ; les membres antérieurs sont très-longs, quelques-uns des doigts surtout se trouvant excessivement allongés. Il y a un *patagium*, ou expansion tégumen-

taire qui réunit les membres antérieurs avec le corps, et
s'étend comme une toile membraneuse entre les doigts allongés (fig. 121). Les troisième, quatrième, cinquième doigts et
très-fréquemment le second sont dépourvus de griffes. Le
pouce a toujours un ongle en forme de griffe. Quand l'animal
repose à terre, la cuisse est relevée et retournée en arrière

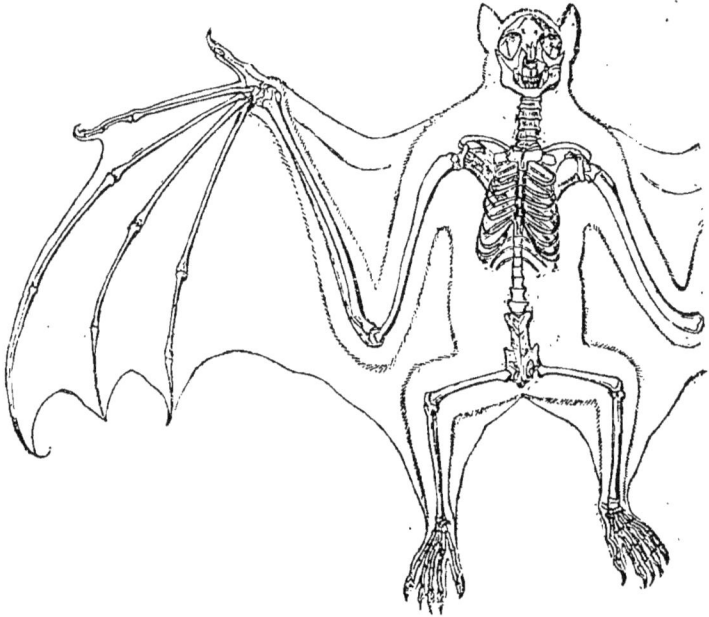

Fig. 121. — Squelette d'un renard volant (Pteropus).

de manière que son côté extenseur regarde en avant
et son côté fléchisseur en arrière ; par conséquent le genou est élevé et dirigé en arrière, les doigts sont tournés
en arrière et légèrement en dehors : pour les mêmes raisons,
tous les doigts de la main sont fléchis sur leurs os métacarpiens et l'aile pliée s'appuie sur le côté du corps, tandis que
le pouce avec sa griffe s'étend en avant. Dans cette position,
l'animal court avec une rapidité excessive, se tirant en avant à
l'aide des griffes de ses pouces, et se poussant en étendant
les membres de derrière.

L'attitude de prédilection des chauves-souris cependant,
quand elles sont au repos, est de se suspendre par les griffes

de leurs deux jambes avec la tête en bas et le *patagium* plié au-dessus comme un manteau. Le mouvement le plus actif de la chauve-souris est effectué par le vol, les membres antérieurs étendus et le *patagium* qui les supporte jouant le rôle des plumes d'une aile d'oiseau.

Les vertèbres cervicales sont remarquablement larges en proportion des autres, mais, comme dans le reste de la colonne vertébrale, les apophyses épineuses sont très-courtes. Les côtes sont longues et courbes, de manière à former une cage thoracique relativement vaste : le manubrium du sternum est très-large, et le milieu de sa face inférieure s'élève en forme de crête. Dans la région lombaire, la colonne vertébrale est courbée de manière à être concave en avant et à décrire presque le quart d'un cercle ; en conséquence, l'axe du sacrum est à angles droits par rapport à celui des vertèbres thoraciques antérieures.

Dans le crâne l'orbite n'a pas de division osseuse à partir de la fosse temporale, et les prémaxillaires sont relativement petits, quelquefois presque rudimentaires.

Les clavicules sont remarquablement longues et fortes ; le large scapulum est pourvu d'une forte épine. Les cubitus sont incomplets postérieurement, le carpe étant produit tout entier par le radius. Le premier rang du carpe se compose d'un seul os, le pisiforme étant absent : les doigts de la main qui sont dépourvus de griffes ne possèdent pas plus de deux phalanges.

Le bassin est très-étroit et allongé, et les os pubiens sont largement séparés à la symphyse, comme dans quelques *insectivores*. Les vertèbres caudales antérieures et les ischions sont fréquemment unis. L'axe des acétabules est dirigé vers le côté dorsal du corps aussi bien qu'en dehors, ce qui est dû, en partie, à la position particulière de la cuisse dont il a été déjà question. Le peroné est rudimentaire, sa partie supérieure n'étant représentée que par un ligament ; il y a un os allongé ou cartilage, attaché au côté interne de l'articulation de la cheville appelée *calcaire*, qui est située dans le patagium et le supporte. La moitié postérieure du tarse a un mouvement de rotation sur l'astragale et le calcaneum, qui permet au pied de tourner en dedans avec beaucoup d'aisance. Tous les cheiroptères possèdent trois sortes de dents : incisives, canines et molaires ; l'intestin n'a pas de cœcum.

Le cœur est pourvu de deux veines caves supérieures, une droite et une gauche. Les hémisphères cérébraux lisses laissent le cerebellum complétement découvert.

Les testicules restent dans l'abdomen durant toute la vie, ou peuvent descendre dans le périné ; mais il n'y a pas de scrotum réel ; le pénis est pendant : il n'y a pas de vésicules séminales. La forme de l'utérus varie, tantôt arrondie, tantôt à deux cornes.

Classification. — Les chauves-souris sont ordinairement divisées en *frugivores* et *insectivores*.

§ 1er. Les *frugivores*.

Ils se nourrissent, comme leur nom l'indique, exclusivement de fruits, excepté seulement les *Hypoderma*.

Caractères anatomiques. — Tous les genres compris dans ce groupe ont un ongle au second doigt de la main, et la couronne des dents molaires, qui s'use bientôt, est, quand elle est entière, divisée par un sillon longitudinal.

Les incisives n'excèdent pas $\frac{2.2}{2.2}$.

La portion pylorique de l'estomac est immensément allongée.

Le nez n'a pas d'appendices foliacés, et le pavillon de l'oreille bien développé a la forme ordinaire.

Caractères zoologiques. — Les chauves-souris sont confinées dans les parties les plus chaudes du vieux monde et de l'Australie, où leur tête de chien et leur couleur rouge les font nommer : *renards volants* (*Pteropus*, *Harpyia*, etc.).

§ II. Les *insectivores*.

La division des *insectivores* comprend les chauves-souris qui, pour la plupart, se nourrissent d'insectes, quoique quelques-unes mangent des fruits, d'autres sucent le sang de plus gros animaux.

Caractères anatomiques. — Le second doigt de la main est dépourvu de griffe et quelquefois ne possède aucune phalange osseuse.

L'estomac est habituellement pyriforme, avec une dilatation cardiaque de moyenne grandeur. Les dents molaires ont toujours la forme que l'on rencontre chez les *insectivores* typiques, et n'excèdent pas le nombre de six ou tombent au-dessous de quatre de chaque côté au-dessus et au-dessous.

Les incisives sont ordinairement $\frac{2.2}{2.2}$ ou $\frac{2.2}{3.3}$.

Mais leur nombre peut être réduit.

Le tégument du nez est développé dans un appendice quelquefois très-large et en forme de feuille ; le tragus des larges oreilles est souvent également modifié. La queue est le plus souvent longue, et parfois préhensive.

Les genres *Desmodus* et *Diphylla* (dont le groupe *Hæmatophilina* a été formé), sont, par leurs habitudes, les plus complétement buveurs de sang de toutes les chauves-souris. Ils ont une paire d'incisives supérieures énormes, terminées en pointes très-aiguës, tandis que les quatre incisives inférieures sont petites et pectinées. Les canines sont très-larges et tranchantes, et les molaires, qui sont réduites à deux au-dessus et trois au-dessous de chaque côté, ont leur couronne convertie en crêtes aiguës dans une direction longitudinale comme des bords de ciseaux.

Dans le *Desmodus* un œsophage très-étroit conduit à un estomac qui serait d'une petitesse extrême si son extrémité cardiaque n'était dilatée en un grand sac plus long que le corps et qui est placé, plié sur lui-même, dans la cavité abdominale. Il semble que le sang avalé doit entrer d'abord dans ce sac pour passer ensuite dans l'intestin.

M. Darwin (1) s'exprime ainsi sur les habitudes du *Desmodus D'Orbigny*.

« La chauve-souris vampire cause souvent beaucoup de trouble en mordant les chevaux au garrot. Le dommage est, en général, moins dû à la perte de sang qu'à l'inflammation causée ensuite par la pression de la selle. Ce fait a été mis en doute en Angleterre. Je fus assez heureux de me trouver présent au moment où une de ces bêtes fut surprise sur le dos d'un cheval. Nous bivouaquions un soir assez tard près Coquimbo, en Chili, quand mon domestique, remarquant que les chevaux semblaient très-agités, rechercha quelle pouvait en être la

(1) *Voyage of the Beagle (Mammalia)*, p. 2.

cause et, croyant distinguer quelque chose, il mit la main sur le garrot et attrapa le vampire. Le lendemain matin, l'endroit mordu se reconnaissait très-bien étant légèrement enflé et sanglant. Le troisième jour suivant nous montâmes les chevaux sans qu'ils en souffrissent.

ARTICLE XII

LES PRIMATES.

Caractères anatomiques. — Les *Primates* ont deux mamelles pectorales; il s'en trouve rarement en outre d'abdominales. Ils ont toujours des dents incisives et molaires et, à une exception près, des canines. Il n'y a jamais plus de deux incisives, trois prémolaires et trois molaires de chaque côté, au-dessus et au-dessous.

Sauf quelques exceptions individuelles, qui se trouvent dans un seul genre et peuvent être regardées comme anormales, le pouce possède un ongle plat. Le gros orteil diffère des autres doigts de pied et est disposé de manière à être susceptible de mouvement plus ou moins étendu en adduction et abduction et, très-généralement, il est opposable aux autres doigts de pied.

Classification. — Les *Primates* sont divisibles en *a. Lémuriens, b. Simiades, c. Anthropides.*

§ 1er. — Les *Lémuriens.*

Caractères anatomiques. — La première de ces divisions, les *Lémuriens*, est plus éloignée des deux autres, au point de vue anatomique, que celles-ci ne le sont entre elles(1), et elle comprend quelques formes qui se rapprochent beaucoup des *insectivores*, tandis que les autres sont, à peu près, affiliées aux rongeurs.

Tous les *Lémuriens* sont habituellement quadrupèdes. Ils sont couverts de poil et ont une longue queue qui n'est jamais préhensive. Ils sont dépourvus de poches aux joues et de

---

(1) D'après le degré de ces différences, M. Gratiolet reléguait les Lémuriens parmi les *Insectivores*, et M. Mivart, dans son journal: « on the axial Skelton in the Primates » (theological society for 1855), divise les Primates en deux sous-ordres: *Lemuroidea* et *Anthropoidea.*

plaques calleuses sur la partie du tégument qui recouvre les ischions.

Les membres antérieurs sont plus courts que les membres postérieurs. Le gros orteil est gros et opposable et le second doigt diffère des autres par là grandeur et la forme de griffes que prennent ses ongles. Le quatrième doigt est, en général, plus long que les autres, la différence se fait surtout remarquer aux pieds.

La boîte crânienne est petite, par rapport à la face, et contractée antérieurement. Si une ligne droite était tracée, au milieu des condyles occipitaux, conduite à travers le plan médian du crâne, jusqu'à la jonction de l'ethmoïde et du présphénoïde, dans le plancher de la cavité cérébrale qui serait appelée l'*axe de la base du crâne*; d'autre part, si les plans de la lame criblée de l'ethmoïde, de la tente du cervelet et du trou occipital étaient respectivement appelés plaque ethmoïdale, tentoriale, occipitale, la plus grande largeur de la cavité cérébrale excéderait à peine la longueur de l'axe de la base du crâne; et les plaques ethmoïdale, tentoriale et occipitale seraient très-inclinées vers cet axe. L'ouverture supérieure du trou lacrymal se trouve sur la face, en dehors des marges antérieures de l'orbite. Les os frontal et jugal sont unis derrière l'orbite; mais une simple barre osseuse résulte de leur union, et si étroite que les fosses orbitaires et temporales communiquent librement. Le palais osseux est allongé et, dans beaucoup d'espèces, son bord postérieur libre est épaissi.

Les apophyses latérales de l'atlas sont, habituellement, longues. La région lombaire de l'épine est allongée, les vertèbres qui la composent s'élevant au nombre de neuf. Il y a neuf os dans le carpe. Les ilions sont étroits et allongés, et les ischions ne sont pas renversés. Dans la plupart des Lémuriens, les os tarsiens ressemblent à ceux des autres *Primates*; cependant, dans les *Otolicnus* et les *Tarsius*, ils ont subi une modification sans exemple parmi les autres mammifères, mais qui peut se retrouver chez les *Batraciens*. Quand la distance entre le talon et les doigts est grande chez les autres mammifères, la longueur se produit par les os métatarsiens et non par le tarse; mais, dans ces Lémuriens, le calcanéum et le naviculaire sont prolongés comme dans la grenouille.

Le *sublingual*, produit de la membrane muqueuse du plancher de la bouche, développé entre le sommet de la langue et la symphyse de la mandibule, acquiert une grandeur considérable et est souvent denticulé, ou conformé en peigne, à son extrémité libre. L'estomac est simple, les ouvertures cardiaque et pylorique sont très-rapprochées. Le cœcum est long et n'a pas d'appendice vermiforme.

Dans beaucoup de Lémuriens (*Stenops, Nycticebus, Perodicticus Artocebus, Tarsius*), les grandes artères et les grandes veines des membres se subdivisent en *retia mirabilia*, formés de branches parallèles.

Les ventricules du larynx peuvent s'élargir, mais il n'y a pas de sacs aériens comme il en existe dans beaucoup d'autres *Primates*.

Quant au cerveau, les hémisphères cérébraux sont relativement petits et aplatis, ils ont des lobes frontaux étroits et pointus, ils sont assez courts pour laisser le cerebellum grandement découvert. Les circonvolutions et sillons sont rares, ou manquent, à la surface des hémisphères; mais la face interne montre le sillon calleux. Les larges lobes olfactifs s'avancent en avant, au delà des hémisphères cérébraux.

Le pénis pendant du mâle contient habituellement un os ; les testicules sont logés dans un scrotum plus ou moins complet et les vésicules séminales sont généralement présentes.

L'utérus de la femelle a deux longues cornes et l'urèthre traverse le clitoris. Il existe quelquefois une ou deux paires de mamelles dans la région abdominale, indépendamment de la paire pectorale habituelle.

Classification. — Les *Lémuriens* se distinguent en deux familles, les *Lemurini* et les *Cheiromyini*.

Dans les *Lemurini*, le pouce est large, opposable et presque toujours pourvu d'un ongle large et plat.

La formule dentaire habituelle est $i \frac{2.2}{2.2} c \frac{1.1}{1.1} pm \; m \frac{5.5}{5.5}$ ou $\frac{6.6}{6.6}$.

Les incisives supérieures sont verticales, et les paires des côtés opposés sont généralement séparées par un intervalle. Les canines supérieures sont larges et pointues, très-différentes des incisives. Les incisives inférieures sont très-rapprochées, latéralement aplaties, longues et saillantes; les canines qui leur ressemblent par la forme et la direction, sont appliquées tout contre les incisives externes. Quand il y a six molaires, les trois antérieures sont prémolaires. La couronne des prémolaires antérieures, et quelquefois de toutes, est triangulaire et aiguë; la première prémolaire de la mâchoire inférieure, en effet, ressemble à une canine, mais sa vraie nature est démontrée en ce qu'elle s'abaisse derrière la canine supérieure et non au-devant.

Très-généralement les couronnes des molaires supérieures sont quadri-cuspides, et une crête oblique passe du lobe antéro-externe au lobe postéro-interne, comme chez les *Primates* les plus élevés; tandis que, dans la mâchoire inférieure, il n'y a ni deux crêtes transverses, ni croissant longitudinal. Les lobes des molaires sont habituellement très en avant comme chez les *Insectivores*.

Dans les *Cheiromyini*, le pouce n'est pas réellement opposable; l'ongle a la forme d'une griffe et ressemble à celui des autres doigts. Tous les doigts de pied, excepté le pouce, sont aplatis, et les ongles en forme de griffes. Le doigt médian de la main est beaucoup plus mince que tous les autres et plus long que le quatrième. Le grand axe de la tête de la mandibule est antéro-postérieur.

La dentition diffère de celle de tous les autres Lémuriens (et en réalité de tous les autres *Primates*) et ressemble à celle des Rongeurs. Ainsi il n'y a à chaque mâchoire qu'une paire d'incisives(1), qui naissent d'une pulpe persistante et sont recouvertes d'une couche d'émail à laquelle ils doivent leurs bords coupants comme les incisives des *Rongeurs*. Aucune canine ne se développe, mais il y a quatre molaires à simple couronne, de chaque côté au-dessus et au-dessous.

La formule des dents de lait est $d. \; i. \; \dfrac{2.2}{2.2} \; d. \; c. \; \dfrac{1.1}{0.0} \; d. \; m. \; \dfrac{2.2}{1.1}$.

Caractères zoologiques. — Les *Lémuriens* sont confinés à l'est de l'Asie, à Madagascar et au sud de l'Afrique. Madagascar possède le plus grand nombre et la plus grande diversité de genres et d'espèces.

(1) Parmi les *Lémuriens*, les incisives externes et supérieures du *Nycticebus* et du *Tarsius* tombent de bonne heure. Le *Lichanotus* et le *Tarsius* n'ont qu'une paire d'incisives à la mandibule.

§ 2. Les *Simiades*.

Dans le grand groupe des *Simiades*, qui comprend les orangs et les singes, l'attitude est le plus souvent celle des quadrupèdes, l'axe du corps se trouvant dans une direction horizontale, mais, dans quelques espèces, le tronc prend une position plus inclinée et les individus se tiennent aisément debout.

Les *Simiades* ont souvent des habitudes terrestres, et sont bons coureurs, mais ils sont toujours excellents grimpeurs et quelquefois leur organisation les porte à vivre sur les arbres presque aussi complétement que les Paresseux.

Caractères anatomiques. — Le gros orteil est toujours beaucoup plus court que le second doigt de pied, et capable de mouvements très-libres en adduction et en abduction.

La série des dents, à chaque mâchoire, est interrompue par un diastème, au-devant de la canine à la mâchoire supérieure, et en arrière à la mâchoire inférieure; les dents canines sont plus longues que les autres, les pointes de leurs couronnes se projetant sur une plus ou moins grande distance au delà du reste.

Pour ce qui regarde le crâne, la longueur de l'axe basi-cranien égale plus de la moitié de la longueur extrême de la cavité qui contient le cerveau. La capacité absolue du crâne est au-dessous de quarante pouces cubes; et, s'il existe quelque différence dans la longueur et l'abondance du poil qui couvre le corps, il est plus long sur le dos. L'utérus n'est pas divisé et le clitoris n'est pas perforé par l'urètre. Les mamelles sont pectorales et au nombre de deux seulement.

Classification. — Les *Simiades* sont divisibles en trois familles : les *Arctopithecini*, les *Platyrrhini*, et les *Catarrhini*.

I. Les *Arctopithecini* ou Marmosets sont des animaux petits, à fourrure épaisse, à queue longue, généralement quadrupèdes, dans le genre de l'écureuil; ils ne se trouvent que dans l'Amérique du Sud. Aucun d'entre eux ne possède de poches aux joues ni de barre et plaques calleules du tégument au-dessus des ischions. Les oreilles sont larges et couvertes de poil, le nez est plat et large comme dans les Platyrrhini.

Les membres antérieurs sont plus courts que les membres postérieurs. Le pouce n'est pas opposable ni susceptible de s'éloigner des autres doigts auxquels il ressemble, étant pourvu d'une griffe recourbée et aiguë. La main n'est donc en réalité qu'une patte, et le nom de main ne lui est pas applicable. Le gros orteil est très-petit et pourvu d'un os plat. Les ongles de tous les autres doigts de pied sont arqués. La surface plantaire est très-longue et les doigts très-courts. Il résulte de ces faits, que le nom de quadrumane n'est nullement applicable aux Marmosets.

Le crâne est remarquable par sa surface unie et arrondie, ainsi que par la largeur de la base du cerveau. Quoique les orbites soient larges, les crêtes des sourcils ne sont pas visibles ; la région occipitale du crâne s'avance si loin en arrière que le trou occipital peut se trouver complétement audessus de la surface du crâne, vers la jonction de sa moitié ou de son tiers postérieur, et avoir son plan horizontal, quand la face est dirigée en avant. L'orbite est presque complétement séparée de la fosse occipitale par une substance osseuse.

L'hyoïde ressemble à celui des Lémuriens, si ce n'est que le corps se trouve plus étroit et très-arqué d'un côté à l'autre, tandis que les cornes sont plus fortes.

Il y a ordinairement dix-neuf vertèbres lombaires, et les apophyses transverses de l'atlas sont assez larges et aplaties.

La formule dentaire est $i \frac{2.2}{2,2} c \frac{1.1}{1.1} pm \frac{3.3}{3.3} m \frac{2.2}{2.2} = 32.$

Ainsi le nombre des dents est le même que chez l'homme et chez les *Catarrhini*, mais pour le nombre des prémolaires et des molaires les *Arctopithecini* diffèrent des *Catarrhini* et des *Platyrrhini*, puisqu'ils ont une prémolaire de plus que les premiers et une vraie molaire de moins que les derniers. Dans l'*Hapale*, les incisives inférieures sont proéminentes, et très-rapprochées des canines et également inclinées comme chez les Lémuriens.

Quoique la main soit une patte, et le pouce non opposable, ce doigt a son propre abducteur, adducteur, son long et son court fléchisseur. L'existence d'un opposant propre du pouce est douteuse, mais il existe un petit opposant des doigts. Le *long fléchisseur* est complétement uni au *fléchisseur profond des doigts*, mais le tendon du pouce ressort du côté radial plutôt que du côté cubital, comme il arrive chez quelques-uns des *Simiades* les plus élevés. Le second extenseur interdigital du pouce est uni à l'extenseur de l'index ; et le petit extenseur des doigts envoie des divisions aux troisième, quatrième et cinquième doigts, ainsi il y a un rang complet d'extenseurs profonds.

Les quatre dorsaux et les trois palmaires interosseux ne sont pas distinctement subdivisés, mais ils envoient des racines à l'extenseur des tendons.

Il y a quatre péroniers : long péronier, court péronier, quarti péronier, quinti péronier des doigts. Le court fléchisseur des doigts de pied offre une division qui sort du calcanéum pour se rendre au second doigt ; les trois autres sortent des tendons du fléchisseur perforant. Le *fléchisseur accessoire* fournit presque entièrement le long fléchisseur des tendons du pouce, le long fléchisseur des doigts faisant agir les tendons perforants des second et cinquième doigts ; tandis que le long fléchisseur du pouce fournit les tendons correspondants des troisième et quatrième doigts. Les *interrosseux* des pieds semblent n'être représentés que par les paires de muscles qui agissent comme courts fléchisseurs des phalanges basilaires, lesquelles sont placées à la face plantaire des cinq os métatarsiens. Le pouce n'a pas d'adducteur spécial ; il n'existe non plus aucun transverse du pied. En somme, le pied est presque aussi complétement une patte que la main.

Les hémisphères cérébraux sont longs et relativement larges ; leurs lobes postérieurs s'avancent au delà du cerebellum et le recouvrent ainsi complétement quand on regarde le cerveau en dessus. La surface des hémisphères est presque unie, mais la scissure de Sylvius est bien marquée et on trouve une trace de celle de Rolando. A la face interne de chaque hémisphère, la scissure calcarine est profonde et donne naissance à un petit hippocampe bien marqué dans la corne postérieure du ventricule latéral.

Le *corps calleux* a environ un tiers de la longueur des hémisphères. Le *septum lucidum* est très-épais, et les fibres en avant de la commissure très-abondantes. Le *vermis* s'avance au delà des lobes latéraux du cerebellum, et les floculli sont larges.

2. Les *Platyrrhini* sont essentiellement quadrupèdes et plantigrades, quoique quelques-uns, comme les singes-araignées (Ateles) se tiennent quelquefois debout. Ils ont tous

une queue, et dans quelques genres, (ex. : Ateles) l'organe devient très-flexible et musculaire, le dessous de son extrémité est dépourvu de poil et extrêmement sensible. La queue ainsi modifiée devient un puissant organe de préhension et sert comme une cinquième main. La cloison des narines est large et les sépare en les écartant, aussi le nez est-il extrêmement large et plat et a servi à nommer le groupe. Les oreilles sont arrondies et unies. Il n'y a pas de poches aux joues, ni de callosités ischiales chez aucun singe Platyrrhinien. Dans la plupart, les membres antérieurs sont plus courts que les membres postérieurs, mais il arrive le contraire pour les singes-araignées. Le pouce diffère moins des autres doigts que dans les *Catarrhini*. Il est plus parallèle aux autres doigts de la main et se trouve plus sur le même plan et, quoiqu'ils soient capables de mouvements adducteurs et abducteurs, on ne peut dire qu'ils soient réellement opposables. Le pouce est large et susceptible de mouvements d'adduction et d'abduction.

Le nombre des vertèbres dorso-lombaires varie entre dix-sept et vingt-deux ; ceux qui en possèdent le plus grand nombre sont les *Nyctipithecus* qui en ont 22 (14 + 8 ou 15 + 7).

Chez ceux qui ont la queue préhensive, les dernières vertèbres caudales sont aplaties de haut en bas. Les surfaces articulaires de la tête de l'humérus sont placées plus en arrière qu'en dedans, et il existe rarement un trou au-dessus du condyle interne. Le carpe contient neuf os. Le pouce est généralement complet, mais dans l'*Ateles* il est réduit à un petit métacarpien (auquel, en général, s'articule une simple petite phalange nodulaire) et est complétement caché au-dessous du tégument. Le bassin est généralement allongé et la branche antérieure du pubis se trouve à angle droit avec le grand axe d'un ilion étroit. Les tubérosités de l'ischion sont renversées mais non rugueuses. Dans l'*Ateles*, le bassin est plus large, et le pubis forme un angle plus ouvert avec l'ilion. L'apophyse calcanéenne est toujours très-courte, et comprimée d'un côté à l'autre.

La boîte crânienne est arrondie et dépourvue de fortes crêtes. Il n'existe pas d'apophyse mastoïde distincte, et le styloïde n'est pas ossifié. La suture coronaire est généralement

27.

en forme de V; l'extrémité de l'os frontal s'étend loin derrière le sommet du crâne, l'alisphénoïde et les os pariétaux s'unissent sur les côtés des parois du crâne. Le méat auditif externe n'est pas ossifié, l'os tympanique conserve sa forme fœtale ayant l'apparence d'un cercle. Les os frontaux s'approchent l'un de l'autre sur le plancher du crâne, mais s'unissent rarement au-dessus de la jonction du presphénoïde avec l'ethmoïde. A la surface interne de l'os périotique se trouve une fosse au-dessus de laquelle passe en forme d'arc le canal vertical antérieur semi-circulaire dans lequel se trouve le floculus. Dans l'*Ateles* la plus grande partie de la tente est ossifiée. Sous d'autres rapports, le crâne présente des variations extraordinaires parmi les *Platyrrhini;* les deux extrêmes étant représentés par les singes hurlants (*Mycetes*) et les singes-écureuils (*Chrysothrix*). Dans les premiers, la face est très-large et s'avance en formant en bas un angle facial; le plan du trou occipital est presque perpendiculaire à l'axe de la base du crâne; et celui de la tente est très-incliné. Les condyles occipitaux sont par conséquent situés à l'extrémité postérieure du *basis cranii*, et l'axe de la base du crâne est aussi long que la cavité cérébrale. Dans le *Chrysothrix*, au contraire, la face est relativement petite, et offre un angle facial élevé; la boîte crânienne est modérément arquée; le plan de la tente est horizontal, comme celui du trou occipital, placé un peu en arrière du crâne. L'axe de la base du crâne est beaucoup plus court que la cavité cérébrale. La suture prémaxillo-maxillaire disparaît de bonne heure chez le *Cebus*.

La formule de la dentition adulte est $i\ \frac{2.2}{2.2}\ c\ \frac{1.1}{1.1}\ p.m\ \frac{3.3}{3.3}$ $m\ \frac{3.3}{3.3} = 36$. Les couronnes des dents molaires ont habituellement deux crêtes transverses se terminant en quatre lobes. Dans les molaires supérieures de l'Ateles et du Mycetes, une crête oblique traverse la couronne du lobe antéro-externe au lobe postéro-interne. Les canines permanentes font, en général, leur apparition avant la dernière molaire.

L'estomac est simple, le cœcum large, et dépourvu d'appendice vermiforme; le foie contient habituellement cinq lobes et les reins ont une seule papille. ·

Les ventricules du larynx ne sont presque jamais développés
en sacs aériens.

Dans l'*Ateles*, cependant, un sac aérien médian se développe
dans la paroi postérieure du conduit aérien, entre le cartilage
cricoïde et le premier anneau de la trachée. Une très-remarquable modification de l'hyoïde et du larynx se produit chez
les *Mycetes*. Les cornes de l'hyoïde sont rudimentaires, mais
son corps est converti en .un large tambour, osseux à mince
paroi, dont la cavité communique, entre une large épiglotte,
avec celle du larynx. Le cartilage thyroïde est très-large, les
cartilages de Wrisberg et de Santorini sont remplacés par des
masses fibreuses qui s'unissent postérieurement du côté opposé, chacune avec son semblable. Outre le sac aérien hyoïdien,
les ventricules du larynx sont dilatés et prolongés en haut
et se trouvent en contact au-dessus du larynx ; deux poches
pharyngo-laryngiennes peuvent être ajoutées à celles-ci. Le
Mycetes est remarquable par le pouvoir qu'il possède de faire
entendre sa voix hurlante dans les forêts de l'Amérique du
Sud.

Quoique le pouce soit rudimentaire et en apparence sans
action chez l'*Ateles,* tous ses muscles caractéristiques (*abducteur, adducteur, court fléchisseur* et *opposant*) sont présents,
excepté le long fléchisseur.

Dans le *Nyctipithecus* les inter-osseux du pied sont des *courts
fléchisseurs,* et se trouvent à la surface plantaire des os métatarsiens, comme chez les Marmosets ; mais l'adducteur du
pouce et le *transverse du pied* sont bien développés.

Le cerveau varie d'une manière remarquable chez les différents *Platyrrhini*. Chez le *Chrysothrix*, les hémisphères cérébraux s'avancent au delà du cerebellum sur une étendue relativement plus grande que chez aucun autre mammifère même
jusqu'à un cinquième de leur longueur totale. D'un autre
côté, dans le *Mycetes*, les hémisphères cérébraux cachent à
peine le cerebellum quand le cerveau est vu par-dessus.

La surface externe du cervau du *Cebus* contient presque
autant de circonvolutions que celle des singes *Platyrrhini* ;
mais chez le *Pithecia*, le *Chrysothrix* et le *Nyctipithecus*, les
sillons externes disparaissent graduellement jusqu'à ce que le
cerveau soit presque aussi uni que celui des Marmosets. A la

face interne des hémisphères, cependant, les sillons interne perpendiculaire, calloso-marginal, calcaire et latérale subsistent, tandis que dans l'intérieur des hémisphères, la corne postérieure du *petit hyppocampe* est toujours présente.

Le *vermis* du cerebellum est large et s'avance au delà du niveau des marges postérieures de ses hémisphères; le *flocculus* est large, et logé dans une fosse de l'ossification périotique, comme chez les Marmosets. L'extrémité supérieure des pyramides est séparée du *pont de Varole* par le corps *trapézoïde*.

Le pénis est habituellement terminé par un large gland en forme de bouton. La cavité de la *tunique vaginale* n'est pas séparée de l'abdomen, et les testicules se trouvent sur les côtés, plutôt que derrière le pénis. La femelle de l'*Ateles* a un long clitoris qui dépend du vagin.

Les *Platyrrhini* ne se trouvent que dans la province Austro-Colombienne, et ne se rencontrent à l'état fossile que dans certaines caves de cette région.

3. Les *Catarrhini* (fig. 122). — Les *Simiades* de cette division présentent une grande échelle de variations sous beaucoup de rapports, mais ils se ressemblent par la cloison qui sépare leurs narines plus étroites que chez les *Platyrrhini*, par leur méat auditif osseux; par la formule dentaire $i \frac{2.2}{2.2}$ $c \frac{1.1}{1.1}$ pm $\frac{2.2}{2.2}$ $m \frac{3.3}{3.3}$ et en ce qu'ils habitent le vieux monde. Ils se partagent en deux groupes très-distincts : les *Cynomorphes* et les *Anthropomorphes*.

a. Les Cynomorphes se distinguent du groupe en ce qu'ils sont essentiellement quadrupèdes, et, habituellement, pourvus d'une queue, qui n'est jamais préhensive. Le fémur et le tibia pris ensemble sont plus longs que l'humérus et le radius. Les incisives externes inférieures ne sont pas plus larges que les internes, et sont souvent plus petites. La couronne des dents molaires présente deux crêtes transverses; on en trouve une troisième dans quelques genres, sur la dernière molaire inférieure.

Tous les *Cynomorphes* ont des callosités ischiales qui atteignent quelquefois une très-grande dimension et sont brillamment colorées.

La région dorso-lombaire de la colonne vertébrale est concave du côté ventral, et l'angle lombo-sacré est très-large. L'atlas est pourvu d'étroites apophyses transverses. Le nombre ordinaire des vertèbres dorso-lombaires est dix-neuf dont douze ou treize sont dorsales, et sept ou six lombaires.

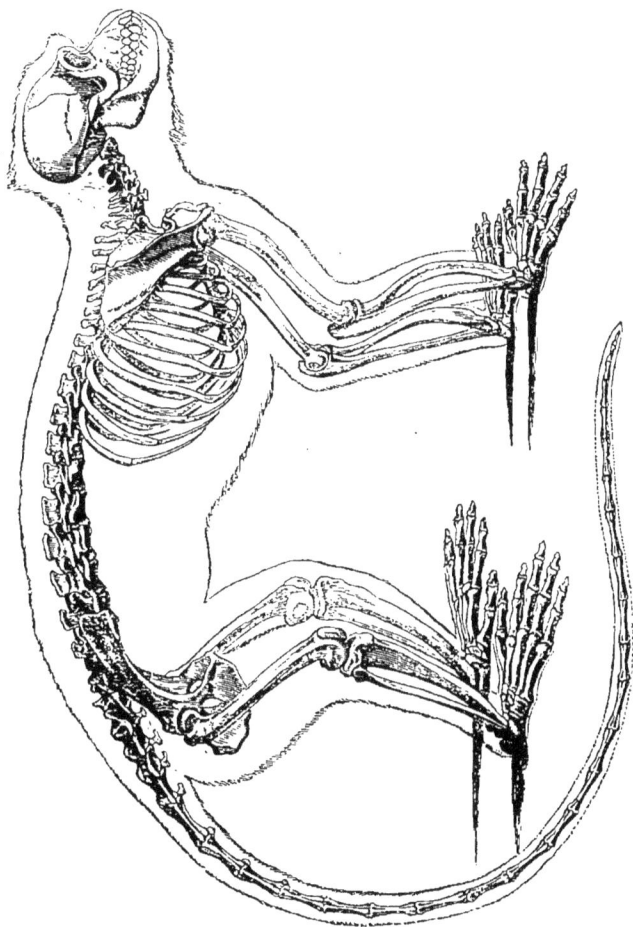

Fig. 122. — Squelette d'un singe catarrhine (cercopithecus).

Les vertèbres cervicales médianes ont de courtes épines, non bifurquées à leurs extrémités. Dans les vertèbres postérieures dorsales, et antérieures lombaires, les apophyses accessoires mammillaires peuvent être élargies et intercalées. Les longues apophyses transverses des vertèbres lombaires sont courbées en avant. Le sacrum ne contient habituellement que trois vertèbres ankylosées. Le nombre des vertèbres caudales varie de trois dans l'*Inuus* (où elles forment un peu plus qu'un coccyx) jusqu'à trente et une. Dans la partie antérieure de la queue les vertèbres sont pourvues d'os chevrons subvertébraux.

Le thorax est latéralement comprimé et le manubrium du sternum est large ; mais les six ou sept vertèbres sternales qui le suivent sont aplaties et rétrécies.

Le crâne présente des degrés considérables de variation. Dans les *Semnopithèques* et les *Colombiques* la région frontale est arrondie, l'angle facial est comparativement large, et la portion ascendante de la branche de la mandibule est très-forte. Dans les *Macaques*, et les *Cynocéphales* d'autre part, les crêtes sus-orbitaires s'élargissent jusqu'à cacher le front ; la portion horizontale de la branche de la mandibule est beaucoup plus large que la portion ascendante, en raison de la grande proportion de la mâchoire supérieure et l'angle facial qui, en conséquence, se trouve plus bas. Chez beaucoup de *Cynocéphales*, des crêtes osseuses longitudinales se développent sur les maxillaires et augmentent beaucoup leur aspect sauvage. Des crêtes sagittaires et lambdoïdes peuvent apparaître, le long des lignes des sutures. Il n'y a pas d'apophyse mastoïde distincte ; et l'apophyse styloïde n'est pas ossifiée. Les os pariétaux ne s'unissent pas avec les alisphénoïdes ; ils en sont séparés par l'union des os squammeux avec les frontaux.

La boîte crânienne est aplatie et allongée ; la partie de sa portion frontale est grandement diminuée par l'avancement de la voûte convexe des orbites. Les fosses olfactives sont très-profondes, et quelquefois presque tuberculeuses. Les deux os frontaux envoient à travers la base du crâne d'épaisses apophyses qui s'unissent au-dessus de la jonction du présphénoïde et de l'ethmoïde, et réduisent ainsi l'entrée des fosses olfactives. L'axe de la base du crâne est plus court que la cavité cérébrale, mais il est encore long comparativement. Le trou occipital se trouve vers le sixième postérieur de la base du crâne et est dirigé obliquement en arrière et en bas. La suture prémaxillo-maxillaire ne disparaît jamais que longtemps après la première dentition, et peut persister toute la vie. Le pa-

lais est long et étroit. Les os nasaux sont plats et se soudent
de bonne heure en un seul os.

Le scapulum est relativement plus long et plus étroit que
celui de l'homme, mais l'épine se trouve à angle droit avec
le bord vertébral; et le sus-épineux est beaucoup plus petit
que la fosse sous-épineuse.

L'axe de la tête articulaire de l'humérus n'est pas dirigé
de dessus en dedans, mais de dessus en arrière; le sillon bi-
cipital est situé du côté interne de la tête; et la flèche de l'os
est si courbée qu'elle est convexe en avant. Par tous ces caractères, le membre supérieur montre ses rapports avec la fonction de support. Le radius présente des modifications qui ont
la même signification. La tête antérieure est transversalement
allongée et se trouve un peu en avant du cubitus, s'articulant
plus largement avec l'humérus que chez les singes élevés. Le
col du radius (entre la tête et la tubérosité bicipitale) s'adapte
plus intimement au cubitus et, par ce moyen, les mouvements
de pronation et de supination sont restreints.

Il y a neuf os dans le carpe. Le pisiforme est beaucoup plus
allongé, de manière à former un court talon pour la main.
Il fournit avec le cunéiforme une facette articulaire pour le
cubitus. La surface articulaire postérieure du trapèze est en
forme de selle et le pouce est, pour l'ordinaire, complet,
quoique court par rapport aux autres doigts. Dans le *Colobus*,
il est rudimentaire.

Le bassin est long et étroit. Les iliaques sont des os étroits
dont les faces sont creuses en dedans et bombées en dehors. Leurs crêtes sont, en général, placées du côté opposé
aux apophyses transverses de la pénultième vertèbre lombaire. Le grand axe de l'ilion et celui de la branche antérieure du pubis se coupent, l'un l'autre, à angle droit; tandis
que le grand axe de l'ilion et celui de la branche postérieure
de l'ischion se trouvent à peu près en ligne droite. La symphyse pubienne est très-longue, et l'arc sus-pubien correspondant réduit. L'extrémité postérieure des ischions est renversée, large, rugueuse pour l'attache des plaques calleuses
du tégument. Le fémur a un ligament rond.

La longueur du tarse n'est pas plus d'un tiers de celle du
pied. L'apophyse calcanéenne est aplatie d'un côté à l'autre,

et offre une excavation en forme de poulie sur son extrémité postérieure. La facette tibiale de l'astragale est légèrement inclinée en dedans et en dessus ; son bord externe est élevé. La division inférieure du tarse, comprenant le cuboïde et le naviculaire avec les os cunéiformes, est capable d'une grande puissance de mouvement de rotation sur l'astragale et le calcanéum. L'os ento-cunéiforme est large et offre une surface articulaire transversalement convexe pour le métatarsien du pouce. En conséquence, celui-ci (qui est court puisqu'il n'atteint que le milieu de la phalange antérieure du second doigt) est capable de mouvement libre en abduction et adduction.

Dans les *Cynocéphales*, même dans le genre *Inuus* appelé sans queue, les muscles propres de la partie caudale sont présents : dans les membres il existe un *élévateur de la clavicule*, qui passe de l'apophyse transverse de l'atlas à l'acromion ; un dorso-épitrochléen, qui se compose d'une bande musculaire séparée du long dorsal, près de son insertion, et passant jusqu'à l'extrémité inférieure et interne de l'humérus, même plus bas ; un *scansorius*, du bord ventral de l'ilion au grand trochanter, qui se confond quelquefois avec le petit fessier ; un *adducteur propre* du *cinquième métacarpien*, et un péronier du cinquième doigt qui sort du péroné entre le long et le court péroniers, passe derrière la malléole externe et envoie son tendon à la gaîne de l'extenseur du cinquième doigt.

Le *premier extenseur interdigital du pouce* et le troisième *péronier* sont absents dans ce groupe, ainsi que dans les groupes précédents.

Le *biceps femoris* possède ordinairement une tête ischiale et le soléaire est fourni par le péroné. Le *court fléchisseur des doigts* sort d'une part du tendon du *plantaire* à l'endroit où celui-ci passe au-dessus de la poulie, à la surface postérieure de l'apophyse calcanéenne, pour venir se continuer avec le fascia plantaire, et, d'autre part, des tendons du long fléchisseur. Le *transverse du pied* est, en général, pleinement développé et n'a que deux chefs qui naissent de l'extrémité postérieure des second et troisième métatarsiens. On peut apercevoir les inter-osseux du pied sur le dos du pied, mais ils ne sont pas, à proprement parler, dorsaux : ce ne sont pas des muscles penniformes sortant des côtés adjacents des os métatarsiens ; mais ils sont

attachés, par paires, du côté plantaire et latéral des os métatarsiens des doigts auxquels ils appartiennent. Ils sont insérés
aux os sésamoïdes (chaque doigt en possède deux) et à la base
des phalanges antérieures; ils ne fournissent aucuns tendons
distincts aux gaînes de l'extenseur. Des muscles supplémentaires peuvent s'élever au-dessus de l'extrémité antérieure
des os métatarsiens et passer aux trois doigts péronéens.

Les inter-osseux de la main se rapprochent beaucoup de
ceux de l'homme, en ce qu'ils sont divisés en un rang dorsal
et un rang palmaire, et qu'ils envoient des divisions aux
gaînes de l'extenseur des doigts, sans que cette subdivision soit complète comme on le voit chez les *Anthopomor-
phes.*

Il y a un double rang complet d'extenseurs dans les quatre
doigts du cubitus; le *petit extenseur des doigts* envoie un tendon
au quatrième doigt, et l'extenseur de l'index un au troisième
doigt. L'*extenseur du pouce* fournit au trapèze une division
distincte et correspond ainsi précisément au *tibialis anticus*
qui a deux tendons, un pour l'ento-cunéiforme, et un pour
le métatarsien du pouce.

Les tendons du *fléchisseur perforant des doigts* et le long
fléchisseur du pouce sont représentés par un muscle, dont
une division du côté cubital du tendon se rend ordinairement
au pouce.

Les tendons du fléchisseur perforant des doigts et du long
fléchisseur du pouce s'unissent pour former les tendons du
fléchisseur profond des doigts de pied, dans des proportions
très-variables. Le fléchisseur accessoire est très-généralement
présent.

La prémolaire antérieure supérieure a son lobe externe
modifié d'une manière spéciale et effilé. La prémolaire antérieure inférieure a la marge antérieure de sa couronne prolongée et coupante : ainsi elle agit comme une lame de ciseau
contre le bord postérieur de la canine supérieure. A la mâchoire supérieure, les prémolaires ont trois racines ; à la
mâchoire inférieure deux. Les molaires des deux mâchoires
ont quatre lobes unis par deux crêtes transverses, quelquefois
il y a un talon derrière la crête postérieure de la dernière
molaire inférieure.

La formule de la dentition de lait est $d.\ i.\dfrac{2.3}{2.2}\ d.\ c.\ \dfrac{1.1}{1.1}$ $d.\,m.\ \dfrac{2.2}{2.2} = 20$; et la molaire antérieure transitoire ressemble à une dent molaire permanente.

Les canines permanentes font leur apparition avant ou au plus tard en même temps que les dernières molaires de la mâchoire inférieure. Elles sont larges et longues, et sont séparées par un diastème très-marqué de l'incisive supérieure externe et de la première prémolaire inférieure.

Les *Cynomorphes* possèdent très-généralement des abajoues qui leur servent comme de poches pour les réserves de nourriture qu'ils font. L'estomac est habituellement simple avec une extrémité cardiaque globulaire et une portion pylorique allongée ; mais, dans le *Semnopithœcus* et le *Colobus*, l'estomac est divisé en trois compartiments dont le médian est sacculé. Un sillon à bords élevés conduit de l'extrémité cardiaque du pharynx au compartiment du milieu.

Le cœcum, quoique distinct, est relativement petit, et n'a pas d'appendice vermiforme.

Le foie varie beaucoup par les degrés de sa subdivision en lobes ; ses moindres subdivisions se trouvent dans les *Semnopithèques* et ses plus nombreuses dans les *Baboons*. L'artère innominée donne généralement naissance aux deux carotides ainsi qu'à la sous-clavière droite ; la sous-clavière gauche sort directement de l'arc aortique.

Quand les sacs aériens laryngiens sont développés, ils ne sont pas formés par des dilatations des ventricules latéraux du larynx ; mais un simple sac avec une ouverture médiane se forme dans l'espace thyro-hyoïdien, immédiatement au-dessous de l'épiglotte. Ce sac aérien médian est très-large, descend de la face antérieure au-dessus du cou et envoie des prolongements dans les aisselles chez quelques *Semnopithèques* et *Cynocéphales*. Le poumon droit est généralement divisé en quatre lobes, le gauche en deux.

Les reins n'ont qu'une simple papille.

Les lobes postérieurs du cerveau s'avancent au delà du cerebellum, chez tous les *Cynomorphes*. Les plus courts sont ceux des *Semnopithèques* ; les plus longs ceux des *Cynocéphales*.

Les circonvolutions et les sillons principaux que l'on trouve dans le cerveau humain sont toujours indiqués, mais la scissure perpendiculaire externe est surtout fortement indiquée. La corne postérieure du ventricule latéral est large; il existe un *petit hippocampe* très-marqué.

Il y a souvent, sinon toujours, un os dans le pénis, pourvu de deux muscles rétracteurs spéciaux. Les femelles sont sujettes à une turgescence périodique des organes sexuels, accompagnée quelquefois d'hémorrhagie et comparable à la menstruation. Le placenta est souvent bilobé.

b. Les *Anthropomorphes* diffèrent des *Cynomorphes* par les caractères suivants : ce sont des animaux qui vivent essentielle-ment sur les arbres et dont la posture affecte, en général, une demi-station ; le poids de la partie antérieure de leur corps est supporté par le bout des doigts ou, plus souvent, sur les jarrets. Il n'y a pas de queue : la cuisse et la jambe sont res-pectivement plus courtes que le bras et l'avant-bras. Les vertèbres dorso-lombaires s'élèvent au nombre de soixante-dix ou quatre-vingt et leurs épines ne sont pas inclinées vers un point commun. Il ne se développe aucune apophyse maxil-laire et accessoire : le sacrum contient plus de trois vertèbres ankylosées. Le thorax est plutôt large que latéralement com-primé ; le sternum est aplati de devant en arrière et large. L'axe de la tête de l'humérus est dirigé plus en dedans qu'en arrière et la partie supérieure de la tige n'est pas courbée comme chez les *Cynomorphes*. Le radius est susceptible de complète pronation et supination.

Les proportions relatives des dents incisives sont les mêmes que chez l'homme ; c'est-à-dire, que les dernières incisives supérieures et les premières inférieures sont plus larges que les autres. La couronne des molaires supérieures et infé-rieures a le même aspect que chez l'homme.

Les muscles de la partie caudale sont petits ou absents. Quand le pouce a un tendon fléchisseur, ce tendon n'est pas une division fournie par un tendon commun du fléchisseur du pouce et du fléchisseur perforant, comme dans les *Cyno-morphes* ; le plantaire ne passe pas au-dessus d'une poulie fournie par une apophyse du calcanéum comme chez les *Cynomorphes* ; et le *court fléchisseur* prend son origine de cette apophyse. Le cinquième péronier des doigts n'a pas été remarqué.

Il existe trois genres très-distincts d'*Antropomorphes*.— *Hylobates*, *Pithecus* et *Troglodytes* ; et peut-être un quatrième, celui des Gorilles, peut se détacher du dernier nommé.

Pithecus. L'Orang occupe la plus petite aire distributive, étant confiné aux îles de Bornéo et de Sumatra. *Hylobates* : Le Gibbon, dont il existe différentes espèces, se trouve sur une aire considérable de l'Asie méridionale et des îles de l'Archipel Malais. Le *Chimpanzé* et le Gorille ne se rencontrent que dans les parties inter-tropicales de l'Afrique du Sud.

Les Gibbons sont ces *Anthropomorphes* qui sont presque les alliés des *Cynomorphes*. Ils possèdent des callosités ischiales, et les ongles du pouce et du gros orteil seulement sont larges et plats : les bras sont si longs que le bout des doigts touche presque la terre quand l'animal est debout, position qu'il prend très-vite et très-souvent. Les Gibbons courent avec une grande rapidité, appuyant à terre la plante de leurs pieds plats, et se balançant avec leurs longs bras.

Cependant ces animaux sont essentiellement disposés pour vivre dans les arbres, sautant de branches en branches avec une force et une adresse merveilleuses dans les forêts qu'ils fréquentent.

La main est plus longue que le pied, et l'avant-bras considérablement plus long que le bras. La hauteur des Gibbons n'excède pas trois pieds ; leur tête est petite, leur corps et leurs membres remarquablement minces.

Aucun autre *Anthropomorphe* n'a de callosités et les ongles de tous les doigts sont aplatis. Ils sont tous plus lourds que les Gibbons ; leurs membres sont, à proportion, plus courts et leur tête plus grosse. Dans les Orangs, qui atteignent rarement une stature de plus de quatre pieds et demi, les bras sont très-longs ; leur longueur, quand ils sont étendus, est le double de la hauteur de l'animal.

Le bras et l'avant-bras sont d'égale longueur.

Les pieds longs, étroits, sont plus longs que la main également étroite, et la plante du pied ne peut se poser à plat sur la terre ; mais l'animal se repose sur le bord externe du pied, quand l'animal est debout. Cette posture, cependant, n'est pas du tout naturelle ; les Orangs ne peuvent courir comme les Gibbons, mais se balancent sur leurs bras comme sur des béquilles.

Le pouce et le gros orteil sont courts tous les deux, surtout le dernier ; il n'est pas rare que celui-ci soit dépourvu d'ongle. Le côté palmaire et plantaire des doigts est naturellement concave et ne peut se redresser d'une manière complète.

Le Chimpanzé atteint une dimension un peu plus grande que la moyenne des Orangs. La largeur du bras est environ la moitié de sa longueur. La longueur de l'avant-bras est environ égale à celle du bras. La main est aussi grande que le pied ou un peu plus longue ; ces parties des membres ne sont pas aussi allongées, ou aussi incurvées que les parties correspondantes de l'Orang. La plante du pied peut rapidement se poser à plat sur la terre, et le Chimpanzé se tient debout facilement ou court dans cette position. Mais son attitude favorite est de se tenir penché en avant, s'appuyant sur l'articulation de la main. Le pouce et le gros orteil sont bien développés et pourvus d'ongles.

La hauteur du Gorille excède cinq pieds et peut atteindre cinq pieds six pouces. La grosseur est à la hauteur comme 3 est à 2. Le bras est beaucoup plus long que l'avant-bras. Le pied est plus long que la main et tous les deux sont beaucoup plus larges que dans les autres *Anthropomorphes*. En conséquence de cette circonstance et du plus grand développement du talon, la station est aisément maintenue ; mais l'attitude ordinaire est la même que celle affectée par le Chimpanzé. Le pouce et le gros orteil ont des ongles bien développés. Les phalanges basilaires des trois doigts médians du pied sont reliées ensemble par le tégument.

Par rapport au squelette des *Anthropomorphes*, les Gibbons ont la colonne vertébrale à peu près droite avec un angle vertébro-sacré très-ouvert.

Dans les Orangs, les vertèbres dorso-lombaires forment une courbe à peu près aussi concave en avant que chez un enfant nouveau-né. Dans le Chimpanzé, la colonne vertébrale commence à offrir les courbures qui sont les caractéristiques des individus adultes de l'espèce humaine, et elles sont encore plus accentuées chez les Gorilles.

L'apophyse épineuse de la seconde vertèbre cervicale est bifurquée chez le Chimpanzé. Mais ce caractère humain ne se retrouve pas chez les autres espèces.

Les Gibbons ont habituellement dix-huit vertèbres dorso-lombaires; mais, chez les autres *Anthropomorphes*, le nombre est ordinairement dix-sept, comme chez l'homme, ou peut être réduit à seize. L'Orang a, comme l'homme, douze paires de côtes; mais le Chimpanzé et le Gorille en ont treize. Le Gibbon peut posséder quatorze paires de côtes. Le thorax est ample, le sternum large et plat. Dans l'Orang, il peut y avoir une double série longitudinale de centres d'ossification, comme il arrive quelquefois chez l'homme.

Dans les Gibbons, les apophyses transverses de la dernière vertèbre lombaire ne sont pas extrêmement larges et ne s'unissent pas avec les ilions. Mais, dans le Chimpanzé et dans les Gorilles, elles sont larges et s'unissent plus ou moins intimement aux ilions. La dernière vertèbre lombaire peut se souder avec le sacrum parmi les Gorilles. Toutes ces conditions de la dernière vertèbre lombaire se rencontrent parfois chez l'homme.

Le sacrum est large et ne contient pas moins de cinq vertèbres ankylosées, mais sa longueur excède toujours sa largeur (tandis que sa largeur est égale à sa longueur ou l'excède chez l'homme) et sa courbure antérieure est légèrement marquée. Le court coccyx ne contient pas plus de quatre ou cinq vertèbres. Quant au crâne, la forme propre de la boîte crânienne est toujours plus ou moins déguisée dans les mâles adultes par le développement de crêtes pour l'attache musculaire, ou de crêtes orbitaires et sus-orbitaires.

Dans les Gibbons et les Chimpanzés les dernières sont larges, mais la crête sagittale est absente et la lambdoïde petite. Dans l'Orang, les crêtes des sourcils sont petites; aussi la vraie forme du front se voit-elle mieux que chez les autres singes, mais les crêtes sagittale et lambdoïde sont fortes. Chez le vieux mâle Gorille, les crêtes sagittale et lambdoïde sont énormes, ainsi que les crêtes sus-orbitaires. Les sinus frontaux sont larges et se poursuivent comme crêtes des sourcils chez le Gorille et chez le Chimpanzé. Les mâchoires les plus larges en proportion de la boîte crânienne se trouvent chez le Gorille et l'Orang; les plus petites, dans quelques variétés de Chimpanzés.

Dans tous les *Anthropomorphes*, le diamètre transverse de la cavité crânienne est beaucoup moindre que le diamètre longitudinal. La voûte des orbites s'avance dans la portion frontale de la boîte crânienne et diminue sa capacité en faisant glisser son plancher obliquement de la ligne médiane au-dessus et en dehors. Le trou occipital est situé au tiers postérieur de la base du crâne et regarde obliquement en arrière et en bas. Les frontaux se rencontrent à la base du crâne, au-dessus de la suture ethmo-présphénoïde, dans les Gibbons et les Gorilles, comme chez les Baboons, mais non chez le Chimpanzé ou l'Orang. Les ailes du sphénoïde s'unissent par sutures avec les pariétaux, comme il arrive chez l'homme, les Gibbons, et (habituellement) chez l'Orang.

Mais, dans le Chimpanzé, les os squammeux (squamosals) s'unissent au frontal et séparent les ailes du sphénoïde du pariétal, comme il arrive par exception chez l'homme.

Les os nasaux sont plats et se soudent de bonne heure dans les Gibbons, les Orangs et les Chimpanzés. Les os nasaux des Gorilles sont distinctement convexes, d'un côté à l'autre, et s'élèvent au-dessus du niveau de la face. Aucun de ces singes ne possède une *épine nasale antérieure* et on ne trouve que dans le Siamanz un rudiment de la proéminence du menton dans la mandibule. La suture prémaxillo-maxillaire persiste au delà de la seconde dentition chez tous, excepté les Chimpanzés, chez qui elle disparaît avant cette période. La région épiotique n'est jamais développée en une apophyse mastoïde distincte et il y a quelquefois une apophyse styloïde distincte. Le palais est long et étroit, les marges alvéolaires sont à peu près parallèles, ou même divergentes antérieurement. Les arcs zygomatiques sont forts, larges et courbés dans deux directions.

La proportion entre la longueur de la base du crâne et celle de la cavité cérébrale ne descend pas au-dessous du rapport de 10 à 07 chez aucun de *Anthropomorphes*.

Le corps de l'hyoïde de l'Orang offre la forme qui se rapproche le plus de celle de l'homme. Dans les autres genres, il est plus creux postérieurement.

Le scapulum de l'Orang se rapproche beaucoup de celui de l'homme, surtout par la proportion des fosses sus-épineuse et sous-épineuse, la longueur proportionnelle des bords antérieurs et postérieurs et par l'angle formé de l'épine et de la marge vertébrale. Dans les autres genres, le bord postérieur est plus long en proportion que chez l'homme, et l'épine du scapulum coupe la marge vertébrale plus obliquement. Après l'Orang, le scapulum du Gorille se rapproche le plus de celui de l'homme.

D'un autre côté, la clavicule de l'Orang longue et droite se rapproche le moins de celle de l'homme.

La tête de l'humérus perd l'inclinaison en arrière qu'elle offre chez les singes inférieurs et prend une direction arquée comme chez l'homme. Le radius et le cubitus sont incurvés et laissent un vaste espace inter-osseux. Le carpe contient neuf os chez l'*Hylobates* et le *Pithecus,* mais huit seulement chez le Chimpanzé et le Gorille. Dans l'*Hylobates* la surface articulaire présentée par le trapèze pour le pouce est presque globulaire. Elle est même convexe chez le Chimpanzé; mais, chez le Gorille, elle offre la forme en selle caractéristique de l'espèce humaine. Le pouce est plus long et plus fort en proportion chez l'*Hylobates*; sa longueur, en proportion de celle de la main, étant chez l'H. syndactyle comme trois à sept. La longueur du pouce du Gorille est presque plus du tiers de la main; celle du pouce de l'Orang et du Chimpanzé atteint le tiers de la main.

Les os pelviens diffèrent peu de ceux des Cynomorphes chez les *Hylobates*. Dans les autres genres, le bassin est encore plus allongé. Le diamètre antéro-postérieur du bord du bassin excède beaucoup le transverse ; les tubérosités de l'ischion sont extrêmement renversées et la symphyse pubienne est très-longue, l'arc étant réduit d'une manière correspondante, mais les ilions sont plus larges et plus concaves en avant dans le Chimpanzé que dans l'Orang, et le Gorille que dans aucun autre.

Dans la femelle du Chimpanzé, qui est environ de la même grandeur que le mâle, les dimensions de la cavité du bassin et de ses ourlets sont plus grandes que chez le mâle quoique la forme générale et la longueur absolue du bassin soient les mêmes dans les deux sexes. La femelle Gorille est beaucoup plus petite que le mâle, et le bassin est plus court en proportion, mais l'espace intersciatique de l'ourlet est exactement de la même grandeur que chez le mâle, et le diamètre transverse du bord est à peu près aussi grand. Comme, en même temps, le diamètre antéro-postérieur est beaucoup plus court, le bord du bassin de la femelle est beaucoup plus rond. Les femelles des Orangs sont également plus petites que les mâles. La cavité du bassin est relativement, mais non d'une manière absolue, plus large dans toutes les dimensions, et le bord plus rond.

Le fémur de l'Orang n'a pas de ligament rond, et diffère sous ce rapport du même os chez les autres *Anthropomorphes*. Le fémur des Gorilles ressemble à celui de l'homme, plus particulièrement sous le rapport de la projection de la surface articulaire du condyle interne au delà du condyle externe.

La longueur de tout le pied par rapport à celle du tarse est, chez l'*Hylobates*, comme trente-cinq à dix, et la proportion est environ la même dans l'Orang; dans le Chimpanzé il est comme vingt-quatre à dix; et, dans le Gorille, le rapport est environ le même (vingt-trois à dix dans le spécimen mesuré).

Le gros orteil n'a pas plus d'un quart de la longueur du pied chez l'Orang; dans les Gorilles, moins des cinq douzièmes; dans le Chimpanzé et l'Hylobates un peu plus.

Dans le second doigt de pied de l'Orang et du Chimpanzé, les phalanges prises ensemble sont plus longues que l'os métatarsien du doigt; chez le Gorille elles sont environ d'une longueur égale au métatarsien.

L'apophyse du calcanéum est plus longue, plus forte et plus large que chez le Gorille, mais, dans ce singe, comme dans les autres, il est incliné un peu en dedans quand le pied est dans sa position naturelle; la surface de la malléole externe est oblique et regarde en dessus et en dehors.

C'est une erreur cependant, de supposer que la disposition de ces surfaces ait aucun rapport avec la tendance plus ou moins marquée de la surface plantaire à se tourner en dedans, et du bord externe du pied à se diriger en bas, ce que l'on peut remarquer chez tous les *Anthropomorphes*. Cette tendance est le résultat de l'articulation libre entre le scaphoïde et le cuboïde d'une part, l'astragale et le calcanéum de l'autre, d'où il résulte que la portion postérieure du pied avec le premier os mentionné, étant tirée par le *tibialis anticus*, tourne aisément autour de son axe propre sur la surface présentée par l'astragale et le calcanéum. Cette prompte inversion du pied peut aussi bien aider à grimper que faciliter la rapidité de la marche.

La surface postérieure de l'entocunéïforme est très-inclinée en dedans chez tous les *Anthropomorphes* et convexe d'un côté à l'autre ou subcylindrique.

L'os métatarsien du gros orteil présente une cavité articulaire correspondante à cette surface, et a une grande puissance de mouvement en adduction et en abduction. L'inclinaison intérieure de la facette articulaire de l'entocunéïforme, et de la séparation de la facette sur le mésocunéiforme pour le second doigt qui en est la conséquence est plus grande chez l'Orang où le gros orteil est habituellement dirigé à angles droits vers le grand axe du pied. Il n'est pas rare que la phalange postérieure soit absente chez l'Orang.

Tous les *Anthropomorphes* possèdent certains muscles qui se retrouvent rarement chez l'homme, quoique qu'ils puissent se rencontrer comme variétés dans l'espèce humaine. Il existe un *levator claviculæ*, un *dorso-epitrochlearis*, un *scansorius* (1) et un *abductor ossis metacarpi quinti digiti*. Il manque aussi deux muscles que l'on trouve habituellement chez l'homme. Le *premier extenseur interdigital du pouce* (2), et le *troisième péronier*. Le premier de ceux-ci manque quelquefois, et le dernier fréquemment dans l'espèce humaine.

Le *fléchisseur accessoire* semble être régulièrement absent chez l'*Hylobates* et le *Pithecus* et, dans la plupart des cas, chez le Chimpanzé. Le *transverse du pied* semble manquer chez l'Orang, mais est présent chez les autres Anthropomorphes.

Beaucoup de muscles qui existent dans ces singes et dans l'homme ont des origines différentes dans les premiers.

(1) Il n'est pas décrit dans le Gorille, et manque dans quelques Chimpanzés.

(2) Plusieurs anatomistes affirment que le premier est présent dans le Chimpanzé et les autres singes; mais ce qu'ils ont pris pour lui est la division métacarpienne de l'*extenseur métacarpien*.

Ainsi, le soléaire n'a qu'une origine dans le péroné et aucune dans le tibia. Le *court fléchisseur des doigts de pied* ne sort jamais tout entier du calcanéum, mais une grande partie de ses fibres sortent des tendons des fléchisseurs profonds. La tête du calcanéum fournit les tendons du second ou des second et troisième doigts. Le muscle inter-osseux qui se trouve sur le côté tibial du doigt de pied médian, sort habituellement du côté péronéen du second métatarsien ainsi que du côté tibial de son propre métatarsien, et son origine est située du côté dorsal du muscle péronier inter-osseux du second doigt. C'est pourquoi des dorsaux appelés *inter-osseux* (ou inter-osseux visibles sur le dos du pied) deux appartiennent au doigt médian et un aux second et quatrième respectivement ; ce qui est la même disposition que l'on trouve dans la main.

Le *fléchisseur du pouce* est plus ou moins intimement lié au *fléchisseur commun perforant* ou avec cette partie du muscle qui se rend à l'index. L'union la moins complète se trouve chez l'*Hylobates,* les deux muscles étant unis seulement à leur origine. Elle s'étend davantage chez l'Orang où aucun tendon ne se rend au pouce. La même absence complète du *flexor pollicis,* comme muscle du pouce, se rencontre quelquefois chez le Gorille ; mais dans cet animal, comme dans le Chimpanzé, la règle semble être que le *fléchisseur du pouce* s'unisse à son origine avec la partie du *fléchisseur perforant* et que les fibres musculaires convergent vers un tendon commun qui se divise en deux, un pour le pouce et l'autre pour l'index.

Dans l'*Hylobates,* la courte tête du biceps brachial sort du *grand pectoral ;* l'*adducteur du pouce* et le *transverse du pied* ne forment qu'un seul muscle.

Le *long fléchisseur du pouce* prend son origine du condyle externe du fémur dans l'Orang ; et le *grand pectoral* sort par trois divisions distinctes.

Quelques-uns des muscles des *Anthropomorphes* diffèrent par leur insertion, ou par l'étendue sur laquelle ils sont subdivisés, de ce que l'on rencontre ordinairement dans les muscles correspondants de l'homme. Ainsi l'*extenseur osseux métacarpien du pouce* se termine en deux tendons distincts, l'un pour le trapèze, et l'autre pour la base de l'os métacarpien du pouce. Cette partie du *tibialis anticus* qui se rend au métacarpien du pouce est habituellement très-distincte et quelquefois reconnue pour un muscle séparé, le *long abducteur du pouce*.

Dans les Gibbons et dans l'Orang, on trouve un rang complet d'extenseurs profonds pour les quatre doigts de la région cubitale ; les tendons de l'*extenseur de l'index* et du *petit extenseur des doigts* se subdivisent pour se distribuer aux troisième et quatrième doigts.

Dans le Gorille et le Chimpanzé, chacun de ces muscles possède un simple tendon suivant la disposition ordinaire chez l'homme.

Les inter-osseux de la main sont chacun divisés en deux muscles, un *flexor brevis primi internodii* et un *extensor brevis tertii internodii*. La division est moins évidente dans l'Orang que dans les autres *Anthropomorphes*.

Dans l'*Hylobates*, le tendon du *fléchisseur perforant du pied* ne se rend qu'au cinquième doigt, et ne se réunit pas directement avec celui du *long fléchisseur du pouce*, qui se distribue aux quatre autres doigts. Dans l'Orang également, les tendons des deux muscles sont séparés ; mais le *fléchisseur perforant* fait agir le second et le cinquième doigts et le *fléchisseur du pouce*, le troisième et le quatrième. Il ne fournit pas de tendon au pouce. Dans le Chimpanzé et le Gorille, un très-large tendon est fourni au pouce par un *flexor hallucis*, et fait agir également les troisième et quatrième doigts. Le tendon du *long fléchisseur des doigts* n'est que légèrement uni à celui du *fléchisseur du pouce*, et ses divisions se rendent aux second et cinquième doigts.

Dans la main et le pied de l'*Hylobates*, on rencontre un muscle qui n'est connu jusqu'à présent chez aucun autre mammifère. Il sort du second os métacarpien ou métatarsien, et est inséré par un long tendon au côté pré-axial de la phalange unguéale du second doigt ; on peut l'appeler — *abductor tertii internodii secundi digiti*.

L'Orang possède seul également un petit mais distinct *opponens hallucis* (1).

(1) On doit bien penser que ces opinions sur la myologie des Anthropomorphes sont basées sur des spécimens résultant de mes propres

Le volume du cerveau de l'Orang et du Chimpanzé, est environ vingt-six ou vingt-sept pouces cubes; ou la moitié du
volume d'un cerveau humain normal. Dans les Gorilles, le
volume s'élève à près de trente-cinq pouces cubes. Le cerveau
des Gibbons est beaucoup plus petit; et, parmi ceux-ci celui
de Siam est remarquable par les courts lobes postérieurs du
cerveau, qui, chez ces singes anthropomorphes, ne recouvrent
pas le cerebellum, comme ils le font chez tous les autres.

Les hémisphères cérébraux sont plus élevés en proportion
de leur longueur chez l'Orang que chez les autres *Anthropo-*
morphes; mais, chez tous ils sont allongés et déprimés comparés à ceux de l'homme. Les lobes frontaux se terminent en
pointe antérieurement, et leur surface inférieure est creusée
de dehors en dessous et en dedans par la projection de la
voûte convexe de l'orbite dans la cavité crânienne. La corne
postérieure du ventricule latéral est toujours bien développée
et contient un petit *hippocampe proéminent* et une *emienntia*
collateralis. Un sillon occipito-temporal ou externe temporal
est toujours présent. Il est presque oblitéré chez l'Orang. Toutes
les circonvolutions du cerveau humain sont représentées dans
les hémisphères cérébraux du Chimpanzé; mais elles sont plus
simples et plus symétriques, plus larges en proportion du
cerveau (Voy. fig. 21 et 22).

La scissure de Sylvius est moins inclinée en arrière, et celle
de Rolando est placée plus en avant que chez l'homme. L'insula offre un sillon plus simple et moins radié, qui n'est pas
complétement caché par le lobe temporal. Les seconde, troisième et quatrième circonvolutions suivantes seulement apparaissent à la surface. La première reste pliée sur elle-
même, et donne naissance au sillon caractéristique des Si-
mianes occipito-temporal ou externe perpendiculaire. Le
sillon occipito-temporal, à la face interne de l'hémisphère, est
beaucoup plus perpendiculaire que dans le cerveau humain.
Le corps calleux est relativement plus petit; le septum lucidum est très-épais et les fibres pré-commissurales très-déve-

dissections (supplées parfois de celles de Duvernoy et autres anatomistes). D'innombrables variétés seront sans doute rencontrées par
ceux qui pousseront leurs recherches plus loin.

28.

loppées. Le vermis est petit en proportion des lobes latéraux du cerebellum, les *flocculi* sont relativement petits et placés au-dessus du dernier.

Le cerebellum tout entier est plus large en proportion des hémisphères cérébraux; ceux-ci étant au premier comme $8\frac{1}{2}$ à 1 dans l'homme, mais comme $5\frac{3}{4}$ à 1 dans le Chimpanzé (1). Les nerfs sont plus gros en proportion du cerveau que chez l'homme. Il n'y a pas de *corps trapézoïde* tel qu'il en existe chez les mammifères inférieurs et les *corpora albicantia* sont doubles.

Chez tous les *Anthropomorphes*, les incisives internes sont plus grosses que les externes à la mâchoire supérieure, plus petites à la mâchoire inférieure. Il y a un diastème souvent très-petit chez la femelle des Chimpanzés. Les canines sont larges et fortes, et peuvent être sillonnées dans le sens longitudinal sur leurs côtés internes. Les prémolaires ont trois racines à la mâchoire supérieure, deux à la mâchoire inférieure. La couronne des molaires médianes d'en haut offre quatre lobes et une crête oblique qui s'étend du lobe antéro-externe au lobe postéro-interne; et celle de la molaire médiane d'en bas, est effilée avec un bord antérieur, oblique long et coupant, comme chez les *Cynomorphes*.

La canine permanente des Gibbons apparaît en même temps ou précède la dernière molaire; mais, dans les autres *Anthropomorphes* la dernière canine permanente ne sort ordinairement qu'après l'apparition de la dernière molaire.

Dans l'Orang les papilles de la langue sont disposées en forme de V comme chez l'homme. Dans le Chimpanzé elles ont la forme d'un T avec le sommet tourné en avant. Le Chimpanzé et le Siamang ont une luette, mais l'Orang n'en a pas. L'estomac du Chimpanzé ressemble beaucoup à celui de l'homme; mais chez l'Orang, l'organe est plus allongé avec un orifice cardiaque rond et une portion pylorique plus tubulaire. Un *appendice vermiforme* se trouve dans le cœcum des

---

(1) On doit se souvenir que le cerveau des jeunes singes anthropomorphes a été seul examiné; peut-être est-ce une raison de l'absence de dépôts minéraux dans la glande pinéale des singes.

quatre genres. Dans le Chimpanzé et le Gorille, l'origine des grandes artères de l'arc aortique a lieu comme chez l'homme. Dans l'Orang elles sont parfois disposées comme chez l'homme, tandis que dans les autres espèces la carotide gauche sort de l'innominée et la sous-clavière du côté gauche seulement sort directement de l'aorte. La dernière disposition semble exister chez l'Hylobates.

Le rein n'a qu'une simple papille chez l'*Hylobates* et le *Pithecus*.

On ne connaît qu'une seule espèce *d'Hylobates*, le Siamang, qui possède également un sac laryngien. Celui-ci est lobulaire et communique avec le larynx par deux ouvertures situées dans la membrane thyro-hyoïde. Chez l'Orang, le Chimpanzé et le Gorille, d'énormes sacs aériens résultent de la dilatation des ventricules latéraux du larynx. Ces dilatations s'étendent en dessous et en avant de la gorge sur le thorax et même dans les aisselles et s'ouvrent quelquefois les unes dans les autres sur la ligne médiane.

Dans le Chimpanzé mâle adulte, le pénis est petit et mince, et se termine en un gland étroit et allongé. Les testicules sont très-larges, et la communication entre la tunique vaginale et le péritoine est complétement close. Le gland pénial du Gorille est en forme de bouton. Dans l'Orang il est cylindrique et les testicules sont situés près du canal inguinal qui a été trouvé ouvert d'un côté et fermé de l'autre. Un os est développé dans le pénis du mâle.

Le clitoris de la femelle est large et l'utérus, qui n'est pas divisé en cornes, rappelle la forme humaine. Le placenta d'un fœtus de Chimpanzé de 11 pouces et demi de long était simple, arrondi sur un diamètre de 3 pouces et demie et une épaisseur de 0,6 pouces au centre. Le cordon ombilical était inséré près d'un de ses bords.

Les proportions des membres considérés entre eux et par rapport au corps ne changent pas d'une manière sensible après la naissance; mais le corps, les membres et les mâchoires s'élargissent davantage que la boîte crânienne.

Le degré de variété dans les caractères du crâne parmi les Chimpanzés, les Gorilles, les Orangs est extrêmement remarquable surtout si l'on considère en même temps l'espace très-limité de leur aire distributive.

Des quatre genres d'*Anthropomorphes*, les Gibbons sont visiblement les plus éloignés de l'homme, et les plus près des *Cynopithecini*.

Les Orangs se rapprochent le plus de l'homme par le nombre des côtes, la forme des hémisphères cérébraux, la diminution du sillon occipito-temporal du cerveau, par l'apophyse styloïde ossifiée; mais ils s'en éloignent beaucoup plus que les autres Gorilles et les Chimpanzés sous d'autres rapports et surtout par les membres.

Le Chimpanzé se rapproche de l'homme particulièrement par les caractères de son crâne, de sa dentition et par la grandeur proportionnelle de ses bras.

Le Gorille, d'un autre côté, ressemble à l'homme par les proportions de la jambe par rapport au corps, et du pied par rapport à la main; de plus, par la dimension du talon, la courbure de l'épine, la forme du bassin, la capacité absolue du crâne.

§ 3. Les *Anthropidæ* :

Ils sont représentés par le simple genre homme, et ses différentes espèces; ils se distinguent des *Simiadæ* et surtout des *Anthropomorphes* par les caractères suivants :

Caractères zoologiques. — Ils vivent sur terre, se tenant debout, sans l'aide de leurs bras qui sont toujours plus courts que leurs jambes. Après la naissance, les proportions du corps changent en conséquence de la croissance de leurs jambes qui s'opère plus vite que celle du reste du corps. Ainsi le milieu de la hauteur du corps qui, à la naissance, est situé vers l'ombilic, devient graduellement plus bas jusqu'à ce que, chez le mâle adulte, il s'abaisse jusqu'à la *symphyse pubienne.*

Caractères anatomiques. — Dans la main, le pouce fort et long atteint le milieu de la phalange basilaire de l'index. Dans le pied, le tarse a la moitié de la longueur du pied; l'apophyse calcanéenne est longue et prolongée en arrière. Le pouce atteint la moitié de la longueur du pied, et est environ aussi long que le second doigt; sa mobilité en adduction et abduction est légère, comparée à celle du pouce des autres *Primates.*

Les cheveux sont plus abondants à la couronne de la tête, et, habituellement aux aisselles, à la région pubienne et au devant du thorax que partout ailleurs.

Chez l'enfant nouveau-né toute la région dorso-lombaire de l'épine est concave en avant, et l'angle vertébro-sacré non accentué ; mais chez l'adulte, la colonne vertébrale est concave en avant du thorax, et convexe en avant de la région lombaire ; les courbures sont dues à l'union des faces et des arcs des vertèbres par les ligaments élastiques. L'angle vertébro-sacré est très-marqué. Normalement, il existe douze vertèbres dorsales, cinq lombaires, cinq sacrées et quatre coccygiennes ; les apophyses transverses des dernières vertèbres lombaires ne s'étendent pas jusqu'aux ilions, et ne sont pas directement unies à eux ; mais sous ces rapports il y a des variations.

Les apophyses épineuses des vertèbres cervicales médianes sont beaucoup plus courtes que celles de la septième et sont habituellement bifurquées.

Le sacrum est plus large que long. Dans le crâne, les condyles occipitaux sont situés vers le milieu du cinquième de la base, et le trou occipital est dirigé en bas, un peu en avant ou légèrement en arrière. Il n'existe ni crête sagittale ni crête lambdoïde, mais les apophyses mastoïdes sont distinctes et généralement visibles. Les crêtes sus-orbitaires ne sont jamais aussi développées que chez quelques-uns des *Anthropomorphes*. Les orbites et les mâchoires sont relativement plus petites et situées moins en avant, et plus au-dessous de la partie antérieure de la boîte crânienne. Il existe presque toujours, une épine nasale antérieure (1) et, vus de profil, les os nasaux s'avancent bien plus au delà du niveau de l'apophyse ascendante du maxillaire que chez le singe. Le palais est plus large et ses contours plus arqués que chez aucun *Anthropomorphe* ; sa marge postérieure s'avance ordinairement sur la ligne médiane en une *épine nasale postérieure* et la suture palato-maxillaire est dirigée transversalement.

(1) Le seul crâne humain dans lequel je n'ai trouvé aucune trace d'épine nasale antérieure, est celui d'un Australien, que je présentai, il y a quelques années, au Muséum du collége royal de chirurgie,

La distance entre le zygomatique est ou moindre que le diamètre transverse du crâne ou l'excède, mais peu. L'os malaire est plus épais que la portion squameuse du zygomatique, et le bord supérieur du zygomatique n'est que peu courbé.

L'apophyse post-glénoïde du squamosal (os squameux) est petite, tandis que le trou auditif est verticalement allongé, sa paroi antérieure étant plus ou moins aplatie.

L'espace inter-orbitaire occupe environ un quart de l'intervalle entre les parois externes de l'orbite.

Les plans des surfaces orbitaires de l'ethmoïde (ossa plana) sont à peu près parallèles l'un à l'autre.

La symphyse de la mâchoire inférieure a une proéminence mentonnière. La cavité cérébrale est plus de deux fois plus longue que l'axe de la base du crâne.

Après la naissance, il ne reste sur la figure aucune trace de la suture prémaxillo-maxillaire, quoi qu'elle puisse persister dans le palais.

La suture nasale persiste habituellement et la direction de la suture fronto-nasale est à peu près transverse.

L'angle cranio-facial n'excède pas 120 degrés et dans les races les plus élevées de l'espèce humaine ne va pas au delà de 90 degrés.

Les plaques sus-orbitaires des os frontaux avancent peu dans la région frontale de la boîte crânienne, et elles sont presque horizontales au lieu d'être fortement inclinées en haut et en dehors comme chez les Anthropomorphes.

La lame criblée est longue et large, et le crista galli est habituellement proéminent. La capacité de la boîte crânienne d'un adulte bien portant est invariablement plus de quarante pouces cubes et peut s'élever à plus de cent.

Le scapulum est large en proportion de sa longueur et son épine coupe le bord vertébral à peu près à angles droits. Les ilions sont très-larges ; leur face interne présente une concavité très-accentuée, et leur crête, une courbure en forme d'S.

Une ligne tracée depuis le centre de la surface articulaire du sacrum jusqu'au centre de l'acétabulum forme un angle à peu près droit avec la corde de l'arc offert par la face antérieure du sacrum.

Dans tous les *Anthropomorphes* cet angle est beaucoup plus ouvert.

Les tubérosités de l'ischion sont à peine renversées. La symphyse pubienne est relativement courte, et l'arc sous-pubien bien marqué. Toute la largeur du bassin, d'une crête iliaque à l'autre, est plus grande que sa hauteur, c'est-à-dire le contraire de ce qui se rencontre chez les singes. Le diamètre transverse du bord n'est pas excédé habituellement par le diamètre antéro-postérieur, quoique la proportion contraire se trouve quelquefois. Le bassin de la femelle est plus large et l'arc est plus grand que chez le mâle.

La surface articulaire de l'astragale regarde presque directement au-dessus et à peine en dedans quand le pied est posé à plat sur la terre; les facettes latérales sont placées plus à angles droits de cette surface que chez aucun singe. Les malléoles interne et externe sont plus fortes et plus dirigées en bas. L'apophyse calcanéenne (ou calcanéum) est épaisse, forte, élargie à son extrémité postérieure, et non incurvée inférieurement, mais s'avance en deux tubérosités sur lesquelles repose le talon. La forme et la disposition des articulations de l'astragale, du naviculaire, et du claviculo-cuboïde sont telles que la moitié postérieure du tarse n'est capable que d'un léger mouvement de rotation sur la portion intérieure.

La surface articulaire inférieure de l'os ento-cunéiforme est presque plate quoiqu'elle ait une légère convexité d'un côté à l'autre, et elle est irrégulièrement concavo-convexe de haut en bas. La mobilité, en comparaison légère, de l'os métatarsien du pouce est due d'une part à cette disposition, de l'autre à ce que les surfaces articulaires antérieures des quatre os métatarsiens externes ne sont pas perpendiculaires à l'axe de ces os, mais tronquées obliquement du côté tibial en arrière au côté péronéen. Il en résulte que les quatre os métatarsiens externes, au lieu de s'éloigner du pouce, comme ils le feraient si leur axe était perpendiculaire aux facettes postérieures des os meso et ento-cunéiformes, prennent une direction plus parallèle avec le métatarsien du pouce, et la base du second métatarsien bloque pour ainsi dire le dernier, en adduction. Le pouce perd ainsi la plus grande partie de ses fonctions de préhension; mais en échange, il prend une part importante à supporter le poids du corps, qui, dans la station, tombe sur trois parties du pied : le talon, le bord externe et la plaque tégumentaire qui s'étend au-dessous des articulations métatarso-phalangiennes, depuis le gros orteil, jusqu'au cinquième doigt.

Chez l'enfant, le pied tourne naturellement en dedans, et les doigts (surtout le pouce) conservent beaucoup de leur mobilité.

Les seuls muscles qui existent chez l'homme, mais n'ont encore été trouvés chez aucun singe, sont l'*extensor primi internodi pollicis* et le *peronæus tertius*.

Les seules particularités dans l'origine des muscles qui s'observent dans l'homme et n'ont pas encore été trouvés chez les singes sont : la complète séparation entre le *long fléchisseur du pouce* et le *fléchisseur perforant des doigts* ; la présence d'un tibial ainsi que d'un fibulaire, origine du soléaire ; l'origine des quatre têtes du *court fléchisseur des doigts de pied* sur le calcanéum. L'origine du péronier inter-osseux du second doigt de pied sur le métatarsien médian du côté dorsal du tibial *inter-osseux* du doigt médian. Le résultat de la dernière disposition est que le second doigt de pied a deux inter-osseux dorsaux, comme le troisième doigt de la main. Chez les singes, les *inter-osseux* du second doigt sont généralement disposés de la même manière dans la main et dans le pied.

Les tendons du *long fléchisseur du pouce* et du *fléchisseur perforant des doigts* sont plus intimement unis à la plante du pied chez l'homme que chez les *Anthropomorphes*. Mais il est à remarquer que les particularités apparentes de la myologie des Anthropomorphes se rencontrent quelquefois dans l'homme comme variétés.

Dans le cerveau de l'homme, les seuls traits distinctifs, en dehors de sa capacité absolue (de 55 à 125 pouces cubes), sont la scissure occipito-temporale remplie, la plus grande complexité et la symétrie des autres sillons et circonvolutions ; la moindre excavation de la face orbitaire du lobe frontal ; et la plus grande dimension des hémisphères cérébraux comparés au cerebellum et aux nerfs crâniens.

Il n'y a pas de diastème quoique le sommet des canines s'avance légèrement au delà du niveau des autres dents. Les prémolaires n'ont pas plus de deux racines, et le bord antérieur de la couronne de la prémolaire antérieure d'en bas n'est pas prolongé et coupant. La canine permanente émerge au-devant de la seconde molaire.

Le pénis est dépourvu d'os (quoiqu'un corps prismatique car-tilagineux ait été trouvé au centre du gland), et la forme du gland est différente de celle de tous les autres *Anthropomorphes*.

La vulve regarde en bas et en avant, et le clitoris est relati-vement petit.

Les changements qui surviennent dans les proportions des différentes parties du corps, à différentes périodes de la vie intra et extra-utérine sont très-remarquables.

Dans un fœtus long de 4 cent. depuis le sommet jusqu'au talon, la tête prend un tiers ou un quart de toute la longueur. Les bras et les jambes ont à peu près la même longueur et sont plus courts que l'épine. L'avant-bras est presque aussi long que le bras et la jambe que la cuisse. La main et le pied se ressemblent beaucoup par la forme et la grandeur ; et ni le pouce ni le gros orteil ne diffèrent autant des autres doigts que pendant la dernière période.

Dans un fœtus haut de 13 cent., la tête occupe un quart de la hauteur totale, les bras sont plus longs d'un sixième de toute la longueur que l'épine et plus longs que les jambes. L'avant-bras est environ aussi long que le bras, et la cuisse est un peu plus longue que la jambe. La main et le pied sont à peu près d'égale longueur.

Dans un fœtus haut de 21 cent., la tête mesure moins d'un quart de toute la hauteur ; les bras sont plus longs que les jambes. Le bout des doigts arrive au genou quand le corps est debout.

En un mot, la hauteur de la tête du fœtus humain est un peu moins du quart de tout le corps, et les jambes sont plus longues que les bras. Le bras est plus long que l'avant-bras, et la cuisse plus longue que la jambe. Les mains et les pieds sont encore environ d'égale longueur.

Ainsi, tandis que la tête croît plus lentement que le reste du corps, durant la période de gestation qui suit le moment où l'embryon a atteint plus de 5 cent. de long, il semblerait que les bras croissent en proportion plus vite que le corps et les jambes, au milieu de la gestation, quand les proportions se rapprochent le plus des *Anthropomorphes*. Dans la dernière période de la gestation, les jambes gagnent sur les bras, et les segments supérieurs des membres sur les inférieurs. Après la naissance ces changements se continuent. L'adulte a, en moyenne, trois fois et demie la hauteur de l'enfant nouveau-né, et la longueur de ses bras est dans la même proportion, mais la tête est seulement deux fois aussi large, tandis que les jambes de l'adulte sont cinq fois aussi longues que celles de l'enfant. A tout âge après la naissance, la distance entre les extrémités des bras étendus est égale à la hauteur moyenne des Européens.

Des différences sexuelles indépendantes de l'appareil génital sont visibles à la naissance ; et l'enfant du sexe féminin est plus petit que l'enfant du sexe masculin. Ces différences s'accentuent davantage jusqu'à la puberté ; chez la femme, la taille est plus petite, la tête plus grosse en proportion de la taille, le thorax plus court, l'abdomen plus long et les jambes plus courtes ; en conséquence le point médian de la grandeur de la femme est plus près de l'ombilic que chez l'homme. Les hanches sont plus larges en proportion que les épaules, ce qui fait que les fémurs sont obliques. Les crêtes et les apophyses musculaires de tous les os sont moins marquées, et les contours frontaux du crâne plus anguleux.

Quand les caractères particuliers du sexe féminin ne sont pas liés à la reproduction, ils peuvent être regardés comme les caractères de l'enfance.

Les différentes modifications persistantes ou *races* de l'espèce humaine présentent de nombreux degrés de variation dans leurs caractères anatomiques. La couleur de la peau varie depuis un brun très-pâle rougeâtre chez les races appelées *blanches*, à travers toutes les nuances de jaune et de rouge brun jusqu'à la nuance olive et chocolat qui peut être assez foncée pour être considérée comme noire.

Le poil présente beaucoup de variétés de caractères, offrant une section tantôt circulaire, tantôt ovale ou transverse et aplatie, et montrant toutes les diversités depuis l'extrême longueur et la disposition droite jusqu'à la plus courte dimension et l'apparence d'une laine crêpée.

Le poil est plus long sur le crâne que partout ailleurs, et il est très-souvent, mais pas toujours plus long chez la femme. Le poil de la face et du corps est rare chez beaucoup de races et presque absent chez quelques-unes excepté aux sourcils : mais chez d'autres, il se développe en abondance au-dessus des lèvres, au menton et sur les côtés de la face, sur le thorax, l'abdomen, les parties pubiennes, aux aisselles et quelquefois, quoique plus rarement, sur le reste du corps et des membres. Quand le poil est développé sur les membres, les pointes du poil du bras et de l'avant-bras tombent sur le coude, et celles de la jambe et de la cuisse sur le genou comme chez les *Anthropomorphes*.

D'énormes masses de graisse se trouvent sur les fesses des Boschimen, particulièrement chez la femelle ; et les grandes lèvres de celles-ci et de quelques autres tribus de nègres deviennent très-allongées.

Il paraît que chez quelques-unes des races inférieures, par exemple chez les Nègres et les Australiens, l'avant-bras et la main, le pied et la jambe sont souvent plus longs en proportion que chez les Européens. Comme ils ne portent pas de souliers, le gros orteil est beaucoup plus mobile et le pied est habituellement employé pour la préhension.

Il n'y a pas de preuves que, chez les nègres, le talon soit plus long en proportion que le pied, comme on le croit généralement.

Les apophyses épineuses des vertèbres cervicales médianes cessent quelquefois plus ou moins complétement d'être bifurquées dans les races inférieures. On trouve jusqu'à trente paires de côtes, et parfois une sixième vertèbre lombaire. Il peut y avoir une vertèbre sacrée de plus que le nombre normal ; une modification de la dernière lombaire, modification telle, qu'elle ressemble à une vertèbre sacrée et s'unit avec l'ilion, semble se trouver chez les Australiens et les *Bushmen* (1), hommes des bois, plus communément que partout ailleurs.

Dans les races inférieures, le bassin du mâle est moindre

(1) Nom donné par les colonies hollandaises à quelques tribus errantes, affiliées aux Hottentots, dans le voisinage du cap de Bonne-Espérance.

dans beaucoup de ses dimensions, et semble différer davantage de celui de la femelle, particulièrement par sa tendance à l'égalité des diamètres transverse et antéro-postérieur, tendance plus marquée que chez les races supérieures, et par l'étroitesse du diamètre intersciatique. Ceci est surtout remarquable chez les Australiens. Le diamètre antéro-postérieur du bassin est parfois plus grand que le transverse, et cette particularité semblerait plus commune aux *Bushwomen*, femmes des bois, de l'Afrique du sud que partout ailleurs.

Mais c'est en ce qui concerne le crâne que les différentes races de l'espèce humaine présentent les différences ostéologiques les plus frappantes (1). Les dimensions proportionnelles antéro-postérieure et transverse de la boîte crânienne varient extrêmement. Si l'on prend le diamètre antéro-postérieur comme 100, le diamètre transverse varie de 98 ou 99 à 62. Le nombre qui exprime la proportion du diamètre transverse au diamètre longitudinal de la boîte crânienne est appelé *index céphalique*. Les peuples qui possèdent un crâne ayant un index céphalique de 80 et au-dessus sont appelés *brachycéphales*; ceux qui ont un index au-dessous sont appelés *dolichocéphales*. La boîte osseuse varie également beaucoup dans sa hauteur relative : la longueur proportionnelle de la chambre cérébrale de l'axe basi-crânien (étant 100) peut s'élever à 270 dans les races supérieures, puis diminuer et s'abaisser à 230 dans les races inférieures ; il existe une grande diversité dans l'étendue des mouvements de rotation que peut avoir la cavité cérébrale en arrière et en avant sur cet axe. La position et l'aspect du trou occipital varient considérablement ainsi que le plan de cette partie du *squama occipitis* qui se trouve au-dessus de la crête semi-circulaire.

Les apophyses susciliaires varient beaucoup dans leur développement ainsi que l'extension des sinus frontaux qui les contiennent. Ils sont à peu près ou tout à fait solides dans beaucoup de crânes Australiens.

Les différentes races de l'espèce humaine présentent de grandes variétés dans les dimensions, la forme et la disposition des os de la face.

(1) Voyez A. de Quatrefages de Hamy, *Les Crânes des races humaines*. Paris, 1875.

Une ligne tracée de l'extrémité antérieure du prémaxillaire à l'extrémité de l'axe basi-crânien peut être regardée comme représentant l'*axe facial*, et l'angle compris entre ces deux points est l'angle *cranio-facial*. Il varie avec l'étendue sur laquelle se trouve la face en avant ou au-dessous de l'extrémité antérieure du crâne depuis moins de 90° jusqu'à 202°. Quand cet angle est grand, la face est *prognathe* ; quand il est petit, la face est *orthognathe* : ceci est la condition fondamentale du *prognathisme* ou *orthognathisme*; une seconde condition est la forme de la portion alvéolaire de la mâchoire supérieure, qui, tant qu'elle est verticale, tend vers l'ortognathisme, mais tant qu'elle est oblique et avancée qui tend vers le prognathisme.

L'arc formé par les dents est dans la plus grande partie des races orthognathiques large et arrondi ; tandis que dans la plupart des racrs prognathiques, il se prolonge, et ses côtés sont à peu près parallèles. Les dents elles-mêmes sont beaucoup plus larges, les racines des prémolaires et des molaires plus distinctes, et les dernières molaires moins petites par rapport aux autres, chez quelques races inférieures, notamment chez les Australiens.

La proéminence mentonnière peut s'avancer plus loin que la ligne alvéolaire verticale de la marge de la mandibule, chez les races plus élevées, elle peut même être abortive, et la marge alvéolaire peut être très-inclinée en avant dans les races inférieures.

Classification. — Les différentes races de l'espèce humaine peuvent se distinguer en deux divisions primaires : les *Ulotrichi*, avec les cheveux crêpus ou laineux et les *Leiostrichi*, avec les cheveux lisses.

a. Les *Ulotrichi* sont d'une couleur qui varie du jaune brun à la couleur la plus sombre connue parmi les hommes. Ils ont les cheveux et les yeux normalement noirs, et, à quelques rares exceptions près (parmi les indigènes des îles Andaman), ils sont *dolichocéphales*. Les nègres et les hommes des bois de la partie de l'Afrique située au delà du Sahara et les nègres de la Péninsule et de l'archipel de la Malaisie et des îles Papouas sont les membres de ce groupe de *négroïde*.

b. Les *Leiostrichi* se divisent comme suit :

I. Le groupe *Australioïde* que l'on rencontre en Australie et dans le Dekhan, avec peau, cheveux et yeux noirs, cheveux noirs ondulés et extrêmement longs, crânes prognathiques et crêtes sourcilières bien développées. Les anciens Égyptiens me semblent avoir été une modification de cette race.

II. Le groupe *Mongoloïde* a, en général, la peau jaunâtre, brune ou rouge brun, les yeux noirs, les cheveux longs, noirs et droits. Le crâne tient le milieu entre celui des extrêmes dolichocéphales et celui des brachycéphales. Ce groupe comprend les races du Mongol, du Thibet, de la Chine, de la Polynésie, les Esquimaux et les Américains.

III. Le groupe des *Kanthochroïques*, Xanthochroïques, avec peau blanche, yeux bleus, cheveux abondants; le crâne, comme celui du groupe Mongoloïde, se range entre les extrêmes dolichocéphales et les brachycéphales. Les Slaves, les Teutons, les Scandinaves et le beau peuple qui parle la langue celtique sont les principaux représentants de cette division ; mais ils s'étendent dans l'Afrique du nord et dans l'Asie occidentale.

IV. Les blancs foncés ou *Mélanochroïdes* ont le teint pâle, les cheveux et les yeux noirs, les cheveux généralement longs, et parfois le crâne large. Ce sont les Ibériens et les Celtes noirs de l'Europe occidentale et le peuple blanc au teint foncé qui occupe les bords de la Méditerranée, l'Asie occidentale et la Perse. Je suis disposé à penser que les Mélanochroïdes ne forment pas un groupe distinct, mais résultent du mélange des Australoïdes et des Xanthochroïdes.

État fossile. — Des restes fossiles de l'homme ou des produits de l'industrie humaine n'ont été trouvés jusqu'ici que jusqu'à la dernière couche tertiaire (quaternaire) et dans les cavernes, mêlés avec les restes d'animaux qui vivaient à l'époque glaciale (1).

(1) Voyez Huxley, *la Place de l'homme dans la nature*, Paris, 1867. — Lyell, *l'Ancienneté de l'homme prouvée par la géologie*, 2ᵉ édition augmentée d'un *Précis de paléontologie humaine*, par E. Hamy, Paris, 1870. — Contejean, *Éléments de géologie et de paléontologie*. Paris, 1874.

FIN.

TABLE DES MATIÈRES

FIN DE LA TABLE DES MATIÈRES.

TABLE ALPHABÉTIQUE

FIN DE LA TABLE ALPHABÉTIQUE.

ERRATA

—

Page 5, ligne 4, *au lieu de :* membrane, *lisez :* plaque.

— 6, ligne 32, *au lieu de :* qui résulte de la segmentation, *lisez :* produit de la segmentation.

— 6, ligne 33, *au lieu de :* hypoblast, *lisez :* hypoblaste.

— 6, ligne 35, *au lieu de :* epiblast, *lisez :* épiblaste.

— 16, ligne 27, *au lieu de :* dorsales et lombaires ou plus exactement thoraciques, *lisez :* dorsales ou plus exactement thoraciques et lombaires.

— 16, ligne 29, *au lieu de :* sacrum, *lisez :* sternum.

— 16, ligne 36, *au lieu de :* l'apophyse inférieure, *lisez :* les apophyses inférieures.

— 17, ligne 14, *au lieu de :* antérieure, *lisez :* postérieure.

— 17, ligne 15, *au lieu de :* après celles-ci, *lisez :* près celles-ci.

— 17, ligne 25, *au lieu de :* st, *lisez :* str.

— 18, ligne 4, *au lieu de :* postérieure, *lisez :* inférieure.

— 28, ligne 26, *au lieu de :* le maxillaire antérieur, *lisez :* les prémaxillaires.

— 29, ligne 2, *au lieu de :* le frontal, *lisez :* le préfrontal.

— 29, ligne 7, *au lieu de :* quand ces os membraneux et le préfrontal, *lisez :* quand ceux-ci et l'os membraneux postfrontal.

— 29, ligne 11, *au lieu de :* lacrymales sus-orbitaires préfrontales, *lisez :* lacrymal, sus-orbitaire, postfrontal, squamosal.

— 29, ligne 22, *au lieu de :* promaxillaire, *lisez :* prémaxillaire.

— 36, lignes 13 et 14, *au lieu de :* medium, minimum, *lisez :* medius, minimus.

LIBRAIRIE J. B. BAILLIÈRE ET FILS

19, Rue Hautefeuille, près du boulevard Saint-Germain, à Paris.

BLAINVILLE. **Ostéographie,** ou Description iconographique comparée du squelette et du système dentaire des Mammifères récents et fossiles, pour servir de base à la zoologie et à la géologie, par M. H. M. DUCROTAY DE BLAINVILLE, membre de l'Institut (Académie des sciences), professeur au Museum. *Ouvrage complet* en 26 livraisons, Paris, 18 9-1863, formant 4 vol. grand in-4 de texte et 4 vol. grand in-folio d'atlas, contenant 323 planches (961 fr.).... 700 fr.
— Reliure, dos en toile des 4 vol. in-4 et des 4 vol. in-folio.   40 fr.

BLANCHARD (E.). **Les Poissons des eaux douces de la France.** Anatomie, Physiologie, Description des espèces, Mœurs, Instincts, Industrie, Commerce, Ressources alimentaires, Pisciculture, Législation concernant la pêche, par Émile BLANCHARD, professeur au Muséum, membre de l'Institut (Académie des sciences). Paris, 1866, 1 vol. gr. in-8 de 800 pages, avec 151 fig....   12 fr.

BONAPARTE (Ch. L.). **Iconographie des pigeons,** non figurés par Mme Knip dans les deux volumes de MM. Temminck et Florent Prévost, par Ch. Lucien BONAPARTE. Ouvrage servant d'illustration à son Histoire naturelle des Pigeons. Paris, 1857, 1 vol. in-folio, avec 55 planches contenant 66 fig. coloriées, cart. (225 fr.).....   120 fr.
— **Iconographia della fauna italica.** Roma, 1832-1841, 3 vol. in-fol., avec 180 pl. noires, cartonné (300 fr.)............   100 fr.
Le même, figures coloriées...........................   450 fr.

BONAPARTE (Ch.-Lucien) ET SCHLÉGEL. **Monographie des Loxiens.** 1850, in-4, avec 54 pl. coloriées (80 fr.)........   50 fr.

BREHM. **La vie des animaux illustrée,** ou Description populaire du règne animal, par A. E. BREHM. Édition française, revue par Z. Gerbe. Caractères, mœurs, instincts, habitudes et régime, chasses, combats, captivité, domesticité, acclimatation, usages et produits.
Les Mammifères. Ouvrage complet, 2 vol. gr. in-8, avec 800 fig. et 40 pl.
Les Oiseaux. Ouvrage complet, 2 vol. grand in-8, avec 500 fig. et 40 pl.

Chaque volume se vend séparément :
Broché.................................... 10 fr. 50
Cartonné en toile, doré sur tranches avec fers spéciaux.... 14 fr.
Relié en demi-maroquin, doré sur tranches............. 15 fr.

BRESCHET (G.). Recherches anatomiques et physiologiques sur l'**organe de l'ouïe et sur l'audition dans l'homme et les animaux vertébrés.** Paris, 1836, in-4, *avec 13 planches.*   5 fr.
— Recherches anatomiques et physiologiques sur l'**organe de l'ouïe des poissons.** Paris, 1838, in-4, avec 17 planches......   5 fr.

CARUS (C. G.). **Traité élémentaire d'anatomie comparée,** traduit de l'allemand, par A. J. L. JOURDAN. Paris, 1835, 3 vol. in-8 avec *atlas de 31 pl.* in-4 (34 fr.).....................   10 fr.

CHAUVEAU (A.). **Traité d'anatomie comparée des animaux domestiques,** par A. CHAUVEAU, professeur à l'école vétérinaire de Lyon. *Deuxième édition,* revue et augmentée avec la collaboration de S. ARLOING, professeur à l'École vétérinaire de Toulouse. Paris, 1871, 1 vol. gr. in-8 de 992 pages avec 368 fig......   20 fr.

COLIN (G.). **Traité de physiologie comparée des animaux** considérée dans ses rapports avec les sciences naturelles, la méde-

ENVOI FRANCO CONTRE UN MANDAT DE POSTE,

cine, la zootechnie et l'économie rurale, par G. COLIN, professeur à l'École vétérinaire d'Alfort. *Deuxième édition*. Paris, 1871-73, 2 vol. gr. in-8 avec 206 fig.. 26 fr.

CUVIER (G.). **Les Oiseaux**, décrits et figurés d'après la classification de Georges CUVIER, mise au courant des progrès de la science. Paris, 1870, 1 vol. in-8, avec 72 planches, contenant 464 fig. noires, 30 fr. — Figures coloriées.............................. 50 fr.

CUVIER (G.) et VALENCIENNES. **Histoire naturelle des Poissons**. Paris, 1829-1849, 22 vol. avec 3 volumes d'atlas contenant 650 pl., publiés en 35 livraisons de 15 à 20 pl. — Ouvrage complet, texte et pl. in-8, fig. noires (375 fr.)...................... 180 fr.
— Le même, ouvrage complet, texte et planches in-8, figures col. (725 fr.) .... 350 fr.
— Le même, ouvrage complet, texte et planches in-4, figures col. (876 fr.)... 450 fr.

DEGLAND et GERBE (Z.). **Ornithologie européenne**, ou Catalogue descriptif, analytique et raisonné des oiseaux observés en Europe. *Deuxième édition*. Paris, 1867, 2 vol. in-8........... 24 fr.

DUGÈS (Ant.). **Mémoire sur la conformité organique dans l'échelle animale**. Paris, 1832, in-4, avec 6 planches.. 4 fr.
— **Recherches sur l'ostéologie et la myologie des Batraciens**. Paris, 1834, in-4, avec 20 pl................. 10 fr.

FLOURENS (P.). **Recherches expérimentales sur les fonctions et les propriétés du système nerveux**. *Deuxième édition*. Paris, 1842, in-8 (7 fr. 50)...................... 3 fr.
— **Mémoires d'anatomie et de physiologie comparées**, contenant des recherches sur 1° les lois de la symétrie dans le règne animal ; 2° le mécanisme de la rumination ; 3° le mécanisme de la respiration des poissons ; 4° les rapports des extrémités antérieures et postérieures de l'homme, les quadrupèdes et les oiseaux. Paris, 1844, 1 vol. grand in-4, avec 8 planches coloriées (18 fr.).. 9 fr.
— **Théorie expérimentale de la formation des os**. Paris, 1847, in-8, avec 7 planches gravées (7 fr. 50).............. 3 fr.

GEOFFROY SAINT-HILAIRE. Histoire générale et particulière des **Anomalies de l'organisation chez l'homme et les animaux**, ouvrage comprenant des recherches sur les caractères, la classification, l'influence physiologique et pathologique, les rapports généraux, les lois et causes des **Monstruosités**, des variétés et vices de conformation ou *Traité de tératologie*, par Isid. GEOFFROY SAINT-HILAIRE, membre de l'Institut, professeur au Muséum. Paris, 1832-1836. 3 vol. in-8 et atlas de 20 planches............ 27 fr.

GERVAIS (P.) ET VAN BENEDEN. **Zoologie médicale**. Exposé méthodique du règne animal, basé sur l'anatomie, l'embryogénie et la paléontologie, comprenant la description des espèces parasites employées en médecine, de celles qui sont venimeuses et de celles qui sont espèces de l'homme et des animaux, par Paul GERVAIS, professeur au Muséum d'histoire naturelle, et J. VAN BENEDEN, professeur de l'Université de Louvain. Paris, 1859, 2 vol. in-8 avec figures. 15 fr.

GODRON (D. A.). **De l'espèce et des races dans les êtres organisés**, et spécialement de l'unité de l'espèce humaine. *2e édition*. Paris, 1872, 2 vol. in-8................................. 12 fr.

JOBERT (de Lamballe). **Des appareils électriques des poissons électriques.** Paris, 1858, in-8, avec atlas grand in-folio de 11 pl.. 10 fr.

LEURET ET GRATIOLET. **Anatomie comparée du système nerveux** considéré dans ses rapports avec l'intelligence, par Fr. LEURET, médecin de l'hospice de Bicêtre, et P. GRATIOLET, professeur à la Faculté des sciences de Paris. *Ouvrage complet.* Paris, 1839-1857, 2 vol. in-8 et atlas de 32 pl. in-fol. Figures noires. 48 fr.
Le même, figures coloriées.. 96 fr.

LYELL. **L'ancienneté de l'homme**, prouvée par la géologie, et remarques sur les théories relatives à l'origine des espèces par variation, par sir Charles LYELL, membre de la Société royale de Londres, traduit par M. CHAPER. *Deuxième édition*, revue, corrigée et augmentée d'un Précis de paléontologie humaine, par E. HAMY. Paris, 1870, in-8 de XVI-960 pages avec 182 figures............ 16 fr.

MATTEUCCI (C.). **Traité des phénomènes électro-physiologiques** des animaux, suivi d'études anatomiques sur le système nerveux et sur l'organe électrique de la torpille, par P. SAVI, Paris, 1844, in-8, avec 6 pl................................. 4 fr.

OMALIUS D'HALLOY. **Des races humaines**, ou éléments d'ethnographie, 1 vol. in-8 (3 fr. 50).............................. 2 fr.

PICTET (F. J.). **Traité de paléontologie**, ou Histoire naturelle des animaux fossiles considérés dans leurs rapports zoologiques et géologiques par F. J. PICTET, professeur de zoologie et d'anatomie comparée à l'Académie de Genève, etc. *Deuxième édition.* Paris, 1853-1857, 4 vol. in-8, avec atlas de 110 planches grand in-4. 80 fr.

PRICHARD. **Histoire naturelle de l'homme**, comprenant des recherches sur l'influence des agents physiques et moraux considérés comme cause des variétés qui distinguent entre elles les différentes races humaines, par J. C. PRICHARD, membre de la Société royale de Londres, traduit de l'anglais par F. D. ROULIN. Paris, 1843, 2 vol. in-8, avec 40 planches coloriées et 90 figures. 20 fr.

QUATREFAGES. **Physiologie comparée. Métamorphoses de l'homme et des animaux**, par A. de QUATREFAGES, membre de l'Institut, professeur au Muséum d'histoire naturelle. Paris, 1862, in-18 de 324 pages..................................... 3 fr. 50

QUÉPAT. **Ornithologie parisienne** ou Catalogue des oiseaux sédentaires et de passage qui vivent à l'état sauvage dans l'enceinte de la ville de Paris, par Nérée QUÉPAT, membre de la Société linéenne de Bordeaux. Paris, 1874. 1 vol. in-12 de 68 pages. 1 fr. 50

SERRES (E.). **Recherches d'anatomie transcendante et pathologique** ; théorie des formations e tdes déformations organiques, appliquée à l'anatomie de la duplicité monstrueuse, par E. SERRES, membre de l'Institut de France. Paris, 1832, in-4, avec atlas de 20 planches in-folio............................... 20 fr.

— **Anatomie comparée transcendante, Principes d'embryogénie**, de zoogénie et de tératogénie. Paris, 1859, 1 vol, in-4 de 942 p., avec 26 pl.................................... 16 fr.

VIREY. **Philosophie de l'histoire naturelle**, ou Phénomènes de l'organisation des animaux et des végétaux, par J. J. VIREY. Paris, 1835, in-8. (7 fr.)................................... 3 fr.

— **De la physiologie** dans ses rapports avec la philosophie. Paris, 1844, in-8 (7 fr.)................................... 3 fr.

Traité d'anatomie comparée des animaux domestiques, par A. CHAUVEAU, professeur à l'École vétérinaire de Lyon. Deuxième édition, revue et augmentée avec la collaboration de S. ARLOING, professeur à l'École vétérinaire de Toulouse. Paris, 1871, 1 vol. in-8, VI-992 pages, avec 368 figures............ 20 fr.

Traité élémentaire d'anatomie comparée, suivi de Recherches d'anatomie philosophique ou transcendante sur les parties primaires du système nerveux et du squelette intérieur et extérieur, par C. G. CARUS ; traduit de l'allemand et précédé d'une *Esquisse historique et bibliographique de l'anatomie comparée*, par A. J. L. JOURDAN. Paris, 1835, 3 vol. in-8, avec *Atlas de 51 planches gr. in-4 gravées*............................ 10 fr.

La vie des animaux illustrée, ou Description populaire du règne animal, par A.-E. BREHM. Édition française, revue par Z. GERBE. Caractères, mœurs, instincts, habitudes et régime, chasses, combats, captivité, domesticité, acclimatation, usages et produits.
LES MAMMIFÈRES, *Ouvrage complet*, 2 volumes gr. in-8, avec 800 figures et 40 planches................................ 21 fr.
LES OISEAUX, *Ouvrage complet*, 2 volumes gr. in-8, avec 500 figures et 40 planches................................ 21 fr.

Les poissons des eaux douces de la France. Anatomie, Physiologie, Description des espèces, Mœurs, Instincts, Industrie, Commerce, Ressources alimentaires, Pisciculture, Législation concernant la pêche, par Émile BLANCHARD, professeur au Muséum d'histoire naturelle, membre de l'Institut (Académie des sciences). Paris, 1866, 1 vol. gr. in-8 de 800 pages, avec 151 figures........... 12 fr.

Ornithologie européenne, ou Catalogue descriptif, analytique et raisonné des oiseaux observés en Europe, par DEGLAND et GERBE. *Deuxième édition* entièrement refondue. Paris, 1867, 2 vol. in-8. 24 fr.

Histoire naturelle de l'homme, comprenant des recherches sur l'influence des agents physiques et moraux considérés comme cause des variétés qui distinguent entre elles les différentes races humaines, par J. C. PRICHARD, membre de la Société royale de Londres, traduit de l'anglais par F. D. ROULIN. 2 vol. in-8, avec 40 pl. coloriées et 90 figures.......................... 20 fr.

Physiologie comparée. Métamorphoses de l'homme et des animaux, par A. de QUATREFAGES, membre de l'Institut, professeur au Muséum d'histoire naturelle. Paris, 1862, in-18 de 324 pages................................ 3 fr. 50

De l'espèce et des races dans les êtres organisés, et spécialement de l'unité de l'espèce humaine, par D. A. GODRON. 2e édition. Paris, 1872, 2 vol. in-8.................... 12 fr.

Zoologie médicale. Exposé méthodique du règne animal basé sur l'anatomie, l'embryogénie et la paléontologie, comprenant la description des espèces employées en médecine, de celles qui sont venimeuses et de celles qui sont parasites de l'homme et des animaux, par Paul GERVAIS, professeur au Muséum d'histoire naturelle, et J. VAN BENEDEN, professeur de l'Université de Louvain. Paris, 1859, 2 vol. in-8, avec 198 figures.................... 15 fr.

CORBEIL. — Typ. et stér. de CRÉTÉ FILS.

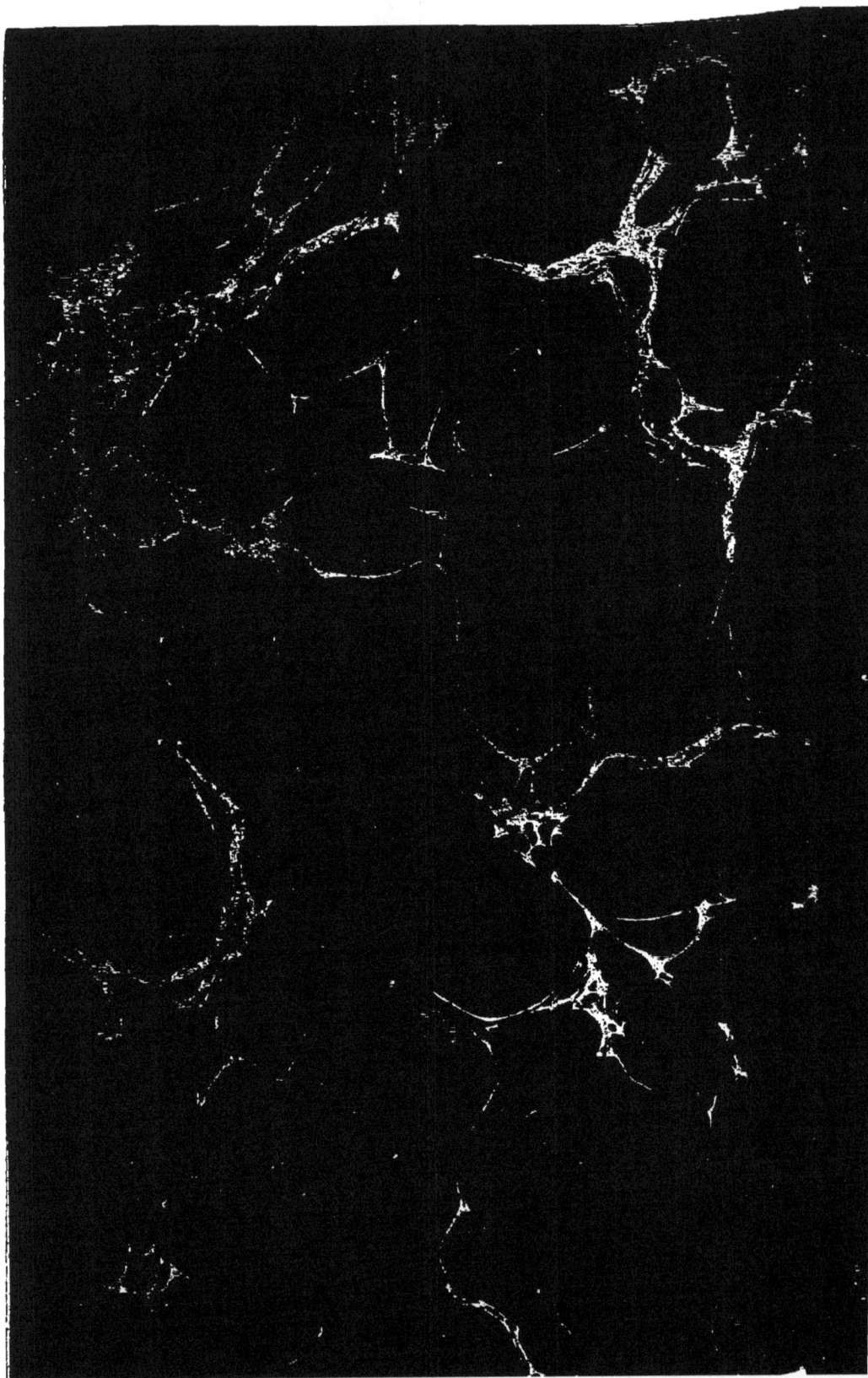

www.ingramcontent.com/pod-product-compliance
Lightning Source LLC
Chambersburg PA
CBHW031355210326
41599CB00019B/2773